AF538229

Honig für das Volk

Rainer Stripf

Honig für das Volk

Geschichte der Imkerei in Deutschland

Ferdinand Schöningh

Der Autor:
Rainer Stripf ist promovierter Biologe und Chemiker. Nach Tätigkeiten als Wissenschaftlicher Angestellter, als Gymnasiallehrer im Schuldienst, in der Schulentwicklung und in der Lehrerausbildung und -fortbildung war er von 2009-2015 Schulleiter eines Gymnasiums. 2018 promovierte er in Geschichtswissenschaften. Er arbeitet als Bienenzüchter.

Bibliografische Information der Deutschen Nationalbibliothek

Die Deutsche Nationalbibliothek verzeichnet diese Publikation in der Deutschen Nationalbibliografie; detaillierte bibliografische Daten sind im Internet über http://dnb.d-nb.de abrufbar.

Internet: www.schoeningh.de

Einbandgestaltung: Nora Krull, Bielefeld
Herstellung: Brill Deutschland GmbH, Paderborn

ISBN 978-3-506-78008-9 (hardback)
ISBN 978-3-657-78008-2 (e-book)

Inhalt

Vorwort

Die Geschichte der Imkerei in Deutschland beginnt 1871 mit der Proklamation des Preußenkönigs Wilhelm I. zum Deutschen Kaiser. Nach dem Deutsch-Französischen Krieg von 1870/71 wurde das Deutsche Kaiserreich ausgerufen. Es begann eine faszinierende Wandlungsepoche, in der sich der Übergang Deutschlands vom Agrar- zum Industriestaat vollzog, die aber auch von politischen Verwerfungen gekennzeichnet war. Der Zusammenbruch der Monarchie in Deutschland im Jahre 1918 geht einher mit dem Ende des schrecklichen Ersten Weltkriegs. Für die Bienenzüchter in Deutschland stellte das neu geformte Kaiserreich nicht sogleich ein Wendepunkt im Hinblick auf ihre gesamtstaatliche Organisation dar, vielmehr befanden sie sich in einem Entwicklungsfluss. Dieser nahm insbesondere seinen Ausgang seit etwa der Mitte des 19. Jahrhunderts, und es ging noch etwa ein halbes Jahrhundert ins Land, bis sich ein „Deutscher Imkerbund" formierte. Dennoch gab das Jahr 1871 der Imkerschaft einen politischen Impuls, der allerdings noch nicht in einen Zusammenschluss münden sollte.

Für das bessere Verständnis der Entwicklung des Bienenzuchtwesens in Deutschland wird daher mit einem Rückblick begonnen. Dieser beschreibt bahnbrechende Erfindungen innerhalb der Imkerei, neue Imkermethoden und herausfordernde Beobachtungen an den Bienen. In der Folge bildeten sich lokale Zusammenschlüsse von Imkern, Imkervereine und Bienenzeitungen. Deutsches Kaiserreich und Erster Weltkrieg stellen eine Epoche dar, die facettenreich vor Augen führt, wie die politischen und wirtschaftlichen Verhältnisse mit dem Milieu der Imker in Wechselwirkung standen. Die politischen Verhältnisse nach der Revolution änderten sich noch mehrfach. Sie stellten jeweils neue große Herausforderung für die Imker dar und brachten neue Wechselwirkungen zwischen dem jeweiligen politischen System und der Bienenzucht hervor. So folgte der Monarchie die Demokratie und schließlich die nationalsozialistische Diktatur. Den unterschiedlichen politischen Systemen Deutsches Kaiserreich (1871–1918), Weimarer Republik (1918–1933) und Nationalsozialismus (1933–1945) werden daher in diesem Buch ausführliche Darstellungen der Bienenzucht gewidmet. Ein Ausblick insbesondere in das erste Jahrzehnt nach dem Zweiten Weltkrieg soll die Entwicklungen der Bienenzucht in Ost und West näher beleuchten. Wichtige Entwicklungslinien bis heute werden aufgegriffen: beispielsweise das Auftreten der Varroa-Milbe und das „Bienensterben" bis hin zum Boom des „urbanen Imkerns".

Als zentrale und wichtige Quellen wurden insbesondere Bienenzeitschriften, Sonderdrucke und Bienenbücher aus Archivbeständen herangezogen. Bienenzeitschriften vermitteln das authentischste Bild der Denkweisen im kleinbürgerlichen Milieu der Bienenzucht. Die Gründe hierfür sind vielfältig: In Bienenzeitschriften konzentrieren sich politische und wirtschaftliche Probleme, wissenschaftliche und imkerliche Neuerungen der Zeit, es werden Auseinandersetzungen um imkerliche Methoden und andere Themen ungeschminkt präsentiert, teilweise persönlich ausgetragen, es stehen wissenschaftliche Publikationen neben Veröffentlichungen aus der Imkerpraxis, Wissen, Meinungen und ideologische Vorstellungen werden transportiert und nicht zuletzt profilieren sich in den Zeitschriften die Protagonisten der Bienenzucht in unverkennbarer Weise. Ergänzend wurden Archivalien des Bundesarchivs Berlin herangezogen.

Seit der Antike hat die Honigbiene den Menschen nicht nur mit ihren nahrhaften Produkten versorgt, sondern wie kaum ein anderes Lebewesen auch seine Phantasie angeregt. Durch alle Epochen fand die Einzigartigkeit dieses Tieres in metaphorische und biologistische Vergleiche nahezu ohne Unterbrechung Eingang. Der Bienenstaat diente seit jeher als vereinfachtes Modell, das geeignet war, komplexe Staatsformen und Regierungspraktiken metaphorisch aufleuchten zu lassen. Das Buch beschreibt daher auch, welche Bienenmetaphern im Allgemeinen sowie zur Vermittlung von bestimmten zeitbedingten gesellschaftspolitischen und ideologischen Vorstellungen in den jeweiligen Epochen verwendet wurden.

Von besonderem Interesse sind die Einflüsse deutsch-völkischer und nationalistisch geprägter Vorstellungen in der „völkischen Bewegung", die sich insbesondere seit dem Ende des 19. Jahrhunderts (im „Fin de Siècle", etwa ab 1890) bis Mitte des 20. Jahrhunderts (bis zum Ende des Zweiten Weltkrieges, 1945) auf die Bienenzucht in Deutschland ergaben. Es wird nicht nur nachgespürt, auf welche Weise völkisch-nationalistisches Gedankengut epochenabhängig transportiert wurde, sondern auch, welche herausragenden Personen Träger dieses Gedankenguts waren oder sein Opfer wurden und wie sich die jeweilige wirtschaftliche und politische Situation auf die Imkerei und die damit verbundene völkisch-nationalistische Ideologie auswirkte.

Bei der Recherche und beim Schreibens dieses Buches haben mich einige Personen in wissenschaftlichen Diskussionen, persönlichen Gesprächen, Ratschlägen und Ermunterungen sehr unterstützt. Herrn Prof. Dr. Wolfgang Uwe Eckart möchte ich in erster Linie für seine konstruktive, ermutigende Förderung, für anregende Gespräche, neue Denkanstöße und große Hilfsbereitschaft danken. Ein besonderer Dank geht auch an Frau Prof. Dr. Bettina Alavi für ihre motivierende Unterstützung und wissenschaftlichen Anregungen. Ganz besonders danke ich dem Leiter des Privatwissenschaftlichen Archivs Bienenkunde in Landau, Herrn Prof. Dr. Dr. h.c. Hermann Stever, für die vertrauensvollen Recherchemöglichkeiten in seinem Archiv, für seine freundliche und hilfsbereite Unterstützung und anregende Gespräche. Schließlich danke ich dem Verlag Ferdinand Schöningh, besonders Herrn Dr. Diethard Sawicki, für sein großes Interesse an diesem Buch und seine stetige Ermunterung.

Rainer Stripf Heidelberg, am 1. Februar 2019

1 Imkerei vor dem Kaiserreich

Bienen sind außerordentlich vielseitige Wesen. Sie stellen Honig, Wachs, Gelée royale und Gift her und sammeln Pollen und Propolis[1]. Alle diese Produkte sind für Einzelbienen und für das gesamte Bienenvolk wichtig und stehen auch im Fokus des menschlichen Interesses. Im europäischen Raum hat sich daher bereits im Mittelalter eine Hochblüte der Bienenhaltung entwickelt. Die Zunft der Zeidler oder Beutner war in Wäldern auf Bienenbäumen tätig, mit Beginn der Hausbienenhaltung dienten als Bienenwohnungen Klotzbeuten und Strohkörbe (s. Kap. 2). Der Umgang des Menschen mit den Bienen war kalkuliert: Sie nahmen den Bienen nur einen Teil ihrer Vorräte weg und durch vorsichtiges Ausschneiden von Waben veranlassten sie die Bienen zur Verjüngung des Wabenbaues. Ab Mitte des 16. Jahrhunderts bis Ende des 18. Jahrhunderts zerfiel diese traditionelle Imkerei allmählich. Die Gründe lagen insbesondere im Dreißigjährigen Krieg (1618–1648), in der Besteuerung von Wachs zu dessen Finanzierung und in der Ausbreitung von Pest. Hinzu kamen die im 18. Jahrhundert aufkommenden Wachs- und Honigimporte aus Übersee sowie die Einfuhr von Zucker als Honigkonkurrenz. Die Kenntnisse und die Verbreitung der modernen Zuckerraffinierung, die bereits Ende des 16. Jahrhunderts entwickelt und insbesondere ab dem 18. Jahrhundert intensiviert wurde, haben die Bedeutung des Honigs als wichtigstes Süßungsmonopol entscheidend zurückgedrängt. Außerdem wurde Bienenwachs durch das amerikanische Carnaubawachs verdrängt. Industrialisierung und Stadtentwicklung benötigten viel Holz. Schwindende Wälder und zunehmende landwirtschaftliche Nutzflächen verdrängten das Zeidlerwesen. Die daraus resultierende wachsende Geringschätzung des Bienenvolkes spiegelte sich auch in schlechten Erntemethoden wider, die das Abtöten der Völker in Kauf nahmen, um möglichst viel Honig zu ernten.[2]

Honigbienen saugen Nektar aus der Blüte sowie Honigtau (Sekret von Blattläusen) und speichern ihn im Honigmagen. Im Stock wird der Nektar durch Wasserverdunstung und Enzymzugabe zu Honig weiterverarbeitet, eines der chemisch komplexesten und begehrtesten Naturprodukte. Honig war bis zur industriellen Zuckergewinnung aus Zuckerrüben der wichtigste Süßstoff. Nachdem im 19. Jahrhundert Verfahren zur Herstellung von Haushaltszucker aus Zuckerrüben und Zuckerrohr entwickelt wurden, ist Honig in dieser Hinsicht weitgehend verdrängt worden, wurde aber weiterhin als wertvolles Lebensmittel konsumiert.[3] Die Wachsproduktion der Bienen erfolgt durch Wachsdrüsen im Abdomen. Die ausgeschiedenen Wachsschüppchen werden zum Nestbau verwendet, um Brutzellen oder Speicherzellen für Honig und Pollen zu bauen. Bienenwachs war historisch ein wichtiger Rohstoff, der in Form von Bienenwachskerzen als Lichtquelle sowohl im Alltag (z.B. in Burgen) als auch im kirchlichen Kult (besonders in Klöstern und Kirchen) verwendet wurde. Wachs fand zudem für plastische Darstellungen, in der Malerei, in der Medizin (Moulagen) und in der Technik zum Imprägnieren, Abdichten und Kitten Verwendung.[4] Die Einführung von Öllampen sorgte dafür, dass Bienenwachs immer weniger als Energiequelle eingesetzt wurde. Bienenwachs wird heute überwiegend in der pharmazeutischen und kosmetischen Industrie sowie bei der Kerzenfabrikation verwendet. Propolis hat bakterizide sowie fungizide Eigenschaften und dient den Bienen beispielsweise zur Auskleidung von Brutzellen und zur Abdichtung von Ritzen. Es findet bei bestimmten Arzneimitteln Verwendung. Gelée royale wird aus der Futtersaftdrüse von Bienen produziert, die Königinnenlarve erhält besonders viel von dieser proteinreichen Substanz. Gelée royale wird als Nahrungsergänzungsmittel angeboten. Die Arbeiterinnen produzieren das Bienengift Apitoxin und speichern dieses in einer Giftblase neben dem Stachel. Apitoxin kommt auch in der Medizin zum Einsatz. Die Honigbiene ist besonders eng mit der Pflanzenwelt verbunden. Bienen sammeln Pollen als notwendige Eiweißversorgung zur Aufzucht der Bienenbrut. Pollen finden wegen ihrer zahlreichen biologischen Aktivstoffe bei der Nahrungsmittelergänzung Verwendung. Bei der Bestäubung von Blütenpflanzen, also Übertragung des Pollens von den Staubblättern auf die Narben der Blüten als Voraussetzung der Frucht- und Samenbildung, leisten die Bienen einen bedeutenden Beitrag. Diese Wechselbeziehung von Pflanzen und Insekten und die Bestäubungsleistung der Bienen wurde von Christian Konrad Sprengel (1750–1816) erforscht und 1793 in seinem Werk „Dem entdeckten Geheimniss der Natur im Bau und in der Befruchtung der Blumen“[5] veröffentlicht. Der volkswirtschaftliche Wert der Bestäubungsarbeit der Honigbiene bei gärtnerischen und landwirtschaftlichen Nutzpflanzen ist immens. Etwa 2 000 bis 3 000 heimische Blütenpflanzen verdanken ihren Fortbestand der Honigbiene als Bestäubungsinsekt. Insgesamt waren Bienen für die Imker aus ökonomischer und historischer Sicht ein Produktionsmittel in erster Linie zur Herstellung der kostbaren Produkte Honig, Wachs und Bienenvölker.

Nach der Entdeckung des Mikroskops im 17. Jahrhundert wurden die Insekten verstärkt von Naturforschern untersucht und beschrieben, mit der Folge, dass sich die naturwissenschaftlichen Erkenntnisse von den dogmatischen theologischen Vorstellungen allmählich lösen konnten. Der Arzt Marcello Malpighi (1628–1694) entdeckte die Luftröhren (Tracheen) und die Ausscheidungsorgane (Malpighische Gefäße) von Insekten.[6] Besonders die Frage der Fortpflanzung, welche die Naturforscher schon im 17. Jahrhundert beschäftigt hatte, wurde zum Gegenstand systematischer Beobachtungen. Die traditionelle Auffassung von der ungeschlechtlichen Fortpflanzung, die mit der Tugend der „Keuschheit“ in Verbindung gebracht wurde, wurde infrage gestellt.[7] Eva Johach stellt hierzu fest: „Aber noch ein anderer Mythos steht zur Disposition: die Männlichkeit des Bienenkönigs, der im Verlauf eines längeren Prozesses seine maskuline Geschlechtsidentität verliert. Außer den Verschiebungen in der biologischen Konzeption hat diese Reform auch Konsequenzen für die herrschaftslegitimatorische Funktion des Modells Bienenstaat und trägt mit dazu bei, dass der Einsatz der Analogie zwischen Herrscher und Bienenkönig in politischen Texten seit dem 18. Jahrhundert zurückgeht.“[8] Der Prozess der

Entdeckung, dass es sich bei dem sogenannten König um eine Biene weiblichen Geschlechts handelt, setzte schon im 16. Jahrhundert ein: Luys Méndez de Torres identifizierte den ehemaligen Bienenkönig 1586 als „female egg layer“[9]. Charles Butler (1560–1647) deckte die Tatsache, dass es sich beim Bienenkönig um eine Bienenkönigin handelt, 1609 auf und nannte die Bienenmonarchie einen Amazonenstaat.[10] Dieses Wissen um die Bienenkönigin wurde allerdings in der Zeit „narkotisiert“, um die Staatsmetapher aufrecht erhalten zu können.[11] Jan Swammerdam (1637–1680) kündigte 1669 an, das weibliche Geschlecht der Bienenkönigin nachweisen zu wollen, veröffentlicht wurde das Ergebnis erst posthum (1738) in seiner „Bibel der Natur“.[12] Swammerdam distanzierte sich von den politischen, militärischen und juristischen Metaphern und bezeichnete die Bienen nur noch als Männchen, Weibchen und Arbeitsbienen.[13] Diese neuen naturwissenschaftlichen Erkenntnisse zur Geschlechtlichkeit der Weisel und die Ablehnung politisch geprägter Metaphern, setzten sich in der Sachliteratur der Folgezeit allerdings nur sehr langsam durch.[14] Politisch geprägte Bienenmetaphern und der „Bienenkönig“ blieben weiterhin in der politischen Bildersprache wichtige Symbole für Macht und Herrschaft, sichtbar beispielsweise an den Insignien der Macht durch Napoleon. Ob auch das Deutsche Kaiserreich als metaphorische Projektionsfläche für einen monarchischen Bienenstaat dienen konnte, soll an anderer Stelle geklärt werden. Ein Blick in die Gegenwart zeigt jedenfalls, dass monarchische Bienenmetaphern in Darstellungen zur Imkerei immer noch vorkommen und geradezu zum Stereotyp erstarren. So wird in einem Aufsatz aus dem Jahre 2017 mit einem „Blick in die Monarchie“ die „Regentin“ und „Hoheit“ als „einzige fruchtbare Dame“ bezeichnet, deren „Volk [...] ihr treu untergeben [ist].“[15]

René-Antoine Ferchault de Réaumur (1683–1757) beschäftigte sich intensiv mit dem sozialen Bienenleben und beschrieb die Königin als „Seele des Bienenstocks“.[16] Außerdem befasste er sich mit dem Pollensammeln, der Anatomie des Bienenkörpers, der Brutentwicklung, der Wärmeregulation im Bienenstock, dem Sammeln von Propolis und den Bienenfeinden.[17] Die Wachsproduktion von Honigbienen als Drüsenprodukt in Form von Schüppchen beschrieb 1744 der Seidenfabrikant Hermann Christian Hornbostel (ca. 1700–1765).[18] Um Einblicke in das Innenleben eines Bienenvolkes zu erhalten, ließ der Schweizer Bienenforscher François Huber (1750–1831)[19], der mit 19 Jahren erblindete und mithilfe seines Dieners François Burnens und seiner Frau ein Leben lang die Bienen erforschen konnte, einen speziellen Beobachtungsstock („Rahmenbude“) bauen, den er wie die Seiten eines Buches umblättern konnte. Seine Beobachtungen veröffentlichte er 1792 in seinem Buch „Nouvelles Observations sur les Abeilles“[20], ein zweiter Band folgte 1814[21]. Huber beschrieb die Wachsproduktion, das Bauverhalten und das Versiegeln des Wabenbaus, außerdem widmete er sich dem Schwarmgeschehen und wies nach, dass im Vorschwarm immer die alte, im Nachschwarm mindestens eine junge, unbefruchtete Königin mitflog. Huber beschrieb auch das Fortpflanzungsverhalten der Bienenkönigin, wonach diese im Flug mehrfach begattet wird und erkannte das Geschlecht der Arbeiterinnen als verkümmerte Weibchen. Weiterhin wies er darauf hin, dass Arbeiterinnen bei langer Weisellosigkeit unbefruchtete Eier legen können, aus denen sich Drohnen entwickeln.[22] Im 19. Jahrhundert folgten wichtige Neuerungen in der technischen Bienenzucht (s. Kap. 2). Ein wichtiger Meilenstein der modernen Bienenhaltung war die Königinnenzucht, die Ende des 19. Jahrhunderts in Amerika bekannt wurde. Die Nachfrage nach italienischen Bienen war so groß, dass die Methode der Ablegerbildung nicht mehr ausreichte und ein effizienteres Verfahren entwickelt wurde. Etwa 1865 setzte Henry Alley[23] weisellosen Völkern schmale Zellstreifen mit eintägigen Larven zu, die das Bienenvolk zu Königinnenzellen auszog. Dieses Verfahren wurde später von Gilbert M. Doolittle (1846–1918)[24] verbessert, indem statt der Zellstreifen künstliche Weiselnäpfchen verwendet und in die von Hand je eintägige Larven transferiert wurden – eine Methode, die zum internationalen Standard wurde.[25] Die Bienenforschung entwickelte sich im 20. Jahrhundert rasant weiter und verband sich insbesondere mit dem Namen Karl von Frisch (1886–1982), der 1973 für die Entschlüsselung der Bienensprache[26] mit dem Nobelpreis ausgezeichnet wurde. Seine Probleme während des Nationalsozialismus[27] werden in Kap. 6 näher beleuchtet.

2 Bienenzucht für Kaiser und Vaterland

„Der deutsch-französische Krieg hatte für den Imker manches Interessante, wenn auch nichts Lehrreiches, da bekanntlich in Frankreich noch der alte Schlendrian herrscht und unsere Fortschritte und Forschungen dort gänzlich ignoriert werden", schrieb am 25. Januar 1871 der „Soldat und Imker" aus dem „ersten bayerischen Armeecorps" M. Weiß aus Berchtesgaden. Und weiter: „Um mehrfachen Anfragen wegen Bienenwohnungen zu begegnen, theile ich mit, daß der Verfertiger derselben, Herr Schreinermeister M. Scheifler, sich gegenwärtig noch immer bei der Belagerungsarmee vor Paris befindet, während ich in Folge einer am 1. Dezember bei Orgères erhaltenen Verwundung jetzt zur Reconvalescenz beurlaubt bin." Weiß machte außerdem auf eine besondere Art der „Kriegsführung" aufmerksam: „Interessant aber waren die zahlreichen Gefechte deutscher Truppen mit französischen Bienen, die uns zwar meistens s ü ß e Lorbeeren eintrugen, aber nur zu oft gänzlichen Mangel an technischer (imkerlicher) Ausbildung unserer Truppen im Kampfe gegen diese Waffengattung verriethen. [...] und es erfüllte mich ein gewisses Gefühl ‚Imkerstolz', wenn ich meine Kameraden, die Sieger von Wörth und Sedan, die Eroberer von Orleans, die im Kugelregen und Granatensplitterhagel muthig vorgingen, von den Bienen in die Flucht schlagen sah."[1] Im Spiegelsaal von Versailles erfolgte wenige Tage zuvor am 18. Januar 1871 die Proklamation des Preußenkönigs Wilhelm I. (1797–1888) zum Deutschen Kaiser (Abb. 1).

Das Deutsche Kaiserreich wurde 1871 nach dem Deutsch-Französischen Krieg 1870/71 ausgerufen. Der preußische Ministerpräsident Otto von Bismarck (1815–1898) hatte aus 25 Einzelstaaten eine Nation geformt, die für Jahrzehnte die Geschicke der Deutschen bestimmen sollte. Langwierige Verhandlungen zwischen Preußen und den Einzelstaaten, insbesondere Bayern, waren dem vorausgegangen. Die Regentschaft von Kaiser Wilhelm I., der seit 1861 Preußischer König war, dauerte bis zu seinem Tod im Jahr 1888. Wilhelm I. „hatte noch Napoleon gesehen und bezog politische Orientierung aus der Erinnerung an Befreiungskriege und die Revolution von 1848/49."[2] Sein Enkel, Wilhelm II. (1859–1941, Deutscher Kaiser 1888–1918), wurde nach nur 99 Tage währender Regierungszeit seines an Krebs erkrankten Vaters Friedrich III. (1831–1888) der letzte Kaiser des Deutschen Reichs. Das Kaiserreich sollte knappe 48 Jahre dauern. Es ist untergangen in der Kriegsniederlage des Ersten Weltkriegs und in der Revolution von 1918. „Die deutschen Historiker [...] haben das Kaiserreich beschrieben als eine in sich faszinierende Wandlungsepoche, in der sich der Übergang Deutschlands vom Agrar- zum Industriestaat vollzog, die Fundamentalpolitisierung mit Massenparteien, Verbänden, Wahlkämpfen und Großstreiks, der Aufbau des Interventions- und Wohlfahrtstaates, die Entstehung einer modernen Industriegesellschaft, der Durchbruch der Moderne in Literatur,

Leipziger Bienen-Zeitung.

April.	Heft 4.	1897.

Der Abdruck unserer Artikel ist nur mit vollständiger Quellenangabe („Leipziger Bienenzeitung") gestattet.

Kaiser Wilhelm I.

Abb. 1: Die Leipziger Bienen-Zeitung gedenkt dem 100. Geburtstag von Kaiser Wilhelm I. (22.3.1797–22.3.1897).

Musik und Kunst sowie der Massenkultur (Kino, Sport etc.).“[3] Mit der „äußeren“ Reichsgründung war nicht automatisch die „innere“ mit dem Aufbau reichsweiter Institutionen vollzogen. Dies bedurfte weiterer Gesetzgebungen, die besonders in den 1870er Jahren durchgeführt wurden. Für die Bienenzüchter in Deutschland bedeutete das neu geformte Kaiserreich des Jahres 1871 nicht gleichermaßen eine Zäsur im Hinblick auf ihre gesamtstaatliche Organisation, vielmehr befanden sie sich noch in einem Entwicklungsfluss, der einen paradigmatischen Ausgang von der Mitte des 19. Jahrhunderts nahm und noch etwa ein halbes Jahrhundert in Anspruch nehmen sollte, bis ein „Deutscher Imkerbund“ entstand. Dennoch gab das Jahr 1871 der Imkerschaft einen politischen Impuls, der allerdings noch nicht in einen Zusammenschluss münden sollte. Die Entwicklung des Bienenzuchtwesens hing eng mit Erfindungen innerhalb der Imkerei, neuen Imkermethoden und herausfordernden Beobachtungsmöglichkeiten zusammen. Folge waren lokale Zusammenschlüsse von Imkern, die Bildung von Imkervereinen und die Entstehung von Bienenzeitungen. Erst später formten sich größere Zusammenschlüsse der Imker, welche die Interessen der Imker noch stärker vertraten. Die Bienenzeitungen sind ein zentrales Spiegelbild der Themen, Auseinandersetzungen und Entwicklungen, welche die Imkerschaft beschäftigten und verdienen daher die Betrachtung an erster Stelle.

Bienenzeitung und Imkerverein – Sprachrohr und Austausch der Imker

Eine gute Übersicht über die „bienenwirtschaftlichen Zeitschriften“ in Deutschland von den Anfängen bis zu den ersten Jahren des Nationalsozialismus gibt die Dissertation von Herbert Graf aus dem Jahre 1935, die dem geschäftsführenden Präsidenten der Reichsfachgruppe Imker, „Herrn K. H. Kickhöffel in dankbarer Verehrung“[4] gewidmet wurde (s. Kap. 6). Diese Arbeit aus den Anfängen des Nationalsozialismus zeigt sich für den heutigen Leser ambivalent und verlangt eine differenzierte Betrachtung. Einerseits ist unverkennbar, dass das politische Modell des Nationalsozialismus gutgeheißen wurde, was eine besonders textkritische Herangehensweise an diese Arbeit voraussetzt. Andererseits ist sie für die Entwicklungsgeschichte der Bienenzeitungen eine wertvolle historische Quelle. Demnach gab es eine erste Phase der Periodika von 1766 bis 1838. Im Jahre 1766 erschien zum ersten Mal eine regelmäßig erscheinende Zeitschrift über Bienenzucht, die „Abhandlungen und Erfahrungen der Oeconomischen Bienengesellschaft in Oberlausitz, vom Jahre 1766, zur Aufnahme der Bienenzucht in Sachsen herausgegeben. Dresden 1766. In der Waltherischen Buchhandlung“. Im gleichen Jahr wurde der erste deutsche Bienenzüchterverein von Pfarrer Adam Gottlob Schirach, die Oberlausitzer Bienengesellschaft, mit folgenden Zielen gegründet:

> „Es verbindet sich hiermit eine Gesellschaft [...] unter der edlen Absicht, ihren und des Vaterlandes Nuzen zu befördern. Sie bestehet aus lauter Herren und Besizern derer Bienen [...] Also hat sie weder den Ackerbau noch das Gewerbe zu ihrem Gegenstande; sondern allein die Wartung und Pflegung der Bienen [...].“[5]

Diese Gründung regte eine weitere im Jahre 1767 an: die „Fränkisch physikalisch ökonomische Bienengesellschaft“ von Pfarrer Johann Leonhard Eyrich mit ebenfalls einer eigenen Zeitschrift. Die Mitarbeiter dieser Zeitschriften waren überwiegend Pfarrer. Eine weitere physikalische ökonomische Bienengesellschaft entstand 1769 in der Kurpfalz mit eigenen Publikationen. Als nächste periodische Veröffentlichungen erschienen 1802 erste bienenkundliche Aufsätze im „Journal für Bienenfreunde“ in Celle, 1805 im „Journal für Beobachtungen und Erfahrungen in der Bienenzucht“ in Württemberg und 1807 „der neue sächsische Bienenmeister“. Der erste Abschnitt der periodisch erscheinenden Bienenzuchtliteratur endet mit dem Jahr 1807.[6]

Ab 1838 beginnt ein neuer Abschnitt der bis heute regelmäßig erscheinenden Bienenzuchtzeitschriften mit dem „Monatsblatt für die gesammte Bienenzucht“, das der Lehrer Anton Vitzthum in Moosburg (Oberbayern) bis zu seinem Tod 1844 herausgab. In dieser Zeitschrift wurden insbesondere falsche Vorstellungen über die Entwicklung der Bienen korrigiert und größere Zusammenhänge aufgezeigt. 1845 wurde die „Bienenzeitung“, die spätere „Eichstädter“ oder „Nördlinger Bienenzeitung“ von dem Arzt Dr. Karl Barth (1796–1874) und dem Lehrer Andreas Schmid (1815–1881) gegründet, die sich zu einer berühmten deutschen Bienenzeitschrift entwickelte und den Mitarbeiterstab von Vitzthum zunächst übernahm. Die „Bienenzeitung“ wurde das große Sammelbecken für die vielfältigen Erfahrungen mit den Bienen. Ab November 1845 erhielt Pfarrer Johann Dzierzon (1811–1906) eine Kolumne „Der neue Bienenfreund“[7] in der Gartenzeitung „Vereinigte Frauendorfer Blätter“, die auf eine Initiative von Johann Evangelist Fürst (1784–1846) aus dem Jahr 1819 zurückging. In den Jahrzehnten davor gab es zwar berühmte Bienenzüchter, aber diese veröffentlichten ihre Erkenntnisse lediglich in Buchform, so dass ein lebendiger Austausch unter den Bienenzüchtern kaum zustande kam. Entscheidenden Rückenwind bekamen die Bienenzeitschriften durch wesentliche Entdeckungen in den fünfziger und sechziger Jahren des 19. Jahrhunderts[8]: die Wiederentdeckung und endgültige Durchführung des Mobilbaus durch Pfarrer Johann Dzierzon[9], die Erfindung der künstlichen Mittelwand 1857 durch den deutschen Imker und Schreiner Johannes Mehring (1815–1878)[10] und die Erfindung der Honigschleuder 1865 durch den österreichischen Major Franz Edler von Hruschka (1819–1888).[11] Die drei Erfindungen haben die Imkerschaft revolutioniert und die Bienenzeitschriften haben die schriftlichen Kommunikationsforen gebildet für die folgenden Auseinandersetzungen, die letztlich zu weiteren Entwicklungen führten. Nicht nur die Imkerpraxis wurde diskutiert, sondern auch theoretische Fragen, um die heftig gerungen wurde. Pfarrer Dzierzon war auch hier mit seiner Lehre bzw. seinem „Glaubensbekenntnis“ der Parthenogenese Vorreiter, die er in der „Bienen-Zeitung“ und in der Zeitschrift „Frauendorfer Blätter“ 1845 erstmals publizierte:

> „Indem ich voraussetze, [...] daß der Weiser, um tauglich zu sein, von einer Drohne befruchtet werden müsse, und daß die Begattung in der Luft geschehe, spreche ich die Ueberzeugung aus, woraus sich alle Erscheinungen und Räthsel vollkommen erklären lassen, daß die Drohneneier einer Befruchtung nicht bedürfen, die Mitwirkung der Drohnen aber schlechterdings nothwendig ist, wenn Arbeitsbienen erzeugt werden sollen."[12]
>
> „Bei der Begattung wird nicht der Eierstock befruchtet, sondern nur der sogenannte Samenbehälter gefüllt. Dieser muß auf jedes Ei wirken, woraus wieder eine Königin, oder in einer engeren Zelle, eine Arbeitsbiene werden soll. Wenn es aber, so wie es aus dem Eierstocke sich entwickelt, ohne alle Einwirkung Seiten des Samenhälters gelegt wird, weil diese Einwirkung entweder absichtlich von der Königin verhindert wird, wenn sie Eier in Drohnenzellen legt, oder gar nicht erfolgen kann, wie bei den unbefruchteteen Müttern, so ist es ein Drohnenei."[13]

Dzierzon entdeckte, dass eine Bienenkönigin Drohneneier legte, ohne zuvor einen Hochzeitsflug absolviert zu haben. Aus unbefruchteten Eizellen schlüpften offensichtlich männliche Bienen, die Drohnen: Ergebnis einer sogenannten Jungfernzeugung oder Parthenogenese. Indem er die Samenbehälter von befruchteten und unbefruchteten Königinnen gegen das Licht hielt, bemerkte er mit bloßem Auge den Unterschied. Dzierzon geriet aufgrund seiner Entdeckung mit der Kirche in Konflikt, die die Jungfernzeugung als ketzerische Gotteslästerung ansah. Unterstützung erhielt er durch den Bienenforscher und Erfinder des beweglichen Wabenrähmchens August von Berlepsch (1815–1877)[14]. Dieser veröffentlichte in der „Bienenzeitung" von 1852–1854 seine „apistischen Briefe", in denen alle neuen Erkenntnisse zur Bienenzucht zusammengestellt wurden. In die Auseinandersetzungen in der „Bienenzeitung" schalteten sich auf Bitte von von Berlepsch zwei Wissenschaftler ein, der Leipziger Zoologe Rudolf Leuckart (1822–1898) und der Münchner Zoologe Karl Theodor Ernst von Siebold (1804–1885), die diese Entdeckung 1855 durch mikroskopische Studien bestätigten. 1861 schließlich wurde ein Konzentrat der Aufsätze aus der „Bienenzeitung" in zweibändiger Buchform[15] veröffentlicht, das lange Zeit Beachtung fand. Ende der sechziger Jahre des 19. Jahrhunderts hatte „die großartige Vertiefung der *Theorie und Praxis* der Bienenzucht ihren Abschluß gefunden. Die jetzt folgende Periode kann man als die Zeit der Verbreitung bezeichnen."[16] Die Lehre Dzierzons von der Parthenogenese fand Eingang in die imkerlichen Lehrbücher, beipielsweise in das „Illustrierte Lehrbuch der Bienenzucht" von J. G. Beßler (1846–1901). Darin führte dieser aus:

> „Wie schon früher dargelegt wurde, befindet sich im Innern des Königinnenhinterleibes am Ausgang des innern Eileiters an der einen Seite die Samentasche, welche bei der Paarung die Samenflüssigkeit aufgenommen hat. Jedes abgelöste Ei muß beim Legen an der Samentasche vorbeipassieren und wird entweder befruchtet, d.h. mit der Samenflüssigkeit benetzt, wodurch ein Arbeitsbienen- oder Königinei entsteht; oder es hält die Königin die Schließmuskel des Samenbehälters bei Vorbeipassieren geschlossen, was ganz in ihrer Gewalt verbleibt, und es entsteht aus den auf diese Weise gelegten Eiern nur Drohnenbrut. Die Königin ist zwar gleich von ihrer Geburt an fähig, Eier zu legen, ohne vorausgegangene Begattung; aus diesen unbefruchteten Eiern entstehen aber nur Drohnen. Es ist dies eine wunderbare Thatsache, die man

> Parthenogenesis, d.h. jungfräuliche Zeugung heißt, welche, von Dr. Dzierzon zuerst herausgefunden, durch Dr. v. Siebold wissenschaftlich begründet wurde."[17]

Nach dem Erscheinen der „apistischen Briefe" gelang es der „Bienenzeitung" zunächst noch, die imkerlichen Leser an sich zu binden, war aber in den folgenden Jahrzehnten nicht mehr in der Lage den Leistungsstand zu halten und wurde schließlich 1899 eingestellt.[18] In schwieriges Fahrwasser geriet die „Bienenzeitung" Ende des 19. Jahrhunderts durch Ferdinand Dickel (1854–1917), der mehrere Jahre an der Hochschule Darmstadt Zoologie und Chemie studierte und 1897 die Redaktion der „Bienenzeitung" übernahm.[19] Dickel vertrat 1898 die Überzeugung, dass jedes Bienenei befruchtet sei und Anlagen für alle drei Bienenwesen enthalte. Durch eine gewisse Art der Einspeichelung der Eier hätten die Arbeitsbienen den bestimmenden Einfluss auf das Geschlecht. Im gleichen Jahr trug er seine Ideen auf der Wanderversammlung in Salzburg vehement vor und begründete seine Theorie, die auch von erfahrenen Praktikern Unterstützung fand.[20] Die nun folgende Auseinandersetzung zwischen Dickel und Dzierzon wurde in den Bienenzeitungen hoch emotional und verbissen ausgetragen und war sicherlich kein erfolgversprechendes Aushängeschild für die „Bienenzeitung". Hierzu bemerkte Graf, dass von Dickel die „Bienenzeitung" „zu einem rein polemischen Blatt für die Lehre von der Parthenogenesis gemacht [wurde], obwohl mit einem Blick zu erkennen war, daß dieser Weg nicht zu einer gedeihlichen Entwicklung des Blattes führen konnte."[21] Durch weitere Untersuchungen von Hans Nachtsheim (1890–1979) an der Universität München wurde später die Parthenogenese wissenschaftlich endgültig bestätigt. Seine Ergebnisse trug er am 26. Juli 1913 auf der Wanderversammlung deutscher, österreichischer und ungarischer Bienenzüchter in Berlin vor und veröffentlichte sie neben wissenschaftlichen Publikationen auch im „Bienenwirtschaftlichen Centralblatt". Dabei betonte er:

> „Es gibt wohl kaum eine Frage in der Bienenkunde, über die so viel diskutiert und geschrieben worden ist, wie über die Entstehung der drei verschiedenen Wesen im Bienenstaat. So ziemlich alle größeren Nationen haben sich an den Diskussionen über diese Frage beteiligt und Bienenzüchter wie Gelehrte suchten, ein jeder in seiner Weise, Beiträge zur Lösung des Problems zu liefern. […] Die Antworten, die die Untersucher auf diese Fragen gaben, waren sehr verschieden, sie widersprachen sich oft vollkommen, und der Kampf, den Dzierzon und seine Anhänger um ihre Lehre führen mußten, war oft heftig genug, und mehr als einmal schien es, als ob tatsächlich die Gegner die Oberhand gewinnen sollten. Heute indessen ist der lange Streit um die Entstehung der Drohnen endgültig zugunsten Dzierzons entschieden […]."[22]

Konkurrenz bekam die „Bienenzeitung" zudem durch zahlreiche kleinere Blätter und Verbandszeitschriften, die als Vereinsorgane zur Mitteilung und Belehrung im Zuge der zahlreichen Neugründungen von Bienenzuchtvereinen entstanden sind (z.B. „Bienennachrichten aus Preußen" 1850, „Der Bienenfreund aus Schlesien" 1854, „Pfälzer Bienenzeitung" 1861, „Der schlesische Imker" 1872, „Der Imkerbote" 1889, „Zeitschrift für Bienenzucht" 1891, „Die deutsche Bienenzucht in Theorie und Praxis" 1893). Diese hatten sich die Einführung der Betriebsweise Mobilbau zum

Ziel gesetzt. Einige markante Bienenzeitungen haben sich besonders hervorgetan. Dazu gehörten das 1864 gegründete „Bienenwirtschaftliche Centralblatt“, Organ des „bienenwirtschaftlichen Centralvereins für das Königreich Hannover“, das in seinen Statuten unter § 4 seine Zielsetzungen formulierte als eine

> „populäre, bienenwirtschaftliche, ausschließlich den Bedürfnissen hannoverscher Bienenwirte berechnete Zeitschrift, die ein Organ sämtlicher Vereine des Königreiches zur Förderung der apistischen Theorie und Praxis sein, und deshalb Nachrichten und Bekanntmachungen der einzelnen Vereine, sowie die neueren Beobachtungen und Erfahrungen auf bienenwirtschaftlichem Gebiete bringen und den Inhalt der vorhandenen Lehrbücher erläutern und ergänzen soll.“[23]

Nach Herbert Graf verstand es das „Centralblatt“ „sich der neuen politischen Lage nach 1870/71 besser anzupassen, es gewann immer mehr Verbreitung, indem es von anderen Vereinen ebenfalls als Vereinsorgan gehalten wurde.“[24] Mit der Gründung eines „deutschen bienenwirtschaftlichen Centralvereins“ neben der bereits bestehenden „Wanderversammlung deutscher Bienenwirte“ wurde das „Centralblatt“ zwar nicht Organ, aber Sprachrohr und erhielt dadurch eine herausragende Stellung unter den deutschen Bienenzeitschriften.[25] Die 1886 gegründete „Leipziger Bienen-Zeitung“ (ab Heft 10/1939: „Leipziger Bienenzeitung“) verdrängte das „Centralblatt“ später aus dieser exponierten Stellung, begünstigt durch „kluges, kaufmännisches Verhalten“ und „unterstützt durch einen sehr billigen Preis von 1,- Mark für das Jahr“. Zahlreiche Vereine bezogen nun verstärkt diese Bienenzeitschrift, die vor dem Ersten Weltkrieg der „Generalanzeiger unter den Bienenzeitungen [wurde], [...] aber dabei guten und reichlichen Inhalt [bot].“[26] Seit Ausgang des 19. Jahrhunderts bis mindestens zum Zeitpunkt der Dissertation von Herbert Graf im Jahre 1935 hielt die „Leipziger Bienen-Zeitung“ die höchste Auflage unter den Bienenzeitungen.[27] Auch während des Nationalsozialismus war sie ein herausstechendes Sprachrohr für die Ziele der Reichsfachgruppe Imker. Als rein wissenschaftliche Bienenzeitung erschien nach dem Eingehen der „Nördlinger Bienenzeitung“ im Jahr 1919 noch das von Ludwig Armbruster (s. Kap. 6) herausgegebene „Archiv für Bienenkunde“[28]. Nach dem Ersten Weltkrieg setzte ein Prozess der Reduzierung ein, der sich insbesondere auf die Zeitschriftenzahl in Süddeutschland auswirkte, wobei „Die Bayerische Biene“[29] eine herausragende Stellung innehatte.[30] Im Nationalsozialismus gab es einen tiefen Einschnitt bei den Bienenzeitungen. Die früheren „Mitteilungen“ des deutschen Imkerbundes wurden zum „Deutschen Imkerführer“ umgestaltet (s. Kap. 6).

Die Schriftleiter aller Bienenzeitschriften seit den Anfängen bis 1935 waren überwiegend Lehrer (etwa 48 Prozent unter 5 Jahre Redaktionstätigkeit, etwa 62 Prozent fünf und mehr Jahre Redaktionstätigkeit) und Pfarrer (etwa 17 Prozent unter 5 Jahre Redaktionstätigkeit, etwa 22 Prozent fünf und mehr Jahre Redaktionstätigkeit).[31]

Die wenigen Bienenzeitungen waren vor der Reichsgründung 1871 den gesetzlichen Bestimmungen der einzelnen Länder unterworfen. Eine einheitliche Regelung brachte am 7. Mai 1874 das Reichspressegesetz, wonach die Bienenzeitschriften zur „Presse im engeren Sinne (Zeitungen und Zeitschriften)“ gehörten. Das liberale

Pressegesetz gewährte den Bienenzeitschriften weitgehende Freiheiten.[32] Graf unterschied in seiner Dissertation von 1935 verschiedene Arten von Bienenzeitungen: die Verbandszeitschriften und die freien Zeitschriften. Die Verbandszeitschriften wandten sich an die organisierten Leser der Vereine und der Provinzial- oder Landesverbände. Im Nationalsozialismus waren es später die Landesfachgruppen und das gesamte Reich („Deutscher Imkerführer"). Bei den freien Zeitschriften konnten Systemzeitschriften (Vermittlung bestimmter Systeme oder Auffassungen), Anzeigenblätter (Anzeigengeschäft im Vordergrund) sowie allgemein bienenwirtschaftliche Zeitschriften (allgemein gehaltene Methoden und Mitteilungen) unterschieden werden.[33]

Trotz der Vielfalt der Bienenzeitschriften in den Anfängen ihrer Entstehung gab es große gemeinsame Querschnittsthemen über die Jahrzehnte, welche die einzelnen Blätter geprägt haben. Im Wesentlichen sind dies im Kaiserreich die Schaffung der modernen Grundlagen der Bienenzucht durch den Mobilbau und weitere technische Neuerungen sowie deren Verbreitung, die Lehre von der Parthenogenese bei der Honigbiene und weitere Erkenntnisse, die Bienenrassenfragen und züchterischen Bemühungen, die Bienenweide, die Organisationen der Imker und die Einigungsbestrebungen, die Bekämpfung der Bienenkrankheiten, die gesetzgeberischen Bemühungen um Bienenrecht, Zollfragen und Honigverfälschungen sowie die Auswirkungen des Ersten Weltkrieges auf die Bienenzucht. Neben diesen epochalen Themen, die die Bienenzucht beeinflusst haben, gab es eine Reihe von bienenwirtschaftlichen Sujets, die für die Imkerpraxis von Bedeutung waren[34]. Als Beispiel über die Themenspanne soll der Inhalt der „Leipziger BienenZeitung"[35] dienen, der für die Zeit um 1900 typisch war:

1. Geschichte der Bienenzucht.
2. Bienenrassen.
3. Eigenschaften der Biene.
4. Bienenweide.
5. Bienenfeinde.
6. Bienenkrankheiten und deren Heilung.
7. Bienenwohnungen und Geräte.
8. Behandlung der Biene.
8. Bienenprodukte und Verwertung derselben.
10. Ertrag der Bienenzucht.
11. Berichte über Versammlungen und Ausstellungen.
12. Bienenliteratur.
13. Apistisches Allerlei.

Der „Bienenvater“ – Harmoniebestrebungen und „Kriegsgeschrei“

Der Begriff des „Bienenvaters“ findet sich in alten Imkerbüchern wieder, wie beispielsweise „Klaus, der Bienenvater aus Böhmen“ von Johann Nep. Oettl (1801–1866)[36]. Johann Dzierzon beispielsweise wurde als „schlesischer Bienenvater“ bezeichnet oder Ferdinand Gerstung war der „Thüringer Bienenvater“. „Bienenvater“ ist auch der Titel der 1867 gegründeten Zeitschrift des Österreichischen Imkerbunds. Das Bild des sorgenden „Bienenvaters“ in seinem beschaulichen Bienengarten, der über die Wunder der Schöpfung sinnierte, wurde zum Inbegriff der patriarchalischen Familienstruktur im Bürgertum. Mit dieser Idylle verbanden sich Eigenschaften des Bienenvolkes wie Häuslichkeit, Sparsamkeit, Fleiß und Treue, die als Vorbilder bürgerlicher Tugenden galten. Der Imker schätzte sein beschauliches Dasein in seiner „kleinen Welt für sich“, begleitet von einem wohnlich eingerichteten Bienenhaus, umgeben von einem Bienengarten. So waren die Lebensumstände des Industriezeitalters besser auszuhalten (Abb. 2).

In einem Aufsatz aus dem Jahre 1911 hieß es:

> „Es ist bekannt, daß in manchen Gegenden Deutschlands noch heute die alte schöne Sitte besteht, daß, wenn der Bienenvater auf immer für diese Erde die Augen geschlossen hat, seine Frau oder sein Sohn hinaus auf den Bienenstand geht, an jeden Bienenstock dreimal anklopft und es den Bienen ansagt: ‚Der Vater ist tot!‘“[37]

Und in dem gleichen Beitrag hieß es unter Würdigung eines „Bienenvaters“ weiter:

> „Ich maße mir an, beim Blick auf meine lieben, werten Thüringer Imkerfreunde, von denen ich so manches liebe, bekannte Gesicht vor mir sehe, beim Blick auf euch Imker aus der guten Weilingerschen[38] Schule zu sagen: ‚Ja, ihr seid solche Imker von altem, echtem Schrot und Korn; Männer, die mit unserem teuren, unvergeßlichen Imkervater so sprechen gelernt haben, denen die Bienenzucht längst edle Herzenssache geworden ist, eine Lebensfrage von höchstem Werte; Männer, die dabei bleiben, treu und fest, beharrlich und unbeirrt, ganze Männer, ganze Imker!‘“[39]

Auch Graf widmete sich in seiner Disseration dem Begriff des „Bienen v a t e r s“.[40] In dieser alten Bezeichnung für den Imker spiegelte sich das besondere Verhältnis des Bienenzüchters zu seinen Bienen wider, worauf auch der freikonservative Abgeordnete Wilhelm August Otto Varenhorst (1865–1944)[41] in seiner Rede im Preußischen Landtag vom 11. Januar 1911 (Bienenzuchtakte des Landtages) hinwies:

> „Der richtige Bienenzüchter ist ein wahrhaft guter und ordnungsliebender Mensch und Freund der Natur. Die Beschäftigung mit seinen Bienen ist ihm eine Lieblingsbeschäftigung, die er dem Spiel und Tanz vorzieht. Der Imker kennt darum seine Bienen, ihr Wesen und ihr Treiben; er macht bei ihnen Beobachtungen, Studien und Erfahrungen, die über das Niveau des Durchschnitts-Sterblichen weit hinaus gehen. Der Aufenthalt in der Natur, in der einsamen Heide, im friedlichen Moor, wo man Gottes Schalten und Walten beobachten kann, ist für den Imker ein Stück Gottesdienst. Gar manchen hat die Beschäftigung mit seinen Bienen bereits von der verderblichen Landflucht bewahrt.“[42]

Der Bienenvater. Originalzeichnung von F. Ortlieb.

Abb. 2: Der Bienenvater aus der Leipziger Bienen-Zeitung (1887).

Mit dem Aufkommen der Bienenzüchtervereine und den organisierten Zusammenschlüssen von einzelnen Vereinen zu größeren Einheiten rückte das Vereinsleben mehr und mehr in den Vordergrund. In einem Beitrag von Pfarrer A. Weilinger aus Dorndorf aus dem Jahr 1893 in der „Leipziger Bienen-Zeitung“ mit dem Titel „Aufgaben und Früchte der Bienenzüchtervereine“ hebt dieser hervor, „daß in der That das Zusammenleben und Zusammengehen der Bienenzüchter wie ein Naturgesetz die Imkerwelt regiert“.[43] Und Weilinger führte weiter aus:

> „Denn ein solcher Verein soll und muß sein in erster Linie ein Herd des Volkslebens, ein Kern- und Quellpunkt für den echten Bürgersinn, der ein Gemeingut aller ist und in ganz derselben Grundform ebenso sehr dem Studierten und Beamten, wie dem Handwerker, Landmann und Tagelöhner ein ethisches Lebensbedürfnis ist.“[44]

Weilinger beschwor als „Hauptaufgabe des Vereinslebens, das innige, echt brüderliche Zusammenstehen der Mitglieder“:[45]

> „Und doch ist es so – Gott sei Dank, daß es so ist! – es existiert bei uns eine Gemeinsamkeit des Gedankenstreits so frisch und kräftig, wie bei keinem anderen Vereinsleben. Es ist ein Lebensbrot, an dem wir alle mit unserem inwendigen Menschen zehren, es ist ein gemeinsamer, geistiger Boden, auf dem wir alle gleichermaßen mit unseren Herzen wurzeln und wachsen: Die tief innere Lust und Liebe zur Biene und ihrer Zucht. Daß wir uns hingeben und aufopfern können für unsere Völker, daß keiner unter uns ist, der nicht seinen letzten Honigrest und das letzte Zuckerstückchen, daß er auftreiben kann, von Herzen gern daran wenden wollte, um seine Bienen am Leben und im Gedeihen zu erhalten: ja, das ist vorhanden, das ist in allen gleichermaßen lebendig. Das ist's, was alle Standes-, Alters- und Lebensunterschiede unter uns ausgleicht und uns als echte Brüder bei einander stehen läßt! [...] man wird mir wohl gestatten, daß ich mit den mir vertrautesten Worten das bezeichne, was ich als Hauptaufgabe und Hauptfrucht unserer Bienenzüchtervereine ansehen muß. Und was ist das? [...] warme, echte Brüderlichkeit in Wort und That, warme, echte Brüderlichkeit besonders in der Gesinnung und Gemütsverfassung aller, aller Vereinsgenossen. “[46]

Ferdinand Gerstung (1860–1925) strich in seinem Werk „Der Bien und seine Zucht“ die „soziale Bedeutung“ und die integrative Wirkung der Bienenzucht heraus:

> „Nicht unerwähnt darf [...] bleiben die soziale Bedeutung der Bienenzucht, man braucht nur die Berufsarten der Mitglieder eines Bienenzuchtvereins einmal zu betrachten, um wahrzunehmen, daß die Bienenzucht alle Schichten unseres Volkes innig verbindet, da sitzt der Gelehrte mit dem Arbeiter, der Städter mit dem Dorfbewohner, der Reiche mit dem Armen zusammen, als ob die sozialen Unterschiede überhaupt nicht beständen. Besonders bedeutsam ist es, daß sich bei allem Trennenden, was heute die Konfessionen mit sich bringen, doch die Vertreter aller Konfessionen durch die gemeinsame Liebe zur Biene sich verbunden wissen. Die Bienenzucht ist ein neutraler, gemeinsamer Boden, auf dem sich viele zusammenfinden, die sonst im Leben durch wirtschaftliche und andere tiefe Gegensätze getrennt sind.“[47]

Idylle und Harmoniebestrebungen bei den Imkern war die eine Seite der Medaille. Auf der anderen Seite waren Auseinandersetzungen um Imkermethoden oder wissenschaftliche Anschauungen in den Bienenzeitungen auf der Tagesordnung und haben sicherlich auch zur Weiterentwicklung der Bienenzucht beigetragen. Symptomatisch dürfte die Formulierung in August Ludwigs Veröffentlichung „Am Bienenstand“ sein: „Die Verhältnisse in der deutschen Imkerschaft sind jedoch derartige, daß man ungemein vorsichtig sein muß, wenn man sich nicht einem dauerhaften Federkrieg aussetzen will, den ich zwar nicht fürchte, für den mir aber die Neigung fehlt.“[48] Die Diskussion um die „Dickel'sche Lehre“ am Ende des 19. Jahrhunderts beispielsweise, die sich gegen Dzierzons Lehre der Parthenogenese richtete, verlief breit und in aller Schärfe bis ins Persönliche und wurde insbesondere in der „Bienenzeitung“ ausgetragen. Die Auseinandersetzung veranschaulicht die Tiefe des Streits, der sogar zum „Krieg“[49] hochstilisiert wurde. „Wenn man alle Schlachtberichte wörtlich nehmen wollte, so lebte von den Bienengrößen bald keiner mehr; denn sie sind alle im Laufe der Zeit mehrmals gekreuzigt, angenagelt, abgehalftert, kaltgestellt – meinetwegen auf Eis – usw. [...] Noch aber ist der Boden nicht verloren, noch ist die richtige Tonart bekannt [...]“[50] schrieb 1909 Wilhelm Harney (1875–1957), worauf die Redaktion der „Deutschen illustrierten Bienenzeitung“ anmerkte: „Der Artikel ist uns aus der Seele heraus geschrieben. Wenn doch recht viele, wenn doch alle so dächten; dann würde uns die große, die unendlich aufreibende Arbeit fortfallen: in den eingehenden Manuskripten beleidigende Worte, Redewendungen und ganze Sätze zu streichen, um uns nicht selbst durch Verbreitung von Beleidigungen strafbar zu machen. [...]“[51] Besonders auf Funktionärsebene waren Intrigen, Missgunst, Streit, Eitelkeiten, Selbstdarstellungen, Profilierungssucht und persönliche Verletzungen nicht selten, was die Geschichte der Imkerzusammenschlüsse unmissverständlich vor Augen führt.

Von Zeidlergilden und Bienengesellschaften

Zum Verständnis der Imkerzusammenschlüsse im Deutschen Kaiserreich ist ein kurzer historischer Blick zurück hilfreich. Bereits im Mittelalter, als die Waldbienenzucht in hoher Blüte stand, schlossen sich die Waldbienenzüchter einer Gegend zu einer Zunft oder Gilde zusammen, den Zeidlergilden. Diesen standen die Zeidlermeister vor. Die Zeidlergilden waren häufig relativ mächtig, hatten bestimmte Rechte und Pflichten gegenüber der Obrigkeit und übten auch eine eigene niedere Gerichtsbarkeit aus. Das Zeidlerwesen verschwand weitgehend schleichend mit dem Verfall der Zünfte in Abhängigkeit mit der Umwandlung von Waldflächen in Ackerland. Auch die Einfuhr von Rohrzucker hat den Niedergang begünstigt. Der Dreißigjährige Krieg von 1618–1648 und das damit verbundene Niederbrennen großer Waldflächen wirkte sich zudem sehr nachteilig auf die Waldbienenzucht aus.[52]

Zur Steigerung der Staatseinnahmen haben im 18. Jahrhundert viele Regierungen versucht, wirtschaftspolitische Maßnahmen durchzusetzen. Hierzu gehörte die Erhebung von Einfuhrzöllen und Steuern auf ausländische Produkte bis hin zu Einfuhrverboten. 1721 beispielsweise hatte bereits Brandenburg-Preußen die Einfuhr von billigem polnischen Getreide erschwert.[53] Bis zur zweiten Hälfte des

18. Jahrhunderts setzte sich in den absolutistischen Staaten Europas und in der Epoche des Frühkapitalismus eine Wirtschaftspolitik durch, die als „Merkantilismus" bezeichnet wird. Gemeinsames Merkmal der merkantilistischen Wirtschaftspolitik war die größtmögliche Förderung der produktiven Kräfte im Inland und die Erwirtschaftung von Überschüssen im Ausland. Die Regierungen unterstützten diese Ziele durch aktive Intervention, indem sie den Export von Fertigwaren förderten und den Import hemmten. Zur Förderung der heimischen Wirtschaft und Landwirtschaft gehörten Maßnahmen wie Subventionen und Steuerprivilegien. Da die Bienenzucht auch zur Landwirtschaft gehörte, war sie von den wirtschaftspolitischen Maßnahmen betroffen. Mit Prämienzahlungen der jeweiligen Landesherren wurden im 18. Jahrhundert die Bienenzüchter gefördert, so zum Beispiel durch die Kriegs- und Domänenkammer des merkantilistisch geprägten preußischen Staates.[54] „In Preußen mussten die Geistlichen auf Anordnung Friedrichs des Großen zweimal im Jahr von den Kanzeln herab den Bauern den Betrieb der Bienenzucht empfehlen."[55] Geistliche selbst waren damals überhaupt die eifrigsten Bienenzüchter in Wort, Schrift und Tat. Ganz besonders tat sich Adam Gottlob Schirach (1724–1773), Pastor in Kleinbautzen in der Oberlausitz, hervor. Dieser gründete 1766 die „Physikalisch-ökonomische Bienengesellschaft in Oberlausitz", in die nur Imker aufgenommen wurde.[56] Diese Bienengesellschaft regte die Gründung weiterer an, beispielsweise in Kaiserslautern, Franken und München, deren Gründer zunächst Mitglied in der Oberlausitzer Bienengesellschaft waren.[57] Die „Bienengesellschaften" standen in regem schriftlichen Austausch und wirkten sich auf die Ausbreitung der Bienenzucht sehr positiv aus. Die Kriegsereignisse in Europa seit der Französischen Revolution bis 1815 setzten allerdings auch den Bienengesellschaften ein Ende.[58]

Organisation macht stark

Wie bereits aufgezeigt wurde, waren protektionistische Maßnahmen auch im 19. Jahrhundert nicht unüblich. Besonders in der zweiten Hälfte des 19. Jahrhunderts hatten die politischen Veränderungen ebenfalls Auswirkungen auf die Imker. Die Aufklärung, die napoleonische Gesetzgebung und Veränderungen in der deutschen Gesetzgebung haben auch das Vereinsrecht und die Gewerbefreiheit beeinflusst. Ansprechpartner für Fördermaßen waren nicht mehr die einzelnen Imker, sondern die Vereine.

Wanderversammlungen und deutsches Nationalbewußtsein

Die Zeit der Erfindungen und Entdeckungen in der Bienenzucht Mitte des 19. Jahrhunderts brachte eine weitere Anregung hervor, nämlich die Gründung eines Wandervereins. Die Idee entstand in Eisenach von Andreas Schmid, seit 1845 Herausgeber der „Eichstädter Bienenzeitung“ und begeisterter Anhänger Dzierzons, und von dem Appellationsgerichts-Vizepräsidenten Ferdinand Benjamin Busch (1797–1876)[59]. In Nummer 1 der „Bienenzeitung“ von 1850 erschien ein entsprechender von Dzierzon unterstützter Aufruf, dem am 10. und 11. September desselben Jahres 68 Imker aus allen Teilen Deutschlands nach Arnstadt in Thüringen folgten:[60]

> „Aus allen Gauen werden Männer zusammenkommen, die sich längst achten und schätzen und werden persönlich neue Mitteilungen machen, wie sie schriftlich schon seit Jahren getan [...] Der Zweck der Versammlung ist Beförderung der Bienenzucht im Allgemeinen, insbesondere durch Gründung eines Centralvereins, welchem die Bienenzeitung als Organ dient; Errichtung von Specialvereinen und Ausbildung der Bienenzucht (einschließlich der Kenntnis der Naturgeschichte der Bienen) in theoretischer und praktischer Hinsicht. Zugleich soll die Versammlung zur persönlichen Befreundung der voneinander entfernt wohnenden Bienenwirthe dienen.“[61]

Als öffentliches Organ der Versammlung sollte die „Bienenzeitung“ dienen, deren Redakteur Schmid den Anstoß für die Versammlung gab. So entstand die Gründung der „Wanderversammlung“. Für die Zukunft wurden jährliche Treffen vereinbart sowie ein Statut ausgearbeitet, das in der „Bienenzeitung“ Nr. 20 vom 15. Oktober 1850 als Beilage veröffentlicht wurde:

> „§ 1: Der Zweck der Wanderversammlung ist:
> 1. die deutschen Bienenwirte persönlich miteinander bekannt zu machen, zu befreunden und dadurch zu einem geeinten Wirken geneigt zu machen.
> 2. Die Bienenpflege zu fördern, wobei
> 3. Der Wanderbienenwirthverein zugleich auch den Mittelpunkt bilden soll, in welchem die einzelnen Vereine, die in den verschiedenen Landesteilen bereits bestehen, oder sich noch bilden, ihren Einigungspunkt finden.
>
> § 8: Öffentliches Organ der Versammlung.
> Das öffentliche Organ der Versammlung ist die jetzige Bienenzeitung, neben welcher kein anderes gleichartiges Blatt in Deutschland weder durch Versammlung, noch durch deren einzelne Mitglieder mittelst Inserate unterstützt und gefördert werden soll.“[62]

Seit 1872 hatte die Wanderversammlung den Titel „Wanderversammlung deutscher und österreichischer Bienenwirthe“ angenommen. Da Österreich-Ungarn eine einheitliche Monarchie war, wurde ab 1886 der Titel zu „Deutsche, österreichische und ungarische Wanderversammlung“ erweitert. Abwechselnd trafen die Imker sich in Deutschland und Österreich-Ungarn und tauschten sich über wissenschaftliche und praktische Fragen aus. „Die Wanderversammlung [...] hat ein halbes Jahrhundert lang die Imkeröffentlichkeit hüben und drüben beherrscht. Jede einzelne Wanderversammlung bildete gewissermaßen die Arena zur Austragung der Geisteskämpfe zwischen den hervorragendsten Vertretern der Wissenschaft und Praxis.“[63] In der 1885 erschienen „Geschichte der Bienenzucht“ von J. G. Beßler wurde die Wanderversammlung im Sinne der Stärkung des deutschen Nationalbewusstseins folgendermaßen gewürdigt:

> „In den alljährlichen Versammlungen der deutschen und österreichischen Bienenwirte war sozusagen jedesmal die öffentliche Meinung auf dem apistischen Gebiete vertreten und zwar jene gesunde öffentliche Meinung, die aus wissenschaftlicher und sittlicher Bildung erwächst. Sie bildete deshalb eine geistige Macht, die sich um so wirksamer zu entfalten vermochte, als auch deutsche Fürsten und Staatsregierungen, sowie landwirtschaftliche Vereine teils durch Subventionen, teils durch Absendung stellvertretender Abgeordneten an ihren Bestrebungen teilnahmen. In dieser Thatsache lag ein für das deutsche Nationalbewußtsein ehrender Beweis von Anerkennung der geistigen Kräfte, welche in diesen Wanderversammlungen ihren Brennpunkt fanden und von da aus ihre wohlthätigen und belebenden Strahlen auf die materiellen Interessen zurückwarfen.
>
> Sie gaben Gelegenheit zur Anknüpfung und Fortsetzung persönlicher Bekanntschaften und ebendadurch zum ungezwungenen und doppelt befruchtenden Ideenaustausch; sie bereicherten die Litteratur und riefen durch ausgesetzte Preise manch wertvolle Schrift und Erfindung hervor. Sie hatten ferner große Ausstellungen in ihrem Gefolge und vermittelten insofern alle die wesentlichen Vorteile, welche mit Ausstellungen verknüpft sind. Die geistige Saat, welche durch sie gestreut wurde, verbreitet sich schnell über ganz Deutschland und Österreich und wuchs zu dem mächtigen Baume heran, dessen köstliche Frucht für unsere Nachkommen ein nimmerversiegender Born des Wohlstandes sowie der sittlichen und geistigen Anregungen zu bleiben verspricht.“[64]

Die Struktur der Wanderversammlung hatte allerdings Grenzen: Die Wanderversammlung hatte nicht wie bei einem regulären Verein feste Mitglieder, regelmäßige Beitragszahlungen und eine beständige Leitung. Auch die „Bienenzeitung“ hatte von diesem Konstrukt nur begrenzt profitiert, da ein direkter Mitgliederbezug nicht gegeben war. So hieß es in der von August Bohnenstengel 1932 erschienenen Schrift „Der Deutsche Imkerbund“:

> „Dieses nur lose zusammenhängende internationale Gebilde, dessen Mitglieder, wenn man von solchen sprechen darf, sich aus einander widersprechenden Gebieten rekrutierten, konnte unmöglich in einem Atemzuge die verschiedenen wirtschaftspolitischen und wirtschaftlichen Interessen der Imker der damaligen vielen deutschen Kleinstaaten und die der Imker Österreich-Ungarns vertreten. Auch den durch die Ereignisse von 1870/71 eingetretenen politischen Veränderungen trug man keine Rechnung: man versäumte die Zusammenfassung aller deutschen Imker zu einem großen Block“.[65]

Je nach Tagungsort wechselte die Zahl der Teilnehmer der Wanderversammlungen, die durchschnittlich 200 bis 300 Besucher hatten. Eine besonders große Teilnehmerzahl hatte die Versammlung in Halle im Jahr 1874 mit 1150 Teilnehmern.[66] Von 1850 bis 1871 hießen die Wanderversammlungen „Wanderversammlung deutscher Bienenwirthe“, von 1872 bis 1885 „Wanderversammlung deutsch-österreichischer

Bienenwirthe" und ab 1886 „Deutsche, österreichische und ungarische Wanderversammlung".

Einige Tagungen ragten besonders heraus: Auf der Wanderversammlung 1858 in Stuttgart zeigte der Schreinermeister Mehring erstmals seine künstlichen Mittelwände und 1865 in Brünn führte Major Hruschka seine Honigschleuder zum ersten Mal vor. Grundsätzlich können zwei wesentliche Zeitabschnitte der Wanderversammlungen unterschieden werden: die Phase von 1850 bis 1880 und die Phase von 1880 bis 1899.[67] Die erste Phase wurde von theoretischen und praktischen Themen bestimmt, die auch in der „Bienenzeitung" behandelt wurden. Gefeierter Mittelpunkt dieser Tagungen war Pfarrer Dzierzon, über den es in der „Bienenzeitung" 1851 hieß:

> „Neben sitzt ein Weitgereister,
> Deutschlands erster Bienenmeister."[68]

Organisatorisch zeigten sich allerdings Mängel des Wanderversammlungskonstrukts, die von einer Kommission bearbeitet werden sollten, aber die keiner entscheidenden Lösung zugeführt wurden.[69] „So stand auf der Zusammenkunft nach Gotha 1865 in Brünn die Frage zur Diskussion: ‚Ist es wahr, daß die Wanderversammlungen ohne allen inneren Halt sind, und wenn dem so sein sollte, wie kann geholfen werden?' Diese Frage kam überhaupt nicht zur Debatte."[70] Auf der 16. Wanderversammlung 1869 in Nürnberg wurde der Herausgeber der „Bienenzeitung", Andreas Schmid, zum ständigen zweiten Präsidenten der Wanderversammlung gewählt (1881 übernahm Fr. W. Vogel diese Aufgaben). Während alle Vorschläge zur Änderung der Organisationsstruktur vereinsorganisatorische Gründe hatten, war nach dem Deutsch-Französischen Krieg 1870/71, der Proklamation Wilhelms I. zum Deutschen Kaiser und der Gründung des Deutschen Kaiserreichs 1871 durch Bismarck eine grundsätzlich neue politische Lage entstanden, auf die in der „Bienenzeitung" anlässlich der 17. Wanderversammlung in Kiel folgendermaßen hingewiesen wurde:

> „Charakteristisch, wie ja bisher jede Wanderversammlung deutscher Bienenwirthe seit der Zeit ihres Bestehens ihr besonderes characteristicum gehabt hat, – charakteristisch für die Wanderversammlung zu Kiel war es, daß dieselbe unter dem Eindruck des glücklich wieder erlangten Friedens und Angesichts der erhebenden Thatsache des nunmehr geeinigten deutschen Vaterlandes abgehalten werden konnte; daher auch die Freude des Wiedersehens da droben am Ostseestrande, in der Metropole eines regen geistigen Leben auf historisch geweihtem Boden, um so heller aufloderte, als der vorausgegangene schreckliche Krieg die so lang ersehnte Befriedigung des Herzens, ähnlich wie vor der Wanderversammlung in Darmstadt, wieder um ein ganzes Jahr aufgehalten hatte."[71]

Anlässlich der Kieler Tagung 1871 hielt Dr. Franz Xaver Ziwansky (1817–1873) als Vizepräsident für den erkrankten Andreas Schmid vor den etwa 400 Teilnehmern einen beachtlichen Vortrag mit der Fragestellung „Wie sollen die Bienenzüchtervereine organisirt sein, um ihre Aufgabe – Hebung der Bienenwirthschaft – rasch und sicher zu lösen?"[72] Der ehemalige Regimentsarzt Ziwansky war zusammen mit dem Prälat des Augustiner-Stifts, Gregor Mendel (1822–1884)[73], als Vertreter des „Mährisch-Schlesischen Bienenzüchter-Vereins" zu Brünn nach Kiel gekommen.[74] Ziwansky forderte die Bildung von Landesvereinen und zugeordneten Ortsvereinen, eine straffe Organisation und effektive Vereinsleitung, eine effektive Finanzstruktur, Vereinszeitschriften der Landesvereine und Lehrkurse für Bienenzucht. Mit Blick auf die Wanderversammlung führte Ziwansky Folgendes aus:

> „Es ist hier am Platze, darauf anzutragen, daß die P.T. heutige Wanderversammlung beschließe, einen wirklichen Wanderverein deutscher Bienenwirthe ins Leben zu rufen. Ein solcher besteht in der That bisher nicht. Denn die Wander-Versammlungen werden nach der bisherigen Gepflogenheit ausgeschrieben, es ist einer gewissen Willkür überlassen, Programmfragen einzusenden. Wer die Versammlung besucht, ist eben da, und fühlt sich nicht gebunden, eine folgende wieder zu besuchen; die auf einander folgenden Versammlungen sind nicht mit einander verkettet; es besteht keine normirte Geschäftsordnung für die Versammlungen u.s.w. Viele gewiegte Bienenzüchter sind mit Recht der Ansicht, daß die Wanderversammlungen Größeres leisten könnten, wenn sie von einem, auf Grund von praktischen Statuten bestehenden Wander-Vereine abgehalten würden. Der Wander-Verein könnte als die oberste entscheidende Fachkörperschaft bestehen, an die man sich in wichtigen Angelegenheiten um Auskünfte wenden könnte u.s.w."[75]

Im Anschluss an den Vortrag wurde ein Antrag gestellt, eine „Commission" zu ernennen, die bis zur nächsten Wanderversammlung einen „Organisationsplan" ausarbeiten sollte. Der Antrag wurde einstimmig angenommen und in die „Commission" wurden gewählt: Dr. Franz Xaver Ziwansky (1817–1873; Brünn), Seminarpräfekt Andreas Schmid (1815–1881; Eichstädt), Pfarrer Dr. Johann Dzierzon (1811–1906; Karlsmarkt), Pastor Georg Christian Deichert (1814–1886; Groß-Buseck bei Gießen)[76], Dr. August Pollmann (1812–1898, Poppelsdorf)[77], Gustav Dathe (1813–1880; Eystrup)[78], Dr. Königsberger, Prof. Rudolf Leuckart (1822–1898; Leipzig)[79] und Busch (Hünefeld). „Hiermit war die Sache für längere Zeit abgetan; denn die Kommission erstattete wohl Bericht, aber in der Wanderversammlung selbst kam man zu keiner klaren Stellungnahme."[80] 1873 verstarb Ziwansky und weitere Vorstöße in dieser Richtung in späteren Wanderversammlungen verpufften. Ziwanskys Prognose hatte sich insofern bewahrheitet, als die Wanderversammlungen weite Imkerkreise angesprochen haben, Erkenntnisse der Bienenzucht verbreitet wurden, zahlreiche Imkervereine entstanden sind, die in Landesvereinen zusammengefasst wurden – nur fehlte eben die „oberste entscheidende Fachkörperschaft". Auch entstanden viele kleine Vereinsblätter, die wissenschaftlich keine Rolle spielten, jedoch vereinspolitische Ziele verfolgten und aus denen die „Bienenzeitung" herausragte.[81] Schmid war in Personalunion zweiter Präsident und einziges ständiges Mitglied der Wanderversammlung sowie gleichzeitig Redakteur der „Bienenzeitung", was zwar einerseits eine gewisse Kontinuität und Stabilität brachte. Andererseits waren alle Angriffe auf die Wanderversammlung zugleich Angriffe auf die „Bienenzeitung", deren Einfluss geschmälert wurde.[82] Die Interessen der Imker wurden von der „Wanderversammlung" nicht wirksam genug verfolgt und den kleinen Vereinen überlassen: „Es fehlt an einem vernünftigen Arbeitsausschuß, der die bisher erzielten Ergebnisse festhält, sie verwertet und darauf weiter baut."[83] Wanderversammlung und „Bienenzeitung" bildeten gewissermaßen eine Einheit. Als die „Bienenzeitung" 1899 einging hatte auch die Wanderversammlung kein Organ mehr, das „alle führenden Imker zusammenhielt"[84]. Herbert Graf bewertete die Bedeutung der „Bienenzeitung" unter dem Gesichtspunkt der „nationalen Zusammengehörigkeit" folgendermaßen:

> „In diesem Zusammenhange ist besonders wichtig, auch auf die nationale Bedeutung hinzuweisen, die in diesem Zusammenfassen aller Bienenwirte durch Zeitschrift und Wanderversammlung liegt. Lange vor der Reichsgründung, seit 1850, griff die ‚Bienenzeitung' über die einzelnen Landesgrenzen hinweg und förderte, unbewußt und ungewollt, den Gedanken der nationalen Zusammengehörigkeit. Die Arbeit der Wanderversammlung, die kreuz und quer innerhalb des ganzen Reiches wanderte, lag in derselben Richtung, so daß man für diese Arbeit der ‚Bienenzeitung' ohne weiteres die Bezeichnung politisch anwenden kann."[85]

1880 – Der entscheidende Durchbruch

Es war nur eine Frage der Zeit, wann die beschriebene Entwicklung der Wanderversammlungen logischerweise der Idee eines großen „Zentralvereins" zum Durchbruch verhalf. Das Jahr 1880 brachte den entscheidenden Wendepunkt: In jenem Jahr fand in Köln vom 5. bis 9. September die 25. Wanderversammlung statt. Pfarrer Berthold Rabbow (1829–1909), Schrift- und Geschäftsführer des „Baltischen Zentralvereins", stellte den Antrag zur Gründung eines „Deutschen bienenwirtschaftlichen Zentralvereins" aufgrund dessen diese vollzogen wurde. Rabbow übernahm zunächst vorläufig, dann 1881 in Erfurt gewählt den Vorsitz bis 1895; Hauptlehrer Georg Lehzen (1834–1910) aus Hannover wurde zweiter Vorsitzender. Der Honiggroßhändler und Bienenwirt Hermann Gühler in Treptow bei Berlin wurde Kassierer: „[...] durch Wort und Schrift trat er bei jeder passenden Gelegenheit für den völligen Zusammenschluß aller deutschen Imker und für einen ausgedehnten Schutz des deutschen Honigs ein."[86] Auf der 26. Wanderversammlung in Erfurt waren bereits 14 Hauptvereine mit rund 13 000 Mitgliedern dem Zentralverein beigetreten, der die erste Vertreterversammlung durchführte. In den Statuten hieß es unter § 5: „Die Versammlungen, bei denen jeder legitimierte Vertreter der Mitgliedervereine Sitz und Stimme hat, finden in der Regel bei Gelegenheit der Wanderversammlungen deutscher und österreichischer Bienenwirte statt."[87] „Was die Wanderversammlung seit 1871 nicht hatte erreichen können: die Gründung eines deutschen Zentralvereins zur einheitlichen Vertretung der rein deutschen Interessen, hier war es ohne die Führer der Wanderversammlung und gegen deren Willen Tatsache geworden."[88] Dominierende Themen auf den Tagungen des Zentralvereins waren natürlich Fragen aus Theorie und Praxis sowie besonders rechtliche Fragen wie Zollschutzthemen, Bienen- und Seuchenrecht, Nachbarrecht sowie Schutz gegen Kunsthonig usw. Reichstag und Reichsregierung wurden stets die Entschließungen des Zentralvereins zugeleitet.

Friedrich Wilhelm Vogel, der in Erfurt die Schriftleitung der „Bienenzeitung" übernahm, intrigierte gegen den „Zentralverein". In einem Beitrag von Wilhelm Günther (1833–1910), den er vorgeschoben hatte, wurden die Vorstandsmitglieder des Zentralvereins angegriffen und zudem wurden die Vereine aufgefordert, der Wanderversammlung treu zu bleiben und nicht dem Zentralverein beizutreten.[89] Es kam zu ersten ernsthaften Spannungen, die sich im Zusammenhang mit der Ausarbeitung eines Bienenschutzgesetzentwurfs im Auftrag des Zentralvereins durch Paul Letocha weiter verschärften. Vogel betrieb die Abfassung eines eigenen Entwurfs durch die Wanderversammlung. Auf der 28. „Wanderversammlung" 1883 in Frankfurt wurden beide Entwürfe diskutiert, aber die Gegensätze prallten ergebnislos aufeinander mit der Folge, dass nun „Wanderversammlung" und „Zentralverein" getrennte Wege gingen. Dzierzon blieb der Wanderversammlung treu. An der Wanderversammlung 1884 in Königsberg nahm der Zentralverein nicht mehr teil. 1885 tagte der Zentralverein in Charlottenburg und die Wanderversammlung in Liegnitz. Anlässlich dieser 30. Wanderversammlung rang man sich endlich zu neuen Statuten durch, wonach ein „bienenwirtschaftlicher Wanderverein" gegründet wurde.[90] Auf der Versammlung in Hannover 1887 verzeichnete der Zentralverein bereits etwa 20 000 Mitglieder. Auf der dritten selbstständigen Tagung 1889 in Stettin regte der Zentralverein die „Gründung von Imkergenossenschaften zur Förderung des Honigabsatzes, einer Haftpflichtversicherung und einer Versicherung gegen Faulbrutschäden"[91] an. Weitere eigenständige Tagungen folgten in Karlsruhe (1891), Kiel (1893), Görlitz (1895) und Insterburg (1897). Rabbow trat 1895 aus Altersgründen von der Leitung zurück und Hauptpastor Heinrich Petersen (1838–1902), Vorsitzender des Schleswig-Holsteinischen Bienenzuchtverbands, wurde zum ersten Vorsitzenden gewählt. Zu Unstimmigkeiten innerhalb des Zentralvereins kam es in Folge der Kieler Tagung, bei der beschlossen wurde, „ein unter Musterschutz stehendes Honigetikett zu schaffen". Gühler versuchte ein eigenes Etikett durchzusetzen, was der Zentralverein allerdings ablehnte.[92]

Einigungsbestrebungen

Das Jahr 1897 stellte ein Wendepunkt in den Beziehungen zwischen beiden Imkerorganisationen dar. Friedrich Wilhelm Vogel verstarb am 12. April 1897 und der Apotheker Dr. Friedrich Kühl (1837–1909) aus Rostock, der bereits 1885 ins Präsidium gewählt worden war, zeigte eine überraschende Initiative. Schon seit Jahren besuchte er beide Versammlungsorte und da ihm die Vereinigung schon lange ein Anliegen war, stellte er anlässlich der Tagung vom 3.–7. August 1897 in Insterburg einen einstimmig angenommenen Antrag:

> „Es wird für notwendig erkannt, daß zur Erzielung einer Einigung aller deutschen Imker die Ausstellungen und Versammlungen des Deutschen bienenwirtschaftlichen Zentralvereins und die der deutschen, österreichischen und ungarischen Wanderversammlungen der Bienenzüchter in Deutschland zusammenfallen. Zu dem Zwecke

möge der Deutsche bienenwirtschaftliche Zentralverein beschließen, daß für die Veranstaltung, Leitung und Ausführung von Ausstellungen und Wanderversammlungen der Bienenzüchter in Deutschland der Vorstand des Deutschen bienenwirtschaftlichen Zentralvereins und die reichsdeutschen Mitglieder der deutschen, österreichischen und ungarischen Wanderversammlung zusammentreten."[93]

Auf der Wanderversammlung vom 21.–26. August 1897 in Wiesbaden wurde der gleiche Antrag angenommen und Kühl wurde an Vogels Stelle zum ständigen Präsidenten gewählt. Kühl schrieb in seinem Bericht über diese Tagung:

> „Welch ein erhebendes Gefühl, daß nun alle deutschen Bienenzüchter vom Alpenrand bis zum Nord- und Ostseestrand, von der Weichsel bis zur Maas einig sind! Ich bin glücklich, daß ich durch meinen Antrag ein bescheidenes Teil zu der erreichten Einigung habe beitragen dürfen. Möge mein innigster Wunsch in Erfüllung gehen und diese Einheit stets zum Wohle der deutschen Bienenzucht bestehen."[94]

Die Einigungsbestrebungen wurden in den Bienenzeitschriften aufmerksam begleitet. Insbesondere das „Bienenwirtschaftliche Centralblatt" hatte in den Monatsausgaben des Jahres 1907 an vorderster Stelle die Vorgänge lyrisch kommentiert. Zunächst stand das hundertjährige Geburtstagsjubiläum von Kaiser Wilhelm I. (22. März 1797–9. März 1888) im Vordergrund, der mit vaterländischem und „alldeutschem" Pathos gefeiert wurde. In der August-Ausgabe des Jahres 1907 erschien dann die „Mahnung" zur Einigung mit deutlichen Parallelen zur politischen Einigung des deutschen Reiches:

Mahnung[95]

Was frommt's der deutschen Imkerschar,
Das Schlachtdrometen schallen,
In dumpfem Groll die Fäuste sich
Zum Kampfe zornig ballen?
Sind wir nicht Brüder allesamt,
Demselben Vaterland entstammt,
Demselben Ziel nachjagend!

Nicht länger soll der Bruderzwist
Die beste Kraft verzehren,
Und blinder Eifer fürder nicht
Dem heissen Sehnen wehren!
Wer spricht das kühne Zauberwort,
Das endlich einet Süd und Nord
Zum großen Imkerbunde?

Schon weht ein frischer Frühlingshauch
Durch alle deutschen Gauen,
Und rüst'ge Hände regen sich,
Ein Brücklein flink zu bauen.
Von Insterburg dringt frohe Mähr

Wie Engelsbotschaft zu uns her,
Ein Klang, wie Friedensglocken.

Ergreift die dargebot'ne Hand
In Süd und Ost und West!
Wiesbaden ruft; lasst dort zum Werk
Versammeln sich die Besten!
Dass, was im Norden ward erdacht,
Dort glücklich wird zu End gebracht:
Der deutschen Imker Einheit.

Die Streitaxt soll begraben sein,
Der alte Groll vergessen!
Im edlen Wettstreit mögen sich
Fortan die Kräfte messen.
E i n Ziel, e i n Streben, e i n Panier,
Dem freudig alle folgen wir:
Das sei hinfort die Losung!
W. Fitzky

Nach erfolgter Einheit wurde nun die Versöhnung der Imkerbrüder gefeiert:

Geeint[96]

Hat eines Traumes Gaukelspiel
Die Sinne mir umstrickt,
Ein Wahngebild ohn' Fleisch und Bein
Mir gleißend zugenickt?
Wie Siegesjubel braust's einher;
Ans Ohr klingt wundersame Mähr
Von Imkereinigkeit.

Die deutschen Imker wieder eins,
Der alte Zwist vorbei?
Verstummt der Waffen wilder Lärm,
des Kampfes wüst' Geschrei? –
Was ich zu hoffen wagte kaum,
Gottlob! Es ist kein flücht'ger Traum:
Die Brüder sind versöhnt!

Der Friedensruf von Insterburg
Fand freud'gen Widerhall;
Vom Fuß des Taunus klingt in's Land
Der Friedensglocken Schall.
Wiesbadens Jungborn ließ erstehn,
Was längst mich lüstete zu sehn:
Den deutschen Imkerbund!
W. Fitzky

Die Wiedervereinigung beider Imkerorganisationen Zentralverein und Wanderversammlung im Sinne gemeinsamer Tagungsorte sollte vom 26.–30. August 1899 in Köln stattfinden. In der „Bienenzeitung“ der Märzausgabe 1899, inzwischen unter Herausgeber und Redakteur F. Dickel, wurde die erste Einladung von Kühl und Petersen zur „gemeinsamen Wanderversammlung“ gedruckt.[97] Die gemeinsamen Wanderversammlungen beider Organisationen führten nach Breslau (1901), Straßburg (1903), Danzig (1905) und Frankfurt (1907). Nach dem Tod von Petersen übernahm 1902 Hauptlehrer Georg Lehzen die Leitung des Zentralvereins und Pfarrer Otto Sydow (1860–1924) wurde Stellvertreter. 1904 wurde auf einer außerordentlichen Vertreterversammlung des Zentralvereins eine neue Satzung verabschiedet. Zudem sollten jährlich statistische Erhebungen über die Anzahl und den Gesundheitszustand der Bienenvölker, die Betriebsart, die Honig- und Wachsernte usw. durchgeführt werden.[98]

Ferdinand Gerstung und der „Deutsche Reichsverein für Bienenzucht“

Pfarrer Ferdinand Gerstung (1860–1925) aus Oßmannstedt in Thüringen und viele seiner Anhänger hatten sich wegen starker Anfeindungen schon seit Jahren sowohl vom Wanderverein als auch vom Zentralverein abgewandt und strebten von sich aus einen Zusammenschluss aller deutschen Imker an. Am 28. Juli 1902 kam es in Weimar zur Gründung des „Deutschen Reichsvereins für Bienenzucht“, der große Strahlkraft besaß und „eine stattliche Anzahl von Einzelvereinen und auch einige Landesverbände“ hierfür gewinnen konnte.[99] Das Motto dieser dritten Kraft für die Gründung des Reichsvereins lautete „Das ganze Deutschland soll es sein – Ein Reich und auch ein Reichsverein.“ Für Gerstung war diese Vereinigungsbestrebung aber auch die Möglichkeit, seine eigene Lehre und Betriebsweise zu verbreiten und „die Imker von seiner Anschauung zu überzeugen, den Bien als Ganzes zu betrachten.“[100] Der Begriff „Bien“ war ein historisch gewachsener Begriff, der schon vor Gerstung Verwendung fand, beispielsweise bei August Baron von Berlepsch (1815–1877), der in seinem 1860 erschienenen Buch „Die Biene und die Bienenzucht“ von den „Gliedern“, den „Krankheiten“ und der „Volkszahl“ des „Biens“ schrieb, wenn er das „Bienenvolk“ meinte.[101] Erste Kostproben seiner genauen Naturbeobachtungsfähigkeit veröffentlichte Gerstung 1889 im „Bienenwirtschaftlichen Centralblatt“ unter dem Titel „Über den Brutansatz der Bienenkönigin und was damit zusammenhängt“, indem er darlegte, wie schwer es für den Beobachter ist, „die zu Grunde liegende Ordnung und Regelmäßigkeit [bei der Eiablage der Königin] zu erkennen.“[102] Gerstungs Verdienst ist es, das aus Einzelgliedern bestehende Bienenvolk als größere Organisationseinheit mit neuen Qualitäten zu verstehen, was in der Imkerszene auf harte Kritik stieß und weitere Auseinandersetzungen nach sich zog. Insbesondere Dzierzon wandte sich anlässlich der Wanderversammlungen gegen Gerstungs Ideen zum „Bien“. Nach dieser „organischen Auffassung“ des Bienenvolks als „Organismus“ wurde dieses von ihm als „der Bien“ bezeichnet. Das Wesen des „Biens“ bestimmte Gerstung folgendermaßen: „Der Bien ist ein Organismus, welcher besteht durch das harmonisch-zweckmäßige Zusammenwirken aller seiner Teile oder Glieder, und bei welchem jeder Teil das Ganze als Ursprung und Träger seiner Existenz voraussetzt."[103] Seine Vorstellungen über den „Bien" veröffentlichte Gerstung erstmals in der 1890 erschienenen Schrift noch unter dem Titel „Das Grundgesetz der Brut- und Volksentwicklung der Bienen":

> „Vor Einführung des Mobilbaues erschien das Volk dem Züchter stets wie ein unteilbares Ganzes, als eine unzertrennlich und unauflösbar zusammengehörige Einheit, als ein lebender Organismus, wie auch die einzelnen Bienenvölker bedeutungsvoll nur ‚der Bien' genannt wurden, jetzt ist diese hochwichtige und allein berechtigte Auffassung des Bienenlebens bei gar vielen nur halbgebildeten Imkern verloren gegangen [...]. Der Bienenstock ist auch bei Mobilbetrieb jederzeit als ein zusammengehöriger Lebensorganismus aufzufassen und anzusehen, ähnlich wie jeder andere, z. B. der menschliche Organismus. [...] Diese aus vielen Einzelwesen bestehende Einheit des Biens beherrscht und erfüllt ein einheitlicher Wille und Charakter [...]."[104]

Wenige Jahre später änderte er den Titel in „Das Grundgesetz der Brut- und Volksentwicklung des Biens" ab, indem er die Leistung von Johannes Mehrings „Einwesensystem" würdigte.[105] Von dem 1869 erschienenen Werk von Johannes Mehring „Das neue Einwesensystem als Grundlage zur Bienenzucht oder Wie der rationelle Imker den höchsten Ertrag von seinen Bienen erzielt. Auf Selbsterfahrungen gegründet"[106] war Gerstung inspiriert. Mehring kam darin zu der Überzeugung, dass das „alte Dreiwesen-System sich in seinen Principien überlebt hat"[107] und „wir uns unter einem ‚Bienenschwarm' nicht eine Heerde zusammengeflogener Einzelnwesen vorstellen dürfen, sondern daß wir es hier mit einem tief in einandergreifenden thierischen Organismus zu thun haben."[108] Und weiter: „[...] die Arbeitsbienen, die sogenannte Königin, nebst den Drohnen und dem Wachsbau zusammen [bilden] nur einen Gesammtkörper unter dem Namen ‚Bien'".[109] Hierbei verglich Mehring den „Bien" mit einem Wirbeltier – „ein einziges warmblütiges doppelgeschlechtliches Wesen"[110] – bei dem die Königin das weibliche und die Drohnen das männliche Geschlechtsorgan darstellten, die Arbeitsbienen seien das Verdauungswerkzeug: Die „sogenannte Königin [ist] in einem normalen Bienenstocke weiter nichts [...], als der weibliche Geschlechtsapparat am doppelgeschlechtlichen Gesammtbienenkörper."[111] In dem Kapitel „Die entthronte Königin" verwies Mehring auf die gebräuchlichen „Benennungen, wie Mutterbiene, Bienenmutter und dergleichen mehr", die das „Prädikat Königin" bzw. den „hochtrabenden Namen Königin" bei den Bienenzüchtern zeitgemäß infrage stellen.[112] Diese „organische Auffassung des Einwesens" fand ihre Entsprechung in dem 1911 von dem amerikanischen Biologen William Morton Wheeler (1865–1937) geprägten Begriff des „Superorganismus".

Pfarrer August Ludwig (1867–1951) war Mitstreiter und Mitbegründer des „Deutschen Reichsvereins für Bienenzucht" (s. auch Kap. 6). Gerstung hatte bereits im Januar 1893 seine eigene Bienenzeitung gegründet, „Die deutsche Bienenzucht in Theorie und Praxis", deren Schriftleitung August Ludwig nach Gerstungs Tod 1925 übernahm. Gerstungs Lehrbuch „Der Bien und seine Zucht" erlebte von 1901 bis 1927 sieben Auflagen und fand weite Verbreitung. 1906 gründete Pfarrer Gerstung den Betrieb für Imkermaterialien „Deutsche Bienenzuchtzentrale“ in Oßmannstedt, die von den Söhnen Edgar (1891–1969) und Martin geleitet wurde. In seinem 1900 erschienenen „Glaubensbekenntnis eines Bienenvaters“ stellte er der materialistischen Weltauffassung seine idealen Anschauungen gegenüber, die er im Bienenvolk verwirklicht sah. In weiteren Veröffentlichungen wird seine Nähe zum völkischen Gedankengut deutlich.

Auf dem Weg zum „Deutschen Imkerbund“

Zu Beginn des 20. Jahrhunderts gab es in Deutschland somit drei überregionale Vereinigungen der Imker: die „Deutsche, österreichische und ungarische Wanderversammlung“ ohne festen Mitgliederstamm, der „Bienenwirtschaftliche Zentralverein“ und der „Deutsche Reichsverein für Bienenzucht“. Anlässlich der gemeinsamen Tagung von Wanderversammlung und Zentralverein in Danzig im Jahr 1905 konnte der Zentralverein sein 25-jähriges Jubiläum feiern. Dem Zentralverein war nun die stattliche Zahl von 39 809 Imkern angeschlossen.[113] In Danzig wurde der Einigungsgedanke weiter vorangetrieben und der Beschluss gefasst, die „Einigung der deutschen Imker“ baldmöglichst umzusetzen. Es wurde ein Einigungsausschuss gegründet und mit Gerstung Kontakt aufgenommen, der einen eigenen Ausschuss bildete. Beide Ausschüsse trafen sich am 4. Mai 1906 in Halle an der Saale mit dem Ergebnis folgenden vielversprechenden Beschlusses:

> „‚Die Einigungskommission des Deutschen bienenwirtschaftlichen Zentralvereins und des Deutschen Reichsvereins für Bienenzucht beschließt, eine Einigung der beiden Verbände herbeizuführen.‘
> 1. Als Grundlage der Einigung wird die seitherige Satzung des Deutschen bienenwirtschaftlichen Zentralvereins einstimmig bestimmt.
> 2. Die Einigungskommission beschließt einstimmig: ‚Der Name der Vereinigung wird von der Vertreterversammlung bestimmt.‘“[114]

Pfarrer Ottomar Hoffmann (1851–1928) aus Glindow bei Potsdam, Vorsitzender der Einigungskommission, verfasste für die Imkerpresse folgenden Aufruf:

> „In Frankfurt a.M. wird alles fröhlich erklingen. Laßt uns alle dort zusammenkommen, alle, nicht nur die Brüder vom Reichsvereine rufe ich, sondern alle, alle. Kommt und helft den Grund legen, laßt die Fahne der Einigkeit hochschwingen. Schutz dem Honig, dem edlen Produkt unserer Biene. Kampf dem Fälscher, Krieg dem Kunstprodukt. Einigkeit macht stark. Frankfurt soll dem Ruhm bei der Nachwelt haben, daß Deutschlands Imkerschaft den Bund der Einigkeit geschlossen hat. Laßt uns werben, laßt uns einladen und nötigen.
> Frei sei die Wissenschaft, lieblich die Rede, treu und fleißig die Arbeit! Auf nach Frankfurt 1907!“[115]

In den Märzausgaben des Jahres 1907 erschien in den Bienenzeitungen ein Aufruf des „Deutschen Bienenwirtschaftlichen Zentralvereins“ an alle Imkerverbände, „sich an der Gründung einer alle deutschen Imker umfassenden Organisation zu beteiligen und bei der Beschlussfassung über deren Satzung mitzuwirken."[116] Anlässlich der Tagung in Frankfurt vom 2. bis 8. August 1907 kam es tatsächlich zur Vereinigung. Die Vertreterversammlung des Zentralvereins entschied sich einstimmig für den Zusammenschluss unter Aufgabe der Selbstständigkeit und der Zusammenschluss wurde in der anschließenden Vereinigungsversammlung vollzogen. Pfarrer Otto Sydow wurde Vorsitzender des neu gegründeten „Deutschen Imkerbundes", der weiterhin gemeinsame Tagungen mit der „Wanderversammlung" durchführen sollte.

> „Als die Namengebung des neugeborenen Kindes als ‚Deutscher Imkerbund' geschehen war, erscholl es aus den Hunderten von Kehlen voller Begeisterung: ‚Brüder, reicht die Hand zum Bunde!'"[117]

Pfarrer August Ludwig wurde zum Stellvertreter gewählt. Georg Lehzen wurde zum Ehrenvorsitzenden ernannt und Friedrich Kühl wurde zum Präsidenten der Wanderversammlung wiedergewählt (Abb. 3).

Pfarrer August Ludwig verfasste anlässlich der Frankfurter Vereinigungsversammlung folgendes Gedicht[118]:

Imkerheil!
(Melodie: Burschen heraus![119])

Dem ersten Präsidenten des „Deutschen Imkerbundes", Herrn
Pfarrer Otto Sydow in Klannin in Freundschaft gewidmet.

1. Heil! Imkerheil!
Fröhlich erschalle der Ruf alleweil!
Kling vom Süden zur Wasserkant',
Kling vom West zum Ost durchs Land!
Einig ward die Imkerschar!
Will es bleiben immerdar!
Heil! Imkerheil!

2. Heil! Imkerheil!
Fröhlich erschalle der Ruf alleweil!
Tätig wirken allezeit,
Anerkennen ohne Neide,
Was des andern Geist ersann,
Sei das Losungswort fortan!
Heil! Imkerheil!

3. Heil! Imkerheil!
Fröhlich erschalle der Ruf alleweil!
Tapfer auf der Wahrheit Spur
In die Tiefen der Natur!
Treu den Blick zu dem empor,
Der uns schuf der Immen Chor!
Heil! Imkerheil!

Abb. 3: Die Präsidenten und Vizepräsidenten des Deutschen Imkerbundes und der Deutsch-österreichisch-ungarischen Wanderversammlung: Pfarrer Otto Sydow (1860–1924), Pfarrer August Ludwig (1867–1951), Dr. Friedrich Kühl (1837–1909) und Pfarrer Carl Weygandt (1843–1928).

4. Heil! Imkerheil!
Fröhlich erschalle der Ruf alleweil!
Hoch vom Sitz! In's Aug' geschaut!
Stoßet an und singt es laut:
Einig ward die Imkerschar,
Will es bleiben immerdar!
Heil! Imkerheil!

Die Vorstandmitglieder von Reichsverein und Zentralverein sollten bis zur nächsten Vertreterversammlung 1908 in Naumburg an der Saale in ihren Ämtern bleiben. In Naumburg fand am 23. April 1908 dann die letzte Vertreterversammlung des „Deutschen bienenwirtschaftlichen Zentralvereins" und die erste des „Deutschen Imkerbundes" statt. Zu diesem Zeitpunkt hatte der Zentralverein 29 Verbände mit 56 589 Mitgliedern.[120] Otto Sydow wurde zum ersten Bundesvorsitzenden des Deutschen Imkerbundes gewählt, zweiter Vorsitzender wurde Gutsbesitzer Gustav Gäbel (1849–1912) aus Klessig (Sachsen), Reichstagsmitglied der antisemitischen „Deutschsozialen Reformpartei" bzw. „Deutschen Reformpartei"[121]. August Ludwig wurde einer der Beisitzer.[122] Der neue Deutsche Imkerbund konnte nun – angereichert durch den Zuwachs des ehemaligen Reichsvereins – 82 729 Mitglieder bei 39 Verbänden verzeichnen[123]. Nicht beigetreten waren: Bayern, Pfalz, Elsaß-Lothringen (seit 1871 zum Deutschen Reich gehörend), Braunschweig, Schaumburg-Lippe und Grafschaft Glatz.[124] Zur „Wahrnehmung und Bearbeitung der verschiedenen Interessen des Deutschen Imkerbundes" wurden sieben Arbeitsausschüsse gebildet: Honig- und Rechtsschutz, Beobachtungswesen, Statistik, wissenschaftliche Forschung, Presseangelegenheiten, Ausstellungswesen, Museum.[125] Das Verhältnis zur Wanderversammlung wurde im Anhang der Satzung des „Deutschen Imkerbundes" folgendermaßen geregelt:

> „§ 1. Das Verhältnis des deutschen Imkerbundes und der jedesmaligen Wanderversammlung deutscher, österreichischer und ungarischer Imker besteht in der gemeinsamen Veranstaltung von Versammlungen und Ausstellungen.[…]"[126]

Die Wanderversammlung wurde bis in die Gegenwart fortgesetzt[127], unterbrochen durch den Ersten Weltkrieg und ab 1938 durch das „Dritte Reich". „Die Begründung für den Ausfall der 73. Wanderversammlung 1938 lautete: ‚Mit der Heimkehr der österreichischen Imker ins Deutsche Reich hat die Wanderversammlung, die fast ein Jahrhundert lang bedeutsame Aufgaben zu erfüllen hatte, ihren Sinn verloren. Fortan werden die deutschen Imkertagungen, veranstaltet von der Reichsfachgruppe Imker, zugleich volksdeutsche Imkertagungen sein.'"[128] Nach dem Zweiten Weltkrieg wurde zur ersten „Wanderversammlung deutschsprachiger Imker" 1985 nach Krems an der Donau wieder aufgerufen.[129] Zum Vergleich (bei unterschiedlichen historischen Epochen) sollen an dieser Stelle ausgewählte Mitgliederzahlen des Deutschen Imkerbundes (D.I.B.) nach dessen Darstellung[130] verglichen werden: 1907 – 83 000 Mitglieder, 1922 – 238 466 Mitglieder, 1925 – 108 000 Mitglieder, 1951– 182 000 Mitglieder, 2005 – 81 017 Mitglieder, 2015 – 103 370 Mitglieder, 2017 – 114 500 Mitglieder.

Die erste große Tagung des Deutschen Imkerbundes fand zusammen mit der 54. Wanderversammlung 1909 in Weißenfels in Sachsen statt. Der äußere Rahmen war zwar glanzvoll, aber es gab wieder Streit unter den Vorstandsmitgliedern: Da man sich nicht auf die Wahl des Vorstands einigen konnte, wurde die Wahl auf das folgende Jahr verschoben. Auch der künftige Jahresbeitrag war strittig. Ein weiterer Punkt, der für Unmut sorgte, war die künftige Stellung des Deutschen Imkerbundes zum „Reichsbienenmuseum" in Weimar, das heutige „Deutsche Bienenmuseum Weimar". Dieses wurde auf eine Initiative Gerstungs hin vom Reichsverein für Bienenzucht gegründet. Gerstung hatte vereinbart, das Museum an den Deutschen Imkerbund zu übergeben. Entgegen dieser Vereinbarung wurde aber die Stadt Weimar bedacht.[131]

In dieser schwierigen Phase verstarb Friedrich Kühl, der in den Einigungsbemühungen der Imker sehr ausgleichend gewirkt hatte. Neuer Geschäftsführer der Wanderversammlung wurde Pfarrer Carl Weygandt (1843–1928), der erheblich zu einer neuen Fehde zwischen Wanderversammlung und dem Deutschen Imkerbund auf der Tagung in Konstanz 1911 beitrug, mit der Folge, dass ein Jahr später der damalige Vorsitzende des Deutschen Imkerbundes Otto Sydow, zurücktrat.[132] Als Nachfolger des Vorsitzes des Deutschen Imkerbundes wurde am 3. Oktober 1912 Professor August Frey aus Posen (Lebensdaten unbekannt) gewählt. Im Folgejahr, vom 24. bis 30. Juli 1913, sollte auf der Tagung in Berlin eine Einigungsversammlung stattfinden, eine Zielsetzung, die durch die Unnachgiebigkeit und Ungeschicklichkeiten der Verhandlungspartner – insbesondere August Frey – nicht gelang. Erst am 5. Juli 1914 wurde in Frankfurt am Main nach entsprechender Vorarbeit die Einigung erreicht, indem der Deutsche Imkerbund sich auflöste und eine „Vereinigung der Deutschen Imkerverbände" (V.D.I.) geschaffen wurde, der sämtliche Verbände und alle noch außerhalb stehenden Verbände einzeln beitraten.[133] Professor August Frey wurde erneut zum Vorsitzenden gewählt und behielt diese Funktion über die schwierigen Jahre des Ersten Weltkriegs bis 1922 bei. Landesökonomierat Heinrich Büttner (1854–1923) aus München wurde zweiter Präsident, Lehrer Lebrecht Küttner aus Köslin wurde Geschäftsführer der „Vereinigung der Deutschen Imkerverbände". Mit der Veröffentlichung der „Satzung der Vereinigung der deutschen Imkerverbände" wurde auch der Bestand vom 5. Juli 1914 mit 157 284 Mitgliedern bekannt gegeben.[134] Mit dem Ausbruch des Ersten Weltkriegs erlosch der Streit der Funktionäre und August Frey hatte zusammen mit Heinrich Büttner und Lebrecht Küttner die schwierige Aufgabe, die Imker in die Kriegswirtschaft einzubeziehen.[135]

Das Halten von Bienen – eine juristische Herausforderung

Viele der genannten Themen, die zur Jahrhundertwende am Ende des 19. Jahrhunderts relevant waren, sind auch schon im 18. Jahrhundert im Fokus der Aufmerksamkeit der Bienenzüchter gewesen, konnten allerdings aus erkenntnistheoretischen und wissenschaftspraktischen Gründen noch nicht einer Lösung zugeführt werden. Zu Beginn des 20. Jahrhunderts standen insbesondere Themen im Vordergrund, wie die Bekämpfung der Bösartigen Faulbrut, Honigfragen um beispielsweise die Unterscheidung von Bienenhonig und Kunsthonig, Fragen der Betriebsweisen sowie der Schutz der Imker vor ausländischen Honigimporten.

Am 1. Januar 1900 trat das Bürgerliche Gesetzbuch (BGB) durch Art. 1 des Einführungsgesetzes zum Bürgerlichen Gesetzbuche (Reichs-Gesetzblatt, 1896, Nr. 21, S. 195) für das gesamte Reichsgebiet in Kraft. Das Gesetz regelte als zentrale Kodifikation des deutschen allgemeinen Privatrechts die wichtigsten Rechtsbeziehungen zwischen Privatpersonen. So wurde erstmals einheitlich die Gleichberechtigung der Frau hinsichtlich der Geschäftsfähigkeit festgeschrieben. Das Gesetz hatte auch für die Imker besondere Bedeutung, insbesondere die Paragraphen, bei denen es um das Schwarmrecht und die Fragen der Haftung geht. Bienenrechtliche Fragen waren nicht neu und fanden ihren Ausdruck bereits in der ersten Hälfte des 19. Jahrhunderts, seitdem mehrfach ein Bienengesetz in Imkerblättern gefordert wurde.

Wichtige Vorarbeiten zu diesen imkerlichen Rechtsfragen, die später im BGB Aufnahme fanden, begannen Ende des 19. Jahrhunderts anlässlich der 1881 in Erfurt tagenden „Wanderversammlung deutscher und österreichischer Bienenwirte". Auf Antrag der Deputiertenversammlung des deutschen Zentralvereins sollte ein Bienenschutzgesetz ausgearbeitet werden. Diese Aufgabe sollte von Paul Letocha (1834–1911) übernommen werden, der noch im gleichen Jahr in der „Eichstädter Bienenzeitung" darüber berichtete.[136] Der gebürtige Oberschlesier Letocha war Imker, Jurist und Politiker – eine für diesen Auftrag günstige Gesamtkonstellation. Als Abgeordneter und führendes Mitglied der Zentrumspartei saß er von 1882 bis 1903 im Preußischen Abgeordnetenhaus und von 1884 bis 1901 im Reichstag. Dort vertrat er den Wahlkreis Regierungsbezirk Oppeln. Seine imkerliche Praxis führte er mit den damals weit verbreiteten „Gravenhorstschen Bogenstülpern" durch, die den bewährten Strohkörben ähnlich waren, in der inneren Ausdehnung aber eher einem Kasten glichen. Die Inneneinrichtung bestand aus gleichgroßen beweglichen Waben und der Korb war wie ein Stülpkorb von unten zugänglich.[137] Zu dieser Zeit wurde auch der Storkower Spezialverein für Bienenzucht gegründet, der auch Mitglied des Märkischen Zentralvereins wurde. Zeitweise war Lotocha ab 1877 auch Vorsitzer des Storkower Vereins.[138] Bereits 1882 legte Letocha einen Entwurf des Bienenschutzgesetzes einer Kommission von zwölf bienenwirtschaftlichen Autoritäten vor, der unter anderem Johann Dzierzon, Christoph Johann Heinrich Gravenhorst (1823–1898), Hermann Gühler (1832–1909) und Georg Lehzen (1834–1910) angehörten und die ihn einstimmig annahmen. Letocha stellte seinen Entwurf des Bienenschutzgesetzes Ende 1891 zudem in den Bienenzeitungen zur Diskussion und änderte diesen nach zahlreichen Vorschlägen um. Obwohl der Gesetzentwurf kurz „Bienenschutzgesetz" genannt wurde, war die Zielrichtung nicht der Schutz der Bienen. „So sollte es jedem erlaubt sein, Bienen auf seinem Eigentum zu halten. Das sollte auch für Nutznießer, Pächter und Mieter gelten, im letzten Fall aber nur mit Einwilligung des Vermieters. Ferner ging es um Aufstellungs- und Abstandsregelungen, Eigentumsverhältnisse und das Schwarmrecht. Und so heißt es auch korrekt: ‚Entwurf eines Gesetzes, betreffend das Recht zum Halten von Bienen'."[139] Zum Zeitpunkt der Fertigstellung des Gesetzentwurfes war Letocha noch nicht Mitglied des Reichstages und der Entwurf kam in jener Sitzungsperiode nicht mehr zur Verhandlung. In der folgenden Sitzungsperiode ab 1884 war Letocha selbst Mitglied des Reichstages: „Er nahm aber Abstand davon, den Gesetzentwurf erneut einzubringen, da sich einflussreiche Mitglieder des Reichstages, besonders aus dem Süden Deutschlands, vorab gegen diese Vorlage aussprachen. Sie argumentierten damit, dass die im Entwurf enthaltenen Polizeivorschriften einen Eingriff in die Rechte der Bundesstaaten bedeuteten, und die zivilrechtlichen Bestimmungen bei der Ausarbeitung des in Vorbereitung befindlichen Bürgerlichen Gesetzbuches berücksichtigt werden würden. So kamen Letochas Vorarbeiten dennoch zum Zuge. Das gilt für das Schwarmrecht, das seine Aufnahme in das Bürgerliche Gesetzbuch fand, wie auch für Eigentumsfragen."[140]

Schutzzollpolitik: Honighandel und Honigzoll

Mit dem Sieg über Frankreich und der Reichsgründung 1871 bekam die Industrialisierung einen enormen Aufwind. Die industrielle Produktion zwischen 1870 und 1913 versechsfachte sich. In den 1860er Jahren lag der deutsche Anteil an der Weltindustrieproduktion nur bei 4,9 Prozent, der britische betrug fast 20 Prozent. Im Jahre 1913 stieg der deutsche Anteil auf 14,8 Prozent an und war höher als der von Großbritannien (13,6 Prozent).[141] „Noch 1867 war mehr als die Hälfte aller Beschäftigten in Deutschland bzw. dem Deutschen Bund im Agrarbereich tätig gewesen (8,3 Mio., 51,5 Prozent). In der Industrie, im Handwerk und im Handel hatten zu dieser Zeit 4,3 Mio. Menschen (27 Prozent) gearbeitet, konzentriert auf einige Zentren in den Großstädten, in Schlesien und dem Rheinland. Bis 1913 erhöhte sich die Gesamtzahl der Erwerbstätigen erheblich, auch in der Landwirtschaft, wo nun 10,7 Millionen Menschen arbeiteten – sie machten aber nur noch ein gutes Drittel aller Erwerbstätigen aus."[142] Die Aufschwungphase der Industrialisierung reichte nahezu ungebrochen bis in den „Gründerboom". Ab dem Jahre 1873 setzte aufgrund von Überschuldung und Überkapazität der „Gründerkrach" ein, der durch Konkurse, Arbeitslosigkeit und Preisverfall gekennzeichnet war und in eine bis 1879 dauernde Wirtschaftskrise mündete. Begleitet von zwei kurzfristigen Aufschwüngen setzte sich die „Stockungsphase der Wirtschaft" bis 1895 fort. Gleichzeitig mit diesen Entwickungen war eine gewaltige Bevölkerungszunahme zu verzeichnen, die bereits seit der Mitte des Jahrhunderts einsetzte und sich seit den 1870er Jahren beschleunigte. Zwischen 1871 und 1910 stieg die Bevölkerungszahl um 56 Prozent von 41 auf 64 Millionen Deutsche, was mit dem Rückgang der Säuglingssterblichkeit, allgemein verbesserten Lebensbedingungen und besserer ärztlicher Versorgung zusammenhing.[143] Die Periode der Industrialisierung wurde durch eine strukturelle Krise im Agrarsektor seit 1876 begleitet, die bis zum Weltkrieg und darüber hinaus anhielt. Für diese krisenhafte Entwicklung im Agrarbereich waren besonders zwei Tendenzen ausschlaggebend: Einerseits expandierte auch die landwirtschaftliche Produktion mit einer Verdoppelung der Wertschöpfung zwischen 1875 und 1913. Gleichzeitig nahm die Zahl der Beschäftigten in diesem Bereich um ein Viertel zu. Die Produktivität und die Hektarerträge stiegen aufgrund neuer Produktionstechniken, des Einsatzes von Kunstdünger und der Verwendung von Dreschmaschinen an: Zwischen 1873 bis 1912 stieg die landwirtschaftliche Produktion um 73 Prozent. Insbesondere setzte sich in der Landwirtschaft auch die Orientierung auf den Markt durch, nicht nur national, sondern auch hinsichtlich des Weltmarktes. Im Vergleich mit dem industriellen Sektor sank allerdings die Bedeutung des Agrarbereichs insgesamt von 37 Prozent (1875) auf 23 Prozent (1913).[144] Durch massenhafte Billigimporte aus den USA verfielen die Getreidepreise mit der Folge, dass 1878/79 Schutzzölle erhoben wurden (Steuer- und Zollgesetzgebung). Zölle wurden auf Importwaren erhoben, insbesondere wenn die Gestehungskosten im Ausland unter denen im Inland lagen. Die Absicht war, die eigenen Erzeuger im Inland zu schützen.[145] Trotz mehrfacher Erhöhung der Zolltarife in den 1880er Jahren und nach 1900 war der Preisverfall für Agrarprodukte nicht aufzuhalten. Schutzzölle wurden zur Einnahmesteigerung nicht nur für Getreide genommen, sondern auch für Holz, Eisen, Vieh und Genussmittel, wie Tabak, Tee, Kaffee usw. Das Zolltarifgesetz vom 15. Juli 1879[146] belegte Honig schon mit Einfuhrzoll: Der Eingangszoll betrug drei Mark für hundert Kilo Honig. Auch Wachs wurde mit acht Mark pro hundert Kilo besteuert. „Raps und Rübsaat" hatte einen Zollsatz von 0,3 Mark pro hundert Kilo. Die Raps- und Rübsenwanderung der Imker gewann im Nationalsozialismus noch große Bedeutung im Hinblick auf das Ziel der Einfuhrunabhängigkeit des NS-Regimes. Im Zolltarifgesetz vom 22. Mai 1885[147] wurde der Zolltarif für Honig von drei Mark auf zwanzig Mark je hundert Kilo heraufgesetzt, Bienenwachs hatte einen Zollsatz von fünfzehn Mark je hundert Kilo. Raps und Rübsaat wurden nun mit zwei Mark pro hundert Kilo besteuert. Die Bemühungen der Imkerschaft gingen dahin, den Zoll weiter zu erhöhen. Der Reichstagsabgeordnete Paul Letocha unterstützte Bestrebungen, die auf die Wanderversammlung in Erfurt 1881 zurückgingen, den Zoll für Honig und auch für Wachs anzuheben. Die gefürchtete Konkurrenz kam überwiegend aus Südamerika. Letocha trat bei der Zolltarifnovelle für eine Erhöhung der Schutzzölle ein.[148] Das neue Zolltarifgesetz von 25. Dezember 1902[149] trat 1906 in Kraft und der Einfuhrzoll für Honig oder Kunsthonig betrug nach diesem Gesetz vierzig Mark je hundert Kilo Honig: Er galt für „Honig in Stöcken, Körben, Kästen, mit lebenden Bienen: bei einem Gewichte des Stockes u.s.w. einschließlich des Inhalts: [...] von mehr als 15 Kilogramm. [...] Honig, in Waben oder ausgelassen oder in Bienenstöcken, -Körben, -Kästen (ohne lebende Bienen); auch künstlicher Honig." Anders verfuhr man mit „Honig in Stöcken, Körben, Kästen, mit lebenden Bienen: bei einem Gewichte des Stockes u.s.w. einschließlich des Inhalts von nicht mehr als 15 kg", die zollfrei passieren konnten. Der Zollsatz für Bienenwachs in natürlichem Zustand, auch roh ausgelassen, betrug nun zehn Mark pro hundert Kilo und der Zollsatz für „Bienenwachs, zubereitet (gebleicht, gefärbt in Täfelchen oder Kugeln geformt u. s. w.), auch mit anderen Stoffen versetzt; Wachsstumpfen" lag bei fünfzehn Mark je hundert Kilo. „Abfälle und Rückstände von der Zubereitung des Bienenwachses, nur geringe Mengen Wachs enthaltend" waren zollfrei.

Für Raps- und Rübsensaat lag der Zollsatz nun bei fünf Mark je hundert Kilo. In den ersten Jahren des 20. Jahrhunderts galten noch die alten niedrigen Zolltarife. Die Bienenwanderungen im grenznahen Bereich wollte man durch Gewichtsbegrenzungen nicht behindern, indem man die Einfuhr von Körben günstig oder zollfrei regelte. Zur Umgehung der Zollgebühren tat sich dadurch ein viel beklagtes Schlupfloch auf, wie beispielsweise aus einem Bericht im Bereich der niederländisch-deutschen Grenze aus dem Jahr 1899 hervorging:

> „Sechs Waggons Honig in lebenden Bienenstöcken kamen nach der ‚Köln. Vksztg.' Anfang voriger Woche aus Holland auf der Zollstation Straelen an. Absenderin der Sendungen war die holländische Gesellschaft ‚Vereinigung zur Beförderung der Bienenzucht in den Niederlanden'. Nachdem die zollamtliche Revision geschehen war, wurden die wenigen vorhandenen Bienen durch Schwefelqualm vernichtet und der gewonnene Honig wurde alsdann in Fässern verpackt nach Bremen weitergesandt. Diese Manipulation ist eine Umgehung des Eingangszolls für Honig. Auf 100 Kilogramm Honig ist Eingangszoll von 33 Mark zu entrichten. Dagegen ist die Einfuhr von lebenden Bienenstöcken zollfrei. Der Gewinn, den die holländische Gesellschaft aus der einen Sendung erzielt, beträgt schon über 10 000 Mark.
> Uckro, 11. Oktober 1899 Senst."[150]

Da die lebenden Bienen ohne Einschränkung zollfrei waren, wurde der Honig ebenso zollfrei eingeführt. In dem neuen Zolltarifgesetz gab es eine „Anmerkung. Lebende Bienen mit Honig in Stöcken, Körben, Kästen bei einem Gewichte des Stockes u.s.w. einschließlich des Inhalts von mehr als 15 Kilogramm können zollfrei abgelassen werden, wenn sie mit den Stöcken nachweislich aus dem freien Verkehre des Inlandes zu vorübergehendem Aufenthalt in das Ausland gesendet worden sind."[151] Die Überwachung oblag den Steueraufsehern, die an die Stöcke amtliche wiederabnehmbare Erkennungszeichen anbrachten. Die Wirksamkeit der Gewichtsbeschränkungen des neuen Tarifzollgesetzes blieb jedoch sehr begrenzt. Die Methode der zollfreien Honigeinfuhr wurde nicht gestoppt. Vielmehr hat es sich weiterhin gelohnt, auch weniger als fünfzehn Kilogramm wiegende Körbe mit Honigwaben einzuführen und deren Inhalt zu veräußern.[152] Beim Abschwefeln und Ausschneiden der Honigwaben wurden häufig „unreinliche" Praktiken eingesetzt, mit der Folge, dass am 14. Mai 1879 mit Hilfe des ersten Nahrungsmittelgesetzes[153] im Deutschen Reich gegen diese Händler eingeschritten wurde.[154]

Ein Blick auf „Deutschlands Außenhandel mit Bienen, Honig und Wachs"[155] beispielhaft in den Jahren 1906/07 (stellenweise ergänzt um die Jahre 1912/13[156]) macht deutlich, dass es sich beim deutschen Außenverkehr mit Bienen nicht um erhebliche Summen gehandelt hat. Der reine „Honig"-Handel war hingegen gewichtiger, wobei man unter „Honig" im Sinne der Handelsstatistik sowohl natürlichen als auch künstlichen Honig verstand. Das heißt bei der Betrachtung der Ausfuhrzahlen handelte es sich in erster Linie um Kunsthonig. Im Jahr 1906 beispielsweise wurden 5 706 lebende Bienenstöcke ohne Honig eingeführt und 1 064 ausgeführt.

Im gleichen Jahr wurden 937 dz lebende Bienen mit Honig eingeführt (zum Vergleich: 1912 – 2 185 dz und 1913 – 1 788 dz). 1906 wurden 28 240 dz Honig eingeführt, überwiegend aus Chile, Kuba, USA, Mexiko (zum Vergleich: 1912 – 44 791 dz, 1913 – 44 740 dz). 1906 wurden 5 807 dz Honig ausgeführt, davon entstammen der zollfreien „Veredelung" 4 980 dz. 26 352 dz rohes Insektenwachs wurden 1906 eingeführt (zum Vergleich: 1912 – 29 993 dz, 1913 – 29 533 dz), 1907 wurden 5 800 dz ausgeführt. Wichtigste Herkunftsländer von Insektenwachs waren Deutsch-Ostafrika, Kuba, Chile, Portugal, Madagaskar, Brasilien, Port. Westafrika, Britisch-Ostafrika, Dominik. Republik, Spanien, Abessinien und Frankreich.

Die Betrachtung der Werte der eingeführten und ausgeführten Waren im Jahre 1907 ergab folgendes Bild: Bienen (Einfuhr – 60 000 Mk., Ausfuhr – 12 000 Mk.), Honig mit lebenden Bienen (Einfuhr – 75 000 Mk., Ausfuhr – 3 000 Mk.), Honig (Einfuhr – 1 378 000 Mk., Ausfuhr – 232 000 Mk.), Rohes Insektenwachs (Einfuhr – 4 973 000 Mk., Ausfuhr – 1 566 000 Mk.). Bei den Einfuhrwerten schlug insbesondere der Honighandel zu Buche, wobei der Zollaufschlag hinzukam. Zum Thema „Kunsthonig" wurde vermerkt: „Der niedere Wert des zur Ausfuhr gelangten ‚Honigs' erklärt sich leicht daraus, daß diese Ware zum weitaus größten Teil Kunsthonig gewesen ist. Im Vergleich zur enorm gestiegenen deutschen Kunsthonigfabrikation bedeutet diese Ausfuhr nicht viel. Die Deutschen verzehren also den meisten Kunsthonig selber".[157]

Der Preis für guten Honig war für die Imker immer ein wichtiges Thema. Einen Anhaltspunkt für die gängigen Honigpreise im Kaiserreich liefert der Aufsatz von K. Günther mit dem Titel „Wie wird sich in Zukunft der Honigpreis gestalten?" aus dem Kriegsjahr 1917:

> „Als ich 1876 meinen größeren Bienenstand errichtete, wurde guter Honig mit Glas für 70 bis 80 Pfennige verkauft. Ich setzte den Preis sofort auf 1 Mk. fest und habe ihn allmählich bis auf 1,50 Mk. erhöht. Man sieht, es geht wohl, wenn man seine Kunden jederzeit reell bedient. Man beherzige aber das Sprichwort: ‚Einigkeit macht stark'."[158]

Während des Krieges stiegen die Preise für Honig erheblich an:

> „Es ist ja allerdings sehr verlockend, wenn man hört, daß für ein Pfund Honig z. Zt. 4 – 4,50 Mk. bezahlt werden. (Es werden noch viel höhere Preise gezahlt. D. Schriftltg.) Dies sind natürlich Wucherpreise und – Wucher wird leider in diesem Kriege allerwärts getrieben."[159]

Die „Vereinigung der Deutschen Imkerverbände" versuchte den „Preistreibereien" im Kriege entgegenzuwirken, „die geeignet sind, die ehrliche Imkerschaft und die Imkerei aufs Schwerste zu schädigen und die dringend der Abhilfe bedürfen". Daher wurden Richtpreise vorgegeben: für ein halbes Kilo Schleuderhonig oder Leckhonig und Honigen von gleicher Güte zwei Mark, für ein halbes Kilo Scheibenhonig 2,50 – 3 Mark und für ein halbes Kilo Seimhonig eine Mark. Um weiteren Preistreibereien vorzubeugen, wurden durch Verordnung vom 26. Juni 1917 Höchstpreise für Bienenhonig festgesetzt: „Sie betragen für Seim- und Preßhonig beim Verkauf durch den Erzeuger 1,75 M., bei allen anderen Honigarten 2,75 M., beim Verkauf durch andere

Personen, insbesondere durch den Handel, 2,50 M. und 3,50 M. für je 1 Pfd., beim unmittelbaren Absatz vom Erzeuger an den Verbraucher in Mengen bis 5 kg betragen die Höchstpreise 2 M. und 3 M."[160] August Frey schrieb am 18. November 1916 zu den Preistreibereien: „Wir erwarten von allen ehrlichen und vaterlandsliebenden Imkern, daß sie dem Lebensmittelwucher, der sich auch unseres Honigs bemächtigen will, mit Tatkraft entgegentreten. Unser Schild muß blank sein und blank bleiben."[161] In Imkerkreisen waren Auslands- und Kunsthonig gefürchtet und es wurde bereits darüber spekuliert, ob der Preis von zwei Mark für das Pfund Honig nach dem Krieg noch zu halten sei:

> „Da wir aber nach dem Kriege noch längere Zeit hohe Preise für Lebensmittel und alles Uebrige behalten werden, so wird der größte Teil der Bevölkerung nach dem billigeren Auslands- und Kunsthonig greifen. Ob dann ein Preis von 2 Mk. für das Pfund guten Honig aufrechterhalten werden kann, muß die Zukunft lehren. Wir wollen es hoffen!"[162]

Bienenwirtschaft: Honigverfälschung, Kunsthonig und Produktschutz

Das Thema Honigverfälschungen wurde in der zweiten Hälfte des 19. Jahrhunderts, aber auch zu Beginn des 20. Jahrhunderts immer wieder diskutiert und es wurden Überlegungen angestellt, wie man diesem Problem entgegentreten könnte. Das am 14. Mai 1879 erlassene Reichsgesetz über den Verkehr mit Nahrungsmitteln stellte unter anderem den Verkauf von verdorbenen, nachgemachten oder verfälschten Nahrungsmitteln unter Strafe.[163] Die Gerichtsurteile fielen sehr unterschiedlich aus, weil sie sich auf Gutachten von Sachverständigen stützen mussten und der Kenntnisstand über die Honigzusammensetzung noch unausgereift war. So wurden beispielsweise am 16. Mai 1898 in Hamburg zwei Kaufmänner zu je 800 Mark Geldstrafe oder 80 Tage Gefängnis verurteilt, weil sie Bienenhonig verfälscht und „Zucker-Honig" mit oder ohne Beimischung von Natur- oder Bienenhonig als „Honig" auf den Markt gebracht hatten.[164] Eine Kommission, die sich mit der einheitlichen Untersuchung und Beurteilung von Nahrungsmitteln auseinandersetzen sollte, lieferte erste Entwürfe im Jahr 1912.[165] Zuverlässige chemische Methoden zur Honiguntersuchung lagen noch nicht vor. Ein erster Schritt in Richtung eines Nachweisverfahrens gelang 1908, welches auf dem Nachweis von im Kunsthonig enthaltenen Hydroxymethylfurfural basierte. Erste grundlegende Untersuchungen über Fermente im Honig gehen auf das Jahr 1910 zurück.[166] Herkunftsbestimmungen des Honigs mithilfe von Pollenanalysen lagen noch nicht zuverlässig vor. Erste Veröffentlichungen erschienen von R. Pfister aus dem Jahr 1895 mit dem Titel „Mikroskopische Untersuchung von Honigpollen"[167], von W. J. Young aus dem Jahr 1908 mit dem Titel „Mikroskopische Untersuchung der Honigpollen"[168] sowie insbesondere eine Dissertation von C. Fehlmann aus dem Jahr 1911 mit dem Titel „Beiträge zur mikroskopischen Untersuchung des Honigs"[169] Zudem erschien 1913 in einer

Bienenzeitung ein erster illustrierter Beitrag mit dem Titel „Unterscheidung von Inlands- und Übersee-Honig durch das Mikroskop", aber als systematische Werke zur Herkunftsuntersuchung von Honig waren diese nicht geeignet.[170] Erst viele Jahre später (1929) legte Ludwig Armbruster eine umfassende „Arbeitshilfe" zur Pollenanalyse vor.[171]

Das Problem der Honigverfälschung versuchten die Imker durch Forderungen nach einem eigenen Produktschutz zu lösen. Das eigene Produkt sollte als Qualitätsprodukt gekennzeichnet werden, sichtbar an einem eigenen Honigetikett bzw. Honigglas. Der „Württembergische Landesverein für Bienenzucht" hatte dies versucht. Auch der Bienenwirtschaftliche Zentralverein beschloss 1893 die Herstellung eines Einheitsetiketts, das allerdings nicht als Warenzeichen eingetragen wurde. Bei der Auflösung des Zentralvereins wurden daher die Restbestände des Etiketts vernichtet.[172] Später wurde die Honigschutzkommission des „Deutschen Imkerbundes" beauftragt, einen Vorschlag für ein Etikett auszuarbeiten.[173]

Während des Ersten Weltkrieges erschien in der „Leipziger Bienen-Zeitung" ein Artikel mit dem Titel „Zum Einheits-Honigglas" von Detlef Breiholz (1864–1929), in dem dieser die große Bedeutung der „Form der Darreichung [und] die marktfähige Aufmachung des Honigs [...]" hervorhob, um „den Honig in seiner ganzen Eigenart voll zur Geltung zu bringen".[174] Dabei stellte er Überlegungen zu Größe, Form, Reinheit, Verschluss und Preis des hypothetischen Einheitshonigglases an. Breiholz schloss seinen Artikel mit der Bemerkung:

> „Noch tobt der furchtbare Weltkrieg und legt jede imkerliche Betätigung der Verbände nach außen hin lahm. Nach dem Kriege aber kommt eine Zeit – möge sie nicht mehr ferne sein! – in der wir uns wieder zu friedlichem Wettkampf zusammenfinden werden in dem gemeinsamen Bemühen, für unseren Honig das Feld dauernd zu behaupten, das er sich jetzt im Weltkriege erobert hat. In diesem Bemühen dürfte ein nicht zu unterschätzender Bundesgenosse sein: Das Honigeinheitsglas."[175]

Breiholz ging 1911 als Lehrer nach Neumünster, wo er 1913 Rektor wurde. Bei den Einigungsverhandlungen 1906 zum Deutschen Imkerbund war er bereits engagiert. Anlässlich der großen Imkertagung 1913 in Berlin hielt er einen Vortrag zu der Frage „Was fordert unsere Zeit von der deutschen Imkerschaft?" und betonte dabei die Schulung durch ein geordnetes, vom Staat gefördertes und geleitetes Lehrwesen. Von 1904 bis 1929 war er Schriftleiter der 1889 gegründeten „Schleswig-Holsteinischen Bienenzeitung". Die einflussreiche Zeit von Breiholz kam in der Weimarer Republik, wo er 1922 Vorsitzender des Schleswig-Holsteinischen Provinzialverbandes wurde und die Leitung der Vereinigung der Deutschen Imkerverbände übernahm und das Einheitsglas Realität wurde.[176] Die Bemühungen um den Honigschutz fanden erst mit Wirkung vom 1. Oktober 1930 durch die „Verordnungen über Honig und über Kunsthonig vom 21. März 1930 (Reichsgesetzblatt 1930 I, S. 101ff.) [...] nach jahrzehntelange[m] Kampf"[177] einen gewissen Abschluss.

Exkurs: Bienenrassen und Imkerei

Um die Komplexität der Diskussionen um die Bienenrassen im Kaiserreich und danach besser verstehen zu können, ist ein kurzer Rückgriff in die Geschichte der Bienenzucht notwendig. Aus heutiger Sicht gibt es etwa 25 verschiedene Subspezies (Rassen) der „Westlichen Honigbiene“ oder auch „Europäischen Honigbiene“ (Apis mellifera[178]), die durch Anpassung an die sehr unterschiedlichen Umweltbedingungen nach der letzten Eiszeit und ohne menschlichen Einfluss entstanden sind. Man spricht daher von geographischen Rassen. In den Ländern Süd- und Nordamerikas bzw. in Australien und Neuseeland war die Honigbiene ursprünglich nicht vertreten und wurde von Einwanderern mitgebracht. Der Begriff Rasse vermittelt zwar vordergründig den Eindruck, als ob diese durch menschlichen Zuchteinfluss entstanden sei. Bei der Honigbiene trifft dies allerdings kaum zu, da die Paarung der Geschlechtstiere nicht bzw. kaum kontrollierbar ist und die Umweltbedingungen nicht standardisierbar sind.[179] In den gemäßigten und kühleren Klimazonen Europas, so zum Beispiel auch in Deutschland, Österreich und der Schweiz mit den Alpen als natürliche Barriere gegen wärmere südlichere Länder, war bis in die 1850er Jahre ursprünglich die „Dunkle Biene“ (Apis mellifera mellifera oder kurz: „Mellifera-Biene“) beheimatet. In alten Bienenbüchern wurde sie auch als „Gewöhnliche Biene“ bezeichnet. In dem riesigen Verbreitungsgebiet der einen Rasse „Dunkle Biene“ – von England, Frankreich, Alpen, Skandinavien bis Russland – gab es verschiedene geographische Variabilitäten (Ökotypen) und verschiedene Namen: Im westlichen Europa sind die Namen „Dunkle oder Braune Biene“[180], „Deutsche, Englische, Französische oder Holländische Biene“ gebräuchlich. In Norddeutschland und Holland wurde die ursprüngliche „Heidebiene“[181] beschrieben, welche heute stark verkreuzt ist. Der Stamm „Nigra“[182], die „Schwarze (Alpenländische) Biene“, ein Typ mit besonders dunklem Panzer, wurde aus der „Schweizer Landbiene“ herausgezüchtet und besonders in Deutschland von Enoch Zander (1873-1957) weitergezüchtet. In Tirol wird noch ein Stamm der ursprünglichen heimischen „Dunklen Biene“ gezüchtet, die „Braunelle“.[183] Weitere regional angepasste Bienenrassen sind die in Italien beheimatete und auffallend gelb gefärbte Apis mellifera ligustica (kurz: „Ligustica-Biene“ oder „Italienische Biene“), die ursprünglich im südöstlichen Alpenraum, im Donaubecken sowie im nördlichen Balkan vorkommende und dezent grau gefärbte Apis mellifera carnica (kurz: „Carnica-Biene“, „Graue Biene“, „Kärntner Biene“ oder „Krainer Biene“) und die im spanischen Raum vorkommende Apis mellifera iberica. Insbesondere die Rassen Mellifera, Carnica und Ligustica sind weltweit für die Bienenzucht bedeutend und unterscheiden sich in ihren Eigenschaften. Die „Dunkle Biene“ war an die härteren Klimabedingungen Nordeuropas angepasst: eine langsame Entwicklung in einem wechselhaften nördlichen Frühling, mäßige Brutaufzucht während der gesamten Saison, sparsamer Futterverbrauch, Langlebigkeit der Arbeiterinnen, eine kompakte, wärmesparende Anlage von Brut und Vorräten, rasche Reaktion in der Bruttätigkeit gegenüber Schlechtwetter, reichliche Verwendung von Propolis.[184] Eine der Eigenschaften der „Dunklen Biene“ in ihrem gesamten Verbreitungsgebiet, die im Rahmen der Magazin-Imkerei beobachtet wurde, war allerdings das nervöse Verhalten auf den beweglichen Waben, im Gegensatz zu den „Italienischen" oder den „Kärntner Bienen". Dieses zeigte sich unter anderem bei Störungen, wobei die Bienen sich an der Wabenunterkante und besonders an den Ecken sammelten („Läufer"). Die Verteidigungsbereitschaft der „Dunklen Biene" wurde eher schwankend beurteilt. Die „Italienische Biene" zeichnet sich durch große Volksstärke, lange Bruttätigkeit und daraus resultierende hohe Erträge aus; weitere Eigenschaften sind Schwarmträgheit, ruhiger Wabensitz und sanftes Verhalten. An das feucht-gemäßigte Klima mit häufigen Kälteeinbrüchen im Frühling nördlich der Alpen ist sie allerdings nicht so gut angepasst. Eine ungünstige Beobachtung war, dass sie sich leichter verflog, was sie für die Waldtracht nicht so geeignet machte.[185] Die „Carnica-Biene" verdankt ihre Beliebtheit bei den Imkern folgenden Eigenschaften: problemlose Überwinterung in kleinen Völkern, zügige Frühjahrsentwicklung, gute Nutzung kurzer Trachten, Anpassung der Volksentwicklung an Vegetation und Klima, sanftes Temperament und ruhiger Wabensitz.[186]

Die ursprüngliche Verbreitung der „Dunklen Biene" („Mellifera-Biene") änderte sich etwa Mitte des 19. Jahrhunderts zunächst vereinzelt und dann allmählich, da sich die Imkerpraxis änderte und das Wissen über die Bienen zunahm. Zu jener Zeit stellte sich ein Paradigmenwechsel in der praktischen Bienenzucht ein. Eine entscheidende Rolle spielte hierbei der schlesische Pfarrer Johann Dzierzon, der zunächst seine Bienen in „Klotzbeuten" hielt, ausgehöhlte Baumstammabschnitte, die sich von hinten öffnen ließen. Generell entwickelte sich in Nordosteuropa neben der Hausbienenzucht auch die Waldbienenzucht, das sogenannte Zeidlerwesen, bei dem u.a. mit Hohlklötzen gearbeitet wurde, während in Westeuropa die Korbimkerei bevorzugt wurde. Während anderweitig verschiedentlich schon mit unterschiedlichen Magazinbeuten experimentiert wurde, begann Dzierzon 1835 seine Völker in Magazinstöcken zu halten, die allerdings während eines kalten Frühjahrs verhungerten. Dzierzon baute daraufhin eigene Bienenkästen mit der Neuerung, dass er Wabentragleisten hinzufügte, die in Nuten verschiebbar waren. Seine Längslagerbeute war im oberen Bereich mit einem „Handraum" zum besseren Greifen der Waben versehen. Zwei derartige Kästen kombinierte Dzierzon zu dem berühmten Zwillingsstock. Die Vorzüge des Zwillingsstocks legte Dzierzon 1890 in seinem Buch dar: So konnte der „Zwillingsstock" als Ablegerkasten, zur Königinnenzucht, als Wabenschrank und als Wanderbeute Verwendung finden.[187] Dzierzon war nicht der Erste, der mit selbstgebauten Magazinen experimentierte, aber für seine Neuerungen war die Zeit reif. Einer der Vorläufer war beispielsweise Johann Ludwig Christ (1739–1813), der eigene Magazine baute. Eine weitere Erfindung zur Bienenbehausung Mitte des 19. Jahrhunderts brachte der Bienenzucht einen enormen Entwicklungsschub. Baron August von Berlepsch (1815–1877), der Recht und Theologie studierte und 1841 das Schloss- und Landwirtschaftsgut seines Vaters in Seebach (Thüringen) übernahm, erweiterte in diesem Zusammenhang die Bienenzucht in Strohkörben auf über hundert Völker. Angeregt durch die Arbeiten Dzierzons entwickelte Berlepsch um 1853 einen eigenen Bienenkasten. Dieser war hochstehend (Ständerbeute) und ließ sich von hinten öffnen (Hinterbehandlungskasten). Anstelle von Wabentragleisten konstruierte Berlepsch Ganzrähmchen, die auf drei Etagen hintereinander in den Kasten geschoben werden konnten. Diese Art der Ständerbeute erfuhr in Südwestdeutschland eine weite Verbreitung.[188] Eine weitere Konstruktion, welche die Imkerpraxis ungemein vereinfachte, erfand der Prediger und Mathematiklehrer Lorenzo Langstroth (1810–1895), der in Philadelphia (USA) lebte. Er begann um 1840 mit der Bienenhaltung und machte eine entscheidende Beobachtung. Wenn zwischen Wabenrahmen und Kastenwand ein Zwischenraum von 8 mm +/- 2 mm („Bienendistanz" oder Beespace) eingehalten wird, dann schließen die Bienen die Lücken nicht mit Wachs und Propolis. Langstroth ließ seine entsprechend gebauten Magazinbeuten patentieren und veröffentlichte 1851 seine Erkenntnisse.[189] Zwei weitere Erfindungen brachten der Imkerpraxis enormen Schub. Der deutsche Imker und Schreiner Johannes Mehring (1815–1878) stellte 1857 während einer Wanderversammlung die ersten Wachsmittelwände vor, dünne Wachsplatten mit aufgeprägtem Grundriss der Wabenzellen, welche die Imkerpraxis vereinfachten und beschleunigten. 1865 erfand der österreichische Major Franz Edler von Hruschka (1819–1888) die erste Honigschleuder, die von der Imkerschaft begeistert aufgenommen wurde. Mit dieser neuen Technik konnte Honig aus den beweglichen Waben gewonnen werden, ohne diese zu beschädigen.[190]

Zurück zu Johannes Dzierzon: Als Naturforscher machte Pfarrer Johannes Dzierzon eine weitere sensationelle Entdeckung. 1835 entwickelte er aus der Beobachtung einer flugunfähigen Königin, die nur Drohnen erzeugte, die Hypothese der Parthenogenese (Jungfernzeugung), eine Annahme, welche zunächst leidenschaftlich bekämpft wurde. Unter Parthenogenese versteht man eine Fortpflanzung ohne Beteiligung eines Vaters und ohne Eibefruchtung. Zehn Jahre später veröffentlichte er seine Hypothese: „Ich spreche die Überzeugung aus, daß die Drohneneier einer Befruchtung nicht bedürfen, daß die Mitwirkung von Drohnen aber schlechterdings notwendig ist, wenn Arbeitsbienen erzeugt werden sollen."[191] Beobachtungen aus der Arbeit mit der „Italienischen Biene" (s. unten) brachten allerdings einige noch unerklärliche Besonderheiten zutage: Eine in Schlesien begattete reine Königin der „Italienischen Biene" brachte natürlich nur rein gelbe Drohnen hervor, aber Hybridarbeiterinnen. Umgekehrt konnte er in einem gelben Volk mit einer „Dunklen" Königin nicht nur dunkle, sondern auch einige gelbe Drohnen beobachten. Dieses Phänomen konnte zeitbedingt noch nicht geklärt werden, da die Erkenntnis der Mehrfachbegattung der Bienenkönigin noch nicht bekannt war.

Nach Lektüre eines Zeitungsberichts und ersten Erfahrungen mit den Mobilbaubeuten wurde Dzierzons Interesse auf die „Italienische Biene" gelenkt. So entschloss er sich 1853, erstmals die gelb gefärbten „Italienischen Bienen", die sanft und ruhig auf den Waben sitzen, aus Venetien nach Schlesien einzuführen. Begeistert von den ersten Ergebnissen regte er für die imkerliche Praxis sanftmütige sowie leistungsfähige südliche Bienenrassen an und propagierte deren Einfuhr. Viele Imker befolgten den Rat und importierten zahlreiche Völker der „Italienischen Biene". Nachdem die Neugierde der Imker an fremden Bienen geweckt war und der Mobilbau für entsprechenden Rückenwind gesorgt hatte, nahm die Nachfrage nach fremden Bienenrassen zu. Wenige Jahre nach dem Bezug des „Italienischen Volkes" durch Dzierzon setzte vermutlich Anfang der 1860er Jahre der Versand der „Carnica-Biene" aus Österreich und Slowenien ein. Die Krainer Imker hatten auch ein passendes Versandgerät entwickelt, den handlichen „Krainer Bauernstock", der ihnen einen großen Handelsvorteil verschaffte.[192] Ebenso wurden auch aus dem Kaukasus (Apis mellifera caucasica oder die „Graue Kaukasische Biene") und aus dem Nahen Osten (z.B. Apis mellifera lamarkii oder die „Ägyptische Biene") Bienen bezogen.[193] Aufgrund der unkontrollierbaren Paarungen der Königinnen mit den Drohnen kam es allerdings überall zu Kreuzungen der Rassen mit äußerst unerwünschten Folgen. Aggressivität und Stechneigung, aber auch schwankende Erträge und schlechte Überwinterungen stiegen in der Folgezeit erheblich an, wenn die „Dunkle Biene" mit anderen Rassen gekreuzt wurde. Die zunehmende Stechneigung gilt als erstes Indiz für die Verkreuzung eines Stammes.[194] In den Bienenzeitungen kursierten Geschichten, die von der „Stechlust" der „Bastardschwärme" berichteten, wie jene aus der „Bienenzeitung" im August 1871:

> „Am Sonntag den 22. Mai 1870 um ½ 12 Uhr stieß mein Nr. 96 im 48. Pavillon den ersten Schwarm ab, ein kolossaler Schwarm, den man – noch so früh im Mai – recht gut in zwei schöne Schwärme hätte theilen können [...]. Der Mutterstock war ein sehr schöner Italiener-Bastard; die meisten Bienen hatten 2 gelbe Ringe, kaum 1/3 Theil nur einen solchen und nicht eine ganz schwarze war darunter. Er wurde von jedem Besucher, der in meinen Garten kam, für ächt erklärt, nur von mir nicht, was auch sein Benehmen rechtfertigte. Bastarde sind bekanntlich viel stechlustiger, als ächte. Der Schwarm flog gleich sehr hoch und setzte sich an die höchste Spitze eines sehr hohen Birnbaumes. [...] Meine Familie ließ mich nicht auf die hohe schwankende Leiter steigen; endlich entschloß sich mein erwachsener Sohn, den Schwarm zu holen. [...] Aber nun folgte eine Scene, die ich nicht mehr erleben will, ein so leidenschaftlicher Bienenzüchter ich auch bin, und obgleich ich schon öffentlich erklärte: ich wünschte keine stachellosen Bienen. [...] Sogleich hörte ich meinen Sohn vor Schmerzen stöhnen, noch ehe er mir aus dem Geäste nur zu Gesichte kam. (Den umstehenden Leuten rief ich dabei zu, sich zu entfernen, was keiner Wiederholung bedurfte.) Kaum kam er aus den Aesten heraus mir zu Gesichte, so sah ich fast den halben Schwarm auf ihn eindringen; der ganze Körper saß dicht voll Bienen und alle stachen wüthend auf ihn zu. [...] Zum Unglücke war der Strohhut durch die Aeste beim eiligen Absteigen fast vom Kopfe geschoben [...] Er floh zum Garten hinaus in 's Nachbarhaus, und ich glaubte ihn gerettet. [...] Da hörte ich im Hause schreien. [...] Als ich [meinen Sohn] ereilte, saß der ganze Körper noch dicht voll Bienen, am ärgsten das Gesicht und die Kopfhaare [...]."[195]

Hybridisierungen der „Dunklen Biene" mit anderen Rassen, insbesondere der „Carnica", werden zunächst als besonders fruchtbar und ertragreich beschrieben (Heterosiseffekt). Der große Nachteil, der sich mit diesen Kreuzungen verbindet und sich als Hindernis für die weitere Verwendung darstellt, ist ihr „wildes Temperament, darin sie die reine „Dunkle Biene" erheblich übertreffen. In den nächsten Kreuzungsgenerationen kommen dann andere Hybrideffekte wie erhöhte Schwarmlust und enorme Schwankungen im Ertrag hinzu – kurz, es entsteht genau das Bild, das man in den vergangenen Jahrzehnten in der unbeeinflußten Landbiene allenthalben vor sich hatte".[196] Bei der Einschätzung der Bienenrassen gab es innerhalb der Imkerschaft allerdings sehr unterschiedliche Meinungen. In einem Bericht im „Vereins-Blatt des Westfälisch-Rheinischen Vereins für Bienen- und Seidenzucht" im April 1872 mit dem Titel „Die italienische Biene" schwor der Autor auf diese Rasse:

> „Jetzt bekenne ich mit der vollsten Ueberzeugung: die italienische Biene ist für Deutschland die beste Kulturrace. [...] Daher werde ich jetzt meinen Bienenstand nach und nach italienisieren, und bitte alle Gegner der Italiener, meine Erfahrungen auch auf ihren Bienenständen zu prüfen; denn auch ich war ein Gegner derselben, bin aber von dieser Meinung vollständig kurirt."[197]

Die rückläufige Entwicklung der „Dunklen Biene" insgesamt wird von dem Bienenforscher Friedrich Ruttner (1915–1998) mit der Erfindung der beweglichen Wabe in Verbindung gebracht. So war das nervöse Verhalten dieser Bienenrasse einerseits imkerfreundlich, weil die Bienen leicht zum Verlassen der Wabe gebracht werden konnten. Andererseits war dieses Verhalten äußerst lästig, wenn es um die Inspektion der einzelnen Waben in neuen Kästen ging. Etwa zur gleichen Zeit wie zur Einführung des Mobilbaus gab es auch Änderungen im Landbau, bei dem späte Trachten wie Buchweizen reduziert wurden sowie Unkräuter auf den Feldern (Dreifelderwirtschaft) und in manchen Gegenden selbst die Heide verschwanden. Die Haupttrachten verschoben sich mehr und mehr auf Frühjahr und Frühsommer mit der Folge, dass die neue Betriebsweise eine andere Rasse als die „Mellifera-Rasse mit ihrer Neigung zur Selbstbeschränkung"[198] verlangte. Um 1890 gab es beispielsweise in der Schweiz Bestrebungen, die ursprüngliche „Nigra-Biene" („Mellifera-Biene") wieder zu züchten. Ulrich Kramer (1844–1914) gründete die Schweizerische Rassenzucht, machte noch erhaltene „Nigra"-Völker ausfindig, errichtete Schutzgebiete für eine „Nigra"-Reinzucht und versandte in der ersten Hälfte des 20. Jahrhunderts in alle europäische Länder „Nigra"-Königinnen.[199] Der vielseitig interessierte Prof. Dr. Enoch Zander (1873–1957), damaliger Leiter der Staatlichen Anstalt für Bienenzucht in Erlangen (1926–1937), widmete sich unter anderem dem damaligen Zuchtziel der „Dunklen Biene", besonders dem Stamm „Nigra". Moderne Aufzuchtmethoden wurden entwickelt und das Belegstellenwesen wurde gefördert.[200]

Was Mitte des 19. Jahrhunderts noch nicht bekannt war und erst etwa hundert Jahre später nachgewiesen wurde, war die Tatsache, dass die Bienenkönigin nicht nur von einer einzigen Drohne begattet wird, vielmehr findet eine Mehrfachbegattung der Bienenkönigin statt. Das Thema war heftig umstritten. Armbruster veröffentlichte 1953 in seinem Archiv für Bienenkunde eine Zusammenfassung der seitherigen Kontroverse.[201] Er selbst ging noch kurz nach dem Ersten Weltkrieg zeitbedingt von den Mendelschen Vererbungsregeln aus, die er in seinem Werk „Bienenzüchtungskunde" auf die Bienenzucht angewendet hatte.[202] Erste Berichte über das häufige Vorkommen von Mehrfachpaarungen gab es ab 1944, zehn Jahre später, im Frühjahr 1954, wurde durch Versuche auf der äolischen Insel Vulcano der eindeutige Beweis erbracht, dass während des Hochzeitsflugs die Bienenkönigin mehrfach begattet wird.[203] Bereits 1954 wurden die Ergebnisse auf dem XV. internationalen Bienenzuchtkongress in Kopenhagen vorgetragen.[204] Zahlreiche weitere Forschungsberichte insbesondere der Brüder Friedrich Ruttner (1914–1998)[205] und Hans Ruttner (1919–1979) zur Flugaktivität und zum Paarungsverhalten der Drohnen folgten insbesondere Ende der 60er und Anfang der 70er Jahre.[206] An der Begattung der Königinnen beteiligen sich vor allem Drohnen aus einem Umkreis von etwa zwei bis fünf Kilometer, manchmal bis zu fünfzehn Kilometer. Im Alter von etwa einer Woche fliegen die Königinnen ein- oder mehrmals für eine Zeitspanne von in der Regel wenigen Minuten, aber durchaus auch bis zu einer Stunde zu den Begattungsflügen aus und kehren dann zurück. Die Königinnen fliegen etwa zwei bis drei Kilometer, manchmal auch bis zu fünf Kilometer weit zu sogenannten Drohnensammelplätzen[207], die sich über Flächen mit einem Durchmesser von dreißig bis zu zweihundert Metern erstrecken können[208] und wo sie auf die Drohnen treffen. Die Drohnen fliegen aus unterschiedlichen Richtungen von verschiedenen Völkern zu den Drohnensammelplätzen als bevorzugte Aufenthaltsorte. Dieses Flugverhalten begünstigt die Begattung durch nicht verwandte Drohnen und vermeidet Inzucht. Die Begattung der Bienenköniginnen findet durch mehrere Drohnen (etwa zwölf im Mittel) nacheinander statt. Die „Vielmännerei" sorgt für Nachkommen, die sich genetisch stark unterscheiden. Die Arbeiterinnen haben entsprechend viele unterschiedliche Eigenschaften. Genetisch entstehen uneinheitliche Völker, die offensichtlich in ihren Eigenschaften produktiver und robuster sind. Bei Standbegattungen sind die Gatten einer Königin somit unterschiedlicher genetischer Herkunft. Diese genetische Vielfalt würde bei geographischen Rassen innerhalb der Rasse bleiben. Bei Einfuhr von Fremdrassen durch den Menschen kommen bei der Rassenmischung zwar Erbanlagen zusammen, die kurzfristige Vorteile bringen können (Heterosiseffekt), aber langfristig für die Imkerei nachteilig sind. Vielfach werden von Imkervereinen in der Bienenzucht sogenannte Belegstellen genutzt, bei denen die Imker ihre Königinnen begatten lassen können. Auf den Belegstellen werden selektionierte Bienenvölker als Drohnenvölker zur Begattung der Königinnen aufgestellt, Wenn die jeweilige Belegstelle nicht weit genug von umliegenden Bienenständen entfernt ist, finden auch Begattungen durch fremde Drohnen statt. Bei natürlicher Paarung der Königin mit mehreren Drohnen stammen die Drohnen in der Regel von verschiedenen Königinnen ab. Die Königin erhält bei den Paarungen somit eine Spermienmischung mehrerer Drohnen. Bei der Eiablage werden nur die Eier, aus denen Arbeiterinnen entstehen, befruchtet, Drohnen entstehen aus einem unbefruchteten Ei und tragen das Erbgut ihrer Mutter. Die Arbeiterinnen eines Bienenvolkes haben somit alle die gleiche Mutter, da sie von der gleichen Königin abstammen, jedoch viele Väter. Alle Arbeiterinnen, die mit den Spermien des gleichen Drohn gezeugt worden sind, sind Vollschwestern. Zu den Weibchen mit anderen Vätern sind sie Halbschwestern. Die Verwandtschaftsverhältnisse im Bienenvolk sind mit dem Vorkommen der verschiedenen Schwestergruppen entsprechend kompliziert.[209] Werden in Gebieten verschiedene Bienenrassen nebeneinandergehalten, so kann sich bei Standbegattungen die genetische Ausstattung der Bienenvölker stark unterscheiden.

„Deutsch' in allem, auch in der Bienenzucht"

Der Handel mit ausländischen Bienenköniginnen erlebte einen Boom, nachdem Pfarrer Johann Dzierzon Mitte des 19. Jahrhunderts die italienische Bienenrasse eingeführt hatte. In den Bienenzeitungen wurden insbesondere „Italienische", „Krainer", aber auch „Ägyptische", „Zyprische" und „Kaukasische" Bienenköniginnen und Schwärme zum Kauf angeboten (Abb. 4).

In Imkerkreisen wurde diese Praxis schon zu Dzierzons Zeiten nicht widerspruchslos hingenommen und es wurden auch zahlreiche Vergleiche zwischen den Bienenrassen angestellt. So hieß es schon 1873 in der „Bienenzeitung":

> „Schade um diese vielen weggeworfenen Thaler, welche zum Ankauf von fremden Bienen-Racen vergeudet werden, oder gar in das Ausland gehen, und wäre dieses in seiner Gesammtheit riesige Kapital auf Ankauf heimischer Völker, praktischer Mobilbeuten und anderer zum Betriebe nothwendiger Geräte gewiß besser angewendet. [...] Diese meine Meinung bezieht sich [...] nicht allein auf die [...] italienische Biene, sondern mit vollem Rechte auf jede andere als die heimische Bienenrace [...] Selbst der erfahrene Imker ist vor Prellereien nicht gesichert, und so lange schamlose Beutelschneidereien nicht schonungslos an den Pranger der Publizität in den Bienenzeitungen gestellt werden, wird es nicht besser werden [...]."[210]

In einem Beitrag in der Leipziger Bienenzeitung aus dem Jahr 1886 wurden die Eigenschaften der „Deutschen Biene" denen der „Zyprischen", „Krainer", „Kaukasischen" und „Ägyptischen Biene" gegenübergestellt. Darin hieß es:

> „In früherer Zeit war in Deutschland nur die schwarze, deutsche Biene bekannt. [...] Die deutsche Biene ist in ganz Deutschland und weit über dessen Grenzen hinaus heimisch. Durch Züchtung und andere Trachtverhältnisse haben diese Bienen zum Teil andere, ganz abweichende Eigenschaften angenommen, so daß sie als andere Rassen erscheinen, wie die Heidebienen in der Lüneburger Gegend."[211]

In dem 1897 in der „Leipziger Bienenzeitung" erschienenen Aufsatz mit dem Thema „Wert fremder Bienenrassen" hieß es: „Während bis heutigen Tages noch von einigen Bienenzüchtern fremden Bienen in Bezug auf Fleiß das größte Lob zuerkannt wird, behaupten andere das strikte Gegenteil. [...] unsere deutsche Biene [ist] eine ganz vorzügliche Honigbiene, welche keiner Verbesserung durch Kreuzung mit fremdländischen Bienenrassen bedarf."[212] Zu Beginn des 20. Jahrhunderts hielt die Diskussion um die „Rassenzucht" weiter an, wie ein Beitrag aus der „Leipziger Bienen-Zeitung" des Jahres 1905 zeigte:

> „Die Geschichte lehrt uns aber, daß schon vor Anfang unserer Zeitrechnung in den Urwäldern Deutschlands ein Bienengeschlecht sein Dasein fristete und sich bis heute erhalten hat: ‚die nordische deutsche Biene' im schwarzen Gewande. Dieselbe hat allerdings im Laufe der letzten 50 Jahre durch Einführung der Italiener- und namentlich der Krainer-Biene, durch Kreuzung und Bastardisierung ihre Eigenart fast ganz verloren. Sie ist vom ‚Hüngler' zum ‚Brüter' (Schwärmer) erzogen worden. Wo gar noch ‚Heideblut' eingeführt wurde, hat in geringen Sommern auf gleichgültig gehaltenen Ständen, namentlich in Gegenden mit Frühjahrstracht, der ausgeprägte

Preis=Verzeichniß

der

Bienenwirthschaft von G. Dathe

zu Eystrup, Provinz Hannover.

1873.

Nr.	Gegenstand.	März und April Thlr.	Gr.	1.–15. Mai Thlr.	Gr.	16.–31. Mai Thlr.	Gr.	1.–15. Juni Thlr.	Gr.	16.–30. Juni Thlr.	Gr.	Juli Thlr.	Gr.	August bis October Thlr.	Gr.
	A. Bienen. (Siehe Bemerk. 2 unter F.)														
	1. Aecht italienische. (Lehrb. S. 27 u. 29. Anl. S. 7.)														
1.	Eine befruchtete Königin mit Begleitbienen	5	—	4	—	3	15	3	—	2	20	2	10	2	—
2.	Ein Schwarm von 1 Pfund mit befruchteter Königin	—	—	6	—	5	—	4	10	3	25	3	10	3	—
3.	Ein Schwarm von 1½ Pfund desgl.	—	—	—	—	6	—	5	—	4	15	4	—	3	15
4.	Ein Schwarm von 2 Pfund	—	—	—	—	—	—	6	—	5	—	4	15	4	—
5.	Vollständiger Zuchtstock im Kasten mit Mobilbau	11–12	—	11–12	—	11–12	—	11–12	—	—	—	—	—	10–11	—
6.	Desgl. im Stülpkorbe	8–9	—	8–9	—	8–9	—	8–9	—	—	—	—	—	7–8	—
7.	Edelkönigin oder vollblütige Zuchtmutter (Lehrb. 218. Anl. 16 u. 23)	9–12	—	8–11	—	7–10	—	6–10	—	5–10	—	5–10	—	5–10	—
8.	Schwärme mit Edelkönigin. Zum Preise Nr. 7 kommt à Pfund	—	—	2	—	1	20	1	10	1	5	1	—	1	—
9.	Vollst. Zuchtstock mit Edelkönigin im Kasten	15–18	—	15–18	—	15–18	—	15–18	—	—	—	—	—	14–17	—
	2. Heidbienen. (Lehrb. 27.)														
10.	Eine befruchtete Königin	3	—	2	—	1	15	1	10	1	5	1	—	1	—
11.	Ein Schwarm von 1 Pfund mit befrucht. Königin	—	—	4	—	3	—	2	15	2	—	1	15	1	15
12.	Ein Schwarm von 1½ Pfund desgl.	—	—	—	—	3	20	3	—	2	15	2	—	2	—
13.	Ein Schwarm von 2 Pfund	—	—	—	—	—	—	3	20	3	—	2	15	2	15
14.	Vollständiger Zuchtstock im Kasten	9	—	9	—	9	—	9	—	—	—	—	—	8	—
15.	Desgl. im Stülpkorbe	5–6	—	5–6	—	5–6	—	5–6	—	—	—	—	—	4–5	—
	3. Egyptische und Mischlinge. (Lehrb. 28 u. 29. Anl. 13.)														
16.	Egyptische Königin, ächt befruchtet	—	—	—	—	—	—	—	—	—	—	10	—	10	—
17.	Dieselbe von italienischer Drohne befruchtet	—	—	—	—	—	—	—	—	—	—	5	—	5	—
18.	Italienische Königin von deutscher Drohne befr.	3	15	2	15	2	—	1	20	1	15	1	10	1	5
19.	Für Schwärme kommt zu vorstehend. Preisen pr. Pfd.	—	—	2	—	1	20	1	10	1	5	1	—	1	—
20.	Vollst. Zuchtstock mit Königin Nr. 18 im Kasten	9–10	—	9–10	—	9–10	—	9–10	—	—	—	—	—	8–9	—
21.	Desgl. im Stülpkorbe	6–7	—	6–7	—	6–7	—	6–7	—	—	—	—	—	5–6	—

Abb. 4: Preis-Verzeichnis für die Sendung italienischer, ägyptischer und Heide-Bienen im Jahr 1873.

Schwarmteufel ganze Stände ruiniert und so unserer Bienenzucht ungeahnten Schaden gebracht. Wenn statistisch nachgewiesen werden könnte, welche Summen innerhalb der letzten 40 Jahre für fremde Bienen und Königinnen ins Ausland wanderten, würden wir zur Erkenntnis kommen, daß unsere Bienenzucht hier einen wunden Punkt aufweist. In den letzten Jahren ist ein erfreulicher Umschwung eingetreten. Dank eifrigem Vorgehen strebsamer Bezirksvereine und einzelner Imker hat der Bezug ausländischer Bienen etwas nachgelassen. Man wendet sich langsam durch überlegte Wahlzucht einer guten Honigbiene zu, die auch in weniger guten Jahren nicht nur ihren Winterbedarf deckt, sondern noch einen Überschuß bringt.

Der ‚Verein Schweizer Bienenfreunde' unter seinem rührigen Vorstand, Herrn U. Kramer – Zürich, dessen Schrift ‚Die Rassenzucht' ich eingehendem Studium empfehlen möchte, ist weiter gegangen. Er hat in den hinter uns liegenden 15 Jahren in wohldurchdachter Reinzucht der schwarzbraunen Bienenrasse uns klar gemacht, daß die nordisch deutsche Biene diejenige ist, die unseren oben genannten Anforderungen entspricht."[213]

Zur gleichen Zeit erschien ein Beitrag von Detlef Breiholz mit dem Titel „Unsere Bienenrassen“, in dem die Frage nach der „besten Bienenrasse“ hinsichtlich der Verwendung fremder Bienenrassen diplomatisch tolerant, aber mit Blick auf das Votum für die heimische Bienenrasse eindeutig ausfiel:

> „Welche von den genannten Bienenrassen ist nun die beste? Das ist eine Frage, die von Anfängern in der Bienenzucht oft gestellt wird. Die Antwort kann natürlich gar nicht zweifelhaft sein. Nach ewigem Naturgesetz muß jede Bienenart für die Gegend am besten passen, in der sie sich in ihrer Eigenart entwickelt und herausgebildet hat. Wenn auch der Wert fremder Bienenrassen ungeschmälert bleiben und keinem Imker die Freude an denselben mißgönnt und zugleich anerkannt werden soll, daß die bastardierten Nachkommen fremder Rassen sich oft sehr gut bewährt haben, so muß doch unbestritten bleiben, daß die vornehmste Sorge der Bienenzüchter darin besteht, durch zielbewußte Blutauffrischungsbestrebungen und durch eine sorgfältig und umsichtig gehandhabte Zuchtwahl die heimische Bienenrasse zur höchsten Leistungsfähigkeit zu bringen.“[214]

In weiteren Beiträgen wie „Lob der ‚Deutschen‘“ von Kreisbienenmeister Weigert aus Regenstauf (bei Regensburg) aus dem Jahr 1908 wurde „die deutsche Biene für uns als die am allerbesten geeignete Rasse“ bezeichnet.[215] Auf der Wanderversammlung in Konstanz stellte der Schweizer Züchter U. Kramer die Vorzüge seiner dunklen „farbenreinen“ Bienenrasse vor (veröffentlicht 1912), die in der „zweiten Hälfte des 19. Jahrhunderts zum ‚Aschenbrödel‘ herabgesunken sei.[216] 1912 schien es, als ob der neue Trend zur „Deutschen Biene“ ging:

> „Ein frisches Leben zieht sich durch die deutsche Bienenzucht. Fast in jeder Fachzeitschrift stößt man auf die wichtige Frage der Reinzucht unserer heimischen deutschen Biene. Man ist zu der Ueberzeugung gelangt, daß die deutsche Biene die geeignetste Rasse sei, welche für unsere deutschen Verhältnisse, auch solche mit nur Frühtracht, am besten passe.“[217]

Am Vorabend des Ersten Weltkriegs meldete sich Weigert erneut zu Wort:

> Wir haben auch in diesem Ausnahmsjahre [1913] wieder gesehen, daß die heimische Rasse unbestritten die beste Biene für uns ist. Wir müssen deswegen das Bestreben fast aller Bienenzeitungen, der angestammten Biene wieder zu ihrem alten Rechte und Ansehen zu bringen, mit höchster Freude begrüßen. Wie viel könnte nicht der heimischen Bienenzucht genützt werden, wenn nur ein kleiner Teil des guten deutschen Geldes, das den Fremdlingen zuliebe über die Grenze wandert, der Pflege der heimischen Biene gewidmet würde!“[218]

Die „Leistungsbienenzucht“ zur Honigversorgung des anwachsenden deutschen Volkes im Industriestaat mit der einheimischen Bienenrasse wurde 1914 in einem Beitrag mit dem Titel „Die Rassenfrage in der Bienenzucht“ gefordert:

> „Hat durch jahrelange Auswahl der besten Zucht sich die einheimische Bienenrasse vervollkommnet, dann kommen wir auch dahin, was unsere Bienenzucht sein sollte, eine Leistungsbienenzucht, deren vornehmste Aufgabe es sein müßte die Versorgung

unsers sich mehr und mehr zum Industriestaat auswachsenden Millionenvolkes mit Honig zu gewährleisten."[219]

Und weiter hieß es in einem Sprachgebrauch, der auch im Nationalsozialismus gebräuchlich gewesen sein könnte:

„Wir müssen Sorge tragen, daß sich die Rasse aus sich selbst verbessert, von innen heraus. Alles minderwertige wird aus den heimischen Ständen ausgemerzt."[220]

Enoch Zander, Leiter der „Königlichen Anstalt für Bienenzucht" machte im Ersten Weltkrieg dafür Werbung, „den Bedarf an Bienenvölkern möglichst aus der engeren Heimat zu decken, wobei die Grenzen ziemlich weit gesteckt sein dürfen". Die Einfuhr fremder Stämme sah er kritisch:

„Ohne Bedenken darf man den geringen Erfolg mancher Imker auf die sinnlose Einfuhr fremder Stämme zurückführen. Sehr schwarmlustige Bienen und solche aus Ländern mit ausschließlicher Spättracht eignen sich nicht für Gebiete mit Früh- und Sommertracht. Wer sie einmal auf dem Stande hatte, ist für alle Zeiten vor der Versuchung, Bienen zu kaufen, gesichert."[221]

Dem Ruf nach der „nordischen Deutschen Biene" wurde auf der anderen Seite in Imkerkreisen entgegengehalten, dass „eine Weiterentwicklung der Biene denkbar" sei:

„Wir haben ja Bienenrassen! Wir haben Fremde zur Kreuzung eingeführt und tatsächlich diese Blutmischung erreicht. Wenn die Veränderungen auch nur geringe sind, da sind sie doch. [...] Wir wickeln gleichsam das bösartige Tier eines Bienenvolkes um den Finger und steigern und schrauben seine uns nützlich erscheinende Kraft auf immer größere Höhen. Haben je die alten Züchter diese Ernten gehabt wie wir? Ja, wenn sie einmal eine Mulde voll Honig zeidelten, redeten Kind und Kindeskind noch davon. Wir machen davon gar kein Aufhebens, sondern halten Ernten von 20, 30, 50, ja noch mehr Pfund jährlichen Ertrag bei den Honigvölkern als eine selbstverständliche Sache. Unsere Biene ist unzweifelhaft nach dieser Richtung hin in der Entwicklung begriffen."[222]

Auch wurden „unrichtige Betriebsweisen" kritisiert, die für die „Krainerbiene" angewandt worden seien, obwohl diese Rasse für die deutschen Verhältnisse als geeignet angesehen wurde.[223] Ferdinand Gerstung kritisierte zwar die „mannigfaltigen und meistens ganz plan- und ziellosen Kreuzungen" noch am Ende des Kaiserreichs 1918, aber verwarf dennoch „nicht etwa die Kreuzung ganz und gar".[224]

Während sich die erwähnten Aufsätze noch überwiegend sachlich und kritisch vergleichend mit den unterschiedlichen Bienenrassen befassten, tat sich Ende des 19. Jahrhunderts in weiteren Beiträgen, die an das „deutsche Nationalgefühl" appellierten, eine neue Qualität auf, wie in den 1899 von Wilhelm Dittmar in der „Bienenzeitung" erschienenen Beiträgen „"Deutsche Bienen"[225] und „‚Deutsch' in allem, auch in der Bienenzucht"[226], welche die Verwendung der rassereinen, deutschen ‚Volksbiene" propagierten:

> „Jetzt, an des Jahrhunderts ernstem Ende, ist Deutschland ein mächtiges Reich und seine Stimme gilt schwer im Völkerkonzerte. Nun hört man wieder ‚deutsche Musik', ‚deutsche Bildung', ‚deutsche Sprache', ‚deutsche Industrie'! – Auch ‚deutsche Bienen', lieber ‚deutscher' Imker?! [...] In der Bienenzucht gibt es Leute, die nicht genug haben an der edlen deutschen Biene, die da schwarz ist, aber lieblich und schön, nein, ihr Vaterland muß größer sein, ihre Bienenliebe ist international! [...]
>
> Wie mag das nun gekommen sein, daß unsere deutsche Biene in den Augen der deutschen Bienenzüchter so an Wert verloren hat, daß man sie so ganz und gar bei Seite schob? Es lag an dem alten Erbübel der deutschen, daß man das Fremde für besser hielt, es war ein Mangel an Patriotismus, der noch aus der Zeit der ‚Nachahmung' herstammte. ‚Es fehlte,' wie Luther sagt, ‚Deutschland, dem schönen, weidlichen Hengst, der Futter und alles genug hat, was er bedarf, an einem Reuter, an einem guten Regenten,' der Deutschland groß und mächtig machte, in dessen Person der Patriotismus sich gleichsam konzentrierte. Dann aber, und das ist der Hauptgrund, hatten die größten deutschen Imker die fremden Bienen als besondere Lieblinge erkoren! [...] Aegyptische, palästinische, cyprische Bienen sind fast alle ohne Sang und Klang wieder aus Deutschland verschwunden. [...] Anders aber steht es mit der italienischen und krainischen Biene. [...] Demnach ist für Deutschland die rassereine deutsche Biene die beste! [...] ‚Die deutsche Biene ist eben eine Volksbiene im wahrsten Sinne des Wortes.'"[227]

Und Dittmar beschwor die Beachtung der „Rassereinheit" und des „edlen Bluts":

> „Aber auch die deutschen Handelsbienenzüchter sollten nur deutsche Bienen züchten und zum Versand bringen! Ihr Geschäft würde einen nie geahnten Aufschwung nehmen; denn Micheln sitzt der Kopf nun bald gerade zwischen seinen dicken Schultern!
>
> Deutsche? Krainer? Oder Italiener?
> ‚Ich würde mir erküren
> Aus all' dem edlen Blut
> Allein die deutsche Biene,
> Denn sie ist deutsch und gut!'"[228]

Die „patriotischen" Ausführungen von Dittmar blieben in der Imkerpresse des Kaiserreichs nicht unwidersprochen:

> „[...] Die Ausführungen Dittmars laufen auf einen Panegyrikus[229] der deutschen Biene hinaus, die als Urbild aller schönen und guten Tugenden auf den Schild erhoben wird. [...] Eine andere Frage ist aber die, ob durch in einem solchen Stil abgefaßte Arbeiten der beabsichtigte Erfolg erzielt wird, was ich sehr bezweifle. [...] Herr Dittmar würde durch seinen Artikel einen größeren Effekt erreicht haben, wenn er darauf verzichtet hätte, patriotische Gefühle zur Begeisterung für unsere einheimischen Bienen heranzuziehen. Denn es liegt immer die Gefahr nahe, daß so motivierte Erwägungen auf kühler denkende Leser mehr erheiternd als überzeugend einwirken."[230]

1910 hieß es in einem Aufsatz der „Leipziger Bienen-Zeitung" angesichts des Befunds, dass „man sich in Deutschland immer noch nicht darüber einig [ist], welche Rasse man als dieses Ideal anerkennen soll. [...] Bringen wir durch sie [die künstliche Zuchtwahl] unsere deutsche Landrasse wieder in vollem Umfang zu Ehren, verschaffen wir ihr wieder überall ihr altes Heimatsrecht."[231] „Deutschtum", „Nationalismus" und „Volkstum" wurden in einem Aufsatz aus dem Jahr 1911 besonders betont, um den „hohen erzieherischen Wert, der in der Beschäftigung mit dem Leben der Bienen liegt" und „die Erziehung des Menschengeschlechts zu immer Höherem und Edlerem"[232] herauszustreichen:

> „Und welches Land ist es nun gewesen, in dem die Bienenzucht ihre wahre Heimat fand? Wo ist die Bienenzucht zu ungeahnter, selten schöner Blüte gelangt, wo hat sie ihre begeistertsten Anhänger und tapfersten Verfechter gefunden, wo ist sie groß geworden und herangewachsen zu einem Stück Volkstum, zu einem der edelsten und besten Zweige am Volksstamme? Wer hat ihren hohen, idealen Wert erst voll erfaßt? Das bist du, mein liebes Heimatland, mein teures, deutsches Vaterland: du Land, an allem edlen Streben reich, wo die Liebe zu allem Hohen und Edlen, wo die Freiheit des Forschens, wo die Begeisterung für alles Große, Volkstümliche und Nationale eine Heimstadt gefunden hat!
>
> Es bleibt der unsterbliche Ruhm des Deutschen, die Bienenzucht der Welt auf die Höhe gebracht zu haben, auf der sie jetzt steht; alle Nationen sind bei uns in die Schule gegangen, wie in so vielen Dingen. [...] So ist die Bienenzucht, die wir haben, wie wir sie von ihm und seinen Getreuen gelernt haben, das ist die Bienenzucht, an der wir festhalten wollen, als einem Erbstück aus der Väter guter Zeit, wie sie sich entwickelt hat auf deutschem Boden, in deutschem Geiste, als ein Stück deutscher Art und deutschen Lebens. Wenn irgend etwas, so hat unsere deutsche Bienenzucht ganz die Art und den Charakter deutschen Wesens angenommen, sie ist wie geschaffen gerade für den Deutschen, sie stimmt mit all den Anforderungen, die sie an den rechten Bienenvater stellt, so ganz und gar zu seinem tiefen Gemüte, zu seiner frommen Denkungsart, zu seinem edlen Geistesleben und seinen hochfliegenden Gedanken, zu seiner Liebe zur Natur, zu seinem Sinn für Häuslichkeit, zu seiner Liebe für Heimat und Vaterland!"[233]

Im zweiten Jahr des Ersten Weltkriegs meldete sich Kreisbienenmeister Weigert erneut mit dem Artikel „Züchterische Bestrebungen" zu Wort und wehrte sich gegen die „Mischmaschgesellschaft" und das „ausländische Blut":

> „Wenn wir zahllose Züchterkonferenzen abhalten, dort in begeisterten Worten all die herrlichen Vorzüge der angestammten reinen Landrasse rühmend loben – was hilft's, wenn eine Menge von Imkervereinigungs-Vorständen ihr größtes Vergnügen darin erblicken, den Anfängern des Vereins das Heil und den Segen der Bienenzucht in fremden Rassen zu predigen? Was hilft's, wenn wir Stockmütter von ausgezeichneter Rasse auf dem Stande haben, und den Nachbarn zur Rechten und zur Linken fällt es plötzlich ein, sich Italiener, Banater, Krainer oder gar Afrikaner kommen zu lassen? Diese buntgewürfelte, schön angezogene Mischmaschgesellschaft sind alles Frühaufsteher, sie überschwemmen die Heimatstände mit ihren frühen, energischen Drohnen und die Frucht langen Fleißes ist mit einem Male dahin.
>
> Ich besuche alljährlich Hunderte von Ständen und finde zu meinem Leidwesen, daß auf den meisten derselben das ausländische Blut vorherrscht. Bestechend für andere Imker aber ist es, da ein großer Teil der Besitzer solch fremder Bienen auf deren Riesenerfolg schwört."[234]

Im Jahre 1918, am Ende des Ersten Weltkriegs, musste nüchtern festgestellt werden, dass „durch den Krieg [...] nicht nur die Einfuhr von Honig und Wachs, sondern auch die von lebenden Bienenvölkern und [...] Königinnen aufgehört [hat]."[235] Die Diskussion um die historisch bedingte Problematik des Einsatzes fremder Bienenrassen und der „deutschen" Biene war am Ende der Epoche des Kaiserreichs noch nicht beendet. Zwar war sie vielfach von zeitbedingten sachlichen Auseinandersetzungen geprägt, unübersehbar waren aber auch nationalistische, deutsch- und volkstümlerische sowie völkische Ansichten unterlegt.

„Volksbienenzucht" vom „Kaiserstock" bis zum „Siegerstock"

Ende des 19. Jahrhunderts kam in der Imkerschaft der schillernde Begriff der „Volksbienenzucht" auf – verbunden mit der Zielsetzung: „Vor jedem Bauernhause ein Bienenstand" und einer billigen und gut lohnenden Bienenzucht.[236] So hieß es in einem Aufsatz aus dem Jahr 1899:

> „‚Volksbienenzucht!' – vor jedem Bauernhause ein Bienenstand, das ist ja das Ziel aller Bienenzuchtvereine. Es ist nicht zu leugnen, als die gute alte Zeit noch war, fand man die Bienenzucht ausgebreiteter als jetzt, Honig und Wachs galten als notwendige Produkte im Haushalt des Menschen. Bald aber ersetzten andere Brennstoffe (Oel, Petroleum ec.) das Wachslicht, der Zucker verdrängte den Honig, die Bienenzucht verlor an Wert, sie geriet in Verfall."[237]

In dem in vielen Auflagen erschienenen Buch „Volksbienenzucht" von J. Weigert hieß es: „Der Landwirt an sich ist der ‚geborene Bienenzüchter', und die Bienenzucht wird allerorts als die ‚Poesie der Landwirtschaft' bezeichnet."[238] Und in einem in der „Leipziger Bienen-Zeitung" 1905 erschienenen Artikel, der sich insbesondere an die Landwirte richtete, wurde ausgeführt:

> „Die Bienenzucht muß Gemeingut des Volkes werden; alle, die ein geeignetes Plätzchen zum Aufstellen der Völker haben, besonders aber alle Landwirte, sind für die edle Imkerei zu gewinnen! So klingen die Sätze, die in alle Welt hinausposaunt werden. Hier und da, vor allem in landwirtschaftlichen Vereinen, finden Vorträge statt, in denen den staunenden Zuhörern bekannt gegeben wird, welch außerordentlich hohe Rente die Bienenzucht gewährt."[239]

Einen wichtigen Beitrag zur „Volksbienenzucht" zur „Bildung und Veredelung des Herzens" sollte – neben Vorträgen in Vereinen, Einrichtungen von Imkerschulen, Beschaffung von Stipendien, Aufnahme der Bienenzuchtlehre an Seminaren – die Volksschule leisten. So wurde gefordert, dass der Volksschullehrer „zum Apostel der Bienenzucht" werden solle und die Schulgärten mit Bienenständen auszustatten seien:[240]

„Die Einführung der Jugend in das richtige Verständnis für das Wesen, Leben und Treiben der Bienen ist soviel wie Bildung und Veredelung des Herzens; die Anleitung und Unterweisung zum Betriebe der Bienenzucht heißt fleißige und rührige Menschen heranziehen und ihren materiellen Wohlstand fördern, und sie bedeutet endlich in der heutigen, allseitig so erregten Zeit Eintracht, Genügsamkeit, Sittlichkeit und Zufriedenheit predigen (Schmiedeknecht). So übt die Volksschule eine heilsame Thätigkeit im Interesse der Bienenzucht und gibt Veranlassung, daß die Bienenzucht unter die Leute bringt und endlich Gemeingut des Volkes wird.“[241]

Ähnlich argumentierte der Lehrer F. Tollert 1891 in seinem Beitrag „Mittel und Wege zur Volksbienenzucht“ und verwies darauf, dass die „Volksbienenzucht“ das „Volkswohl“[242] fördere und dass die „hohen Staatsregierungen“ die Bienenzucht überhaupt sowie die „Volksbienenzucht“ im Besonderen unterstützen müssten. An die Imkerschaft gewandt führte er aus:

„Liebe Imkerbrüder, streben wir diesem hohen Ziele mutig entgegen, lassen wir uns durch Mißerfolge, Verkennung, Undankbarkeit nicht entmutigen. Unsre edle Sache ist des Kampfes und Streites wert, wir werden dadurch zu Wohlthätern des Volkes, wir erfüllen unsere Pflichten als Staatsbürger besser, wir helfen mit streiten gegen Vorurteile, Nachlässigkeit, Trägheit, wir fördern Religiosität, Moral und Natursinnigkeit, wir bilden einen Damm gegenüber den Bestrebungen der Jetztzeit, indem wir dem Volke die Glücksgüter zu erhalten suchen, die andre in frevelhafter Weise rauben wollen.“[243]

Die Begriffsdefinition der „Volksbienenzucht“ blieb unscharf und war Gegenstand heftiger Auseinandersetzungen in den Bienenzeitungen, die bis in die Zeit nach dem Kaiserreich anhielten. So waren die zahlreichen Erfindungen neuer Bienenwohnungen bzw. Stockformen für die Imker mit ihrem Wunsch nach Orientierung eine Herausforderung: „Immer wieder erscheinen neue Wohnungen auf der Bildfläche. Kaum haben so manche Leutchen einige Jährchen geimkert, da fühlen sie sich berufen, eine neue Wohnung zu erfinden.“[244] Die Bienenbehausungen, die nun als „Volksstöcke“ bezeichnet wurden, bekamen entsprechend zeitbedingte Namen. So wurde beispielsweise im Kaiserreich der „Kaiserstock“[245] erfunden. Im „Burschenstock“ wurde der einfache Mobilbetrieb herausgestellt.[246] Für den berühmten Johann Dzierzon war der „Zwillingsstock“[247] der beste Stock. In „Langes-Volksbienenstock“[248] sollte besonders rentabel geimkert werden. Die „Gerstungbeute“ soll besonders „bienengemäß“ gewesen[249] und „im Kampf ums Dasein“ „auf der ganzen Linie Sieger geblieben“[250] sein. In der „Münchener Bienen-Zeitung“ wurde für den „Bayerischen Volksbienenstock“ geworben (Abb. 5).[251]

Enoch Zander entwickelte an der Königlichen Anstalt für Bienenzucht in Erlangen die „Zanderbeute“[252]. Am Ende des Kaiserreichs wurde die „neuzeitliche Volksbienenzucht“ im „Deutschen Försterstock“[253] angepriesen. Und mit nationalistischen Tönen wurde der „Deutsche Siegerstock“ 1917 im Ersten Weltkrieg vorgestellt:

„Draußen an den Fronten stoßen sich die Völker in hartem Ringen. Jedes Volk sucht den Sieg zu erringen. Gut steht es um die deutsche Sache, und so Gott will, haben unsere feldgrauen Helden das meiste getan, um unseren Fortbestand unter den Völkern zu sichern und einen siegreichen Frieden vorzubereiten. Dafür werden aller-

Abb. 5: „Bayerischer Volksbienenstock", gemischter Betrieb mit Strohkorb und Mobilbeute (1910).

wärts bei uns Vorbereitungen getroffen. Auch wir Imker wollen da nicht müßig sein. Der Krieg hat den echten deutschen Honig zu hohen Ehren gebracht. Die muß er auch nach dem Frieden behalten. Möglichst viel Honig soll die heimische Scholle spenden. Das ist der Wunsch von uns Imkern. Ein gutes Gerät fördert erleichternd die Arbeit und erhöht die Ernte [...] Der ‚Deutsche Siegerstock' [...]."[254]

Abb. 6: Bienenstand in Stuttgart mit „Gravenhorstschen Bogenstülpern“ im Jahre 1909.

Viele Neuerungen in der Imkerei wurden zunächst als „Künstelei“ abgetan: „Nach Sibirien mit den Künsteln! Pflegen wir die wahre, echte, traute Volksbienenzucht!“, schrieb Pfarrer Franz Tobisch in seinem in vierter Auflage des 1909 erstmals erschienenen Buches „Jung Klaus' Volksbienenzucht“[255]. Vielfach wurde in diesem Zusammenhang der Wunsch nach Natürlichkeit, dem „Zurück zur Natur“[256] geäußert, aber auch die Vereinfachung und Verbilligung standen im Vordergrund.[257] Insbesondere die Wirtschaftlichkeit der Imkerei geriet in den Fokus der Diskussion um die „Volksbienenzucht“, da man auch einen Unterschied zwischen dem „Handelsimker“ und dem „Volksimker“ sah.[258] Nicht selten wurden noch am Ende des Kaiserreichs die Vorzüge der alten Strohbienenstöcke hervorgehoben.[259] Seit der Propagierung der Magazinimkerei durch Dzierzon hatte sich diese allmählich zuungunsten der Korbimkerei ausgebreitet (Abb. 6).

Die Situation bis zum Ende des 19. Jahrhunderts im Deutschen Reich soll am Beispiel der Bundesstaaten Sachsen und Baden sowie der preußischen Provinz Hannover verdeutlicht werden[260]: In den Jahren von 1873, 1883, 1892 bis 1900 stieg die Anzahl der Bienenstöcke in Sachsen an: 64 367, 53 736, 57 662, 75 791. Zum Vergleich: Hannover in den Jahren 1883, 1892 bis 1900 – 171 683, 161 815, 218 726; Baden: 60 785, 78 284, 107 893 Bienenstöcke. Der Anteil der Bienenstöcke mit beweglichen Waben in den Jahren 1873, 1883, 1892 bis 1900 betrug in Sachsen 18 579 (28,9 Prozent), 21 870 (40, 7 Prozent), 28 329 (49,1 Prozent), 44 888 (59,2 Prozent). Zum Ver-

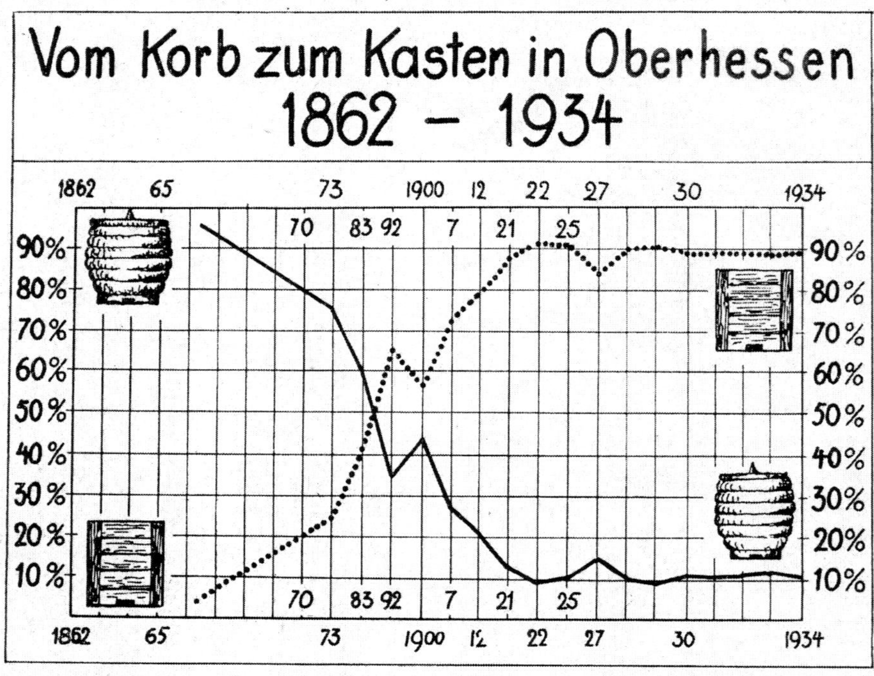

Abb. 7: Vom Korb zum Kasten in Oberhessen (1862–1934).

gleich: Hannover in den Jahren 1883, 1892 bis 1900 – 4 700 (2,7 Prozent), 4 776 (3,0 Prozent), 30 280 (13,8 Prozent); Baden: 19 621 (32,3 Prozent), 45 601 (58,3 Prozent), 78 651 (72,9 Prozent) Bienenstöcke mit beweglichen Waben.

Im gleichen Zeitraum über das gesamte Deutsche Reich betrachtet, war die Tendenz ähnlich, dass die Zahl der Bienenstöcke und der Anteil der Mobilbeuten zunahm[261]: In den Jahren 1873, 1883, 1892 bis 1900 entwickelte sich die Anzahl der Bienenstöcke von 2 333 484, 1 911 797, 2 034 479 bis 2 605 350. Davon waren Bienenstöcke mit beweglichen Waben: ca. 294 018 (12,6 Prozent), 368 206 (19,3 Prozent), 637 690 (31,3 Prozent), 1 151 771 (44,2 Prozent). Grundsätzlich lässt sich bilanzieren, dass die Entwicklung langsam und in den Bundesstaaten bzw. preußischen Provinzen unterschiedlich verlief. In der preußischen Provinz Hannover war aufgrund der traditionellen Heidebienenzucht die Bienenkorbimkerei sehr beständig, während hingegen in Baden zur Jahrhundertwende schon nahezu drei Viertel aller Beuten Magazine darstellten, in Württemberg waren es etwa 63 Prozent. Eine Betrachtung des Verhältnisses von Stabil- zu Mobilstöcken stellte Armbruster im Jahre 1912 an: „Es zeigt sich in auffallender Weise, daß die süddeutschen Staaten einschließlich Hohenzollern, sich in weit höherem Maße der rationelleren Betriebsweise, dem Mobilbetrieb, zuwandten, als die norddeutschen, so daß Preußen, von Oldenburg

Abb. 8.: Bienenzucht-Lehrkurs für Magazin- und Strohkorbimkerei (1912): „Die Teilnehmer eines Bienenzucht-Lehrkurses, auf dem steter Friede und dauernde Eintracht sich in schöner Harmonie die Hände reichten“.

abgesehen, wiederum am schlimmsten abschneidet, nicht etwa nur wegen der Heideprovinz Hannover, denn Ostpreußen hält in ebenso zäher Weise am Korbbetrieb fest. Schlesien, die Heimat Dzierzons, bildet sozusagen die einzige Ausnahme unter den preußischen Provinzen (auch das ehemalige Wirkungsfeld v. Berlepsch's: Sachsen-Coburg-Gotha schneidet sehr günstig ab). Baden steht deutlich an der Spitze, bei ihm ist der Korb nahezu verdrängt. Württemberg steht auch hier Baden am nächsten, in Bayern bleibt noch manches zu tun übrig.“[262] Zur Jahrhundertwende am Ende des 19. Jahrhunderts waren über das gesamte Deutsche Reich gesehen etwa 44 Prozent der Bienenstöcke Mobilbeuten. Die Zahl stieg bis zu Beginn des Ersten Weltkriegs weiter an bis etwa 58 Prozent.[263] Eine für Oberhessen angefertigte Graphik, die 1935 veröffentlicht wurde, zeigt sogar die Entwicklung der Zahl der Mobilbeuten im Zeitraum von 1862 bis 1934 (Abb. 7). Demnach hielt der Trend der Bienenhaltung im Mobilbau auch im 20. Jahrhundert stetig an und erreichte um 1922 einen Sättigungswert bei etwa 90 Prozent aller Beuten (Abb. 8).

„Seit dem Ueberschreiten der Jahrhundertwende steigerte sich der Tanz hier und da zur Raserei“,[264] schrieb Heinz Wulff 1923 rückblickend über das Thema „Volksbienenzucht“. Und weiter:

> „Man erfaßte unter Volksbienenzucht die Bodenständigkeit, Natur- und Volksangepaßtheit, Erfahrungsgesättigtheit, Geradwegigkeit, Durchgebildetheit und Vergründlichung der Bienenzucht. Sah ein, daß daraus die Einfachheit, Vereinheitlichung, Einträglichkeit und Billigkeit folgte."[265]

Natürlich wurde mit den unterschiedlichen Beutesystemen Geld verdient: „,Geschäftlhuberei', nichts anderes ist es, wozu manche sogenannte ,Imkergrößen' die edle Bienenzucht mißbrauchen", schrieb Pfarrer Franz Tobisch.[266] Bei genauerer Betrachtung unterschieden sich viele Beutentypen bzw. Rähmchenmaße nur gering und waren weder betriebstechnisch noch biologisch zu begründen. Die Bemühungen um die Einheitlichkeit des Rähmchenmaßes setzten im Kaiserreich schon früh ein. So hieß es in dem „Lehrbuch der Bienenzucht" (4. Auflage von 1883) des Berufsimkers Gustav Dathe (1813–1880): „Man hat sich in neuerer Zeit immer mehr von der Vorteilhaftigkeit einer gleichen Stockform überzeugt, und namentlich haben die bienenwirtschaftlichen Vereine überall dahin gestrebt, in ihren Vereinsbezirken eine gleiche Stock- und Wabengröße oder ein Normalmaß einzuführen."[267] Die Verschiedenheit der Vereinsmaße hatte jedoch den Verkehr mit Bienen über den Vereinsbezirk hinaus deutlich erschwert: „Hätten die verschiedenen Vereinsmaße wenigstens gleiche Lichtweite, so würde die übrige Verschiedenheit der Bienenwohnungen dem gemeinschaftlichen Gebrauche weniger hinderlich sein. – Schon seit Jahren ist man daher bemüht gewesen, dahin zu wirken, daß ein einheitliches Maß für ganz Deutschland anerkannt werde [...]."[268] Auf der 23. Wanderversammlung in Greifswald 1878 gab es einen Vorstoß, für ganz „Deutschland ein Normallichtenmaß für Bienenwohnungen" einzuführen, was jedoch abgewiesen wurde: „Unsere Wanderversammlungen wandern und ihre Mitglieder wechseln [...] einen Beschluß könnten wir wohl fassen: wer aber ist verpflichtet, den Beschluß zu beachten; Niemand!"[269] Erst anläßlich der Wanderversammlung in Köln zwei Jahre später wurde einstimmig und in „freudigster Erregung" folgender Antrag zur Einführung eines Normalmaßes für Deutschland angenommen: „Die 25. Wanderversammlung Deutsch-österreichischer Bienenwirthe erklärt zu ihrer Jubelfeier in Cöln: Wir wünschen, daß als Normalmaß in den Dzierzon'schen und Berlepsch'schen, ob Lager- oder Ständerbeute, überhaupt in allen Bienenbeuten, deren Grundriß ein Rechteck bildet, als Lichtweite der Beuten 23,5 cm. gleich 9 Zoll, ferner als äußere Höhe des Halbrähmchens als Einheit 18,5 cm. angenommen werden."[270] Dieser Beschluss der Wanderversammlung bedeutete allerdings keineswegs, dass dieses Maß auch flächendeckend umgesetzt wurde. Die Ambivalenz der Thematik für die Imker kommt in dem 1895 in der „Leipziger Bienen-Zeitung" veröffentlichten Gedicht deutlich zum Ausdruck:

Bienenwohnungsstreit[271]
Nach bekannter Melodie zu singen

Da streiten sich die Imker rum
Wohl um der Beuten Wert;
Der eine schert sich wenig drum,
was hoch ein andrer ehrt.
Ein jeder hat sein eigen Maß,
Ein jeder sein System;
Und wer's nicht hat, erfindet was
Und nennt es gleich bequem.
[...]
Die fleiß'ge Bienenschar, sie lacht,
Wohl ob der Imker Streit:
„Was Ihr Euch nur für Sorge macht
Um manche Kleinigkeit.
Gar vieles ist uns völlig gleich,
Was Euch so sehr erregt;
Lernt, Imker, doch vom Bienenreich
Auch, wie man Eintracht pflegt!“
H. Schlüter

Ein Vorgriff auf die Jahre nach dem Kaiserreich zeigt, dass der Begriff „Volksbienenzucht“ nicht so schnell aus den Köpfen der Imker verschwand. Auch Ferdinand Gerstung schaltete sich 1923 in die Diskussion ein, sprach von „Kautschukbegriff“ und „Reklameschlagwort“ und strich die Kriterien „Einfachheit“, „Zweckmäßigkeit“ und „Erfolgssicherheit“ heraus: „Die rechte Wahl und Einordnung der Zuchtmittel auf das Zuchtziel ist die vornehmste Aufgabe des ‚Volksbienenzüchters‘.“[272] Sehr deutlich geißelte Enoch Zander 1925 den Begriff hinsichtlich der Rückwärtsgewandtheit der Betriebsweisen: „[...] angesichts des ewigen Geredes, daß das künftige Heil der deutschen Bienenzucht lediglich in einer ‚Volksbienenzucht‘ gelegen sei, worunter sich niemand etwas vorstellen kann, die uns aber sicher immer weiter von dem erstrebenswerten Ziele der Produktionssteigerung abbringen wird; denn die Rückkehr zu altväterlichen Betriebsweisen bedeuten keinen Fortschritt.“[273] Normierungsfragen waren auch Thema anlässlich von Bundestagungen des Deutschen Imkerbundes, insbesondere auf der Regensburger Tagung 1929, allerdings ohne den Begriff „Volksbienenzucht“ zu bemühen. „Vom Idealismus getragen“ erschien sogar Anfang der 1930er Jahre als Sonderbeilage „Der deutschen Biene“ die Ausgabe „Der freie Volksbienenzüchter – Kämpfer zur Hebung deutscher Imkerei und Volkswirtschaft“, das „Verbands-Organ des Deutschen Volksbienenzüchter-Verbandes“.[274] Auch die Zeitschrift „Die Bienen-Welt in Wort und Bild – Zeitschrift zur Erhaltung der guten deutschen Volksbienenzucht [...]“ enthielt zeitweise die „beliebt gewordene Beilage“ „Der Volksbienenzüchter“.[275] Einen nationalistischen Ton erhält die Diskussion um die „Volksbienenzucht“ durch die Anpassungsforderungen an die deutschen Verhältnisse, was in folgender Definition assoziiert wird: „Volksbienenzucht ist diejenige Bienenzucht eines Landes, die sich in der Natur des Landes, seiner Biene und seines Volkes angepaßt hat."[276] Im NS-Staat lagen Assoziationen mit den nationalsozialistisch belasteten Begriffen des „Völkischen" und der „Volksgemeinschaft"[277] nahe. In seinem Buch „Das Lehrbuch der Volksbienenzucht" aus den Anfängen des Nationalsozialismus im Jahre 1934 schrieb Georg Neuner, dass die Bienenzucht angesichts der zahlreichen Betriebsweisen, die allgemein empfohlen wurden, in eine „Sackgasse" gekommen und eine „vereinfachte Bienenzucht" notwendig sei.[278] Demnach müsse die Bienenzucht zu einem lohnenden Nebenerwerb werden. Und ganz im Sinne der nationalsozialistischen Wirtschaftspolitik führte er weiter aus: „Die Gesamtheit aber wird sie [die Bienenzucht] so reichlich mit billigem Honig versorgen, daß jegliche Einfuhr von selbst aufhört. Dies ist dann wirkliche Volksbienenzucht."[279] Als „Muster" einer „Volksbeute" sah er die „Zanderbeute"[280] an, die „Bienenrasse des Volksbienenzüchters" war die „Heimatbiene": „Laß dir nie von irgendwoher Völker oder Königinnen schicken."[281] Zur Korbbienenzucht führte Neuner aus:

> „Volksbienenzucht ist nicht gleichbedeutend mit Korbbienenzucht, sondern sie ist Betrieb mit der einfachsten Einrichtung und der einfachsten Betriebsweise, aber unter Ausnützung aller zeitgemäßen Errungenschaften."[282]

Nach dem Zweiten Weltkrieg spukte der Begriff „Volksbienenzucht" immer noch in den Köpfen von Imkern herum. So wandte sich Oberlehrer a.D. Erich Neumann im November 1949 an den Stellvertreter des Ministerpräsidenten der DDR, Walter Ulbricht, um seinen „Neuen Deutschen Volksbienenstock" (NDV) vorzustellen, der auf einem „neuartigen, gründlich aus- und durchgearbeiteten Bienenstock auf alter, tausendfach bewährter Grundlage" beruhte. Eine Ortsbesichtigung des Obmanns des Prüfungs- und Überwachungs-Ausschusses für Imkereigeräte des Deutschen Imkerbundes in der DDR kam zu dem Urteil, dass die „Einführung des ‚Neuen Deutschen Volksbienenstockes' als eines Volksstockes für die Volksbienenzucht restlos abgelehnt werden [muss], weil er der Imkerschaft nichts Neues bringt und durch bereits vorhandene Magazin-Systeme weitaus besser ersetzt werden kann." Die „Parolen" von Herrn Neumann lauteten: „Kein Dorf ohne Bienen! Verjüngung des Imkerstandes durch Heranziehung Jugendlicher! Konstruktion einer Volksbeute [...]." In dem Bericht vom 22. Mai 1950 hieß es weiter, dass Herr Neumann „bei der Konstruktion des NDV und der Idee der Volksbienenzucht auf alte Literatur aus dem Jahre 1903 zurück[griff]."[283]

Auch in der Bundesrepublik Deutschland wurde der Begriff nach dem Zweiten Weltkrieg wiederbelebt. Im Jahre 1956 wurde auf Anregung des Landesverbands kurhessischer Imker von der Vertretersammlung des Deutschen Imkerbunds ein „DIB-Ausschuß Volksbienenzucht" gegründet, der den Begriff „Volksbienenzucht" neu zu definieren versuchte. Dem Ausschuss gehörte Wolfgang Fahr an, der von 1965 bis 1968 dem D.I.B. als Präsident vorstand.

> „Volksbienenzucht ist ein bestimmtes Zusammenwirken von Imkern, imkerlichen Betriebsweisen und imkerlichen Betriebsmitteln. Dieses Zusammenwirken muß für jeden normalbegabten Menschen verständlich, lehrbar und erlernbar sein. Es muß in

einfachen und im Rahmen der biologischen Gegebenheiten sicheren Methoden zu normalen Erfolgen führen, die auch in witterungsungünstigen Jahren einen Ertrag sicherstellen, der die Selbstkosten einer Bienenhaltung deckt, ohne die Lebenskraft der Völker zu beeinträchtigen.

Volksbienenzucht hat insbesondere Wege aufzuzeigen, die dem heute zeitlich sehr belasteten Landwirt und dem Stadtbewohner eine Bienenhaltung ohne schwerwiegenden Zeitaufwand ermöglichen und dabei nicht an zeitlich eng begrenzte Behandlungstermine binden.

Darüber hinaus soll die Volksbienenzucht durch ihren einfachen und erfolgssicheren Weg dem heutigen Menschen einen freudigen und befriedigenden Umgang mit der Natur und der Wunderwelt der Bienen bieten."[284]

Kaum zu glauben, dass in den 1970er Jahren der verstaubte Begriff erneut zum Leben erweckt wurde: „In unserer ‚von der Industrie und von städtischen Verflechtungsgebieten' geprägten Umwelt, die die Bienenhaltung ungemein erschwert, kann nur eine Volksbienenzucht bestehen."[285] Bis in die Gegenwart ist die Frage der „Wohnstätten der Biene" keiner einheitlichen Lösung zugeführt, wie im „Grundwissen für Imker" überspitzt vermerkt wurde:

„Nichts entzündet so heiße Debatten wie die Beutenfrage mit den angrenzenden Themen Rähmchenmaß, Flugrichtung, Ausstattung usw. Allerdings nur noch im deutschsprachigen Raum! Ein Hauptziel jedes regionalen Imkerverbandes in unserem jahrhundertalten föderalen System war die Verbreitung des von den jeweiligen Imkerkoryphäen oder Bieneninstituten kreierten Bienenkastens. Die klimatischen Bedingungen jeder Landschaft wurden als besonders schwierig herausgestellt – mit nichts vergleichbar, schon gar nicht mit dem Rest der Welt. In den letzten 40 Jahren war noch entscheidend, dass kein beherzter Hersteller den Mut fasste, eine Beute in Massenproduktion so billig auf den Markt zu werfen, dass kein Imker auf die Idee gekommen wäre, sich als Schreiner zu betätigen. Heute gibt es so viele Beutentypen wie Imker, die eine Kreissäge ihr eigen nennen."[286]

Dennoch haben sich angesichts der ausufernden Rähmchenvielfalt in der Gegenwart einige besonders gängige Beutentypen durchgesetzt, wie beispielsweise Zander, Dadant, Langstroth, Kuntzsch und das erneuerte Deutsch-Normalmaß. Nach dem Zweiten Weltkrieg wurde in den Bienenzeitungen erneut die flächendeckende Einführung einer Einheitsbeute diskutiert. Man kreierte als „Deutsch-Normalmaß", einen errechneten Durchschnitt aller damals gebräuchlichen Rähmchenmaße. Die Diskussionen um das Für und Wider führten letztlich zu dem Ergebnis, dass auch dieser Beutentyp nur einer unter vielen darstellt.

Die Imkerfrau und die Frau als Imkerin

„Ist die Bienenzucht eine Beschäftigung für Frauen?" hieß ein 1887 erschienener Artikel von Franziska Gravenhorst, der Frau des Herausgebers der 1884 von Christoph Johann Heinrich Gravenhorst (1823–1898) gegründeten „Deutschen illustrierten Bienenzeitung“, in dem sie darauf verwies, dass „manche Imkerinnen in Deutschland und anderen Ländern, die sich der besten Bienenstände rühmen können“, bekannt seien:

> „In einer Zeit wie die Gegenwart, wo überhaupt nach neuen, passenden Erwerbszweigen gesucht wird, wo man neue Bahnen betreten hat, auch den Frauen Beschäftigungen zu verschaffen, wodurch sie sich selbständig ihren Lebensunterhalt zu gewinnen, oder sich doch zum wenigsten einen guten Nebenverdienst schaffen können, ist eine solche Frage zu beantworten gewiß zeitgemäß.“[287]

In dem 1893 in der „Leipziger Bienen-Zeitung“ erschienenen Artikel „Die Imkerfrau und die Frau als Imkerin“ wurden die beiden Optionen für Frauen aufgezeigt: Der eine beschriebene Weg lag ganz auf der Linie von Franziska Gravenhorst, nach der auch eine Frau selbständig Bienenzucht treiben kann und wofür es damals nicht wenige Beispiele gab. Der alternative Weg führte zur „Gehilfin des Mannes“, damit die Bienenzucht „einen wesentlichen Aufschwung“ nehmen könne:

> „Man dreht und wendet in unserer Zeit so viel die sogenannte Frauenfrage und sieht doch ihre eigentliche Aufgabe am Anfange der Weltgeschichte genau bezeichnet: Die Frau soll die Gehilfin des Mannes sein und sie kann und soll dies auch bei der Bienenzucht sein.“[288]

Die Frau als „rechte Gehilfin“ in der Bienenzucht wird auch in einem Beitrag aus dem Jahr 1909 betont, nicht ohne auf das traditionelle Rollenverständnis hinzuweisen, zumal es „Tatsache ist, daß vorwiegend Männer die Bienenzucht betreiben“:

> „In diesem gemeinsamen Arbeiten liegt geradezu ein Segen. Sonst geht jedes seinen eigenen Weg, die Frau in die Küche, in die Kinderstube, der Mann in die Werkstatt, in den Laden usw. Hier aber können sie miteinander an derselben Sache schaffen, das erhöht den Reiz der Bienenzucht ungemein. Die Imkerei wird zu einem Vergnügen. Glücklich der Mann, dem eine rechte Gehilfin auch in der Bienenzucht zur Seite steht!“[289]

Pfarrer Ferdinand Gerstung vertrat in seinem Buch „Der Bien und seine Zucht“ eine sehr aufgeschlossene Einstellung zu der Thematik:

> „Auf eines sei besonders hingewiesen. Es gibt so viele Frauen, denen es nicht vergönnt ist, den ihrer Naturanlage entsprechenden Beruf, Ehefrau und Mutter zu werden, zu finden. Sie suchen zumeist eifrig nach einer Existenz und Tätigkeit, die ihnen ein sorgloses Dasein ermöglichen. Oft verfallen sie auf Arbeitsgebiete, die ihnen nur bittere Enttäuschung bringen, so z.B. die Geflügelzucht und Gärtnerei. Wir können diesen Frauen mit gutem Gewissen auf Grund von nachweisbaren günstigen Erfahrungen die Bienenzucht nur empfehlen. Die Frau bringt zu den meisten bei der Bienenzucht nötigen Tätigkeiten eine größere Fertigkeit mit als der Mann, und die Pflege der Bienen steht einer Frau mindestens so gut an, als einem Manne. Wir haben schon manchen Dank geerntet für unseren Rat an alleinstehende Frauen, auch an Witwen von Geistlichen, Lehrern und Beamten, sich der Bienenzucht zuzuwenden. Die Frauenvereine sollten daher der Bienenzucht mehr als dies jetzt geschieht, Interesse entgegenbringen und dieselbe zu einem Frauenberuf entwickeln.“[290]

Und in einem weiteren Aufsatz aus dem Jahre 1914 hieß es mit Bezug auf die Rollenverteilung der Geschlechter:

> „Die Bienenzucht ist Mannesarbeit, sie muß es aber nicht sein, sie kann von Frauen in gleichem Maße und Umfange betrieben werden. Ja gerade die Frau ist durch ihre ruhige und stille Art, durch ihre Neigung zur Kleinarbeit, durch ihren Beobachtungs- und Ordnungssinn, ihre angeborene und anerzogene Liebe zum Pflegen und Versorgen, durch ihr umsichtiges Walten und sanftes Eingreifen in hohem Grade geeignet, sich mit unseren Lieblingen, den Bienen, zu beschäftigen."[291]

Am Ende des Ersten Weltkriegs kam eine neue Begründung für die „Frau als Imkerin" hinzu:

> „Der langandauernde Krieg entzieht immer mehr Männer und Jünglinge ihrem Berufe, und sollen Handel und Verkehr, Industrie und Handwerk, Ackerbau und Viehzucht aufrechterhalten werden, so muß für Ersatz gesorgt werden. Da sind es denn die Frauen und Mädchen gewesen, die mit Opferfreudigkeit und gutem Erfolg in die Bresche sprangen. Wohl haben dieselben auch schon in Friedenszeiten in verschiedenen Erwerbszweigen vielfach Verwendung gefunden; allein der Krieg hat ihre Tätigkeit in einer Weise erweitert, die man zuvor nicht für möglich gehalten hätte. Auch in der Bienenzucht betätigten sich schon vor dem Kriege einzelne Frauen mit Erfolg; während des Krieges aber mußten sich auch viele andere der Pflege des Bienenstandes notgedrungen widmen."[292]

Und nach dem Ersten Weltkrieg stellte der Reichsbahninspektor und Imker aus Kassel Gustav Vogelsang, dem 1933 die Leitung der neugebildeten Landesfachgruppe des Gaues Hessen übertragen wurde[293], rückblickend fest:

> „Die Behauptung, daß Bienenzucht Mannesarbeit sei, kann man nach den guten Erfahrungen, die während der Kriegszeit mit der aus der Not der Zeit heraus erforderlich gewordenen zwangsweisen Einführung der Frau in die Bienenzucht gemacht sind, nicht mehr gelten lassen. Tausende von Bienenständen, deren Pfleger dem Rufe des Vaterlandes folgten, wären sicher zugrunde gegangen, wenn die Frauen sich ihrer nicht angenommen hätten. Es haben mir zahlreiche Krieger gestanden, daß sie glaubten, bei der Rückkehr ihre Bienenstände ungepflegt und verlassen vorzufinden, daß sie in den Novembertagen 1918 sowohl ihre Völker vollzählig wie auch ihren Stand in guter Ordnung fanden."[294]

Die Mobilmachung im Ersten Weltkrieg erwischte manchen Imker während der Hochphase seiner Tätigkeit an den Bienenständen, so dass einerseits die Ehefrauen und Töchter gefordert waren, aber andererseits auch vielfach die Vereinsmitglieder in die Bresche gesprungen sind. „Der kameradschaftliche Geist in der Imkerschaft hat sich bei der so unerwarteten in kürzester Frist vollendeten Mobilmachung aufs schönste bewährt" hieß es in einem 1915 erschienenen Artikel.[295] Diese Situation wiederholte sich im Zweiten Weltkrieg, allerdings mit viel mehr Wucht und propagandistischen Begleiterscheinungen durch das NS-Regime. Karl Hans Kickhöffel, der Geschäftsführende Präsident des Deutschen Imkerbundes, erinnerte 1940 mit den Worten von Frau Rehs aus Königsberg (Ehefrau des „Führers" der Landesfachgruppe Ostpreußen, Carl Rehs), an den Ersten Weltkrieg (s. Kap. 6):

> „Es gilt, die deutsche Imkerin bereit zu machen, daß sie ihren Platz vorn an der Front des Bienenstandes, gleichwertig dem Mann, auszufüllen vermag wie die Frauen, die von 1914 bis 1918 und noch länger mutig und kraftvoll ihre Pflicht auf diesem Platze erfüllt haben. Allen ertöne der Ruf eindringlich in Herz und Gewissen: Imkerfrauen an die Front!"[296]

So geriet der Einsatz der Frau in der Kriegswirtschaft zu einer Maßnahme der „Eroberung und Ausbeutung", die nicht gleichermaßen einher ging mit einem Zuwachs an Rechten[297]: „[...] unter den Bedingungen eines sich totalisierenden Kriegs [wurden] die Frau und ihr Körper stärker noch als in Friedenszeiten auf völkisch-biologische Reproduktion, auf Brut- und Kriegerpflege und auf industrielle oder dienstleistende Werteproduktion reduziert [...]."[298]

Grundsätzlich wurde das Frauenthema im Kaiserreich sporadisch in den Bienenzeitungen angesprochen, wobei der Einfluss der Frauenbewegung in der männerdominierten Imkerwelt durchaus spürbar war. Imkerinnen, die vereinzelt erfolgreich die Bienenzucht betrieben, wurden anerkannt. So hat die „Großherzogin von Baden in Karlsruhe die Frage behandelt [...], wie auch durch die Bienenzucht die Erwerbsfähigkeit der Frau gefördert werden könnte."[299] Und an einem anderen Ort hat der „Hauptverein der Provinz Sachsen [...] einer unverheirateten Dame für in der That hervorragende selbständige Leistung in der Bienenzucht die silberne Staatsmedaille zuerkannt."[300] Ende des 19. Jahrhunderts schrieb Margarete Merker im „Praktischen Wegweiser für Bienenzüchter" ein „Mahnwort an die Frauen", in dem sie darauf hinwies, dass „viele Frauen darauf angewiesen sind, sich ihr Brot selbständig zu verdienen".[301] Und weiter: „Es wird in unseren Tagen so viel über die Frauenfrage geschrieben, so viel darüber hin und her gestritten, ob das weibliche Geschlecht dem männlichen an Bildung des Geistes und Verstandes wirklich nachstehe, oder ob diese Annahme nur ein veralteter Aberglaube sei [...]."[302] Die Beispiele aus den Bienenzeitschriften spiegeln die gesellschaftliche Realität im Kaiserreich wider, die von Widersprüchen und Grenzen der Emanzipation geprägt war (Abb. 9).

Schon beim Begriff des „Bienenvaters" war das Muster der patriarchalischen Kernfamilie erkennbar und die Ungleichheit von Männern und Frauen bestand hinsichtlich der sozialen, rechtlichen und politischen Ordnung. Das Modell der bürgerlichen Familie hatte sich im Verlauf des 19. Jahrhunderts durchgesetzt und die Lebensentwürfe von Männern und Frauen bewegten sich einerseits im Berufsleben und in der öffentlichen Sphäre und andererseits im Umfeld von Familie und Kindererziehung. In diesem Rollenmodell war Frauenarbeit nur auf unterbürgerliche Schichten beschränkt und auch dort nur vorübergehend vor der Eheschließung. Nicht nur im ökonomischen Bereich gab es Unterschiede zwischen Mann und Frau, diese gab es auch bei der Rechtsprechung. Das Bürgerliche Gesetzbuch, das am 1. Januar 1900 in Kraft trat, gestattete Ehefrauen nur innerhalb ihres häuslichen Wirkungskreises, die Geschäfte des Mannes für ihn zu besorgen und ihn zu

Abb. 9: Dreitägiger Kurs über Bienenzucht für Schülerinnen der wirtschaftlichen Frauenschule Frankenthal im Jahre 1911.

vertreten und unterstellte sie dem Mann in einer Art Vormundschaft. Auch die Scheidungsgründe wurden weiter eingeschränkt. In politischer Hinsicht blieb den Frauen das Wahlrecht verschlossen, das erst in der Weimarer Republik nach der November-Revolution von 1918 eingeführt wurde. Die dynamische Veränderung des Geschlechterverhältnisses von Mann und Frau nach der Jahrhundertwende zeigte sich auch im Engagement der bürgerlichen Frauenbewegung, deren Anfänge auf das Jahr 1865 zurückgingen, in dem die sozialkritische Schriftstellerin Louise Otto-Peters (1819–1895) den Allgemeinen Deutschen Frauenverein gründete. 1894 schlossen sich verschiedene Berufsvereine und lokale Frauenvereine im Bund Deutscher Frauenvereine (BDF) als Dachverband zusammen. Seit der Jahrhundertwende verbesserten sich auch die Bildungschancen der Frauen. Im Kaiserreich waren Gymnasium und Abitur nur den Jungen vorbehalten, die Mädchen konnten zunächst nur die „höheren Töchterschulen" besuchen, ab 1893 kamen die privaten Mädchengymnasien hinzu. Ab 1906 konnte im staatlichen Lyzeum das Abitur erworben werden. Die Zulassung zum Studium wurde zuerst 1900 in Baden ermöglicht, 1908 auch in Preußen. Der Drang vieler Frauen, insbesondere aus dem Bürgertum, die traditionellen Rollenmuster zu überwinden, brachte massive Gegenbewegungen von gesellschaftlichen Gruppen hervor, die „sich generell gegen eine Veränderung der Gesellschaft wandten und mit einer Stabilisierung der normativen Strukturen auch die Machtverhältnisse festzuschreiben trachteten."[303] Die Erfolge der Frauenbewegung wurden im konservativ-nationalen Lager nicht widerspruchslos hingenommen, wo der seit 1900 wachsende Geschlechterkonflikt der Ideologie des Antifeminismus Auftrieb gab und Ausdruck einer Mobilisierung gegen die Moderne war. „Es war daher nur konsequent, daß der 1912 gegründete „Deutsche Bund zur Bekämpfung der Frauenemanzipation, der sich gegen das Frauenwahlrecht, die Koedukation und die [...] Mutterschutzbewegung auf die Fahnen geschrieben hatte, von völkischer Seite maßgebliche Unterstützung erfuhr [...]."[304] Sein Wahlspruch war „Echte Männlichkeit für den Mann, echte Weiblichkeit für die Frau!"[305] Aus Sicht der völkischen Bewegung waren die Geschlechterrollen klar formuliert, wie es Erwin Mirsch[306] dichtete:

> Dem deutschen Mann ward anvertrauet
> Das scharfe Kampfes=Schwert,
> Der deutschen Frau des Hauses Walten,
> Die Wacht am deutschen Herd

Schule – „veredelt Herz und Gemüt"

Die Biene war im naturkundlichen Unterricht des Kaiserreichs üblicherweise vertreten und wurde auch in den Schulbüchern behandelt[307], das Wissen um das praktische Imkern war hingegen nicht standardmäßig verbreitet. Das Interesse an dieser Thematik brachten viele Lehrer mit, die selbst imkerten und in Imkervereinen aktiv waren. Besonders empfohlen wurde hin und wieder die Einführung der Bienenzucht und der Unterricht hierzu für die ländlichen Volksschulen, da die Lehrer „den Gegenstand aus eigenster Erfahrung kennen und beherrschen".[308] Im Rahmen des „Anschauungsunterrichts" könne den jugendlichen Zuhörern und Zuschauern gezeigt werden, „wie wunderbar das Staatswesen der Bienen geordnet ist, mit welchem Fleiß sie dem Geschäft des Honigeinsammelns obliegen, durch welche Merkmale sich die dreierlei Bienenwesen unterscheiden und besonders in welcher Form die Honigernte vor sich geht." Mit diesen Maßnahmen könne der „Unterricht in den Naturwissenschaften", der noch vielfach „auf einem vorsintflutlichen Standpunkt" sei, verbessert werden.[309] „Besonders in moralischer und ethischer Beziehung" wurde die erzieherische Wirkung der Bienenzucht hervorgehoben, „indem sie Herz und Gemüt veredelt."[310] Für die Schulkinder wurde anhand der Bieneneigenschaften in anthropomorphistischer Weise eine ganze Reihe wertvoller Erziehungsziele aufgelistet, wie Fleiß, Berufstreue, Opfermut, Reinlichkeit, Ordnungssinn, Arbeitsteilung, Patriotismus, Kaisertreue, Durchhaltevermögen und Sparsamkeit:

> „Wenn unsere Kleinen zur Schule kommen, wissen sie, daß die Bienen stechen und den schönen Honig einsammeln. In Fibel und Lesebuch finden sie Stücke, wie z.B. die Biene und die Taube, der Bär und die Bienen – und lernen hieraus die Eigenschaften der Biene kennen. Der Bienenfleiß schwebt ihnen vor, und wer kennt nicht die Macht

des Beispiels bei den Kindern! Die Biene bleibt als Opfer ihres Fleißes auf dem Felde liegen. Solche Berufstreue ergreift selbst den kleinsten Schüler! In jeder Bienenwohnung herrscht die peinlichste Reinlichkeit. Die Biene duldet weder üblen noch Parfümerie-Geruch! Ebenso herrscht in der Wohnung die größte Ordnung betreffs der Verrichtungen und Arbeitsverteilungen. Der herrliche Bau ist ohne Blei, Zirkel und Winkeleisen genau ausgeführt. Der Patriotismus ist großartig, denn für ihre Majestät und für die Heimat ist jede Biene bereit, das Leben zu lassen. Das Honigsammeln ist eine schwere Arbeit, denn ungefähr 200 Lasten gehören zur Füllung einer Zelle, und trotzdem erlahmt der Eifer nicht! Wahrlich ein köstliches Bild für Lehrer und Schüler! Sie sammelt Vorräte für den Winter und ruft uns dadurch zu: Spare in der Zeit, so hast du in der Not!"[311]

Auch ältere Schülerinnen und Schüler konnten von dem Engagement einzelner Lehrkräfte hinsichtlich der Bienenzucht profitieren. So wurde 1911 von einem dreitätigen Bienenzuchtkurs für Schülerinnen der wirtschaftlichen Frauenschule Frankenthal berichtet (Abb. 9), deren Lehrer ein Kurs über Bienenzucht gab mit motivierendem Erfolg: „Doch haben wir uns alle vorgenommen, wenn irgend möglich, einmal einen Bienenstand aufzustellen und unserem verehrten Lehrer dadurch zu danken, daß wir recht tüchtige Imkerinnen werden." In den Lehrplan der Schule sollte „vom nächsten Frühjahr an" die Bienenzucht aufgenommen werden.[312]

Wissenschaft – „entkleidet die Bienenzucht ihres Aschenbrödelgewandes"

Das erste Bieneninstitut in Deutschland, die „Königliche Anstalt für Bienenzucht", wurde während der Kaiserreichepoche im Königreich Bayern im Jahre 1907 in Erlangen gegründet. Der Anstoß ging bereits 1881 von den Vorständen des „mittelfränkischen Kreisvereins" aus, welche die Imkerei weiter stärken wollten. Zielsetzung waren die Sammlung von Gerätschaften zur Einrichtung eines Bienenmuseums, Untersuchungen zum Leben der Bienen, Imker- und Ausbildungskurse zur Förderung der Bienenzucht und die Einrichtung eines Musterbienengartens. Der Zoologe und Insektenforscher Prof. Dr. Albert Fleischmann (1862–1942) vom Zoologischen Institut der Universität Erlangen, der seit 1887 Mitglied und seit 1907 Ehrenmitglied des Zeidlervereins Nürnberg war, stellte eine Anlaufstelle für diese Bestrebungen dar und unterstützte diese durch Lehrkurse an seinem Institut. So kam es 1907 zur Gründung der „Königlichen Anstalt für Bienenzucht".[313] In einem Schreiben des Königlichen Staatsministeriums des Innern vom 3. Juli 1908 hieß es hierzu:

„Die wirtschaftliche Bedeutung der Bienenzucht hat die K. Staatsregierung zur Errichtung der Anstalt für Bienenzucht in Erlangen veranlasst (vgl. Bekanntmachung vom 25.X.1907, M.A. Bl. S. 501), deren Inbetriebsetzung und Unterhaltung erhebliche Aufwendungen aus den Mitteln des K. Staatsministeriums des Innern erfordert. Es darf auch von den Landräten und Distrikträten erwartet werden, dass sie sich der

> Erkenntnis von der Notwendigkeit einer Förderung der Bienenzucht, welche die bayerischen Imker zu erfolgreichem Wettbewerb mit dem Ausland, insbesondere auch mit Norddeutschland befähigt, nicht verschließen.
> Als erforderliche Maßnahmen werden insbesondere in Betracht kommen: Ausbildung und Aufstellung von Vereinsbienenmeistern und Wanderlehrern, Abhaltung von Lehrkursen, Gewährung von Beihilfen an die Besucher staatlicher Lehrkurse, soweit solche nicht aus Staatsmitteln bereit gestellt werden können (vgl. Bekanntmachung vom 11. Februar 1908, M.A. Bl. S. 108), Verbesserung des Zuchtmaterials, Gewährung von Prämien für erfolgreiche Reinzucht usw.
> Die Lösung dieser Aufgaben wird zunächst Sache der Kreis- und sonstigen Bienenzuchtvereine sein. Da aber gerade unter den Imkern sich viele Minderbemittelte befinden, werden die Vereine nicht aus eigenem Vermögen die notwendigen Mittel vollständig aufbringen können, sondern auf die Gewährung von Zuschüssen rechnen müssen. Es ist deshalb dahin zu wirken, dass, wo immer möglich, in den Voranschlägen der Kreise und Distrikte entsprechende Beträge für Förderung der Bienenzucht eingestellt werden, deren Bewilligung nachdrücklich zu vertreten ist.
> Gez. von Brettreich"[314]

Die Gesamtleitung hatte bis 1926 Albert Fleischmann, als wissenschaftlicher Leiter wurde 1907 der junge Wissenschaftler Privatdozent Dr. Enoch Zander (1873–1957) eingestellt, für praktische Arbeiten war der Oberlehrer Hoffmann vorgesehen. Enoch Zander übernahm von 1926 bis 1937 die Leitung der Anstalt. Anlässlich seines von der „Reichsfachgruppe Imker" ehrenvoll begleiteten Ruhestandes im Jahre 1937 veröffentlichte er in der Zeitschrift „Deutscher Imkerführer" einen „Rechenschaftsbericht", in dem er bereits 387 Publikationen aufführte (s. Kap. 6).[315] Sein Nachfolger war von 1937 bis 1942 Dr. Anton Himmer (1886–1944). Nach dessen Einberufung zum Wehrdienst wurde Enoch Zander von 1942 bis 1948 als kommissarischer Leiter reaktiviert. Nach dem Zweiten Weltkrieg leitete von 1948 bis 1975 Dr. Friedrich Karl Böttcher die Anstalt.

Zander absolvierte eine wissenschaftlich sehr erfolgreiche Laufbahn.[316] Bald nach Dienstantritt (1909) entdeckte er den Erreger einer bis dahin nicht bestimmbaren Darmerkrankung der Honigbiene, den Nosema-Erreger Nosema apis ZANDER. Zander entwickelte ein breites Forschungsspektrum in der Bienenwissenschaft. Auch die praktische Imkerei profitierte durch die Entwicklung des „Zandermaßes", ein in Deutschland weit verbreitetes Rähmchenmaß. Im ersten Jahresbericht von 1908 der „Königlichen Anstalt für Bienenzucht" wurde besonderes Augenmerk auf die Bienenkrankheit „Faulbrut" gerichtet, eine Thematik, die in den Bienenzeitungen breiten Raum einnahm.[317] Im Jahre 1916, während des Ersten Weltkriegs, veröffentlichte Zander seine Gedanken über „Die Zukunft der deutschen Bienenzucht": „Auf allen Gebieten unseres Wirtschaftslebens rüstet man für den kommenden Frieden, denn in dem neuen Deutschland, an das wir alle mit unerschütterlicher Zuversicht glauben, wird manches anders werden. [...] Im Stillen habe ich mich seit Jahren mit den künftigen Bahnen der heimischen Bienenzucht beschäftigt. Der Krieg hat diese Gedanken weiter reifen lassen und mich zur Niederschrift bestimmt."[318] Darin betonte er die volkswirtschaftliche Bedeutung der Bienenzucht und stellte Forderungen, um „die Bienenzucht ihres Aschenbrödelgewandes zu entkleiden und ihr den Platz im deutschen Wirtschaftsleben zu bereiten, den sie ihrer Bedeutung nach einzunehmen berufen ist“[319]: die Verbesserung der Bienenweide und die Steigerung der Ertragsfähigkeit durch vermehrte Bienenpflege durch theoretische Schulungen der Imker, bessere Ausnutzung der Tracht durch Wandern mit den Bienen, Änderung der Betriebsweisen, vermehrte Wachsgewinnung, Verbesserung des inländischen Bienenhandels und Nutzung der heimischen Biene sowie Verbesserung der Königinnenzucht.

Ein weiterer Ort für die Bienenwissenschaft entstand gut zehn Jahre später in Berlin, wo im letzten Kriegsjahr 1918 am Kaiser-Wilhelm-Institut (KWI) für Biologie in Berlin-Dahlem eine Forschungsstelle für Bienenbiologie und Bienenzüchtung eingerichtet wurde. Hieraus entstand am 1. April 1923 das Institut für Bienenkunde der Landwirtschaftlichen Hochschule Berlin und 1933 die Abteilung Bienenkunde des Instituts für Landwirtschaftliche Zoologie an der Friedrich-Wilhelms-Universität. Nach der Teilung Deutschlands und Berlins wurde das auf West-Berliner Gebiet gelegene Institut der Technischen Universität Berlin zugeordnet. Die Ost-Berliner Humboldt-Universität errichtete daraufhin 1952 in Hohen Neuendorf bei Berlin die Abteilung Bienenkunde und Seidenbau des Instituts für Geflügel- und Kleintierzucht. Im Jahr 1970 wurde in Hohen Neuendorf die VEB Forschungsstelle für Bienenwirtschaft gegründet. Das neue Institut war bis 1973 der VVB Tierzucht, ab 1974 der VVB Saat- und Pflanzgut der DDR unterstellt.[320] Die Forschungsstelle für Bienenbiologie fing als „Kriegsgeburt“ des Ersten Weltkriegs in sehr bescheidenen Verhältnissen an. Dr. Ludwig Armbruster (1886–1973) war Leiter der Forschungsstelle und danach Direktor des Instituts für Bienenkunde sowie Professor an der Landwirtschaftlichen Hochschule Berlin.[321] Anders als Enoch Zander, der von den Nationalsozialisten hofiert wurde, ist Ludwig Armbruster 1934 zwangsweise in den Ruhestand versetzt worden (s. Kap. 6). Die Gründung der Forschungsstelle durch die Kaiser-Wilhelm-Gesellschaft geht auf die Denkschrift „Errichtung einer Forschungsstelle für Bienenbiologie und Bienenzüchtung“ zurück, die während des Ersten Weltkrieges am 11. Januar 1918 von Max Hartmann, Mitglied des KWI für Biologie, und Richard Heymons, Professor für Zoologie an der Landwirtschaftlichen Hochschule Berlin, verfasst wurde. Nach nur einjähriger Bauzeit wurde das Gebäude im April 1915 bezogen. Die gewichtigen Argumente der Denkschrift bezogen sich auf die Vererbungsversuche bei den Bienen, die mendelschen Regeln, die theoretischen und praktischen Fragen zu den Bienenrassen, auf die tierpsychologischen Studien zum Bienenstaat und bienenpraktischen Fragen. Als Reaktion auf die Denkschrift beschloss die Kaiser-Wilhelm-Gesellschaft am 6. März 1918, die Forschungsstelle einzurichten.[322]

Als junger Assistent am Kaiser Wilhelm-Institut für Biologie Berlin-Dahlem hielt Armbruster gegen Ende des Ersten Weltkriegs im April 1917 einen Vortrag mit dem Titel „Verbessert die Biene!“ Hinsichtlich der Farbenzucht schrieb er: „Die schwarze Biene erscheint vielen als die gute deutsche Biene schlechthin. Sie ist es aber nicht notwendig. [...] Die Heranzüchtung der schwarzen Farbe darf in der wirtschaftlichen Bienenzüchtung also nie Selbstzweck sein.“[323] Er befürwortete die Vorgehensweise, die schwarze Rasse als Ausgangsmaterial zu erhalten, und trat für die „Wahlzucht“ bzw. Farbenzucht ein, auf dem eigenen Stand in Verbindung mit Drohnenzucht, für „Rassenzucht“ (meist Farbenzucht) mit Hilfe von Belegstellen sowie für „Wahlzucht“ (Qualitätszucht) innerhalb der Rassenzucht mit Hilfe von Edelzuchtgebieten.[324] Das Forschungsrenommee von Armbruster entwickelte sich wie das von Zander ähnlich beachtlich. Zum zehnjährigen Jubiläum 1933 hieß es in der „Märkische Bienen-Zeitung“: „So hat die Forschungsstätte für Bienenkunde in den 10 Jahren ihres Bestehens durch Fleiß, Führung und Hingabe an Hochziele einen Aufstieg von Weltgeltung genommen. Wohl dient sie dem Volksstaat Preußen, doch Groß-Berlin und die Märker können ihre zahlreichen Dienstbarmachungen aus nächster Nachbarschaft am meisten auswerten.“[325] Im gleichen Jahr 1933 feierte am 17. Juni Enoch Zander seinen 60. Geburtstag, der in allen Bienenzeitungen gewürdigt wurde. Armbrusters Forschungsinteresse war ähnlich breit aufgestellt wie das von Zander. Besondere Verdienste hat sich Armbruster in dem „Kampf gegen Honigfälschung“ erworben, indem seit 1925 am Institut ein Honigkontrolldienst eingeführt wurde.

„Wiederholte Belehrung“ in den deutschen Kolonien

Da Deutschland von Insektenwachseinfuhren abhängig war, rückten auch die deutschen Kolonien in den Fokus des deutschen Interesses, insbesondere die Gebiete Deutsch-Ostafrika und Deutsch-Südwestafrika. 1883 entstand das erste koloniale Schutzgebiet des Zweiten Kaiserreichs in Afrika. Otto von Bismarck (1865–1898) erklärte den Reichsschutz für die Erwerbungen des Bremer Kaufmanns Adolf Lüderitz (1834–1886) an der südwestafrikanischen Küste und entsandte zwei Fregatten, die am 7. August in Deutsch-Südwestafrika Flaggen hissten.[326] Einige Jahre später, am 1. Januar 1891, übernahm das Kaiserreich die Verwaltung des Schutzgebietes Deutsch-Ostafrika.[327] Ganz dem Ziel der Wirtschaftsautonomie verbunden, erschien 1912 ein Artikel mit der Überschrift „Bienenzucht in den deutschen Kolonien“ in der „Deutschen Illustrierten Bienenzeitung“: „Je mehr unsere eigenen Kolonien an dieser überseeischen Lieferung [von Insektenwachs] sich beteiligen könnten, desto besser! Im Interesse einer größeren Unabhängigkeit vom Auslande wäre eine erhöhte Produktion in unseren Schutzgebieten für uns ein wirtschaftlicher Vorteil.“[328] Die Einfuhr von Insektenwachs nach Deutschland betrug im Jahre 1909 1 868,5 Tonnen im Wert von fünf Millionen Mark, wobei der weitaus größere Teil, nämlich 1 470,6 Tonnen im Werte von 3,9 Millionen Mark, aus überseeischen Gebieten geliefert wurde.[329] Um dieses Ziel zu erreichen, sollten es „zu den wirtschaftlichen Bestrebungen unserer Kolonialförderer [gehören], auch auf die Eingeborenen durch wiederholte Belehrung möglichst [einzuwirken], sich der Bienenzucht immer mehr zuzuwenden.“[330] Insbesondere Deutsch-Ostafrika nahm eine Sonderstellung unter den deutschen Kolonien ein, weil es in beträchtlichem Umfange Insektenwachs ausführte.

Die Ausfuhr von Insektenwachs aus Deutsch-Ostafrika nach Deutschland betrug beispielsweise in den Jahren 1903, 1907 und 1909: 58 529 kg (138 489 Mark), 675 402 kg (1 471 348 Mark) und 299 454 kg (659 243 Mark). Die genaue Darstellung im Jahre 1909 zeigte, dass aus Deutsch-Ostafrika „über die Küstengrenze 202.912 kg im Werte von 463.301 Mark [ausgeführt wurden]; davon entfielen 146.043 kg im Werte von 333.540 Mark auf Deutschland, der Rest auf Zanzibar (für 70.545 Mark), England (für 4.669 Mk.) und das übrige Europa (für 54.547 Mk.). Die Warenausfuhr über die Binnengrenze betrug in Deutsch-Ostafrika an Insektenwachs 97.072 kg im Werte von 195.942 Mk. Davon entfielen 35.365 Mk. auf die Ausfuhr nach Deutschland, 160.577 Mk. auf die Ausfuhr nach dem übrigen Afrika außer der Kolonie. Die Ausfuhr von Honig aus Deutschostafrika betrug im Berichtsjahre über die Küstengrenze 2.920 kg im Werte von 1.246 Mk. (vorwiegend nach Zanzibar ausgeführt); die Ausfuhr von Honig über die Binnengrenze war nicht nennenswert."[331] Der Bericht ging auch auf Deutsch-Südwestafrika ein, wo eine Mehreinfuhr an Honig festzustellen war, da trotz steigender Produktion im Land die „Diamantfelder" einen Mehrbedarf verursachten. Außerdem hieß es weiter: „Im Distrikt Okahandja ist ein Imkerverein ins Leben gerufen worden [...] Gehalten wird in [Deutsch Südwestafrika] die dortige wilde Biene, welche sich der Zucht gut anpaßt und reichen Honigertrag liefert."[332] Die deutschen Kolonien wurden in den Bienenzeitungen nicht nur aufgrund ihres wirtschaftlichen Wertes beachtet, auch „als Zierde für Schüler, Lehrer und alle Christen" zur Einübung von Geduld wurde der Umgang mit den Bienen empfohlen: „Zu empfehlen ist die Bienenzucht auch für unsere Kolonien. Mancher entlassene Kolonist wird, wenn er gelernt hat, Bienenzucht zu treiben und ein Imkerherz trägt, gar leicht ein Ruheplätzchen finden für seinen Lebensabend." Und so „erblüht [mit der Bienenzucht] Fleiß, Zufriedenheit, Vaterlandsliebe, Sitte und Ordnung, und auch die christliche Liebe wird eine bleibende Stätte finden!"[333]

3 Honig, Wachs, Kanonen – Imkerei im Ersten Weltkrieg

Am 28. Juni 1914 hatte der serbische Nationalist Gavrilo Princip in Sarajewo den österreichischen Thronfolger Franz Ferdinand (*1863) und seine Frau auf offener Straße erschossen. Das Attentat gilt zwar als Auslöser einer in den Ersten Weltkrieg führenden Entwicklung, erklärt aber noch nicht die vielfältigen Kriegsursachen. Auf dem Balkan war durch die Schwäche des Osmanischen Reiches ein Machtvakuum entstanden, das sich zu einem schwelenden Krisenherd entwickelte, wobei die beiden europäischen Großmächte Österreich-Ungarn und Russland um die Vorherrschaft rangen. In dem österreichisch-ungarischen Vielvölkerstaat entstanden Nationalbewegungen und Autonomiebestrebungen.[1] Das europäische Bündnissystem, das sich in den vorausgegangenen Jahrzehnten entwickelte, polarisierte sich in zwei gegeneinander gerichtete Lager der Großmächte. Auf der einen Seite bestand der Zweibund zwischen Österreich-Ungarn und Deutschland. Nachdem Deutschland den geheimen Rückversicherungsvertrag mit dem Zarenreich aufgekündigt hatte, führte dies auf der anderen Seite zu einem Gegenbündnis zwischen Russland und Frankreich. England gab Anfang des 20. Jahrhunderts seine Politik der „Splendid Isolation" auf und schloss Entente-Abkommen zunächst 1904 mit Frankreich und dann 1907 mit Russland.[2] Die machtpolitischen Gegensätze im europäischen Staatensystem waren begleitet von gesellschaftspolitischen Tendenzen und Zeitströmungen, die geprägt waren von imperialistischen und nationalistischen Bestrebungen. Insbesondere das Deutsche Reich trat als „kolonialistischer Nachzügler mit seinem neuen weltpolitischen Streben nach einem ‚Platz an der Sonne' besonders aggressiv in Erscheinung, während es Frankreich, England und Russland zunehmend gelang, ihre Einflusssphäre gegeneinander abzugrenzen und zu einem Interessenausgleich zu gelangen."[3] Begleitet waren diese Zeiterscheinungen von einem dynamischen Rüstungswettlauf der Großmächte, der insbesondere in Deutschland auf maritimer Basis 1896 begann und mit der Flottennovelle von 1906 noch einmal zum deutschen Schlachtenflottenbau ausgeweitet wurde, mit der Folge, dass sich insbesondere England herausgefordert fühlte. Der Rüstungswettlauf weitete sich auch auf die Landheere aus. „Und die krisenhafte Unsicherheit des europäischen Staatensystems wurde noch dadurch verschärft, dass die Militärdoktrin der Zeit geradezu im Zeichen eines ‚Kultes der Offensive' stand."[4] Das Zeitalter des Hochimperialismus brachte zusätzliche Konflikte hervor, die ihren Ausdruck in einem Formwandel des Nationalismus fanden. „Nicht mehr, wie 1848, im Zeichen eines Nationalitäten übergreifenden ‚Völkerfrühlings' standen nun die nationalen Bestrebungen und Ideologien, sondern sie zielten auf die je eigene Nation und sie proklamierten, begleitet von der Ausbildung ideologisierter Selbst- und Feindbilder, ihren

Vorrang in Europa und der Welt."[5] Am rechten Rand des politischen Spektrums manifestierten sich in diesem Sinne neue Bewegungen, wie beispielsweise der „Alldeutsche Verband" von 1890/94 in Deutschland und die „Action Française" von 1899 in Frankreich sowie eine große Zahl von Agitationsvereinen. „Sie lösten sich von den Bindungen des traditionellen Konservatismus an legitimistische Werte und setzten die Regierungen mit ihrer nationalistischen Propaganda massiv unter Druck, insbesondere wenn es um Fragen der ‚nationalen Ehre' und damit um Zuspitzung außenpolitischer Konflikte ging."[6] Der Imperialismus stand nicht nur im Zusammenhang mit den Krisen der wirtschaftspolitischen Entwicklung, sondern wurde auch zur Befriedung sozialer und politischer Konflikte instrumentalisiert: „[...] in enger Verbindung mit dem Nationalismus ging es der imperialistischen Expansion immer auch darum, innere Konfliktpotentiale nach außen abzuleiten, der Nation eine einende, die inneren Gegensätze überformende Idee zu geben und so den gesellschaftlichen und politischen Status quo sicherzustellen."[7] In Deutschland bestand zudem eine große Diskrepanz zwischen der beschleunigten Industrialisierung auf der einen Seite und einer vordemokratischen Herrschaftsorganisation im konstitutionellen System auf der anderen Seite, wobei bestimmte als reichsfeindlich angesehene politische Gruppierungen wie die Sozialdemokratie ausgegrenzt wurden.[8] Ein weiteres Symptom der allgemeinen Krise der Moderne war der Kulturpessimismus der ‚Generation von 1914', wie insbesondere die damalige jüngere Generation des Bürgertums genannt wurde. „Ihnen erschienen die Errungenschaften und Verheißungen der Modernisierung in mancher Hinsicht schal, unmittelbar betroffen waren sie dagegen von den Zwängen und Verwerfungen der modernen Gesellschaft, der Naturzerstörung, der Unwirtlichkeit der Städte, der Künstlichkeit sozialer Beziehungen, der Bürokratisierung moderner Institutionen und nicht zuletzt einer wohlanständigen Bürgerlichkeit, die ihrem Erlebnishunger wenig Entfaltungsmöglichkeiten zu bieten schien. Auch der Frieden verlor für sie so an Bedeutung, ihre Ausbruchsphantasien schlossen den Krieg als Bruch mit der bürgerlichen Welt ein. Diese Haltung war nicht zuletzt deshalb von besonderer politischer Bedeutung, weil die kulturkritische Distanz in vieler Hinsicht doch höchst affirmative Züge aufwies, mit nationalistischen, imperialistischen und militaristischen Tendenzen verbindbar war und schließlich in die Kriegsbegeisterung von 1914 mündete."[9] Der Kriegsausbruch fand auch in den Imkerzeitschriften deutlichen Widerhall und während der Kriegsjahre wurden die Auswirkungen im Landesinneren in mehrfacher Hinsicht thematisiert.

Der Kriegsbeginn und der weitere Verlauf wurden in den Imkerzeitschriften aufmerksam begleitet. Zur besseren Einordnung der Ereignisse in der Imkerschaft seien einige Koordinaten des Kriegsverlaufs ohne Anspruch auf Vollständigkeit dargestellt: Nach der Ermordung des österreichischen Thronfolgers Franz Ferdinand am 28. Juni 2014 folgten krisenhafte Wochen, die am 28. Juli 2014 die Kriegserklärung Österreich-Ungarns an Serbien zur Folge hatte. Die politischen Ereignisse überstürzten sich im Sommer 1914. Am 1. August erfolgte die deutsche Mobilmachung und Kriegserklärung an Russland, am 3. August 1914 erklärte Deutschland Frankreich den Krieg und deutsche Truppen marschierten in Belgien ein, um nach

Frankreich weiter vorzudringen. In den folgenden Jahren entwickelte sich an der Westfront ein lang andauernder mörderischer Stellungskrieg, mit England wurde ein erbitterter Seekrieg geführt. Im April 1917 erklärten schließlich die USA Deutschland den Krieg. Im Kriegsgebiet der Ostfront, das große Teile Osteuropas umfasste, kämpften die Mittelmächte Deutschland und Österreich-Ungarn gegen Russland. Nach dem Kriegseintritt Rumäniens 1916 reichte das Kriegsgebiet schließlich vom Baltikum bis zum Schwarzen Meer. Entscheidende Auswirkungen auf das Kriegsgeschehen im Osten hatte die Machtübernahme der revolutionären Bolschewiki in der Oktoberrevolution von 1917 in Russland. Durch starken Druck der Mittelmächte wurde das revolutionäre Sowjetrussland schließlich zum Separatfrieden von Brest-Litowsk am 3. März 1918 gezwungen. Die Frühjahrsoffensive der deutschen Truppen von März bis Juli 1918 an der Westfront erbrachte keinen entscheidenden Durchbruch. Anfang Oktober 1918 erfolgte ein Waffenstillstandsangebot der deutschen Truppen an Wilson. Nach Meuterei der deutschen Hochseeflotte am 29. Oktober 1918 in Wilhelmshaven und Ausbreitung der Revolution mit Bildung von Arbeiter- und Soldatenräten verzichtete schließlich Wilhelm II. auf den Thron und ging am 10. November 1918 ins holländische Exil. Die Republik wurde durch den Sozialdemokraten Philipp Scheidemann (1865–1939) ausgerufen, die Regierungsgeschäfte an den SPD-Vorsitzenden Friedrich Ebert übertragen. Der „Rat der Volksbeauftragten“ (bestehend aus drei SPD- und drei USPD-Mitgliedern) stellte die neue Regierung. Daneben bildete sich ein „Vollzugsrat der Arbeiter- und Soldatenräte“. Nach Waffenstillstandsverhandlungen wurde am 11. November 1918 der Waffenstillstand geschlossen.

Der Erste Weltkrieg verschonte natürlich nicht die Bienenzucht und führte dazu, dass viele Bienenstände verwaist zurückblieben. Das Jahr 1915 war zwar noch ein gutes Bienenjahr, aber die beiden strengen Winter 1916 und 1917 vernichteten viele Bienenvölker.

„Wir kämpfen für Weib und Kind, für Kaiser und Reich!“

In der Septemberausgabe der „Leipziger Bienen-Zeitung“[10] – unter der Verlagsleitung „Liedloff, Loth und Michaelis“ noch im Nationalsozialismus eines der ideologischen Hauptsprachrohre – erschien 1914 auf der Titelseite die Überschrift „Der Krieg!“ mit der Unterzeile: „[...] was klar und nüchtern denkende Leute schon seit Jahren unvermeidlich hielten, der Weltkrieg!“ Und weiter unter Bedienung rassistischen und nationalistischen Gedankenguts: „Das den Germanen blutsverwandte England hat sich in seiner blinden Wut, in seinem haßerfüllten Geschäftsneid nicht damit begnügt, mit den Russen Gemeinschaft zu machen. Nein es ist in seiner verblendeten Kurzsichtigkeit noch weiter gegangen und hetzt die gelbe Rasse auf uns. [...] Wir kämpfen nicht aus Rache wie die Franzosen, nicht aus Geschäftsneid, wie die Engländer, nicht aus Rassenhaß, wie die mongolisch-slawischen Russen! Nein, wir kämpfen für Weib und Kind, für Kaiser und Reich!“[11] (Abb. 10).

Sept./Okt.	29. Jahrg.	Heft 9 u. 10	29. Jahrg.	1914.

Der Nachdruck unserer Artikel ist nur mit **Genehmigung der Redaktion** gestattet. Die Ausführungen im **„Vermischten"** können, wenn nicht ausdrücklich versagt, ohne besondere Genehmigung, aber nur mit ausführlicher Quellen-Angabe „Leipziger Bienen-Zeitung" zum Abdruck gelangen.

Der Krieg!

So ist es denn Tatsache geworden, was klar und nüchtern denkende Leute schon seit Jahren für unvermeidlich hielten, der Weltkrieg! Freilich, daß er so plötzlich kommen würde, und daß eine ganze Welt wie eine Meute hungriger Wölfe über uns herfallen würde, das hat wohl niemand in voller Größe geahnt.

Das den Germanen blutsverwandte England hat sich in seiner blinden Wut, in seinem haßerfüllten Geschäftsneid nicht damit begnügt, mit den Russen Gemeinschaft zu machen. Nein, es ist in seiner verblendeten Kurzsichtigkeit noch weiter gegangen und hetzt die gelbe Rasse auf uns. Aber der Tag wird kommen, wo England blutig am eigenen Leibe erfahren wird, was es jetzt an der Kulturwelt und an der germanischen Rasse in fluchwürdiger Weise gesündigt hat!

Nun, Deutschland wird auch das überstehen, denn bei uns gilt jetzt nur eine Losung: Siegen oder untergehen! Wir sind jetzt wirklich ein Volk in Waffen; es gibt keine Partei mehr; wir sind geeint in einer Größe, wie es wohl niemand, am wenigsten unsere Feinde, geahnt haben. Und in diesem Zeichen werden wir siegen.

Wir kämpfen nicht aus Rache, wie die Franzosen, nicht aus Geschäftsneid, wie die Engländer, nicht aus Rassenhaß, wie die mongolischen-slawischen Russen! Nein, wir kämpfen für Weib und Kind, für Kaiser und Reich! Gewiß, schwere, schwere Opfer wird es kosten an Gut und Blut, aber jeder von uns wird sie bringen, und unser Volk wird siegen als Träger der Kultur, als Vertreter einer guten, gerechten Sache!

Redaktion und Verlag.

Abb. 10: Kriegsausbruch des Ersten Weltkriegs in der Leipziger Bienen-Zeitung (1914).

Die „Deutsche Illustrierte Bienenzeitung“ schrieb ganz im nationalistischen Sinne, an den „deutschen Heldenmut“ und die „Opferwilligkeit“ appellierend im September 1914 angesichts des Kriegsausbruchs und der Situation, „wo der Bienenvater fehlt, wo der treue Imker fern ist und mit seinem Herzblute Deutschlands Ehre verteidigt“:

> „Da aber erhebt sich das geeinte deutsche Vaterland wie ein Mann! Mit echt deutschem Heldenmute, mit fester Entschlossenheit, mit ungeahnter Opferwilligkeit nimmt das deutsche Volk den Fehdehandschuh gegen alle auf! Einigkeit und Recht und Freiheit! – – so hallt es einmütig von Nord und Süd und Ost und West, und wie gleichsam nach schwerem Traume die deutsche Imkerschaft sich endlich zu e i n e r Vereinigung der deutschen Imkerverbände zusammengeschlossen, so sind alle deutschen Parteien treu und fest zu einer großen deutschen Macht geeint! Überall heißt's mit Stolz: ‚Ich bin ein Deutscher, kennst du meine Farben!'“[12]

Die Euphorie bei Kriegsausbruch, „die unser Volk in nie geahnter Einigkeit gefunden“ hat, strahlte auch auf die Einigkeit der deutschen Imkerschaft aus:

> „Nein, auch unter uns sollen die Raben der Zwietracht verscheucht bleiben, damit auf dem Boden der Einigkeit Früchte gedeihen, wie sie unser Vaterland auf allen Gebieten menschlicher Kultur seit seiner Einigung zu verzeichnen gehabt hat und in seiner noch größeren Zukunft, das hoffen wir mit unerschütterlicher Gewißheit, nach Niederwerfung seiner Neider und Feinde weiter zu verzeichnen haben wird. [...] Wir Imker haben Glück gehabt, daß gerade um diese Zeit geeignete Männer die Geschicke der deutschen Imkerwelt in der Hand hatten. [...] Wir sind Deutsche und wollen lernen uns als ein Volk zu fühlen. [...] Freilich, einstweilen ruhen alle unsere Wünsche und Bestrebungen, und wir Imker haben auch nur das eine große Ziel, des Vaterlandes Größe und Rettung gegenüber einer Welt von Feinden, im Auge.“[13]

Pfarrer Ferdinand Gerstung mahnte im Dezember 1914 in seiner Zeitschrift „Die deutsche Bienenzucht in Theorie und Praxis“ angesichts der verwaisten Imkerstände das „weite[...] Feld für die imkerbrüderliche Nächstenliebe“ an und erinnerte an den wöchentlichen Versand des „honigsüßen Gruß[es] aus der Heimat in Gestalt eines Feldpostbriefes mit Honig in Zinntuben“.[14] Im März 1915 richtete Fritz Arndt, der Vorsitzende des Zentralvereins für Bienenzüchter im Regierungsbezirk Königsberg, einen „Aufruf an die werten Imkerkollegen“:

> „Durch den Einfall der Russen in die blühenden Fluren Ostpreußens ist auch unsere hochentwickelte heimische Bienenzucht und unser blühendes Vereinsleben zerstört und vernichtet. Nach von uns gesammelten Berichten sind etwa zwei Drittel aller Stände völlig verschwunden. Wie der russische Bär, so haben auch die Russen die Bienenstände und den Honig zu finden gewußt [...] Imkerbrüder, verhelft den Ostpreußen wieder zu Bienen!“[15]

August Frey unterstützte den Aufruf von Seiten der „Vereinigung der Deutschen Imkerverbände“ noch im gleichen Jahr (s. Kap. 3) und schrieb: „Der nächste Frühling wird in einem größeren, stärkeren Vaterland, das das Blut seiner Söhne geschaffen hat, auch auf den jetzt verlassenen Bienenständen wieder neues, friedliches, frohes Summen und Singen von Imkerliebe und Imkertreue vernehmen lassen. Wer hilft mit?"[16] In einem weiteren Beitrag im gleichen Jahr forderte Frey angesichts der „teuflischen Zerstörungswut" in großen Teilen Osteuropas die Imker auf: „Sendet Geld und meldet Schwärme an!"[17] Und weiter:

> „Die Fahnen heraus! So verkünden heute hier die Extrablätter, die uns den großen, neuen Sieg unseres Tapferen Heeres in Ostpreußen mitteilten. Die Russen sind in mörderischer Schlacht geschlagen, Ostpreußen ist frei vom Feind! Gott ist mit uns, wir werden weiter siegen und einen ehrenvollen Frieden erkämpfen. Dann aber soll auch unsere liebe Bienenzucht wieder in die vom Kriege zerstörten Gauen unseres Vaterlandes einziehen und im Frieden friedliebende Imkerbrüder beglücken und neue Werke schaffen im neuen, großen ruhmbedeckten Vaterland. Dazu helft alle mit!"[18]

Gegen Ende des zweiten Kriegsjahres bilanzierte die „Leipziger Bienen-Zeitung" in martialischer Rhetorik:

> „Ein schweres Jahr geht seinem Ende zu. Unsagbares Weh und unersetzbare Verluste hat es gebracht, und noch immer tobt der Kampf an allen Fronten. Aber die Helden sind nicht umsonst gefallen, ihr Blut ist nicht umsonst geflossen; denn sie haben das Vaterland vom Feinde befreit, die Durchbruchsversuche mit zähem Heldenmute abgeschlagen und unsern Gegnern unermeßliche Verluste am Menschen und Kriegsmaterial zugefügt, so daß unsere Aussichten auf einen ehrenvollen Frieden noch günstiger geworden sind, als sie am Ende des vergangenen Jahres waren."[19]

Und Pfarrer Ferdinand Gerstung schrieb in seiner Zeitschrift „Die Deutsche Bienenzucht in Theorie und Praxis" am Ende des Jahres 1915 in nationalistischer Gesinnung „verheißungsvoll ist vor allen Dingen die erfreuliche Tatsache, daß durch Blut und Eisen in dieser harten Zeit unser Volk innerlich zusammengeschweißt worden ist", betrauerte, dass „gewiß auch viele Tausende treuer Bienenväter fern von der Heimat als Helden für das Vaterland gefallen sind und ein frühes Grab in fremder Erde gefunden haben" und hoffte, dass „Gott [nun] unserem Volke bald den heißersehnten Sieg [bescheren möge] und einen lange dauernden, ehrenvollen Frieden."[20] Mit Beginn des Kriegsjahres 1916 schrieb August Frey nebulös und pathetisch von einem „Wendepunkt im Leben unseres Volkes. Wie im Leben des einzelnen Menschen, so gibt es auch im Leben der Völker Wendepunkte. Da tritt das Gute wie das Böse, das Heil wie das Unheil, Gott und Satan so dicht heran, daß man wählen muß. Da gibt es kein Ausweichen mehr, da rückt die Entscheidung gebieterisch heran und fordert das entscheidende Wort."[21] Am Ende des dritten Kriegsjahres schrieb die „Leipziger Bienen-Zeitung" über den „unbeschreiblichen Heldenmute" der deutschen Soldaten:

> „[...] noch immer tobt der Kampf an allen Fronten, ja, zu den alten Kriegsschauplätzen sind noch neue hinzugekommen. Aber trotzdem unsere Gegner fast die ganze Welt, sei es in kriegerischer, sei es in wirtschaftlicher Hinsicht, gegen uns aufgeboten haben, sind ihnen größere Erfolge doch nirgends beschieden gewesen. Mit unvergleichlicher Tapferkeit, wie sie die Weltgeschichte noch nie gesehen hat, halten unsere und die mit

uns verbündeten tapferen Truppen den unausgesetzten Angriffen stand und ertragen die übermenschlichen Anstrengungen und die mannigfaltigen Entbehrungen, wie sie das Leben im Felde mit sich bringt, mit unbeschreiblichem Heldenmute. [...] Leider waren wir Imker in diesem Jahre nicht in der Lage, wesentlich zur Ernährung unseres Volkes beizutragen und so manchen Kämpfer oder Verwundeten mit einer Honigabgabe zu erfreuen [...] infolge der Ungunst der Witterung."[22]

In seiner Neujahrsbetrachtung Anfang 1917 jubilierte der „Vorstand der Vereinigung der Deutschen Imkerverbände" im Siegesrausch angesichts der Einnahme von Bukarest im Dezember 1916 „ergriffen überwältigt von der Größe des Augenblicks":

> „Die Glocken läuten, die Kanonen donnern, die Fahnen flattern im Winde, die Schulen sind geschlossen und freudig eilt die Jugend nach Hause, Leben überall auf den Straßen und Gassen – Hurrah! Bukarest ist gefallen! An den treulosen König, seiner leichtfertigen Regierung und dem leichtgläubigen Volk vollzieht sich ein schweres Gottesgericht. Wir aber falten die Hände und danken dem Lenker der Schlachten, danken auch unseren tapferen Helden, die unentwegt durch Blut und Tod ihre siegreichen Waffen ins Herz des Feindeslandes getragen, über alles Lob erhaben neue Lorbeeren an die siegesgewohnten Fahnen knüpfen und den Boden bereiten, auf dem ein ehrenvoller Friede unserem Vaterlande auf Geschlechter hinaus erworben werden kann und erkämpft werden muß. Ein Hurrah unseren Tapferen, ihren ruhmreichen Führern, unserem geliebten Kaiser und deutschen Vaterlande! [...].
>
> Das neue Jahr! O, daß es unserem Volke vor allem Frieden brächte! Aber ein ehrenvoller Friede muß es sein! Dann wird auch unsere Bienenzucht gedeihen können, getragen von dem Wohlwollen der Behörden, gestützt durch eine verständige Gesetzgebung, ausgeübt von treuen Imkern. Wir alle aber, die wir draußen streiten, oder die zu Hause die Waffen schmieden, wollen helfen, den Boden zu bereiten, auf dem ein mächtiges Deutsches Reich sich erbauen kann, den Freunden ein Hort, den Feinden ein Schreck, seinen Bürgern sicheren Schutz, jeder treuen Arbeit Segen, jeder Brust Glück und Zufriedenheit verleihend. Gott segne unser Volk im neuen Jahre! Gott segne unsere Bienenzucht!"[23]

Das Kriegsjahr 1917 brachte für die Imker eine bessere Ernte, aber an den Fronten tobte weiter der Krieg. In der „Leipziger Bienen-Zeitung" leitete der Lehrer und Bienenköniginnen-Züchter[24] L. Müsebeck aus Greifswald, der die gesamte Kriegsphase in „Monatsschau[en]" seit Juli 1914 begleitete, das letzte Kriegsjahr 1918 siegesgewiss ein und mahnte die Pflichterfüllung der Imker an:

> „Was mag das neue bringen? Noch rast das Unheil durch die Lande; noch hält der Tod reiche Ernte und schlägt mit roher Hand so viele Herzen wund! Zwar leuchten jetzt die ersten Strahlen der Friedenssonne aus dem Osten herauf; aber ob sie die Kraft besitzen, sich durchzusetzen, weiß Gott allein. Wir wollen im Vertrauen auf ihn treu unsere Pflicht erfüllen und dadurch mithelfen, daß der Feinde Anschläge zuschanden werden:
>
> So wahr Gott Gott ist und sein Wort
> Muß Teufel, Welt und Höllenpfort und was dem tut anhangen,
> Endlich werden zu Schand und Spott.
> Gott ist mit uns und wird mit Gott, -
> Wir werden Sieg erlangen."[25]

Der „Vorstand der Vereinigung der Deutschen Imkerverbände" beschwor Anfang 1918 Deutschlands „unvergleichliches Heer", den „siegreichen Feldzug", „erprobte Führer" und die „Vaterlandsliebe":

> „Ein schweres Kriegsjahr voller Arbeit und Mühe, Sorgen und Entbehrungen, Hoffnungen und Enttäuschungen, Blut und Tod liegt hinter uns. Noch immer nicht ist der heißersehnte Frieden in die Welt eingetreten. Noch immer hoffen und warten unsere Feinde auf Deutschlands Zusammenbruch. Ihre Anschläge wird unser unvergleichliches Heer unter seinen erprobten Führern, der gute Geist und die Vaterlandsliebe unseres Volkes zu Schanden machen. Einer nach dem andern wird und muß erkennen, daß es ein verlorenes Spiel war, auf Deutschlands Untergang zu rechnen. Nach einem siegreichen Feldzuge wird ein deutscher Friede der Welt den Frieden bringen, unserem Volke aber die Möglichkeit, ungehindert den Werken des Friedens nachzugehen und ein Haus zu bauen, in dem Wohlstand und Zufriedenheit wohnen können. Dazu möge der gerechte Gott helfen und unser Schwert segnen!"[26]

Die anfängliche Kriegseuphorie fanden ihren Niederschlag auch in entsprechenden Annoncen in den Bienenzeitschriften. So wurde mit Kanonenabbildungen für Bienenzuchtgeräte geworben: „Krieg allen veralteten Geräten!". Zur Finanzierung des Krieges wurde in den Kriegsjahren in den Imkerzeitschriften mehrmals für die Kriegsanleihen geworben. Anfang April 1917 veröffentlichte die „Imkergenossenschaft Hannover" in der Zeitschrift „Bienenwirtschaftliches Centralblatt" einen kriegerischen Aufruf in Erinnerung an „Germanentum", „Heimat", „Vaterland", Verschworenheitsmythos, Siegesgewissheit und Opferbereitschaft:

> „Zweiunddreißig Monate Weltkrieg! Die Welt hat sich verschworen, um Sturm zu laufen gegen das kleine, aber festgefügte Bollwerk des Germanentums mit dem Endziel der Zerschmetterung.
>
> Wir wissen, es setzt Trümmer! Schon liegt vor unseren Blicken der noch immer schlußsteinlose Riesenfriedhof dreier Kriegsjahre. Schon häufen sich die Schutthaufen materieller und ideeller Güter in einem Maße, daß Millionenziffern die Werte nicht zu erfassen vermögen.
>
> Wir wissen aber auch ebenso sicher, das Bollwerk wird allen Stürmen trotzen, und, in der Weißgluthitze der Not gehärtet und geklärt, wird es in kommenden Jahrhunderten um so vollkommener die ihm vom Lenker des Weltalls auferlegte Mission, ein Schutzwall des Friedens, der Frömmigkeit und der Freiheit zu sein, erfüllen.
>
> Doch noch herrscht Sturm! Zum sechsten und sicherem Anschein nach zum letzten Male erklingt des Vaterlands Ruf an uns: Laßt die silbernen Kugeln rollen!
>
> Was ihr dem Vaterlande leiht,
> Das Geld, das schnöde, ist geweiht!
> Dem Freund zu Nutz, dem Feind zum Trutz,
> Der Heimat dient's, dir selbst zum Schutz.
> Dein Geld hilft einem Zeppelin,
> Siegreich die Wolken zu durchziehn,
> Dein Geld, es hilft ein U-Boot bau'n,
> Und England endlich zu verhau'n!

Ströme wirtschaftlichen Segens haben sich in viele unserer bienenwirtschaftlichen Betriebe ergossen. Die den Mitgliedern der Imkergenossenschaften noch zustehenden Zuschüsse übersteigen den gewohnten Wachswert noch erheblich, und die bereits geleisteten Vorschüsse sind reine Zugabe. Hundertausende opfert die Gesamtheit wieder in Gestalt von Zucker, um unsere Bienenwirtschaft zu erhalten und zu stärken. Der Imker hat Pflichten! Vom Genossenschafts-Imker dürfen wir erwarten, daß er wenigstens seine Nachzahlung in eine Reichsanleihe verwandelt! 80.000 bis 100.000 Mark können wir zeichnen, wenn jeder uns seine Bereitwilligkeit durch Postkarte zu erkennen gibt.
Je mehr, je besser, je schärfer das Messer,
je voller der Sieg, je rascher zu Ende der mordende Krieg!
Brink b. Hannover, den 1. April 1917.
Imkergenossenschaft Hannover.
A.: Schatzberg."[27]

Für die sechste Kriegsanleihe wurde in der Zeitschrift „Die Deutsche Bienenzucht in Theorie und Praxis" mit den einpeitschenden Worten geworben:

„Was das deutsche Volk bisher in kraftbewußter Darbietung der Kriegsgelder vollbrachte, war eine Großtat von weltgeschichtlich strahlender Höhe. Und wieder wird einträchtig und wetteifernd Stadt und Land, Arm und Reich, Groß und Klein Geld zu Geld und damit Kraft zu Kraft fügen – zum neuen wuchtigen Schlag.
Unbeschränkter Einsatz aller Waffen draußen,
aller Geldgewalt im Innern.
Machtvoll und hoffnungsfroh der Entscheidung entgegen!"[28]

Im September 1917 folgte die siebte Kriegsanleihe: „Zum siebenten Male wendet sich die Finanzverwaltung des Reiches an das deutsche Volk mit dem Aufruf: ‚Zeichnet die Kriegsanleihe!' […] Sie kann das im Vertrauen auf den Patriotismus des deutschen Volkes, der sich zeigt in Taten, nicht in Phrasen und leerem Wortgeschwall! […] An jeden einzelnen unter uns tritt die Pflicht heran, in urkräftigster Form den Beweis zu liefern, daß unsere Kraft noch nicht gebrochen ist und nie gebrochen werden kann. Unser Heer zeigt es täglich auf militärischem, zeigen wir es auf wirtschaftlichem Gebiete!"[29] Die „Deutsche Illustrierte Bienenzeitung" wandte sich 1917 „An Deutschlands Imker!":

„Das Ringen um Deutschlands Zukunft, um unseres Volkes Bestand, Freiheit und Aufstieg, muß nach dem Willen verbissener Feinde weitergehen. […] Ja, mit einem Aufflammen unerbittlicher feindlicher Vernichtungswut, mit teurem Blut und Gut, mit einer Gefährdung des opfervoll bisher Erreichten hätten wir es alle schmerzlich und unersetzbar zu büßen, wenn wir jetzt in der geldwirtschaftlichen Kraftanspannung glaubten nachlassen zu dürfen. […] Und machtvoll wie durch drei lange Jahre hindurch wird auch fernhin zu Wasser und zu Lande die Abwehr und Schwächung der Feinde sein. Hinzutreten muß aber als mitkämpfende Streitmacht das lückenlose Aufgebot aller freien Gelder. […]."[30]

In der „Leipziger Bienen-Zeitung“ hieß es im April 1918:

> „Daß Dein Haus noch steht, daß Du Dein Feld noch bestellen, daß Du Deinem Berufe noch nachgehen kannst, dass alles verdankst Du, nächst Gott, der heldenmütigen Wacht an den Grenzen unseres Vaterlandes. Sei ihr dankbar! Gehe hin und zeichne die Kriegsanleihe!“
>
> „Infolge des Krieges wird die Arbeitskraft und werden die Erzeugnisse der verschiedensten Art außerordentlich hoch bewertet, so daß bei den Sparkassen usw. fortwährend hohe Beträge eingehen. Nimm Deine Ersparnisse und zeichne die Kriegsanleihe, dann legst Du sie ebenso sicher und noch gewinnbringender an.“
>
> „Kampfgerüstet und todesmutig stehen unsere tapferen Heere im Westen, wo die Entscheidung fallen wird. Gib ihnen die Möglichkeit, auch diese Feinde niederzuwerfen und sie zum Frieden zu zwingen, indem Du mithilfst, alles, was sie hierzu dringend benötigen, in reichem Maße zu beschaffen! Darum gehe hin und zeichne die Kriegsanleihe!“[31]

Die Mangelwirtschaft im Ersten Weltkrieg wirkte sich auch reduzierend auf den Umfang der Bienenzeitschriften aus. So musste die „Leipziger Bienen-Zeitung“ „auf 2/3 des früheren Umfangs [...] laut Anordnung beschränkt“ und die Preise erhöht werden.[32] Am Ende hat der verlorene Weltkrieg zu einer riesigen Enttäuschung im Deutschen Reich geführt: „Das Bienenjahr war dem Verlauf des Kriegsjahres nur zu ähnlich: Himmelhoch jauchzend – zu Anfang – zu Tode betrübt, am Ende!“, schrieb Ferdinand Gerstung im Dezember 1918.[33] Im letzten Kriegsjahr wurde Lehrer Müsebeck in der „Leipziger Bienen-Zeitung“ ebenfalls schweigsamer, was die Begeisterung für Kaiser und Vaterland im Hinblick auf den verlustreichen Kriegsverlauf anbelangte. In der Dezember-Ausgabe 1918 verstieg sich Müsebeck in einer bienenmetaphorischen Geschichte, die Bienenräuberei und Bienenstaat mit dem zerfallenden Kaiserreich analog setzte (s. Kap. 8). Und er schrieb weiter: „Unter dem Druck der jetzigen politischen Verhältnisse ist es schwer, die Gedanken auf die Bienen und ihre Zucht zusammenzufassen und alles Aeußere zu vergessen. [...] Dezember! Weihnachten! Friede auf Erden! Und Weltgeschichte ist ein Weltgericht!“[34]

„Mein Bienenstand im Feindesland“

Von der West- und von der Ostfront erreichten die Bienenzeitschriften in den ersten Kriegsjahren Frontberichte von Imkern, die einen Einblick in das erbitterte Kriegsgeschehen gaben. Anders als im Zweiten Weltkrieg gab es aber keine „Reichsfachgruppe Imker“, die die Propaganda in den Bienenzeitschriften über die Schriftleitungen steuerte. August Frey vom V.D.I. versuchte über Aufrufe Einfluss auf die Bienenzeitungen und ihre Leser zu nehmen, Verlag und Schriftleitungen waren darüber hinaus für die Veröffentlichungen der Inhalte verantwortlich. Die Bienenzeitungen waren bemüht, den Verlauf des Krieges, der so euphorisch begrüßt wurde, propagandistisch zu begleiten, den eigenen Patriotismus zu stärken und die Feindbilder zu nähren. Die veröffentlichten Berichterstattungen von der Front sind allerdings häufig erstaunlich detailliert und erschienen nicht unbedingt gefiltert. Lehrer und Imker Lukat aus Sybba beschrieb den Kriegsbeginn August 1914 in einem persönlichen Bericht „nach dem ersten Russeneinfall in Ostpreußen" folgendermaßen:

> „Ich war mit der Honigernte, die im vergangenen Jahre in Masuren als ‚mittel' bezeichnet werden konnte, gerade fertig, als über Ostpreußen der Kriegszustand erklärt wurde. Der politische Himmel war unheimlich gewitterschwer und jeden Augenblick konnte die Mobilmachung erfolgen. Da ich auch zu denen gehörte, die auf Grund des Gestellungsscheines sofort abzureisen hatten, so arbeitete ich vom Morgen bis zum Abend [...]. Da erfolgte Sonnabend, den 1. August, nachmittags die Mobilmachung. Schnell wurde noch etwas Wäsche gepackt, soviel, daß man es als Handgepäck noch mitnehmen konnte und Sonntagfrüh wurden Schweine, Hühner usw. freigelassen, die Wohnung verschlossen und fort gings mit Frau und Kind; denn schon am Sonntagmorgen waren Kosaken über die Grenze gekommen und mein Wohnort liegt nur 10 km vor der Grenze. Alles, alles mußte da gelassen werden, auch sämtlicher Honig, sauber und schön in Zentnerkübel und Postkollis[35] gefüllt. [...] In meiner Heimat hausten nun die Russen. Doch war ihre Herrschaft nur von kurzer Dauer: nach drei Wochen wurden sie von unseren braven Truppen wieder in ihr Russenreich zurückgetrieben. Als ich nun erfuhr, daß auch meine Heimat von Russen frei war, erbat ich mir Urlaub und fuhr dahin. Je mehr ich mich derselben näherte, desto mehr Spuren des Kriegs konnte das Auge erblicken. [...] nur ausgebrannte Mauern und rußgeschwärzte Schornsteine [...]. Kurz vor der Heimat viele Soldatengräber und verlassene Schützengräben. [...] Sybba selbst scheint unversehrt zu sein. Alle Häuser stehen. Doch als ich mich meinem Hause nähere, sehe ich daß sämtliche Fenster zer- und die Türen eingeschlagen sind [...] alles zerschlagen, zertreten, zertrümmert. [...] meine mit Honig gefüllten Zentnerkübel [...] leer [...] Daß ich [am Bienenstand] nichts Gutes vorfinden werde, stand fest, davon zeugten die auf dem Hofe und im Garten umherliegenden Beuten, bei meinem Abschied alle besetzt, jetzt leer, ohne Türen, ohne Fenster, ohne Rähmchen [...] keine einzige Biene. [...] die Bande [hat] gründliche Arbeit gemacht. Und wie es meinem Bienenstande erging, wird es hundert andern ebenso ergangen sein. Und jetzt wird das Heimatsbild sich noch anders gestaltet haben; denn noch mehrmals sind die Vandalen nach Masuren gekommen, und gerade in jener Gegend sollen schwere Kämpfe stattgefunden haben. Arme Immlein Ostpreußens! Möge uns das neue Jahr einen baldigen, glorreichen Frieden bescheren und mögen bald neue blühende Bienenstände auf Ostpreußens Fluren entstehen!"[36]

„So mancher brave Imkersmann, der als wackerer Krieger im Felde steht, kann es nicht über sich gewinnen, trotz des schweren Kanonendonners, trotz des Brummens schwerster Geschütze, trotz des Einschlagens der Geschosse aller Art, die Bienensache ganz zu vernachlässigen", hieß es in einem weiteren 1915 erschienenen Bericht vom Kriegsschauplatze in „Russisch-Polen".[37] Und der Berichterstatter ließ sich vor den einfachen „Klotzbeuten" aus Weidenstämmen photographieren (Abb. 11), die er in einer „in Grund und Boden geschossen[en]" Ortschaft vorfand und schrieb antisemitisch gefärbt: „die ganze Stadt war fast ausnahmslos von den echten polnischen Juden bevölkert, die den gesamten Handel und Gewerbe in der Hand haben und von der polnischen Landbevölkerung leben."[38]

Abb. 11: Frontbericht aus „Russisch-Polen“ in der Leipziger Bienen-Zeitung (1915).

Der Gefreite und Imker K. Mendel schrieb zum Neujahr 1916 aus „Russisch-Polen“ ebenfalls mit antisemitischem Unterton:

> „[...] was ich auf den großen Märschen von Lowitzsch über Warschau bis zu unserer jetzigen Stellung noch von der Bienenzucht vorfand, waren umgestürzte, ausgeraubte Beuten. [...] Während sich die Polen die Klotzbeuten in den langen Ruhezeiten im Winter mit den einfachsten Werkzeugen selbst herstellen, werden die moderneren mit Rähmchen versehenen Beuten von Warschau aus vertrieben. [...]. Die Leute sind hier zufrieden. Was sie erbauen, langt für sie, und wenn ihnen die Juden, die in den Städten sitzen und von der Arbeit der Polen leben, nicht ihre Erträgnisse zu billigen Preisen abfeilschten, würden sie reiche Leute sein oder werden.“[39]

Lehrer Schubert aus Ostpreußen schrieb von den „wilden russischen Horden“, die „nicht wie Kulturmenschen, sondern wie wahre Barbaren [...] gehaust [haben]“ und denen „2/3 der ostpreußischen Bienenstände zum Opfer gefallen“ sind.[40] Anders als im Zweiten Weltkrieg waren jedoch nicht alle Frontberichte propagandistisch gefärbt, sichtbar an dem recht differenzierten und auch wertschätzenden Bericht „Einiges über die Bienenzucht in Rußland“ von Dr. Walter Carl, „Arzt z.Zt. im Felde“ aus dem Jahre 1916:

> „Als willkommene Gabe fanden unsere Truppen auf dem Vormarsch in Polen und Littauen im Herbst des vergangenen Jahres des öfteren noch gut gefüllte Bienenstö-

cke. Da wo der Rückzug der Russen nicht so eilig von statten ging, waren allerdings die Honigvorräte verschwunden, und die Bienenwohnungen zeigten dasselbe Bild brutaler Zerstörung wie die menschlichen Behausungen. [...] Diese Bienenhäuser haben für denjenigen, der aus einem Lande stammt, in dem die Bienenzucht eine hohe Kulturstufe erreicht hat, vieles Bemerkenswerte an sich. Die litauische Bevölkerung ist in ihrer Ursprünglichkeit erfinderisch, und in der Herstellung aller möglichen Dinge äußerst geschickt. [...] Auch in der Art, wie [der Litauer] die Bienenzucht betreibt, zeigt sich viel einfaches Geschick. Das Land an sich scheint reich an Bienen zu sein. Durch Industrie und eine eng wohnende Bevölkerung werden die Bienen nicht gestört; [...] Fast in jedem Dorf sieht man um einige Häuser herum Bienenstöcke aufgestellt. [...] Das was hier abzuweichen scheint von der bei uns üblichen Art, die Bienen unterzubringen, ist die Verwendung von hohlen Baumstämmen als Bienenwohnungen, und das scheint mir ein wesentliches Charakteristikum der Bienenzucht in Rußland zu sein. [...] In den russischen Schulen scheint durch den Unterricht das Verständnis für die Bienenzucht bei den Kindern geweckt zu werden. Darauf verweist der Inhalt eines kleinen Büchelchens aus dem Jahre 1913 hin, das ich auf dem Boden einer ehemaligen Dorfschule fand. Hierin ist das über Leben der Bienen und über die Honiggewinnung berichtet und für die Kinder sind zum Teil personifizierte bildliche Darstellungen aus dem Bienenleben beigegeben."[41]

Feldpost wurde auch von der Westfront veröffentlicht, so von „Kollege Franke vom Theklaer Bienenzüchterverein" (Leipzig), der schrieb: „Die besten Grüße von den Schlachtfeldern Frankreichs. Hier sieht es traurig aus – alles öde und leer. Frankreich hatte ich mir anders vorgestellt. So dreckig und liederlich wie die Landbewohner sind, kann ich schriftlich gar nicht äußern. Hier gibt es tatsächlich keine Bienenstöcke mehr."[42] „Freund Mehlhorn" vom gleichen Verein schrieb am 10. Dezember 1914 von der Vogesenfront: „[...] in allen Vogesendörfern, die ich kennen gelernt habe, [war] die Bienenzucht mehr oder weniger zu Hause. Sie wird hier aber wohl auf einige Jahre lahm gelegt worden sein; denn sämtliche Stöcke sind durch unsere ‚Landser' geplündert worden [...]."[43] Landwehrmann Gustav Holfert aus Kipsdorf (Erzgebirge) schrieb: „[...] von Ende Oktober [1914] an in Frankreich, durchquert mein Regiment vorwiegend das Departement Meuse. Zurzeit liegen wir hinter E. (Richtung Verdun) im Schützengraben auf tief einsamer Feldwache; ungefähr 300 Meter entfernt liegen die Franzosen im Walde, uns ab und zu mit einem Geschoßhagel überschüttend. Ich liege im Unterstand (etwas frostig) und lese Ihre Bienenzeitung, und trotzdem mich das feindliche Gewehrknattern an den Ernst der Lage erinnert, bin ich doch mit den Gedanken in der Heimat. Viel Bienenstände gibt es im Departement Meuse, aber sämtlich verwüstet und zerschlagen."[44] Aus Flandern schrieb Unteroffizier Kummer (Abb. 12):

„Zur Zeit befinde ich mich in D. a. d. Yser, das von unsern Truppen dreimal gestürmt wurde, wobei viel Blut floß. Jetzt sind unsere Stellungen stark befestigt, und unsere Aufgabe ist, diese bis zum letzten Mann zu halten, was für uns selbstverständlich ist. Sind wir nicht im Schützengraben, so hausen wir in Kellern der Stadt, die bombensicher ausgebaut sind. [...] Unter deren Trümmern sah ich auch Reste eines Bienenstandes [...] Da kam eines Tages einer meiner Leute mit der Meldung, daß draußen ein Bienenschwarm sei. [...] Zwar heulten die Granaten [...]. Dann aber wurde rasch

Abb. 12: „Deutsche Bienen“ an der Front in Flandern (1915).

ein Stand errichtet, der sogar, so gut es ging, mit einem Dache versehen wurde. [...] So habe ich nun ungefähr 200 m von der feindlichen Front entfernt meinen Bienenstand, der getreulich gepflegt wird. Eine ganz nette Beschäftigung für einen Barbaren! [...] allein ein angebrachtes Schildchen wird sicherlich dafür sorgen, daß meinen Lieblingen während meiner Abwesenheit nichts Unrechtes geschieht; es sind ja auch D e u t s c h e ! Leider ist mein treuer Gehilfe bei all diesen Arbeiten, der auf dem Bilde an der Mauer stehende Soldat, gestern durch Halsschuß schwer verwundet worden. Möchte seine Heilung gut und recht bald vonstatten gehen!“.[45]

Im Oktoberheft des Jahres 1915 der „Leipziger Bienen-Zeitung“ erschien der Kriegsbericht von „Viezefeldwebel der Reserve“ G. Schmidt mit dem Titel „Mein Bienenstand im Feindesland“, der von dem Stellungskrieg an der Westfront berichtete:

> „Schon seit dem Oktober vorigen Jahres liege ich in einem und demselben Dorfe im Westen, weshalb es auch möglich war, mir nach und nach einen Bienenstand anzulegen. [...] Mein Bienenstand in Feindesland macht mir außerordentliche Freude. Hoffentlich wird dieselbe eines Tages nicht zu Wasser; denn das Dorf wird vielfach vom Feinde beschossen.“[46]

In einem weiteren Kriegsbericht aus Frankreich ein Jahr später zeigten sich die Bemühungen der Soldaten, ihren Alltag in dem langwierigen und verlustreichen Stellungskrieg an der Westfront einigermaßen erträglich zu gestalten:

> „Bienenzucht im Feindesland! Nicht im entferntesten hätte ich eine solche Möglichkeit geahnt, als ich den ersten Augusttagen des Jahres 1914 von meinen Bienen Abschied nahm. [...] Bis zum Herbst 1915 hatte ich fast nur Gelegenheit, zerstörte und verbrannte Bienenstände zu sehen [...]. Neben einem durch eine Granate zerstörten Bienenhause fand ich als letzten brachbaren Rest umgekehrt im Grase liegend, ein Korbvolk. [...] Im Winter fand ich den Korb leer [...]. Ende Mai dieses Jahres überraschte man mich bei einer Rückkehr aus dem Schützengraben mit der Nachricht, daß an einer mir bekannten Hecke ein Bienenschwarm hänge. [...] Der kleine Bienenstand wurde nun oft der Sammelpunkt aller derer, die sich für die Bienen zu interessieren begannen. Der Herr Stabsarzt und ich mußten immer Auskunft erteilen und Einblicke tun lassen in die Wunder des Bienenstaates. Alle meine Bienenbücher und gesammelten Zeitungen wanderten der Reihe nach an die Front und wurden eifrig gelesen.“[47]

„Leider liegen alle Stände, soweit sie im Feuerbereich liegen, in Trümmern“, schrieb „Krankenträger A. Steingräber“ aus Frankreich. Aus „zollstarken Bretterkisten und Minenzünderkästen“ zimmerte er sich 1916 auf französischem Boden einen Bienenstand mit zwölf Völkern, die der „dunklen Landrasse“ angehören: „Zu meiner Freude haben sie sogar eine Kanonade mit Gasgranaten, die ganz in der Nähe einschlugen, gut überstanden.“[48]

Die Kriegsphase – verwaiste Völker und Aufrufe

Die Weiterentwicklung der Vereinigung Deutscher Imkerverbände (V.D.I.), dem Professor August Frey vorstand, wurde durch den Ersten Weltkrieg unterbrochen. Frey bemühte sich, die Organisation in der Kriegsphase am Leben zu erhalten, veröffentlichte Aufrufe, dem V.D.I. auch in der schweren Kriegszeit treu zu bleiben, verfolgte die Bienenzuckerfrage, regte Geldsammlungen für die Kriegsversehrten an, organisierte Honig- und Wachsabgaben sowie Honigzuleitungen an die Lazarette und setzte die von den entsprechenden Reichsbehörden erlassenen Verordnungen und Ausführungsbestimmungen im Rahmen der Kriegswirtschaft um. Im

Folgenden sind die wichtigsten vom Vorstand des V.D.I. und der Reichsbehörden erlassenen Verordnungen und gesetzlichen Bestimmungen von 1914 bis 1918 zusammengestellt (Hervorhebungen durch Autor)[49]:

- August 1914 (Autor: Frey, Posen) – Titel: „Krieg"
  - „Gott mit Euch, Ihr Imkerbrüder, die Ihr hinauszieht **für des Vaterlandes Schutz und Ehre!**"
  - „Gott vergelt es Euch, Ihr Zurückgebliebenen, die Ihr der **verwaisten Völker** Euch annehmt, daß kein Volk verloren gehe! [...]"
- Januar 1915 (Autor: Frey, Posen) – Titel: „Glück auf zum neuen Jahr!"
  - „Die felsenfeste Überzeugung von der Gerechtigkeit unserer Sache hat, als Haß, Neid und Ländergier den Fortbestand unseres Vaterlandes bedrohten, die in der Geschichte beispiellose **einmütige Erhebung unseres Volkes** erzeugt, hat jene denkwürdige Sitzung des Deutschen Reichstages vom 4. August geboren, hat das große Wort: ‚**Ich kenne keine Parteien mehr, sondern nur noch Deutsche**'[50] in allen Herzen einen mächtigen Nachklang finden lassen, hat unser Volk wurde zusammengeführt zu **Heldentaten in siegreichen Kämpfen** und gottergebenen Leiden vor dem Feinde und in treuer Pflichterfüllung und Hingabe zu Hause."
  - „Unsere Sache ist **gerecht**, darum werden wir siegen [...]."
  - „Die Not der Zeit hat die Imker und die Imkerverbände zusammengeführt. Auch die Bienenzucht kann sagen: ‚**Feinde ringsum!**'"
  - „Jetzt wird es sich zeigen, ob die Imkerei der Erhaltung wert, ob sie im ‚Neuen Deutschen Reiche' der Pflege würdig ist!"
  - „[...] Viele **Zentner Honig [sind]** aus unserer Organisation schon in die **Lazarette und ins Feld** gewandert."
  - „Nächstenliebe und Imkerfreundschaft [nehmen sich] der **verwaisten Völker** an."
  - „Stets neue Bataillone und neue Regimenter stellt unser Volk aus seinem **unerschöpflichen Menschenreichtum** dem Feind entgegen. Rund 160.000 Imker sind in unserer Vereinigung."
  - „Auch wir werden je eher siegen, je größer die Zahl unserer Mitglieder ist."
  - „Nur die **treue Mitarbeit** bis zu dem letzten Soldaten ermöglicht den Sieg. Ist es bei uns anders?"
  - „Daß wir uns zu dem Ausspruch durchringen könnten: ‚**Ich kenne keine Parteien mehr, ich kenne nur Imkerbrüder!**'"
  - „Unsere Sache ist **gerecht, rein und edel**."
  - „Nur des **Vaterlandes Wohl und Glück** haben wir im Auge, wenn wir ihm in der Bienenzucht und durch Bienenzucht hohe Kulturwerte schaffen und erhalten wollen."
- März 1915 (Autor: Frey, Posen) – Titel: Steuerfreier Zucker zur Bienenfütterung
  - Für 1915 wird „vergällter **steuerfreier Zucker zur Bienenfütterung**" gewährt.
- 19. Mai 1915 (Autoren: Frey, Büttner, Küttner) – Titel: An die Verbände der V.D.I.
  - Einleitung einer „**Hilfsaktion** für die durch den Krieg geschädigten Imker Deutschlands".
  - „[...] Die Imkerschaft Deutschlands [ist] in einheitlicher, zielbewußter, selbstloser Arbeit den großen Kulturarbeiten unseres Volkes zu dienen bemüht [...]."
  - „Wir hoffen es zu erreichen, daß nach dem Kriege auch die vom Reiche und Staate bewilligten **Entschädigungen** durch unsere Organisation [...] festgesetzt und ausgezahlt werden."
  - „Darum erbitten wir [...] von allen Verbänden eine genaue Zusammenstellung allen durch den Krieg angerichteten Schadens [...]."

- 11. August 1915 (Autor: Frey, Posen) – Titel: Die Bienenzucht als Nebenerwerb für Kriegsbeschädigte
  - Der Landesverband für Bienenzucht in Schleswig-Holstein stellte eine Anfrage an das Ministerium, ob die „Imkerschule in Preetz als **Ausbildungsstätte für Kriegsbeschädigte**" zur Verfügung gestellt werden kann.
  - Der V.D.I. wurde um „gutachterliche Äußerung" gebeten, der dies befürwortete.
  - Der V.D.I. stellte in Aussicht, „im Jahre 1916 in allen Provinzen und Teilen des **ganzen Reiches** solche **Kurse** [einzurichten]".
  - „Zurzeit bedarf Deutschland noch für mehrere Millionen Mark Auslandshonig. Eine weise Gesetzgebung kann durch **Zölle** unser einheimisches Erzeugnis schützen."
  - „Ein **Honigschutzgesetz** nach dem Vorbilde des Margarinegesetzes würde dem unlauteren Wettbewerb ein Ende machen, den echten Honig schützen [...].".
- 8. November 1916 (Autor: Kriegsernährungsamt, Kommission, Berlin) – Titel: Richtpreise für Honig
  - „[...] **Richtpreise** [...]:
    für ½ kg Schleuder- oder Leckhonig[51] und **Honige** gleicher Güte: 3,- Mk.
    Für ½ kg Scheibenhonig[52]: 3-4 Mk.
    Für ½ kg Seimhonig[53]: 1,5 Mk."
  - Die Preise galten für den Verkauf durch den Erzeuger an den Verbraucher ohne Gefäß. Beim Verkauf an Händler trat ein Abschlag von 0,50 Mk. je ½ kg ein.
- 18. April 1917 (Autor: Kriegsschmieröl-Gesellschaft m.b.H., Berlin) – Titel: Ausführungsbestimmungen zur Verordnung über Bienenwachs vom 4. April 1917
  - „Ausführungsbestimmung auf Grund der Bekanntmachung über den Verkehr mit **Bienenwachs** vom 4. April 1917 (Reichs-Gesetzbl. S. 303)"
  - „§ 1. Wer (mit Ausnahme der Imker – zu vergl. unter § 2 –) Bienenwachs zu jeglicher Art, rein oder gemischt, sowie Preßrückstände und alte Wabenreste in Mengen von mehr als 1 kg in Gewahrsam hat, hat über die am 19. April 1917 vorhandenen Bestände der Kriegsschmieröl-Gesellschaft m.b.H. in Berlin [...] bis zum 5. Mai 1917 durch eingeschriebenen Brief unter Zusendung eines Musters von 200 g Auskunft zu erteilen. [...]"
  - „§ 2. Alle Imker (Besitzer von Bienenvölkern), gleichviel, ob sie einem Bienenzuchtverein angehören oder nicht, haben über ihre gesamten, am 10. eines jeden Monats vorhandenen **Bestände an Bienenwachs** jeglicher Art, rein oder gemischt, sowie Preßrückständen und alten Wabenresten bis zum 15. desselben Monats, erstmalig bis zum 15. Mai 1917, den zuständigen Landes- bzw. Provinzialbienenzuchtvereinen, als Sammelstellen der Kriegsschmierölgesellschaft, Auskunft zu erteilen und die angefallenen Mengen **an die bezeichneten Vereine nach deren Weisung zu liefern**."
  - Die Durchführung der Wachslieferung wurde für das ganze Reichsgebiet der Vereinigung der Deutschen Imkerverbände übertragen (Wachsammelstellen in jedem Verein; zur Selbstanfertigung von Mittelwänden sei für jedes Volk ¼ Pfund zurückzubehalten).
- 23. Juli 1917 (Autor: Preußische Honigvermittlungsstelle, Berlin) – Titel: Honig für Krankenhäuser und Lazarette
  - „[...] durch Erlaß des Herrn Ministers vom 2. Juli 1917 [wurde] der errichteten **Honigvermittlungsstelle** die Aufbringung des Bedarfs an Honig für Kranke in Krankenanstalten, Heilstätten, Lazaretten und für die sonst nach ärztlicher Vorschrift besonders pflegebedürftigen Personen im Königreich Preußen übertragen [...]."
  - „1. Alle Imker werden aufgefordert, zu obigem Zwecke Honig (Schleuderhonig oder Honig gleicher Art) käuflich zur Verfügung zu stellen."

  - „2. Zur Mitarbeit ist […] Herr Professor Frey […] herangezogen. Die Imker, die Honig für die oben genannten Zwecke zu verkaufen bereit sind, melden die Mengen bei den Vereinen […].“
  - „4. Der Empfänger zahlt innerhalb 14 Tagen nach Empfang an den Absender 275 Mk. für den Zentner Honig […]. Die Vereine erhalten bei Abwicklung der Lieferung für ihre Tätigkeit eine Vergütung von 10 Mk. für den Zentner Honig.“
- 29. April 1918 (Autor: Preußische Honigvermittlungsstelle, Berlin) – Titel: Bekanntmachung über die Ablieferung von Honig an die Honigvermittlungsstelle
  - „In Ausführung des Erlasses des Herrn Preußischen Staatskommissars für Volksernährung vom 5. Februar 1918, demzufolge im Wirtschaftsjahre 1918/19 die **Verteilung des Bienenzuckers an die bindende Verpflichtung geknüpft ist, daß der Imker** diejenige Menge Honig zum Höchstpreise an die Staatliche Honigvermittlungsstelle **zu liefern hat, die einem Drittel der erhaltenen Zuckergewichtsmenge entspricht**, wird hiermit angeordnet:
  - 1. Alle Imker, die Zucker erhalten haben, haben die hiernach vorgeschriebene Honigmenge an die Stelle des zuständigen Imkervereins, von der sie den Zucker erhalten haben, bis spätestens 15. November 1918 frachtfrei zu liefern. […]“
  - „2. […] Für die Echtheit des Honigs haftet der Ablieferer. […]“
  - „5. Der Imker erhält von dem Empfänger des Honigs innerhalb 2 Wochen nach Empfang der Sendung durch Vermittlung der Sammelstelle 2,75 Mk. für je 1 Pfd. Schleuderhonig und Honig ähnlicher Güte und 1,75 Mk. für je 1 Pfd. Seim- oder Preßhonig. […] Die Sammelstelle hat für ihre Tätigkeit gegenüber dem Empfänger des Honigs Anspruch auf eine Vergütung von 10 Pfg. für je 1 Pfd.“

„Süßer und ehrenvoller Heldentod fürs Vaterland“

„Leider werden zu manchen Bienenständen die sorgsamen Bienenwärter nicht mehr zurückkehren. Sie haben den Heldentod gefunden.“ So hieß es in einem Artikel vom „Landesinspektor für Bienenzucht“ K. Hofmann aus München im Kriegsjahr 1915. Angesichts der grausamen Wirklichkeit an den Frontlinien während des Stellungskriegs und der blutigen Materialschlachten hatte die Regierung des Deutschen Reichs die Propaganda vom „süßen und ehrenvollen Heldentod fürs Vaterland“ verbreitet. Dieser glorifizierende, zum Mythos erhobene Begriff wurde eingeführt, da das tausendfache Sterben in den mit Schlamm bedeckten Schützengräben und die anonymen Massenbestattungen schnell zu Meutereien geführt hätten. Der deutsche Soldat kämpfte für das Wohl und die Sicherheit von „Kaiser und Vaterland“. Hinter der Front wurden, wenn möglich, Friedhöfe für die „gefallenen Helden“ angelegt. Nicht selten hatte man angesichts des mörderischen Artilleriefeuers die manchmal bis zur Unkenntlichkeit zerfetzten Leichen in Minenkrater gelegt und diese notdürftig mit Erde bedeckt. Erneute Bombeneinschläge brachten die Leichen wieder zum Vorschein, so dass die kämpfenden Soldaten in den Schützengräben neben den Leichen liegen mussten. Die Soldaten im Ersten Weltkrieg konnten nur über Feldpostbriefe und Postkarten mit der Heimat in Verbindung bleiben. Zwischen 1914 und 1918 wurden etwa elf Milliarden Postsendungen an Familien und Freunde geschickt, häufig malerisch verklärte Postkarten aus dem Lazarett. „Ich bin noch am Leben, mir geht es gut“ war die Hauptbotschaft der Absender, obwohl zwischen den Zeilen oft etwas Anderes zu lesen war.[54] Im Todesfall erhielten die Angehörigen vielleicht eine Nachricht vom Kompanieführer, in der allerdings die genauen Todesursachen nicht beschrieben waren. Eher selten wurde der Todesumstand an der Front in Bienenzeitschriften thematisiert, wie zu Kriegsbeginn im November 1914 in der „Deutschen Illustrierten Bienenzeitung“: „Soeben lesen wir im Leipziger Tageblatt den Heimgang unseres lieben Theklaer Vereinsmitgliedes, des Herrn Lehrer Karl Johannes Schwanot aus Schönefeld bei Leipzig. Ein lebenslustiger, treuer Imkerfreund, fiel er jetzt auf dem Felde der Ehre ‚fürs Vaterland!‘ Er erhielt am 26. September im Kampfe bei Vaudescourt 2 Kopfschüsse. Seine letzten Worte waren: ‚Meine arme Frau, meine armen Kinder! Vater unser!‘“[55] Im Laufe des Krieges finden sich häufig in den Bienenzeitungen „Gedenktafeln“, auf denen unter einem „Eisernen Kreuz“ die Namen von gefallenen Imkern aufgeführt wurden, die „auf dem Felde der Ehre den Heldentod fürs Vaterland fanden“ (Abb. 13).

„‚Die Vöglein im Walde, die sangen so wunderschön, in der Heimat, in der Heimat, da gibt's ein Wiedersehen‘ sangen unsere Soldaten durch die Straßen unserer Stadt; so sangen sie drinnen in Polen wie drüben in Flandern. Den vielen Kriegsbeschädigten, die kein eigenes Heim besitzen, in unseren Kriegerheimstätten eine Heimat zu schaffen, ist ein Hauptanliegen unserer Kriegsbeschädigtenfürsorge. Aber wohl fühlt man sich doch nur, wo einem durch Arbeit die Möglichkeit zum Verdienst gegeben ist.“[56] So hieß es am Ende des Ersten Weltkrieges 1918 in der „Deutschen Illustrierten Bienenzeitung“ unter dem Titel „Bienenzucht und Kriegsbeschädigte“. Als „geeignetste und bedeutendste Kleintierzucht für den Kriegsbeschädigten“ wurde „ohne Zweifel“ die Bienenzucht angesehen: „Geeignet zur Bienenzucht ist jeder Kriegsbeschädigte, sofern er sich fortbewegen kann und wenigstens ein gebrauchsfähiges Auge und noch einen gebrauchsfähigen Arm hat.“[57] Diese optimistische Sichtweise wurde nicht von allen Imkern geteilt. In einer Antwort auf diesen Beitrag hieß es: „Inwiefern die Bienenzucht die ‚geeignetste‘ Kleintierzucht für einen Kriegsbeschädigten sein soll, ist nicht recht erfindlich.“[58] August Frey wandte sich über die Bienenzeitungen bald nach Kriegsbeginn Anfang 1915 an die Imkerschaft „in der Hoffnung, dass auch zu Hause Nächstenliebe und Imkerfreundschaft sich der verwaisten Völker annimmt.“[59] Ein Jahr später sinnierte er über die „großen Fragen“, die nach dem Kriege zu lösen seien:

„Es gilt

1. Hilfe für unsere durch den Krieg geschädigten Imkerbrüder.
2. Ersatz für unsere gefallenen Helden.
3. Erweiterung der unserer Vereinigung gesteckten Ziele – Selbsthilfe.
4. Gesetzlicher Schutz unserer Erzeugnisse.
5. Weitgehende Förderung der Bienenzucht seitens des Staates.“[60]

Nachdruck, auch im Auszug, nur mit vollständiger Quellenangabe gestattet.

Ehrentafel der bayerischen Bienenzüchter.*)

Herr Stabsarzt Dr. Manger, 1. Vorsitzender des Bezirksbienenzuchtvereins und Leiter der Beobachtungsstelle Ingolstadt, den bayerischen Bienenzüchtern durch seine Imkertätigkeit und insbesondere durch die Züchterberatungen wohl bekannt, ist am 11. September 1914 mit dem Eisernen Kreuz ausgezeichnet worden. Leider wurde Herr Dr. Manger, unser Ritter des Eisernen Kreuzes, durch die Splitter einer in den Verbandplatz eingeschlagenen Granate ziemlich schwer verletzt, doch hat sich sein Befinden erfreulicherweise gebessert. Dem Helden senden die bayerischen Imker die herzlichsten Glückwünsche zur Auszeichnung. Mögen die Verletzungen ohne nachteilige Folgen sein!

Unsere toten Helden.

Auf dem Felde der Ehre fand den Heldentod fürs Vaterland: Herr **Benno Kainz,** Maurer, Neudichau bei Grafing, eifriges Mitglied des Bienenzuchtvereins Ebersberg, im Alter von 36 Jahren.

*) Die Schriftleitung möchte im Landesvereinsblatte an dieser Stelle aller jener bayerischen Imker gedenken, die den Heldentod für das Vaterland starben oder sich für hervorragende Tapferkeit Auszeichnungen erwarben, und bittet ihr Name, Geburtszeit, Stand und Wohnort solcher Helden mitzuteilen.

19

Abb. 13: „Ehrentafel der bayerischen Bienenzüchter, die auf dem Felde der Ehre den Heldentod fürs Vaterland fanden“ aus dem Jahre 1914.

„Was können wir Imker für unsere Kriegsbeschädigten tun?" war eine der dringendsten Fragen, die angesichts der Rückkehr schwer verwundeter Imker gestellt wurden und die bis zum Kriegsende in den Bienenzeitschriften ihren Widerhall gefunden haben. Dabei wurde von hauptberuflicher Tätigkeit abgeraten, aber als Alternative wurden Wege zum nebenberuflichen Engagement aufgezeigt:

> „Die Zahl unserer Kriegsbeschädigten wächst von Tag zu Tag. Damit aber wächst unsere Pflicht, für die zu sorgen, die für uns gelitten haben. [...] Es wird und darf nicht vorkommen, daß Drehorgel und Bettel die einzige Erwerbsquelle bleibt! Können auch wir Imker und unsere Vereine und Verbände mithelfen, die Zukunft unserer Kriegsbeschädigten zu sichern? Kann die Bienenzucht mithelfen, ihr Los zu mildern, ihnen Arbeitsgebiete zu erschließen und Einnahmequellen zu eröffnen?
>
> Mit warmen, teilnehmenden Herzen ist diese Frage schon wiederholt in unserer Fachpresse berührt worden. Fasse ich das Ausgeführte und Empfohlene zusammen, so wird mit recht davor gewarnt, die Bienenzucht als Hauptberuf zu empfehlen. Dazu gehört ein tieferes Verständnis und eine reiche Erfahrung. [...] die Bienenzucht [ist] heutzutage keineswegs auf Rosen gebettet [...], da ihre Erzeugnisse noch eines durchgreifenden gesetzlichen Schutzes entbehren, ihre Rentabilität höchst unsicher ist. Aus allen diesen Hauptgründen, denen sich noch manche zufügen ließen, müssen wir davor warnen, Kriegsbeschädigten ohne weiteres die Bienenzucht als Hauptberuf zu empfehlen.
>
> Ganz anders steht die Sache, wenn die Bienenzucht als Nebenerwerb betrieben werden soll. [...] Wer gönnte nicht unseren Kriegsbeschädigten nach schweren Kämpfen in tobender Schlacht eine solche stille, edle Freude? [...] Jeder einzelne kann mitarbeiten! Suche den Kriegsbeschädigten auf. Laß dir erzählen von seinen Taten, seinen Leiden, seinen Hoffnungen. Je größer die Erlebnisse sind, die sein ganzes Sein durchzittern, desto größer wird sein Verlangen sein nach Ruhe und Frieden. Hier knüpfe an. Erzähle du nun deine seligen Freuden bei deinen Bienen [...] Doch wir können noch mehr tun. [...] Ich denke dabei an Kurse, die speziell unseren Kriegsbeschädigten geboten werden müssen. Jeder Verband muß für dieses und die folgenden Jahre solche Kurse einrichten. Sie sind mit Hilfe der bereits bestehenden Mobilmachungsausschüsse und des Roten Kreuzes, der militärischen und staatlichen Behörden allen in den Lazaretten befindlichen und den bereits entlassenen Kriegsbeschädigten bekannt zu geben."[61]

Verschiedenartigste Beschäftigungsmöglichkeiten von Kriegsinvaliden in der Landwirtschaft „für das Gesamtwohl unseres Volkes" wurden in den Bienenzeitschriften vorgestellt, beispielsweise „kriegsinvalide Schüler [, die] den Unterweisungen am Bienenstand [folgen]", wobei „auch für den einarmigen Invaliden die Beteiligung an der Bienenpflege gesichert"[62] ist (Abb. 14). „Eine würdige Einreihung unserer Kriegsinvaliden in den Gesamtbetrieb des tätigen Wirtschaftslebens" war Gegenstand von Richtlinien für die Kriegsinvalidenfürsorge, welche die staatlichen und gemeindlichen Behörden schon während des Krieges ausgegeben haben.[63]

So wurden Bienenzuchtlehrkurse für Kriegsinvalide an verschiedensten Orten im Deutschen Reich durchgeführt, beispielhaft durch den „Westfälischen Hauptverein für Bienenzucht", der im Jahre 1917 in der „Leipziger Bienen-Zeitung" berichtete, dass er „im verflossenen Jahre [...] seine Kursustätigkeit in erster Linie in den Dienst der Kriegsbeschädigtenfürsorge gestellt [hat]."[64] Die Empfehlung der Imke-

Abb. 14: Kriegsinvaliden am Bienenstand (1916).

rei für die Kriegsbeschädigten durch die Kriegsverletztenfürsorge wurde in der Imkerschaft auch kritisch gesehen. So hieß es in dem Beitrag „Ein kleines Kapitel zur Kriegsverletzten-Fürsorge" aus dem Jahre 1917:

> „[...] nicht nur der Wille und der nötige Groschen [gehören] zum Geschäft [...], sondern auch Passion, – wie der Deutsche sagt! – Aber noch mehr gehören dazu.
>
> 1. Die für den einfachen Mann geeignete einfache Bienenwohnung.
> 2. Die geeignete Bienenweide.
> 3. Ein scharfer Verstand und eine fühlende Seele.
> 4. Ein vernünftiges Weib und ein leidlicher Nachbar."[65]

Vielfach finden sich auch Aufrufe, den „tapferen Soldaten im Felde" und „unseren heldenmütigen deutschen Heeren" „das köstliche Nährmittel, welches die deutsche Erde hervorbringt" per Feldpost zu senden, wofür Zinntuben[66] oder Honigdosen aus Schwarzblech[67] als geeignet angeboten wurden. August Frey hatte 1915 dazu aufgerufen, nicht ohne auf die hohe Qualität des süßen Produktes hinzuweisen: „Seit Beginn des Krieges wird der Honig in Zinntuben abgefüllt und mit 10 Pfg. Porto als Feldpostbrief als ‚honigsüße Grüße aus der Heimat' an die Truppen gesandt. [...] Für unsere Soldaten ist das Beste gerade gut genug!"[68] Diese Verpackungsart wurde auch kritisiert und aufgrund des Materialmangels an Metallen wurden diese Möglichkeiten beschränkt: „Zum Versand ins Feld hat man die Zinntuben auf den Markt gebracht. [...] Sie sind zu teuer und enthalten zu wenig Honig. Fester Honig läßt sich in Pergamentpapier verpackt in jedem Kistchen und jeder Schachtel billiger dahin befördern."[69] Auch Lazarette nahmen gespendeten Honig gerne an, verweigerten aber den Ankauf. „In einem Schriftwechsel hierüber teilte im Jahr 1915 das stellvertretende Generalkommando des 10. Armeekorps mit, dass Honig nicht angekauft werden könnte, ‚da in den Beköstigungsbestimmungen für die staatlichen Lazarette Honig als Nahrungs- oder Heilmittel nicht vorgesehen sei'."[70]

Die Imker haben zu liefern

Wie aus den Bekanntmachungen der Preußischen Honigvermittlungsstelle zu entnehmen ist wurden die Imker im Kriegsjahr 1917 noch zum Verkauf ihres Honigs vorwiegend für Krankenhäuser und Lazarette aufgefordert. Ein Jahr später hatten die Imker Honig zum Höchstpreis zu liefern und die Bienenzuckerausgabe war an die bindende Verpflichtung geknüpft, ein Drittel der erhaltenen Zuckergewichtsmenge zu liefern. Vom Deutschen Reich wurde eine Oberverteilung an Zuckermenge für jedes Bienenvolk zur Verfügung gestellt. Der Staatssekretär des Kriegsernährungsamtes sandte am 1. Februar 1918 an den V.D.I. hierzu folgenden Bescheid:

> „Auf die an den Herrn Reichskanzler gerichtete, an mich abgegebene Eingabe erwidere ich, daß ich bei dem unsicheren Stande der Zuckerwirtschaft nicht in der Lage bin, für die Fütterung der Bienen mehr als 7 ½ kg auf das überwinterte Volk im Jahre 1918 zur Verfügung zu stellen. Es wird möglich sein, mit dieser um 2 Pfund höher als im Vorjahr bemessenen Menge auszukommen."[71]

Der Preußische Staatskommissar für Volksernährung schrieb am 5. Februar 1918 zum Thema „Bienenzuckerausgabe" u.a. an die Imker: „15 Pfund Bienenzucker für jedes überwinterte Volk soll im Jahre 1918 der Imker erhalten, welcher sich verpflichtet, einen Teil seiner Honigernte zu gemeinnützigen Zwecken abzugeben, namentlich für den Lazarett- und Krankenhausbedarf."[72] Die Versorgung mit Bienenzucker erwies sich grundsätzlich als problematisch, sichtbar daran, dass sich der Präsident des Kriegsernährungsamtes schon 1916 hierzu äußerte. Der „Kriegsausschuß für Konsumenteninteressen" regte bereits 1915 ein „Beschlagnahme der gesamten Zuckervorräte durch das Reich" an, falls die „vorgeschlagenen Wege mit Benutzung der Zentraleinkaufgesellschaft nicht beschritten werden sollten."[73] In Friedenszeiten bestand ein Zuckerüberschuss, so dass Landwirte sogar eine Zuckerverfütterung durchführten. Zu Kriegszeiten war der Zuckervorrat schnell verbraucht, was zu Beschlagnahmungen, scharfer Rationierung und Beschränkung der Verfütterung führte.[74] Nicht nur der Zuckerbezug entwickelte sich im Krieg schwierig, auch alle bienenwirtschaftlichen Betriebsmittel, wie z.B. Holz für die Beuten, verteuerten sich bis zu 400 Prozent.[75]

Die Honigabgaben waren in den einzelnen deutschen Bundesstaaten unterschiedlich geregelt: „In Preußen mussten für fünfzehn Pfund Zucker fünf Pfund Honig abgeliefert werden; Sachsen verlangte dafür acht Pfund Honig; wer aber nur zehn Pfund bezog, brauchte nichts abzugeben. In Hessen betrug die Abgabe für jedes Bienenvolk ein Pfund Honig. In Bayern verlangte man ein Viertel und in Mecklenburg ein Drittel der Honigernte."[76] Die allgemeine Mangelsituation führte bereits 1917 zu Beschlagnahmungen von Honig und auf dem Markt wurde er praktisch nicht mehr angeboten. Auch der Mangel an Gerätschaften veranlasste die Imker zu einem Tauschhandel über Annoncen in den Bienenzeitungen.[77]

Angesichts der schwierigen Fettversorgung hatte 1915 der „Kriegsausschuss für Öle und Fette" der Bevölkerung dringend empfohlen, „anstatt der Butter, Margarine und des Schmalzes mehr Obstmarmelade und Honig zu genießen."[78] Auch wurde beispielsweise in einem Runderlass des preußischen Landwirtschaftsministers zur Verbesserung der Fettwirtschaft „ein vermehrter Anbau von Oelfrüchten als dringend erwünscht" bezeichnet.[79]

Ein weiteres kriegswichtiges Produkt war Bienenwachs. Wie den Ausführungsbestimmungen der Kriegsschmieröl-Gesellschaft (KSG) auf der Basis der „Bekanntmachung über den Verkehr mit Bienenwachs"[80] aus dem Jahr 1917 zu entnehmen ist musste Wachs (mehr als ein Kilo) abgeliefert werden. Im August-Heft 1917 des „Bienenwirtschaftlichen Centralblatts" ist eine „Mitteilung betreffs Wachsablieferung" von August Frey zu lesen: „Unter Aufhebung der früheren Bestimmungen erhält der Sammler 25 Pf., der Verein 10 Pf., der Verband 15 Pf. Vergütungen für jedes Kilo. Darin sind sämtliche Porto- und Schreibkosten eingeschlossen. Fracht- und Verpackungskosten werden zurückerstattet. [...] Es wird nochmals bekannt gegeben, daß die KSG. nur reines, bodensatzfreies Wachs, das Kilo mit 12 Mark bezahlt [...]."[81] In Norddeutschland war die Lüneburger Wachsbleiche ein Hauptsammellager. Fabrikanten für Mittelwände erhielten das notwendige Wachs von der Kriegsschmieröl-Gesellschaft.[82] Im Beirat der Kriegsmineralöl-Gesellschaft saßen der Vorsitzende der Vereinigung Deutscher Imkerverbände, August Frey, und der stellvertretende Vorsitzende des Zentralvereins Hannover, Eduard Knoke (1867–1953). Für seine Tätigkeit erhielt Frey eine Bezahlung; alle Abrechnungen und Vergütungen der Zahlstellen und Sammellager gingen durch seine Hände.[83]

Zwar gab es zahlreiche Verwendungsmöglichkeiten von Bienenwachs im Alltag[84], die kriegswichtige Bedeutung von Bienenwachs lässt sich aus der bienenkundlichen Literatur jedoch nicht erschließen. Nicht nur im Ersten Weltkrieg war Bienenwachs als kriegswichtiges Produkt begehrt, auch im Zweiten Weltkrieg gab es eine strenge Wachsabgabepflicht für Imker (s. Kap. 7). Aufschluss gibt ein „Geheimbericht der Chemisch-Physikalischen Versuchsanstalt der Marine vom Mai 1937. Hier heißt es: ‚Dieses im Jahre 1914 durch 5 % Wachszusatz phlegmatisierte Sprengmittel ist ein Gemisch aus 33 % Trinitrotoluol, 62 % Hexanitrodiphenylamin und 5 % Bienenwachs.' Einer englischen Veröffentlichung über die Skagerrak-Schlacht (31. Mai 1916) ist zu entnehmen, dass die verwendeten deutschen Granaten phlegmatisiertes TNT enthielten. In einer amerikanischen Veröffentlichung, die sich auf den Zweiten Weltkrieg und auf den Explosivstoff Torpex bezieht, lesen wir: ‚So … we had top priority for all the bees in the country to develop wax for us.'"[85] Bienenwachs wurde also als sogenanntes Phlegmatisierungsmittel für Explosivstoffe eingesetzt, um die mechanischen Einwirkungen (Schlag, Stoß, Erschütterung usw.) herabzusetzen.[86] Genauere Bestätigung findet sich in einem Schreiben von der Berliner Ost-Laboratorium G.m.b.H. an das Reichswirtschaftsamt Berlin vom 12. November 1918, in dem sich folgender Hinweis findet:

> „Unter […] wurde uns eröffnet, dass man uns den Einkauf von Bienenwachs nicht im freien Verkehr gestatten bzw. uns durch die zuständige Kriegsgesellschaft (K.S.G. Abt. Bienenwachs) solches nicht zuweisen lassen könne, weil es zu Zwecken der Kriegsführung (Herstellung von Zündern) benötigt werde."[87]

Das Berliner Ost-Laboratorium benötigte das Bienenwachs zur Herstellung von Bohnerwachs.[88] Die militärische Bedeutung von Wachs generell wurde auch in einem Protokoll der Sitzung der Montanwachs-Kommission vom 30. Juni 1916 deutlich, in dem die Bedeutung des Montanwachses, extrahiert aus bituminösen Braunkohlesorten, besprochen wurde:

> „Über die Verwendbarkeit des Montanwachses zur Herstellung von Sprengstoffen sind, wie Dr. Herz und Dr. Junk berichten, seitens der Militärbehörde Versuche eingeleitet, deren Ergebnis noch abgewartet werden muss."[89]

Während des Kriegs wurde der Einfuhrzoll für viele Güter aufgehoben, so auch für das dringend benötigte kriegswichtige Bienen- und Pflanzenwachs: „Die Wachsproduktion sollte darum jedem Imker wie ein Stück vaterländische Pflicht vorkommen. Die Gesamtheit macht auch dieses kleine Werk des Einzelnen zu einer Tat von vaterländischer Bedeutung."[90]

4 Biene und Bienenstaat als Metapher

Menschen und Bienen von der Antike bis zum 18. Jahrhundert

Bereits Aristoteles (384 v. Chr.–322 v. Chr.) bezeichnete die Biene und den Menschen in seiner „Historia animalium" als „zoon politikon" – Geschöpfe, die Gemeinschaften auf dem Grundsatz kollektiver Arbeit bilden. Plinius (23 oder 24 n. Chr.–79 n. Chr.) sah in den Bienen ausdrücklich ein Staatswesen („res publica") mit Ratsversammlung („consilia"). Und für Vergil (70 v. Chr.–19 v. Chr.) lebten die Bienen in einem wehrhaften Stadtstaat („oppidia, tecta urbis").[1] Seit dem Altertum wurden Bienen als leuchtende Vorbilder für den Menschen gepriesen. Sie tauchten in zahlreichen Schriften bei den römischen Landwirtschaftsautoren, bei den Kirchenvätern, in naturkundlichen Texten des Mittelalters und in der frühen Neuzeit auf. Die Verhaltensweisen der Bienen und der Menschen dienten als Parabel für die sittlich-moralische Unterweisung des Menschen: „So werde der Bienenstaat von einem weisen und gerechten Herrscher geführt, der stabilisierend nach innen und wehrhaft nach außen das Gemeinwesen schütze, was ihm die Untertanen mit gehorsam und fleißiger Arbeit für das Gemeinwesen dankten. Diesem Beispiel folgend solle auch der Menschenstaat durch einen gerechten Herrscher regiert werden und sollten die Untertanen ebenso fleißig und gehorsam gegenüber ihrem Herrscher sein."[2] Neben der Betrachtung von Bienen als staatenbildende Wesen stand die ökonomische Sicht als „zoon oikonomikon". Bienen wurden einerseits als Subjekt im Sinne der für sich selbst wirtschaftenden Selbsterhaltung des Volkes, Honig und Wachs produzierend und sich vermehrend, angesehen. Auf der anderen Seite waren sie Objekt des für den Menschen nutzbaren Wirtschaftens, sichtbar an der Fürsorge des Imkers für seine Bienen, der „durch besondere Treue auf sittlicher Ebene und durch fleißige Hingabe der Bienenprodukte auf ökonomischer Ebene belohnt wurde."[3]

Die Biene ist Gegenstand der Dichtung seit Hunderten von Jahren. Es gibt wohl kaum eine Form der Dichtung, in der die Biene nicht Eingang fand, seien es Dramen, Gedichte, Lieder, Sinn- und Segenssprüche (Miniaturen), Märchen, Legenden, Fabeln, Erzählungen, Romane oder Essays.[4] Die Symbolkraft der Biene wurde so zur „Menschheitskonstante".[5] Dies ist der Grund dafür, dass die Biene und die Bienenzucht wie kein anderes Vereinswesen, das sich mit Tieren beschäftigt, zur Projektionsfläche für unzählige Wünsche und Vorstellungen des Menschen wurde. Angesichts der immensen Literatur seit der Antike war die Symbolik der Bienen auch Gegenstand kulturgeschichtlicher Betrachtungen. So veröffentlichte beispielsweise Johann Philipp Glock (1849–1925) 1897 „Eine kulturgeschichtliche Schilderung des Bienenvolkes auf ästhetischer Grundlage" mit dem Haupttitel „Die Symbolik der

Bienen und ihrer Produkte in Sage, Dichtung, Kultus, Kunst und Bräuchen der Völker".[6] Bei den Griechen und Römern konnte er die symbolische Bedeutung der Bienen für das „verlorene Paradies des goldenen Zeitalters" nachweisen, für die „staatliche und gesellige Ordnung", für „Fleiß und Sparsamkeit", für „Wehrhaftigkeit und Tapferkeit", für „Reinheit und Jungfräulichkeit", für „Dichtkunst und Redekunst" und für die „Liebe". Außerdem waren die Bienen ein „augurisches Symbol" für Offenbarungen von Gottheiten. Auch der herausragende Zoologe und Bienenkundler Ludwig Armbruster (1886–1973) veröffentlichte beispielsweise in seinem seit 1919 herausgegebenen „Archiv für Bienenkunde" zahlreiche Untersuchungen zur Kulturgeschichte der Biene. Die antike Bienensymbolik und ihre Rezeption ist auch Thema kulturgeschichtlicher Veröffentlichungen der Gegenwart. Der Sammelband „Ille operum custos" von David Engels und Carla Nicolaye widmet sich im ersten Teil der Bienensymbolik in der Alten Welt und „untersucht die Wurzeln der antiken Bienensymbolik im Vorderen Orient vom pharaonischen Ägypten über die mesopotamischen Kulturen und das Judentum bis hin zum klassischen Islam und zeigt generelle Traditionslinien wie -brüche auf, welche gleichzeitig Paradigmen für die Verwendung des Topos in der Antike darstellen."[7] Der zweite Teil ist der Rezeptionsgeschichte der antiken Topoi gewidmet. Die Erforschung der Bienenmetapher in der antiken Naturkunde zeigt, dass sich das Wissen von der Biene seit Aristoteles nicht wesentlich weiterentwickelt hat. Der politische Verwendungszweck der Bienensymbolik korrelierte jedoch mit den jeweiligen zeitgenössischen Bedürfnissen und die Metaphern wandelten sich kontinuierlich. Bienenstaat und Menschenstaat wurden immer wieder gedanklich verknüpft und durch neue Assoziationen ergänzt. Während Aristoteles die Bienen lediglich als politische Wesen mit einem König betrachtete, reicherten die Nachfolger die Metaphern durch politische und militärische Assoziationen an.[8] „Die Autoren politischer Schriften machen den Bienenstaat dann zum sowohl gottgewollten als auch der Natur entsprechenden Vorbildstaat schlechthin und übertragen die Eigenheiten der Bienen in einem zweiten Schritt auf das erwünschte politische Verhalten der Menschen zurück."[9] Den Untertanen wurde bedingungsloser Gehorsam abverlangt, der Herrscher wurde zur Milde aufgerufen. In der Spätantike wurde die Metapher vom Bienenstaat von den Kirchenvätern erweitert und durch religiöse Topoi ergänzt, die sich beispielsweise in der Herrschaftsdesignation manifestierten: „Während Basilius [330 n.Chr.–379 n. Chr.] das Bild des von Natur aus zur Herrschaft bestimmten Bienenkönigs zur Kritik an den unterschiedlichen Verfahren der Herrschaftsdesignation bei den Menschen verwendet, wird den Bienen bei Ambrosius [337 n. Chr.–397 n. Chr.], der sich wie Basilius gegen die Erbfolge und den Losentscheid wendet, ein Prärogativrecht zugesprochen, so dass der Bienenstaat zum Symbol einer demokratisch temperierten Wahlmonarchie wird."[10] Über die Kirchenväter fanden die Bienenmetaphern Eingang in die mittelalterlichen Tierbücher, in denen bis auf die „Metapher vom Ordensstaat" lediglich antike Kenntnisse tradiert wurden.[11] Im Zusammenhang mit dem naturkundlichen Interesse an den Bienen im 13. Jahrhundert wurde der Bienenstaat mit religiösen Gemeinschaften parallelisiert.[12] In einer weiteren Untersuchung zur Bienensymbolik in den Fabeln des 18. Jahrhunderts zeigte sich „die komplexe Verzahnung von bewusster literarischer Verwendung und rein traditioneller Topoisierung der Biene als Symboltier."[13] Schließlich entwickelte die psychoanalytische Perspektive durch Anwendung des entsprechenden Instrumentariums auf die Kulturgeschichte Ansätze zur Erklärung der Faszination der Biene.[14] In vier hypothetischen Annahmen, die an dieser Stelle nur skizziert werden können, wird den „Verbindungen, welche die menschliche Assoziationskraft zwischen den empirisch gegebenen Eigenschaften der Biene und den Besonderheiten der menschlichen Psyche in all ihrer Komplexität herzustellen vermag", nachgespürt: die Biene als Projektion patriarchalischer Monarchie, als Phallusprojektion, als Projektion der Wiedergeburts- bzw. Unsterblichkeitsphantasmagorie und als Projektion von Reichtum und Fülle.[15]

Das Denkmodell vom Staat der Bienen hat Jahrhundertelang zahlreiche Projektionen des Menschen auf seine eigene staatliche Ordnung produziert und daraus politische Handlungsanleitungen abgeleitet. Dies galt für die nachgesagte Geheimhaltung ihrer Arbeit im Stock oder für die Gründung von Kolonien in Anlehnung an das beobachtete Schwärmen. Das Verhalten der Bienen gegenüber den Drohnen wurde als Empfehlung für energische Maßnahmen gegen Müßiggänger und Rechtsbrecher gedeutet. Die Figur des Imkers stand für die Fürsorge des Herrschers, während der honigraubende Bär außenpolitische Gewalttätigkeiten charakterisierte.[16] Während die positiven Verhaltensweisen und Eigenschaften der Bienen, wie Eintracht und Arbeitsteilung, immer wieder herausgestellt wurden, galt der Bienenstaat als Ganzes nicht immer als nachahmenswertes Beispiel: „[…] die Monarchie der Bienen erscheint als Tyrannis (Haxthausen) oder wird als Deckmantel der politischen Satire verwendet (Sand), die absolute Ausrichtung der Biene auf das Gemeinwohl als Verkümmerung und Zerstörung des Individuums empfunden (Schopenhauer)."[17] Zwischen politischer Metaphorik und der Entwicklung naturkundlicher Beschreibungen bestand ein enger wechselseitiger Zusammenhang. So erlaubte die Deutung der größten Biene im Stock als König die Mutmaßung der Stachellosigkeit, die als Hinweis auf die naturgewollte „clementia" (Milde) des Herrschers galt.[18]

Die Biene war häufiges Motiv im Rahmen der Emblematik, deren Blütezeit zwischen dem 16. und 18. Jahrhundert lag und in der Barockzeit ihren Höhepunkt erreichte. Das „Emblem" wurde seit dem 17. Jahrhundert auch als „Sinnbild" bezeichnet und stellte eine Ausdrucksform dar, die Text und Bild sinnhaft verband. Das Emblem ist im literarischem Zusammenhang in der Regel dreiteilig aufgebaut. Es besteht aus einem knappen textlichen Motto (lat. lemma, inscripto), das häufig aus einem Sprichwort hervorgeht, und einer Pictura (lat. icon) in Form eines schlichten Bildes. Deren wechselseitige Bezüge werden meist durch ein mehrzeiliges Epigramm (lat. subscripto) in Versen oder Prosa erläutert.[19] Bildlichkeit und Auslegung bilden eine wechselseitige Doppelfunktion, die einem ästhetischen und einem moraldidaktischen Zweck dient. Mit bestimmten Sinnsprüchen wurden allgemeine Lehren, maximeartige Botschaften, religiöse Belehrungen, teils kluge Vergleiche und „Grundmuster der Weltdeutung" vermittelt, die zugleich unterhaltsam waren.[20] Da diese Kunstform häufig unter didaktisch geschickter Mobilisierung des

Fabel-, Bild- und Sprichwortschatzes scharfsinnig entschlüsselt werden musste, war „Lebensklugheit“ des gebildeten Lesers gefordert.[21] Embleme bezogen sich häufig auf Eigenschaften und Handlungen von Tieren, auf Pflanzen und natürliche Vorgänge sowie mythologische, biblische oder historische Szenen.[22] Das erste Emblembuch („Emblematum liber“) gab der italienische Rechtsgelehrte Andrea Alciato (1492–1550) 1531 in Augsburg heraus. Es wurde ein Bestseller mit 150 Auflagen in vielen europäischen Sprachen und erregte insbesondere die Aufmerksamkeit der Humanisten.[23] Für die vielfältige Verwendung der Bienen in der Emblematik kann ein Emblem aus dem Buch „Vierhundert Wahl-Sprüche und Sinnen-Bilder“ aus dem Jahr 1671 von Joachim Camerarius d.J. (1534-1598) dienen.[24] Das Motto lautet: „Wer immer mit Gewalt verfähret/Der wird auch durch Gewalt versehret.“ Das Bild zeigt einen Bären, der – angelehnt an einen Baum als zentraler Bildbestandteil – versucht, Honigwaben im Baum zu erreichen. Aufgrund eines Ungeschicks klemmt er sich seine Tatze ein und wird von den Bienen angegriffen und gestochen. Die Naschhaftigkeit als Motiv des Bären eröffnet sich im Epigramm in Ausdeutung des Bildes in Verbindung mit dem Motto: „Wie der vernaschte Bär von Bienen wird gestochen/Wann daß er Honig raubt: So wird der auch gerochen/Der mit Gewalt und List auf Unglück ist bedacht/Er stellt ihm selbst die Fall/die ihm den Garaus macht.“ Das Epigramm vermittelt eine moralische Verfehlung in Verbindung mit einem bildhaften Vergleich, dem eine Wenn-dann-Beziehung folgt, die zu der Allgemeingültigkeit des Sinnspruchs hinleitet: „Genauso wie ein gieriger Bär gestochen wird, werden Menschen, die auf Gewalt (das könnte sein: Hinterlist, Betrug, Stürzen ins Unglück, Gemeinheiten) aus sind, Opfer ihrer eigenen Bosheit.“[25] Ein weiteres Emblembeispiel zeigt die Früchte der Eintracht (aus: „Emblemata politica in aula magna curiae Noribergensis depicta“, Nürnberg 1617, Nr. 24): „Unter dem Motto ‚Dulcis concordiae fructus‘ (‚Süße Frucht der Eintracht‘) ist als Pictura ein Bienenkorb zu sehen, der häufig als Bild eines funktionierenden Gemeinwesens verwendet wurde. Das Epigramm vergleicht die Bürger der Stadt mit den Bienen, die produktiv sind, solange sie einträchtig und friedlich zusammenleben.“[26] In der geistlichen Emblematik der Barockzeit, beispielsweise bei Daniel Cramer (1568–1637), werden die Honigbiene und das als Bienenstock abgebildete Kreuz bedeutsam: Biene oder Bienenkorb stehen als Metapher für den Sohn Gottes – eine auf das antike Christentum zurückgehende Symbolik.[27] Die Bienenkorbsymbolik erscheint als weiteres Beispiel auf dem Titelbild eines mathematischen Werks (Bettini, M.: Apiaria philosophia mathematicae, Bologna, 1624), dessen Titel sich etwa als „Philosophisch-mathematische Bienenkörbe“ übersetzen lässt. Für die wissenschaftlichen Erträge einer fleißigen und produktiven Arbeit stehen symbolisch die Honigtöpfe um einen zentralen Brunnen.[28] Nicht nur Bücher enthielten Embleme, sie spielten auch in der Raumausstattung (Wand- und Deckenmalerei), in der Stuck-Plastik, im Kunsthandwerk oder bei der Münzprägung eine Rolle. So gibt beispielsweise eine Münze aus dem 16. Jahrhundert aus Ferrara ein emblematisches Bilderrätsel für den Zeitgenossen auf: Ein Mann mit einem Helm sitzt auf einem Feldherrnstuhl. In der rechten Hand hält er einen Löwenkopf, aus dem Bienen herausfliegen. Vor ihm steht ein Baumstumpf, um den sich eine Schlange windet. Der gebildete Mensch konnte bei Ovid fündig werden, der den fleißigen Bienen Keuschheit zusprach und die Fortpflanzung wie folgt beschrieb: Man müsse einen Stier töten, ohne sein Blut zu vergießen, und ihn in einem verschlossenen Haus lagern. Wenn man nach drei Wochen die Tür öffnete, entflöge dem Kadaver ein Bienenschwarm. In der Bibel fand sich zudem die Geschichte von Samson und dem Löwen. Samson erschlug einen Löwen, in dessen Kadaver er später einen Bienenstock fand. Den süßen Honig brachte er seinen Eltern. „Aus diesen Motiven gestaltete Alfonso d'Este [Herzog von Ferrara, 1476–1534], der Auftraggeber dieser Münze, sein Emblem: Ein Krieger hält den Kopf des getöteten Löwen in der Hand, aus dessen Maul Bienen steigen. Darum steht das Motto geschrieben: DE FORTI DVLCEDO, übersetzt ‚Die Süße aus der Tapferkeit'. Deuten könnte man das etwa so: Erst kommt der Krieg, und nach dem Sieg der süße Frieden. Die Schlange, die sich um den Baumstamm windet, steht dabei für die kluge Voraussicht, die der Herrscher walten lassen muss, um zum Frieden zu gelangen."[29]

Wie an der Hausväterliteratur des 17. und 18. Jahrhunderts gezeigt wurde[30], war das Thema Bienen auch in diesem Genre besonders beliebt, wobei man unter „Hausväterliteratur [...] normative Sachliteratur [versteht] über Haus- und Landwirtschaft für adlige Haus- und Gutsbesitzer, die dem Leser pragmatisch und handlungsanleitend einen Orientierungsrahmen bezüglich seiner eigenen adligen Lebenswelt bietet."[31] Der Natur wurden drei Kardinaltugenden zugeschrieben: „Sie ist nützlich, beherrschbar und vorbildhaft, wenn auch undurchschaubar."[32] Drei Betrachtungsweisen korrelieren hiermit und können dabei voneinander unterschieden werden: Information, Belehrung und Erbauung[33]. Über die Metapher anhand der Bienen, wie beispielsweise die monarchische Bienenstaatsmetapher, wird Orientierungswissen transportiert, das Orientierung in einer undurchschaubaren Welt vermitteln soll (Erbauung). Die Klärung naturkundlicher Fragen zielt auf die Mehrung des Weltwissens ab (Belehrung), wobei zur Aufrechterhaltung der Metapher des monarchisch geführten Staats „naturkundliches Wissen über das Geschlecht der Weisel narkotisiert" wird. Ulrike Kruse stellt in ihrer Studie zur Hausväterliteratur fest: „Aber nicht nur der Bienenstaat wird soziomorph [auf soziale Strukturen zielend] übertragen, sondern es werden auch Eigenschaften der Bienen wie ihr Fleiß, ihre Klugheit und ihre Umsicht als Vorbild benutzt. Aber die Autoren der Hausväterliteratur benutzen diese Metapher nicht zur politischen Kritik, sondern beschränken sich auf das Weitererzählen kanonisierter Narrative; sie wiederholen Gemeinplätze."[34] Um Bienenwirtschaft zu betreiben, war es nicht absolut notwendig, spezielle naturkundliche Abläufe genau zu kennen. Bestimmtes Regelwissen in Form von handlungsorientierten Regeln war allerdings unerlässliche Voraussetzung für eine wirtschaftliche Bienenhaltung (Information). In der sich wandelnden kulturellen und wirtschaftlichen Bedeutung der Biene und ihrer Produkte entwickelte sich auch das Bienenrecht, das immer wieder an die äußeren Rahmenbedingungen angepasst wurde.[35]

Die Übertragung der Eigenschaften der Bienen und ihres Sozialverhaltens auf menschliche Gemeinschaften folgte einem patriarchalischen Verständnis. Der „Bienenvater" war der Inbegriff des „Hausvaters", dem die Bienen den Vorbildcharakter, wie „Haus“ und „Staat“ einzurichten seien, und das Einheitsideal von Moral und Ökonomie lieferten. Die Weisel (heute als Bienenkönigin bezeichnet) galt bis mindestens ins 17. Jahrhundert hinein in Unkenntnis über das Geschlecht der Weisel als männlich (der Weisel; die Führungsfigur des Königs als „Weiser“ oder „Wegweiser“). Weisel und Imker wurden funktional gleichgesetzt, als paternales Oberhaupt des Bienenvolkes bzw. als „Bienenvater“. Da die Weisel als starke Führungskraft gepriesen wurde und eine loyale Gemeinschaft befehligte, übernahmen viele Herrscher die Biene zum Bestandteil ihrer Insignien. Beispielsweise war das Krönungsornat von Kaiser Napoleon I. (1769–1821) mit goldenen Bienen bestickt.[36] Diese Tradition reicht noch viel weiter zurück: Bereits Childerich I. (gest. 482 n. Chr.), Vater des Frankenkönigs Chlodwig, gab man einen Königsmantel mit ins Grab, der mit dreihundert plastischen goldenen Bienen geschmückt war. Und seit dem 3. Jahrtausend v. Chr. war die Biene Hyroglyphenzeichen für den König.[37]

Bis etwa zur zweiten Hälfte des 18. Jahrhunderts wurden zur Beschreibung der Bedürfnisse der Bienen am wenigsten die biologischen Sachverhalte über Bienen herangezogen. Vielmehr bezog man sich auf das Sozialverhalten und die damit zusammenhängenden Neigungen und Eigenschaften wie Zorn, Fleiß, Reinlichkeit und Sparsamkeit, die den Bienen zugesprochen wurden. Als Tugenden orientierte man sich an den Eigenschaften des idealen Staates, wie vorausschauendes und weises Handeln, Fleiß, Eintracht nach innen und Wehrhaftigkeit nach außen.[38] Zu einer weisen und gerechten Herrschaft des Bienenkönigs gehörten auch Tugenden, wie Gerechtigkeit, Treue, Tüchtigkeit, Ordnung, Gemeinnutz und Altruismus.[39]

Nachhaltig erschüttert wurde das „politisch-moralische Exempel“ des monarchischen Herrschaftsmusters im 18. Jahrhundert durch die Bienenfabel von Bernard Mandeville (1670–1733), in der „an die Stelle des vermeintlich natürlichen Ideals einer politisch-moralischen Ordnung [...] Mandeville dann das invertierte Bild einer Gesellschaft [setzt], deren Prosperität gerade auf den Lastern aller Einzelnen beruht.“[40] Drohnen und Arbeitsbienen dienten als Projektionsflächen für den gesellschaftlichen Gegensatz von arbeitenden und nicht arbeitenden Schichten, wobei „das im Bild der Drohne präsentierte Bild der Faulheit [...] sich als Stigma an die adeligen Müßiggänger [heftet].“[41] Eva Johach führt hierzu aus: „Mitte des 19. Jahrhunderts wird die solchermaßen umgewichtete politische ‚Ratio‘ des Bienenstaates und das Scheitern der von den Drohnen ins Feld geführten Rechtfertigungsversuche zu einem in sozialrevolutionärer Absicht viel benutzten Motiv.“[42]

Seit der zweiten Hälfte des 18. Jahrhunderts trat die „metaphorische Aufladung der Biene als *zoon oikonomikon* und *zoon politikon* und damit als Subjekt des Wirtschaftens und des moralischen Zusammenlebens in einem soziomorph interpretierbaren ‚Staat‘ hinter eine stärkere Objektivierung als Produktionsmittel als auch als naturwissenschaftliches Beobachtungsobjekt zurück.“[43] Naturwissenschaftliche Erkenntnisse über den Bienenstaat sorgten für eine stärkere Objektivierung der Sachverhalte. Kenntnisse über praktische Vorgehensweisen und Regeln der Bienenhaltung waren angesichts der Eigenversorgung der Landwirte unerlässlich. Johann Dzierzon (1811–1906) äußerte sich hierzu in seinem 1861 erschienenen Werk „Rationelle Bienenzucht“: „Wer aber irgend eine Thierart mit Nutzen ziehen oder züchten will, muß eine genaue Kenntniß der Natur derselben, der Bedingungen ihres Gedeihens, ihrer verschiedenen Triebe und Neigungen besitzen."[44] Imker und Naturforscher waren von den Bienen derart fasziniert, dass das Schrifttum über Bienen nicht versiegte und neue Erfindungen in der Imkerpraxis die Entwicklung forcierte. Andererseits wurden weiterhin zahlreiche soziomorphe Übertragungen je nach politischen Einflüssen vorgenommen, wie in dieser Studie aufgezeigt wird.

Angesichts viel beachteter entomologischer Publikationen der Gegenwart zu den sozialen Insekten, etwa von Bert Hölldobler, Edward Osborn Wilson[45], Thomas Seeley oder Jürgen Tautz[46], ist die lange Tradition, die Biene als Projektionsfläche für politische Gesellschaftmodelle und Staatsformen zu verwenden, überraschenderweise ungebrochen. Der Bienenstaat als selbstregulierender Organismus wird zum Modell für eine demokratische, unhierarchische, verteilte Schwarmintelligenz. Neuere Publikationen zur „Entscheidungstheorie" beim kollektiven Verhalten der Bienen stellen Effizienz und Einmütigkeit heraus.[47] Die neue metaphorische Projektionsfläche wird evident in der Publikation „Die Bienendemokratie" („Honeybee Democracy") von Thomas Seeley, mit dem Untertitel „Was Bienen kollektiv entscheiden und was wir davon lernen können".[48] Seeley entwickelt fünf Lektionen, wie Bienen zu Entscheidungsprozessen kommen – „eine faszinierende Mischung aus Gemeinschaftsgefühl und individuellen Interessen"[49] – und leitet davon ein „demokratisches" und nachahmenswertes Vorbild auch für den Menschen ab. Andere Forscher, wie der Literaturtheoretiker Michael Hardt und der Politikwissenschaftler Antonio Negri, gehen noch weiter und finden im kollektiven Verhalten sozial lebender Tiere wie die Bienen eine „Antwort auf die Frage nach einer Alternative zu den bekannten und von ihnen scharf kritisierten Modellen politischer Entscheidung: eine partizipative, basisdemokratische und hierarchielose Alternative."[50]

Bienensymbolik seit dem Deutschen Kaiserreich

„Wollen wir [...] stets bemüht sein, uns alle Tugenden unserer Imme anzueignen, wollen wir stets streben [...] ein echter, rechter Bienenvater zu sein und zu bleiben."[51] So hieß es im „Kalender des Deutschen Bienenfreundes für das Jahr 1890". Ganz in der historischen Tradition dienten im Deutschen Kaiserreich Bienenvolk und Einzelbienen je nach Absicht der Autoren für zahlreiche anthropomorphe Vergleiche. Eigenschaften im Sinne des „Bienenvaters" standen im Vordergrund, wie Fleiß, Ordnungsliebe, Sparsamkeit und Gemeinsinn. Später wurden besonders auch Disziplin, Ordnung und Unterordnung, Gerechtigkeit, Einigkeit, Treue, gegenseitige Liebe, Mut, Weitblick, Arbeitslust, Reinlichkeit und Selbstlosigkeit betont.

Neben diesen vorbildlichen Bieneneigenschaften kamen im Deutschen Kaiserreich als weitere Tugenden die Pflichterfüllung und an das Nationalgefühl appellierend der Dienst am Ganzen hinzu: „Im Bienenstaate muß jedes der drei verschiedenen Bienenwesen seine Pflichten ungehindert erfüllen können, sonst wird es als unnütz beseitigt."[52] Vaterlandsliebe und Treue der Untertanen gegenüber dem

Herrscher wurden mit dem Verhältnis von Bienen und Bienenkönigin gleichgesetzt. Unerschütterliche Treue des Bienenvaters zu seinem Fürstenhaus wurde erwartet: „Endlich aber ist der wahre Bienenvater auch ein echter, rechter Patriot und Staatsbürger, da er mit seinen Bienen nur dann zu imkern vermag, wenn ein gut geordnetes Staatswesen im Lande herrscht. Treu seinem angestammten Fürstenhause, eilt er bei der leisesten Gefahr seines Vaterlandes diesem zu Hilfe und stellt sich zur Verteidigung des Staates unter die Fahne, wie es ihm sein Vorbild, die Biene selbst, am besten zu zeigen vermag. [...] Wollen wir vor allem auch d i e Treue, die wir im Bienenstaate in so herrlicher Weise ausgeprägt finden, die Unterthanentreue üben und pflegen: bleiben wir stets und ewig treu unserem allverehrtesten edlen, hohen Weisel, dem jugendlichen Kaiser Wilhelm II. von Deutschland."[53]

Herausgestellte Bieneneigenschaften im Kaiserreich mit Vorbildwirkung für die Imker waren zudem Opferbereitschaft, heldenhaftes Verhalten und Wehrhaftigkeit des „Volkes in Waffen": „Jeder für die Bienenkolonie unberufene Eindringling wird sofort mit Stichen empfangen und wird mit Aufopferung des eigenen Lebens so lange mit Stichen behandelt, bis er siegreich in die Flucht geschlagen ist. Es ist dies das beste, das nachahmenswerteste Beispiel für uns."[54] Mit entsprechenden Aufrufen im Zeichen der „Vaterlandspflicht" und des „Siegesmutes" sollte die Bereitschaft der Imker zu mehr Honig- und Wachsabgabe im Krieg gesteigert werden:

Aufruf und Bitte an die Imker![55]

Die Bienen sagen: Auch wir ruh'n nicht!
Wir kennen wohl uns're Vaterlandspflicht,
Süß ist unser Honig, gibt Kraft und Blut,
Und Kraft macht wieder Siegesmut.
Drum: spendet, Ihr Bienenzüchter in Bayern,
Daß bald wir frohe Siege feiern.

Für die Untertanentreue gegenüber dem Kaiser wurde der Bienenstaat immer wieder bemüht. In ausführlichen Betrachtungen wurden die monarchisch geprägten Eigenschaften des Bienenstaates als vorbildlich für den Menschenstaat entfaltet. In einem beispielhaften Aufsatz aus dem Jahre 1906 mit dem Titel „Das Leben und Treiben der Bienen als Vorbild für das menschliche Leben" in der Zeitschrift „Die Biene" stellte Lehrer Hofmann einen umfangreichen Vergleich des „Zusammenlebens der Bienen in geordneten Staaten" mit „Menschenstaaten" an, der „heute nach so mancher Richtung hin zu Gunsten des Bienenstaates aus[fällt]."[56] Dabei stellte er „Tugenden" als „Gemeingut aller Bürger des Bienenstaates" den „Idealen für den Bürger des Menschenstaates" gegenüber. Darunter zählen Opferbereitschaft, Selbstaufgabe für das „Ganze" und Führertreue. Insbesondere Pfarrer Ferdinand Gerstung nutzte den Vergleich mit den Bienen als Vorbilder, um die bekannten völkischen Vokabeln von „Blut und Leben", „Volk und Vaterland", „Heldentum" und „Heldensöhne", „Todeskampf", „Treue bis in den Tod", „Sieg" und „Volk in Waffen" in metaphorischen Bildern ihre Suggestionskraft entwickeln zu lassen. Ein Beispiel:

Februar[57]

Ein Bienenvolk erfüllt mit süßen Schätzen,
Die es mit Bienenfleiß gesammelt hat,
Ist stets das Angriffsziel gar vieler Neider,
Die Honig rauben wollen früh und spat.

Und weh dem Volke, das entbehrt des Weisels!
Es ist verloren, – tot in kurzer Frist;
Doch siegreich geht hervor aus Raub und Kämpfen
Das Volk, das stark und weiselrichtig ist.

Drum sei getrost, mein deutsches Volk in Waffen!
Ob auch der Feinde Zahl ist riesengroß:
Du hast ja einen Kaiser sondergleichen
Und stark bist du, – nur Siegen ist dein Los.

Angeregt durch das 1901 erschienene Werk von Maurice Maeterlinck (1862–1949) „La vie des abeilles" (deutsch: Das Leben der Bienen, 1901), stellte L. Müsebeck, als Autor der regelmäßig in der „Leipziger Bienen-Zeitung" erscheinenden „Monatsschau" bekannt, die „Grundgesetze des Bienenstaates" dar, „denn einmal ist es für jeden Menschen erfreulich, wenn er einmal etwas Vollkommenes betrachten kann, und zum anderen ist es auch lehrreich, wenn man die menschlichen Staatsgesetze mit solchen vergleichen kann".[58] „Das Leben und die Kraft des Einzelwesens gehört dem Staate" war eines der Grundgesetze. „Das Opfer – Das Grundgesetz der Welt" hieß ein Büchlein, das Pfarrer Ferdinand Gerstung 1910 veröffentlichte und das er – wie er rückblickend im Kriegsjahr 1915 schrieb – „ahnungsvoll" geschrieben hatte, um den Sinn der Heeresopfer des Ersten Weltkrieges plausibel zu machen.[59] Gerstung wollte mit dieser philosophisch anmutenden Abhandlung „in dem alles beherrschenden Opfergesetz den Stützpunkt nachgewiesen [...] haben, von dem aus wir nicht nur die Rätsel der Welt, sondern auch der Menschenseele aus den Angeln heben können, dazu aber auch den gemeinsamen Mittelpunkt, in dem die wissenschaftliche und religiös-sittliche Betrachtung der Welt zusammentreffen".[60] Gerstung braute aus chemischen, sozialdarwinistischen, biologischen, theologischen, philosophischen, politischen und sozialen Betrachtungen ein Konglomerat eines „Grundgesetzes", das „die uralte Selbstaufopferung der Einheit im Interesse einer zu höherer Entwicklung emporstrebenden Vielheit"[61] betrachtete: „Das Einzelne dient dem Ganzen zum Besten, in der Voraussetzung, daß das Ganze ihm zum Besten dient, ein reziproker, d.h. wechselseitiger Opferdienst."[62] Nach eigenem Bekunden hat Gerstung „erstmalig am Bien das allbeherrschende Opfergesetz als Grundgesetz der Bienenwelt erkannt und daran erst wahrgenommen, daß auf diesem Gesetz im tiefsten Grunde auch die ganze übrige Welt ruht, daß es das Gesetz ist, welches die Welt im Innersten zusammenhält."[63] So wie im Bien „der Opfertod für die Erhaltung der Art im Moment der Sicherstellung der Zukunft des Volkes"[64] von Gerstung verherrlichend dargestellt wird, so fanatisch begleitete er die ersten Jahre des Weltkriegs ebenfalls im Zeichen des Biens.

„Einem jeden Deutschen geht das Herz auf bei dem Anblick der herrlichen Heldentaten, die unsere tapferen Heere gegen eine Welt voll gehässiger hinterlistiger Feinde in dem gewaltigen Kriegsringen um Sein oder Nichtsein schon vollbracht haben und will's Gott, noch vollbringen werden, damit ein ehrenvoller Friede für lange Dauer zum besten unseres Volkes geschlossen werden kann."[65] So schrieb Pfarrer Ferdinand Gerstung als glühender Nationalist im Zeichen des Militarismus im Kriegsjahr 1915 in seiner von ihm herausgegebenen Zeitschrift „Die Deutsche Bienenzucht in Theorie und Praxis" und stellte einen umfangreichen „Vergleich [unseres deutschen Volkes] mit dem Bien" her. Und nicht zuletzt diente der verlorene Erste Weltkrieg und die „Entthronung" des Deutschen Kaisers wiederum dem metaphorischen Vergleich, der den Appell an die Opferbereitschaft der Organisation der Imker enthielt. Das blutige Kriegsschicksal und die mit Wehmut erlebte „Entthronung" des Deutschen Kaisers Wilhelm II. wurde mit der Bienenräuberei am Bienenvolk verglichen. So wurden analogisiert: die Bienenkönigin mit dem Deutschen Kaiser, die Bienenräuber mit den Weltkriegsfeinden sowie die Drohnen und „Arbeiter" mit den inneren widerstreitenden Kräften der deutschen Gesellschaft.[66]

Noch vor Kriegsausbruch im Jahre 1912 erschien von Waldemar Bonsels (1880–1952) ein Kinderbuch mit dem Titel „Die Biene Maja und ihre Abenteuer", das während des Ersten Weltkrieges zum Bestseller wurde und in einer Feldausgabe von den Soldaten an der Front gelesen wurde.[67] In dem Buch kommt die Erzählung „Die Schlacht der Bienen und Hornissen" vor, eine kriegerische Auseinandersetzung mit durchgehend anthropomorphen Vergleichen. Die Bienenkönigin trägt Züge des Deutschen Kaisers Wilhelm II., der mit drastischen Reden die deutschen Truppen zu rücksichtslosem Vorgehen aufgefordert hatte, insbesondere in seiner „Hunnenrede" anlässlich der Ausschiffung des Expeditionskorps am 27. Juli 1900 für eine Intervention nach China. Es wurde in über 40 Sprachen übersetzt. In den 1920er Jahren war Bonsels einer der meistgelesenen Autoren. In der Weimarer Republik und im Nationalsozialismus fand die Geschichte Aufnahme in die Lesebücher. 1976 erlebte seine Biene Maja als Zeichentrickfilmfigur im Fernsehen eine Art mediale Wiedergeburt. Die Biene Maja vermischt Naturbeschreibungen und Märchenartiges, wobei richtige und falsche Naturbeobachtungen miteinander verwoben sind. Waldemar Bonsels verherrlicht mit seinem Buch „Die Biene Maja und ihre Abenteuer" den Bienenstaat. Ganz unter dem Einfluss der wilhelminischen Zeit schlägt er monarchistische, imperialistische, nationale und militaristische Töne an, die sozialdarwinistisch und rassistisch unterlegt sind. Bonsels war als Antisemit bekannt, eine Einstellung, die in verschiedenen Publikationen deutlich wurde; daher war er in diesem Punkt dem Nationalsozialismus nahe. Unter dem NS-Regime erfuhr die schriftstellerische Tätigkeit Bonsels keine Einschränkung. Er erhielt kein Schreibverbot, sondern wurde in die Reichsschrifttumskammer aufgenommen.[68] 1945 wurde Bonsels in den amerikanischen und britischen Besatzungszonen mit einem Publikationsverbot belegt.

In den Bienenzeitschriften nach dem verlorenen Ersten Weltkrieg wurde die „unaussprechliche Erniedrigung" vielfach thematisiert und der Revanchegedanke befeuert: „Ist der Glaube an die deutsche Zukunft nicht deutscher Glaube? Verlo-

Abb. 15: „Du bist nichts. Dein Volk ist alles!"

ren ist nur, wer sich selbst aufgibt. Das Schicksal der Deutschen aber ist noch nicht erfüllt. Das deutsche Volk wird wieder gefunden und seinen Weg finden, den Weg nach seinem großen Ziele."[69] An der demokratischen Gesinnung konnte man an manchen Stellen zweifeln: „Das ärgste Hindernis ist unser sogar in diesen Zeiten unentwegtes Parteienwesen. [...] Zur Politik der deutschen Gegenwart: [...] daß wir Deutschen nicht ein seiner Einheitlichkeit bewußtes Volk sind, sondern ein Knäuel von Parteiströmungen. Was deutsche Größe ist, die blitzende Sachlichkeit, liegt darüber wie sonnenbeschienene Bergeshöh, über einem Kessel brauender Nebel."[70] Und Zaiß dachte 1924 weiter darüber nach „wozu nur ein Volk im Elend noch Parteien braucht?"[71] Ganz von völkisch-nationalistischem Gedankengut durchzogen ist auch die „Bienenpredigt"[72] aus dem Jahre 1931 von Pfarrer August Ludwig, in der bienenmetaphorisch an die „herrlich große Zeit" zu Kriegsbeginn erinnert sowie Wehrhaftigkeit und Opferbereitschaft gerühmt wurden. In ihr blitzte unter anderem schon die Formulierung „Der einzelne ist nichts. Das Volk und seine Zukunft ist alles" auf – Chiffre der Entindividualisierung.

Die neuen Verhältnisse in der Weimarer Republik veranlassten Ferdinand Gerstung 1919 zu seiner metaphorischen Schrift „Der Sozialismus im Bienenstaat"[73] mit anthropomorphen Vergleichen und verabsolutierenden Interpretationen des Biens. Diese Schrift inspirierte Julius Herter (1866–1935)[74] wiederum kurz nach der Machtergreifung zu dem Aufsatz „Der Nationale Sozialismus im Bienenstaat".[75] Das Hitler zugesprochene „Führerwort" „Du bist nichts. Dein Volk ist alles!" wurde zur zentralen Losung der NS-Propaganda, in den Imkerzeitschriften dankbar aufgenommen und auch mit einer Bienenabbildung metaphorisch unterlegt (Abb. 15).

In zahlreichen Analogisierungen von Menschen- und Bienenstaat wurden Antiindividualismus[76], Kollektivismus[77] und Nationalgefühl[78] im Nationalsozialismus angesprochen. Kenntnisse über den Aufbau des Bienenstaates[79] waren nützlich, um auf die Haltung des deutschen Menschen und im Speziellen des Imkers einzuwirken. So wurde das Bienenvolk mit der „Volksgemeinschaft"[80] gleichgesetzt und es diente auch dazu, die „Schicksals- und Opfergemeinschaft“[81] zu begründen. Schließlich wurde auch die „Leistungsgemeinschaft“[82], d.h. die Leistungssteigerung der Imker als „Soldaten des Führeres“ und als „große völkische Aufgabe“[83], bienenmetaphorisch damit begründet, dass die einzelne Biene durch pflegerische Maßnahmen ebenfalls ihre Leistung steigern könne. Die Militarisierung der Gesellschaft und die aufopferungsvolle Verteidigungsbereitschaft[84] des Volkes im Nationalsozialismus lässt sich an einigen Biene-Mensch-Vergleichen verdeutlichen und steht somit in der Kontinuität seit dem Deutschen Kaiserreich. So geriet die „Wehrhaftigkeit“[85] der Bienen auch zum Vorbild für den deutschen Staat. Die Bienenkönigin, die früher als Stabilitätsargument für die Monarchie herhalten musste, wurde nun Exponentin zur Begründung des Führer- und Gefolgschaftsprinzips[86] im Nationalsozialismus. Sogar die Lebensraumideologie[87] wurde in einem metaphorischen Vergleich „Volk ohne Raum“ thematisiert (s. Kap. 6).[88] Das Kapitel 8 soll Klarheit darüber bringen, welche Zusammenhänge es zwischen der verwendeten Bienensymbolik in den einzelnen Epochen und deutsch-völkischen und nationalistischen Einflüssen auf die Imkerschaft gibt.

5 Not und Imker-Einigkeit in der Weimarer Republik

„Welche Forderungen und Pflichten für die deutsche Bienenzucht ergeben sich aus dem Neuaufbau der deutschen Wirtschaft?" hieß der Titel einer 1921 in der „Leipziger Bienen-Zeitung" veröffentlichten „Preisarbeit für die Vereinigung der deutschen Imkerverbände". Was Lehrer Rößler schrieb, spiegelt die verbreitete Gemütsfassung in der damaligen Zeit wider, in der sich der Wunsch nach „alter stolzer Höhe" und damit verbundene Revanchegelüste abzeichneten:

> „Deutschland liegt ‚zerschmettert' am Boden! Der in hundert Schlachten geschlagene Feindesverband triumphiert ob der Erreichung seines Ziels: Deutschlands Wirtschaftsmacht zu brechen. [...] Viel Wenig machen ein Ziel. So nur werden wir langsam das Hohnlächeln der Sieger in ein Furchtgrinsen verwandeln können und langsam aber sicher zu alter stolzer Höhe gelangen (können). Dazu auch herbei, du deutscher Imker!" [...] Wir sind ein Volksstaat, wo jeder einzelne Volksgenosse für die Gesamtheit und diese für ihn wirken soll."[1]

Unter dem Eindruck des verlorenen Ersten Weltkrieges waren die 1920er Jahre geprägt von Diskussionen und parlamentarischen Debatten um die handels- und wirtschaftspolitischen Strategien im vom Krieg geschädigten Deutschland. Innenpolitisch erschwerend kam eine von der Obersten Heeresleitung in die Welt gesetzte Verschwörungstheorie hinzu, nach der die Verantwortung für die militärische Niederlage des Deutschen Reiches im Ersten Weltkrieg vor allem der Wühlarbeit der Sozialdemokraten und anderer demokratischer Politiker zugeschrieben wurde. Nach dieser „Dolchstoßlegende" („Dolchstoßlüge") hätte das deutsche Heer, das „im Felde unbesiegt" geblieben sei, durch „vaterlandslose" Zivilisten aus der Heimat einen „Dolchstoß von hinten" erhalten. Deutschnationale, völkische und rechtsextreme Gruppen und Parteien schlachteten diese geschichtsfälschende Legende für sich aus, die von militärischen und nationalkonservativen Kreisen des Kaiserreichs als Rechtfertigungsideologie vertreten wurden. Die damit verbundenen Gedanken förderten schließlich auch den Aufstieg der Nationalsozialisten. Exponierte Vertreter der Obersten Heeresleitung, welche die deutsche Kriegspolitik weitgehend bestimmten, waren Generalfeldmarschall Paul von Hindenburg (1847–1934) und sein Generalquartiermeister Erich Ludendorff (1865–1937).[2] Welches Ansehen Hindenburg trotz verlorenem Ersten Weltkrieg genoss, der etwa 17 Millionen Menschen das Leben gekostet hat, lässt sich an der Überreichung eines Weihnachtsgeschenks an Hindenburg Ende 1919 durch die Direktion des „Bienenwirtschaftlichen Centralvereins für die Provinz Hannover" ablesen.[3]

Die ersten Krisenjahre

Der Versailler Vertrag hatte festgeschrieben, dass Deutschland umfangreiche Reparationen zu leisten hatte. Der Erste Weltkrieg hatte nicht nur Millionen Menschenleben gefordert, sondern auch mit seinen langwierigen und kostspieligen Materialschlachten enorme finanzielle Ressourcen verschlungen, die Deutschland nicht hatte. Die deutsche Reichsleitung setzte darauf, dass der besiegte Gegner die Zeche bezahlen sollte – und am Ende des Krieges war es umgekehrt. Großbritannien und Frankreich waren kriegsbedingt bei den USA hoch verschuldet und waren daran interessiert, diese Schulden durch Deutschland zu begleichen. Die Frage, ob die am Boden liegende deutsche Wirtschaft zu diesen enormen Reparationszahlungen in der Lage sein könnte, spielte zunächst keine Rolle, zudem gab es keine Erfahrungen mit den wirtschaftlichen Folgen enormer Transferzahlungen. Hinzu kam, dass sich die Siegerländer mit Zöllen und Exportverboten schützen wollten.[4] Die deutsche Währung war während des Krieges zerrüttet worden, da die Reichsleitung den Krieg nicht mit Steuern, sondern mit Anleihen finanziert hatte. Die Schulden des Reiches wuchsen im Zeitraum von 1913 bis 1919 von fünf auf 144 Milliarden an. Die Nachkriegsregierungen setzten ihre Politik der Verschuldung und Geldentwertung nach dem Waffenstillstand noch fort, „denn dadurch konnten Löhne, Gehälter und Sozialleistungen, von der Kriegsopferversorgung bis zur Erwerbslosenunterstützung, leichter finanziert werden. So konnte man soziale Unruhen vermeiden und den revolutionären Tendenzen in der Arbeiterschaft entgegenwirken. Auch sanken durch die Geldentwertung die Preise für deutsche Exportwaren, so dass Deutschland mit dem ‚Schmiermittel der Inflation' zwischen 1919 und 1922 keine Wirtschaftskrise, wie die meisten anderen europäischen Länder, sondern Wachstum und Vollbeschäftigung erlebte."[5] Die Reparationszahlungen Deutschlands waren ein weiterer Grund, die Inflationspolitik aufrechtzuerhalten. Im April 1922 wurde von den Alliierten 132 Milliarden Goldmark gefordert, die in einem Zeitraum von etwa vierzig Jahren zu zahlen waren.[6] „Die deutschen Reaktionen auf diese Forderungen waren erneut an Heftigkeit nicht zu übertreffen; lautstark forderte vor allem die Rechte ihre Ablehnung. Das aber hätte die Besetzung des Ruhrgebiets durch Frankreich und womöglich die Abtrennung der westlichen Rheinlande zur Folge gehabt [...]."[7] Die Parteien der „Weimarer Koalition" fügten sich in die „ultimativen Forderungen" und hofften darauf, die Alliierten von der Undurchführbarkeit des Zahlungsplans überzeugen zu können. Die „Erfüllungspolitik" von Reichskanzler Josef Wirth (Zentrum) und Außenminister Walther Rathenau (Deutsche Demokratische Partei, DDP) bot der radikalen Rechte erneut eine Angriffsfläche für wütende Proteste, die in eine Reihe politischer Morde mündete. So wurden im September 1921 der Zentrum-Politiker Matthias Erzberger und im Juni 1922 Walther Rathenau ermordet. Politische Gegner wurden zunehmend von Angehörigen der deutschvölkischen Szene mit Mord und Terror bedroht („Fememorde"). Das in der Folge verabschiedete Republikschutzgesetz entfaltete allerdings nicht seine volle Wirkung, da es gegenüber der Rechten relativ milde angewandt wurde.[8] Die Inflation vollzog sich schubweise. Gegenüber 1913 waren die Lebenshaltungskosten bis

Februar 1920 um den Faktor 8 gestiegen, bis Januar 1922 um den Faktor 20. Diese Hyperinflation erreichte im Januar 1923 1 120, im Juli 376 512, im September 15 Millionen, im Dezember 1,2 Milliarden. Ganze Sparvermögen wurden dahingerafft, während Sachwertbesitzer glimpflicher davonkamen. „In wirtschaftlicher Hinsicht waren die Auswirkungen der Inflation daher ambivalent – ohne Geldentwertung wären Nachkriegsaufschwung und Demobilisierung nicht möglich gwesen; und schließlich war der Staat nach 1923 fast schuldenfrei, was großzügige sozialpolitische Programme zumindest für einige Zeit erst ermöglichte. Andererseits waren große Teile gerade des staatstragenden Bildungsbürgertums nahezu expropriiert worden […].“[9] Die Inflation und die damit verbundenen Spekulationen wurden währungstechnisch am 15. November 1923 durch die Ablösung der Papiermark mit Einführung der Rentenmark (wertgleich mit der ab Oktober 1924 eingeführten Reichsmark) beendet. Der galoppierende Preisverfall stellt sich am Beispiel des Bezugspreises der „Leipziger Bienen-Zeitung“ – in Relation zur Entwicklung des Honigpreises – wie folgt dar: Januar 1922 (10 M. Jahrespreis), Februar 1922 (12 M. Jahrespreis), April 1922 (15 M. Jahrespreis), Juni 1922 (25 M. Jahrespreis), Dezember 1922 (60 M. Vierteljahrespreis), Februar/März 1923 (360 M. Vierteljahrespreis), April 1923 (500 M. Vierteljahrespreis), Juni 1923 (750 M. Vierteljahrespreis), Juli 1923 (1 500 M. Vierteljahrespreis), September 1923 (50 000 M. Preis für September-Heft), Oktober/November 1923 (4 Mill. 500 000 M. Preis für Oktober-Heft), Dezember 1923 (10 Goldpfg. Preis für Dezember-Heft).

Neben der Inflationserfahrung waren die „psychischen und politischen Dispositionen des Publikums“ von einer „nicht abreißenden Kette einschneidender und niederschmetternder Erfahrungen in dem Jahrzehnt zwischen 1914 und 1924“ berührt, die als „Demütigungen“ empfunden wurden und mit folgenden Stichworten lediglich umrissen sind: Kriegsniederlage, Revolution, Umsturzversuche, Aufstände, politische Morde, Putsche, Friedensdiktat, Gebietsabtretungen und Reparationszahlungen. „Durch den Krieg, Niederlage, Revolution und Inflation waren aber nicht nur die politischen und gesellschaftlichen Ordnungen zerstört worden, sondern auch die festen Orientierungspunkte des privaten Lebens, in dem die bisher festgefügten Normen und Werte ihrer Bedeutung beraubt wurden: ein ‚Hexensabbat der Entwertung‘.“[10] Die wirtschaftlichen und politischen Zusammenhänge von Geldentwertung und Teuerung wurden vielfach nicht verstanden und „[e]s lag daher nahe, sich das Unerklärliche durch das Wirken von Netzwerken und Geheimbünden, durch Verschwörung und Absprachen erklären zu wollen. Dabei lag der Bezug zum Antisemitismus nicht fern […]. So wurde die Inflationszeit zu einer Art Inkubationsphase des neuen Antisemitismus, in der sich zur Gewissheit zu verdichten schien, was bis dahin doch eher als Gerücht und Nachrede galt.“[11] „‚Der Haß weitester Kreise richtet sich in gesteigertem Maße gegen die Juden‘, hieß es in einem Reichswehrbericht aus Bayern schon im Frühjahr 1920, ‚die den größten Teil des Handels an sich reißen und sich nach Anschauung aller am meisten auf Kosten ihrer Mitmenschen in der gewissenlosesten Weise bereichern‘.“[12] Der Antisemitismus war „Erklärungselement und Ventil für die Rechte“, die Geldentwertung und Inflationserfahrung schürten allerdings das „Misstrauen und Ressentiment gegenüber Liberalismus und Kapitalisimus insgesamt“ und war in der Linken und in der Mitte verbreitet.[13]

Das Jahr 1923 war nicht nur geprägt von der katastrophalen Inflationskrise, französische und belgische Truppen besetzten zudem im Januar das Ruhrgebiet, vordergründig wegen fehlender Reparationszahlungen und mit der Folge, dass die Reichsregierung den „passiven Widerstand“ ausrief. Diese Geschehnisse gaben der nationalistischen Grundstimmung in Deutschland weiter Auftrieb, so dass die radikale Opposition der Linken und Rechten den Sturz der Republik versuchten – so beispielsweise der missglückte Putschversuch der Nationalsozialisten (NSDAP) unter Adolf Hitler in München, – mit 55 000 Mitgliedern die stärkste der völkischen Gruppierungen in Bayern. Wider Erwarten ging Deutschland aus der Krise des Jahres 1923 gestärkt hervor, so dass Mitte der 1920er Jahre eine Erholung der Wirtschaft einsetzte – auch mit Hilfe des amerikanischen Dawes-Planes, der eine Art Marshall-Plan der Weimarer Zeit war und die deutschen Reparationszahlungen von der wirtschaftlichen Leistungsfähigkeit des Reiches abhängig machte. Deutschland wurde wieder zahlungsfähig. Die berühmten Goldenen Zwanziger setzten ein und schlagartig waren Glamour und Unterhaltung angesagt: „Im Bewusstsein der Krise kam in weiten Kreisen ein hedonistisches, körperbetontes Lebensgefühl auf – Tanz auf dem Vulkan. Es äußerte sich in den stakkatoartigen Bewegungen des Charleston, im Exhibitionismus des Tingeltangels, im Spott der Cabaret-Nummern, im Styling der ‚Neuen Frau‘, kurz: im sprichwörtlichen Tempo der Großstadt.“[14] „Gleichwohl hatte sich das Lager der radikalen Nationalisten seit 1919 stetig erweitert und durch die Krisen von 1923 noch gefestigt.“[15] Bei den Reichstagswahlen am 4. Mai 1924 hatten die bürgerlichen Parteien schwere Verluste hinnehmen müssen.

„Sparen“ ist angesagt – Bienenzucht nach dem Kriegsende

Am Ende des Ersten Weltkrieges war die Enttäuschung riesengroß. Viele Illusionen und Hoffnungen sind wie Seifenblasen zerplatzt. Die Imker mussten sich weiterhin auf eine Mangelsituation einstellen. Für jedes Standvolk wurden 7,5 Kilogramm Zucker bewilligt, Wachs war weiter bewirtschaftet. Die Honigablieferungen wurden erst 1920 aufgehoben. In seiner „Neujahrsbetrachtung“ zu Beginn des Jahres 1919 hatte sich August Frey, der Vorsitzende der „Vereinigung der Deutschen Imkerverbände“, von Posen aus in düsterer Stimmung an die Imker gewandt. Der Aufruf wurde offensichtlich kurz vor dem Posener (Großpolnischen) Aufstand (27. Dezember 1918 bis 16. Februar 1919) geschrieben, der die Eingliederung der mehrheitlich polnischsprachigen Provinz Posen in den nach dem Ersten Weltkrieg wiedererstarkenden polnischen Staat zum Ziel hatte und später auch zum Erfolg führte. Angesichts der großen Not forderte Frey verstärkte Arbeit, Opferwilligkeit und Dämpfung der Erwartungen an den Staat – nur durch Arbeit könne „ein Geschlecht [erzogen werden], das wiedergutmachen kann, was verloren ist“:

„Die Ostmark scheint dem deutschen Reiche verloren! Uns Deutsche in der Ostmark läßt das Reich im Stiche. Arme, tiefgesunkene Germania! Deine tapfersten Söhne hast du auf dem Schlachtfelde geopfert – umsonst! Den Sohn aber, der das Vaterland während der schweren Zeit zu Hause mit Lebensmitteln versorgt hat, der die Kornkammer des deutschen Reiches verwaltet, den sendest du heimatlos in die Fremde. Zur Rabenmutter bist du geworden, die ihr eigenes Kind opfert. [...] Und doch dürfen und wollen wir nicht verzagen! Wenn mir in den letzten Wochen das Herz schwer ward, schwer zum Brechen, in der Arbeit fand ich Erlösung. Ja, arbeiten, doppelt arbeiten heißt es jetzt mehr denn je! Nur durch Arbeit schaffen wir Werte, die die ungeheuren Verluste ersetzen, nur durch ernste Arbeit erziehen wir ein Geschlecht, das wieder gutmachen kann, was verloren ist. Auch unsere deutsche Bienenzucht muß wieder neu erstehen. Auch sie muß mithelfen, Werte für das neue Reich zu schaffen. [...] Wir werden in dieser Arbeit künftighin mehr als seither auf uns allein angewiesen sein. Dem Staate wird es, selbst bei bestem Willen, kaum möglich sein, uns zu unterstützen. Wir müssen aufhören, von staatlicher Fürsorge das Heil der Bienenzucht zu erwarten, und müssen selbst die Arbeitsförderung der Bienenzucht willensstark in die Hand nehmen. Dazu gehört Rührigkeit in den Vereinen und Verbänden, zielbewußtes Hinarbeiten auf einen nutzbringenden Betrieb, Verbesserung der Bienenweide, gemeinschaftliches Wandern an Weideplätze, Errichtung von Honigsammel- und Verkaufsstellen und nicht zuletzt Zusammenschluß aller Verbände zu einer großen Versicherungsanstalt gegen alle drohenden Schäden. Alles dies aber ist nur möglich, wenn eine größere Opferwilligkeit uns die erforderlichen Geldmittel an die Hand gibt. Nur so kann uns das Werk gelingen, unsere Bienenzucht zu heben, ihre Erträge zu mehren und gegen unlauteren Wettbewerb uns erfolgreich zu wehren."[16]

Um die gleiche Zeit, genau am 28. Dezember 1918, hielt August Frey in Breslau anlässlich der 50-jährigen Jubelfeier der schlesischen Bienenzüchter einen Vortrag mit dem Titel „Die Bienenzucht im neuen Deutschen Reiche", den er unter Bedienung bekannter Chiffren wie Feindbilder, Waffenbedrohung, Heldenmut, Seelengröße des deutschen Volkes und Läuterung durch Arbeit folgendermaßen einführte:

„Der Krieg ist zu Ende! Es ist so ganz anders gekommen, als wir uns gedacht, schlimmer als die dunkelsten Schwarzseher es prophezeiten. Der Welt in Waffen konnte unser heldenmütiges Heer nicht länger widerstehen, geschweige denn sie niederringen. Wir sind besiegt, aber wir haben den Krieg nicht verloren. Die Rachsucht der Feinde macht das alte Wort: Vae victis! – Wehe den Besiegten – aufs neue wahr. Und wo ein Aas ist, da sammeln sich die Geier! Mit gieriger Hand strecken alte Feinde ihre Hand aus nach deutschem Boden. Und schlimmer noch als dies ist der innere Niedergang. Statt Ernst Frivolität, statt Arbeit Plünderung, statt Freiheit zügellose Willkür, statt Gottvertrauen Hohn und Spott mit allen Heiligen und Hehren, was Menschenbrust erhebt.

Und doch wollen und dürfen wir nicht verzagen! Erst in der Not zeigt sich wahre Seelengröße, erst im Unglück offenbart sich der innere Wert eines Volkes. Noch geben wir die Hoffnung nicht auf, daß wieder bessere Zeiten kommen werden, daß alles Unglück sich zum Guten wenden wird, daß unser Volk, geläutert durch die Not der Zeit, sich hindurchringt zu neuem Leben.

Was allein kann uns helfen? [...] Es ist die Arbeit! [...] Die alten Werte sind verlorengegangen, neue müssen erst geschaffen werden. Hierzu mitzuhelfen ist die heiligste

> Pflicht eines jeden Mannes und jeder Frau, ist die einzige große Aufgabe unseres Volkes!
> Auch wir Imker werden und wollen uns dieser Pflicht nicht entziehen. Auch wir schaffen Werte, die ohne uns unserem Volke verlorengehen, mit uns aber eine erhebliche Steigerung erfahren können, ja erfahren müssen. [...] Vorwärts zu neuer Arbeit!"[17]

Frey führte weiter aus, dass die Bienenvölker aufgrund des Krieges stark dezimiert wurden, die „russische Barbarei und das rauhe Kriegshandwerk dem Osten Schäden zugefügt haben" und viele Kriegsgeschädigte der Bienenzucht zugeführt wurden. Mit Blick auf die früheren Bienenrassenimporte forderte er „Kauft Bienen nur in deutschen Landen" sowie die „Vermehrung der Volkskraft". Außerdem betonte er mehr Selbsthilfe, Verstärkung der Wanderung und Ausbildung. Die vehement angemahnte „Volkstümlichkeit der Bienenzucht" im Sinne von einfachen und billigen Kriterien sah er eher rückwärtsgewandt in der „Vereinigung von Mobil- und Stabilbetrieb". Weiterhin sprach er die bekannten Themen wie Honigzoll, Honig- und Wachspreise, Kunsthonig, Versicherungswesen und ehrenamtliche Tätigkeit in Imkervereinen an.

„Die Selbsthilfe der Imker hat nicht immer ausgereicht" schrieb Ludwig Armbruster 1919 in der „Leipziger Bienen-Zeitung" und konstatierte, dass „der Imkersmann ein braver Staatsbürger sei" und für die Imkervereine und -verbände „der Terror [...] nie deren Kampfmittel [wurde]". Er berichtete über eine erste offizielle Initiative nach dem Ersten Weltkrieg: Am 17. und 18. März 1919 fand im preußischen Ministerium für Landwirtschaft eine „Beratung von Bienenzuchtfragen" statt, die einen „Ausschuß für Bienenkunde" ins Leben rief und die Aufgabe hatte, „Staatshilfe und Imkerselbsthilfe zusammenzuführen".[18] Der Ausschuss sollte sich zwar dem Ausbau der Bienenkunde zuwenden, aber sich in erster Linie der Wissenschaft widmen. Daher fanden sich in der Kommission Vertreter der Zoologie, Bakteriologie und Chemie sowie Praktiker, Vertreter der Presse, der Bienenzuchtindustrie und der Bienenstatistik: „Von den in großer Zahl namhaft gewordenen Bienenrätseln warf man sich in erster Linie auf wenige ganz wichtige, wie Züchtungs- und Vererbungsfragen, Fragen der Fütterung bzw. Ernährung der Bienen und Grundsätze naturgemäßer Bienenwohnungen und Bienenbehandlung."[19] Als weitere Themen anlässlich der Berliner Sitzung kamen imkerpraktische Fragen, die damals aktuelle Höchstpreis- und Beschlagnahmeverordnung von Honig, die Imkerschulung und die „Verbesserung der wirtschaftlichen Grundlagen der Bienenhaltung" (Wandern und Bienenweide) sowie Zollschutz und die „Kunsthonig"-Problematik zur Sprache.[20] Unter den insgesamt 31 Teilnehmern waren bekanntere Namen vertreten wie Ludwig Armbruster, Max Hartmann (Professor am Kaiser-Wilhelm-Institut für Biologie Berlin), Detlef Breiholz (Rektor, Neumünster), Eduard Knoke[21] (1867–1953, Lehrer, Hannover), Ferdinand Gerstung (Pfarrer, Oßmannstedt), Johannes Kock (1860–1936, Pastor, Groß Quern). August Frey konnte wahrscheinlich wegen der politischen Verhältnisse nicht nach Berlin gelangen und zog im Juli 1919 nach Hannover.[22] Auch Armbruster hatte sich über „Die deutsche Bienenzucht nach dem Kriege" bereits Gedanken gemacht und stellte im Frühjahr 1919 lapidar fest:

„Der Krieg ist verloren. Wir ermessen immer noch nicht, was das bedeutet. Auch für die Bienenzucht bedeutet es nichts Gutes. Da hilft aber nicht Klagen, auch nicht Feiern und Streiken, sondern ‚umso mehr Anfassen und Arbeiten!'."[23]

Dabei machte er sich Gedanken über den zukünftigen Honigpreis, die ausländische Konkurrenz, die Steigerung der landeseigenen Honigerzeugung und der Bienenzucht überhaupt sowie über die Möglichkeiten einer sparsamen Wirtschaftsweise. Überhaupt war „Sparen" angesagt: Unter gleichnamigem Titel veröffentlichte Armbruster wenig später seine Idee vom „Sparstock", eine neue einfache und leichte Bienenwohnung „für den Bienenvater von heute". Der „Sparstock" war eine Langstroth-Beute (Breitwaben im „Magazin"-Oberlader mit „Kaltbau", d.h. mit zum Flugloch ausgerichteten Waben).[24] Die Probleme der Nachkriegszeit regten die Phantasie der Imker zu weiteren einfachen „neuzeitlichen Bienenwohnungen" an: So wurde der „Zukunftstock"[25] angeboten. In der „Leipziger Bienen-Zeitung" hieß es: „[Das Jahr 1919] hat äußerst befruchtend auf die Erfindungskraft vieler Imker eingewirkt. Ein neues Kastensystem nach dem andern tauchte auf, vom AA- und BB-Stock bis zum FTAK-Stock, vom Hexen- und Schieberstock bis zum Honigquell."[26] Das Thema „Volksbienenzucht"[27] blitzte in den Bienenzeitungen wieder auf: „Zurück zur Natur" und die Propagierung einer rückwärtsgewandten einfachen „Strohwalze" wurden wiederum als „Volksbienenstock" angepriesen[28] (s. Kap. 2).

1925 – Die Einigung zum Deutschen Imkerbund

Die Vertreterversammlung der Vereinigung Deutscher Imkerverbände konnte zu ihrer zweiten Tagung erst nach dem Ersten Weltkrieg zusammenkommen: Am 19. und 20. Mai 1920 fand die Tagung in Halle an der Saale statt. August Frey, der einen direktiven Führungsstil pflegte und als Präsident der V.D.I. in der Reichswirtschaftsstelle als Berater in Imkerfragen tätig war sowie die Zuckerbelieferung der Imker und die Honig- und Wachsablieferungen überwachte, wurde wegen seines Geschäftsgebarens während des Krieges heftig kritisiert, weil nicht klar war, ob er als Präsident des V.D.I. oder als Privatmann agierte. Frey rechtfertigte sich unter anderem damit, dass er in der Reichswirtschaftsstelle als Privatmann aktiv gewesen sei. Letztlich erreichte er und der gesamte Vorstand die Wiederwahl. Streit gab es auch zwischen Frey und Gerstung, der einen Artikel zur zukünftigen Wirtschaftspolitik veröffentlichte und von Frey öffentlich wegen „Überschreitung seiner Befugnisse" angegriffen wurde. Als Reaktion legte Gerstung den Vorsitz eines Ausschusses nieder, der sich mit der Bildung von Fachausschüssen im V.D.I. beschäftigen sollte. Und schließlich gab es heftige Kritik an Freys eigenmächtiger Vorgehensweise in Verbindung mit den Verhandlungen in Paris zu den Reparationszahlungen, d.h. der Ablieferung von Bienenvölkern an die ehemaligen Feinde (s. unten).

Dieser Konflikt schwelte auch noch weiter auf der folgenden Schweriner Tagung vom 21. bis 24. Juli 1921, die insbesondere von Büttner und Küttner gut vorbereitet war. So wurden Vorstöße bei der Reichsregierung vorgenommen und Vorlagen erarbeitet hinsichtlich eines Bienenseuchengesetzes, eines Honigschutzgesetzes, des Deklarationszwangs für Auslandshonig, der Verbilligung der Frachtsätze für Bienentransporte und der Zuckerbelieferung. Auf der Schweriner Tagung wurde zudem ein Fachausschuss für Seuchen und Seuchenbekämpfung gebildet, der die mittlerweile gewachsenen Forschungserkenntnisse über Bienenkrankheiten gewinnbringend weiterverarbeiten und vereinheitlichen sollte. Bienenkrankheiten, wie die Bösartige Faulbrut und Nosematose, machten den Imkern zu schaffen, wobei Enoch Zander bereits 1907 den Erreger der Nosema-Erkrankung beschrieben hatte (Nosema apis ZANDER). Hinzu kam die Verbreitung der Tracheenmilbe insbesondere zwischen den Jahren 1920 und 1930.[29] Mit einem Erlass eines Reichsseuchengesetzes war allerdings nicht bald zu rechnen. Daher wurde der Vorstand der V.D.I. 1924 mit der Abfassung eines Entwurfs für eine Polizeiverordnung zur Weitergabe an die Verbände beauftragt.[30]

Nach der Beilegung des Konflikts mit Gerstung tagte am 6. Oktober 1921 der Vorstand mit dem in Schwerin gewählten „Hauptausschuß zur Bildung von Fachausschüssen" in Weimar. Dem Hauptausschuß gehörten die klassischen Imkervertreter, nämlich Lehrer und Pfarrer an: Pfarrer Gerstung, Lehrer G. Griese[31] (1871–unbekannt, Wismar, Mecklenburg), Pfarrer Johannes Aisch[32] (1871–1939, Ketschendorf, Spree), Oberlehrer Gottfried Lupp[33] (1875–1931, Weinsberg, Württemberg) und Rektor Breiholz (Neumünster, Holstein). Der Hauptausschuss kreierte 15 weitere Ausschüsse und neben dem geschäftsführenden Vorstand waren nun 60 Personen in der Verwaltung der V.D.I. aktiv, was sich einerseits auf die inhaltliche Arbeit positiv auswirkte, aber die Entscheidungsstruktur deutlich erschwerte. Den Hauptanteil stellte die Berufsgruppe Lehrer mit 32 Personen, die Pfarrer waren mit sechs Personen vertreten. Die gebildeten Ausschüsse repräsentierten anschaulich die damals aktuellen Themen (in Klammern die „Obmänner"): 1. Rechtspflege (Rechtsanwalt Dr. Johannes Krancher), 2. Steuern und Zölle (Pfarrer Ferdinand Gerstung), 3. Seuchen und Seuchenbekämpfung (Landes-Ökonomierat Hofmann), 4. Honigschutz (Professor Baier), 5. Genossenschaftswesen (Landes-Ökonomierat Heckelmann), 6. Presse (Pfarrer Aisch), 7. Satzungswesen (Oberlehrer Elsäßer), 8. Ausstellungswesen (Oberturnlehrer Platz), 9. Zucker-, Honig-, Wachs- und Bienenhandel (Konrektor Baum), 10. Gesetzgebung (Geh. Oberregierungsrat Thomsen), 11. Bienenweide und Pflanzenschutz (Oberlehrer Fischer), 12. Reichsbienenmuseum und Zentralbibliothek (Armbruster, Gerstung), 13. Versicherungswesen (Gymnasiallehrer Jeroske), 14. Transportwesen (Hauptlehrer Knoke), 15. Statistik und Beobachtungswesen (Oberlehrer Herter).[34]

Im Mai 1922 kündigte August Frey seinen Rücktritt an, so dass anlässlich der Mitteldeutschen Ausstellung für Bienenzucht in Magdeburg vom 4. bis 6. Rektor August Detlef Breiholz einstimmig Nachfolger wurde, der zuvor schon Vorsitzender des „Schleswig-Holsteinischen Provinzialverbandes" geworden war. Breiholz ging mit neuer Tatkraft ans Werk, knüpfte neue Kontakte, gab Anregungen an die Imker, trat mit der Wissenschaft in Verbindung und regte eine effektive Imkerschulungsarbeit an. Mit seinem Namen verband sich insbesondere die Einführung des Einheitsglases mit Verschlussstreifen, die Regelung des Ausstellungswesens, die

Pressestelle und die Einführung der „Mitteilungen des Deutschen Imkerbundes". Die Strahlkraft der Magdeburger Tagung war nicht unerheblich. So wurde auch ein Sonderausschuss gegründet, der den Kontakt mit der „Deutschen Landwirtschafts-Gesellschaft", eine 1885 gegründete Organisation der deutschen Agrar- und Ernährungswirtschaft, herstellen sollte. Weiterhin wurden Kollektivversicherungsfragen der Imker und das Genossenschaftswesen in der Bienenzucht diskutiert. Der V.D.I. konnte zu diesem Zeitpunkt 34 Vereine, 248 562 organisierte Imker mit 2 440 406 bewirtschafteten Bienenvölkern verzeichnen.[35]

Der Schwung von 1922 wurde im Folgejahr durch die gesamtwirtschaftlichen Verhältnisse abgebremst: Durch die Inflation war die deutsche Mark nichts mehr wert, da die Billion erreicht war. Bei der außerordentlichen Vertreterversammlung in Kiel vom 28. bis 30. September kamen in der Folge deutlich weniger Verbandsvertreter. Die Kassen waren leer, die Imker zahlten die Beiträge nicht mehr, obwohl es einen Anstieg der Mitgliederzahl auf 250 000 gab. Dies war aber lediglich der Zuckerzwangswirtschaft geschuldet, die den Vereinen die Mitglieder zuströmen ließ. Um die Vereinigung zu stabilisieren wurde als Grundlage der Beitragsabrechnung der Honigpreis definiert, dessen Wert auf drei Viertel des jeweiligen Butterpreises festgesetzt wurde. Den Verbänden empfahl man einen Beitrag von zwei Pfd. Honig von jedem Imker, ein halbes Pfd. Honigwert war jeweils für die V.D.I. bestimmt.[36] Der Versicherungsverein war bereits zusammengebrochen und sollte saniert werden, die Selbstversicherung wurde gefordert.

Im Vorstand der V.D.I. wurde für den verstorbenen zweiten Vorsitzenden Büttner Landes-Ökonomierat Alfred Heckelmann[37] (1857–1942) aus Nürnberg gewählt. Auch ein Jahr später herrschte Geldknappheit, so dass die für 10. Juni 1924 einberufene Imkerversammlung in Weimar zur Regelung des Honigpreises und zu der Genossenschaftsfrage ebenfalls schwach besucht war. Zum Thema Genossenschaftswesen konnten daher nur Anregungen gegeben werden. Zum Thema Honigpreise wurde für Juni ein „Richtpreis von 100 Mk. für den Zentner ab Station des Imkers und 1,60 Mk. für das Pfund ohne Glas im Kleinverkauf" bestimmt.[38] Die von der V.D.I. einberufene allgemeine deutsche Imkerversammlung vom 25. bis 29. Juli 1924 in Marienburg wies trostlose Kassenbestände auf: Der Fehlbetrag summierte sich nun auf 1 183 159 497 Papiermark, auf die Einziehung rückständiger Beiträge wurde verzichtet. An der in Kiel getroffenen Beitragsregelung hielt man jedoch fest und von 1925 an sollten von jedem Imker jährlich 0,25 Mk. erhoben werden.[39] Für die Imker wurde wegen der Geldknappheit der Vereinigung die Privatversicherung empfohlen. Für den schwerkranken Gerstung wurde Hauptlehrer und Schriftleiter der „Preußischen Bienenzeitung" Carl Rehs (1867–1947) aus Königsberg gewählt, der sich später für den Nationalsozialismus begeistert einsetzen sollte. Am 5. März 1925 verstarb Ferdinand Gerstung, der als markante Persönlichkeit die Bienenzucht geprägt und ihr entscheidende fachliche Impulse gegeben hatte. Die Marienburger Tagung von 1924 war gleichzeitig Tagungsort der 62. Wanderversammlung, mit der die Kontakte intensiviert wurden. Da aufgrund der politischen Verhältnisse mit der Teilnahme der Ungarn nicht mehr zu rechnen war, erfolgte nun eine Umbenennung in „Wanderversammlung der Imker deutscher Zunge", zu der auch die deutschsprachigen Imker der Nachbarstaaten, Elsaß-Lothringens, der Schweiz, Österreichs, der Tschechoslowakei, Polens und Danzigs gehörten. Als ständiger Geschäftsführer wurde Pfarrer Johannes Aisch (1871–1939) gewählt.[40] Am 11. Oktober 1924 tagte der Wirtschaftsausschuss der V.D.I. in Berlin und nahm Stellung zur Lage des deutschen Honigmarktes, zu Fragen des Schutzes des deutschen Honigs, zu Preis- und Absatzfragen und zum Genossenschaftsgedanken.[41] Am 15. Juli 1924 hatte der Reichsminister für Ernährung und Finanzen ein Einfuhrverbot für Bienenvölker jeglicher Art und gebrauchter Bienenwohnungen erlassen, was insbesondere den österreichischen Imkern aufgrund ihrer Bienenexporte nach Deutschland nicht gefiel. Zander sah hinter dem Verbot „vor allem sicher Geschäftssache, wenn sich dieselbe auch hinter anderen Gründen verschanzte. Von diesen anderen Gründen ist es vor allem die Reinhaltung der deutschen Biene, an der tatsächlich viel gelegen ist, und schließlich auch die Seuchengefahr, der durch das Verbot ein Riegel vorgeschoben werden soll."[42]

Anlässlich der Tagung der „Mitteldeutschen Fachausstellung für Bienenzucht" in Gera vom 31. Juli bis 3. August 1925 fand auch eine Vertreterversammlung der V.D. I. statt, an der 21 Verbände vertreten waren. Den Mitgliederbestand schätzte man auf 160 000. Die Bezeichnung Vereinigung der Deutschen Imkerverbände wurde wieder in Deutscher Imkerbund umgeändert, der D.I.B. wurde 1926 in das Vereinsregister eingetragen und hatte seinen Sitz in Berlin. Die Bezeichnung des Vorsitzenden war nun erster Bundesleiter. Das bisherige Ausschusswesen war durch eine neue Arbeitsverteilung hinfällig geworden, nur der Rechtsausschuss blieb bestehen. Der Obmann des Rechtsausschusses, Rechtsanwalt Oskar Krancher (1857–1936) hielt einen mit großem Beifall aufgenommen Vortrag, der mit folgender an die Reichsregierung gerichteten Entschließung mündete, die mit großer Klarheit die Forderungen der damaligen Imkerschaft zusammenfasste:

> „Die zur Vertreterversammlung in Gera versammelten Vertreter von 160 000 deutschen Imkern fordern unter Hinweis auf die große volkswirtschaftliche Bedeutung der Bienenzucht, die nach niedrigsten Berechnungen durch Erzeugung von Honig und Wachs jährlich 35 Millionen Mark und durch Befruchtung von Obstblüten jährlich 450 Millionen Mark Nutzertrag bringt, endlich eine ihrer Bedeutung entsprechende Berücksichtigung in Rechtsprechung und Verwaltung. Sie fordern insbesondere die Anerkennung der Biene als Haustier, den alsbaldigen Erlaß eines Honigschutzgesetzes, Erlaß allgemeiner Verfügungen zum Schutze der Bienen gegen Betriebe der Zuckerwaren- und Schokoladenindustrie, erhöhten Zollschutz gegen Einführung ausländischen Honigs und ausländischer Bienenschwärme, Schutz der Bienenweide und der Wanderbienenzucht, sowie Steuerfreiheit des zur Zucht gebrauchten Zuckers. Von der Rechtsprechung fordern sie Unterordnung von Bienenzuflug unter § 906 BGB., um eine völlige Vernichtung der heimischen Bienenzucht zu verhindern, wie sie durch die neuere Rechtsprechung zu erwarten steht."[43]

Bienenvölker als Reparationen

Die auf den Bundestagungen in Halle (1920) und Schwerin (1921) schwelenden Konflikte betrafen auch die eigenmächtigen Aktionen von August Frey im Hinblick auf die Reparationen oder Restitutionen, die Deutschland nach dem Krieg zu leisten hatte. 1921 war in den Bienenzeitungen zu lesen, dass Deutschland Bienenvölker abgeben musste, und zwar, wie es im „Bienenwirtschaftlichen Centralblatt“[44] hieß, im Herbst 1921 an Belgien und Frankreich 75 000 Völker.[45] Aus einem Schreiben des Reichsministers für Wiederaufbau vom 24. September 1921 geht die genaue Zahl der „Reparations-Kommission“ (für die Zentral-Imkergenossenschaft Hannover) auf der Grundlage der Anforderung vom 9. März 1921 hervor: 3 400 Bienenvölker in Körben für Belgien, 60 000 Bienenvölker in Körben für Frankreich, davon 24 000 noch 1921 zu liefern.[46] Nachdem Frey vom Reichswirtschaftsministerium aufgefordert wurde, Sachverständige für die Verhandlungen in Paris zu ernennen, übernahm er selbst diese Aufgabe ohne Rücksprache mit dem übrigen Vorstand. In Schwerin kamen diese Vorgänge konfliktreich zur Sprache. Nach längeren Verhandlungen, in denen die Gesamtzahl reduziert und als Liefertermin der Herbst statt Frühjahr festgelegt wurde, kam man zu dem Ergebnis, im Herbst des Jahres 1921 an Frankreich 20 000 und an Belgien 3 350 Völker in Körben zu liefern. Die Zentral-Imkergenossenschaft in Hannover hatte sich zur Lieferung der Völker bereit erklärt, wobei den Imkern die erheblichen Völker-Verluste in Frankreich offensichtlich bewusst waren. Der Herbst als Liefertermin und die Lieferung von Völkern in Körben nahm dieser Maßnahme letztlich den Schrecken. Zudem wurden die abgelieferten Völker den Imkern bezahlt[47], auch wenn die Währung zu diesem Zeitpunkt verfiel.[48] Für den Transport wurden Sonderzüge[49] eingesetzt, die die Bienenvölker zu Sammelstellen im Ausland brachten, wo sie weiterverteilt wurden. Zeitgenössische Berichte gingen allerdings davon aus, dass die Franzosen mit den schwarmträchtigen Heidebienenvölkern zumal in einem neuen Trachtgebiet nicht glücklich wurden.[50]

Die Weimarer Republik – brüchige Stabilität und Zerstörung

Mit der Annahme des Dawes-Plans 1924 wurden die Diskussionen um die Reparationszahlungen berechenbarer. Amerikanisches Kapital floss nach Deutschland, womit Reparationszahlungen an England und Frankreich geleistet wurden, welche wiederum ihre Schulden an die USA tilgten. Auf diese Weise wurde ein globaler Finanzkreislauf bisher unbekannten Ausmaßes in Bewegung gesetzt. Gegenüber dem Westen bestimmte die Verständigungspolitik von Gustav Stresemann (1878–1929) das Geschehen (1925 Locarno-Verträge), 1926 wurde der deutsch-russische Freundschaftspakt geschlossen und im gleichen Jahr trat Deutschland dem Völkerbund bei. Gegenüber Polen zielte die Ostpolitik hingegen auf die Revision der deutsch-polnischen Grenzen ab.[51] Ständige Regierungskrisen und geringe Kompromissbereitschaft der Parteien durchzogen die gesamte Weimarer Republik und verursachten eine permanente Krise des Parlamentarismus. Als im Februar 1925 Reichspräsident Friedrich Ebert starb, wurde der 78-jährige Generalfeldmarschall Paul von Hindenburg (1847–1934) zum Nachfolger gewählt – ein Kandidat der politischen Rechten und ein Monarchiefreund. Innenpolitisch wurde im Juli 1927 das Gesetz über die Arbeitslosenversicherung für Arbeiter und Angestellte verabschiedet, welches die Erwerbslosenfürsorge der Gemeinden ablöste. Bei den Reichstagswahlen im Mai 1928 errangen SPD und KPD 42 Prozent aller Mandate und zwischen 1928 und 1930 bildete Reichkanzler Hermann Müller (SPD, 1876–1931) ein Kabinett der „Großen Koalition", Stresemann blieb im Amt. Im Juni 1929 wurde der Young-Plan unterzeichnet, der die deutschen Reparationen neu regelte: Deutschland sollte bis 1988 jährlich rund zwei Milliarden Goldmark zahlen, im Gegenzug sagten die Alliierten die Räumung des Rheinlandes bis zum 30. Juni 1930 zu. Die politische Rechte nahm diese Vereinbarung zum Anlass, einen großen Propagandafeldzug zu starten. Die Deutschnationale Volkspartei (DNVP) des rechtsradikalen Verlegers Alfred Hugenberg (1865–1951) suchte erstmals die Zusammenarbeit mit der NSDAP. Die DNVP, der „Stahlhelm" – eine ihr nahestehende Organisation ehemaliger Frontsoldaten – und die NSDAP riefen zu einem Volksentscheid auf, der allerdings im Dezember 1929 scheiterte. Am 24. Oktober 1929 brachen an der New Yorker Börse die Aktienkurse ein, was eine lange Phase der Hochkonjunktur schlagartig beendete. Seit Mitte der 1920er Jahre hatte Deutschland allerdings seine technischen Anlagen in der Industrie und in der Landwirtschaft umfangreich modernisiert und die Produktion erheblich gesteigert. „Insbesondere die Städte und Gemeinden entfalteten seit 1924 eine fieberhafte Bautätigkeit und errichteten Straßen, kommunale Versorgungseinrichtungen, Schulen, Schwimmbäder und vor allem Wohnungen. Gleichzeitig wurde der private Konsum angekurbelt."[52] Der auf den 24. Oktober 1929 folgende Tag, der „Schwarze Freitag", setzte sich in Deutschland als größter Crash der Börsengeschichte fort, mit gravierenden Folgen: die Auslandskredite wurden zurückgezogen, Firmen brachen zusammen und es kam zu Massenentlassungen, die zum faktischen Zusammenbruch der Arbeitslosenversicherung führten. Ausgelöst wurde die Krise durch weltweite Überproduktions- und Absatzprobleme, insbesondere der Getreideanbieter. „Sie erklärten sich aus der Erschließung neuer Nutzflächen sowie einer Intensivierung von Anbau und Ertrag. Dies führte wiederum zu hohen Lagerbeständen und sinkenden Erlösen. Spektakuläre Symptome dieser Agrarkrise waren sowohl die systematische Vernichtung landwirtschaftlicher Erzeugnisse als auch eine dramatisch ansteigende Zahl von Zwangsenteignungen, weil die betroffenen Bauern aufgenommene Kredite nicht mehr zurückzahlen konnten. Dies führte gleichzeitig zur verstärkten Abwanderung bäuerlicher Wähler von den traditionell national-liberalen oder autoritär-konservativen Parteien Deutsche Volkspartei (DVP) und Deutschnationale Volkspartei (DNVP) zu regionalen Sondergruppen, zunehmend aber zur NSDAP. Zudem kam es zum offenen sozialen Massenprotest, der vielfach bereits mit völkisch-nationalistischen Argumenten sowie einer Fundamentalkritik am gesellschaftlichen, politischen und wirtschaftlichen System von Weimar einherging und auch nicht vor Gewalt zurückschreckte."[53] Die Arbeitslosenzahl entwickelte sich wie folgt: „1930 betrug die Durchschnittszahl nach der amtlichen Statistik über 3 Millionen Erwerbslose. Sie wuchs 1931 auf gut 4,5 Millionen und 1932 auf mehr als 5,6 Millionen."[54] In dieser Krisensituation konnten sich die Parteien nicht auf eine Lösung der Finanzprobleme der Arbeitslosenversicherung einigen, mit der Folge, dass das Kabinett von Hermann Müller im März 1930 zurücktrat – die letzte Regierung der Weimarer Republik, die sich auf eine parlamentarische Mehrheit stützen konnte. In der Folge ernannte Hindenburg am 30. März 1930 Heinrich Brüning (Zentrum, 1885–1970) zum Kanzler, der die Regierungsbildung ohne Berücksichtigung der Mehrheitsverhältnisse im Reichstag und ohne Verhandlungen durchführte. Es erfolgte der Übergang zu den Präsidialkabinetten, deren Politik sich überwiegend auf das Notverordnungsrecht des Reichspräsidenten berief. Brüning versuchte, mit seiner Deflationspolitik den Haushalt zu sanieren, allerdings mit den schwierigen Begleiterscheinungen einer Verschärfung der Wirtschaftskrise, weiterer Arbeitslosigkeit und sozialer Verelendung. Hinzu kam im Juli 1931 eine Bankenkrise, die den Zugang zu den Ersparnissen erschwerte. Währenddessen erstarkte die Rechte vehement, die nationalsozialistische paramilitärische Organisation „Sturmabteilung" (SA) und die 1925 gegründete persönliche „Leib- und Prügelgarde" Hitlers, die „Schutzstaffel" (SS), terrorisierten die Öffentlichkeit. Hitler kandidierte schließlich im April 1932 gegen den inzwischen 84-jährigen Hindenburg, der erneut gewählt wurde. Mit der im Juni 1932 erfolgten Aufhebung des im April ausgesprochenen Verbots von SA und SS kam es im Reichstagswahlkampf zu blutigen Auseinandersetzungen. Die Siegermächte beschlossen am 9. Juli 1932 in Lausanne angesichts der katastrophalen wirtschaftlichen Lage Deutschlands eine Streichung aller Reparationsverpflichtungen Deutschlands gegen eine (nie geleistete) Abschlusszahlung von drei Milliarden Mark. Noch im gleichen Monat setzte Reichskanzler Franz von Papen (1879–1969) mit Unterstützung Hindenburgs staatsstreichartig die SPD-geführte und nicht mehr durch eine parlamentarische Mehrheit gestützte preußische Landesregierung ab („Preußenschlag") – die letzte SPD-Bastion Deutschlands. Am 31. Juli 1932 wurden Reichstagswahlen abgehalten: Die NSDAP stellte nun mit 13,7 Millionen Stimmen (37,3 Prozent) und 203 Abgeordneten die stärkste Reichstagsfraktion. Eine Regierungsbildung unter Hitler lehnte Hindenburg ab. Nach einem Misstrauensantrag gegen die Regierung Papen löste Hindenburg das Parlament auf. Bei den erneuten Wahlen am 6. November 1932 hatte die NSDAP 4,2 Prozent Verluste, blieb aber mit 33,1 Prozent stärkste Partei. Papen trat zurück, das Angebot Hindenburgs an Hitler zu einer Regierungsbeteiligung lehnte dieser ab und forderte die Kanzlerschaft. Es folgte das Präsidialkabinett unter Kurt von Schleicher (1882–1934). Am 4. Januar 1933 vereinbarten Hitler und Papen die Bildung einer gemeinsamen Regierung. Einige Tage später schlossen sich noch der Sohn des Präsidenten, Oskar von Hindenburg, sowie die Führer von DNVP und „Stahlhelm" der Verschwörung an. Am 28. Januar 1933 trat die Regierung Schleicher zurück, nachdem Hindenburg diktatorische Vollmachten, die Auflösung des Parlaments und den vorläufigen Verzicht auf Neuwahlen ablehnte. Am 30. Januar 1933 war Hitler am Ziel: Hindenburg ernannte ihn zum Reichskanzler. Im

Kabinett waren noch zwei Nationalsozialisten, die übrigen Minister gehörten der DNVP an oder waren parteilose Rechtskonservative.

„Die Notlage der Bienenzucht"

Vom Kriegsende bis Mitte der 1920er Jahre verschlechterten sich die Verhältnisse in der deutschen Bienenzucht sukzessive. Vom 1. Dezember 1922 bis zum 1. Dezember 1925 ging der Bestand an Bienenvölkern im Deutschen Reich von 2,22 Millionen auf 1,55 Millionen zurück. Die Zahl der Imker hatte sich mehr als halbiert. Die Mitgliederzahl im Deutschen Imkerbund sank im gleichen Zeitraum von 238 466 auf 105 000.[55] Enoch Zander sprach davon, „daß die heimische Imkerei immer mehr zurückgeht und nachgerade an galoppierender Schwindsucht leidet."[56] Karl Hans Kickhöffel gab als Gründe für den „rapiden Niedergang" der Bienenzucht verschiedene Ursachen an, um gleichzeitig steuerfreien Futterzucker zu fordern: „Verschlechterung der Trachtverhältnisse, Ueberhandnehmen von Bienenseuchen, vor allem aber das ungünstige Verhältnis zwischen Produktionskosten des Honigs und dem Honigpreise. Dieses ungünstige Verhältnis wurde in der Vorkriegszeit gemildert durch Hergabe von steuerfreiem Futterzucker."[57] Breiholz rief aufgrund dieser dramatischen Entwicklungen am 6. und 7. März 1926 in Berlin eine Sitzung ein, um die Notlage der deutschen Bienenzucht zu besprechen. Das Reichsernährungsministerium entsandte den Ministerialrat und Tierarzt Karl Kürschner (1877–unbekannt) und das Preußische Landwirtschaftsministerium den Oberregierungsrat und Diplomlandwirt Jan Gerriets (1889–1963). Als Vertreter der Wissenschaft kamen Prof. Dr. Hugo von Buttel-Reepen[58] (1860–1933), Prof. Dr. Ludwig Armbruster, Prof. Dr. Albert Koch (1890–1968) und Dr. Heinrich Freudenstein (1863–1935) vom Zoologischen Institut der Universität Marburg. Hinzu kamen zwei Abgeordnete im Preußischen Landtag, darunter der seit 20. Februar 1921 deutschnationale Abgeordnete Karl Hans Kickhöffel (1889–1947). Das Ineinandergreifen von Staats- und Selbsthilfe war eines der zentralen Besprechungsthemen.[59] Noch im gleichen Jahr, vom 31. Juli bis 4. August 1926, fand in Ulm eine richtungsweisende Bundestagung statt, bei der Karl Hans Kickhöffel, gebürtig in Franzburg (Pommern), eine entscheidende Rolle spielte (s. Kap. 6). Kickhöffel, selbst Volksschullehrer in Jeeser und Imker, hielt einen begeistert aufgenommenen Vortrag mit dem Titel „Die wirtschaftspolitischen Voraussetzungen einer blühenden deutschen Bienenzucht"[60], was ihn von nun an stärker an den Deutschen Imkerbund band, zunächst als „Volkswirtschaftlicher Beirat". Kickhöffel argumentierte eindrücklich mit der volkswirtschaftlichen Bedeutung, der mittelbaren Wertschöpfung der Bienenzucht, mit der Bedeutung des Honigs und der Bestäubungsleistung der Bienen – Fakten, die im öffentlichen Bewusstsein noch nicht so verankert waren wie heute. Er ging dann sehr ausführlich auf die Möglichkeiten der Staats- und Selbsthilfe ein: Schaffung einer ausreichenden Tracht, Vermehrung des Honigertrags, die „Rechtsnot" im Zusammenhang mit der Aufstellung von Bienenvölkern, die Imkerschulung, das

Thema der Bienenseuchen, Vermehrung des Betriebsgewinns, Bedeutung des Einheitsglases des D.I.B., Honigfälschung, Preistreiberei bei Auslandshonig und die Zuckersteuerermäßigung. Die Ideen waren aber im Grundsatz nicht neu. Seine drei politisch motivierten Schriften „Die deutsche Bienenzucht“ (1927), „Für die deutsche Bienenzucht von 1923–1928“ (1929) und „Das bienenwirtschaftliche Notprogramm“[61] (1929) wurden als „Weck- und Sammelrufe“ für die Imker und die Politiker verstanden.[62] Albert Koch schrieb über diese „drei grundlegenden Werke“ in frontkampfbereiter militarisierter Sprache, dass „Kickhöffel [... darin] all die Pläne entwickelt hat, nach denen der Aufmarsch der deutschen Imkerschaft vor sich zu gehen hat, wenn der gegenwärtige ‚Kampf um die Durchsetzung des deutschen Honigs‘ oder richtiger ‚Der Kampf um Sein oder Nichtsein der deutschen Bienenzucht‘ zu einem für die deutsche Bienenwirtschaft siegreichen Ende durchgeführt werden soll.“[63] Zum Stichwort „Selbsthilfe“ schrieb Kickhöffel selbst: „Je umfassender, zweckmäßiger und straffer die deutsche Imkerschaft sich organisiert, umso erfolgreicher wird sie in der Gesamtwirtschaft wirken und zwar sowohl hinsichtlich der Durchsetzung ihrer Ziele wie der Steigerung der Wertzahlen“.[64] Nach seinem Vortrag auf der Ulmer Tagung wurde folgende Entschließung zur Vorlage bei der Reichsregierung einstimmig verabschiedet:

> „Angesichts der ungeheuren deutschen Wirtschafts- und Volksnot darf kein Mittel zur Linderung unbenutzt bleiben. Auch die deutsche Bienenzucht ist mit ihrem unmittelbaren Jahresertrage von 35 Millionen *RM* und ihrer davon das Vielfache betragenden mittelbaren Nutzleistung bei der Befruchtung unserer Kulturpflanzen ein nicht zu übersehender Posten in unserer Volkswirtschaft.
> Die Viehzählung vom 1. Dezember 1925 hat leider gezeigt, daß die Bienenzucht ihrem Ende entgegenzugehen droht. Der Deutsche Imkerbund erkennt verantwortungsbewußt und freudig die Verpflichtung an, alle Kräfte zur Erhaltung und Hebung der Bienenzucht einzusetzen. Er weist aber mit allem Ernste darauf hin, daß diese Selbsthilfe begleitet sein muß von einer auf das gleiche Ziel eingestellten Staatshilfe. Diese Staatshilfe hält der Deutsche Imkerbund besonders in folgenden Punkten für dringend notwendig:
>
> I.
>
> 1. Die staatliche Forstwirtschaft hat, soweit als angängig, auf die Bienenzucht Rücksicht zu nehmen, insbesondere auch durch Bepflanzung der Feuerschutzstreifen und Ödländereien mit Bienennährpflanzen und durch Förderung der Wanderbienenzucht. Ebenso sind alle anderen Verwaltungen, denen die Bepflanzung von Wegen, Dämmen, Böschungen und öffentlichen Plätzen obliegt, anzuhalten, in gleichem Sinne vorzugehen.
> 2. Die laufenden Aufwendungen für die Bienenzucht sind entsprechend der Bedeutung der Bienenzucht angemessen zu erhöhen.
> 3. Der gegenwärtigen Rechtsnot der Bienenzucht ist durch sachgemäße Ausgestaltung und Anwendung der gesetzlichen Bestimmungen über Bienenhaltung zu steuern.
> 4. Die Bekämpfung der Bienenseuchen ist reichsgesetzlich zu regeln.
> 5. Bei der an sich notwendigen Bekämpfung tierischer Pflanzenschädlinge ist für angemessenen Schutz der Bienenzucht zu sorgen.

> 6. Der Honig ist gegen Ersatzfabrikate, Fälschungen und Mischungen zu schützen; insbesondere ist der Name ‚Honig' nur für den echten Bienenhonig zuzulassen.
> 7. Der deutsche Honig bedarf wirksamerer Schutzmaßnahmen gegenüber dem Auslandshonig, vor allem sind der Deklarationszwang bei der Einfuhr im Inlandsverkehr, die baktereologische Untersuchung bei der Einfuhr und ein höherer Zollsatz vorzusehen.
> 8. Für normale Zeiten wird die Steuerfreiheit von 20 Pfd. unvergälltem Zucker je Bienenvolk und Jahr als notwendig bezeichnet und gefordert.
>
> II.
>
> Die große Notlage der deutschen Bienenzucht in diesem Jahre, hervorgerufen durch die Wetter- und Hochwasserschäden, verlangt besondere Notstandsmaßnahmen der Reichsregierung. Die schnellste und wirksamste Hilfe wird der deutschen Bienenzucht durch die sofortige Ausführung des Antrages Hänsel und Genossen auf Drucksache 2563 des Reichstages zuteil, der die Reichsregierung ersucht, vom Juli 1926 bis zum 1. Mai 1927 den Bienenzüchtern für jedes Bienenvolk 20 kg Zucker zur Bienenfütterung von der Verbrauchsabgabe für Zucker (Zuckersteuer) freizustellen."[65]

Auf der Ulmer Tagung wurde am 31. Juli 1926 außerdem die neue Satzung verabschiedet. Der Vorstand bestand aus dem Bundesleiter Breiholz, seinem Stellvertreter Heckelmann und dem Rechnungsführer Küttner. Die in Weimar gebildeten 15 Ausschüssen wurden in dieser Form nicht mehr weitergeführt. Die in der Folgezeit sich bildende Struktur sah wie folgt aus: Es gab zwei Beiräte: der Volkswirtschaftliche Beirat (Karl Hans Kickhöffel) und der Rechtsbeirat (Rechtsanwalt Johannes Krancher). Hinzu kamen folgende Ausschüsse: Wirtschaftsausschuss (Breiholz), Forschungsausschuss (Breiholz), Museumsausschuss (Lehrer Carl Platz, 1861–1930). Außerdem gab es verschiedene Ämter: Werbeamt (Breiholz), Presseamt (Lehrer Karl Pinkpank, Kreiensen, 1884–1947), Ausstellungsamt (Koch), Beobachtungsamt (Julius Herter, 1866–1935), Amt für Auslandsmitteilungen (Arzt Dr. Zaiß, Heiligkreuzsteinach, 1877–nach 1934). Unter der Ägide von Breiholz gab der Bundesvorstand ab Januar 1927 ein eigenes Nachrichtenblatt heraus: die „Mitteilungen des Deutschen Imkerbundes", in dem die Verordnungen und Bekanntmachungen nach Bedarf erschienen.

Karl Pinkpank verdient eine nähere Betrachtung, insbesondere wegen der persönlichen Spannungen zu Karl Hans Kickhöffel: Pinkpank war Mitglied des Landtags des Freistaates Mecklenburg-Schwerin[66]. In seiner Funktion als Pressevertreter des D.I.B ab 1926 soll er bis zu 300 Mitteilungen monatlich geschrieben haben.[67] Pinkpank übernahm auch die Schriftleitung von „Uns' Immen" unter anderem in niederdeutscher Sprache und war Vorsitzender des Vereins Rostock. Das Presseamt des D.I.B wurde allerdings später in der Eisenacher Versammlung vom 3. und 4. Januar 1929 aufgehoben. 1933 wurde Pinkpank aus seinen Ämtern verdrängt.[68] Im Rahmen der „Gleichschaltung" der Imkerverbände (s. Kap. 6) geriet

> „die Vorstandswahl am 23. Juli 1933 in Wismar [...] zur peinlichen Farce, die Pinkpank in leicht ironischem Stil ausführlich beschrieben hat. Erst stellte man sich ‚geschlossen und freudig hinter die Landes- und Reichsregierung' und sang ‚stehend und mit dem neuen Deutschlandgruß', ‚nachdem der Heilruf machtvoll verklungen', das

> Deutschlandlied. […] Dann aber sprengte ausgerechnet Pinkpanks Tessiner Vereins- und Sanitzer Lehrerkollege Walter Kittmann die Geschlossenheit wieder, indem er dagegen protestierte, dass Leute, die nicht schon vor dem 30. Januar 1933 in der NSDAP gewesen seien, in den Landesvorstand kämen. Wilke und Pinkpank erklärten daraufhin ihren Verzicht, was besonders im Falle Pinkpanks bedauert wurde, denn Pinkpank war nicht nur außerordentlich gut vernetzt, sondern auch Mitglied mehrerer Ausschüsse und als Wanderredner sehr gefragt.
> Pinkpank nahm es erstaunlich gelassen und am Ende einigte man sich darauf, den Ehrenvorsitzenden Granzow entscheiden zu lassen. Granzow verlor aber 2 Wochen später sein Amt als Ministerpräsident, so dass die Sache nach Berlin gelangte, wo Kickhöffel die Verbandsdemokratie beendete und Kittmann zum Landesfachgruppen-‚Führer' berief.“[69]

Von 1933 bis 1938 war Pinkpank zwar kein „Führer“, aber Kassenwart der Landesfachgruppe „Imker Mecklenburg“ entgegen dem Wunsch von Karl Hans Kickhöffel, bis zu einem Zerwürfnis mit dem schneidig und „soldatisch“ auftretenden Kickhöffel, dem der „gemütliche Stil“ von Pinkpank nicht passte und der weiterhin Artikel für „Uns' Immen“ schrieb.[70] „Pinkpank veröffentlichte Anfang 1938 ein Gedicht, dessen versteckte Botschaft Kittmann wohl überlesen hatte, welches aber Kickhöffel nicht missverstehen konnte, es heißt darin:

> „Tau'n Dunnernarrn!
> Büst du verrückt, du olles Biest!
> Wenn du mi … argern wist,
> Denn möst di einen Dümmern säuken.
> Gestrenge Herr'n regier'n nicht lang.
> Noch ein poor Maand, denn iß't sowiet.“

Damit waren die Beiden geschiedene Leute und Pinkpank beendete seine Verbandstätigkeit […].“[71] Nach dem Zweiten Weltkrieg, 1945, wurde Pinkpank der erste Vorsitzende des neu gegründeten Landesverbands „Mecklenburg-Vorpommerscher Imker“. Karl Hans Kickhöffel, dessen große Zeit im Deutschen Imkerbund noch kommen sollte, war seit 1921 Abgeordneter der im November 1918 von konservativen und völkischen Gruppen gegründeten Deutschnationalen Volkspartei (DNVP), die nationalistisch, monarchistisch und antisemitisch gesinnt und gegen die Republik eingestellt war (s. Kap. 6). In der Imkerszene war Karl Hans Kickhöffel als rechtsnationalistischer Politiker und Mitglied der DNVP bekannt, genoss spätestens seit der Ulmer Tagung und durch seine Publikationen hohes Ansehen. Seine völkischen Einstellungen hatte er 1929 selbst mehrfach veröffentlicht, beispielsweise so: „Zu dem unmittelbaren und mittelbaren landwirtschaftlichen Wert der Bienenzucht tritt noch der allgemeine völkische Wert.“[72] Und in der gleichen Schrift hatte Kickhöffel dezidiert auf sein Engagement in seiner Partei hingewiesen:

> „Während der Drucklegung hat der Reichstag Anträge der Deutschnationalen Volkspartei und der beiden Bauerngruppen angenommen, die in dieser Frage eine günstige Wendung herbeigeführt haben. Danach ist jetzt infolge der erzielten Aenderung des Zuckersteuergesetzes ‚Zucker, der zur Tierfütterung verwendet wird, nach näherer

Anordnung des Reichsministers der Finanzen von der Steuer befreit'. Die Bemühungen um möglichst günstige Ausführungsbestimmungen sind eingeleitet worden."[73]

Überhaupt war Zurückhaltung bei völkisch-nationalistischem Einstellungen in den Imkerzeitschriften nicht selbstverständlich, wie sich dies beispielsweise in dem 1926 erschienen Beitrag „Frei, Wahr und offen!" in „Der Deutsche Imker" zeigte: „Gewiß habe ich und dies zum Teil infolge geschäftlicher, gesellschaftlicher und deutschvölkischer Verpflichtungen, die mich wohl mehr als einen anderen in Anspruch nehmen, auch in manchen Belangen bis jetzt nicht das erreicht, was mir immer vorschwebte [...]."[74]

Das Einheitshonigglas und der Kampf um den Honigmarkt

Am 4. Juni 1925 hatte Breiholz die V.D.I. zu einer außerordentlichen Vertreterversammlung in Weimar eingeladen, um die Einführung eines „Einheitsglases des deutschen Imkerbundes" für den Verkauf von kontrolliert reinem deutschen Bienenhonig zu beschließen – ein Thema, mit dem man sich früher schon hin und wieder beschäftigt hatte. Bereits im Jahre 1924 hat der V.D.I. zu einem Preisausschreiben ausgerufen und ein Gestaltungsentwurf wurde 1925 angekauft.[75] Die Wahl eines Einheitsglases wurde auf der Vertreterversammlung in Gera bestätigt. Die materielle Ausführung des Glases wurde ab März 1926 unter einem eingetragenen Warenzeichen im Vertrieb des Kolonialwarenhändlers Robert Wahle (1885–1981) realisiert. Die Form, das Material und das Etikett mit dem neuen Emblem (Abb. 16) lagen im Trend der Zeit.

Als wichtiges Element besaß das mit einem Weißblechdeckel verschließbare Einheitsglas eine „Bauchbinde", die über eine verknotete Schnur geklebt wurde, die durch ein Loch im Deckel gezogen war. Bohnenstengel führte hierzu aus:

> „Der Deutsche Imkerbund erhielt sein Wahrzeichen: den mit seinen Fängen und ausbreitenden Flügeln zum Kampfe bereiten und einen Bienenkorb beschützenden Adler, die Einheitsgefäße für den Verkauf des Honigs, das Schutzschild und zahlreiche sonstige Werbemittel. Das Schutzschild, das als Verschlußstreifen zu benutzen ist, trägt im sechsseitigen goldenen Felde den schwarzen Adler, einen goldfarbenen Bienenkorb beschützend, am grünen, mit einem schwarzen Streifen versehenen Bande. Der Rand zeigt in weißer Prägung die Inschrift: ‚Gewähr für echten deutschen Honig'. Die beiden unteren Seiten des Sechsecks tragen den Namen des betreffenden Landesverbandes. Unter dem Adler, querlaufend, steht: ‚Deutscher Imkerbund'. Die schwarze Farbe erinnert an unsere unscheinbare schwarze deutsche Biene; die goldene Farbe verkörpert die goldfarbigen Bienenerzeugnisse Honig und Wachs, und das frische, saftige Grün stellt Verbundenheit der Bienenzucht mit den grünen Fluren dar."[76]

Erst zu Beginn der 1930er Jahre wurde aus praktischen Erwägungen der „Gewährverschluß" oder „Gewährstreifen" entwickelt. Der kämpferisch gestimmte Adler

Abb. 16: Emblem für das Einheitsglas des D.I.B. (1925).

zierte die Banderole bis 1993, als dieser durch einen stilisierten Mischwald mit Bienenkorb ersetzt wurde.[77] Corniele Becker-Lamers hat in ihrem Aufsatz mit dem Titel „Einheit, Reinheit, Brüderlichkeit" die Einführung des Einheitsglases ausführlich beschrieben und hierzu auch die politischen Dimensionen dargestellt: „Die Überhöhung der imkerlichen Aufgaben ins Gesamtpolitisch-Nationale durchzieht die organisierte, zentralisierte Werbearbeit des Deutschen Imkerbundes von ihrem Beginn um 1925 an und macht es schwer, den Themenkomplex ‚Werbung' vom Thema ihrer Politisierung zu trennen."[78] „Iß deutschen Honig" war eine der zentralen Botschaften der breiten Werbemaschinerie von Breiholz. Auch der einflussreiche Enoch Zander forderte in seinen „Leitsätzen zeitgemäßer Bienenzucht": „Deutscher, iß nur deutschen Honig!"[79] Geprägt vom Ersten Weltkrieg und vielfach unter Bedienung militärischer Begrifflichkeiten führte Breiholz das Imkerglas rhetorisch wie folgt ein:

> „Wir stehen unmittelbar vor dem Angriff. Durchsetzen wollen wir uns mit unserem deutschen Honig gegenüber der ungeheuren Irreführung unseres deutschen Volkes, das nichts weiß von einer Abstufung in der Güte verschiedener Honige, keinen Unterschied kennt zwischen Inland- und Auslandhonig, das in gutem Glauben ‚Honig' unter allen Umständen für Honig nimmt. Unsere Waffen sind bekannt, doch will ich sie hier noch einmal nennen. [...] Wahrzeichen [...] Honigschild [...] deutsches Einheitsglas [...] großzügige Werbearbeit, [... die] unter starker Leitung auf die breitesten Schultern gelegt werden [muß]. Das ganze Bundesgebiet muß ein einziges Heerlager werden. Dazu gehört endlich 5. noch ein scharf gegliederter und zuverlässig arbeitender Prüfungs- und Ueberwachungsdienst. [...] Immer und immer wieder aber muß ich wiederholen, daß wir uns nur dann durchsetzen und behaupten werden, wenn die *ganze deutsche Imkerschaft* in festgefügter Einheit und Einigkeit geschlossen auf den Schanzen steht."[80]

„Karl Hans Kickhöffel [fand] in seinem „Kompendium ‚Wie setzt der deutsche Imker seinen Honig ab' [...] schließlich in der Geistestiefe des deutschen Wesens den wahren Grund für einen differenzierten Umgang mit dem Werbeslogan: ‚Die Werbung muß wahr sein [...]. Der Beweis einer oder mehrerer in der Werbung genannter Tatsachen ist *die* Werbeform, die dem deutschen Wesen am besten entspricht. Der Grundcharakterzug des rein-deutschen Menschen ist Ehrlichkeit, ist Wahrhaftigkeit. Eine Werbung, die dem Grundcharakterzug folgt, ihm am nächsten kommt, wird den größten Erfolg haben. Weil der deutsche Mensch aller Berufs- und Bildungsschichten denkt, hat die Form des kathegorischen Imperativs (sic) sich in den letzten Jahren abgegriffen. Es genügt nicht, zu sagen: ‚Eßt deutsches Obst!', ‚Eßt deutschen Honig!' usw., man muß tiefer gehen. Diese Aufgabe erfüllt schon der bekannte Werbevers des Deutschen Imkerbundes zum gewissen Teil: ‚Voll Kraft und köstlich, rein und gesund/ der Honig vom Deutschen Imkerbund!'."[81] Auch Albert Koch fällt in den 20er Jahren „in die martialischen Appelle seines mit Kriegsjargon gespickten publizistischen Diskurses ein: ‚Durch Ankauf von *deutschem Honig* sorgt aber der deutsche Käufer nicht nur für eine Wiederbelebung des heute so sehr darniederliegenden deutschen Honigmarktes und damit für eine Förderung der heute schwer um ihr Bestehen ringenden deutschen Bienenzucht, er bewirkt auch mittelbar eine Steigerung der übrigen landwirtschaftlichen Erzeugung in Deutschland; denn ohne eine blühende deutsche Bienenzucht [...] kann die deutsche Landwirtschaft nicht bestehen. [...] Bei dem Kampfe um das Hochziel: *Selbstversorgung Deutschlands aus den Erträgen deutschen Bodens* streitet die deutsche Bienenzucht mit an erster Stelle. Deshalb: *Dem Deutschen der echte deutsche Honig!*'."[82] Zu dem Azt und praktischen Imker Dr. Zaiß (1877–1934), dem seit 1925 der Auslandspressedienst des Deutschen Imkerbundes übertragen wurde und mit Bezug auf seine 1931 erschienene Schrift „Der Wert des Honigs" (S. 4), schrieb Becker-Lamers: „‚Kochversäumnisse' der Hausmutter kommen nach Zaiß offenbar eher dem ‚nationalen Verbrechen' gleich, mit dem Karl Hans Kickhöffel eine etwa zu beobachtende Vernachlässigung ‚heimischer Werte' brandmarkt: ‚Die Art und Weise, wie die Hausmutter die Nahrung beschafft und zubereitet, ist wesentlich verantwortlich für das gesunde oder ungesunde Wachstum und die ungestörte oder gestörte Leibes- und Geistestätigkeit der Familie und damit des Volkes.' Auch den Ausführungen des Dr. Zaiß ist somit die charakteristische Wendung abzulesen, die sich der Werbearbeit für deutschen Honig zu Beginn der 30er Jahre vollzieht und den emotionalen Appell an eine individuelle mütterliche Fürsorge – etwa um Breiholz' ‚lachendes deutsches Mädchen' – in die Hypertrophie ‚völkischer' Verantwortlichkeit mutieren läßt."[83] Sehr pointiert resumiert Becker-Lamers ihre Betrachtungen zum Honigglas wie folgt: „[...] neben der politischen Ausrichtung einiger ‚Honig-Krieger' [hat] die Wahl des semantisch so eindeutigen, politisch bald so verfänglichen Adler-Symbols der Funktionalisierung imkerlicher Arbeit im Rahmen einer nationalsozialistischen Blut- und Bodenpropaganda zweifellos Vorschub geleistet."[84]

Das lange und zähe Ringen der Imker um staatliche Unterstützung und Schutz des eigenen Honigprodukts erinnert in seiner Rhetorik an Kampf, Waffeneinsatz, Eroberung und Stellungskrieg des Ersten Weltkrieges:

> „Der Krieg ist gekommen [...] Den Honigmarkt müssen wir wieder erobern und dauernd behaupten. Die Vereinigung der deutschen Imkerverbände rüstet sich. Sie will diesen Kampf ehrenvoll führen mit allen verfügbaren und wirksamen Mitteln. Ein-

heitsglas, Einheitsschild, Bürgschaftsverschluß, Überprüfungs- und Überwachungsdienst und eine ausgedehnte Werbearbeit sind ihre Waffen. Mit diesen Waffen wird ihr aber nur ein Sieg beschieden sein, wenn sie bestimmt darauf rechnen darf, daß ihre Mannschaften restlos unbedingt zur Fahne stehen. Wer will es vor Mit- und Nachwelt verantworten, in diesem Kampf nicht seinen Mann gestanden zu haben?"[85]

Die 1920er Jahre – eine wissenschaftliche Boomphase

Die Ulmer Tagung war auch Versammlungsort der „Wanderversammlung" und Keimzelle für die zukünftige Zusammenkunft aller Bienenforscher, die sich dort informell trafen. Der Bundesvorstand lud sie für den 19. und 20. November 1926 nach Weimar ein zur Gründung des „Forschungsausschusses", dem 19 deutsche Bienenforscher beitraten, darunter:
Prof. Dr. Ludwig Armbruster (1886–1973), Dr. Franz Becker[86], Regierungsrat Prof. Dr. Alfred Borchert (1886–1976)[87], Prof. Dr. Hugo von Buttel-Reepen (1860–1933), Dr. Joachim Evenius[88] (1896–1973), Prof. Dr. Richard Ewert[89] (1867–1945), Prof. Dr. Jodokus Fiehe[90] (1874–1931), Prof. Dr. Heinrich Friese[91] (1860–1948), Privatdoz. Dr. Bruno Geinitz[92] (1889–1948), Prof. Dr. Gottfried Goetze[93] (1898–1965), Dr. Anton Himmer[94] (1886–1944), Prof. Dr. Albert Koch[95] (1890–1968), Dr. Räbiger (Halle a.d. Saale), Dr. Gustav Rösch[96] (1902–1945), Prof. Dr. Enoch Zander (1873–1957). Eine Reihe nicht anwesender Forscher, auch aus dem Ausland, sollte zum Beitritt aufgefordert werden. Das wissenschaftliche Themenspektrum auf der Tagung und repräsentativ für die damalige Zeit betraf folgende Punkte[97]:
1. Die Nosemaseuche (Borchert)
2. Der Giftkampf des Pflanzenschutzes (Borchert)
3. Der derzeitige Stand der Honigforschung (Fiehe)
4. Bienenklee (Ewert)
5. Natur- und Kulturrassen der Honigbiene (Goetze)
6. Wärme im Bienenvolke (Himmer)
7. Künstliche Zwitterbildung bei der Honigbiene (Rösch)
8. Die wissenschaftlichen Grundlagen der Königinnenzucht (Becker)
Der Forschungsausschuss bestand nur bis Anfang 1929 und setzte dann seine Arbeit als „Reichsarbeitsgemeinschaft deutscher Bienenforscher" fort. Die Bindung an den D.I.B bestand dadurch weiter, dass ihr Vorsitzender zum Beirat für Forschungswesen des D.I.B gewählt wurde – günstige Voraussetzungen für die Zusammenarbeit von Praxis und Wissenschaft. Die Lebensdauer aller Ausschüsse war jedoch begrenzt, nach 1933 wurden sie nicht mehr genannt.[98]

Die Ulmer Tagung gab Anregungen für weitere Forschungsimpulse, beispielsweise zur Honiganalyse. Eine „Arbeitshilfe" zur Pollenanalyse legte Armbruster 1929 vor. Auch Enoch Zander veröffentlichte 1935 den ersten Band einer insgesamt fünfbändigen Pollenanalyse bei Honig: „Beiträge zur Herkunftsbestimmung bei Honig" (1951 erschien der fünfte Band). Überhaupt waren besonders die 1920er

Jahre der Weimarer Republik eine Boomphase hinsichtlich der Neugründung von Bieneninstituten, die sich – bis auf die „Lehr- und Versuchsanstalt für Bienenzucht" in Stade – als sehr langlebig erwiesen. Zwei wissenschaftliche Institute (s. Kap. 2) gab es schon vor den preußischen Neugründungen in Bayern (1907, Erlangen) und in Berlin (1918, Institut für Bienenkunde der landwirtschaftlichen Hochschule). 1916 richtete Pfarrer August Ludwig in Jena einen Universitäts-Lehrbienenstand ein. Außerdem gab es die nichtstaatliche Einrichtung der bereits 1907 von Pastor Johannes Kock (1860–1936) gegründeten (Nachfolger Detlef Breiholz 1920) ersten deutschen Imkerschule in Preetz (Holstein), die 1924 zur Lehr- und Versuchsanstalt unter der Leitung von Theodor Friedrich Otto (1874–1942) wurde und 1929 nach Bad Segeberg umzog. Hinzu kam die Lehr- und Versuchsimkerei in Landsberg (Warthe), deren Leitung Dr. Gottfried Goetze 1925 übernahm. In Münster wurde 1925 von der Landwirtschaftskammer Nordrhein-Westfalen die „Staatlich anerkannte Lehr- und Versuchsanstalt für Bienenzucht" gegründet, deren erster Leiter Privatdozent Dr. Albert Koch war. Am 1. Juli 1927 übernahm Dr. Albert Koch das neugegründete „Hannoversche Landesinstitut für Bienenforschung und bienenwirtschaftliche Betriebslehre" in Celle. Die „Lehr- und Versuchsanstalt für Bienenzucht" bei dem Zoologischen Institut der Universität Marburg (Lahn) wurde 1928 gegründet (seit 1966 gibt es das Bieneninstitut am heutigen Standort in Kirchhain) unter der Leitung von Dr. Karl Freudenstein. Am Zoologischen Institut der Universität Frankfurt/Main gab es eine bienenkundliche Abteilung, in der Imker Hugo Gontarski (1900–1963) Mitarbeiter wurde. Als diese 1937 in ein selbstständiges Institut für Bienenkunde (Oberursel) durch die Polytechnische Gesellschaft ausgebaut werden konnte, wurde Gontarski dessen Leiter.[99] 1926 wurde die „Versuchs- und Lehranstalt für Bienenzucht" der Landwirtschaftskammer für die Provinz Pommern in Finkenwalde bei Stettin (heute Polen) gegründet, deren erster Leiter Dr. Joachim Evenius war. 1932 wurde die bisherige 1925 gegründete Imkerschule des Rheinischen Bienenzuchtvereins in Mayen „Staatlich anerkannte Lehr- und Versuchsanstalt", deren Leiter Dr. Gottfried Goetze wurde. Besondere Verdienste um die Gründung der Bieneninstitute hat sich Jan Gerriets (1889–1963) erworben, Ministerialrat im Preußischen Landwirtschaftsministerium. Diesen „Gründungsvater" ehrte der D.I.B. am 1. September 1928 durch die Verleihung der „Silbernen Wabe". In der Verleihungsurkunde heißt es unter anderem: „Dr. Jan Gerriets hat sich ... immer voll und ganz für das Wohl der Imkerei eingesetzt und das preußische Imkerschulwesen in vorbildlicher Weise aufgebaut."[100] Jan Gerriets wurde unter dem neuen NS-Regime 1933 zwangspensioniert (s. Kap. 6). Auch außerhalb Preußens gab es Neugründungen im Forschungsbereich: So wurde 1926 das Institut für Bienenkunde an der Universität Freiburg gegründet (Dr. Bruno Geinitz, 1889–1948). Ein herausragender Bienenforscher der Weimarer Zeit war außerdem Prof. Dr. Karl von Frisch (1886–1982, Nobelpreis 1973, s. Kap. 6), der 1921 Ordinarius an der Universität Rostock wurde und dann zum Direktor des Zoologischen Instituts berufen wurde. 1923 wechselte er an die Universität Breslau und ging anschließend 1925 an das Zoologische Institut der Universität München, das seine wissenschaftliche Heimat werden sollte.[101] Neben den wissenschaftlichen Bieneninstituten gab es außerdem

Imkerfachschulen und Lehrbienenstände. So hatte beispielsweise Hugo von Buttel-Reepen 1921 die Oldenburger Imkerschule gegründet. Die „Ostpreußische Bienenzuchtzentrale" in Korschen wurde 1921 unter Leitung von Imkermeister Gustav Klatt gegründet. Aus ihr ging unter Förderung des Preußischen Landwirtschaftsministeriums die „Imkerschule Korschen" hervor, ebenfalls unter Leitung von Klatt. 1930 wurde Korschen unter der Leitung von Dr. O. Pfannenmüller „Staatlich anerkannte Lehr- und Versuchsanstalt für Bienenzucht". Lehrbienenstände gab es an der Universität Leipzig (1921/22, Prof. Dr. Oskar Krancher, 1857–1936) und an der Ackerbauschule in Hohenheim (Dr. Gustav Rösch, 1902-1945). Die Imkerschule Heidelberg des Badischen Landesvereins für Bienenzucht wurde 1927 eröffnet (Pfarrer Wilhelm Niedderer, 1867–1942). Auch in Rostock gab es einen „Lehrbienenstand", der von einem Ausschuss unter der Leitung von Rektor G. Griese betreut wurde.

Der Deutsche Imkerbund von Halberstadt (1927) bis Görlitz (1932)

Nach der Ulmer Tagung im Jahre 1926 setzte der Bundesvorstand wie beschrieben rege Impulse und Aktivitäten zur Verbesserung der Bienenzucht im Deutschen Reich. Die folgende Halberstädter Tagung vom 6. bis 9. August 1927 war allerdings überschattet von einigen organisatorischen Pannen und der Nichtbeachtung kaufmännischer Grundsätze, was zu Missstimmungen bei den Verbänden beitrug. Zur Förderung des Honigabsatzes wurde einstimmig beschlossen: „Jeder Imker, der Auslandshonig kauft oder verkauft oder an seine Bienen verfüttert, darf nicht Mitglied des Deutschen Imkerbundes sein."[102] Auf der Kölner Bundestagung vom 3. bis 7. August 1928 war die Rechnungsprüfung wiederum ein wichtiges Thema, bei dem die Geschäftsführung in die Defensive geriet und der Rechnungsführer Lebrecht Küttner sein Amt zugunsten von Rektor G. Griese aufgab. Auf dieser Tagung wurde die „Arbeitsgemeinschaft deutscher Bienenforscher" gegründet, Kickhöffel beendete seine Beiratstätigkeit. Für die Imker überraschend, wurde kurfristig für den 3. und 4. Januar 1929 in Eisenach zu einer außerordentlichen Vertreterversammlung eingeladen, bei der nach heftiger Kritik Rektor Detlef Breiholz zurücktrat. Die Eisenacher Tagung brachte nicht nur einen Wechsel der Personen und eine Beruhigung innerhalb des Vorstands, ein Systemwechsel in der Organisation war ebenfalls beabsichtigt. Zum ersten Bundesleiter wurde wieder ein Schulmann gewählt: Oberlehrer Gottfried Lupp (1875–1931), seit 1919 Vorsitzender des Landesvereins Württemberg. Zweiter Bundesleiter wurde (einer der Hauptkritker von Breiholz) Landes-Ökonomierat Alfred Heckelmann (1857–1942), zeitweise Vorsitzender des Mittelfränkischen Bienenzüchter-Verbandes und von 1923 bis 1929 erster Vorsitzender des Landesvereins Bayerischer Bienenzüchter. Rektor Griese erhielt wieder das Amt des Rechners. Es war beabsichtigt, die Aufgaben und die Verantwortung nun gleichmäßig auf die beiden Bundesleiter zu übertragen, die insgesamt die Geschäftsführung übernehmen sollten. Die neue Satzung sollte zur Entscheidung der Regensburger Vertreterversammlung vom 29. Juli bis 1. August 1929 vorgelegt werden.[103] Der Gesamtvorstand beantragte alsbald, Kickhöffel in den geschäftsführenden Vorstand zu berufen:

> „Der Gesamtvorstand des D.I.B. stellt den Antrag, den Volkswirtschaftlichen Beirat des D.I.B., Herrn Kickhöffel, mit Sitz und Stimme in den Geschäftsführenden Vorstand des D.I.B. zu berufen."[104]

Nach entsprechender Umarbeitung der Satzung hin zu einer dreiköpfigen Bundesleitung wurde der umgestimmte Kickhöffel auf der Regensburger Tagung zum dritten Bundesleiter und „Volkswirtschaftlichen Beirat" gewählt. Kickhöffel genoss seit der Ulmer Rede hohes Ansehen, war durch seine Publikationen bekannt und erhöhte seinen Bekanntheitswert durch eine monatliche Kolumne (März 1929 bis Dezember 1931) in der „Leipziger Bienen-Zeitung": „Am Wagstock – Wirtschaftspolitisches von der deutschen Bienenzucht". Kickhöffel konnte die Vertreterversammlung dadurch beglücken, dass er Mitteilung machte von der „Eingliederung der Bienenzucht in das landwirtschaftliche Notprogramm und die dadurch bedingte Flüssigmachung von besonderen Reichsmitteln zur Behebung der Notlage der deutschen Bienenzucht und [der] Gründung eines Reichsausschusses für Bienenzucht".[105] Dieser Reichsausschuss war ein weiteres Gremium, um die „Notlage der Bienenzucht" zu verbessern.[106] In ihm waren Vertreter des Reichsministeriums für Ernährung und Landwirtschaft, des Preußischen Ministeriums für Landwirtschaft, Domänen und Forsten, der erste Bundesleiter des Deutschen Imkerbundes sowie der Geschäftsführer der Arbeitsgemeinschaft der Bienenforscher versammelt.[107] Auf der Regensburger Tagung kam inhaltlich auch die „Bienenwohnungsfrage" auf, zu der von Zanders Assistent Erich Wohlgemuth ein ausgearbeiteter Vortrag von Zander verlesen wurde und der Lehrer Karl Puhlemann (1880–1971) zur „Normung der Maße für Wabenrähmchen und Bienenwohnungen" sprach. Im Ergebnis entschied sich die Versammlung für fünf bereits festgesetzte Maße: „Freudenstein, Normalmaß (doppelt), Kuntzsch, Zander und Gerstung"[108] (s. Kap. 2).

Die nächste Bundestagung vom 1. bis 5. August 1930 in Stuttgart, die vom zweiten und dritten Bundesleiter, Heckelmann und Kickhöffel, geleitet wurde, verlief sehr erfolgreich. Besonders stach die Ausstellung hervor (nach dem Ersten Weltkrieg gab es die erste 1921 in Neumünster): Das Ausstellungswesen erhielt zu Beginn der 30er Jahre besondere Aufmerksamkeit, indem unter der Leitung von Theodor Friedrich Otto „Richtlinien für die Veranstaltung von bienenwirtschaftlichen Ausstellungen" erarbeitet werden sollten. Außerdem wurde in Zusammenarbeit mit dem „Reichsausschuß für Bienenzucht" steuerfreier Zucker besorgt (15 Pfund zur Einwinterung eines jeden Bienenvolkes) und eine Zollerhöhung für Auslandshonig von 40 auf 70 RM je Doppelzentner erwirkt (Abb. 17).

Albert Koch resümierte in Stuttgart bezüglich des „Kampf"-Themas „Honigschutzverordnung": „Das heiße Ringen des Deutschen Imkerbundes, das mehr als 5 Jahre die besten Köpfe in unseren Reihen neben den geborenen Pessimisten und Nörglern auf den Plan gerufen hat, ist entschieden, und zwar zweifellos im Sinne unseres ‚Kampfes um die Durchsetzung des deutschen Honigs'." Und weiter: „[…] Staatshilfe ist […] zu teil geworden in Gestalt der sogenannten ‚Honigschutzverordnung', der

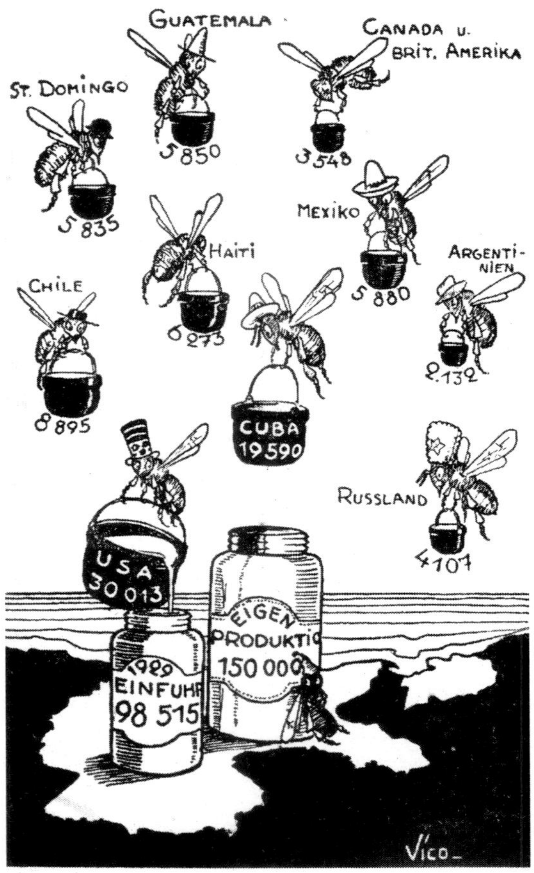

Abb. 17: Einfuhr von Auslandshonig und Eigenproduktion in Deutschland im Jahr 1929 (in dz).

Verordnungen über Honig und Kunsthonig, die im Rahmen der Ausführungsbestimmungen zum Lebensmittelgesetz am 21. März 1930 vom Reichsminister des Innern gemeinsam mit dem Reichsminister für Ernährung und Landwirtschaft erlassen worden sind, und die am 1. Oktober ds. Js. in Kraft treten."[109] Ein Rückgang der Einfuhr von Auslandshonig wurde festgestellt (Mai 1929: 5 446 dz, Mai 1930: 1 636 dz). Darüber hinaus war es gelungen, das landwirtschaftliche Notprogramm für die Bienenzucht nutzbar zu machen. Die Beeinflussung der Presse fand systematisch statt.[110] Die Erhöhung des Honigzolls – erkämpft durch Kickhöffel als „Retter" – wurde in der „Leipziger Bienen-Zeitung" euphorisch gefeiert:

> „In einer Zeit der tiefsten Wirtschaftsdepression, wo Tausende von deutschen Imkern den Glauben an die Zukunft verloren und die unrentabel gewordene Bienenzucht bereits aufgegeben hatten, erkämpft Kickhöffel, der Retter der deutschen Bienenzucht, eine Erhöhung des Honigzolls von 40 auf 70 Mark und errichtet damit ein starkes Bollwerk gegen die Ueberflutung Deutschlands mit Auslandhonig. Die deutsche Imkerschaft wird ihm das nie vergessen."[111]

Im Rahmen der Notverordnungen wurde die Zuckersteuerbefreiung für die Imker 1931 wieder aufgehoben, was zu heftigen Protesten führte.[112] Lupp, dem es erfolgreich gelang, die Bundesfinanzen zu sanieren, war schwer erkrankt und starb im Folgejahr. Auf der nächsten Bundestagung in Bad Dürkheim vom 31. Juli bis 3. August 1931 sollte auf Antrag Bayerns der Bundesvorstand zukünftig aus zwölf geheim zu wählenden Mitgliedern bestehen, deren Amtszeit drei Jahre dauern sollte. Der geschäftsführende Vorstand sollte aus drei Bundesleitern, dem Schriftführer, seinem Stellvertreter und einem Beisitzer bestehen. Am Wohnsitz des Ersten Bundesleiters (des Präsidenten) sollte eine Kanzlei zur Abwicklung der Geschäfte eingerichtet werden. Die Vorschläge wurden angenommen und am 31. Juli 1931 wurde Karl Hans Kickhöffel einstimmig (137 Stimmen) zum ersten Bundesleiter gewählt: „Über einen Punkt war man sich von Anfang an klar, nämlich über die Wahl des ersten Bundesleiters: für dieses Amt kam nur Kickhöffel in Frage. Hierüber herrschte volle Einmütigkeit bei sämtlichen Vertretern."[113] Zum zweiten Bundesleiter wurde Jakob Mentzer (1878–1954) aus Bad Dürkheim, zum dritten wieder Griese gewählt. Sämtliche Vorträge standen unter dem Motto „Der Kampf um den deutschen Honigmarkt", wobei es um Marktbeobachtung, Preisgestaltung, Absatzfragen, Honiggewinnung und Normung bienenwirtschaftlicher Geräte ging.[114] Der Versicherungsverein des Deutschen Imkerbundes stand auf festen Füßen, 1930 gehörten ihm 29 Einzelverbände mit 82 537 Mitgliedern an. Nach seiner Wahl ließ sich Kickhöffel 1932 von Jeeser in Pommern, wo er als Lehrer tätig war, nach Berlin versetzen, an den Ort der Geschäftsstelle des D.I.B.

Im Jahre 1929 hatte der Gesamtvorstand des Deutschen Imkerbundes unter Führung von Lupp auch einen „Schriftleiter-Ausschuß des Deutschen Imkerbundes" gegründet. Dieser bestand aus drei Verbandsschriftleitern und einem Vertreter der unabhängigen Zeitschriften. Die Leitung hatte Carl Rehs, der spätere Landesverbandsvorsitzende von Ostpreußen. Der Ausschuss hatte dafür zu sorgen, „daß die Belange des Bundes von den einzelnen Fachzeitschriften gewahrt und diese sich in von allen gemeinsam herausgestellten Gesichtspunkten zu erfolgreicher Arbeit zusammenfinden."[115] Weitere Aufgaben waren aus dem Tätigkeitsbericht von 1931/32 ersichtlich: „Werbearbeit der Bienenzeitungen für den D.I.B., Werbearbeit der Bienenzeitung für den deutschen Honig, Ueberwachung der Imkerpresse, ob nicht in den Inseraten oder geschäftlichen Mitteilungen Anpreisung von Auslandshonig stattfindet."[116] Vor den jährlich stattfindenden Schriftleitertagungen, zu denen immer Schriftleiter und Verleger (die Verbandsvorsitzenden waren die Verleger der Verbandszeitungen) erschienen, fand immer eine Tagung des Ausschusses statt.[117] Nach Bad Dürkheim folgte 1932 eine weitere Bundestagung in Görlitz. Zur dieser Tagung schrieb Kickhöffel Anfang 1933 resümierend und möglicherweise eine politische Zeitenwende ahnend:

> „Der Wille zur Einheit war größer als alles Trennende. Görlitz schloß langjährige Kämpfe mit einer klaren Entscheidung ab. Die ersten 10 Jahre der Geschichte des Deutschen Imkerbundes, reich an Kämpfen unerquicklicher Art, sind abgeschlossen. Möge das zweite Jahrzehnt des Bundes dem sachlichen Ausbau und der ideellen und finanziellen Festigung dienen. Wer die Kämpfe der letzten Jahre in ihrer unerhörten

> Schwere und Schärfe in der ersten Linie mitgemacht hat, wer weiß, wie oft die Einheit des Bundes gefährdet war, der hat nunmehr die feste Ueberzeugung, daß man in Zukunft wohl über Organisationsfragen mit dem bekannten Temperament der Imker streiten kann, daß aber die Frage der Bundeseinheit jenseits aller Erörterungsmöglichkeiten steht."[118]

Die folgende Tagung im Jahre 1933 in Bad Nauheim stand im Zeichen der Machtergreifung durch die Nationalsozialisten (s. auch Kap. 6).

„Keine scharfe Waffe für den Kampf der Selbsthilfe"

Ähnlich wie im Kaiserreich gab es auch in der Weimarer Republik kein einheitliches Presseorgan, „keine scharfe Waffe für den Kampf der Selbsthilfe"[119], worauf Kickhöffel hinwies – ein „Mangel", den er nach der Machtergreifung noch korrigieren würde:

> „Gewiß fehlt auch in der Bienenzucht eine einheitliche Presse. Doch ist dieser Mangel trotz der übergroßen Zahl der Bienenzeitungen insofern nicht so schwerwiegend als das Vorhandensein mehrer Blätter bei anderen Betriebszweigen, als man im großen und ganzen von einem einheitlichen Zusammenarbeiten der Bienenpresse sprechen kann. Auch besteht hier die Möglichkeit innerer Angleichung durch den Presseausschuß des D.I.B. Die Einsicht über die Notwendigkeit auch stärkerer organisatorischer Zusammenfassung und entsprechender Zusammenlegung der Presse wächst übrigens; außerdem haben eine Reihe von Verbänden in der verbreitetsten Bienenzeitung, der ‚Leipziger Bienen-Zeitung' ein solches einheitliches Stammblatt, z.B. die beiden Sachsen, Thüringen, Westfalen, Vorpommern und Danzig."[120]

Der Deutsche Imkerbund veröffentlichte 1931 die statistischen Erhebungen des Jahres 1930:

> „Die Zahl der Mitglieder betrug 121.296 [zum Vergleich: 1907: 83.000, 1922: 238.466, 1925: 108.000]. Diese hatten 1.038.376 Kasten- und 163.973 Korbvölker [entspricht etwa 15,8 % der Gesamtzahl]; also insgesamt 1.202.349 Völker, das sind nicht ganz 2/3 der amtlich erfassten Gesamtzahl der Bienenvölker Deutschlands
> [zum Vergleich: 2.12.1912: 2.299.300 Bienenvölker (B.v.), 1.12.1925: 1.550.800 B.v., 1.12. 1927: 1.638.700 B.v., 1.1.2.1928: 1.617.400 B.v.].
> Von den Mitgliedern hatten:
> 26.182 von 10–20 Völkern,
> 10.854 von 20–50 Völkern,
> 1.835 von 50–100 Völkern,
> 219 über 100 Völker.
> Die Mehrzahl der Mitglieder hat unter 10 Völkern. Die Großimker über 100 Völkern sitzen vor allem in Thüringen (40), Ostpreußen (37), Hannover (35), Bayern (27) und Schlesien (20). Imker mit 50-100 Völkern gibt es in erster Linie in Hannover (288), Schleswig-Holstein (250), Bayern (230), Württemberg (193), Ostpreußen (182) und Thüringen (110).

> Die Gesamternte der Mitglieder des Bundes betrug 356.000 Zentner. Davon entfällt ein gutes Viertel mit 93.000 Zentner auf Bayern; dann kommen Württemberg mit 34.000 Zentner, Rheinland mit 25.000 Zentner, Thüringen mit 21.000 Zentner. Die Durchschnittserträge je Volk schwanken zwischen 11 Pfund in Mecklenburg-Schwerin und 40 Pfund in Thüringen."[121]

Die gleiche statistische Erhebung des Deutschen Imkerbundes für das Jahr 1930 zeigte bei der Verteilung der Imker auf die verschiedenen Berufsgruppen folgendes Bild (in Prozent)[122]:

Landwirte (33,77), Beamte (insgesamt: 14,76, Bahn: 4,15, Kreis- oder Gemeinde: 2,33, Post: 2,11, Forst: 1,98, sonstige: 4,19), Handwerker (13,60), Lehrer (9,78), Arbeiter (7,61), Kaufleute (3,67), Gastwirte (2,29), Gärtner (2,17), ohne Berufsangabe (1,85), Rentner (1,81), andere Berufe (1,78), Frauen (1,56), Geistliche (1,15), Hausbesitzer (1,07), Invaliden (0,87), Fabrikbesitzer (0,54), Berufsimker (0,52), Mühlenbesitzer (0,51), Aerzte (0,27), Brauereibesitzer (0,09), Landwirtschaftliche Lehranstalten (0,07), Staatliche Anstalten (0,06), Verschiedene Anstalten (0,05), Private Anstalten (0,04), Gefangenenanstalten (0,01), Frauenschulen (0,00). Die Hauptberufsgruppen waren Landwirte (ein Drittel aller Imker), Beamte, Handwerker, Lehrer und Arbeiter. Bemerkenswert ist der sehr geringe Anteil der Berufsimker und der imkernden Frauen (s. Kap. 6). „Können Frauen Bienenzucht betreiben?"[123] war auch in der Weimarer Republik eine häufig gestellte Frage. August Ludwig hatte auf die Frage „Wie werde ich Imker?" in seinem nunmehr in der 7. Auflage erschienenen Buch „Am Bienenstand" nur die Männer im Blick: „Höre dabei nur auf solche Gründe, die wirklich sachliche Gründe sind und denke nicht, daß der am meisten recht hat, der am meisten schreit, am heftigsten persönlich wird und am häufigsten ‚meine Herren!' sagt."[124] Enoch Zander war in seinem nach dem Ersten Weltkrieg erschienenen Buch „Die Zucht der Biene" sehr eindeutig:

> „Für stark nervöse Leute ist die Bienenzucht meines Erachtens weniger geeignet; die Angst vor möglichen Stichen macht sie nur noch erregter. Von den vielen nervenkranken Soldaten, die während des Kriegs in die Erlanger Anstalt kamen, hielt auch nicht einer stand, wenn ein harmlos summendes Bienchen ihn umschwirrte. Der Umgang mit den Bienen erfordert aber Ruhe. Daher eignet sich auch die Frau bei ihrer von Natur leicht erregbaren Anlage nur selten zur Bienenpflegerin."[125]

Zander spielte auf die im Laufe des Kriegsgeschehens schwer psychisch traumatisierten Soldaten an, die an psychosomatischen Irritationen bis hin zu schwersten Formen des Schüttelzitterns, der Kriegshysterie, litten.[126] Die Frauen nach dem Krieg waren häufig ebenfalls von den Entbehrungen des Kriegsgeschehens psychisch und physisch beeinträchtigt und nicht selten ohne Partner. Zander sprach ihnen allerdings „von Natur" aus die Eignung für die Bienenzucht ab.

Mit einer gewissen Ambivalenz wurde die Bienenzucht betreibende Frau betrachtet, auf der einen Seite von dem „alten Bienenvater" mit überlegener und überheblicher Einstellung: „Unmöglich! Wird der zünftige Imker sagen und jede Tat einer Bienenpflegerin mit einem überlegenen Lächeln abzutun versuchen. In der Kleidung, der Abneigung gegen das Rauchen und dem Mangel an Kaltblütigkeit erblickt er die Hemmungen, die ihn an ein ersprießliches Arbeiten der Frauen auf dem Bienenstande nicht glauben lassen können."[127] Trotz der geringen Zahl von Frauen, die Bienenzucht betrieben, zollte man auf der anderen Seite denen, die es taten, Respekt, nicht ohne auf das Bienenvolk als „Musterstaat" des „weiblich regierten Sozialverbands" hinzuweisen:

> „Gewiß kann man solch eine Einstellung alter Bienenväter, die nach jahrzehntelanger Tätigkeit im Bienenzüchterberuf nur männlichen Standbesitzern begegneten, sehr wohl verstehen. Uebersehen sie aber bei der Beurteilung der aufgeworfenen Frage nicht, daß gerade ihre Lieblinge, die Bienen, beweisen, daß weiblich regierte Sozialverbände Musterstaaten sein können! Sollte deswegen nicht schon die Frau geradezu naturgemäß einen Anspruch auf die Pflege von Bienen haben und aus denselben Gründen auch die dazu erforderliche Eignung aufweisen können? Oder glauben die Herren Imker, daß Frauenkraft zur Ueberwachung und Behandlung von Bienenvölkern nicht ausreicht?"[128]

Und unter Anspielung wiederum auf die „alten Bienenväter" und die Gleichberechtigungsbestrebungen der Frauen hieß es in dem 1928 erschienenen Aufsatz weiter:

> „Genug der vielen Fragen an die alten Bienenväter. Ihre Augen haben die großen Entwicklungsepochen, die auch die Frau betroffen haben und von ihr auch nicht ungenützt geblieben sind, nicht gesehen. Gleichberechtigung mit dem Mann war die Hauptforderung, teilzuhaben an der Gestaltung des öffentlichen Lebens und an der Lösung akuter Gegenwartsfragen mußte die notwendige Folgerung dieser Forderung sein. Weitestgehender Raum wurde den Frauenbestrebungen in der Gesetzgebung der Nachkriegszeit durch die Beseitigung der unterschiedlichen Behandlung der Geschlechter gegeben. Seit diesem Augenblick sehen wir die Frauen in allen Berufsschichten, selbstverständlich auch in der Politik an führender Stelle vertreten und wirken. Und unter diesen erdrückenden Beweisen des Könnens der Frau kann der modern denkende Mann, der Verständnis für die Bestrebungen der Frauen hat, ernstlich nicht daran denken, von den vielen Berufen, denen die Frauen sich neuerdings gewachsen zeigen, die Bienenzucht als Privileg des Mannes retten zu wollen.
> Selbstverständlich ist die Bienenzucht nun nicht schlechthin eine geeignete Beschäftigung für jede Frau, aber für naturliebende und nicht überängstliche, arbeitssame Frauen wird sie stets ein dankbares Betätigungsfeld bleiben."[129]

Ermutigungen für Frauen, Bienenzucht zu betreiben, wurden hin und wieder gerade von Frauen ausgesprochen, wie beispielsweise auch in dem Artikel „Deutsche Frauen, treibt Bienenzucht!"[130]

„Grundlegendes über Bienenzucht lehren"

Fachlich zeitgemäße Kenntnisse über die Biene und den Umgang mit ihr wurden in vielen Realien-Schulbüchern mehr oder weniger intensiv vermittelt. „Es muß verlangt werden, daß in allen deutschen Volksschulen Grundlegendes über Bienenzucht gelehrt wird" hieß es beispielhaft in einem 1932 erschienenen Aufsatz von

Abb. 18: Bienenzuchtkursus für Volksschüler der Oberklassen (1929).

Schulrat A. Senner, nicht ohne auf die Bevorzugung einheimischer Honigerzeugnisse zu appellieren. Dabei wurde auch auf die wirtschaftliche Bedeutung hingewiesen: „[...] ohne Förderung der deutschen Bienenzucht [ist] eine Hebung des deutschen Obstbaues nicht möglich."[131] Der „naturkundliche Unterricht [sollte] durchsetzt [werden] mit Ausblicken auf die Belange der Bienenzucht" und „in den Schulbüchern für Naturkunde [sollten] neuere Erkenntnisse über die Honigbiene dargestellt [werden]." Hin und wieder wurden auch „Bienen-Lehrkurse" beispielsweise für Volksschüler der Oberklassen abgehalten, um die Schuljugend für die Bienenzucht zu interessieren (Abb. 18). Die „Schulgartenbewegung" gab hierzu gute Gelegenheiten.[132]

6 Die Bienenzucht im Nationalsozialismus

Zum Beginn des ereignisreichen Jahres 1933 „blickt die deutsche Imkerschaft […] mit neuer Hoffnung trotz aller Schwere“[1] in die Zukunft. Das „hohe Ziel, mitzuschaffen an der deutschen Eigenernährung“[2], sollte nicht aufgegeben werden. So stand es in der Januar-Ausgabe der „Leipziger Bienen-Zeitung“. Am 30. Januar 1933 berief Hindenburg Adolf Hitler zum Reichskanzler. Das neue Kabinettsmitglied Alfred Hugenberg (1865–1951), Vorsitzender der Deutschnationalen Volkspartei (DNVP) und Medienunternehmer, übernahm das Superministerium für Wirtschaft, Ernährung und Landwirtschaft. Hugenberg wurde gleichzeitig Vorsitzender des „Reichsausschusses für Bienenzucht“.[3] Mit der neuen Reichsregierung verbanden sich in der Imkerschaft große Hoffnungen: „den Bauernstand als die Grundlage des nationalen Wohlstandes zu schützen und zu festigen […]. Auch die Bedeutung unserer Imkerei wird im Rahmen der geplanten Wirtschaftspolitik seitens der Reichsregierung Anerkennung finden.“[4]

Nationalsozialisten an der Macht

Die Etablierung der Macht durch die Nationalsozialisten erfolgte ab Frühjahr 1933 in raschen Schritten: SA als Hilfspolizei (22. Februar), „Reichstagsbrandverordnung“ (28. Februar), letzte „halbfreie“ Wahlen (5. März), „Tag von Potsdam“ (21. März), Gleichschaltung der Länder (31. März), Zerschlagung der Gewerkschaften (2. Mai), Gesetz gegen die Neubildung von Parteien (14. Juli). Der „Tag der nationalen Arbeit“ (1. Mai 1933)[5] wurde in der „Leipziger Bienen-Zeitung“ freudig begrüßt: „Neues Vertrauen steigt auf in den Herzen unserer Volksbrüder, ganz besonders in den Herzen unserer Bauern und so auch in den Herzen der mit der Landwirtschaft so innig verbundenen deutschen Imker.“[6]

Vor dem Hintergrund, dass die Nationalsozialisten Hugenberg und seine Partei politisch ausschalten wollten, trat er schon am 29. Juni 1933 von allen Minister- und Parteiämtern zurück. Von der deutschen Imkerschaft wurde er trotz seiner kurzen Amtszeit insbesondere wegen der Erhöhung des Honigzolls positiv erwähnt.[7] Zwischenzeitlich erhielt der „Deutsche Landwirtschaftsrat“, mit dem der Reichsausschuss für Bienenzucht zusammenarbeitete, einen neuen Vorstand: den der Imkerschaft bekannten nationalsozialistischen Bauernführer Richard Walther Darré (1895–1953).[8] Am 29. Juni wurde der „Reichsbauernführer“ Darré zum Reichsminister für Ernährung und Landwirtschaft ernannt: Die „Betreuung der Bienenzucht an oberster Stelle und auch im Vorsitz des Reichsausschusses für Bienenzucht ist […]

auf den Reichsführer der gesamten deutschen Bauernschaft [...] übergegangen."[9] Die Imkerschaft stand der Ernennung Darrés wohlwollend gegenüber. In der „Leipziger Bienen-Zeitung" wurde betont, dass Darré „das restlose Vertrauen aller deutschen Bauern hat. Dieses Vertrauen hat seine Hauptwurzel in der Erkenntnis, daß das deutsche Bauerntum in Darré einen Führer gefunden hat, der blutsmäßig den Sinn und das Wesen des deutschen Bauerntums erfaßt und die Verpflichtung, die der Dienst an der Scholle uns allen auferlegt, lebendig in sich fühlt."[10]

Der „Blut-und-Boden"-Ideologe

Richard Walther Darré wurde im Juli 1895 in Buenos Aires (Argentinien) als Kind vermögender Eltern geboren, die vorübergehend ins Ausland gezogen waren. Bis zum Beginn des Ersten Weltkrieges studierte er mit dem Ziel, sich in kolonialer Landwirtschaft zu spezialisieren. Wie viele andere nationalsozialistische Führer zeichnete er sich im Kriege aus. Das Studium der Fächer Ackerbau und Viehzucht konnte er nach dem Krieg in Halle abschließen. In den späten 20er Jahren, als er mit regierungsamtlichen Zeitaufträgen auf dem Gebiet der Viehzucht beschäftigt war, veröffentlichte Darré einige Publikationen zur Tierauslese, die Ausgangspunkt für seine anthropologisch-rassischen Vorstellungen wurden, die in „voller Übereinstimmung mit den agrarischen und irrationalen geistigen Strömungen der völkischen Bewegung" standen.[11] So veröffentlichte er 1926 einen Beitrag in der Zeitschrift „Volk und Rasse" mit dem Titel „Das Schwein als Kriterium für nordische Menschen und Semiten".[12] Weitere Publikationen folgten 1929 mit „Das Bauerntum als Lebensquell der nordischen Rasse" und 1930 mit „Neuadel aus Blut und Boden".[13] Darrés Hauptforderungen waren: die Züchtung eines nordisch-germanischen Bauerngeschlechts, erbgesundheitliche Stammbücher, Überwachung der Fortpflanzung durch „Zuchtwarte" sowie Ausmerzung der Minderwertigen.[14] Mit seinem Gedankengebäude, das er bis Ende der zwanziger Jahre entwickelte, verherrlichte Darré das Bauerntum als rassischen Mittelpunkt des deutschen Volkes. Ihm wollte Darré die rassische Qualität zurückgeben, die es im Laufe der Industrialisierung verloren hatte. In diesem Zusammenhang prägte Darré den Begriff „Blut und Boden", mit dem er die Wechselbeziehung zwischen rassischem Niveau und bäuerlicher Tätigkeit darstellen wollte.[15] In seinen Veröffentlichungen beabsichtigte Darré zu zeigen, dass es Unterschiede zwischen der germanischen und slawischen Rasse hinsichtlich der Beständigkeit und dem bäuerlichen Charakter gäbe. Außerdem forderte er eine erneute Verbäuerlichung und rassische Erneuerung Deutschlands entgegen der dominierenden Tendenz zur Industrialisierung.[16] Mit diesen Ideen machte Darré 1927 Bekanntschaft mit Heinrich Himmler und 1930 mit Adolf Hitler im Hause von Paul Schultze-Naumburg.[17] Folge war, dass Darré ab 1930 Berater Hitlers in landwirtschaftlichen Angelegenheiten wurde. Er begann einen Apparat von Fachberatern aufzubauen und massive Propagandaaktionen auf dem Lande durchzuführen.[18] 1930 trat Darré der NSDAP und der SS bei.[19] Ende 1931 ordnete Himmler die Gründung des Rasse- und Siedlungsamts (RuSHA) innerhalb der SS an, deren Spitze Darré bis zur Ablösung im Sommer 1938[20] übernahm. Die Aufzucht einer „reinen deutschen Rasse" waren gemeinsame Ziele von Himmler und Darré. Beide wollten ein neues reinrassiges Bauerntum heranziehen, das ein neuer deutscher Adel werden würde.[21] Am Beispiel dieses „bäuerlichen Neuadels" wurden Vorstellungen entwickelt, die „ab 1932 für den ‚neuen Orden' der SS Gesetz wurden: Bildung von Rassewertgruppen, Gattenwahl nach rassischen Gesichtspunkten und Ausbildung einer Berufsgruppe von Rassefachleuten, die für die Koordination der Maßnahmen verantwortlich sein sollten".[22] Nach seiner Ernennung zum Minister und den schnell durchgeführten Gleichschaltungen aller Vertretungsorgane im landwirtschaftlichen Bereich machte Darré sich daran, seine „Blut-und-Boden-Ideologie" umzusetzen. Im „Reichsnährstand" sollten alle zusammengefasst werden, die mit der landwirtschaftlichen Produktion, mit der Verarbeitung bis hin zum Handel zu tun hatten.[23]

Als weitere wichtige Säule der Politik Darrés war das am 29. September 1933 verkündete Erbhofgesetz, mit dem das Erbrecht reformiert werden sollte. Demnach sollte die ungeteilte Übertragung auf einen Erben ermöglicht werden, um die Zersplitterung des Erbes zu vermeiden. Dieses Konzept sollte die Keimzelle jenes neuen „Adels" werden, der zuvor theoretisch und ideologisch von Darré konzipiert wurde.[24] Ein entscheidender Schwachpunkt in quantitativer und qualitativer Hinsicht war jedoch, dass die nichterbenden Söhne ihrer Möglichkeiten beraubt wurden, sich in der Landwirtschaft zu betätigen. Dies barg die Chance für eine dritte Säule Darréscher Politik, nämlich die Verstärkung der Landwirtschaft insbesondere in den Ostgebieten, die Kolonisation, um dem vermeintlichen Vorrücken des Slawentums Einhalt zu gebieten.[25] Dieser Ansatz richtete sich auch gegen die Großgrundbesitzer in den östlichen Provinzen Preußens.[26]

Insgesamt hatte Darré allerdings nur mäßigen Erfolg mit seinem ideologischen Programm. Drei Gründe werden hierfür im Wesentlichen genannt[27]: Hitlers Lösungsansatz für die internen Lebensmitteldefizite und die Überbevölkerung war die Erweiterung des Lebensraums – ein Konzept, das von der SS während des Krieges in den besetzten Ostgebieten durchgesetzt wurde. Die Interessen der Junker sollten zudem wegen deren Verbindungen zum Offizierskorps und zur Bürokratie nicht verletzt werden. Hinzu kommt, dass viele Wirtschaftsfachleute überzeugt waren, dass die großen Güter innerhalb der „Vierjahrespläne" hinsichtlich Produktion und Bildung strategischer Reserven effizienter waren als die bäuerlichen Kleinbetriebe.

Das vierte programmatische Ziel Darrés betraf die Ordnung des Binnenmarkts. Infolge der Weltwirtschaftskrise führten fast alle industrialisierten Staaten strenge Wirtschaftsplanungen und -kontrollen im Agrarsektor ein.[28] Auch die Marktordnung unter Darré sah gegen Importe errichtete Barrieren vor, mit denen Warenströme und Preise unter Kontrolle gehalten wurden. Allerdings wurde mit den Jahren die Marktordnung immer stärker an die Verbraucherinteressen angepasst, die in der Phase der Kriegsvorbereitung vorrangig zu berücksichtigen waren. Hinzu kommt, dass aufgrund der Aufrüstungskonjunktur die Erträge der Bauern gegenüber anderen sozialen Gruppen zurückfielen, was auf dem Lande zu größerer Unzufriedenheit führte.[29] Die Industrie lockte mit besser bezahlten Arbeitsplätzen. Diese provozierten eine geringere Produktivkraft auf dem Lande sowie eine Beeinträchtigung der im Sinne Darrés „rassischen" Eigenschaften des Bauerntums und eine stärkere Arbeitsbelastung der Frauen.[30] Angesichts der „allgemeinen Krise der Landwirtschaft"[31] verblasste der Stern Darrés immer mehr, der lediglich von 1930 bis 1936 einen gewissen Machteinfluss hatte.

Mit der Schaffung des Verwaltungsapparates für den Vierjahresplan wuchs schließlich auch der Einfluss des „Technokraten" Herbert Backe (1896–1947), einst Staatssekretär des „Ideologen" Darré und protegiert von Göring und Himmler.[32] Die Ausbeutung der Ressourcen in den besetzten Ländern mit Ausbruch des Krieges ließ Darrés Einfluss gänzlich verblassen; im Mai 1942 verlor er sogar sein Ministeramt[33]. Joseph Goebbels schrieb bereits am 1. April 1934 in sein Tagebuch: „Darré macht Blödsinn über Blödsinn. Eine Niete."[34] Darré wurde 1949 nach dem Krieg zu sieben Jahren Haft verurteilt, wurde aus gesundheitlichen Gründen vorzeitig entlassen und verstarb 1953.[35]

Planung des millionenfachen Hungertods

Herbert Backe, der 1922 in die SA und 1926 in die NSDAP eintrat, war ab 1936 zugleich Leiter der Geschäftsgruppe Ernährung in Hermann Görings Behörde für den Vierjahresplan[36]. Backe verfolgte im Rahmen der nationalsozialistischen Agrarpolitik hinsichtlich des Autarkieziels – im Gegensatz zu Darré – einen pragmatischen Kurs. Während des Zweiten Weltkrieges war er vor dem Unternehmen Barbarossa 1941 verantwortlich für die Planung des Hungertodes von Millionen Menschen, was kriegswirtschaftlich und rassenideologisch begründet wurde (Backe- oder Hungerplan): „Armut, Hunger und Genügsamkeit erträgt der russische Mensch schon seit Jahrhunderten. Sein Magen ist dehnbar, daher kein falsches Mitleid."[37] Dieser menschenverachtende Plan hatte den Hungertod von 30 Millionen Menschen in den besetzten Gebieten der UdSSR zum Ziel. Die Lebensmittel von dort sollten zur Versorgung der Wehrmacht und der deutschen Bevölkerung verwendet werden. Der Backe-Plan ist Teil eines graduellen Wandlungsprozesses bei den Funktionseliten in Richtung einer zunehmenden Radikalisierung, der sich seit Ausbruch des Krieges im September 1939 manifestierte.[38] Während die Gräueltaten der SS und Sicherheitspolizei zu Beginn des Krieges in Polen bei den Generälen der Wehrmacht noch für Entsetzen sorgte, fanden kritische Stimmen immer seltener Gehör. Auch angesichts der großen militärischen Erfolge im Frühjahr 1940 traten moralische Bedenken immer mehr in den Hintergrund. Eine ähnlich bedenkenlose Entwicklung machte sich in der Wissenschaft breit, wo sich etablierte moralische Standards durch Teilnahme von Medizinern an der Euthanasiepolitik mit ihren tödlichen Humanexperimenten und genozidalen Planungen allmählich auflösten.[39] In einem weiteren Bereich, der Wirtschaft, zeigt sich der Verfall der traditionellen Kaufmannsmoral. An deren Stelle rückte seit 1938 eine Raubwirtschaft in den Vordergrund, die die Eigentumsrechte von Juden und Osteuropäern während des Krieges in den eroberten Gebieten missachtete oder als nicht existent betrachtete.[40] Im Rahmen der nationalsozialistischen Vernichtungspolitik wurde der „Generalplan Ost" im Auftrag Himmlers unter der Leitung des Agrarwissenschaftlers und SS-Oberführers Konrad Meyer entwickelt. Mit diesem menschenverachtenden wissenschaftlichen Plan sollte Hitlers Forderung nach einer rücksichtlosen „Germanisierung" neuen „Lebensraumes" im Osten umgesetzt werden. Ziel war, innerhalb von 25 Jahren fast fünf Millionen Deutsche im Westen der Sowjetunion anzusiedeln. Die dort lebende slawische oder jüdische Bevölkerung sollte vertrieben, versklavt oder ermordet werden. Aufgrund der sich schnell verändernden Kriegslage konnte der „Generalplan Ost" nur in Teilen umgesetzt werden.[41]

1937 wurde Backe Senator und ab Juli 1941 Vizepräsident der Kaiser-Wilhelm-Gesellschaft. Im Mai 1942 wurde er zunächst kommissarisch Leiter des Reichsministeriums für Ernährung und Landwirtschaft, im November 1942 SS-Obergruppenführer und schließlich 1944 offiziell Reichsminister sowie Reichsbauernführer. Im Mai 1945 war er Reichsminister für Ernährung der Regierung Dönitz in Flensburg. Am 6. April 1947 verübte er im Nürnberger Kriegsverbrecherprozess Suizid.[42]

Gleichschaltung durch die Nationalsozialisten

Von der Gleichschaltung im Laufe des Frühjahrs 1933 nach Etablierung der Macht der Nationalsozialisten waren fast alle Bereiche der deutschen Gesellschaft betroffen. Der Begriff „Gleichschaltung", der aus der Terminologie der Nationalsozialisten stammte, bezeichnet eine Reorganisation von Politik, Gesellschaft und Kultur nach den Ordnungsvorstellungen der neuen Machthaber.[43] Auch die Imkervereine blieben davon nicht verschont.

Die entscheidende Voraussetzung für die Gleichschaltungsmaßnahmen war das „Ermächtigungsgesetz" vom 24. März 1933, das Hitler gesetzgeberische und vertragliche Vollmachten zur weiteren Beseitigung des Pluralismus und der Demokratie verschaffte. Die Auswirkungen des Gleichschaltungsprozesses auf die betroffenen Organisationen und Institutionen waren unterschiedlich. Die Bandbreite reichte von kosmetischen Korrekturen bis hin zum Verschwinden von Organisationen.[44] Für die weiterbestehenden Organisationen bedeutete die Gleichschaltung, dass die demokratischen Strukturen durch das „Führerprinzip" ersetzt, dass Juden aus leitenden Positionen entfernt oder verstoßen wurden und dass ein vollständiger oder partieller Führungswechsel zugunsten einer Verjüngung des Führungspersonals vollzogen wurde.[45]

Die Prozesse vor Ort gerieten friedlich und geräuschlos, wenn die alten Vorstände freiwillig zurücktraten. Nicht selten allerdings wurde Gewalt in Form uniformierter SA-Trupps eingesetzt, wenn der Austausch des Führungspersonals gegen Widerstände durchgesetzt werden musste.[46] Vielfach vollzog sich die Gleichschaltung von innen heraus, als vorauseilender Gehorsam, in Form einer Selbstgleichschaltung.[47] Kräfte innerhalb der jeweiligen Organisation, die den Nationalsozialisten nahe standen, versuchten ihre Machtpositionen durch Anpassung an das neue System zu erhalten oder übten internen Druck auf bestehende Führungskräfte aus.

Grundlage für die Gleichschaltungsprozesse waren die zwei Gleichschaltungsgesetze vom 31. März 1933 und vom 7. April 1933. Zunächst wurden die Länder als vorrangiges Ziel ihrer relativen Souveränität beraubt, danach wurden die Reichsstatthalter eingesetzt. Die Machtübernahme in den Ländern war überall mit Misshandlungen, Demütigungen und Einschüchterung der besiegten Gegner begleitet.[48] Das „Gesetz über den Neuaufbau des Reichs" vom 30. Januar 1934 hat schließlich den Entzug der Hoheitsrechte der Länder abgeschlossen. Gleichschaltungsprozesse wurden beispielhaft auch in folgenden gesellschaftlichen Bereichen vollzogen: Am Tag nach den Maifeiern 1933 wurden auch die Gewerkschaften aufgelöst und in die „Deutsche Arbeitsfront" (DAF) überführt. Zahlreiche Funktionäre wurden verhaftet. Der „Nationalsozialistische Lehrerbund" (NSLB) konnte sich die bislang unabhängigen Lehrerverbände einverleiben und seine Mitgliederzahl von 6000 (Ende 1932) auf 220 000 erhöhen.[49] Die Gleichschaltung des kulturellen Lebens verband sich mit der Ernennung von Joseph Goebbels zum Reichsminister für Volksaufklärung und Propaganda am 13. März 1933 und der Errichtung der „Reichskulturkammer".

Innerhalb von vier Monaten gelang es dem agrarpolitischen Apparat unter Richard Walther Darré sämtliche bedeutenden landwirtschaftlichen Organisationen gleichzuschalten und der eigenen Führung zu unterwerfen.[50] Der Reichslandbund hatte sich bereits vor der Machtergreifung den Nationalsozialisten angenähert. Die eher kritische Vereinigung der deutschen christlichen Bauernvereine wurde durch Verhaftung des Vorsitzenden, des Zentrumspolitikers Andreas Hermes, wegen angeblicher Korruptionsvorwürfe gefügig gemacht. Im Zuge der Fusionsverhandlungen der beiden großen Verbände wurde Darré im April 1933 der Vorsitz der „Reichsführergemeinschaft" angetragen, die bis 1934 eine einheitliche Organisation des deutschen Bauerntums begründen sollte.[51] Nachdem auch gegen den geschäftsführenden Präsidenten des Reichslandbundes, dem Deutschnationalen Graf Kalckreuth, nach bewährtem Muster Korruptionsvorwürfe erhoben wurden, ließ sich Darré auf der nächsten Sitzung der „Reichsführergemeinschaft" zum „Reichsbauernführer" mit „uneingeschränkten Vollmachten" ernennen.[52] Durch Rücktritte der bisherigen Vorstände konnten auch die landwirtschaftlichen Genossenschaften und die Landwirtschaftskammern übernommen werden. Sämtliche Spitzenpositionen der deutschen Landwirtschaft waren nun in der Hand des agrarpolitischen Apparats der NSDAP. Im September 1933 wurde die Zusammenfassung sämtlicher Organisationen in den „Reichsnährstand" abgeschlossen.[53] Auch die Imkerschaft war von diesem Gleichschaltungsprozess betroffen. Eine gute Gelegenheit hierzu bot die Imkertagung im Sommer 1933 in Bad Nauheim.

Vom Deutschen Imkerbund zur Reichsfachgruppe Imker

Vom 27. bis 31. Juli 1933 fand in der hessischen Kur- und Badestadt in der Wetterau Bad Nauheim die Deutsche Imkertagung statt. Die „Leipziger Bienen-Zeitung" berichtete, dass „die Gleichschaltung des Deutschen Imkerbundes durchgeführt wurde, und zwar in einer Einmütigkeit, welche die Begeisterung der deutschen Imkerschaft für das Werk des Volkskanzlers Adolf Hitler und seines Reichsbauernführers und Reichsernährungsministers Darré zeigte."[54]

Exemplarisch lässt sich der nahezu geräuschlose Gleichschaltungsprozess an der Deutschen Imkertagung vom Sommer 1933 in Bad Nauheim zeigen. Die Imker des Reichs hatten sich an diesem beschaulichen Ort zusammengefunden, um die neue Führung zu bestimmen. Der Präsident des Reichsverbandes der deutschen Kleintierzucht, der nationalsozialistische Landtagsabgeordnete im Preußischen Landtag Karl Vetter (1895–nach 1955) wurde einstimmig von der Vertreterversammlung mit allen 147 Stimmen zum Präsidenten (Bundesführer) des Deutschen Imkerbundes gewählt. Zum geschäftsführenden Präsidenten und zweiten Präsidenten ernannte der neugewählte Präsident Karl Hans Kickhöffel, den früheren Präsidenten des Deutschen Imkerbundes. Da der Abgeordnete Vetter krankheitsbedingt verhindert war, hatte er als Vertreter den „Gleichschalter"[55] Dr. José Filler (1888–unbekannt)[56], Präsident des Reichsverbandes für Geflügelwirtschaft und Kleintierzucht, entsandt.[57] So hieß es:

> „Der bisherige Bundesvorstand legte in klarer Erkenntnis und voller Würdigung der veränderten Zeitverhältnisse in seiner Gesamtheit die ihm früher übertragenen Ämter nieder […]."[58] Die Vertreterversammlung „ermächtigte [Karl Vetter] die notwendigen Maßnahmen für die Eingliederung in den ständischen Aufbau und die Gleichschaltung vorzunehmen. So legten die anwesenden Vertreter der 130.000 im DIB. zusammengeschlossenen Imker aus Nord und Süd, Ost und West ein unzweideutiges Zeugnis ab von dem festen Willen, freudig und gewissenhaft im Sinne des tatkräftigen, jugendfrischen Führers und Erbauers des neuen Deutschlands an bescheidener Stelle, aber nach besten Kräften im Dienst des teueren Vaterlandes mitzuarbeiten."[59]

Die Bundesführung trat zukünftig an die Stelle der Vertreterversammlung. Mit der Ermächtigung Vetters „hatte die eigentliche Vertreterversammlung ihr Ende gefunden; denn vorliegende Anträge durften nicht mehr verhandelt werden, sondern alles für die Nauheimer Tagung Vorliegende wurde der neuen Bundesführung als Material überwiesen".[60]

Gleichschaltung bedeutete für Organisationen, deren Existenz nicht in Frage gestellt wurde, dass demokratische Strukturen zugunsten des „Führerprinzips" beseitigt wurden.[61] Dieses Prinzip wurde Mitte 1933 umgesetzt. Dies bedeutete, dass Entscheidungen innerhalb einer Gruppe, einer Organisation oder in einem Volk ohne Einschränkung einem „Führer" überlassen wurden, dem lediglich Berater zugeordnet waren. Die Autorität des Führers war nach unten gerichtet, dem Führer gegenüber war man verantwortlich. Demokratische Mehrheitsentscheidungen fanden nicht statt. Der Prozess der Gleichschaltung lief so ab, dass die Vorsitzenden formal neu gewählt wurden. Seine Vertreter wurden dann von ihm ernannt und mussten von höherer Stelle genehmigt werden. Nach diesem Verfahren hieß er nicht mehr „Vorsitzender", sondern „Führer". Daher „[dankte] Dr. Filler [...] als Vertreter des durch Krankheit verhinderten neugewählten Führers für die vertrauensvolle Einstellung der deutschen Imker [...]."[62] Für die Personalentscheidungen war „die deutsche Imkerwelt [...] von ganzem Herzen dankbar, und was die anwesenden Vertreter durch lauten Jubel kundgaben, das wird sicherlich in allen Verbänden lebhaften Widerhall finden".[63] „Im Zuge der Gleichschaltung wurde die Zahl der einzelnen Landes- und Provinzialverbände von 27 auf 17 zusammengelegt."[64] Sehr erwartungsfroh sah die Imkerschaft einer „straffere[n] und verantwortungsvollere[n]" „Form der Führung entsprechend dem neuen Geist entgegen".[65]

Karl Hans Kickhöffel, von der Imkerschaft „unser Kickhöffel"[66] genannt, beschwor in Nauheim als „gewandter Parlamentarier" die Vertreterversammlung: „Der Weg ist frei zur Verwirklichung des Traumes der deutschen Jugend: ein Volk, ein Glaube, ein Reich."[67] In der „Leipziger Bienen-Zeitung" wurde euphorisch geschrieben: „Das auf die Nation und die Führer derselben ausgebrachte Sieg-Heil brachte eine Begeisterung in die Reihen der anwesenden deutschen Imker wie nie zuvor."[68]

Auf der Tagung in Stettin am 4. und 5. August 1934 löste sich schließlich der DIB auf und wurde zur Reichsfachgruppe Imker. Die Institutionen der Imker waren nach der Gleichschaltung neu geordnet und hierarchisch gegliedert. Im Zuge der Gleichschaltung in Bad Nauheim wurden nunmehr nicht nur die „Führer" des Bundes, sondern auch die der „Gauverbände", der früheren Landes- und Provinzialverbände, ernannt.[69] An der Spitze stand der Reichsverband Deutscher Kleintierzüchter (R.D.Kl.). Diesem waren die Reichsfachgruppen unterstellt. Aus dem Deutschen Imkerbund wurde die Reichsfachgruppe Imker (RfgrI). Darunter befand sich die Organisationsebene der Landesgruppe, die aus den Landesfachgruppen bestand. Darunter gab es die Kreisgruppe, bestehend aus den Kreisfachgruppen. Auf den unteren Ebenen waren schließlich die Ortsgruppen und Ortsfachgruppen angesiedelt. Die Ortsfachgruppenleiter versuchten später die von der Reichsfachgruppe Imker gegebenen Anordnungen beispielsweise im Hinblick auf den Vierjahresplan und die kriegswirtschaftlichen Ziele durchzusetzen. Die Reichsfachgruppe Imker war Bestandteil des „Reichsnährstands".

Die Gleichschaltungsprozesse verliefen offensichtlich reibungslos. Dazu heißt es im „Deutschen Imkerführer": „So fand der mit der Gleichschaltung sämtlicher Kleintierzuchtverbände beauftragte Abgeordnete Vetter [...] einen für die Einschaltung in den größeren Rahmen und für den Ausbau nach nationalsozialistischen Grundsätzen reifen Deutschen Imkerbund vor. Die notwendigen Änderungen konnten leicht erfolgen [...]."[70] Diese reibungslose Gleichschaltung war sicherlich auch der Tatsache geschuldet, dass der frühere Präsident des Deutschen Imkerbundes, Karl Hans Kickhöffel mit seiner antidemokratischen Gesinnung den Nationalsozialisten politisch sehr nahestand.

Bei der Herbsttagung 1933 der im Jahre 1885 von Max Eyth gegründeten Deutschen Landwirtschaftsgesellschaft (DLG) wurde ebenfalls die Gleichschaltung und Überführung in den Reichsnährstand, die nach dem Führerprinzip aufgebaute Zwangsorganisation, vorgenommen. In den Sonderausschuss für Bienenzucht der DLG wurden vom Deutschen Imkerbund berufen: Karl Vetter (Vorsitzender), Karl Hans Kickhöffel (stellv. Vorsitzender), Leonhard Birklein, Eduard Grotevent und Johannes Aisch[71].[72]

Der Deutsche Imkerbund hatte nach dem Krieg offensichtlich ein Problem mit dem Begriff „Gleichschaltung". In ihrem Aufsatz „Einheit, Reinheit, Brüderlichkeit'" wies Cornelie Becker-Lamers[73] darauf hin, dass in der offiziellen Selbstdarstellung „Wir über uns" des Deutschen Imkerbundes noch 1996 für „Gleichschaltung" beschönigend „Einfügung" formuliert wurde. Dieses Defizit wurde in der Schrift des D.I.B aus dem Jahr 2007 zum 100. Jubiläum korrigiert.[74]

Karl Vetter und José Filler – die Bundesführer

Karl Vetter (Abb. 19) war von Beruf Landwirt. Er wurde 1932 Kreisleiter der NSDAP in Eschwege und noch im gleichen Jahr Mitglied des Preußischen Landtages für die NSDAP. 1933 wurde er Landesobmann der Landesbauernschaft Kurhessen, dann Leiter der Reichshauptabteilung IV im Reichsnähstand, schließlich 1933 Mitglied des Reichstags, Wahlkreis Hessen-Nassau. Er war Leiter und Kreisbeauftragter der Reichsstelle für Eier und Sonderbeauftragter des Reichs- und Preußischen Ministeriums für Ernährung und Landwirtschaft für die Kleintierzucht und schließlich Präsident des Verbands deutscher Kleintierzüchter. Außerdem war er SS-Standartenführer.[75]

„In einem durch die amerikanische Militärregierung durchgeführten Entnazifizierungsverfahren (Az: HHStAW Abt. 520 Kassel-Zentral Nr 3230 [K271]) wurde Karl Vetter als Belasteter II. eingestuft. Am 10. Juli 1948 wurde er aus dem Internierungslager Darmstadt entlassen. Am 7. Mai 1951 verzog er von Wanfried, Hessen, nach Hamburg. Von dort aus wanderte er am 20. August 1951 nach Buenos Aires, Argentinien, aus. Im Jahre 1955 beantragte Karl Vetter aus seinem Wohnort in Argentinien, Sierra de la Ventana, beim Regierungspräsidium in Kassel einen sogenannten Heimatschein für die Beantragung einer Kriegsbeschädigtenrente in Deutschland."[76]

Die Führung der Reichsfachgruppe Imker bestand aus dem Präsidenten (Karl Vetter) und dem geschäftsführenden Präsidenten (José Filler) des Reichsverbandes Deutscher Kleintierzüchter sowie aus dem Präsidenten (José Filler) und dem geschäftsführenden Präsidenten der Reichsfachgruppe Imker (Karl Hans Kickhöffel).[77] Im ersten Heft des „Deutschen Imkerführers" aus dem Jahre 1934, herausgegeben vom Deutschen Imkerbund stellte sich die neue Führerelite der Imker vor. Präsident Vetter konnte verkünden, „daß durch den Aufbauwillen des Führers und des gesamten Volkes Deutschland und damit die deutsche Wirtschaft einen gewaltigen Schritt dem gesteckten Ziel, der Gesundung Deutschlands, entgegengegangen

Die Bayerische Biene

Bayerische Bienenzeitung

Erscheint am 1. jeden Monats

55. Jahrg. 10. Heft Oktober 1933

Präsident Karl Vetter.

Der neue I. Präsident Karl Vetter, Mitglied des Preußischen Landtags seit 1932, ist am 15. April 1895 zu Todtnau in Baden geboren. Nach Besuch der Realschule war er von 1910 bis 1914 landwirtschaftlicher Lehrling und Verwalter auf verschiedenen Gütern. Vom 10. August 1914 bis Dezember 1918 war er Kriegsfreiwilliger beim Jäger-Regiment zu Pferde Nr. 2 und zuletzt Leutnant d. R. Er wurde im Kriege einmal verwundet und brachte verschiedene Auszeichnungen mit. Nach dem Kriege wurde er selbständiger Landwirt in Wanfried bei Kassel. Er ist Präsident des Reichsverbandes der Geflügelwirtschaft und Kleintierzucht und Fachbearbeiter für Geflügelwirtschaft und Kleintierzucht im Agrarpolitischen Amt der NSDAP.

Abb. 19: Karl Vetter (1895–nach 1955).

ist".[78] Und ganz in treuer Gesinnung gegenüber dem Reichsbauernführer Darré hieß es weiter:

> „Dem deutschen Bauernstand, der infolge der jüdisch-kapitalistischen Abwürgungsmethoden am Ende seiner Kräfte war, wurde vom Führer eine besondere Stellung eingeräumt in der Erkenntnis, daß nur ein freies Bauerntum die Funktionen ausüben kann, die es als Träger des Volkstums ausüben muß. Das Bauergeschlecht ist wieder ein freies Geschlecht, verwurzelt durch Blut und Boden, und sieht als Urquell der Volksgesundheit und als Grundpfeiler der deutschen Wirtschaft seinen großen Aufgaben entgegen. Der Name Bauer ist ein Ehrenname geworden und jeder darf stolz sein, der ihn zu tragen berechtigt ist."[79]

Im gleichen Heft stellte Dr. José Filler (1888–unbekannt) „Führer und Führeraufgaben" im Sinne der nationalsozialistischen Ideologie vor:

> „Dies Jahr und die nächsten Jahre bringen den zwar stilleren, aber nicht minder entscheidenden und nicht minder wichtigen Kampf um die innerliche Durchdringung der Anschauungswelt beim Einzelnen. Insbesondere gilt es, zwei Grundgedanken des Nationalsozialismus tief zu verankern, und zwar einmal den viel gebrauchten, aber noch immer nicht so oft beherzigten Grundsatz: ‚Gemeinnutz vor Eigennutz' und den Führergedanken. [...] Aufgabe und Recht, Ehre und Bedeutung des Führenden von heute sind mithin grundsätzlich anders als früher. Anders ist auch die Verantwortung anzusehen. Immer wird der Leiter einer Gruppe, eines Gaues, eines Landes voll verantwortlich bleiben gegenüber den ihm vorgesetzten Führer [...] früher mußte man sich irgendwelcher Gruppen und Grüppchen und deren Gunst versichern, mußte bangen vor jedem Termin der Jahresversammlung. Auch das ist gottlob vorbei. [...] Damit den Zufälligkeiten und Meinungsverschiedenheiten im einzelnen niemals wieder eine Wirkungsmöglichkeit eingeräumt wird wie früher, ist der neue Führergedanke der feste Grund, auf den sich Staat und Wirtschaft stützen."[80]

Anlässlich des 50. Geburtstages von Filler stellte Karl Hans Kickhöffel die völkische Grundeinstellung von Filler heraus:

> „Und so setzt Dr. Filler, der in der Arbeit in nationalen Verbänden, industriellen und wirtschaftlichen Gruppen und landwirtschaftlichen Verwaltungen erfahrene Mensch des öffentlichen Lebens, die Arbeit in und an der deutschen Kleintierwirtschaft, die so oft mit spöttischem Lächeln übersehen wurde, mitten hinein in die große völkische Lebensverpflichtung: ‚Unser Bekenntnis ist, daß wir arbeiten nicht nur für uns, nicht für das einzelne Mitglied, sondern für die deutsche Kleintierzucht, für unser Volk und Vaterland. Unser Wahlspruch und Leitsatz ist: ‚Deutschland, Deutschland über alles!'."[81]

Am 17. April 1940 gab es noch einmal eine Änderung in der Führung des Reichsverbandes Deutscher Kleintierzüchter. Karl Vetter gab bekannt, dass José Filler vom Amt des Präsidenten der Reichsfachgruppe Imker auf eigenen Wunsch entbunden wurde und er selbst wieder die Oberleitung der Reichsfachgruppe Imker übernahm.[82]

Karl Hans Kickhöffel – der geschäftsführende Bundesführer

Karl Hans Kickhöffel (Abb. 20), wurde von Erich Schwärzel[83] zu den „Großen in der Imkergeschichte" gezählt. Er habe „die Imker in ihrer Organisation so fest zusammengefügt, daß diese den Zusammenbruch der Gewaltherrschaft überstehen konnte" [84]. Beschönigend wird berichtet, dass Kickhöffel als Opfer der Gewaltherrschaft „in ihr Räderwerk [geriet] und sich nicht mehr daraus befreien [konnte]"[85]. Kickhöffel war allerdings schon während der Zeit der Weimarer Republik völkisch-nationalistisch orientiert[86] und passte sich aktiv und perfekt in das System der Nationalsozialisten ein. Er kann wohl zu den einflussreichsten und dominantesten Bienenfunktionären während des Nationalsozialismus gezählt werden.

Sicherlich engagierte sich Kickhöffel sehr für die Förderung der Bienenzucht. Als Hauptschriftleiter des „Deutschen Imkerführer" war er allerdings verantwortlich für zahlreiche systemkonforme Artikel des menschenverachtenden NS-Regimes. Dieser Weg war durch sein politisches Engagement schon in der Weimarer Republik vorgezeichnet. Kickhöffel übte den Volksschullehrerberuf an mehreren Stellen aus und wurde von 1916 bis 1918 zum Kriegsdienst einberufen. Er betreute danach neben seiner Lehrertätigkeit einen großen Bienenstand und betätigte sich auf pädagogischen, kulturpolitischen und landwirtschaftlichen Gebieten schriftstellerisch in verschiedenen Zeitschriften. In diesen Beiträgen zeigt sich deutlich seine völkisch-nationalistische Einstellung, die sich beispielsweise in der slawischen Bedrohung ausdrückt: „[…] und so füllt sich das polnische Bauernhaus mit Kindern; es wird dem polnischen Volke zu eng und die Slavenflut überbrandet die deutsche Grenze […]"[87] Ab 1919 kam das politische Engagement hinzu. Er war im Vorstand des „Neuen Preußischen Lehrervereins" und damit abseits der großen Berufsorganisation des Preußischen Lehrervereins und damit des Deutschen Lehrervereins[88]. Vom 1919 gegründeten Deutschnationalen Lehrerbundes (DNLB) war er Vorsitzender. Schwärzel schrieb zu dieser Lebensphase Kickhöffels: „So war der politische Weg vorgezeichnet, der ihn verschiedentlich in schwere Meinungsverschiedenheiten mit führenden Lehrern in der Imkerorganisation brachte."[89]

1921 wurde Kickhöffel in den Preußischen Landtag als Abgeordneter der Deutschnationalen Volkspartei (DNVP) gewählt.[90] In der Tagespresse stellte er seine Kandidatur für die Deutschnationale Landtagsliste mit folgendem „Geleitwort" vor:

> Es geht bei den Preußenwahlen nicht nur um den Sturz des roten Parteisystems, sondern um die Grundlegung des altpreußischen Systems der Pflicht, Ehre und der Hingabe des einzelnen an Volk und Staat. Nicht die Phrase, sondern die unbeirrbare Sachlichkeit ist preußisch. Nicht Versprechungen, sondern die rückhaltlose Hingabe der Führerpersönlichkeit in Politik, Wirtschaft und Kultur ist preußisch. Nicht die liberalistische Zügellosigkeit noch die sozialistische Fesselung des einzelnen, sondern seine in Gott ruhende und im Volke wirksam werdende Gewissenhaftigkeit ist preußisch."[91]

Seit 1923 bis 1933 war er auch Mitglied des Deutschen Evangelischen Kirchentags. 1925 forderte er Maßnahmen des Preußischen Staates zur Verbesserung der Bienen-

97

Der Geschäftsführende Präsident der Reichsfachgruppe Imker
Karl Hans Kickhöffel

Unserm Präsidenten Karl Hans Kickhöffel zum 50. Geburtstage!

Du hieltest Treue Deinem Volke stets in seiner großen Not!
Du setztest ein Dein ganzes Sein im Kampfe mit den bösen feindlichen Gewalten!
Es waren allerwege deutsch Dein Fühlen und Dein Denken und Dein Handeln!
Es blieb Dir nicht erspart des Kampfes dornenvoller Weg!
Doch ward Dir auch beschieden Sieges Preis!
Du führtest uns, die deutsche Imkerschaft, aus Zwiespalts Tiefe hinauf zu Einigkeit
Erfüllung fand, was Du erstrebtest nimmermüd: [und Kraft!
Erfolgreich dienen durftest Du dem Wohle Deines Volkes!
So warst Du Vorbild uns in Opfersinn und Treu!
Und hobst uns liebevoll empor zu Dir durch Weisheit und durch Güte!
Nimm heut nun hin als Lohn zu Deinem Wiegenfeste der Imker Lieb und Treu!
Mög segnen Dich ein gütiges Geschick heut und noch viele Jahr mit reicher Kraft
zu sein der deutschen Imkerschaft getreuer Eckehard!

Nürnberg, 1. Mai 1939.

Die Landesfachgruppe Imker Bayern
L. Birklein, 1. Vorsitzer
Gg. Neuner, Schriftleiter der B. B.

Abb. 20: Karl Hans Kickhöffel (1889–1947).

weide. Ein Jahr später erscheint Kickhöffel erstmals aktiv auf der Bühne des Deutschen Imkerbundes während des Deutschen Imkertags in Ulm mit dem Vortrag „Die wirtschaftlichen Voraussetzungen einer blühenden Bienenzucht" (s. auch Kap. 5). Weitere Themen, mit denen er sich vorwiegend beschäftigte, waren das Einheitsglas, die Honigverfälschung oder die Zuckersteuer. Er wies auf den in dieser Zeit stark rückläufigen Bienenbestand hin und forderte staatliche Hilfsmaßnahmen sowie auch Selbsthilfe. Folge war die Gründung des Wirtschaftspolitischen Ausschusses des D.I.B. mit der Bestellung Kickhöffels zum Beirat. Ende 1928 gab er dieses Amt auf und führte Verhandlungen mit der „Leipziger Bienenzeitung" zur Übernahme der Schriftleitung.[92] Auf der D.I.B.-Tagung 1929 in Regensburg wurde Kickhöffel zum dritten Bundesleiter und Volkswirtschaftlichen Beirat in den geschäftsführenden Vorstand zusammen mit Gottfried Lupp (1875–1931; Württemberg) und Alfred Heckelmann (1857–1942; Bayern) gewählt. Kickhöffel engagierte sich mit vielen Zeitschriftenbeiträgen und Buchpublikationen für die Bienenzucht. 1929 gründete er den „Reichsausschuß zur Förderung der Bienenzucht und des Absatzes ihrer Erzeugnisse e.V.". Auf der Tagung in Bad Dürkheim 1931 wurde Kickhöffel zum ersten Bundesleiter des D.I.B. gewählt. Da die Geschäftsstelle des D.I.B. mit dem Sitz des 1. Bundesleiters zusammenfallen sollte, erreichte Kickhöffel 1932 seine Versetzung von Jeeser, einem Dorf bei Greifswald, nach Berlin.[93] Auf der Tagung des D.I.B. Ende Juli 1933 in Bad Nauheim wurde schließlich die Gleichschaltung beschlossen.

Anfang 1934 übermittelte Kickhöffel dem Reichsnährstand in Berlin die angeforderten Personalfragebogen des Reichsausschusses für Bienenzucht und des Deutschen Imkerbundes zwecks Übernahme des Personals.[94] Daraus geht hervor, dass er neben seiner Mitgliedschaft in der Deutschnationalen Volkspartei seit 1919 bis zur Auflösung auch dem „Stahlhelm" seit 1928 angehörte.[95] Der „Stahlhelm, Bund der Frontsoldaten" war ein Wehrverband zur Zeit der Weimarer Republik. Dieser wurde kurz nach Ende des Ersten Weltkrieges im Dezember 1918 gegründet und galt als bewaffneter Arm der Deutschnationalen Volkspartei (DNVP). Der Stahlhelm wurde vielfach bei Parteiversammlungen als (bewaffneter) Saalschutz eingesetzt. Zwei weitere Mitarbeiterinnen von vier, Frieda Mehlhorn (Privatsekretärin)[96] und Margarete Nahrn (Stenotypistin)[97], waren ebenfalls Mitglied in der DNVP. Im Fragebogen für Mitglieder des „Reichsverbands Deutscher Schriftsteller e.V." gab Kickhöffel die Mitgliedschaft in der „SA Reser. I als Mitgl. d. Staff." an[98] und er war zudem Mitglied des „Landbundes"[99]. Nach der Machtergreifung der Nationalsozialisten trat Kickhöffel am 1. August 1934 der Nationalsozialistischen Volkswohlfahrt (NSV)[100] und am 19. September 1933 dem Reichsluftschutzbund (RLB)[101] bei[102].

Der bereits schwer erkrankte Kickhöffel blieb Ende des Zweiten Weltkriegs in Potsdam in der Nähe seines Bienenstands, den er nicht verlassen wollte. In der Sowjetischen Besatzungszone musste er sich der Entnazifizierung stellen, mit der Folge eines mehrere Wochen dauernden Arbeitseinsatzes. Am 12. November 1947 verstarb er in Potsdam.[103] Seine Publikation „Verwaltungsbuch der Reichsfachgruppe Imker" kam nach 1945 auf die Liste der auszusondernden Literatur in der Sowjetischen Besatzungszone.[104] Nach dem Tod von Kickhöffel kam es zu verschiedenen völlig unkritischen Nachrufen in Imkerzeitschriften (s. Kap. 9).

Die Imkerorganisation nach der Gleichschaltung

Die Auflösung des Deutschen Imkerbundes und die Einfügung in den Reichsnährstand gelang im Prinzip mühelos: „Die Organisation der deutschen Bienenzucht steht schon fertig da im Deutschen Imkerbund."[105] Für die Mitarbeit wurden die „10 Gebote für Nationalsozialisten" zugrunde gelegt.[106] Hierzu gehörte unter anderem, dass Hitlers Entscheidungen endgültig waren und die Rechtsauffassung, dass „Recht ist, was der Bewegung und damit Deutschland und deinem Volk nützt".[107] Die Imker sollten sich als „Soldaten des Führers und unseres Volkes" sehen, damit die „deutsche Bienenzucht [...] gedeihen" könne.[108]

Neben dem Bundesführer Karl Vetter, dem stellvertretenden Bundesführer José Filler und dem geschäftsführenden Bundesführer Karl Hans Kickhöffel wurden die Beisitzer Leonhard Birklein (1883–1959; Abb. 21) und Eduard Grotevent[109] ernannt.

Leonhard Birklein, NSDAP-Mitglied seit 1. Mai 1933[110], Studiendirektor und Mitglied des Nationalsozialistischen Lehrerbunds (NSLB) seit 1. Mai 1933[111] sowie Mitglied des inneren Führungskreises der deutschen Imkerschaft unter den Nationalsozialisten von Anfang an, wurde nach dem Krieg, 1948, wieder als Vorsitzender des Landesverbands Bayern und 1949 als Präsident des Deutschen Imkerbunds gewählt und war bis 1959 in diesem Amt.[112] Seine Überzeugungen hatte er offensichtlich schon während der Weimarer Republik zur Schau getragen, wie ein Bericht von Georg Neuner aus dem Jahr 1943 veranschaulichte:

> „Birklein bekannte sich auch in der Zeit unserer tiefsten Erniedrigung mannhaft zu den Idealen der Nation. Es gehörte Überzeugungstreue dazu, als Beamter einer rot verwalteten Stadt am Deutschen Tag 1923 zu Nürnberg in Uniform mitzumarschieren, wie dies Birklein tat."[113]

Zur Beratung der Bundesführung wurde ein Wissenschaftlicher Beirat berufen: Prof. Dr. Enoch Zander (Erlangen, Vorsitzender; Abb. 22), Regierungsrat Prof. Dr. Alfred Borchert[114] (Berlin-Dahlem; 1886–1976), Prof. Dr. Albert Koch[115] (Celle; 1890–1968), als Sekretär Dr. Karl Freudenstein (Marburg; 1899–1944). Am 16. und 17. Dezember 1933 trat der Beirat erstmals zusammen und beriet über die Aufstellung eines Planes über die imkerliche Schulung und über die Bekämpfung von Bienenkrankheiten.

Enoch Zander[116], der Vorsitzende des Wissenschaftlichen Beirats, war fundierter Wissenschaftler für Bienenkunde und erhielt 1907 die wissenschaftliche Leitung der neugegründeten Königlichen Anstalt für Bienenzucht in Bayern. 1909 wurde er außerordentlicher Professor und 1910 Direktor der Anstalt. 1926 wurde Prof. Dr. Enoch Zander als ordentlicher Professor die Gesamtleitung der seit 1918 umbenannten Staatlichen Anstalt für Bienenzucht übertragen. 1935 wurde er in die Leopoldina gewählt und am 19.6.1938[117] als Universitätsprofessor emeritiert. 1942 hatte Zander erneut den schwerkranken Leiter Dr. Anton Himmer vertreten, als die Arbeit der Anstalt in eine Krise geraten war. 1944 wurde Zander nach dem Tod von Dr. Himmer ein weiteres Mal als Leiter der Anstalt berufen, bis zu seiner endgültigen Pensionierung im Jahr 1948.[118] Karl Maier beschrieb 1943 in seiner „Begegnung mit Zander" anlässlich dessen 70. Geburtstag „Erlangen mit Zander [als] Mittel-

Die Bayerische Biene
Bayerische Bienenzeitung
Erscheint am 1. jeden Monats
55. Jahrg. 11. Heft November 1933

Studienrat Leonhard Birklein zum 50. Geburtstag.

Der Führer der bayerischen Bienenzüchter und stellvertretender Führer des deutschen Imkerbundes, Studienrat Leonhard Birklein in Nürnberg, begeht am 12. November 1933 sein 50. Geburtstagsfest. Als Bayerns großer Imkerführer Heckelmann von der Leitung des Landesvereins wegen hohen Alters zurücktrat, da stand man vor der Frage, wird sich ein ebenbürtiger Nachfolger finden, der das Werk seines großen Vorgängers fortzusetzen vermag? Und Heckelmann selbst fand ihn in Studienrat Birklein.

Seine Eignung zum Führer bewies Birklein bereits als Vorsitzender des Zeidlervereins Nürnberg. Für diesen Verein schuf seine Tatkraft in kurzer Zeit eine Reihe vorbildlicher Einrichtungen. Es seien nur die Imkerschule und die große Musterbienenweide erwähnt. Birklein besitzt die seltene Fähigkeit einigend zu wirken und willig folgt die Imkerschaft seiner Führerpersönlichkeit. Wo es galt die Interessen der Bienenzucht zu vertreten, geschah es mit Umsicht und vollem Erfolg.

Auch die Stadt Nürnberg erkannte Birkleins Führerfähigkeiten und berief ihn zum Leiter der neuerrichteten Berufsoberschule, nachdem er schon vorher an den städtischen Einrichtungen für Erwachsenenbildung lehrte. Von seinem reichen Wissen zeugen auch einige weitverbreitete Lehrbücher der Handelswissenschaft aus seiner Feder.

Bayerns Imkerschaft beglückwünscht ihren Führer zu seinem 50. Geburtstagsfest. Möge er uns lange Führer sein!

Abb. 21: Leonhard Birklein (1883–1959).

Abb. 22: Prof. Dr. Enoch Zander (1873–1957).

punkt der deutschen Bienenzucht".[119] Enoch Zander war „Reichsschaft Hochschullehrer" im Nationalsozialistischen Lehrerbund (NSLB) seit 1. Mai 1933.[120] Am 27.1.1938 beurteilte ihn die Gau- bzw. Kreisleitung des NS-Lehrerbunds folgendermaßen:

> „Prof. Zander ist langjähriger Leiter der Bienenzuchtanstalt in Erlangen, seit einiger Zeit emeritiert, charakterlich und politisch in Ordnung. Hat auf seinem Fachgebiet einen weit über Deutschlands Grenzen hinausgehenden bekannten Namen. Er genießt Weltruf. Ist geeignet, Deutschland auch im Ausland würdig zu vertreten. Prof. Zander ist ziemlich schwerhörig, was ihn die letzten Jahre bei seiner Tätigkeit etwas gehemmt hat. Er ist Nationalsozialist."[121]

1939 schrieb Zander – auf Bitte von Lehrer Walter Kittmann (1892–nach 1945), der von 1933 bis 1945 Vorsitzender der Landesfachgruppe Mecklenburg und zugleich bis 1943 Schriftleiter von „Uns' Immen" war – in der genannten Zeitschrift einen langen Artikel über sich selbst, in dem er sich zum Nationalsozialismus bekannte:

> „In das Dritte Reich bin ich mit ehrlicher, freudiger Bejahung hineingegangen, nachdem ich in meinem kleinen Reiche seit Jahr und Tag durch eigenes Vorbild dafür geworben hatte. Ich sehe mich noch immer mit gleichgesinnten Freunden in tiefster Erschütterung auf dem Erlanger Marktplatze stehen, als 1933 endlich die Fahnen des neuen Reiches am alten markgräflichen Schlosse hochgingen."[122]

Der nationalsozialistischen und antidemokratischen Einstellung Enoch Zanders waren offenbar noch nationalistisch-traditionsbewusste, fast monarchistisch-nostalgische Vorstellungen, unterlegt, was sich in seinen für den praktischen Imker handlichen „Leitsätzen einer zeitgemäßen Bienenzucht" ausdrückte, die in mehreren Auflagen seit Zusammenbruch des Kaiserreichs in der Weimarer Republik (1. Auflage 1922) erschienen und in denen er die demokratische Phase der Weimarer Republik ausblendete. Die ersten drei Leitsätze lauteten: „1. Imker, sei stolz deiner Vergangenheit, die deine Bienen und dich unter kaiserlichem Schutze sah. 2. Imker, sei stolz deiner Gegenwart; denn auch heute noch sind deine Bienen als Blütenbestäuber die größten Wohltäter der Menschheit. 3. Imker, sei deutsch: denn nur auf deutscher Grundlage kann die deutsche Bienenzucht gedeihen. [...]."[123] In der 5. Auflage von 1933 sind die Leitsätze noch unverändert zu lesen. Offensichtlich sah sich Zander später genötigt, seinen Text zu korrigieren. In der vorliegenden 8. Auflage von 1948 und letzten 9. Auflage von 1955 hieß der erste Leitsatz nun: „Imker, sei stolz deiner Vergangenheit, die dich und deine Bienen als unentbehrlichen Honig- und Wachslieferanten unter kaiserlichem Schutze sah." Den Leitsatz versah er mit folgender akademischer Bemerkung: „Damit ist jene ferne Zeit, im besonderen des 13.-16. Jahrhunderts gemeint, als Honig und Wachs den Menschen noch völlig unentbehrliche und unersetzliche Verbrauchsgüter waren und die Bienennutzung als Waldnutzungsrecht fast ausschließlich durch die Zunft der ‚Zeidler' in ihrer Eigenschaft als niedere kaiserliche Lehnsleute mit im Jahre 1350 durch Kaiser Karl IV. urkundlich bestätigten eignen Rechten und Pflichten in den ausgedehnten deutschen Wäldern ausgeübt wurde (s. Zander, Die Zukunft der deutschen Bienenzucht, 2. Aufl., P. Parey, Berlin 1918)."[124] In der von Karl Maier beschriebenen Begrüßungsansprache Zanders anlässlich eines Besuches im „Schicksalsjahr 1933" hieß es: „‚Doch kann ich zu Ihnen nur deutsch reden, wie ich auch immer nur deutsch gedacht, deutsch gefühlt und deutsch gehandelt habe'. Und: ‚Hier ist nicht notwendig zu reden, sondern zu schweigen und sich dem zeitgemäßen Grundsatz der Führung anzuvertrauen.'"[125]

Der Sekretär des Wissenschaftlichen Beirats, Dr. Karl Freudenstein, war Mitglied in der SA[126], in der NSDAP[127] und im Nationalsozialistischen Deutschen Dozentenbund (NSD Dozentenbund)[128].

In allen Fragen der Bienenweide wurde ein weiterer Beirat gegründet: Dr. Friedrich Honig (Berlin, Vorsitzender), Prof. Dr. Richard Ewert (Landsberg a.d.W.; 1867–1945), Thiermann (Forstmeister, Hartmannsdorf), Gustav Vogelsang (Reichsbahnoberinspektor, Kassel), Wilhelm Grethen (Berufsimker, Glindow b. Werder). Dieser Beirat sollte sich mit der Aufklärungsarbeit befassen, aber auch mit Themen wie Erforschung und Ausnutzung der vorhandenen Bienenweide als auch mit deren Verbesserung.

Für die Betreuung der Zuchtfragen wurde ein Beirat für Königinnenzucht gegründet: Wilhelm Harney (Lehrer und Schriftleiter, Glöthe, Vorsitzender; 1875–1957), Georg Neuner (Praktiker, Nürnberg; unbek.–1958), Dr. Anton Himmer[129] (Erlangen; 1886–1944), Dr. Gottfried Goetze (Mayen; 1898–1965; Abb. 23). Goetze sollte im Bereich des Zuchtwesens in den Folgejahren besonders aktiv werden.

Abb. 23: Reichskörmeister Dr. Gottfried Goetze (1898–1965).

Als Obmann für das Beobachtungswesen wurde Dr. Erich Wohlgemuth[130] (Erlangen; 1894–1967) berufen.

Die Gleichschaltung der Vereine auf der Praxisebene wurde aufgezwungen und erfolgte auf undemokratische Weise. Die Vorgehensweise soll an zwei Beispielen, an den sächsischen und den oberhessischen Imkern, demonstriert werden:

Aus „Vorsitzenden" werden „Führer" – zwei Beispiele

In der Sachsen-Beilage der „Leipziger Bienen-Zeitung" vom August 1933[131] wurde erstmals auf die „Neue Führung in der Verbandsleitung" hingewiesen. Anlässlich der Vertreter- und Hauptversammlung 1933 in Dresden wurde „den neuen Verhältnissen Rechnung getragen". Die „Imker Sachsens […] sind nach den Richtlinien des Reichsfachberaters gleichgeschaltet worden."[132] So heißt es weiter:

> „Nachdem am Freitag, dem 21. Juli, in einer Vorstandssitzung alle auf die Gleichschaltung bezughabenden Maßnahmen erörtert worden waren, trat am Sonnabend, dem 22. Juli, vormittags 11 Uhr, der Gesamtvorstand in alter Zusammensetzung zum letzten Male vor die Vertreterversammlung des Landesverbandes, um Rechenschaft abzulegen über seine Arbeit in den zurückliegenden Jahren 1931 und 32. […] Unter herzlichen Worten der Begrüßung an die zahlreich erschienenen Vertreter aus allen Gauen Sachsens, an die Vertreter der Regierung und verschiedener Behörden, fand die Eröffnung statt. Unser alter Weisel Lehmann wurde mit allseitigem Beifall emp-

fangen. Derselbe wuchs zur wahren Ovation aus, als der Fachberater für Kleintierzucht, Thierling, Dresden-Lockwitz, das Wort ergriff und im Rahmen der Reichsleitung dem Vorsitzenden Oberlehrer Lehmann sowie dem Gesamtvorstande den Dank aussprach für die dem Verbande geleistete Dienste. Nicht endenwollender Beifall brauste durch den dichtgefüllten Saal, als der Gleichschalter die Ernennung Oberlehrer Lehmanns zum Ehrenmitglied des Verbandes bekannt gab. Die Versammlung wollte gleichsam hierdurch bekunden: ‚Du warst für uns jederzeit der rechte Mann!'
Nunmehr stellte der Fachberater den neuen Landesverbandsführer vor. Es soll der nunmehrige Leiter der sächsischen Imkerschaft Herr Lehrer Scholz, Meißen-Lercha, sein. Zu Beisitzern ernannte der Fachberater Herrn Schulleiter Nebel, Mahlis, und Herrn Universitätsbienenmeister Lehrer Dießner, Leipzig. Scholz, Nebel, Dießner – das sind Namen, die in der sächsischen Imkerschaft einen guten Klang haben und wir geben uns der festen Hoffnung hin, daß mit dieser Lösung der Umgestaltung unserer Verbandsführung das Richtige getroffen worden ist. Mitgeteilt sei noch, daß die Berufung der drei Herren noch der Bestätigung des Reichsfachberaters bedarf.
Nachdem die Tätigkeitsberichte der Verbandsleitung genehmigt, die Jahresrechnungen 1931 und 1932 richtiggesprochen und der Geschäftsführer wie auch der Gesamtvorstand einstimmig entlastet worden waren, ergriff der neue Landesführer das Wort, um in zündender Art die Vertreter zu ermahnen, unserer Sache ferner treu zu bleiben und den Männern des neuen Kurses Vertrauen entgegenbringen zu wollen.
Nunmehr gibt der Führer die Hauptkampfziele bekannt:
1. Alle Imker sind zwangsweise von der Organisation zu erfassen.
2. Steuerfreier Zucker m u ß für die deutsche Imkerschaft seitens der Reichsregierung gewährt werden;
3. Unsere Organisation muß in ihrem Aufbau vereinfacht werden.

Mit vollem Vertrauen nahmen alle Vertreter zur Kenntnis, daß es sich bei der Neugestaltung der Verhältnisse nicht um einen personellpolitischen Umbau handelt, sondern vor allen Dingen um die Durchführung der Bestimmungen der obersten Reichsleitung betreffs Vereinfachung der Verwaltung in der Organisation. [...]"[133]

Die Sprache der Nationalsozialisten ist unverkennbar: demokratische und mitbestimmende Prinzipien sind über Bord geworfen worden. Der „Führer" bestimmt, „Stellvertreter" müssen von höherer Stelle bestätigt werden, die Vereinfachung der Organisationsstruktur dient dem „Führerprinzip", „Kampfziele" werden formuliert. Alle Imker müssen nunmehr zwangsweise erfasst werden, eine Maßnahme, an die sie sich in Zukunft im Zusammenhang z.B. mit der Honig- und Wachsabgabe noch unangenehm erinnern werden. Die in der Sachsen-Beilage veröffentlichten Portraits (Abb. 24) von Oberlehrer Wilhelm Lehmann, dem ehemaligen Vorsitzenden des Landesverbandes Sächsischer Imker, und von Lehrer Richard Scholz, dem neuen jungen Führer in Uniform und mit Hakenkreuzabzeichen, sprechen für sich.[134]

Schon in der nächsten Ausgabe der Sachsen-Beilage im November kündigte Scholz eine Reihe von grundlegenden Veränderungen in der Organisation des Imkerbunds an:[135] Durch neue Satzungen sollte die Verbandshoheit auf die Bundeshoheit übergehen. Nachdem Scholz als „Landesgruppenführer" für die sächsische Imkerschaft bestätigt worden ist, hat die in Dresden vollzogene Gleichschaltung volle Rechtsgültigkeit bekommen. Scholz wies darauf hin, dass er nunmehr Anordnungen erlassen muss. Die erste Anordnung hieß: „Die Vereinsvorsitzenden haben

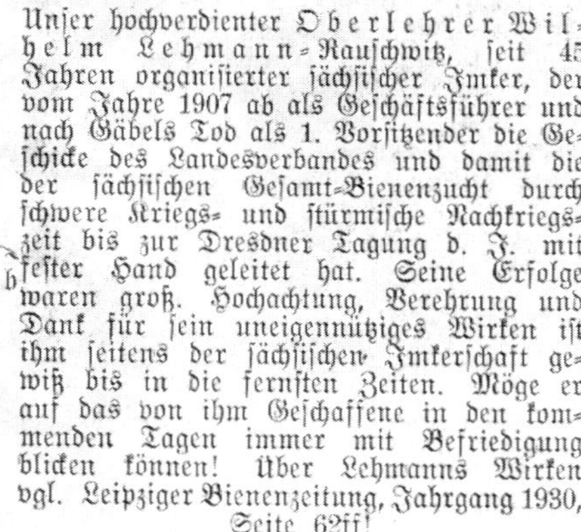

Unser hochverdienter Oberlehrer Wilhelm Lehmann-Rauschwitz, seit 45 Jahren organisierter sächsischer Imker, der vom Jahre 1907 ab als Geschäftsführer und nach Gäbels Tod als 1. Vorsitzender die Geschicke des Landesverbandes und damit die der sächsischen Gesamt-Bienenzucht durch schwere Kriegs- und stürmische Nachkriegszeit bis zur Dresdner Tagung d. J. mit fester Hand geleitet hat. Seine Erfolge waren groß. Hochachtung, Verehrung und Dank für sein uneigennütziges Wirken ist ihm seitens der sächsischen Imkerschaft gewiß bis in die fernsten Zeiten. Möge er auf das von ihm Geschaffene in den kommenden Tagen immer mit Befriedigung blicken können! Über Lehmanns Wirken vgl. Leipziger Bienenzeitung, Jahrgang 1930, Seite 62ff!

Lehrer Richard Scholz-Meißen-Lercha, seit der Dresdener Tagung Vorsitzender des Landesverbandes sächsischer Bienenzüchter-Vereine, Sachsens Imkern bekannt seit der von ihm wohlgelungen durchgeführten Meißner Ausstellung. Erwartungsvoll stellt sich die gesamte sächsische Imkerschaft dem neuen Führer und Nachfolger unseres Lehmann mit größtem Vertrauen zur Verfügung. Möge die Durchführung seiner Pläne der sächsischen Bienenzucht jederzeit zum Segen gereichen!

Abb. 24: Der alte Vorsitzende und der neue Führer des Landesverbands sächsischer Bienenzüchtervereine (1933).

alle ihnen bekannten wilden Imker ihres Vereinsgebietes aufzufordern, den Anschluß an ihren Ortsverein zu vollziehen."[136] Weiterhin sollte darauf geachtet werden, dass jedes Mitglied dem Versicherungsverein des Deutschen Imkerbundes angeschlossen ist und sich auch über die Verbandszeitung („Leipziger Bienen-Zeitung") über alle Anordnungen informiert.

Der autoritäre Gleichschaltungsprozess bis in die unterste Ebene wurde in der Dezember-Ausgabe der Sachsen-Beilage fortgeführt.[137] Hier kündigte Scholz nun an, dass ihm durch die Bundesführung die Berufung sämtlicher Ortsgruppen- und Kreisgruppenführer „nach Fühlungnahme mit den zuständigen Kreisbauernführern"[138] übertragen wurde. Weiterhin informierte Kickhöffel auf Bundesebene in streng hierarchischer Gliederung nun darüber, dass die Landesgruppen in Zukunft nicht mehr selbständige Verbände sind, sondern Gruppen des Bundes:

> „Aufgabe der Landesgruppe und ihrer Untergliederung ist:
> a) die Durchführung der von der Bundesführung angeordneten Maßnahmen;
> b) die Beratung der Mitglieder in fachlichen, züchterischen und wirtschaftlichen Fragen;
> c) die Förderung der berufsständischen Belange der Mitglieder bei den Behörden und Wirtschaftsverbänden ihres Gebietes nach den Richtlinien des Bundesführers;
> d) die Festigung des Zusammenhaltes der Bundesmitglieder."[139]

Außerdem wurde festgelegt, dass die Landesgruppenführung vom Bundesführer berufen wird. Kreis- und Ortsgruppen sollen von einem Führer geleitet werden, der von dem Bundesführer berufen wird. Die eingeforderte nationalsozialistische Linientreue wurde deutlich sichtbar:

> „Bei der Auswahl der Kreis- und Ortsgruppenführer ist auf politische Bewährung und fachliche Eignung zu achten. Dabei ist um der kommenden großen Aufgaben willen auf eine Verjüngung zu sehen. Dort, wo geeignete Bauernimker zur Verfügung stehen, sind diese stärker als bisher in führende Stellen zu berufen. Es ist auch notwendig, die fachlich tüchtigen Kräfte, die unter den alten Mitgliedern der NSDAP sind, in die geeigneten Führerstellen zu berufen. Dabei können hervorragend bewährte Kräfte, anderer nationaler Gesinnung und an deren Einordnungswillen in die nationalsozialistische Aufbauarbeit kein Zweifel ist, in ihren Ämtern belassen bzw. neu berufen werden. Die Berufungen haben nach Fühlungnahme mit dem zuständigen Kreisbauernführer zu erfolgen. Die Berufungen sind bis zum 10. Dezember 1933 durchzuführen [...]."[140]

Aus regionalen Imkerzeitschriften wird deutlich, dass die Umgestaltungen und Gleichschaltungen nicht immer völlig glatt abliefen, wie dies am Beispiel des Oberhessischen Bienenzüchtervereins skizziert wird.[141]

In der Zeitschrift „Die Biene" gab Ludwig Runk (1869–1964) seinen Rücktritt bekannt:

> „Von der Leitung des Hauptvereins bin ich im Zuge der Gleichschaltung freiwillig zurückgetreten. Ich danke allen oberhessischen Imkern für das Vertrauen, das sie mir seither in so reichem Maße entgegengebracht haben und bitte zugleich, dies auf den neuen Führer, unseren seitherigen II. Vorsitzenden, Herrn Braun, Rodheim v.d. Höhe, zu übertragen.
> Nach wie vor aber bin ich gerne bereit, im Verein mitzuarbeiten in Dienste der deutschen Bienenzucht.
> Runk."[142]

Der neue „Führer" Friedrich Braun (1886–1970) schrieb darauf hin:

> „Ludwig Runk,
> unser scheidender Führer, hat in hochherziger Weise den Entschluß gefaßt, sein Amt als 1. Vorsitzender des Oberhessischen Bienenzüchtervereins niederzulegen. Wer ihn

kennt, der weiß, daß ihm dieser Entschluß nicht leicht geworden ist, da seine Arbeit der letzten Jahre ganz diesem Vereine galt. [...] Sie alle sehen ihn ungern scheiden, wissen aber, daß er als rechter Bienenvater weiter in Treue zum Vereine steht. Als Schriftleiter der ,Biene' kann er weiter segensreich für die hessische Bienenzucht wirken. [...]
Braun
Nachdem der seitherige 1. Vorsitzende, Herr Ludwig Runk, sein Amt freiwillig niedergelegt hat, wie er bereits allen Zweigvereinen mitteilte, wurde mir die Gauleitung für Oberhessen übertragen. Gern bin ich dem an mich ergangenen Rufe gefolgt und habe am 25. Oktober die Geschäfte des Oberhessischen Bienenzüchtervereins übernommen.
Mein vornehmstes Bestreben wird es sein, der heimischen Bienenzucht mit voller Hingabe im Geiste unseres Führers Adolf Hitler zu dienen, sie in jeder Beziehung zu fördern und den Vereinsmitgliedern mit Rat und Tat zur Seite zu stehen. Ich bitte, mir ebensolches Vertrauen entgegenzubringen wie unserem seitherigen hochverdienten Vorsitzenden.
Heil Hitler!
Friedrich Braun, Lehrer, Rodheim v.d. Höhe. –
Betr.: Gleichschaltung der Zweigvereine.
Durch den Führer des Verbandes der hessischen Imker, Herrn Vogelsang, Kassel, wurde mir die Berufung der Vereinsführer der Oberhessischen Zweigvereine übertragen. Nach den Richtlinien des Deutschen Imkerbundes sind mehr die Bauernimker zu berücksichtigen als seither, und Männer in den 30er und 40er Jahren, die der NSDAP. angehören oder sonst Gewähr bieten, daß sie ihr Amt im Sinne der neuen Zeit treu und gewissenhaft verwalten. Selbstverständlich steht der Wiederwahl verdienter Vorsitzender nichts im Wege, sofern sie sich dem Geiste der neuen Zeit nicht verschließen.
Ich bitte die Vorsitzenden der Zweigvereine bis zum 5. November um Angaben über ihr Alter, den Berufsstand und ihre politische Parteizugehörigkeit. Der Termin muß unbedingt eingehalten werden.
Heil Hitler!
Friedrich Braun, Gauobmann für Oberhessen."[143]

Die „Außenseiter" der Vereine wurden bald von Schriftleiter Runk auf Linie gebracht:

„Werbung. Jedes Mitglied sollte sich jetzt die Mühe nicht verdrießen lassen, eifrig außenstehende Bienenzüchter zum Eintritt in die Bezirksvereine und damit in die große Organisation des Deutschen Imkerbundes zu veranlassen. Es ist doch besser, die Außenseiter kommen jetzt freiwillig, als daß sie im nächsten Jahre zum Eintritt gezwungen werden. Geworben kann werden anläßlich der Ausstellung der oben geforderten Verzeichnisse der Nichtmitglieder und ihrer Völkerzahl.
Runk."[144]

Der Abschied von der Leitung des Hauptvereins war wohl kein größeres Problem für Ludwig Runk. Immerhin hatte er das Amt des Schriftleiters der Zeitschrift „Die Biene" ab 1931 und während der ganzen nationalsozialistischen Ära linientreu inne. Nach dem Krieg wurde Ludwig Runk im Vorstand des neugegründeten „Fachverbands der Bienenzüchter in Hessen-Nassau im Landesverband der Kleintierzüchter in Hessen" in der Funktion als Schriftverwalter gewählt.[145] Noch bis 1955 zeichnete er für die Redaktion der Ausgabe für Hessen-Nassau „Die Hessische Biene" verantwortlich. Schwärzel beschreibt ihn so: „Als ‚Vater Runk' war er in ganz Deutschland bekannt und ob seines lauteren Charakters geschätzt und geachtet. 1954 ernannte ihn der Deutsche Imkerbund zum Ehren-Imkermeister und 1955 ehrte ihn seine Vater- und Heimatstadt durch die Ehrenbürgerschaft für seine Mundart-Dichtungen und sonstige große Verdienste um die Heimat. 1957 erhielt ‚Vater Runk' das Bundes-Verdienstkreuz am Bande."[146] Die Gratulation zu seinem 85. Geburtstag im Jahre 1954 wirft ein Schlaglicht auf die Heterogenität der Meinungen in der Imkerschaft der damaligen Zeit: „Seien wir ehrlich! Wieviel Wirrnis und Stückwerk steckt heute in allem, was wir deutsche Bienenzucht nennen! Wieviel Strandgut an Beuten, Strandgut an Lehren, wieviel fruchtloser Streit, wieviel Wirrniss und Wust! Zerrissen, zerspalten, verzankt und zerstritten, das ist das Bild ohne Schmeicheln und Schminken. Doch oft schon konnte ich's erleben, daß ein paar ruhige Worte unseres lieben Herrn Runk schon genügten, und der Spuk war verflogen."[147]

Die Vereinsprotokolle

Angesichts der einschneidenden Veränderungen der Vereinsstruktur, die die Gleichschaltung mit sich brachten, stellt sich die Frage, wie die Imker auf die Veränderungen reagierten. Die Vereinsprotokolle geben hierzu kaum Auskunft.[148] Es wurden lediglich die Namen für die neu besetzten Posten vermerkt oder es wurde auf die neue Benennung „Führer" hingewiesen. Vielfach wurde auch der Titel „Führer" vor Ort in „Ortsgruppenvorsitzender" wieder geändert. Auch wurde auf die neue Vereinsbezeichnung hingewiesen, z.B. Reichsverband Deutscher Kleintierzüchter/Reichsfachgruppe Imker/Ortsfachgruppe NN. Zeitungsartikel durften von Imkern ohne vorherige Zustimmung des Fachgruppenleiters nicht veröffentlicht werden. Die Protokolle wurden „Versammlungsberichte" genannt. Die Imker-Kollegen waren nun Imker-Kameraden. Die Anordnungen der Reichsfachgruppe wurden den Imkern von den „Führern" vermittelt und sicherlich zunächst gutgeheißen. Dies sollte sich mit Beginn des Zweiten Weltkrieges ändern.[149]

Die deutschen Bienenzeitungen im Griff der Politik

Die Gleichschaltung hatte auch für die Imkerpresse, d.h. bei den Verbandszeitschriften, einschneidende Konsequenzen.[150] Zeitschriften, die „weniger als 10 000 Leser" hatten und teurer als 1,45 bis 1,60 RM im Jahr waren, wurden mit anderen zusammengelegt. Die in Berlin gelesene „Märkische Bienenzeitung" stellte beispielsweise 1933 ihr Erscheinen ein und erhielt den Namen „Der Kurmärkische Imker" als Teilausgabe der „Leipziger Bienen-Zeitung". Eine Regionalausgabe der

„Leipziger Bienen-Zeitung" wurde auch die „Westfälische Bienenzeitung". Eine weitere Teilausgabe dieser Zeitschrift war die „Pommersche Bienenzeitung", die 1935 die Zeitung „Pommerscher Ratgeber" ersetzte.[151]

Die „Leipziger Bienen-Zeitung" als herausragendes Beispiel war als eine der wichtigsten Bienenzeitungen Deutschlands dem Nationalsozialismus sehr verbunden. Von Zeit zu Zeit wandten sich Schriftleitung und Verlag an die Leserschaft. So beispielsweise in Heft 1 des Jahres 1934, in dem das Volk gewürdigt wird, „das seinem Führer das allergrößte Vertrauen" entgegenbringt und „gewillt ist, mit eiserner und geschlossener Zähigkeit sich neu aufzubauen." Und weiter: „Erst recht müssen wir an ‚unsere' Arbeit gehen, um auch an unserem Teil mit zu schaffen, daß all die Ziele, die der Führer dem gesamten deutschen Volke gesteckt hat, restlos erreicht werden. Tue deshalb jeder deutsche Imker, mag er stehen wo er wolle, treu seine Pflicht, die ihm seitens der obersten Bundesführung vorgezeichnet ist. [...] Deshalb: ihr Landesgruppen, ihr Ortsgruppen, ihr Einzelimker auf eurem heimischen Bienenstande, reiht euch willig und freudig mit ein in die breite Arbeitsfront zum Wohle unseres Volkes, unseres geliebten Vaterlandes!"[152] Zur Jahreswende 1935 hieß es in der „Leipziger Bienen-Zeitung": „Das Haus ist fertig! Reichsnährstand, Kleintierzucht, Reichsfachschaft Imker, Landesfachgruppe, Ortsfachgruppe!"[153] 1940 wurde Louise Bergmanns 25-jährige Verlegerschaft der „Leipziger Bienen-Zeitung" im „Deutschen Imkerführer" gewürdigt. Dort hieß es: „Frau Bergmanns tiefes Verständnis für Ziel und Aufgabe, ihr trutziges 'Dennoch!' und ihr feines, gütiges Menschentum haben sie uns zu einem hervorragenden Weggenossen gemacht."[154] 1943 hieß es zu ihrem 60. Geburtstag: „In einer feierlichen Stunde in den Verlagsräumen zeigt sich die Verbundenheit zwischen der Reichsfachgruppe Imker und dem Verlag, die nur einem Ziel dient, dem Siege."[155] Und im Kriegsjahr 1943 wurde das zehnjährige Jubiläum des Nationalsozialisten Richard Scholz gewürdigt, der nach der Gleichschaltung Vorsitzender der Landesfachgruppe Imker Sachsen wurde und seit mehreren Jahren Schriftleiter der „Leipziger Bienen-Zeitung" war: „Nie zu vergessen, was wir Sachsenimker dem nationalsozialistischen Staate verdanken, und sich dankbar zu beugen für die Gnade, mit unseren Bienen ein Diener unseres Volkes zu sein."[156]

Aufschlussreich ist die in der Dissertation von Herbert Graf im Jahr 1935 zusammengestellte Übersicht der damals aktuellen Zeitschriften, deren Auflagen und deren Leser. Es fällt auf, dass 1935, also zwei Jahre nach der Machtergreifung der Nationalsozialisten die Zahl der organisierten Imker noch geringer ausfiel (140 928) als die der nicht organisierten Imker (174 150).[157] Es ergab sich ein Verhältnis der Auflagenzahl der Verbandsblätter zur Zahl der organisierten Imker wie 136 800 zu 140 928. Hinzu kam noch die Auflagenzahl (23 570) der freien Zeitschriften. Lässt man die Neben- und Sonderausgaben einiger Bienenzeitungen außer Betracht, so gab es 1935 18 eigentliche Blätter in Deutschland. Der überwiegende Teil bestand aus Verbandszeitschriften. Die höchsten Auflagen erreichten nach Herbert Graf die folgenden Verbandszeitschriften: Bayerische Biene (Bayern, 15 000), Rheinische Bienenzeitung (Rheinland, 14 500), Die Bienenpflege (Württemberg, 13 780), Neues schlesisches Imkerblatt (Schlesien, 12 100), Die Biene und ihre Zucht (Baden,

11 800), Leipziger Bienenzeitung (Landesgruppe Freistaat Sachsen, 8 900), Bienenwirtschaftliches Centralblatt (Niedersachsen, 7 440), Der Kurmärkische Imker (Kurmark, 7 300), Die Biene (Hessen, 6 700), Preußische Bienenzeitung (Ostpreußen, 5 500), Westfälische Bienenzeitung (Westfalen, 5 300), Schleswig-Holsteinische Bienenzeitung (Schleswig-Holstein, 5 000), Der Imker aus Thüringen (Thüringen, 5 000), Leipziger Bienenzeitung (Provinz Sachsen-Anhalt, 4 600), Uns' Immen (Mecklenburg, 2 930), Pfälzer Bienenzeitung (2 800), Pommersche Bienenzeitung (Pommern, 2 100), Danziger Bienenzeitung (Posen-Westpreußen, 1 000). Von den „Freien Zeitschriften" betrugen die Auflagenhöhen: Leipziger Bienenzeitung (5 600), Deutsche Illustrierte Bienenzeitung (5 500), Neue Bienenzeitung (5 500), Praktischer Wegweiser für Bienenzüchter (4 000), Deutsche Bienenzucht in Theorie und Praxis (2 970). Für die Zeitschrift „Deutscher Imkerführer" wurde eine Auflagenhöhe von 4 000 angegeben.

Die Betrachtung der Berufe der organisierten Imker ergab (nach Herbert Graf) als vorwiegende Vereinsmitglieder (in Prozent) Landwirte (28,95), Handwerker (15,0), Lehrer (13,11), Arbeiter (6,81) und andere Berufsgruppen. Zum Vergleich: Frauen (1,57), Geistliche (0,90), Berufsimker (0,85). In der Analyse der Berufe fehlen allerdings wichtige Berufsgruppen wie Beamte, Kaufleute, Gärtner usw.. Graf ging in seiner Analyse davon aus, dass die Leserschaft der Imkerzeitschriften im Wesentlichen den organisierten Imkern der Reichsfachgruppe entsprach.

Als ein für 1934 typisches Inhaltsverzeichnis einer Bienenzeitung kann das der „Bayerischen Biene" gelten[158]:

Bekanntmachungen (Reichsfachgruppe, Landesfachgruppe).
Königinnenzucht.
Bienenpflege.
Wandern.
Bienenweide.
Honig und Honigabsatz.
Wabenbau und Wachs.
Bienenkrankheiten.
Verschiedenes.
Fragekasten.
Ehrungen und Ernennungen.
Totentafel.
Buchbesprechungen.

Im Nationalsozialismus entsprach diese Themenaufstellung den typischen Beschäftigungsfeldern der Reichsfachgruppe Imker. Herbert Graf beantwortete 1935 die Fragestellung, ob die Bienenzeitschriften der politischen Willensbildung dienen können, folgendermaßen:

> „Die praktische Eingliederung der Bienenzeitschriften im nationalsozialistischen Staat berechtigt dazu, die Frage zu bejahen. An sich hat das Arbeitsgebiet der Bienenzeitschriften schon immer Volk und Staat betreffende Angelegenheiten zum Gegenstand gehabt, denn die deutsche Bienenzucht hatte schließlich als Träger die einzel-

nen deutschen Bienenzüchter und ihrem Endzweck diente sie letzlich Volk und Staat. [...] Aber erst die Machtübernahme des Nationalsozialismus brachte 1933 eine grundsätzlich andere Einstellung. Jetzt wurden die Bienenzeitschriften bewußt politisch, die Bienenzucht erhielt die Zielsetzung: ‚Volk und Staat betreffend'".[159]

Aus dieser nationalsozialistischen Einstellung heraus war Graf der Auffassung, dass vor der NS-Zeit die Bienenzeitschriften sich zu wenig politischen Themen widmeten. Als herausragendes Ereignis und ganz in der Gefolgschaft des geschäftsführenden Präsidenten der Reichsfachgruppe Imker, Karl Hans Kickhöffel, betonte er die Rede von Kickhöffel auf der Ulmer Tagung des Deutschen Imkerbundes 1926. Dort hatte dieser die „volkswirtschaftliche Dienstverpflichtung" als Aufgabe der deutschen Bienenzucht herausgestellt.[160]

„Deutscher Imkerführer" – Instrument der Herrschaftsideologie

Im Jahre 1934 erschien eine neue Bienenzeitung: „Deutscher Imkerführer". Dieses Publikationsorgan wurde vom Deutschen Imkerbund in Berlin herausgegeben und war aus den seit 1927 erschienenen „Mitteilungen des Deutschen Imkerbundes" hervorgegangen. Diese hatten der internen Kommunikation zwischen Imkerbund und den regionalen Verbänden gedient. Die Ausgabe des „Deutschen Imkerführers" im Jahr 1934 war somit der 8. Jahrgang. In der neuen Organisationsstruktur der Nationalsozialisten war der „Deutsche Imkerführer" also die Zeitung der Reichsfachgruppe Imker. Die Ortsfachgruppen wurden zum Bezug des „Deutschen Imkerführers" verpflichtet: „Die Reichsfachgruppe hat uns zur Auflage gemacht, auf je angefangene 50 Mitglieder einen DIF zu beziehen."[161] Die fachlichen Inhalte nahmen einen breiten Raum ein und nicht minder die politisch-weltanschaulichen Themen, die der Herrschaftsideologie der Nationalsozialisten entsprachen.[162] Hauptschriftleiter des „Deutschen Imkerführers" war Karl Hans Kickhöffel. Von 1944 bis 1945 wurde Karl Maier (1892–1962) die Schriftleitung des „Deutschen Imkerführers" übertragen.[163]

Für das Jahr 1936 wurde im „Deutschen Imkerführer" von 15 Ausschlüssen aus der Reichsfachgruppe Imker mit Namen, Orts- und Landesgruppenangabe der Betroffenen berichtet.[164] Folgende Gründe wurden insbesondere aufgeführt: staatsfeindliches Verhalten; Nichtbeachtung von Anordnungen des Ortsfachgruppenvorsitzenden, Zuwiderhandlung gegen die Bestrebungen der Reichsfachgruppe Imker und Erschwerung der Arbeit derselben; schwere, unberechtigte Verdächtigungen des Ortsfachgruppenvorsitzenden; Vereitelung der Teilnahme der Mitglieder der Ortsfachgruppe Imker an der Zuckerverbilligung; Veröffentlichung in einer ausländischen Bienenzeitung; erschlichene Mitgliedschaft; Verweigerung der Erfüllung der Wahlpflicht in drei Fällen. Diese Informationen sollten wahrscheinlich als Warnung an die Imkerschaft dienen. In späteren Ausgaben sind derartige Meldungen nicht mehr zu finden; vermutlich nicht deshalb, weil es hierfür keinen Grund mehr gab, sondern weil es nicht opportun war, diese Meldungen zu veröffentlichen.[165]

Die Ausschlüsse der Imker erfolgten auf der Basis von § 19 der Satzung der Reichsfachgruppe Imker.[166] Nach § 7 der Satzung waren „Juden im Sinne des § 5 der Ersten Verordnung zum Reichsbürgergesetz vom 14. November 1935 [...] von der Mitgliedschaft ausgeschlossen".

Die Bienenzeitungen und das Schriftleitergesetz

Während der Imkertagung in Bad Nauheim vom 27. bis 31. Juli 1933 sollte der erste Tag den Beratungen des Deutschen Imkerbundes sowie der Tagung der Schriftleiter der deutschen Bienenzeitungen vorbehalten sein. Diese Tagung sollte sich „mit der Haltung einzelner Fachzeitschriften zu beschäftigen haben, die in unverantwortlicher Weise planmäßig unbewiesene Anschuldigungen gegen den D.I.B. und seine Führer in die Imkerwelt hineinposaunen und das Urteil ihrer Leser vergiften".[167] Zu Zeiten der Gleichschaltung sollten diese Ankündigungen zukünftig verstummen.

Am 4. Oktober 1933 wurde das Schriftleitergesetz verabschiedet, das am 1. Januar 1934 in Kraft trat. „Um die Presse unter Kontrolle zu bringen, griffen sie im Wesentlichen auf drei Maßnahmen zurück: 1. Personelle Überprüfung der Journalisten, 2. Ausschaltung oder Übernahme eines Großteils der bestehenden Zeitungen durch den nationalsozialistischen Eher-Verlag, 3. Inhaltliche Ausrichtung der Presse durch eine gezielte Presselenkung."[168] Künftige Schriftleiter mussten einen Antrag auf Zulassung zum Schriftleiterberuf stellen. Zugelassen wurde nach § 5 nur, wer „arischer Abstammung und nicht mit einer Person von nichtarischer Abstammung verheiratet ist."[169] Personen, die sich „in ihrer beruflichen oder politischen Betätigung als Schädlinge an Volk und Staat erwiesen" hatten – gemeint waren insbesondere Marxisten – durften nach einer Durchführungsverordnung nicht zugelassen werden.[170] Die zugelassenen Journalisten bzw. Schriftleiter wurden durch Eintrag in die Berufsliste Mitglieder der Reichspressekammer (RPK, innerhalb der berufsständisch organisierten Reichskulturkammer, RKK). Die Reichskulturkammer wurde 1933 von Joseph Goebbels gegründet und bestand aus sieben Einzelkammern, darunter neben der Reichspressekammer auch die Reichsschrifttumskammer (RSK). Letztere war zuständig für alle mit Büchern zusammenhängenden Kulturberufe, wie Schriftsteller, Verleger, Buchhändler und Bibliothekare, und war eine Zwangsorganisation. Wer auf dem Gebiet des Schrifttums tätig sein wollte, musste Mitglied der RSK sein. Die Grundlage der RSK bildete eine Reihe von Berufsverbänden, die gleichgeschaltet wurden, u.a. der Reichsverband deutscher Schriftsteller (RDS). Der RDS wurde im September 1935 aufgelöst und ging in der RSK auf. Die Kulturkammer-Zeitschrift erschien von 1936 bis 1944 unter dem Titel „Der deutsche Schriftsteller" (davor „Der Schriftsteller").

Dem Schriftleiter vorgesetzt war der Hauptschriftleiter, der die Verantwortung über die Einhaltung des Gesetzes sowie die Verantwortlichkeit über den Inhalt einer Zeitung hatte. Schriftleiter und Hauptschriftleiter unterstanden den Richtlinien und Weisungen der Reichspressekammer und damit dem diesem vorgesetzten Reichsministerium für Volksaufklärung und Propaganda (RMVP). Folge war, dass der Verleger häufig nicht auf den Inhalt der Zeitung Einfluss nehmen konnte. Neben der personellen „Säuberung“ der Presse war eine weitere Konsequenz dieser Maßnahmen die kontinuierliche Abnahme der erscheinenden Zeitungen in Deutschland. Außerdem verpflichtete das Schriftleitergesetz die Journalisten zur Staatsloyalität. Darüber hinaus praktizierte das Regime eine Presselenkung, „die bemüht war, alle deutschen Zeitungen bis ins Detail auf die politische Linie des Regimes auszurichten“.[171] Grüttner berichtet über ein Beispiel, wie Journalisten im Detail mitgeteilt wurde, welche Themen und Ereignisse nicht erwünscht waren: „Und am 7. April 1938 notierte ein Journalist folgende Weisung: ‚In der Zeitschrift für Eier- und Geflügelwirtschaft werden in einem Artikel höhere Eierpreise für den Winter verlangt. Dieses Thema soll in der Presse nicht behandelt werden‘.“[172]

Das Schriftleitergesetz hatte auch Ausnahmen vorgesehen. In § 3 heißt es:

> „[…] (2) Auf Zeitungen und Zeitschriften, die im amtlichen Auftrage herausgegeben werden, findet das Gesetz keine Anwendung.
> (3) Der Reichsminister für Volksaufklärung und Propaganda bestimmt, welche Zeitschriften als politische im Sinne dieses Gesetzes anzusehen sind. Betrifft die Zeitschrift ein bestimmtes Fachgebiet, so trifft er die Entscheidung im Einvernehmen mit der zuständigen obersten Reichs- oder Landesbehörde.“[173]

Pfarrer August Ludwig als Schriftleiter

August Ludwig (1867–1951) war Pfarrer mit eigenem Bienenstand und überzeugter Mitstreiter von Pfarrer Ferdinand Gerstung (1860–1925) und Anhänger von dessen Lehren. Gerstung gründete 1893 die in Imkerkreisen bekannte Zeitschrift „Die Deutsche Bienenzucht in Theorie und Praxis“. Nach dem Tod von Pfarrer Gerstung 1925 übernahm Ludwig die Schriftleitung und führte diese bis zur kriegsbedingten Zusammenlegung 1943 fort. Ludwig war zudem Autor von Büchern zur Bienenzucht (z.B. „Unsere Bienen“) und von Thüringer Mundart- und Heimatpflegeliteratur. Seit 1916 war er Dozent für Bienenzucht an der Universität Jena. Seine Aktivitäten um die Einheit der deutschen Imker wurden bereits dargestellt. Schwärzel resümierte: „Die Bienenzucht verlor mit ihm einen ihrer großen Meister und Lehrer.“[174]

Ludwig war allerdings entschiedener und glühender Anhänger radikal-völkischen Gedankenguts und als Schriftleiter mit den Nationalsozialisten völlig einig. Am 15. September 1933 erklärte Ludwig als Pfarrer i.R. in einer „Aufnahme-Erklärung“ seinen Eintritt in den „Reichsverband Deutscher Schriftsteller“.[175] An oberster Stelle stand die Erklärung der arischen Abstammung. Angeschlossen war ein „Fragebogen für Mitglieder“. So wurde u.a. abgefragt: „[…] 4) Kinder: *‚8 Söhne, während des Krieges alle in Uniform‘* 5) Kriegsteilnehmer: *‚6 im Feld, 2 gefallen‘* 6) Mitglied der N.S.D.A.P. oder Untergliederungen? *‚nein‘* 7) Frühere politische Zugehörigkeit? *‚Deutschnationale Front*[176]*, Deutschbund*[177] *und Alldeutscher Verband‘*[178] 8) Erlernter Beruf: *‚Pfarrer i.R.‘* […] 9) Sind Sie Mitglied des S.D.S.[179]? *‚nein‘* 10) Sind Sie

Mitglied des D.S.V.[180]? *‚nein‘* In welcher Fachschaft, als Haupt- oder Gastmitglied, wollen Sie eingegliedert werden? Hauptmitgliedschaft nur in einer Fachschaft möglich, Gastmitgliedschaft in mehreren. 1) Erzähler: *‚als Hauptmitglied‘* [...] 6) Wissenschaftlicher und Fachschriftsteller: *‚als Gastmitglied‘* [...] Mit welchen Zeitungen bzw. Zeitschriften arbeiten Sie? *‚Schriftleiter der Bienenzeitungen ‚Die Deutsche Bienenzucht in Theorie und Praxis‘ und ‚Der Imker aus Thüringen‘‘* [...] Zwei Bürgen, die erschöpfende Auskunft geben können *a) bezügl. pol. Einstellung, b) bezügl. schriftst. Tätigkeit: *‚a) meine Söhne* [...] *Ludwig* [...] *Ludwig* [...], *beide Mitgl. d. N.S.D.A.P., b) meine Verleger.‘* [...].“ Ludwig erhielt die Mitgliedsnummer 1429 des RDS. Am 5. November 1934 wandte sich Ludwig erneut an den RDS mit dem Hinweis, dass Schriftsteller, die in den RDS gehören, nicht Schriftleiter sein können: „Ich bin unter Nr. 1429 dem RDS angeschlossen und seit 10 Jahren Schriftleiter einer Bienenzeitung. Wie soll ich mich verhalten? Ich bemerke, daß den Bienenzeitungen ausdrücklich zugestanden ist, daß sie rein technisch-wissenschaftlicher Natur sind.“[181] Im Antwortschreiben vom 22. Dezember 1934 hieß es: „Wir schließen aus Ihren Angaben, dass der Reichsverband der Deutschen Presse[182] Ihre Aufnahme als Schriftleiter nicht für notwendig hielt, da es den Bienenzeitungen ausdrücklich zugestanden ist, dass sie rein technisch-wissenschaftlicher Natur und unpolitisch sind.[183] Ihre Mitgliedschaft bei uns besteht deshalb zu Recht.“[184]

1938 stellte Ludwig einen Aufnahmeantrag an die Reichsschrifttumskammer, wohl wegen seiner Buchpublikationen. In seinem dem Antrag beigelegten „Lebenslauf“ schreibt er: „Daß ich der NSDAP nicht angehöre, liegt nicht an meiner Gesinnung, sondern, wie mir vertraulich eröffnet worden ist, was ich ebenso vertraulich weitergebe, lediglich daran, daß eine Meldung meinerseits aussichtslos war wegen meines Pfarrerberufes.“[185] Ludwig musste außerdem den „Fragebogen“ ausfüllen.[186] Daraus geht zusätzlich hervor, dass er „F.M. bei der S.S.“[187] war. Die Aufnahmeprozedur musste durch einen weiteren umfangreichen „Nachweis der Abstammung“, der die Daten von Eltern und Großeltern abfragte, ergänzt werden.[188] Unter „Bemerkungen“ schreibt er, dass seine Söhne „alle Mitglieder der NSDAP“ sind.[189] Am Beispiel von August Ludwig und der Veröffentlichungspraxis in vielen Bienenzeitungen kann man zeigen, dass die Schriftleiter häufig völkisch-nationalistisch geprägt waren und die Bienenzeitungen nicht nur „technisch-wissenschaftlicher Natur“, sondern ideologisch durchsetzt und alles andere als politisch neutral waren.

„Eroberung der Seelen der deutschen Menschen“

Der noch in der Weimarer Republik vorhandene „Schriftleiter-Ausschuss des Deutschen Imkerbundes“ wurde im Nationalsozialismus aufgelöst, die Schriftleiter-Tagungen blieben jedoch bestehen, erstmals unter dem neuen Regime 1934 in Stettin.[190] Am Beispiel von zwei Dienstbesprechungen soll aufgezeigt werden, wie die Schriftleiter der bienenwirtschaftlichen Zeitschriften durch die nationalsozialistische Politik – ganz anders als im demokratischen Verbandsleben – in die nationalsozialistische Pflicht genommen wurden. Von den im Jahre 1935 tätigen 19 Schriftleitern hatten 15 den Lehrerberuf.[191] Die Reichsfachgruppe Imker hatte die Schriftleiter unter dem geschäftsführenden Präsidenten Kickhöffel vom 21. bis 24. August 1936 in Wintermoor, dem Tor zur Lüneburger Heide, eingeladen. Zweck und Ziel dieser Tagung wurden unter strengen Leitsätzen verdeutlicht:

„1. Die Notwendigkeit der Fühlungnahme zwischen Verbandsleitung und Schriftleitungen:
[...] Der Führergrundsatz zwingt ganz anders als das demokratische Verbandsleben zur dauernden, engen Fühlungnahme mit der Front und den führenden Mitarbeitern. [...] um die notwendige Durchsetzung des Führungswillens der Reichsfachgruppe Imker zu sichern.
2. Die Aufgaben der Tagung in Wintermoor:
[...] a) Fachliche, sachliche Schulung der Schriftleiter durch gegenseitigen Erfahrungsaustausch.
b) Verbreitung und Vertiefung der Kenntnisse der deutschen Bienenwirtschaft durch innigen Einblick in die Heideimkerei.
c) Stärkung der Kameradschaft durch gemeinsames Lernen und Erleben.
3. Die für die Tagung in Wintermoor zu beachtenden Aufgaben der Bienenzeitungen:
Die Bienenzeitungen sind:
a) Schulungsmittel für die Imker.
b) Fortführer der Bienenwirtschaft in Theorie und Praxis.
c) Kundgebungswerkzeug der imkerlichen Verbandsleitung: [...] Verkündung des Erziehungswillens der Reichsfachgruppe Imker und ihrer Gliederungen [...]
4. Die Lösung der Aufgabe:
Die Aufgabe wird gelöst durch scharfe Zieleinstellung, straffe Geschlossenheit und zugleich gewinnende Vielfältigkeit und Lebendigkeit der Zeitschriften. [...]
Pfarrer i. R. L u d w i g, Jena, gab für seinen kenntnisreichen und gemütvollen Bericht über die Reinheit der Sprache in unseren Zeitschriften folgende Leitsätze [...]:
1. Unsere edle deutsche Muttersprache ist mehr als jede andere lebende Sprache durch Fremdworte verunreinigt. Die Hauptschuld tragen die Gelehrten und solche, die gelehrt scheinen möchten.
2. Auch die Sprache der Imker ist von dieser Fremdtümelei nicht unberührt geblieben.
3. Der gute Anfang, der 1914 gemacht wurde, auch in der Sprache wieder sauber zu werden, ist ohne Wirkung geblieben, und es gilt, nunmehr im Dritten Reiche mit allem Ernste den Kampf aufzunehmen.
4. Der Kampf gilt nicht nur dem Fremdwort, sondern auch der undeutschen Gespreiztheit und nicht minder dem fehlerhaften Ausdruck.
5. Gewiß bereitet es dem Schriftleiter Mühe, nicht nur die eigenen Ausführungen, sondern auch die Aufsätze der Mitarbeiter in solchem Geiste deutsch zu gestalten, aber die Mühe muß um der Sache willen aufgewendet werden.
6. Als unentbehrliches Hilfsmittel wird empfohlen: Eduard Engel ‚Entwelschung', ein Verdeutschungswörterbuch, Leipzig, Hesse & Becker. [...]
N e u n e r[192], Nürnberg, sprach über die ‚weltanschaulichen Aufgaben der Schriftleiter der bienenwirtschaftlichen Zeitschriften im Dritten Reich' und gab folgende Wegweisung:
‚Der Nationalsozialismus brachte eine Politisierung des gesamten Lebens.
Auch die Bienenzeitungen haben Politik zu treiben. Gegensatz zu früher.

> Innenpolitisches Kampfziel: Eroberung der Seelen der deutschen Menschen.
> Die deutschen Bienenzeitungen haben mitzukämpfen.
> Die Aufgabe der Schriftleiter in diesem Kampfe ist: Sich selbst die nationalsozialistische Weltanschauung zu erringen, sich allmählich loszulösen von allen Bindungen, nicht zuletzt von denen des selbstsüchtigen Ichs, bereit zu werden zu jedem Opfergang, nur eine Bindung herrschen und diese immer stärker werden zu lassen: Deutschland.
> Die Bienenzeitung eines um seine nationalsozialistische Ausrichtung kämpfenden Schriftleiters wird durchblutet sein vom nationalsozialistischen Geist und wird auch die Leser in seinen Bann ziehen. Rezepte lassen sich nicht geben. ‚Wenn ihr's nicht fühlt, ihr werdet's nicht erjagen.'
> Außenpolitisches Kampfziel: Höchst Achtung und Wertschätzung des deutschen Volkes durch die anderen Völker. Überzeugung von Deutschlands Friedenswillen.
> Hierzu können auch die Bienenzeitungen, welche ins Ausland gehen, beitragen: Vornehmer Ton, Vermeidung aller Nörgeleien und Kleinlichkeiten, Betonung unserer Volksgemeinschaft und Opferbereitschaft, Herausstellung unseres unerschütterlichen Aufbauwillens, Herausstellung unserer Fortschritte und Erfolge unter Vermeidung aller Überheblichkeiten, niemals eine abfällige Äußerung über Ausländisches. [...]."[193]

Zwei Jahre danach, bei der Tagung der Schriftleiter der bienenwirtschaftlichen Zeitschriften in Eisenach 1938, wurde den Schriftleitern erneut die „Marschrichtung der deutschen Imkerschaft" aufgezeigt: „Die Schriftleiter der bienenwirtschaftlichen Zeitschriften haben nun die bedeutungsvolle Aufgabe, alle für notwendig und richtig befundenen Maßnahmen der zuständigen Stellen an die Imkerschaft heranzubringen, den einzelnen Imker für die gestellten Ziele zu interessieren, über dieselben aufzuklären und den Weg zur Erreichung klar und einfach aufzuzeigen, so daß auch der letzte deutsche Bienenzüchter zu dem Entschluß kommt: ‚Ich will! Ich gehe mit!'"[194]

Die Bienenzeitungen griffen ein breites Spektrum der praktischen und theoretischen Probleme der Imkerzucht auf. Sie waren allerdings – wie in zahlreichen Bereichen deutlich zu erkennen ist – keineswegs unpolitisch oder neutral, sondern mit der nationalsozialistischen Ideologie auf Linie. Das demokratische Verbandsleben wurde als schwächlich abgelehnt und dem Führergrundsatz wurde gehuldigt; dem „Erziehungswillen der Reichsfachgruppe Imker" hatte man sich zu unterwerfen. Die Politisierung der deutschen Bienenzeitungen im Sinne der nationalsozialistischen Weltanschauung war „Kampfziel". So erscheint angesichts der unverhohlenen Kriegsvorbereitungen und teilweise martialischen Rhetorik der Nationalsozialisten das „außenpolitische Kampfziel" der „Überzeugung von Deutschlands Friedenswillen" geradezu widersprüchlich, wenn nicht paradox. Das noch vor dem Krieg taktisch formulierte Ziel, „niemals eine abfällige Äußerung über Ausländisches" zu veröffentlichen, wird mit Kriegsbeginn obsolet. Völkische Vorstellungen von der Verunreinigung der deutschen Sprache und deren Säuberung wurden in die Imkerschaft transportiert, allen voran durch Pfarrer August Ludwig. Mit antisemitischer Polemik trat er für die „Sauberhaltung unserer deutschen Muttersprache" ein:

> „Ich behaupte nicht gern, daß die Juden alles verschuldet haben. Aber die damals Maßgeblichen im deutschen Buch- und Zeitungswesen waren durch die Bank Juden. Sie verhöhnten mit billigen Wortspielwitzen alle Bemühungen, den Stall auszumisten. Ihnen war jede reine Sprache ein Dorn im Auge, zeugt sie doch von völkischem Bewußtsein."[195]

Auch das Tagungsziel „Stärkung der Kameradschaft" ist ein durchaus ambivalenter Begriff. Dem Glück der Kameradschaft wurde von den Nationalsozialisten in allen Bereichen, der Hitler-Jugend, der SA, der Reichswehr, in Lagern und Bünden usw., etwas entgegengesetzt, das Sebastian Haffner als „Dezivilisationsmittel" bezeichnet hat.[196] Man brauchte nur die Menschen „in bestimmte Lebensbedingungen zu versetzen, und es vollzog sich eine Art chemischer Vorgang, der die Individualitäten zersetzte und hilflos-begeisterungsfähiges Material für alles und jedes aus uns machte ..."[197] In diesem Sinne beseitigt Kameradschaft das Gefühl der Selbstverantwortung, und befördert nur „Massenvorstellungen primitivster Art".[198] Auch anlässlich des „Kameradschaftsabend[s]" während der 4. Reichskleintierschau im Dezember 1936 in Essen betonte Kickhöffel, „daß gerade die junge Generation Vorzügliches geleistet habe. Wir wollen, so schloß der Redner, dafür Sorge tragen, daß wir die großen Aufgaben, die der Führer und Ministerpräsident Göring uns gestellt haben, lösen werden. Sein Dank für die Gemeinschaftsarbeit klang in einem freudig aufgenommenen Sieg-Heil auf Führer und Volk aus."[199] Die Imkerkameradschaft wird auch bei der Erfüllung des Vierjahresplans als „große nationalsozialistische Pflicht" beschworen:

> „Diese Gemeinschaft der führenden Männer und Frauen der RfgI. in Stadt und Land sollen die Stützen einer Kameradschaft im Wahrsten Sinne des Wortes – Imkerkameradschaft bilden. Kameradschaft gründet sich auf gegenseitiges Vertrauen, verlangt Offenheit und Gewandtheit. Sie verlangt dort, wo sich Aufgaben treffen, eine enge Zusammenarbeit, die sich auch in einer glücklichen Ergänzung der verschiedenen Fähigkeiten ausdrücken muß. Eine derartige Kameradschaft trägt die Besten und Würdigsten an ihre Spitze. Diese Besten müssen in der Tat auch die Besten sein; weitblickend, tatfreudig, voller Verantwortungsfreudigkeit, Treue und höchster Pflichtauffassung. Sie müssen den Nationalsozialismus vorleben, allem Kleinlichen abhold und rücksichtslos gegen sich selbst sein. Es wird als selbstverständlich angesehen, daß die führenden Männer und Frauen der RfgI. alle beispielgebend in allem an der Spitze ihrer Fachgruppen marschieren, sei es im Absatz von Honig in Gefäßen der RfgI., sei es in der Zucht, Wanderung, im Beobachtungswesen, sei es in der Erfüllung aller Aufgaben im Vierjahresplan."[200]

Prof. Dr. Albert Koch, Mitglied des Wissenschaftlichen Beirats der Reichsfachgruppe Imker, betonte die „Berufskameradschaft" als eins von zehn Geboten für die „Imkerkameraden":

> „Deutscher Imker! Schaffe in Gedanken keine künstlichen Gegensätze zwischen ‚Berufsimker', ‚nebenberuflich tätigem Imker', ‚Bauernimker', ‚Lehrerimker' und den hauptamtlich tätigen ‚wissenschaftlichen' Imkern unserer Bienenzuchtanstalten. Alle deutschen Imker sind deutsche Berufskameraden, die in unserem nationalsozialistischen Staat als gleichwertige Volks- und Kampfgenossen in der deutschen Erzeugungsschlacht zu gelten haben. Alle können voneinander lernen und durch Austausch der Erfahrungen über ihre Erfolge und Mißerfolge zukünftige Fehler zu vermeiden helfen."[201]

Deutlich wird auch der Wandel des Kameradschaftsbegriffs in dem Beitrag des Beirats der RfgrI Eduard Grotevent „Angewandter Nationalsozialismus für die Führung von Fachgruppen":

> „Die Marxistisch-demokratischen Zeiten sind vorbei, endgültig vorbei. Mit Schaudern denkt man an die Auswirkungen des Systems in seinen Versammlungen, an die endlosen Debatten über zwecklose, sinnlose Dinge, an Mehrheitsbeschlüsse, Abstimmungen und persönliche gehässige und kleinliche Angriffe, überhaupt an die sich immer mehr ausbreitende Vereinsmeierei mit ihren Auswüchsen. [...] Aber nicht nur von seinen Imkerkameraden soll der Vorsitzende als ein echter Nationalsozialist stehen können – Imker k a m e r a d e n sage ich, denn der Imker k o l l e g e sollte auch der Vergangenheit angehören! – auch nach außen hin muß der Vorsitzende dem Staat Garant sein für straffste Führung seiner Fachgruppe."[202]

Umgang mit Systemkritikern

Die Gleichschaltung machte auch vor dem Wissenschaftsbetrieb nicht halt. Das „Gesetz zur Wiederherstellung des Berufsbeamtentums" vom 7. April 1933 lieferte die „Rechtsgrundlage" für die Diskriminierung und Entlassung „nicht arischer" und politisch unerwünschter Personen an Universitäten und Hochschulen. Nach Paragraph 3, dem berüchtigten „Arier-Paragraphen", der bald auch außerhalb des öffentlichen Dienstes sinngemäß angewendet wurde, waren Beamte mit „nicht arischer Abstammung" in den Ruhestand zu versetzen. In der Ersten Verordnung zur Durchführung des Gesetzes vom 11. April 1933 wurde festgelegt, wer unter diese Bestimmung fiel. Bereits ein jüdisches Großelternteil reicht aus, um als „nicht arisch" zu gelten. Zunächst gab es Ausnahmen für Beamte, „die bereits seit dem 1. August 1914 Beamte gewesen sind oder im Weltkrieg an der Front für das Deutsche Reich oder für seine Verbündeten gekämpft haben oder deren Väter oder Söhne im Weltkrieg gefallen sind".[203] In späterer Zeit wurden diese Ausnahmen nicht mehr berücksichtigt. Paragraph 3 bot das Instrumentarium, um massenhaft jüdische Hochschullehrer aus den Ämtern zu vertreiben. Nach Paragraph 4 konnten „Beamte, die nach ihrer bisherigen politischen Betätigung nicht die Gewähr dafür bieten, daß sie jederzeit rückhaltlos für den nationalen Staat eintreten, [...] aus dem Dienst entlassen werden".[204] Mit diesem Paragraph hatte man die Handhabe, in erster Linie Kommunisten und deren Anhänger aus dem Staatsdienst zu entfernen.

Im Jahr 1933 waren im Bereich der biologischen Forschung 254 Biologen an deutschen Universitäten habilitiert und 24 nicht habilitierte Assistenten oder DFG-Stipendiaten an Kaiser-Wilhelm-Instituten tätig. 1938 waren 59 Personen an österreichischen Universitäten und an der Deutschen Universität Prag habilitiert. 30 (8,9 Prozent) dieser insgesamt 337 Personen wurden nach Recherchen von Ute Deichmann zwischen 1933 und 1939 als „Nichtarier" oder weil sie eine „nichtarische" Frau hatten, entlassen. 26 (86 Prozent) der 30 Entlassenen emigrierten.[205] Neun habilitierte Biologen wurden aus politischen und zwei aus bisher unbekannten Gründen entlassen, vier davon emigrierten.[206] 440 Biologen, die zwischen 1933 und 1945 an Universitäten und Kaiser-Wilhelm-Instituten in Deutschland und zwischen 1938 und 1945 an Universitäten in Österreich und der Deutschen Universität in Prag tätig waren, wurden in der Forschungsarbeit von Ute Deichmann auf Mitgliedschaft in der NSDAP, SA und SS hin überprüft:

Von diesen 440 Biologen traten 234, d.h. 53,2 Prozent in die NSDAP ein, von den 404 nicht emigrierten Biologen waren es 233 (57,6 Prozent). 92 der 440 bzw. 91 der 404 Biologen (20,9 Prozent bzw. 22,5 Prozent) waren zumindest eine Zeit lang Mitglied der SA und 23 der 440 bzw. 22 der 404 Biologen (5,2 Prozent bzw. 5,4 Prozent) Mitglied der SS. Weitere 14 (3,2 Prozent) waren „fördernde Mitglieder" der SS. 14 (drei Prozent) der 440 Biologen waren Frauen, von den 404 nicht-emigrierten Biologen waren es 11 (2,7 Prozent). Vier von ihnen (28,5 Prozent bzw. 36,3 Prozent) traten in die NSDAP ein. Parteieintrittswellen gab es 1933, 1937, 1938 und 1940. Die meisten Eintritte wurden 1937 verzeichnet, als die wegen des großen Ansturms aus Angst vor Opportunisten von der Partei 1933 verhängte Aufnahmesperre aufgehoben wurde. Unter dem Gesichtspunkt des Lebensalters zeigt sich, dass mit zunehmendem Alter die Bereitschaft, Parteimitglied zu werden, deutlich abnahm. Weniger als ein Drittel (26 Prozent) der Biologen, die 1933 60 Jahre und älter waren, trat in die Partei ein. Von denen, die 1933 40 Jahre und jünger waren, waren es über 70 Prozent.[207] Bei Berufungen wurden Parteimitglieder erheblich begünstigt.[208] Eine Untersuchung zwischen Qualität der Forschung und Parteimitgliedschaft erbrachte, dass Parteimitglieder nur halb so großen Einfluss hatten: 243 Parteimitglieder erhielten im SCI (Science Citation Index) 1945–1954 7 538 Zitate (32,2 pro Person) und 206 Nichtmitglieder erhielten 14 066 Zitate (68,3 pro Person).[209]

Zwei Schicksale im Nationalsozialismus, die Bienenzuchtforscher betreffen, sollen hier näher beleuchtet werden.

Ludwig Armbruster – der Unbeugsame

Ludwig Armbruster war ordentlicher Professor für Bienenkunde und Direktor des Instituts für Bienenkunde der Landwirtschaftlichen Hochschule Berlin. Neben Hunderten nach 1933 von den Universitäten und Hochschulen vertriebenen Berliner Wissenschaftlern wurde er am 23. März 1934 zwangsweise in den Ruhestand versetzt. Erst relativ spät wurde dieser prominente Forscher gesellschaftlich rehabilitiert.[210]

Armbruster studierte zunächst katholische Theologie in Freiburg und erhielt 1909 die Priesterweihe. Danach studierte er Naturwissenschaften in Freiburg mit Promotionsabschluss 1913 im Fach Zoologie. Nach einigen Jahren Tätigkeit als Gymnasiallehrer und zeitweiser Mitarbeit an bienenwissenschaftlichen Forschungen des Kaiser-Wilhelm-Instituts (KWI) für Vererbungsforschung in Berlin wurde er schließlich 1918 wissenschaftlicher Mitarbeiter des KWI für Biologie in Berlin bei dem Vererbungsforscher Erwin Baur (1875–1933). Nachdem dort die Forschungsstelle für Bienenbiologie und Bienenzüchtung eingerichtet wurde, erhielt Armbruster von der Kaiser-Wilhelm-Gesellschaft (KWG) den Posten des wissenschaftlichen Entomologen. Nach großem Engagement Armbrusters wurde 1919 auf der Domäne Dahlem der neue Bienengarten in Betrieb genommen. Auch auf publizistischem Gebiet war Armbruster sehr engagiert. Sein wohl bekanntestes Werk „Bienenzüchtungskunde", in dem er der Imkerschaft die Vererbungslehre näher brachte, erschien 1919[211] und im gleichen Jahr gründete er mit dem Mitherausgeber Hugo von Buttel-Reepen (1860–1933)[212], unter Beteiligung von Jan Gerriets (1889–1963)[213], Albert Koch (1890–1968)[214] sowie Otto Morgenthaler (1886–1973)[215] das „Archiv für Bienenkunde" mit 41 Bänden bis zum letzten Erscheinungsjahr 1968. Hugo von Buttel-Reepen schied durch Tod im Jahr 1933 aus. Jan Gerriets wurde zum 31. Dezember 1933 zwangspensioniert, blieb aber Mitherausgeber des AfB. Nach den Angaben von Gerriets hatte sein Ausscheiden persönlich der neue NS-Landwirtschaftsminister Walter Darré betrieben, „den er während dessen Landwirtschaftsstudiums in seiner Eigenschaft als stellvertretender Vorsitzender eines Ausschusses für Assessorenprüfung von Tierzuchtbeamten wegen mangelnder Studienleistungen nicht zur Prüfung zugelassen hatte".[216] Albert Koch wurde im AfB 1934 letztmals als Herausgeber erwähnt. Otto Morgenthaler schied 1939 auf Wunsch von Armbruster aus, weil er sich in der „Schweizer Bienenzeitung" nach einer Reise 1938 in die Tschechoslowakei kritisch zur nationalsozialistischen Fachpressepolitik geäußert hatte und Armbruster das weitere Erscheinen des AfB gefährdet sah. In den reichsdeutschen Imkerzeitungen wurde gegenüber Morgenthaler harte Kritik mit persönlichen Herabsetzungen geübt. Georg Neuner schrieb in der Zeitschrift „Die Bayerische Biene" über diesen „hinterhältigen Dolchstoß" und von einem „Hetzaufsatz gegen Deutschland, wie sie sich nur in den jüdischen Emigrantenblättern finden" und betonte: „Gelogen wider besseres Wissen wie ein Jude!"[217] Der Führer der ostpreußischen Imkerschaft, Carl Rehs, schrieb in seiner „Preußischen Imkerzeitung", dass Morgenthaler „sich hier wieder einmal als ein politischer Hetzer übelster Sorte [zeigt], dem die gesamte deutsche Imkerschaft die darauf ihm gebührende Lektion erteilen müßte."[218] Und im „Deutschen Imkerführer" wird auch der antisemitische Unterton angeschlagen:

> „Die Rachegeisterchen aber, wohl die vom Stamm Juda, die kleinen sowohl als auch die großen, dessen kann Herr Dr. Morgenthaler, wenn auch betrübt, so doch sicher sein, werden sich schwer hüten, ihm seinen so freundlichen Wunsch zu erfüllen. Die Zauberformel gegen diese heißt noch immer: ‚Heil Hitler!'"[219]

Ludwig Armbruster wurde noch im Jahr 1919 durch das Preußische Landwirtschaftsministerium zum Sachverständigen für Bienenzucht bestellt. Im Wintersemester 1919/20 erhielt Armbruster einen ersten Lehrauftrag für Bienenkunde an der Landwirtschaftlichen Hochschule Berlin, wo er sich noch im Jahr 1919 habilitierte. Nach verschiedenen persönlichen Konflikten Armbrusters[220] über Kompetenzen und Zuständigkeiten wurde schließlich 1923 die Dahlemer Forschungsstelle von der Kaiser-Wilhelm-Gesellschaft an die Landwirtschaftliche Hochschule als Institut für Bienenkunde (IfB) übergeleitet. Armbruster wurde zum beamteten ao. Professor und Direktor des IfB berufen und 1929 zum ordentlichen Professor ernannt. Armbruster entwickelte eine rege Forschungstätigkeit mit Reisen ins Ausland auch unter völkerkundlichen Fragestellungen. 1925 erhielt das IfB die Zuständigkeit für alle Fragen der Bienenzucht in Preußen als Preußisches Institut für Bienenkunde. Armbruster setzte sich sehr für die Förderung und den Schutz der deutschen Imkerschaft ein, forderte Schutzzölle sowie als deren Voraussetzung die Herkunftsbestimmung des Honigs. 1926 führte er die biologisch-mikroskopische Honiguntersuchung ein. Ein gewisser Höhepunkt seiner wissenschaftlichen Karriere war 1929, als er Gastgeber der internationalen Imkertagung des Apis-Clubs war. Bezeichnend für Armbrusters politisch tolerante Einstellung waren seine Abschlussworte: „Nur der ist ein echter Patriot, der auch die Vaterlandsliebe des anderen achtet und versteht."[221] 1929 richtete Armbruster eine Honigprüfstelle ein und richtete seine Forschungsaktivitäten schwerpunktmäßig auf die mikroskopische Honigprüfung, Trachtversuche und Wachsuntersuchungen aus. Daneben führte er mit Imkerverbänden ab 1930 praktische Lehrgänge durch. Seine publizistischen Aktivitäten von 1923 bis 1934 waren mit über 400 Veröffentlichungen ausgesprochen groß.[222] Besonders herausragend sind seine kulturgeschichtlichen Publikationen (z.B. „Der Bienenstand als Völkerkundliches Denkmal") und seine volks- und bienenkundliche Sammeltätigkeit, die den Grundstock für die Sammlung des Bienenmuseums auf der Domäne Dahlem bilden.[223] Steffen Rückl, der das Schicksal Ludwig Armbrusters ausführlich dokumentierte, resümierte: „Armbruster war voller Engagement und ebenso streitbar, wenn es um die Sache sowie um seine Person ging."[224]

Anfang 1934 wurde Armbruster Opfer der nationalsozialistischen Verfolgung. Durch das Kultusministerium aufgefordert, beantragte der neu eingesetzte NS-Rektor der Landwirtschaftlichen Hochschule Friedrich Schucht die Entlassung von Prof. Dr. Armbruster, da dieser „vom nationalsozialistischen Standpunkt aus als Lehrer an einer Hochschule nicht tragbar" und „ausgesprochen judenfreundlich" sei, habe er doch „den jüdischen Appell an das Weltgewissen unterschrieben [...], ein Umstand, der allein schon die weitere Tätigkeit Armbrusters als Hochschullehrer unmöglich machen dürfte".[225] Armbruster galt als „Judenfreund", da er viele jüdische Hörer hatte, darunter auch sogenannte Palästinakandidaten, die ihre Auswanderung nach Palästina planten und durch Teilnahme an Aus- und Weiterbildung die Einreisevoraussetzungen erfüllen wollten.[226] Armbruster hatte die Erklärung der Professoren der Landwirtschaftlichen Hochschule für die Hitler-Regierung nicht unterzeichnet[227] mit der Konsequenz, dass er am 23. März 1934 im Alter von

48 Jahren in den Ruhestand versetzt wurde. Die Landwirtschaftliche Hochschule Berlin wurde zum 1. November 1934 in die Friedrich-Wilhelms-Universität eingegliedert, das Institut für Bienenkunde wurde zum 1. April 1935 geschlossen und als selbständige Abteilung für Bienenkunde dem Institut für landwirtschaftliche Zoologie angegliedert.[228] Steffen Rückl geht in seiner ausführlichen Dokumentation auch unter Hinweis auf die Memoiren von Armbruster selbst[229] davon aus, dass bei seiner Zwangspensionierung die persönlichen Karriereinteressen seines Assistenten Werner Ulrich (1900–1977) sowie des Assistenten am Zoologischen Institut, Hans von Lengerken (1889–1966), eine Rolle spielten.[230] Sein Tätigkeitsgebiet hatte Armbruster nach seiner Entlassung in die Museen und Bibliotheken sowie in die Herausgabe seiner Zeitschrift verlagert.[231] Nach der Morgenthaler-Affäre forderte Karl Hans Kickhöffel in einem Rundschreiben und einer Art Ächtung Armbrusters die Landesfachgruppen auf, das AfB abzubestellen, die Mitarbeit zu verweigern, es nicht mehr zu zitieren und Armbruster nicht mehr zu Vorträgen einzuladen.[232] Eine juristische Klage Armbrusters gegen die Reichsfachgruppe Imker beim Reichsnährstand blieb ohne Erfolg. Armbruster wurde zur „Unperson", die Auflage seines AfB sank und konnte sich jedoch durch die geschickte Umwandlung in eine Referate-Zeitschrift über Wasser halten.[233] In der zweiten Jahreshälfte des Jahres 1943 verließ er Berlin wegen der zunehmenden Luftangriffe. Das Kriegsende erlebte Armbruster in Lindau am Bodensee im eigenen Haus, wo er als bienenkundlicher Berater in der Französischen Besatzungszone tätig war. Er übernahm in dieser Funktion die Aufsicht über die Bieneninstitute in Freiburg und in Mayen sowie über die Imkerorganisation in der Französischen Zone, die er reorganisieren sollte. 1948 gelang es ihm, das „Archiv für Bienenkunde" wieder herauszugeben, in dem er verstärkt kulturgeschichtliche Forschungen veröffentlichte.[234]

Auf der Liste der durch die Nationalsozialisten vertriebenen Hochschullehrer der Berliner Universität, die nach 1945 eine Rehabilitierung erfuhren, stand Armbruster aus verschiedenen Gründen nicht. Seine eigenen Hoffnungen und Bemühungen nach beruflicher Rehabilitation drückten sich darin aus, dass er sich in seinen Publikationen stets als „ord. Professor i. R., 1923 – 1934 Direktor des Instituts für Bienenkunde Berlin-Dahlem" bezeichnete. Die Landwirtschaftliche Fakultät hatte zwar anerkannt, dass er 1934 aufgrund des damaligen Gesetzes zur Wiederherstellung des Berufsbeamtentums entlassen wurde, zu einer Rehabilitierung und Wiederberufung an die Universität Berlin kam es allerdings nicht.[235] Auch die Bemühungen Armbrusters um eine Professur in Freiburg blieben erfolglos.[236] Die gesellschaftliche Rehabilitation erfolgte dann schrittweise, zunächst erhielt er 1957 das Verdienstkreuz 1. Klasse des Verdienstordens der Bundesrepublik Deutschland[237], der DIB ernannte ihn 1969 zum Ehrenimkermeister[238] und die internationale Imkerorganisation APIMONDIA, deren Kongress er in Berlin vierzig Jahre zuvor ausgerichtet hatte, würdigte 1969 sein Lebenswerk auf Vorschlag des DIB und der „Arbeitsgemeinschaft der Deutschen Bieneninstitute" mit der Verleihung ihrer Ehrenmitgliedschaft.[239] Der Zehlendorfer Imkerverein bestätigte ihm seine weiterbestehende Ehrenmitgliedschaft.[240] Der DIB gab 1968 in einer Art Wiedergutmachung angesichts der Schwierigkeiten unter Kickhöffel die Jahrgänge 46/1964 bis

48/1966 des AfB heraus.[241] In Weimar wurde 2013 feierlich die „Prof. Ludwig Armbruster Imkerschule“ gegründet[242] und die Bayerische Imkervereinigung hat als weitere Ehrung Ludwig Armbrusters die „Armbruster-Medaille“ in Bronze, Silber und in Gold geschaffen.[243] Die Aufarbeitung des wissenschaftlichen Lebenswerks ist allerdings noch nicht abgeschlossen.

Karl von Frisch – der „Mischling“

Als bedeutendster Bienenforscher des 20. Jahrhunderts kann Karl von Frisch (1886–1982) gelten. Wie Zander und Armbruster absolvierte er ein Biologiestudium. Über sinnesphysiologische Fragestellungen kam er zum Forschungsgebiet der Honigbiene, das den roten Faden seines Forscherlebens bildete. Nach dem Studium der Medizin und Zoologie in Wien und München hatte er seit 1910 als Assistent von Richard Hertwig (1850–1937) und seit 1912 auch als Privatdozent am Zoologischen Institut der Universität München gearbeitet. Weitere Stationen folgten 1921 als o. Professor für Zoologie in Rostock und 1923 in Breslau. 1925 wurde er als Nachfolger von Hertwig nach München berufen, wo er später 1932/33 mit Mitteln der Rockefeller Foundation ein neues Institut einrichtete.[244] Bereits 1923 kamen er und seine Mitarbeiter zu dem Ergebnis, dass sich Bienen über eine „Tanzsprache“ über Futterstellen benachrichtigen. Weitere Versuche, die er zwischen 1944 und 1946 auf seinem Landsitz bei St. Gilgen (Salzburg) durchführte, brachten ihn unter anderem zu der Erkenntnis, dass die Tanzformen „Rund- und Schwänzeltanz“ Aussagen über die Entfernung der Futterquelle zuließen.[245] Über seine wissenschaftliche Arbeit mit den Bienen schreibt er: „Ihr Farbensehen, ihr Riechen und Schmecken und die Beziehungen ihrer Sinnesleistungen zur Blumenwelt, ihre ‚Sprache‘ und ihr Orientierungsvermögen – das war das rätselvolle Wunderland, das zu immer weiterem Vordringen lockte.“[246]

Wie aus der Akte Karl v. Frisch des Berlin Document Center in West-Berlin (BDC) hervorgeht, war seine Stelle aufgrund des Gesetzes zur Wiederherstellung des Berufsbeamtentums vom April 1933 gefährdet.[247] Den „Ariernachweis“ der Großmutter mütterlicherseits konnte von Frisch nicht vorlegen und gab daher an, dass sie möglicherweise „nicht-arischer“ Abstammung sei. Mit der Bezeichnung „Achteljude“ beließ ihn das Rektorat in seiner Position. Bestimmte Gruppierungen innerhalb der Studenten- und Dozentenschaft waren mit dieser Entscheidung nicht einverstanden und betrieben seine Entlassung. So wurde er im Dezember 1934 in der „Deutschen Studentenzeitung“ in München als „kalter Spezialist, der von Deutschland und seinem Wiederaufstieg nicht wissen will“, geschildert.[248] Der Vertreter der Dozentenschaft, Johannes Scharnke, versuchte die Entlassung v. Frischs durchzusetzen, allerdings ohne Erfolg. Ebenso wollte eine Gruppe aus jüngeren Mitgliedern des Nationalsozialistischen Deutschen Dozentenbundes (NSDB), darunter der Gaudozentenführer Wilhelm Führer und der seit 1922 der NSDAP angehörende Dozent für Botanik Ernst Bergdolt (1902–1948), v. Frisch durch einen überzeugten Nationalsozialisten ersetzen, wie ein Auszug aus seiner politischen Beurteilung zeigt:

„Es wäre höchste Zeit, daß das modernste und bestausgestattete Zoologische Institut Deutschlands, das zur Zeit noch von einem kleingeistigen, engen Spezialisten beherrscht wird, der der neuen Zeit verständnislos und aufs feindseligste gegenübersteht, eine Leitung erhält, die diesen Zuständen ein Ende macht und der Hauptstadt der Bewegung sowohl wissenschaftlich als auch charakterlich und politisch würdig ist."[249]

Die langjährige Kampagne der NSDAP, insbesondere durch Ernst Bergdolt, gegen v. Frisch wurde – neben seiner angeblich jüdischen Abstammung – dadurch begründet, dass er jüdische Mitarbeiter beschäftigte, diesen sogar nach der nationalsozialistischen Machtergreifung behilflich war und dem Nationalsozialismus ablehnend gegenüberstand.[250] Im Namen des NSDB und der Dozentenschaft der Universität in München beantragte Bergdolt beim Bayerischen Kultusministerium und beim Reichserziehungsministerium die Versetzung von v. Frisch zum Ende des Sommersemesters 1936.[251] Letztlich war Bergdolt mit seiner Argumentation zur jüdischen Abstammung von v. Frisch erfolgreich. Er sammelte und legte sogar Zeugenaussagen vor, nach denen dieser nicht nur „Achteljude", sondern ein „Vierteljude" sei, mit der Folge, dass v. Frisch immer wieder aufgefordert wurde, den noch ausstehenden Abstammungsnachweis zu erbringen. Die Aktivitäten Bergdolts waren schließlich insofern erfolgreich, als im Januar 1941 das Reichssippenamt v. Frisch zum „Mischling 2. Grades" und damit zum „Vierteljuden" erklärte. Dies hatte zur Folge, dass v. Frisch am 9. Januar 1941 über das Rektorat folgendes Schreiben des Bayerischen Kultusministeriums erhielt:

„Der o. Prof. an der Universität München Dr. Karl von Frisch ist nach Feststellungen des Reichserziehungsministeriums Mischling zweiten Grades. Der Herr Reichsminister für Wissenschaft, Erziehung und Volksbildung beabsichtigt daher, ihn gemäß § 72 DBG, in den Ruhestand zu versetzen. Ich ersuche, Professor Dr. Karl von Frisch von dieser Absicht zu unterrichten."[252]

Die drohende Entlassung von v. Frisch provozierte unterschiedliche Reaktionen, die „einerseits die große Beliebtheit, deren sich v. Frisch erfreute, andererseits das unterschiedliche Ausmaß an Konformismus mit der nationalsozialistischen Politik unter deutschen Biologen"[253] demonstrierten. Erste Unterstützung erhielt v. Frisch von dem emeritierten Ordinarius Hans Spemann (1869-1941, Nobelpreisträger von 1935), der sich am 21. Januar 1941 beim Reichserziehungsminister Bernhard Rust (1883–1945) nachdrücklich für ihn einsetzte. Auch die Direktoren des Kaiser-Wilhelm-Instituts für Biologie in Berlin-Dahlem, Alfred Kühn (1885–1968) und Fritz v. Wettstein (1895–1945) sowie weitere Forscherpersönlichkeiten setzten sich 1941 für v. Frisch ein. Außerdem erhielt er die Möglichkeit, seine Forschungstätigkeit 1941 in einem Artikel in der Wochenzeitung „Das Reich" darzustellen.[254] Diese Initiativen haben möglicherweise dazu beigetragen, dass die angekündigte Entlassung aufgeschoben wurde. Am 31. November 1941 informierte allerdings die Partei-Kanzlei unter Martin Bormann (1900–1945) das Reichserziehungsministerium, dass im Falle von v. Frisch keine Ausnahme gemacht werden könne.[255] Am 22. Januar 1942 setzten sich wiederum eine Reihe von Professoren und Dozenten für den Verbleib von v. Frisch im Amt ein. V. Frisch selbst schreibt in seinen „Erinnerungen eines Biologen“:

> „Die Tätigkeit unseres Institutes war in zweifacher Weise bedroht. Wissenschaftliche Arbeiten, die nicht dem unmittelbaren Nutzen dienten, hatten bei längerer Dauer des Kriegs wenig Aussicht auf Förderung. Dazu kam, daß ich persönlich bei den damaligen Machthabern nicht beliebt war; im Jahre 1941 schien der Abschied vom Institut und meine Versetzung in den Ruhestand unvermeidlich.
> Daß wir dann trotzdem bis zum Ende des Kriegs verhältnismäßig frei und sogar mit schwerwiegenden Begünstigungen weiter arbeiten konnten, verdankten wir den energischen Bemühungen einiger wohlwollender und einflußreicher Menschen und – den Bienen.“[256]

Entscheidende Hilfe und Wendung in dieser Krise kam von einer unbekannten Person in hoher Position in der Ernährungspolitik, aufgrund von deren Einfluss die Arbeiten v. von Frisch als ernährungspolitisch wichtig anerkannt wurden. Von Frisch erhielt einen Forschungsauftrag des Reichsernährungsministeriums zur Bekämpfung der Bienenkrankheit Nosemaseuche:

> „Es wurde ein ‚Nosema-Ausschuß‘ zur Bekämfung der Seuche ins Leben gerufen. Den Vorsitz führte ein Mann, der im Ernährungssektor an maßgebender Stelle tätig war. Er kannte meine Arbeiten und wußte mich in meiner Stellung bedroht. Er setzte sich mit Nachdruck für mich und unser Institut ein. Ihm ist es zuzuschreiben, daß ich einen Auftrag des Reichsernährungsministeriums zur Erforschung der Nosemaseuche der Bienen erhielt.“[257]

Seit 1940 hatte sich die Nosemaseuche[258], verursacht durch einen Darmschmarotzer der Bienen, ausgebreitet und unter dem Vorsitz der erwähnten Person wurde ein „Nosema-Ausschuß“ zur Bekämpfung der Seuche gebildet. Die Versuche wurden auf Anordnung der Reichsfachgruppe Imker durchgeführt, die bereits über ein Merkblatt „Wie beugt man den Bienenkrankheiten vor?“ Verhaltenshinweise an die Imker ausgegeben hatte. Ein erster Hinweis zu den Aktivitäten der Arbeitsgruppe erschien 1941 in der Zeitschrift „Deutscher Imkerführer“. Darin hieß es, dass zur weiteren Klärung dieser Krankheit in allen Landesfachgruppen ein Beobachtungsdienst für Nosema eingesetzt wurde. „Professor von Frisch, der berühmte Zoologe von der Universität München, wird sich mit seinem ganzen Institut in den Dienst der bedeutsamen Frage der Erforschung der Hilfsmittel zur Bekämpfung der Nosema stellen.“[259] Am 23. Oktober 1941 fand auf Einladung des Reichsministers für Ernährung und Landwirtschaft (Darré) eine Sitzung unter der Leitung von Prof. Dr. Wirz von der Reichsleitung der NSDAP statt, die sich mit der Vorbeugung und Bekämpfung der Nosema beschäftigte.[260] An dieser Sitzung nahm „Universitätsprofessor Dr. von Frisch“ neben anderen Wissenschaftlern und Vertretern des Ernährungsministeriums und der Reichsfachgruppe Imker (RfgrI) teil. Der Zweck dieser Sitzung war nach den Ausführungen von Wirz, „jetzt der Nosema energisch zu Leibe zu gehen, und zwar von der Seite der wissenschaftlichen Forschung her, die in ihren verschiedensten Sparten eingreifen müsse. Zum anderen aber gelte es, auch die materielle Unterstützung dieser Arbeiten zu sichern und die Grundlage für die kommende Arbeit aufzubauen."[261] Kickhöffel führte als Vertreter der RfgrI aus, dass in der deutschen Bienenwirtschaft zunächst „die Bösartige Faulbrut zuerst angegriffen und die Bekämpfung der Nosema zurückgestellt [wurde], trotzdem z.B. in den Jahren 1923 und 1924 durch die Nosema ganze Stände vernichtet wurden. Im Herbst 1922/23 wurden die jüdischen Schnapsfabriken mit Zucker beliefert, die Bienenwirtschaft aber arg vernachlässigt."[262] Als „Arbeitsaufgaben" erhielt Karl v. Frisch die „Federführung zur Lösung der wissenschaftlichen Fragen", Leonhard Birklein sollte sich mit dem Nosemabeobachtungsdienst befassen, die Zuständigkeit bezüglich Zuchtfragen erhielt Gottfried Goetze, Erich Wohlgemuth sollte sich mit der angemessenen Bienenwohnung befassen und die Führung der RfgrI war die zusammenfassende Stelle aller Ergebnisse. Etwa ein Jahr später (1942) wurden auf einer Dienstbesprechung der RfgrI, bei der v. Frisch eine maßgebliche Rolle spielte, in München erste Ergebnisse zur Bekämpfung der Nosema zusammengetragen.[263] Ein umfassender Bericht über die eingeleiteten Nosemaarbeiten von v. Frisch wurde schließlich 1943 veröffentlicht.[264] In die Diskussion um die Nosemabekämpfung schaltete sich auch Karl Freudenstein (1899–1944 vermisst) mit einem Artikel 1942 („z.Z. im Felde") ein. Er verwies auf die von der RfgrI eingeleiteten Untersuchungen von v. Frisch, „deren Ergebnis wir in Ruhe abwarten können".[265] Jedoch fügte er hinzu: „Man würde auch der Forschungstätigkeit der deutschen Bienenwissenschaft, vor allem der der Pionierarbeit Prof. Zanders, zu wenig gerecht, wenn in weiten Kreisen der Imkerschaft auch im kommenden Frühjahr der Eindruck erhalten bliebe, daß wir gegen die Nosemaseuche wehrlos sind."[266] In seinem Artikel ging er dann auf bekannte sinnvolle Pflegemaßnahmen ein.

Anlässlich der Sitzung im Jahr 1942 wurden auch die Versuche von v. Frisch über die Duftstofflenkung von Bienen besprochen, die für die Volksernährung als bedeutsam und von v. Frisch als Erweiterung seines Auftrags angesehen wurden. Die neuen Erkenntnisse hatten ihren Ausgang von Christian Konrad Sprengel (1750–1816) genommen, wofür v. Frisch im „Deutschen Imkerführer" ebenfalls ein Publikationsforum erhielt.[267] Nach eigenen Angaben von v. Frisch führten die im Rahmen des Forschungsauftrags durchgeführten Duftlenkungsversuche ihn zur erneuten Beschäftigung mit der Bienensprache.[268] Insgesamt kann wohl festgestellt werden, dass die Leitung der RfgrI Karl v. Frisch wohlgesinnt war, seine fachlichen Kompetenzen zu schätzen wusste und dieser Umstand v. Frisch in seiner schwierigen beruflichen Situation half. Dies zeigte sich bereits 1936, als zum 50. Geburtstag Karl v. Frischs dessen fruchtbare Forschertätigkeit, die auch für die Praxis reichen Stoff gab, gewürdigt wurde: „Wir deutschen Imker dürfen stolz sein, daß deutsche Wissenschaft und deutscher Forschergeist so Großes vollbracht haben."[269]

Die neue Entwicklung veranlasste die Parteikanzlei, ihre ursprüngliche Entscheidung hinsichtlich von v. Frisch zu überdenken. Zunächst sollte er die Möglichkeit erhalten, seine Forschungen trotz seiner Versetzung in den Ruhestand weiterzuführen (31. Januar 1942) und am 27. April 1942 wurde auch diese Entscheidung revidiert. Bormann schrieb an Rust:

„Ich bin nun nachträglich darauf hingewiesen worden, daß auch in diesem Fall seine Versetzung in den Ruhestand eine wesentliche Erschwerung seiner wissenschaftlichen Arbeiten, die gerade auch in ernährungspolitischer Hinsicht sehr wichtig seien, bedeuten würde. Aus diesen Gründen sei es daher zweckmäßig, wenn die Versetzung des Prof. v. Frisch in den Ruhestand bis nach dem Kriege verschoben würde."[270]

Das Schreiben hatte zur Folge, dass am 27. Juli 1942 die Versetzung v. Frischs in den Ruhestand bis nach Kriegsende verschoben wurde. Als die Entscheidung für v. Frisch vermutlich bereits gefallen war, haben sich eine Reihe weiterer Forscherpersönlichkeiten (der Vorstand der Deutschen Zoologischen Gesellschaft Carl Apstein und die Ordinarien Otto Mangold, Adolf Remane, H. Weber und H-J. Stammer) am 11. Mai 1942 für ihn eingesetzt, allerdings nicht ohne auf antisemitische Äußerungen zu verzichten:

„(der Vorstand) tut dies in voller Würdigung 1.) der ungeheuren Schärfe des Kampfes des Judentums gegen das deutsche Volk 2.) der grundlegenden Bedeutung aller Maßnahmen unseres nationalsozialistischen Staates für die Erhaltung und Förderung unseres Volkstums und 3.) der Notwendigkeit der aktiv nationalsozialistischen Haltung des deutschen Hochschullehrers. Er tut dies aber auch in dem klaren Bewußtsein, daß es notwendig ist, die deutsche Wissenschaft vor einem unersetzlichen Verlust zu bewahren."[271]

Das Zoologische Institut wurde am 13. Juli 1944 weitgehend zerstört, v. Frisch nahm 1946 einen Ruf an die Universität Graz an und kehrte schließlich 1950 an die Universität München zurück. Karl von Frisch erhielt zahlreiche Ehrungen: Für seine Forschungen zur Kommunikation der Bienen erhielt er 1973 den Nobelpreis für Medizin zusammen mit Niko Tinbergen (1907–1988) und Konrad Lorenz (1903–1989). Die Deutsche Zoologische Gesellschaft verleiht als Wissenschaftspreis seit 1980 die „Karl-Ritter-von-Frisch-Medaille".[272]

Die Imkerschaft im Lichte der nationalsozialistischen Politik

Die ökonomische Entwicklung zwischen 1933 und Kriegsbeginn war insgesamt darauf ausgerichtet, Deutschland auf eine große militärische Auseinandersetzung vorzubereiten. Die ehrgeizigen Rüstungspläne wurden zu Lasten individueller Konsumbedürfnisse durchgesetzt. Das ökonomische Instrument lieferte 1934 Hjalmar Schacht mit seinem „Neuen Plan", der eine vollständige Außenhandelssteuerung durch zentrale Devisen- und Rohstoffsicherung vorsah und mit „MeFo-Wechseln" als wichtigstes Finanzinstrument des NS-Regimes die Aufnahme verdeckter Kredite ermöglichte. Demnach wurde die Wirtschaft auf einen bilateralen Tauschhandel umgestellt, um Devisenkosten zu vermeiden. Letztlich wurde ein blockadesicherer Großwirtschaftsraum in Europa angestrebt, der das Weiterrüsten ermöglichen sollte.[273]

„Vierjahresplan" und „Erzeugungsschlacht"

Ende 1935 entstand aufgrund des Spagats zwischen Rohstoffbedarf für die Rüstung und den Nahrungsbedürfnissen der Bevölkerung eine erneute Wirtschaftskrise, die dazu führte, dass Hitler 1936 seinen „zweiten Mann", Hermann Göring, zum „Beauftragten für den Vierjahresplan" machte.[274] Der „Neue Plan" wurde durch den Vierjahresplan abgelöst und Schacht wurde wegen seiner Kritik an der unsoliden Finanzpolitik 1939 entmachtet. Ein neues Gesetz beseitigte alle Hindernisse für das Drucken von Banknoten. Die von Göring beauftragte Vierjahresplanbehörde stand völlig im Dienste der Politik und nutzte die Instrumente der Marktregulierung und Rohstoffüberwachung, kontrollierte Arbeitskräfte, Löhne und Preise und beließ den Unternehmen jedoch gleichzeitig vielfältige Freiheiten.[275] Hauptziel war letztlich die Ausrichtung der Wirtschaft auf eine beschleunigte und rücksichtslose Aufrüstung durch Autarkie und die Sicherstellung der Ernährungslage der Bevölkerung. 1940 verlängerte Hitler die Vollmacht Görings als Beauftragter für den Vierjahresplan, der sich später nach dem Überfall auf die Sowjetunion 1941 auch auf die besetzten Gebiete in der UdSSR bezog. Hitler selbst reagierte im Sommer 1936 mit einer Denkschrift zum Vierjahresplan auf die wirtschaftspolitischen Probleme. Darin heißt es im letzten Satz: „Die deutsche Wirtschaft muß in 4 Jahren kriegsfähig sein."[276] Die Hochrüstung Deutschlands und der Raubbau an den eigenen Reserven überstieg allerdings die ökonomische Potenz des Landes. Mit territorialer Expansion und Ausbeutung auf Kosten anderer Staaten in Form von Raubwirtschaft versuchte man den ökonomischen Ausgleich. Der Preis, den das Regime für die immensen Kriegsvorbereitungen zahlte, war eine Verdreifachung der Staatsschulen zwischen 1933 und 1939. Im Jahre 1939 arbeitete ein Viertel aller Industriearbeiter für die Wehrmacht.[277]

Die Landwirtschaft sollte alle Produkte preiswert produzieren, um Industriearbeiter und Soldaten für den Rüstungs- und Expansionskampf leistungsfähig zu erhalten. Unter dem Reichsminister für Ernährung und Landwirtschaft Richard Walther Darré kontrollierte der Reichsnährstand mit Instrumenten von Abnahmegarantie und Festpreisen den Markt und die Zuteilung von Gütern. Ziel war, die Selbstversorgung in der von Darré propagierten „Erzeugungsschlacht" zu steigern. Zudem sollte die Bevölkerung schon in Friedenszeiten mit Überwachungsinstrumenten auf eine mögliche Kriegswirtschaft vorbereitet werden.[278] Ein herausragendes Beispiel ist die Versorgung mit Butter. Mit der im Reich verfügbaren Fettproduktion konnte nur etwa die Hälfte des Bedarfs („Fettlücke") gedeckt werden. Die Reaktion des Regimes war zweierlei: Zunächst versuchte man die Ernährungsgewohnheiten der Bevölkerung zu ändern (verstärkter Verbrauch von Zucker und Marmelade statt „Butterbrot"), ab 1937 begann man mit der Butterrationierung, einem Verteilungssystem, das als Prototyp der kriegswirtschaftlichen Versorgung mit Lebensmittelkarten diente.[279]

Ein „Volksschädling", wer sich den Verpflichtungen entzieht

Die im Jahr 1937 herausgegebenen „Richtlinien für den Vierjahresplan für die deutsche Bienenwirtschaft" wiesen den Weg für die Imker: Vermehrung der Zahl der Bienenvölker sowie Erhöhung der Durchschnittsleistung des einzelnen Volkes![280] In der „Leipziger Bienen-Zeitung" 1937 wandte sich Karl Vetter an die „Imker im Vierjahresplan" und listete detailliert die wesentlichen Ziele für die Imkerschaft auf: 1. Einwandfreie Betriebsweise und Bienenpflege, 2. gemeinsame und energische Krankheits- und Schädlingsbekämpfung, 3. Heranzüchtung einer leistungsfähigen Biene mit Hilfe von fachgemäßen Belegstellen, 4. Benutzung brauchbarer Beuten zur Steigerung der Honig- und Wachserzeugung sowie Vermehrung und Verbesserung der Bienenweide, 5. Nutzbarmachung aller vorhandenen Bienenweiden durch Wanderung mit den Bienen.[281]

> „Ich weiß, daß mein Appell nicht umsonst an die deutschen Imker gerichtet wird. Ich weiß, daß sie ihre Pflicht tun werden, und ich weiß, daß sie ihre nationalsozialistische Einstellung in die Tat umsetzen und damit den Beweis erbringen werden, daß sie ihre eigenen Wünsche zurückstellen und ihre ganze Arbeitskraft, ihre Erfahrungen und Kenntnisse einsetzen werden für die deutsche Volkswirtschaft und damit für die Volksgesamtheit. Ich bin überzeugt, daß sie handeln werden nach dem alten nationalsozialistischen Grundsatz: ‚Gemeinnutz geht vor Eigennutz.'"[282]

Innerhalb des „Vierjahresplans" und den Autarkiebestrebungen des Regimes wurde die Bienenwirtschaft staatlicherseits gefördert. In einem Beitrag der Zeitschrift „Deutscher Imkerführer" des Jahres 1938 wurden von der Reichsfachgruppe Imker fünf Jahre nationalsozialistische Ernährungspolitik gewürdigt. Innerhalb des Zeitraums von 1932 bis 1937 wurden Steigerungen vermeldet:
- Zahl der Bienenvölker von rd. 1,9 Mill. auf rd. 2,5 Mill.
- Honigerzeugung von rd. 180 000 dz auf rd. 240 000 dz
- Mitglieder der RfgrI von rd. 117 000 auf rd. 180 000.

Hinzu kam der Ausbau des Beobachtungswesens, die Ausweitung der Wanderung, des Zuchtwesens und die Förderung der Bienenweide.[283]

Zur Erfüllung des Vierjahresplans wurde der Druck auf die Imkerschaft entsprechend erhöht. Der Imker soll „das Gelingen des großen deutschen Planes" als „einen persönlichen Auftrag" verstehen. Imker, die dem „Ruf zum Vierjahresplan" nicht Folge leisteten, wurden als „Volksschädling" bezeichnet:

> „Auch wir Imker sind Treuhänder des Staates und darum verpflichtet, mit unseren Bienen den deutschen Boden restlos auszunutzen. Wer sich diesen Verpflichtungen entzieht, kennzeichnet sich als Volksschädling."[284]

Im Rahmen der Autarkiebestrebungen des nationalsozialistischen Regimes wurden die Imker in der „Erzeugungsschlacht", die der Leistungssteigerung dienen sollte, in die Pflicht genommen:

> „Für jeden deutschen Imker muß es stolzes Gefühl sein, mitarbeiten und mitwirken zu können an den Aufgaben der Verbreiterung und Verbesserung unserer Ernährungsgrundlage und damit an der Gewinnung unserer Nahrungsfreiheit."[285]

An anderer Stelle hieß es:

> „Im Jahre 1935 mußten noch rund 66.000 dz Honig und rund 9.000 dz Wachs in Deutschland eingeführt werden. Wer trägt daran die Schuld? Auch als Imker sollst du in der Erzeugungsschlacht mitkämpfen."[286]

Auch die Wanderung mit den Bienen geriet in militärischer Diktion fast wie die Verteidigung eines Frontabschnitts im Krieg:

> „Deutscher Wanderimker, du marschierst an einem besonderen Abschnitt in der Erzeugungsschlacht. [...] Halte durch! Laß dich immer tragen von dem Gedanken: Wenn ich mit meinen Bienenvölkern wandere, so wandere ich nicht nur um meines Vorteiles willen, sondern um meines deutschen Volkes willen! Sei stolz darauf, ein wahrhafter Kämpfer in der zweiten Erzeugungsschlacht zu sein!"[287]

Die beabsichtigte Leistungssteigerung der deutschen Bienenwirtschaft zielte nicht nur auf das einzelne Bienenvolk ab, sondern auch auf die zahlenmäßige Ausweitung der Bienenvölker. Hierbei kam es besonders darauf an, dass aus den 300 000 imkerlichen Betrieben immer mehr in die Größenklassen einbezogen werden sollten, die erst einen „wirklichen volkswirtschaftlichen Marktwert" sicherten.[288]

In den Bienenzeitschriften wurde die „Erzeugungsschlacht" durch entsprechende Aufrufe, „Losungen" und „Parolen" begleitet. Die Losung des Jahres 1936 hieß: „Jeder Imker mindestens 1 Volk mehr!" Weitere Parolen lauteten:
„Die Erzeugungsschlacht muß ein Sieg werden! Imker, auch auf Euch kommt es an!"[289]
„Waffen für die Erzeugungsschlacht sind unser Einheitsglas mit dem Gewährstreifen, unsere Werbemittel, unsere Flugschriften, Der Deutsche Imkerführer und die Bienenzeitungen."[290]
„Beispiels-Imker vor die Front! Laßt Euer Können und Wissen in Zehntausenden von Imkern wirksam werden. So wirkt Ihr über Euern Stand hinaus im Sinne des Führers und zum Segen des Volkes."[291]
„Bessere Bienenpflege ist nationale Pflicht!"[292]
„Der Führer vergrößerte den Staat – Wir vergrößern den Stand."[293]
Kickhöffel selbst trat als oberster Parolengeber in militaristischem Stil auf (Abb. 25) und rief die Imkerschaft zu „Mehr Völker, mehr Leistung" auf: „1938 ist das Jahr des Sturmangriffes auf alles Laue und Hemmende!"[294]

„Wir formen einen neuen deutschen Imker"

In einem 1940 veröffentlichten Artikel beschrieb Kickhöffel das Wesen und die Aufgaben der deutschen Bienenwirtschaft und der Reichsfachgruppe Imker.[295] Er

Hin zur Leistung!

Auch 1937 hat uns eine Steigerung der Leistung des einzelnen Bienenvolkes gebracht. Das ist der Erfolg unseres zielbewußten, straffen Einsatzes. 1925 $1^1/_2$ Millionen Bienenvölker — 1937 $2^1/_2$ Millionen Bienenvölker. Das zeigt uns, daß der geschlossene Einsatz der deutschen Imkerschaft das gestellte Ziel erreicht. 1938 ist das Jahr des

Sturmangriffes auf alles Laue und Hemmende!

Die erste Losung heißt:

Jeder Imker mindestens ein Volk mehr!

Das heißt: Weg mit den **Zwergständen** durch Erweiterung von 3 auf 10 Völker!

Das heißt: **Schaffung** besonders **wirtschaftlicher Stände** von 20 und mehr Völkern an!

Das heißt: Für den tüchtigen Imker **10 und mehr Völker** neu aufzustellen!

Das heißt: Für alle **Vorsitzer** Tag für Tag, Woche für Woche, Monat für Monat bis zum Oktober **Trommler dieser ersten Losung** zu sein!

Die zweite Losung heißt:

Erhöhung der Honig- und Wachserträge jedes einzelnen Bienenvolkes!

Das heißt: Eine viel **bessere**, den Lebensnotwendigkeiten der Biene und den Trachtverhältnissen des Ortes angepaßte **Bienenpflege!**

Das heißt: Beobachten **lernen** und den Weg der **Gemeinschaft** gehen!

Das heißt: Leistungsfähigere Bienen **züchten** und hineingehen in die Zuchtarbeit der Reichsfachgruppe Imker!

Das heißt: Alle Möglichkeiten der deutschen Tracht durch **Wanderung** auszunutzen!

Das heißt: Krankheiten vorbeugen, rechtzeitig erkennen und zielbewußt **heilen!**

Das heißt: An der Besserung der **Bienenweide** umsichtig und tatkräftig mitzuarbeiten.

Unser Wille 1938: Mehr Völker, mehr Leistung!

K. H. Kickhöffel,
Gesch. Präsident der Reichsfachgruppe Imker.

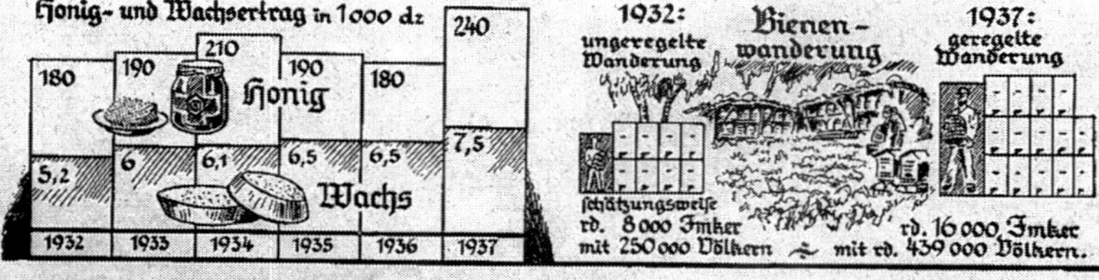

Abb. 25: Karl Hans Kickhöffel: „Hin zur Leistung!" (1938).

nannte darin die Zahl von 350 000 Imkern mit über 3,5 Millionen Bienenvölkern, die im „Großdeutschen Reich" vorhanden seien. Die deutsche Honigdurchschnittsernte betrug jährlich zehn Kilo pro Volk, also 350 000 dz. im Wert von 70 Millionen Reichsmark. Die Wachsproduktion als zweites wertvolles Erzeugnis betrug in Deutschland 9 000 dz im Wert von 2,25 Millionen Reichsmark. Weiterhin wurde die Bedeutung der Bienen bei der Pollenübertragung und somit für die Frucht- und Samenernte herausgestellt. Als „Weg der Leistungssteigerung" wurde als wesentliches Ziel der Ernährungspolitik die Sicherung der Eigenernährung „als Grundlage der Freiheit, Ehre und Größe von Volk und Reich" betont. Die wichtigste Aufgabe der deutschen Imker sei die Steigerung der Honig- und Wachsproduktion. Weiterhin sollte die Leistung des einzelnen Volkes vom Jahresdurchschnitt von zehn Kilo auf 12,5 Kilo gesteigert werden. Die Reichsfachgruppe Imker hatte hierzu konsequent „Mittel bereitgestellt" und „Wege gewiesen":

- Ausbau des Beobachtungswesens mit rund 1 500 Beobachtungsstellen und rund 5 000 Berichterstattern.
- Zielbewusste Zucht von Bienenköniginnen und Nutzung von Belegstellen (Herausgabe von Richtlinien).
- Planmäßige Wanderung zur Leistungssteigerung zur Ausnutzung vorhandener Trachten (Herausgabe eines Wanderbüchleins).
- Stetige Verbesserung der Bienenweide (Herausgabe eines Bienenweidebüchleins).
- Ständige Bekämpfung der Bienenkrankheiten.

Kickhöffel warb zudem für die Nachwuchsförderung durch Herangehen an Schulen (Lehrbienenstände, Bobachtungsstöcke), Aufnahme in Tier- und Pflanzengärten, Vorträge bei Vereinen, Verbänden und Schulen sowie Pressearbeit. Die „stärkere Einschaltung der Frauen" in die imkerliche Arbeit sei notwendig. Schließlich seien geeignete Bienenwohnungen zu beachten, deren Einheitlichkeit an einem Bienenstand von Vorteil ist. Außerdem wurde den Imkern von Zeit zu Zeit dringend nahegelegt, Fachliteratur zu lesen.[296]

In einem im März 1941 vorgelegten Rechenschaftsbericht[297] legte Kickhöffel dar, welche Summen innerhalb des Vierjahresplans von 1937 bis 1941 ausgegeben wurden:

Zuchtwesen: 620 568,90 Reichsmark; Bekämpfung der Bienenkrankheiten: 95 983,17 Reichsmark; Förderung der Bienenweide: 92 657,58 Reichsmark; Förderung der Betriebsweise: 601 793,12 Reichsmark; Lehrmittel: 43 543,51 Reichsmark; Aufbau und Ausbau von Imkereien: 928 066,52 Reichsmark. Im Rahmen der nationalsozialistischen Planwirtschaft wurden in diesen vier Jahren somit fast 2,4 Millionen Reichsmark für die Bienenhaltung ausgegeben. Nachteil dieser Planwirtschaft war, dass es für die Imker keine freie Preisgestaltung beim Honigverkauf mehr gab.

Richard Scholz vom Landesverband Sächsischer Imker kleidete die Ziele der Reichsfachgruppe Imker in einen „dreifachen Kampfruf" für die Zukunft der deutschen Imkerei: „Wir fordern eine neue deutsche Imkerei! Wir schaffen eine neue Arbeitsweise! Wir formen einen neuen deutschen Imker!"[298] Und Kickhöffel schrieb

1939 in seinem Beitrag „Unsere Erfolgsgrundlagen“: „Wir wollen also in erster Linie in uns selbst alles ausmerzen, was der Erreichung des großen Zieles hinderlich ist […].“[299] Dieses Ziel der „Schaffung und Sicherung ausreichender Nahrungs- und Rohstoffgrundlagen“ sah er als die „große völkische Aufgabe“ hineingebettet in das „gesamtvölkische Leben“.[300] Der Durchgriff auf das Individuum war Programm. Hierbei galt es „bei der Erziehung unserer Imker noch stärker vom Wort zum Beispiel, zur Handlung zu kommen“.[301] Als Instrument der Überwachung – häufig allein als Beratung getarnt – diente die Bienenstandbegehung sämtlicher Bienenstände Deutschlands[302]:

> „In unserer fachlichen Arbeit ist der Überwachung der Arbeit draußen weit größere Aufmerksamkeit zu schenken. Der Vorsitzer der Ortsfachgruppe muß sich mit Unterstützung seines Mitarbeiterstabes ein Bild von dem jeweiligen Stande der Leistungssteigerung in seinem Gebiete machen. Das gilt von den Vorsitzern der oberen Gliederungen, insbesondere denen der Landesfachgruppen, in noch verstärktem Maße. […] Das Reisen […] ist […] ein unerläßlicher Dienst an unserer großen Aufgabe.“[303]

Eine enge Verbindung zur Wissenschaft hat die Reichsfachgruppe Imker stets praktiziert. 1939 waren in Deutschland über 14 Lehr- und Forschungsanstalten für Bienenzucht tätig, die neben der Forschungstätigkeit auch Bildungsarbeit im Imkerwesen durchführten. Außerdem führten die Anstalten Untersuchungen für krankheitsverdächtiges Material sowie für Honig und Wachs durch, forschten zu Bienenkrankheiten und zum Zuchtwesen und entwickelten technische Neuerungen in der Bienenzucht.[304]

Honig und Wachs – keine „Verschleuderung von Volksvermögen“

Trotz des Ziels der Sicherung der Eigenernährung wurden Honig und Bienenwachs in beträchtlichem Maße eingeführt. Betrachtet man die Bienenwachseinfuhr für die Jahre 1935 bis 1938 für das „Altreich“[305] so schwanken die Mengen (in dz) von 9 141 (1935), 12 544 (1936), 10 558 (1937) bis 9 568 (1938). Die wichtigsten Herkunftsländer beispielhaft im Jahr 1937 waren Belgisch-Kongo (2 232), Chile (1 847) und Portug.-Westafrika (1 135).[306] Die Bienenhonigeinfuhr (in dz) stellte sich im Vergleich folgendermaßen dar: 1913 (44 740), 1927 (78 340), 1928 (93 722), 1929 (98 515), 1930 (57 263), 1932 (44 686), 1933 (46 957), 1934 (46 795), 1935 (65 577), 1937 (63 489), 1938 (70 390). Die wichtigsten Herkunftsländer für Bienenhonigeinfuhr (in dz) im Jahr 1938 waren Kuba (30 604), Chile (21 896), Mexiko (4 914), Brasilien (2 736), Haiti (1 840), Ungarn (1 830), Guatemala (1 530), Kanada (1 450) und Dominikanische Republik (1 331). Die Honigeinfuhr war 1938 höher als in den Jahren von 1930 bis 1936, lag aber unter den Einfuhrzahlen Ende der 20er Jahre, „in denen die deutsche Bienenwirtschaft so unendlich schwer um ihr Bestehen kämpfen musste.“[307]

Der Anstieg der Honigeinfuhr in den letzten Jahren wurde mit der gestiegenen Kaufkraft von Verbraucherschichten in Deutschland und dem gestiegenen Bewusstsein für gesunde Ernährung erklärt. Nach den Regeln der Planwirtschaft und deren Marktlenkung nahmen mit der Mehreinfuhr die Lieferstaaten im Austausch der Wirtschaftsgüter wieder deutsche Erzeugnisse ab. Der Hauptvereinigung der deutschen Eierwirtschaft oblag die Durchführung der Marktordnung auf dem Gebiet der Honigwirtschaft und hat die Weiterleitung des eingeführten Honigs durch Verteilungsbescheide durchgeführt.[308] An die deutschen Imker wurde appelliert, die „Absatzstellen" nicht zu vergessen, über die einst in Notzeiten deutscher Bienenhonig verkauft wurde. Da der Imker seinen Honig unmittelbar beim Einzelhandel und beim Verbraucher unterbringen konnte, war es nun seine „Ehrenpflicht", einen Teil seines Honigs im Rahmen der Preise, die durch die Preisstoppverordnung festgelegt waren, den die großen Städte beliefernden Absatzstellen zu überlassen.[309] Planwirtschaftliche Regelungen zeigten sich auch in der 1939 erfolgten Ernennung des Inhabers der Honighandelsfirma, Carl Hause, zum „Reichsfachschaftsleiter der Honigverteiler" durch das Verwaltungsamt des Reichsbauernführers.[310] Hause hatte schon früher für einen angemessenen stabilen Preis für den Honigerzeuger plädiert und auf die Zusammenarbeit mit dem Honiggroßhandel verwiesen, der die Spitze des Honigüberschusses allgemein lenken könne. Die Sorge um den Honigabsatz sei dem Erzeuger durch den Honiggroßhandel abgenommen und der „unselige frühere Zwist [...] in dem Gegensatz zwischen deutschem Honig und Auslandshonig" sei damit beendet.[311] Besonders in den Jahren nach dem Krieg bis 1933 gab es heftige Auseinandersetzungen zwischen den deutschen Imkern und den Absatzstellen für deutschen Honig auf der einen Seite sowie den Firmen, die mit Auslandshonig handelten, auf der anderen Seite.[312] Im „Kampf gegen den unlauteren Wettbewerb des Kunsthonigs oder des Auslandshonigs" wurde zudem 1939 untersagt, Honig im Hausierhandel zu verkaufen. Kunsthonig konnte zwar weiterhin im Hausierhandel angeboten werden, musste jedoch deutlich gekennzeichnet werden.[313]

1937 erließ Kickhöffel eine Anordnung zur Sicherung der Wachserzeugung.[314] Es sollte Pflicht jeden deutschen Imkers werden, aufgrund des Vierjahresplans den Wachsbedarf aus eigener Erzeugung zu decken, d.h., vom Wachsverbraucher zum Wachserzeuger zu werden. Durch wirtschaftliche Bienenhaltung und im „Kampf dem Verderb" sollte der „Verschleuderung von Volksvermögen" entgegengetreten werden und auch der „letzte Imker" sollte an seinem Bienenstand die entsprechenden Maßnahmen durchführen. Die Wachspreise im freien Handel wurden aufgrund der „Verordnung über das Verbot von Preiserhöhungen" unter Androhung von Geldstrafen in unbegrenzter Höhe oder von Gefängnisstrafe auf den Stichtag vom 18. Oktober 1936 eingefroren.[315] Bei verschiedenen Anlässen hatte die RfgrI den Imkern die Bedeutung der Wachserzeugung klar gemacht, so z.B. anlässlich der 5. Reichskleintierschau in Leipzig im Januar 1939 (Abb. 26).

Der Eigenbedarf für die Imker lag in der Verwendung als Mittelwände, während der Fremdbedarf in folgenden Bereichen bestand: Werkstoff für den Wachszieher und für Künstlerarbeiten, als Glanzmittel, als Stoff für medizinische und kosmetische Präparate, Anstreichmittel, Lacke, Appreturen und Stoff für die Rüstungsindustrie.[316]

„Du bist nichts, Dein Volk ist alles!"

5. Reichskleintierschau 1939 zu Leipzig

Abb. 26: Bienenwachsausstellung anlässlich der 5. Reichskleintierschau 1939 in Leipzig: „Du bist nichts, Dein Volk ist alles!"

Das Einheitsglas im Nationalsozialismus

Im Jahre 1935 feierte die Reichsfachgruppe Imker das zehnjährige Jubiläum der Einführung des Honigeinheitsglases. Bereits 1934 hieß es im „Deutschen Imkerführer": „Das Einheitsglas ist unsere Waffe im Ringen um den deutschen Honigmarkt."[317] Für die Herstellung war die Firma Aktiengesellschaft für Glasindustrie, vormals Friedrich Siemens, Dresden, nach entsprechender Preisfestlegung zuständig. Nachdem die Idee des Einheitsglases schon Jahre vorher aufgetaucht war, wurde im April 1925 die Schaffung eines Einheitsglases für deutschen Honig in den Richtlinien der Vereinigung der deutschen Imkerverbände unter der Leitung von Rektor Breiholz festgeschrieben.[318] Eine Vertreterversammlung der Vereinigung der deutschen Imkerverbände, die im Juni 1925 in Weimar tagte, befasste sich erstmalig mit diesem Thema und stimmte den Richtlinien zu. Nach nicht unerheblichen Einführungsproblemen kamen die ersten Gläser Anfang 1926 in den Handel, die nach Kriterien der Zweckmäßigkeit und Wirtschaftlichkeit gestaltet wurden. Die jährlichen Umsatzziffern von 1926 bis 1934 stiegen von 686 000 Stück auf 2 160 000 Stück.[319] Die Verwendung des Einheitsglases sollte der deutschen Industrie dienen und der „Erfüllung des Programmes der Arbeitsbeschaffung im nationalsozialistischen Sinne." Nur deutsches Rohmaterial sollte Verwendung finden, Devisenbeschaffung und Einfuhr fremder Materialien seien dadurch zu vermeiden.[320] José Filler betonte

„Das Einheitsglas hat sich in den 10 Jahren seines Bestehens durchgesetzt. Die Entwicklung ist noch nicht zu Ende. Das Einheitsglas muß die Verpackung des deutschen Honigs werden."[321] Carl Rehs, der Vorsitzende der Landesfachgruppe Ostpreußen, formulierte es pathetischer: „Das Einheitsglas der Reichsfachgruppe Imker muß jedem organisierten deutschen Imker das Panier sein, um das er sich schart und sammelt – ein Heiligtum, das er mit allen Kräften schützt – und die Waffe im Kampfe um die Eroberung des Marktes für den deutschen Honig!"[322]

Raps- und Rübsenwanderung, Bienenweide und Beobachtungswesen

Die Honigernten der Länder im Deutschen wurden jährlich in der Imker-Zeitschrift „Deutscher Imkerführer" veröffentlicht. So hieß es in dem 1938 veröffentlichten Bericht, dass „wie in den 4 Vorjahren [...] die Standmittel von rund 4.000 über das ganz Altreich planmäßig verteilten Betrieben zu Landes- und Reichsmitteln ausgewertet [wurden]."[323] Dem Reichsmittel wurde die Wertnote 100 gegeben, die einzelnen Länder wurden in Prozent des Reichsmittels dargestellt. Die Einflüsse des Wetters und die Bedeutung des Beobachtungswesens wurden besonders herausgestellt. Unter dem Gesichtspunkt der Leistungssteigerung wurde erwartet, „daß jeder Imker fleißig seine Bienen beobachtet und sich bemüht, die Lehren, die das eine Jahr erteilt, im anderen zu seinem und der Bienen Vorteil auszuwerten."[324] Erich Wohlgemuth war als Obmann der Reichsfachgruppe Imker für das Beobachtungswesen der Blüh- und Wetterlagen zuständig und veröffentlichte regelmäßig Zustandsberichte zur Honigernte und zu den Trachtbedingungen.[325] Nachdem der Deutsche Imkerbund in den Reichsnährstand eingegliedert wurde, hat der „Bundesführer" auch einen Beirat für Bienenweide berufen, dessen Vorsitzender Dr. Honig war. Dieser fasste die wesentliche Aufgabe des Beirats folgendermaßen zusammen:

> „Voraussetzung für jede erfolgreiche Arbeit zur Verbesserung der Bienenweide, also das Vorhandensein von Nahrungsspendern für die Immen, ist und bleibt die Grundlage der Bienenzucht. Erst B i e n e n w e i d e, d a n n B i e n e n z u c h t. Jeder Bienenzüchter muß den felsenfesten Glauben bekommen: auch ich kann und muß mithelfen am Aufbau der Bienenweide."[326]

Neben dieser Aufklärungsarbeit beschäftigte sich der Beirat mit praktischen Tätigkeiten, wie Erforschung, Nutzung und Verbesserung der vorhandenen Bienenweide, Züchtung eines Bienenrotklees sowie stärkere Nutzung der Reichsbahn und der Reichsautobahnen[327]. In seinem 1934 erschienenen Beitrag „Verbesserung der Bienenweide und der neue Staat"[328] hob Honig auf die „nationale Selbständigkeit" ab und verwies auf zwei wesentliche Aufgaben der deutschen Bienenzucht: Versorgung des deutschen Volkes mit dem wertvollen Nahrungsmittel Honig und Stärkung der deutschen Volkswirtschaft durch gesteigerte Wachserzeugung sowie Sicherstellung der Samenerzeugung. Am Beispiel der Bienenweideorganisation lässt sich die Strukturierung des Führerprinzips gut veranschaulichen:

„Entsprechend dem Führergrundsatz liegt die gesamte Führung beim Präsidenten des Deutschen Imkerbundes. Dieser entscheidet also auch über die Tätigkeit des Beirates für Bienenweide. Der Beirat hat lediglich beratende Stimme. [...] Demgemäß ist auch die Untergliederung des Beirates. Der Vorsitzende ist dem Präsidenten des Imkerbundes voll verantwortlich. [...] Wenn [...] bei den Landes- bzw. Kreis- oder Ortsfachgruppen auch Obmänner für die Bienenweide bestellt werden, so gilt das gleiche wie hier. Ein Obmann kann nie selbständig handeln, sondern ist nur Berater seines Führers (Landesgruppenführer, Kreisvereinsführer usw.).“[329]

Aufgrund der „Fettlücke“ und dem Ziel der Eigenversorgung war es frühzeitiges politisches Ziel, den Ölsaatenanbau mit „Raps und Rübsen“ und anderen Ölfrüchten zu steigern. Dies fand nicht immer im Konsens mit den Bauern statt. Die Eingliederung der Bauern in den Reichsnährstand bedeutete für sie auch eine Einschränkung ihrer Entscheidungsfreiheiten. So gab es bereits 1933 ein Verbot, mehr Getreide anzubauen als im Vorjahr, gefolgt von der Ablieferungspflicht für Grundnahrungsmittel, der Kontingentierung der Viehhaltung, dem Verbot, Roggen zur verfüttern, und schließlich auch die Anweisung, Anbauflächen für Nutzpflanzen, wie Raps, zu vergrößern.[330] Zur Erfüllung des Fettplans sollte in planmäßiger Wirtschaftsweise vermehrt der Kreuzblütler Raps als Ölfrucht angebaut werden, der Eiweißplan sollte durch den Anbau der „stickstoffsammelnden“ Schmetterlingsblütler in Form von Gründüngung erfolgen. Durch Schaffung einer Bienenweide sollten Bauer und Imker als „Träger echten Deutschtums“[331], idealerweise als „Bauernimker“, die Erntebedingungen verbessern: „Deutscher Bauer, deutscher Landwirt, ziehe daraus die Schlußfolgerung und werde Imker!“[332].

Zur Ausnutzung dieser Bienenweide sollten die Imker zu Wanderbienenständen zunächst ermuntert, später aber auch verpflichtet werden.[333] Bereits 1937 wurde der Erwartungsdruck an die Imker zur Wanderung erheblich gesteigert:

„Es ist Pflicht der deutschen Imker, im Jahre 1938 die Wanderung mit Bienen noch weiter auszubauen, damit wir dem uns Imkern gesteckten Ziele, der Selbstversorgung Deutschlands mit deutschem Honig, immer näher zu kommen. Um dieses Ziel zu erreichen, muß der deutsche Imker jede sonst unausgenutzt bleibende Bienenweide in vernünftiger Weise bewandern.“[334]

Als ungelöstes Dauerproblem stellte sich die „Fettlücke“ dar, die 1927/28 bei 44 Prozent, 1933/34 bei 53 Prozent und 1938/39 immer noch bei lediglich 57 Prozent lag.[335] Hinsichtlich des Selbstversorgungsgrades mit Nahrungsmitteln allgemein lag der Wert 1938/39 bei 83 Prozent gegenüber 68 Prozent 1927/28 und 80 Prozent 1933/34.[336] Seit den 1920er Jahren hatte sich insbesondere die Versorgung mit Brotgetreide und Hülsenfrüchten aus einheimischer Produktion erheblich verbessert. Interessanterweise erfolgte ein Sprung im Selbstversorgungsgrad nicht erst nach der Machtergreifung, sondern zwischen 1927/28 und 1933/34, was weitgehend mit dem Zusammenbruch des Welthandels und dem Rückgang des privaten Konsums während der großen Krise erklärt wird.[337] Ein vollständige autarke Versorgung Deutschlands war von Hitler letztlich nicht angestrebt worden, da das Ziel der aggressiven Expansionspolitik die Eroberung neuen „Lebensraums“ sein sollte.[338]

Imker und Berufsgruppen

Von den 350 000 zwangsregistrierten Imkern im Jahre 1940 waren nach einem Bericht von Kickhöffel nur einige hundert hauptberuflich in der Imkerei tätig, die große Mehrheit waren nebenberuflich engagiert, wobei alle Berufe vertreten waren. An der Spitze standen Landwirte, Handwerker, Beamte, Lehrer und Handarbeiter – ein Bild, das sich seit 1930 nicht grundsätzlich geändert hat (s. Kap. 5).[339] Es stellt sich die Frage, ob es möglicherweise Korrelationen bei der sozialen Zusammensetzung der Imkerschaft und der Wählerschaft der NSDAP seit 1930 gegeben haben könnte. Ein Blick auf die Wählerschaft der NSDAP zeigte folgendes Bild:

> „[...] die NSDAP [konnte] bei den Reichstagswahlen von 1930, 1932 (31. Juli) und 1933 wie keine andere Partei Neuwähler mobilisieren. Die größten Zuströme kamen jedoch aus den Reihen der DNVP, der bürgerlichen Mittelparteien sowie der Interessen- und Regionalparteien. Und auch die SPD gab – allerdings in deutlich geringerem Maße – Wähler an die NSDAP ab. Sehr viel resistenter zeigten sich nur die Anhänger von Zentrum, BVP und KPD. Alles in allem lässt sich sagen, dass 1930 jeder dritte DNVP-Wähler, jeder vierte DVP/DDP-Wähler, jeder siebte Nichtwähler und jeder zehnte SPD-Wähler seine Stimme der NSDAP gab. 1932 war es dann jeder zweite Wähler der Splitterparteien, jeder dritte Wähler der Liberalen und der Deutschnationalen, jeder fünfte Nichtwähler und jeder siebte SPD-Wähler.
>
> Folglich kann man beim Sozialprofil der Wähler auch nicht mehr von einer Dominanz des Kleinbürgertums ausgehen. Vielmehr präsentierte sich die soziale Schichtung der NS-Wählerschaft sehr viel heterogener: Die Wähler kamen zwar durchaus zahlreich aus dem Mittelstand, aber ebenso aus dem höheren Bürgertum und der Arbeiterschaft, wobei mit Blick auf Letztere jener Teil dominierte, der bereits vorher bürgerlich und konservativ – auch die DNVP – gewählt hatte. Hingegen folgten die ‚klassischen' Arbeiter in den großen Industriebetrieben den Aufrufen der NSDAP in der Regel nicht. Angestellte und Beamte wiederum wählten nicht überdurchschnittlich, sondern eher durchschnittlich nationalsozialistisch. Hingegen war der ‚alte Mittelstand' – Landwirte, Handwerker und Einzelhändler – deutlich überrepräsentiert. Arbeitslose tendierten mehrheitlich ebenfalls nicht primär zu NSDAP – wie früher angenommen –, sondern zur KPD und – in geringerem Maße – zur SPD. Allenfalls arbeitslose Angestellte bilden eine Ausnahme von dieser Regel.
>
> Eindeutig war die konfessionelle Verteilung: Bei ihrem größten Wahlerfolg im Juli 1932 gewann die NSDAP nur 16 % der Katholiken, aber 38 % der Nichtkatholiken für sich, was mit der ausgesprochen nationalen Einstellung der evangelischen Landeskirchen zusammenhing. Frauen wiederum wählten eher unterdurchschnittlich nationalsozialistisch; sie tendierten bis 1933 stärker zu den traditionell konservativen und religiösen Parteien. Zusammenfassend lässt sich mit Blick auf die Wählerschaft der NSDAP sagen, dass die Partei eine ‚sozial gemischte, sowohl für Arbeiter als auch für Mittelschicht- und Oberschichtangehörige – wenn auch in unterschiedlichem Maße – attraktive Partei' war (Jürgen Falter). Insofern stellte die NSDAP von der sozialen Zusammensetzung ihrer Wählerschaft hier so etwas wie eine ‚catch-all party of protest' (Thomas Childers) dar, deren innere Bindekraft ein starker Nationalismus war."[340]

Überträgt man diese Feststellungen allein auf die soziale Zusammensetzung der Imkerschaft im Jahre 1930 (s. Kap. 5), dann steht zu vermuten, dass der Zuspruch zur NSDAP dort überdurchschnittlich hoch gewesen sein muss.

Während der Kriegsjahre sollten Kriegsinvalide verstärkt als Zielgruppe angesprochen werden. Während die Reichsfachgruppe Imker keine unorganisierten Imker mehr duldete, waren 1930 lediglich etwa die Hälfte der Imker in Vereinen organisiert, häufig auch weniger.[341] Im Rahmen des Vierjahresplans von Göring sollte jedem Imker klar sein: „Er sei sich bewußt, daß im heutigen Deutschland er keine eigenen Wege gehen kann, sondern daß er sich einzureihen hat in die große Reihe der Gefährten. Er verstehe das Führerprinzip und befolge es."[342]

Die Landwirte stellten den größten Anteil in der Imkerschaft und waren daher auch wichtige Zielgruppe der Reichsfachgruppe Imker. Insgesamt hatten die Nationalsozialisten besonders die Landwirtschaft im Fokus der Aufmerksamkeit und dies aus mehreren Gründen. In den 1930er Jahren war die ländliche Bevölkerung quantitativ ein bedeutender Bestandteil der deutschen Gesellschaft. Zudem haben die Erinnerungen an die Hungerjahre des Ersten Weltkriegs sowie die neuen Kriegspläne das Regime veranlasst, eine ausreichende Nahrungsmittelproduktion anzustreben. Schließlich waren die Bauern – wie bereits in Verbindung mit der Darré'schen Ernährungspolitik dargestellt – Zielgruppe politischer Utopien.[343] Die wirtschaftliche Erholung unter dem nationalsozialistischen Regime beeinträchtigte allerdings die Landwirtschaft, da eine erhebliche Landflucht in Richtung Städte und industrielle Zentren einsetzte. Zwischen 1933 und 1938 gingen in der Landwirtschaft 400 000 Arbeitskräfte verloren, knapp ein Fünftel der ländlichen Arbeiterschaft. Der Durchschnittsverdienst lag beträchtlich unter dem eines gewerblichen Arbeiters.[344] So ergab sich eine erhebliche Diskrepanz zwischen der propagandistischen Aufwertung des Landlebens und den tatsächlichen Gegebenheiten. Auch die Nutzung von Arbeitskräften im Rahmen des „Landdienstes", des „Landjahres", des „Arbeitsdienstes" oder der „Erntehilfe" sowie Strafandrohungen gegenüber vertragsbrüchigen Knechten oder Mägden beseitigten das Problem nicht grundlegend.[345] Die Mechanisierung der Landwirtschaft mit Maschinen insbesondere zwischen 1933 und 1939 verbesserte die Situation allerdings deutlich. Die Anwerbung ausländischer Arbeitskräfte in den Vorkriegsjahren wäre ein weiteres Mittel gewesen, um die Landflucht zu mildern. Es widersprach aber den völkischen Prinzipien des Nationalsozialismus und wurde daher in den Vorkriegsjahren nur sehr zögerlich eingesetzt.[346] Bilanzierend kann festgestellt werden, dass die Zahl der Beschäftigten in der Land- und Forstwirtschaft von 29 Prozent (1933) auf 26 Prozent (1939) sank. Trotz der Landflucht wuchs hingegen die Leistungsfähigkeit der Landwirtschaft aufgrund der Mechanisierung und des Kunstdüngereinsatzes.[347]

Die Imkerei als Nebenerwerbsmöglichkeit für die Landwirte – auch unter dem Aspekt des gegenseitigen Nutzens – wurde frühzeitig propagiert. So hieß es ganz im Darré'schen Sinne:

> „Auch heute kann die Bienenzucht wieder zum Inhalt des Werktages werden, wenn die rechte Verbundenheit von Blut und Scholle besteht, wenn sich die Imkerei in den Gesamtbetrieb so einreiht, daß die Arbeitsteilung geordnet ineinandergreift, der eine Nebenerwerbszweig im Dienste des anderen steht, und so ein mehrfacher Nutzen erzielt wird."[348]

In einem Rundschreiben im Jahre 1937 ging die Reichsfachgruppe Imker auf die Gewinnung des Nachwuchses aus der Landwirtschaft und dem Gartenbau deutlich ein. Bauer und Landwirt sollten sich „im Volksinteresse" wieder mit der Bienenzucht beschäftigen, „weil der Landflucht der Bauern dringend ein Ende gemacht werden muß" und der „Bauernimker mit als der beste Erfüller des Vierjahresplanes gelten kann".[349]

Reichskörmeister Gottfried Goetze und die „bodenständige deutsche Biene"

Nach der Gleichschaltung des Deutschen Imkerbundes wurde für die Betreuung der Zuchtfragen ein Beirat für Königinnenzucht gegründet, dem unter anderen Dr. Gottfried Goetze (1898–1965) angehörte, der „zweifelsohne ein kompetenter Bienenwissenschaftler" war, aber „neben dem Geschäftsführenden Präsidenten der ‚Reichsfachgruppe Imker', Karl Hans Kickhöffel, zu den exponiertesten Anhängern des Nationalsozialismus seines Fachgebiets [gehörte]".[350] Goetze war von Haus aus Diplomlandwirt (1924 in Gießen erworben) und hatte u.a. bei Prof. Dr. Armbruster in Berlin studiert. 1927 promovierte er an der Friedrich-Wilhelms-Universität Berlin im Fach Zoologie mit einer Arbeit zum Thema „Untersuchungen an Hymenopteren über das Vorkommen und die Bedeutung von Stirnaugen". 1924 war er zunächst als Diplomlandwirt tätig und übernahm 1925 die Leitung der Lehr- und Versuchsimkerei in Landsberg an der Warthe. 1932 wurde die bisherige Imkerschule Mayen in der Eifel „Staatlich anerkannte Lehr- und Versuchsanstalt", deren Leitung Goetze übernahm. Während der Zeit des Nationalsozialismus machte Goetze Karriere. 1935 übernahm er einen Lehrauftrag an der Universität Bonn. Nach seiner Habilitation 1941 wurde er 1942 an die Rheinische Friedrich-Wilhelms-Universität Bonn als Leiter der Hauptkörstelle Imker am Institut für Tierphysiologie berufen. Der Leiter dieser Institution, die von der Reichsfachgruppe Imker eingerichtet wurde, galt als „Reichskörmeister".[351] Nach dem Krieg wurde er 1951 Professor und Leiter des neugegründeten Instituts für Bienenkunde an der Universität Bonn.[352] Goetze war seit 1. Mai 1937 Mitglied der NSDAP.[353]

Bereits während seiner Landsberger Zeit beschäftigte sich Goetze mit Rassen- und Züchtungsfragen, die er auf einer Forschungsreise 1932 vertiefte. Durch wissenschaftlichen Austausch mit Prof. Dr. Enoch Zander wurde die Merkmalsbeurteilung des deutschen Zuchtwesens entwickelt und 1937 im Rahmen einer Körordnung für alle Belegvölker[354] festgeschrieben. Bereits 1934 wurde ein dreistufiger Aufbau des Zuchtwesens in der deutschen Bienenwirtschaft entwickelt (Gebrauchs-, Rein- und Hochzucht).[355] 1940 erschien Goetzes Buch „Die beste Biene"[356],

> „welches in seinem Inhalt besonders harte Kritik durch seinen Lehrer Prof. Dr. Armbruster erfuhr und durch die Erkenntnisse und Entwicklungen der letzten Jahrzehnte nach 1945 berichtigt wurde. Die Körbestimmungen, welche bis 1945 ohne Kritik hingenommen werden mußten, waren zu sehr auf äußere Merkmale gestützt und ließen die Leistung in den Hintergrund geraten. Noch zu seinen Lebzeiten gab er selbst vieles davon auf, weil er sich seit Beginn seiner imkerlichen Tätigkeit in Landsberg/Warthe die Steigerung der Leistung durch Auslese als Ziel gesetzt hatte".[357]

Herausragendes Interesse Goetzes war die Beachtung äußerer körperlicher Merkmale in der Rassezucht der Bienen.[358] So waren die „schwarzen Bienenrassen" Europas, deren Chitinpanzer schwarz bzw. dunkel gefärbt ist, bereits 1932 im Fokus seiner Aufmerksamkeit:

> „Es hat sich herausgestellt, daß die Farbe des Chitinpanzers allein nicht ausreicht, die Rasse zu bestimmen. Ich habe daher nach Möglichkeiten gesucht, auch innerhalb der schwarzen Rassen, die bekanntlich ein großes Gebiet bevölkern, die geographischen Herkünfte zu unterscheiden; es ist heute wohl kaum noch aufrechtzuerhalten, alle schwarzen Bienen Europas in einen Topf zu werfen. [...] Daß man alle diese Herkünfte früher schlechtweg als ‚deutsch' bezeichnete war nichts als ein schwacher Trost dafür, daß wir sie nicht unterscheiden konnten".[359]

Durch Vergleich weiterer Körpermerkmale außer der Farbe, die für die einzelnen Rassen nicht sicher charakteristisch sind[360], versuchte Goetze die „schwarzen Bienen" zu unterscheiden.

Nach dem Import der „Ligustica"-, „Carnica"- und „Caucasica"-Bienenstämme nach Mittel-und Westeuropa seit Mitte des 19. Jahrhunderts wurde die „Dunkle Biene" in den meisten Teilen ihres Verbreitungsgebietes immer wieder unkontrolliert verkreuzt. Es traten überall Hybride auf, die unruhig und reizbar waren. Auch die Farbmerkmale waren kein eindeutiges Kriterium mehr, um die Bienenrassen und deren Hybride zu unterscheiden. Gottfried Goetze versuchte in seiner Forschungsarbeit, mit weiteren Körpermerkmalen die Rassezugehörigkeit zu definieren. Hierzu gehörten neben anderen Merkmalen der sogenannte Cubitalindex beim Vorderflügel[361] und die Länge des Haars auf der vorletzten Rückenschuppe des Hinterleibes der Honigbiene.[362] Bei der „Carnica"-Rasse hatte Goetze 1930 die Bienen der nördlichen Balkanhalbinsel (im nördlichen Südosteuropa) und der dalmatinischen Küste erforscht und überall „Carnica"-ähnliche Typen gefunden. Die nördliche Verbreitungsgrenze als Abgrenzung zur „Dunklen Biene" wurde erst nach dem zweiten Weltkrieg näher untersucht.[363] Es wurde deutlich, dass die Alpen eine wichtige geographische Barriere der Bienenrassen waren: die „Dunkle Biene" im Norden, die „Italienische" und die „Carnica" im Süden.[364] Nach Friedrich Ruttners 1992 in München erschienen „Naturgeschichte der Honigbienen" „[umfasst] das ursprüngliche Siedlungsgebiet der Carnica [...] also die südöstlichen Alpen, das Donaubecken zwischen Wien und dem Eisernen Tor sowie das Bergland des nördlichen Balkans zwischen Donau und Adria."[365] Und weiter: „In Österreich hatte das Land Salzburg ursprünglich eine Dunkle Bienenpopulation; ausgenommen ist der südlich des Tauernkammes gelegene Lungau mit Tamsweg. Umgekehrt ist es in der

Steiermark, durchweg ein Carnica-Land, das aber nördlich der Tauern, im Ennstal, noch vor vierzig Jahren vorherrschend ‚dunkel' war. Inzwischen hat die Carnica auch in Österreich die Dunkle Biene bis auf einzelne Gebiete in den Bundesländern Tirol und Salzburg weitgehend verdrängt, und nur die größere Reizbarkeit der ‚Landbiene' und ihre Körpermerkmale lassen stellenweise noch den Einfluß der bodenständigen Vorfahren erkennen."[366] Politische Umwälzungen nach dem Ersten Weltkrieg und Importbeschränkungen nach Entdeckung der Tracheenmilbe brachten den Export aus dem Ursprungsland der Alpen fast zum Erliegen. Die „Carnica" wurde für den deutschen Bienenstand wiederentdeckt von einem Gebiet aus, das zur nördlichen Grenzzone der Rasse gehörte, nämlich das nördliche Niederösterreich. Guido Sklenar (1875–1953) hatte durch Wahlzucht und systematischer Zuchtauslese von Seiten des Muttervolkes her schwarmträge und ertragreiche Völker gezüchtet, nach dem Grundsatz „grau, sanft, ruhig" („Carnica Stamm 47").[367] Die „Carnica"-Linie, die aus seinem „Stamm 47" entstand, fand in ganz Europa Verbreitung, da Sklenar nicht nur ein guter Züchter, sondern auch ein guter Kaufmann war. In Österreich züchteten neben Guido Sklenar noch Jakob Wrisnig (1880–1952) aus der Obersteiermark den „Troiseck"-Stamm der Carnica und Hans Peschetz (1901–1968) aus Kärnten züchtete einen weiteren „Carnica"-Stamm. Später bekam dieser Stamm die zuchtamtliche Nummer 332 durch die Reichsfachgruppe Imker. Die Ankörung, Anerkennung und Benennung des Stammes als „K – Peschetz 332"[368] erfolgte im Juni 1941 am Stand von Hans Peschetz in St. Veit an der Glan durch den Reichskörmeister Dr. Gottfried Goetze, wobei auch die Standardbeschreibung festgelegt wurde. Alle drei Linien werden bis heute in der Bienenzucht verwendet.

Die „rassereine deutsche Biene" war dahin, als die deutsche Imkerschaft von dem Dzierzon'schen „Importtaumel" ergriffen wurde. Der Schriftleiter der „Rheinischen Bienenzeitung" Carl Körner (1886–1958) erinnerte in einem nach der Machtergreifung 1934 erschienenen Aufsatz an den Ausspruch von Armbruster „ Die deutsche Biene ist diejenige, die durch Vereinsbeschluß dazu gemacht wird."[369] Der einflussreiche Enoch Zander kritisierte schon lange die Einfuhr fremder Bienenrassen und äußerte sich auch im Nationalsozialismus dezidiert, „daß für unsere Gegend eine einheitlich dunkle oder schwarze Biene am geeignetsten ist und die Einfuhr buntfarbiger Stämme keinen Zweck hat."[370] Die negativen Erfahrungen mit den zahlreichen Bienenkreuzungen förderten Bestrebungen der Reichsfachgruppe Imker, wieder zur „Dunklen Biene" zurückzukehren und diese züchterisch an die Bedürfnisse der Imker anzupassen. Allerdings konnte dies so nicht durchgehalten werden, da in den 1930er Jahren in einer zweiten Importwelle von Stämmen der „Kärntner Honigbiene" (Apis mellifera carnica) von österreichischen Züchtern (s. oben), die schon seit längerem auf Sanftmut und Honigertrag züchteten, eine Qualitätssteigerung spürbar war.[371] Deutlich wird diese Entwicklung in einem 1935 erschienenen Aufsatz „Die ‚gelbe Gefahr'" von Paul Wolfgang Philipp (1882–1940) aus Sachsen, in dem er die immer noch „in den Bienenzeitungen bestehenden Angebote der gelben Rassen und ihren Bastarden" geißelte, obwohl die Reichsfachgruppe Imker bereits dabei war, die „ganze deutsche Zuchtrichtung einheitlich" zu gestalten:

„Ja wissen den die Herren nicht, daß […] das Bestreben unserer Reichsfachgruppe Imker dahin geht, die dunkle Biene deutscher Rasse oder Nigra oder 47er auf den Schild zu heben. Haben sie wirklich noch nichts davon vernommen, daß wir mit all dem Mischmasch von Rassen, den der Verkauf der Italiener-Biene mit sich bringt, für immer aufräumen wollen?! […] Haben aber diese Imker schon einmal eine andere als vorzüglich erkannte Biene, wie Nigra oder 47er, dort erprobt, und nicht nur ihre ‚Landrasse', die sich als weniger gut erwies? Wissen diese Herren nicht, wenn sie Erfolg auf Dauer haben wollen, reines Blut einführen müssen, was immer und immer wieder Geld für die Königinnen kostet?"[372]

Unter Hinweis, dass „diese ‚Sabotage' mit den gelben Bienen sobald als möglich fallen [muß]", verwies Philipp darauf, dass in Sachsen bereits von 1935 an „einzig und allein die Zucht der beiden genannten Stämme anerkannt" und das Zuchtziel der Reichsfachgruppe Imker entsprechend unterstützt wurde. Und mit bedrohlichem Nachdruck an die „Außenseiter" betonte er: „Eine Gefahr bieten zunächst noch einige Imker, die auf ihre gelben Bienen schwören, aber die Wucht der gemeinsamen Reinzuchten wird sie erdrücken, da Reinzucht der Gelben verboten ist bzw. keine Belegstelle für diese vorhanden ist. […] Ich möchte den organisierten Imker sehen, der sich nicht einordnet!"[373] Und frohen Mutes schrieb er weiter: „So werden wir die ‚gelbe Gefahr', die unsere Reinzuchten vorläufig noch bedrohen, für immer bannen und in absehbarer Zeit, wenn alle guten Willens sind, in Deutschland nur noch dunkle Bienen fliegen sehen, wie es vor der ‚Italisierung' war."[374]

Im November 1937 trafen sich sämtliche Mitarbeiter im Zuchtwesen der Reichsfachgruppe Imker in Münster – eine Arbeitstagung wie sie in diesem Umfang noch nicht stattgefunden hatte. Das Zuchtwesen wurde nun generalstabsmäßig durchgeplant und stand unter dem Zeichen der Stärkung des Reinzuchtgedankens. Die Zuchtstämme erhielten eine neue Bezeichnungsweise:

„Nur eingetragene Hochzuchtstämme (bisher also nur Stamm ‚Nigra', Erlangen) dürfen in Zukunft noch Stammnamen tragen. Für alle anderen Stämme, auch wenn sie bereits in Hochzuchtprüfung stehen, ist irgend eine Namensbezeichnung unzulässig. Hingegen wird die Rassenzugehörigkeit und Belegstellenherkunft in allen Fällen besonders hervorgehoben. Es werden alle Stämme deutscher Rasse mit D (d) bezeichnet, alle Stämme krainer Rasse mit K (k). Ursprungszüchter, d.h. solche Züchter, die den Stamm aus ihrem eigenen Zuchtgut ausgelesen und hochgezüchtet haben, schreiben große Buchstaben; Nachzüchter, die also von bezogenen Königinnen der Ursprungszüchter nachzüchten, schreiben kleine Buchstaben. Die zugesetzte Nummer der anerkannten Belegstelle gibt über die Herkunft der Königin Aufschluß. Ein vollständiges benummertes Verzeichnis der bis jetzt anerkannten Belegstellen wird veröffentlicht. Es ergibt sich demnach:

1. Der Ursprungszüchter eines eingetragenen Hochzuchtstammes bezeichnet:
   Rasse mit g r o ß e m Buchstaben.
   Stamm mit Stammnamen.
   Dazu kommt die Nummer der anerkannten Belegstelle.
   Also z.B.: Stamm Nigra, Erlangen, von der Landesanstalt für Bienenzucht erzüchtet = D Nigra 1.
2. Reinzüchter (Nachzüchter) eines eingetragenen Hochzuchtstammes:
   Rasse mit k l e i n e m Anfangsbuchstaben.

Stamm mit Stammnamen.
Nummer der anerkannten Belegstelle.
Also z.B. Züchter Otto, Bad Segeberg = d Nigra 73. [...]“[375]

Nur für Hochzuchtköniginnen waren Namensbezeichnungen zulässig und nur die Rassen „Deutsche“ und „Krainer“ durften verwendet werden, die Frage einer Prüfung von „Italiener“-Bienen wurde zur Rfgr-Angelegenheit erklärt und somit auf Eis gelegt. Die Anzeigen in den Fachzeitschriften mussten fortan „schärfstens überwacht“ werden.[376] Die Einfuhr von Bienen aus dem Ausland blieb aus seuchenhygienischen und züchterischen Gründen nach wie vor verboten. Die erwähnte „Körordnung“ für alle Belegvölker, welche die Reinzuchtziele festschrieb, trat am 1. Oktober 1937 in Kraft. Demnach wurde ab 1938 die Zuchtrichtung sämtlicher anerkannter Belegstellen genau überwacht. Bei der Erstkörung wurde der „Standard“ des jeweiligen gezüchteten Stammes festgelegt, der dann auch für später verpflichtend war. Der „feste Unterbau der Reinzuchtbestrebungen“ sollte durch die untrennbare Verknüpfung von Stammesbezeichnung und Stammesstandard gewährleistet werden.[377] „Kickhöffel stellte mit Befriedigung fest, daß es einen Streit über Zuchtrichtungen in keiner Lfgr mehr“ gab, die Ziele des Vierjahresplanes besser erreicht werden konnten und das Jahr 1938 zum „Sturmjahr für das Zuchtwesen und die Wanderung“ werden musste.[378]

Anlässlich der Beirats-Sitzung für das Zuchtwesen im Rahmen der Arbeitstagung in Münster erstatte auch der Obmann für das Zuchtwesen der Reichsfachgruppe Imker, Anton Himmer, Bericht. Demnach gab es 31 anerkannte Reinzüchter im Deutschen Reich, bestimmte Stämme befanden sich im Status der Hochzuchtprüfung. Anhand von Einzelkarten konnte die vorläufige Verteilung der Rassen und Stämme in Deutschland vorgenommen werden, die sich hauptsächlich auf das Vorhandensein von Belegstellen der betreffenden Zuchtrichtung stützte. Es wurde Wert daraufgelegt, dass „stets die Möglichkeit der Prüfung und Durchsetzung wertvoller deutscher Heimatstämme offenbleiben“. Die „Wahl der Zuchtrichtung lag im freien Ermessen der Züchter“ und hatte damit „bodenständiges Gepräge“.[379] Weiterhin hatte die Reichsfachgruppe Imker um Prüfung gebeten, ob eine Biene gezüchtet werden könnte, die den Rotklee stärker ausnutzt. Zudem wurden Forschungen über vergrößerte Wabenzellen angesprochen. Eine Auszählung der 31 Reinzüchter des Jahres 1937 der Reichsfachgruppe Imker zeigt, dass 27 die „Deutsche Rasse“ (etwa 87 Prozent), überwiegend Stamm „Nigra“, züchteten, vier (13 Prozent) züchteten die Rasse der „Krainer Biene“ („Carnica“-Rasse). Das Verzeichnis der anerkannten Belegstellen[380] machte deutlich, dass mehr als die Hälfte die überwiegende Zuchtrichtung „Stamm Nigra“ verfolgte: Von den 1937 insgesamt 181 anerkannten Belegstellen züchteten 105 die „Dunkle Biene“ Stamm „Nigra“ (etwa 58 Prozent), 42 Belegstellen (etwa 23 Prozent) züchteten die „Carnica“-Biene (Stamm 47 von Sklenar), ein noch relativ großer Anteil (etwa 19 Prozent) widmete sich verschiedenen Lokalstämmen. Das Bild änderte sich bereits mit Stand 1. April 1938[381]: Nun führte die Liste 62 anerkannte Reinzüchter auf. Davon züchteten 44 Personen die „Deutsche Biene“ (Apis mellifera mellifera; etwa 71 Prozent) und 18 die „Krainer

Biene" (Apis mellifera carnica; 29 Prozent). Ein analoges Bild ergibt die Auszählung der von der RfgrI anerkannten Reinzuchtbelegstellen (Stand 1. April 1938): Von nun insgesamt 248 Belegstellen gaben 173 als Zuchtrichtung die „Deutsche Biene" an (etwa 70 Prozent) und 75 die „Krainer Biene" (etwa 30 Prozent). Auf politischer Ebene fand in der Zwischenzeit die Besetzung und der „Anschluss" Österreichs statt (12. März 1938) und freudig wurde auch bienenzüchterisch auf die „weltberühmte, sanftmütige und sammeleifrige Apis mellifica var. Carnica (Kärntner Biene)" verwiesen: „Die Ostmark ist also so recht das ‚Land der Bienenzüchter', und es freut und ehrt uns, daß auch unseres geliebten Führeres Vater ein tätiger Bienenzüchter und eifriges Mitglied eines Bienenzüchtervereins war."[382] Bereits am Stichtag 1. September 1938 nahm die Belegstellenzahl weiter zu. Von 271 anerkannten Belegstellen züchteten nun 272 die „Deutsche Biene" (etwa 67 Prozent) und 89 die „Krainer Biene" (etwa 33 Prozent). Die Zahl der anerkannten Reinzüchter stieg auf 78 an, von denen 54 die „Deutsche Biene" (etwa 69 Prozent) und 24 die „Krainer Biene" (etwa 31 Prozent) züchteten.[383] Während des Kriegs 1941 (Stand 1. August) wurden immerhin 376 Reinzuchtbelegstellen (welche in der Folgezeit auf etwa 400 anstiegen) aufgeführt. 240 züchteten die „Deutsche Biene" (etwa 64 Prozent), von denen wiederum 186 die Zuchtrichtung Stamm „Nigra" angaben (etwa 78 Prozent der Belegstellen mit „Deutscher Biene" und etwa 50 Prozent aller Belegstellen). 136 Belegstellen (etwa 36 Prozent) züchteten die „Krainer Biene", von denen 129 die Zuchtrichtung Stamm „Sklenar" angaben (etwa 95 Prozent der Belegstellen mit „Krainer Biene" und etwa 34 Prozent aller Belegstellen). In der „Landesfachgruppe Imker Südmark" gab es drei „Carnica"-Belegstellen, von denen eine sich der schon genannten Zuchtrichtung von Hans Peschetz „Stamm 332" und zwei der Zuchtrichtung „Troiseck" von Jakob Wrisnig widmeten.[384] Der Stamm „Sklenar" von Guido Sklenar dominierte somit klar die „Carnica"-Züchterszene im Deutschen Reich, wobei insgesamt rund ein Drittel der Belegstellen als Zuchtziel die „Krainer Biene" und zwei Drittel die „Deutsche Biene" angaben. Bereits am 25. April 1939 wurde Guido Sklenar von der Reichsfachgruppe Imker als Reichszüchter anerkannt und am 21. Mai 1939 wurde Sklenars Belegstelle „Hirschgrund 310" bei Mistelbach im Beisein der beiden damaligen Präsidenten des Deutschen Imkerbundes Dr. Filler und Kickhöffel eingeweiht. Zur großen Überraschung in der Imkerszene wurde 1944 von der Reichskörstelle unter der Leitung des Reichskörmeisters Goetze der Stamm „Sklenar" von der Rein- und Hochzuchtliste vorläufig abgesetzt und eine Überprüfung angeordnet. Richard Scholz schrieb im „Deutschen Imkerführer":

> „Wenn nun unsere Reichskörstelle als züchterische Instanz an der Hand eines vielfachen Prüfungsmaterials erkennt, daß ein deutscher Reinzuchtstamm auffallend von seinem Standard abweicht, sich zersplittert und auch in der Leistung mit wechselvollen Sprüngen aufwartet, dann ist es heiligste Pflicht der Reichskörstelle in aller Offenheit ihr Urteil zu fällen und diesen Stamm vorläufig abzusetzen."[385]

In einer Rückschau 1942 „Unser Weg zur besten Biene" legte Kickhöffel die Grundgedanken der Reichsfachgruppe Imker zum Bienen-Zuchtwesen dar, die in den vier Heften der Buchreihe „Ich dien" (Zuchtwesen, Zuchtverfahren, Zuchtgrundlagen,

Körwesen) des Verlags der „Leipziger Bienenzeitung" veröffentlicht wurden. Die Zielsetzungen waren einerseits in großen Teilen von sachlichen Überlegungen getragen und zeitbedingt auf dem damaligen Forschungsstand imkerlicher Praxis, andererseits waren sie überlagert von den ideologischen Auswüchsen des nationalsozialistischen Gedankenguts. Die Reinzucht war wichtigstes Ziel züchterischer Bestrebungen der Reichsfachgruppe Imker im Nationalsozialismus. Kickhöffel strich heraus, dass rund 400 Reinzuchtbelegstellen und ebenso viele für Gebrauchszucht entstanden waren.

> „Das hohe Zuchtziel darf nicht einseitig sein. Es heißt nicht: Reinzucht o d e r Leistungszucht. Es gilt vielmehr: Reinzucht, also Zucht nach Rasse, nach Merkmalen, u n d Leistungszucht, Zucht nach dem Ertrage. [...] Rasse und Leistung müssen daher im großen Rahmen, nach sorgfältigster, unvoreingenommener Prüfung, losgelöst vom Eigen- und Einzelinteresse, und stets im Zusammenhang mit dem Boden betrachtet werden. [...] Unsere Biene muß auch bodenständig sein. Nicht die Worte ‚von weit her', sondern ‚in der Heimat bewährt' sind entscheidend."[386]

Kickhöffels Absicht war, „auch im Kriege mit seinen hohen Anforderungen auf allen Gebieten Wegsteine für unseren Weg zur besten Biene" zu legen.[387] Und Kickhöffel weiter: Auch „nach dem Krieg sollte es zu einer großen, umfassenden Verbreiterung des Zuchtgedankens, der Zuchtarbeit kommen können. Die deutsche Erdlage zwingt unser Volk zu ganz besonderem Einsatz. Wir sind ein Volk der Arbeit. Das war so und das bleibt so! Das gilt auch für die deutsche Bienenwirtschaft."[388] Als „Torpfeiler" für den Weg zur „besten Biene" sollten „Rasse und Leistung" dienen.[389] Kickhöffel beschwor die „Notwendigkeit enger, vertrauensvoller Zusammenarbeit auch in den Zuchtfragen in der europäischen Bienenwirtschaft"[390] nach dem Krieg. Die „Imkerliche Leistungssteigerung" sollte natürlich zu den Bedingungen des nationalsozialistischen Staates diktiert werden:

> „W e g w e i s e r ist der der Wille zur E i n h e i t l i c h k e i t, ausgedrückt in der frohen Einordnung in das Ganze und der verantwortlichen L e n k u n g vielfältiger Kraft. Die L u f t d e s W e g e s ist auch in Sturm und Regen lustbetont, Sang und Klang tatfroher, kameradschaftlicher Gemeinschaft."[391]

In seinem Aufruf „Züchter, an die Front" im Jahre 1938 rief Anton Himmer mit Suggestivfragen unter anderem dazu auf:

> „[...] Wollt Ihr die deutsche Biene verbessern helfen? Dann züchtet Königinnen! Wollt Ihr, daß die deutsche Bienenwirtschaft Weltgeltung erreicht? Dann züchtet Königinnen! Wollt Ihr Euren Teil beitragen zum großdeutschen Aufbauwerk des Führers? Dann züchtet Königinnen!"[392]

Fünf Jahre später verkündete Anton Himmer erneut: „Wir wollen die deutsche Biene verbessern und ihre Leistungen steigern zum Vorteil der deutschen Wirtschaft, wie es der Führer befiehlt."[393] Gottfried Goetze wurde in einem 1938 veröffentlichten Artikel mit dem Titel „Rassenkennzeichen der Honigbiene mit besonderer Berücksichtigung der deutschen Zuchtstämme" deutlicher und übertrug die NS-Rassenideologie auf die Bienenzucht:

„Was nützt es nun aber, wenn einmal ein Judenbastard ein Genie ist, aber unsere völkische Reinheit dabei zerstört wird. Nicht anders ist das bei der Bienenzucht. [...] Was nützt uns die Einfuhr ausländischer Rassen mit ihren Blenderscheinungen der ersten Nachzuchten, wenn unsere bodenständige deutsche Biene dabei verloren geht."[394]

Ganz im Sinne der „Blut-und-Boden-Ideologie" Darrés und mit Anklängen an die rassischen Vorstellungen von der Erbgesundheit im Nationalsozialismus schrieb Goetze 1942 einen Aufsatz, dessen Titel den „Führer" des Deutsche Reiches zitiert: „Was nicht Rasse ist auf dieser Welt, ist Spreu!":

„Der Zuchtgedanke hat in der Imkerei verhältnismäßig spät Eingang gefunden. Zwar hatten wir stets hervorragende Pioniere der Königinnenzucht, an der Spitze Professor Zander, Erlangen, aber eine ‚Deutsche Königinnenzucht', die Eigentum aller deutscher Imker ist, konnte erst nach 1933 entstehen. Dann allerdings haben wir in wenigen Jahren einen Aufbau des Zuchtwesens durchgeführt, wozu es anderen Tierzuchten jahrzehntelanger Bemühungen bedurfte. [...] Wodurch war diese schnelle Entwicklung des Zuchtwesens in einem derartigen Ausmaße möglich? Nicht weil wir besonders große Mittel erhalten hätten oder weil wir plötzlich aus einem gewaltsamen Entschluß besonders fleißig geworden wären, sondern weil uns ein neuer Leitgedanke beflügelte. Es ist der Gedanke, der heute den ganzen Nährstand trägt, der in den beiden Worten beschlossen ist: Blut und Boden. Wir haben die Macht der Vererbung erkannt und uns zu einer neuen Wertschätzung des Rassischen im Gesamtbereich alles Lebendigen durchgerungen. Wir haben ferner eingesehen, daß nur solches Leben wertvoll ist, nur solche Rasse sich durchsetzt, die schollengewachsen, heimatverbunden, ganz kurz gesagt gesund ist. In das Bienenzüchterische übertragen: Wir verfolgen den Gedanken bodenständiger Reinzucht [...] Wir suchen immer und immer wieder nach der ‚Besten Biene'. Und die hat einen bestimmten Charakter, sie hat Blutreinheit und bodenständige Artung."[395]

In dem Aufsatz „Kriegsaufgaben und Zuchtwesen" beschrieb Goetze „10 zeitgemäße Zuchtgrundsätze". In diesen tauchte in konzentrierter Form das rasseideologische Vokabular der Nationalsozialisten wieder auf, wie beispielsweise: „Was nicht Rasse ist, ist Spreu!", fremdrassige Drohnen „sind nach Gebrauch auszumerzen", „Torpfeiler der Zucht sind Rasse und Leistung", „Laß dich nicht von schönen Rassen blenden, wenn sie nichts leisten", „Strebe nach Bodenständigkeit", das Zuchtwesen ist „Blutsquell und Leistungsquell" zugleich, „Hilf das Blut hüten".[396]

In „Imkers Jahrbuch und Taschenkalender 1942" hatte Goetze ganz im Sinne der Blut-und-Boden-Ideologie zum Körwesen geschrieben:

„Zur Überprüfung der reinen Abstammung und erblichen Treue [...] hat die Rfgr. Imker an der von mir geleiteten Anstalt für Bienenzucht eine Hauptkörstelle eingerichtet [...] Körung [ist] nichts anderes als angewandte Vererbungswissenschaft [...] Sie leistet dasselbe für die Bienenzucht, was die Gesetze der Reinerhaltung des deutschen Blutes für das nationale Leben erstreben: Erbgesundheit und Erbreinheit auf der heimatlichen, angestammten Scholle. Der Reichsnährstand hat dafür auch die Leitworte geprägt: Blut und Boden. Dazu genügt aber nicht allein der Nachweis einer hohen Leistung. Auch ein Mischblut kann geradezu ein Genie sein. Die Nachkommen werden aber dann großenteils unglückselige, leistungsschwache Wesen. Es muß daher die Reinheit des Erbes, der ‚Blutstrom' und die Schollenverwachsenheit überprüft werden. Das ist aber für den Einzelnen nicht ganz leicht durchführbar. Hier zu helfen, wurde die Hauptkörstelle geschaffen [...].[397]

In den letzten Kriegsjahren trat Goetze in weiteren Veröffentlichungen hervor. So fürchtete er die Fortsetzung seiner Zuchtbestrebungen und aufkommende Kritik an den Belegstellen:

> „Unser Verband wird dafür sorgen, daß ungeachtet dieser ‚Kriegserscheinungen' nach dem Ausbau des Körwesens nun auch der Ausbau der öffentlichen Leistungsprüfungen weit vorbereitet und begonnen wird, daß nach dem Sieg der Weg klar ist und mit Unbeirrbarkeit gegangen werden kann."[398]

In dem Aufsatz „Unser Zuchtwesen 1945" setzte Goetze angesichts der „immer schärfer werdenden Auswirkungen des totalen Krieges" die Körordnung der Reichsfachgruppe Imker vorläufig außer Kraft und gab Hinweise für eine vereinfachte Vorgehensweise. Für die Reinzucht sollten weiterhin die drei von der RfgrI festgelegten Rassen („Nordrasse", „Krainer Rasse" und „Alpenrasse") verwendet werden. Hinzu kamen einige besonders geeignete Gebiete der „Italiener Rasse".[399]

Auch an anderer Stelle wurden züchterische Überlegungen im Bereich der Bienen in vereinfachender Weise vom menschlichen Vorbild abgeleitet, beispielsweise durch Klothilde Müller, eine Mitarbeiterin Gottfried Goetzes von der Rheinischen Lehr- und Versuchsanstalt für Bienenzucht in Mayen:

> „Schon längst fragt jeder, der bei einem Menschen gute und außerordentliche Leistungen sieht, wo stammt er her. Dann heißt es meistens, ja der Vater war schon ein tüchtiger Mensch, der Großvater ist durch diese oder jene Sache bekannt gewesen. Meistens erinnert man sich der Geschwister, die alle wertvolle Menschen sind, ja sogar die nähere Verwandtschaft wird geprüft.
> Mit diesen Überlegungen werden, wenn auch nicht immer bewußt, die Leistungen großer Menschen als notwendiges Ergebnis eines guten Erbgutes seit Generationen gewertet, und man erwartet von den Nachkommen eines solchen Menschen ebenfalls wieder wertvolle Menschen.
> Dies Gesetz der Vererbung, nach dem gutes Erbgut mit gutem Erbgut gepaart wertvolle Generationen erzeugt, gilt in der ganzen Natur, bei Pflanzen und Tieren – also auch für unsere Bienen."[400]

Der Druck auf die Imkerschaft war nicht gering, innerhalb des Vierjahresplans auch das Zuchtwesen anzugehen. So heißt es in einem Beitrag von Hans Rentschler (1884–1946) aus Württemberg aus dem Jahre 1937:

> „Gerade weil wir noch auf der Suche nach geeigneten Zuchtstämmen sind, muß jeder ernsthafte und fortschrittlich gesinnte Imker auch zugleich Züchter sein.

Die Erkenntnis der Bedeutung von Blut und Boden für die Vererbung von wertvollen Eigenschaften in allen Tierzuchtzweigen zwingt auch uns Imker, trotz der entgegenstehenden Schwierigkeiten nach ganz bestimmten Gesichtspunkten und unter Einhaltung von Richtlinien, die uns die Naturgesetze vorschreiben, zu züchten und nicht einfach den Dingen ihren Lauf zu lassen."[401]

„Die deutsche Bienenzucht und die nationalsozialistische Frau"

Im Zusammenhang mit dem Rundschreiben der Reichsfachgruppe Imker „Die Gewinnung von Nachwuchs aus der Landwirtschaft" von 1937, aber auch schon davor, wurde „mit allen Mitteln" „eine stärkere Heranziehung der Frauen der Imker", aber auch der „heranwachsenden Kinder, besonders die Töchter" „für die Arbeit am Stand" propagiert.[402] Im Vorgriff auf die Kriegsvorbereitungen wurde mehr oder weniger versteckt darauf hingewiesen, dass „sich die Frauen und heranwachsenden Töchter des Imkers bewußt darauf einzustellen und darauf vorzubereiten [haben], auch einmal des Stand des Imkers in seiner Abwesenheit selbständig bearbeiten und führen zu müssen."[403] Unter anderem durch verstärkte Fortbildungen und Schulungen von Imkerinnen oder durch modebewusste Ansprache wollte man diesem Ziel näher kommen.

In einer Reihe von Aufsätzen von Imkerfrauen wurde die gemeinsame Arbeit des Imkers und seiner Frau betont. So hieß es in dem Beitrag „Kameradin meines Mannes auch am Bienenstande!":

> „Am 26. Mai 1936 gab die Reichsbauernführerin Scholtz-Klink in der Deutschlandhalle in Berlin die Parole der Frauenschaft bekannt. Sie lautet nicht wie früher ‚Kampf dem Manne', und weiter sei hier gesagt: ‚Es mögen Männer Staaten bauen! Es steht und fällt ein Volk mit seinen Frauen!' Auch wir Kleintierzüchterinnen haben unsere Aufgabe!"[404]

In einem weiteren 1936 erschienenen Artikel mit dem Titel „Die deutsche Bienenzucht und die nationalsozialistische Frau" wurde dafür geworben, die Abende der „NS-Frauenschaft" dafür zu verwenden, über Honig als Nahrungsmittel und über die Bewirtschaftung des Nutz- und Ziergartens aufzuklären. Hierin hieß es:

> „In dem großen Kampf um den Wiederaufstieg unseres deutschen Volkes aus der Tiefe, den jetzt jeder aufrechte deutsche Mann mitkämpft, steht die Nahrungsfreiheit mit an erster Stelle. Wir haben im Weltkrieg alle miterlebt, was für entsetzliche Folgen es hat, wenn die Ernährung eines Volkes zum größten Teil von Lieferungen des Auslandes abhängt. [...] Die große Zeit in der wir leben, der heroische Kampf unserer Männer und Söhne um den Platz an der Sonne für unser Volk, sollte uns Frauen auch nicht schwach finden. Hier haben auch wir unsere Stelle auszufüllen. [...] Wir Frauen im nationalsozialistischen Staate sollen treue Kameraden unserer Männer sein. Den Kampf, den sie kämpfen, müssen wir mit allen Mitteln unterstützen. Auch die einzelne Biene trägt nur ein winziges Tröpfchen Blütensaft ein. Alle zusammen erzeugen die Menge köstlichen Honig."[405]

In einem anderen Beitrag wird im gleichen Jahr ahnungsvoll der Tod des Ehegatten vorweggenommen:

> „Die Frau, die so Schulter an Schulter mit ihrem Manne die Arbeit, die Freude, die Last und die Sorge seines Berufes mit ihm trägt, ist ihm ideale Lebenskameradin. Es wird nicht ausbleiben, daß sie selbst immer stärker mit der Imkerei verwächst und –

wenn das Schicksal einmal das Schwerste von ihr verlangen sollte, daß sie allein zurückbleibt […]“[406]

Es gab aber auch Erfahrungen aus dem Ersten Weltkrieg. So berichtete eine Imkerin, dass sie zur „Mußimkerin“ geworden ist, da ihr Mann infolge der schweren Kriegsverletzung bestimmte Tätigkeiten nicht mehr durchführen konnte.[407] Kickhöffel erinnerte bezeichnenderweise mit Kriegsbeginn 1939 an die Worte Hitlers:

„Der Führer hat uns alle gerufen, auch die Frau, die Imkerin. Klingt doch seine Reichstagsrede in folgendem Bekenntnis aus, das er für uns, sein Volk gab: ‚Ich erwarte auch von der deutschen Frau, daß sie sich in eiserner Diziplin vorbildlich in diese große Kampfgemeinschaft einfügt!‘“[408]

Im gleichen Beitrag rief Kickhöffel nahendes Kriegsgetöse wach:

„Seit Jahren habe ich immer wieder darauf hingewiesen, daß die Erhaltung unseres imkerlichen Friedenswerkes nur dann gesichert ist, wenn im Verteidigungsfalle so viele Frauen für die eingezogenen Männer einspringen, daß alle Bienenstände ordnungsgemäß betreut werden können: die Lehren des Weltkrieges sprechen allzu deutlich zu uns.“[409]

Mit der Parole „Imkerfrauen, an die Front“ im Jahr 1939 des Kriegsausbruchs hat Gertrud Rehs, die Ehefrau des Vorsitzenden der Landesfachgruppe Ostpreußen, in einem Aufsatz gefordert:

„Deutschland muß gerüstet sein bis zum letzten Mann – nein bis zur letzten Frau! Und auch bis zur letzten Imkerin.“[410]

Auch die Berufskleidung der Imkerin, die „hübsch, gefällig und dabei stichfest“ sein sollte, wurde als „weibliche Wesensfrage“ angesehen.[411] So hieß es weiter:

„Und doch ist gerade das Beobachten, Überwachen und die Pflege der Tiere und der Brut eine Aufgabe, die Hingabe und Einfühlung erfordert und der sorgenden Frauenart entspricht.“[412]

An anderer Stelle wurde hervorgehoben, dass

„uns Frauen der Sinn für naturvolles Geschehen und auch die Phantasie für schöpferische Anteilnahme an allem, was mit der Natur und ihren Geheimnissen zusammenhängt, gleichsam eingeboren ist. Die Betreuung des werdenden und wachsenden Bienenvolkes schaue ich da als ‚mütterliche Aufgabe‘ an.“[413]

Die Vorstellungen der Imkerinnen an der Seite des Mannes entsprachen den Vorstellungen im Nationalsozialismus, welche Rolle die „deutsche Frau“ einnehmen sollte. Hitler hatte dieses Rollenverständnis 1934 in einer Grundsatzrede dargestellt und die Frau als „Gehilfin“ und „treueste Freundin“ des Mannes bezeichnet – ein Konzept der Arbeitsteilung der Geschlechter, das die Frauen auf den Privatbereich von Familie und Haushalt beschränkte.[414]

Politisch versuchte man die Erwerbstätigkeit der Frauen zu reduzieren, das „Doppelverdienertum" – das bereits in der Weimarer Republik angegriffen wurde – einzuschränken, Ehestandsdarlehen mit der Berufsaufgabe der Frau zu verknüpfen, durch Numerus clausus das Frauenstudium zu reduzieren und die Frauen von Richter- und Rechtsanwaltsberufen fernzuhalten (1936).[415] Die reale Lage der Frauen sah jedoch anders aus und im Krieg führte die Entwicklung eher zu einer Angleichung der Geschlechter. Die Erwerbsquote der Frauen im Alter zwischen 16 bis 60 Jahren stieg von 48,0 Prozent (1933) auf 49,8 Prozent (1939), auch die Erwerbsquote der verheirateten Frauen nahm in diesem Zeitraum zu. Grund war der sich 1937/38 in allen Wirtschaftszweigen manifestierende Arbeitskräftemangel mit der Folge, dass sich in der Politik ein stillschweigender Gesinnungswandel durchsetzte. Im Oktober 1937 wurde das Ehestandsdarlehen entkoppelt, im April 1939 konnten Ehefrauen von Berufssoldaten einer Erwerbstätigkeit nachgehen und schon 1935 wurde der Numerus clausus für Studentinnen abgeschafft. Leitungspositionen jedoch hat man Frauen weiterhin nicht zugestanden. Die Deutsche Arbeitsfront (DAF) und die NS-Frauenschaft (NSF) setzten sich zwar für eine einheitliche Entlohnung der Geschlechter ein, letztlich erhielten 1933 Frauen in Deutschland etwa drei Viertel des Männerlohns.[416]

Während des Zweiten Weltkriegs wurden Millionen Arbeiter und Angestellte zur Wehrmacht eingezogen mit der Konsequenz, dass sich seit 1939 der Bedarf an erwerbstätigen Frauen sprunghaft erhöhte. Mit den Dienstpflichtverordnungen vom Juni 1938 und Februar 1939 konnte das Regime Frauen und Männer auch gegen ihren Willen zum Arbeitseinsatz verpflichten, was jedoch aus Angst um die Gebärfähigkeit der deutschen Frauen nicht rigoros durchgeführt wurde. Letztlich stagnierte die Zahl der erwerbstätigen Frauen während des Kriegs weitgehend. Nachdem das Regime 1941 beschloss, den Arbeitskräftebedarf durch großen Einsatz ausländischer „Fremdarbeiter" zu kompensieren, war das Problem aus Sicht des Regimes weitgehend entschärft.[417]

In Kriegszeiten musste im imkerlichen Bereich weiterhin „die Frau des Imkers" „aus dem Zwang der Verhältnisse heraus"[418] die Arbeit des Mannes übernehmen, wofür in den Bienenzeitungen häufig agitiert wurde. Die „Zeit der einsatzbereiten Frau" wurde von Kickhöffel propagiert, „denn groß ist die Zahl der Imker, die ihren Bienenstand verlassen hat, um als Landsoldat, als Angehöriger der Marine oder der Flugwaffe sich ganz dem Vaterlande zu geben."[419] Carl Rehs, der Vorsitzende der LfgrI Ostpreußen, hatte nach Kriegsbeginn rund 500 ostpreußische Imkerinnen zu einem Treffen nach Königsberg eingeladen, in der Hoffnung, dass „diese Tagung im Großdeutschen Reiche den Willen zum Höchsteinsatz der deutschen Imkerinnen noch steigern und festigen"[420] würde. Das Fehlen der Männer am Bienenstand konnte somit – entgegen der herrschenden Ideologie – auch zu einem Emanzipationsmotiv für Frauen werden, um in der Imkerorganisation aktiv mitzuwirken: „Früher war die Imkerin in einem Dorf ein seltener Einzelfall, heute ist ein Dorf ein Einzelfall, in dem sich nicht mehrere Imkerinnen ihrer schönen Arbeit hingeben."[421] Zudem konnten bei den von der Reichsfachgruppe Imker eingeführten Bienenstandbegehungen Frauen mitwirken.[422] Je länger der Krieg dauerte, umso heftiger wurden die Appelle in den Imkerzeitschriften geführt und wachgehalten, wie in dem Beitrag „Auch die Frau als Helferin im Lebenskampfe unseres Volkes“:

> „Nun geht es ums Ganze! Unsere Männer, Brüder, Söhne stehen jetzt überall an den Fronten und setzen ihr Leben ein für dich und mich, für Weib und Kind, für Braut oder Schwester, für Freiheit, Gut und Habe – für Deutschland. Und was verlangt das Vaterland dafür von dir, liebe Imkerin? Nur deine Arbeit, deine Kraft, deinen guten Willen, deine freudige Bereitschaft und Mithilfe! Wolltest du darum zögern, sie einzusetzen in diesem Kampfe ums Dasein deines Volkes?“[423]

Die Imkerzeitschrift „Der Imker aus Thüringen“ widmete 1941/42 sogar ein Sonderheft dem Thema „Die Frau am Bienenstand“[424]. 1944 wandte sich Kickhöffel in seinem Beitrag „Imkerfrauen in der Front!“ erneut an die Imkerschaft mit der „vordringliche[n] Aufgabe [...] in der Imkerei alle innerbetrieblichen Leistungsreserven herauszuholen. [...] Arbeit für Männer wird immer mehr von Greisen und Kindern und in der Imkerei im wesentlichen von Frauen übernommen werden müssen. [...] Völkische Berufung der Frau ist ihr Dienst am Volkswachstum.“[425] In den letzten Kriegsjahren rückten zusätzlich zur Propagierung der Frau als Imkerin auch allgemein die „Kameradschaftshilfe“ und die „Sicherung der Patenschaft“ in den Vordergrund, um die verwaisten Bienenstände im „totalen Krieg“ zu versorgen.

„Das Imkerhaus als Aufzuchtstätte wertvollen Nachwuchses“

Das NS-Regime setzte zur langfristigen Machtsicherung alles daran, die neue Generation ganz im Zeichen des Nationalsozialismus zu erziehen und die Lebenswirklichkeit an die geplante „Volksgemeinschaft“ anzupassen. Instrumente dieser Politik mit ihrem „totalitären Herrschaftsanspruch gegenüber dem Individuum und seinem Denken“[426] waren Propaganda und Erziehung, Umformulierungen schulischer Lehrinhalte, Maßnahmen gegen missliebige Personen, die Gleichschaltung der Erzieherschaft und die totale Erfassung der Kinder und der Jugend für die Ziele im Dritten Reich. Adolf Hitler selbst hatte über die völkische Erziehung geschrieben:

> „Wie der völkische Staat dereinst der Erziehung des Willens und der Entschlußkraft höchste Aufmerksamkeit zu widmen hat, so muß er schon von klein an Verantwortungsfreudigkeit und Bekenntnis in die Herzen der Jugend senken. Nur wenn er diese Notwendigkeit in ihrer vollen Bedeutung erkennt, wird er endlich, nach Jahrhundertelanger Bildungsarbeit als Ergebnis einen Volkskörper erhalten, der nicht mehr jenen Schwächen unterliegen wird, die heute so verhängnisvoll zu unserem Untergange beigetragen haben.“[427]

In ideologisch wichtigen Fächern wie Biologie (Rassen- und Vererbungslehre), Geschichte (Pseudoherleitung des „Dritten Reiches“ aus der „germanischen Heldentradition“), Deutsch und Geographie wurde frühzeitig Einfluss genommen. Mit der Einführung neuer Lehrpläne in den traditionellen Schulen wurde 1937 begonnen.

Daneben wurden ab 1939 eigene Ausbildungsstätten für die Nachwuchsauslese im Sinne der NS-Ideologie eingerichtet, die „Nationalpolitischen Erziehungsanstalten" (Napola), die dem Erziehungsminister Bernhard Rust (1883–1945) unterstanden. Bereits 1936 wurde mit dem Aufbau der von der Deutschen Arbeitsfront (DAF) finanzierten „Ordensburgen" begonnen. Der Leiter der DAF, Robert Ley (1890–1945), und der Reichsjugendführer Baldur von Schirach (1907–1974) gründeten bald darauf ab 1939 die „Adolf-Hitler-Schulen", die in jedem der 32 NSDAP-Gaue entstehen sollten. Dort sollten ausgewählte Schüler ab dem zwölften Lebensjahr über sechs Jahre zum Führernachwuchs erzogen werden, von denen ein Teil danach auf den „Ordensburgen" zur künftigen Elite herangebildet werden sollte.[428]

Vor dem Hintergrund dieses ideologischen Nährbodens hat die Reichsfachgruppe Imker frühzeitig versucht, imkerlichen Nachwuchs zu bekommen und insbesondere die Jugend zu erreichen: „[…] rein aufgabengemäß gesehen müssen wir versuchen, die Jugend als Nachwuchs zu bekommen; denn sie ist die Brücke zur Ewigkeit des Volkes; sie führt unser Werk weiter, wenn wir die ewige Fahrt angetreten haben."[429] Dabei sollten hauptsächlich Bienenzucht treibende Lehrer aller Schulgattungen und Imker mit Lehrgeschick aktiv werden. Zudem sollten besonders geeignete jugendliche Gruppen insbesondere aus dem landwirtschaftlichen Bereich „herangezogen" werden: z.B. durch Fortbildungsveranstaltungen sowie innerhalb des Landjahres, des Arbeitsdienstes, des Arbeitsdankes und der Hitler-Jugend.[430] Bereits 1934 hat Eduard Grotevent, Beisitzer der Reichsfachgruppe Imker, in seiner Funktion als „Leiter der Gaustelle 17 des Arbeitsdankes e.V. im NS-Arbeitsdienst" dazu aufgerufen, den Arbeitsdienst auch am Bienenstand durchzuführen:

> „Und doch ist es notwendig, Deutschlands Jugend zu zeigen, wie gerade am Bienenstaate der große Satz ‚Gemeinnutz geht vor Eigennutz' schönste Wahrheit wird, wie gerade der Bienenstaat in allen seinen Einzelheiten ein Vorbild des nationalsozialistischen Lebens sein kann."[431]

Mit Anklängen an die nationalsozialistische Elitebildung veröffentlichte 1941 Gertrud Rehs (Königsberg) einen Artikel mit dem Titel „Das Imkerhaus als Aufzuchtstätte wertvollen Nachwuchses" und mahnte an, dass „die Zahl der Tüchtigen und Hochwertigen im Volke [wachsen muß], und tüchtig ist jeder, der eine sinnvolle Aufgabe in der Lebensgemeinschaft des Volkes richtig und vollwertig zu erfüllen vermag […]. Der Imkerfrau erwächst die Aufgabe, ihr Haus, ihr Imkerheim zu einer Aufzuchtstätte eines wertvollen und reichen Nachwuchses zu gestalten."[432]

Hin und wieder wurden in den Imkerzeitschriften Anregungen gegeben, wie man die Jugend zum Imkern motiviert, so beispielsweise in einem Beitrag von Georg Neuner[433] mit dem Titel „Mein Sohn will von der Bienenzucht nichts wissen."[434] Auch wurden Hinweise gegeben, wie z.B. durch Lehrbienenstände in der Lehrerbildung das Thema Bienenzucht verankert werden könnte. Ähnliche Initiativen gab es im schulischen Bereich, beispielsweise durch Aufstellen von Bienenständen im Schulgarten[435], eine Maßnahme, die auch noch in späten Kriegsjahren propagiert wurde.[436] 1938 hatte sogar der Leiter des Sächsischen Ministeriums für Volksbildung an die Bezirksschulräte einen Erlass herausgegeben, mit der Begründung, „daß der deutsche Bedarf an Honig und Wachs aus der inländischen Ernte nicht gedeckt werden kann. Infolgedessen muß alles getan werden, um den Gesamtertrag der Imkerei wert- und mengenmäßig zu heben."[437] Insbesondere die Landschulen waren die Zielgruppe, wo „dieses Thema auch künftighin innerhalb des lehrplanmäßigen Unterrichts in zeitgemäßer Ausrichtung behandelt werden [mußte]"[438]. In dem Erlass hieß es weiter:

> „Ich erwarte, daß jeder Lehrer der Landschule, der Eigentümer oder Nutznießer eines größeren Wirtschaftsgartens ist, der Hebung der Bienenzucht und der Vermehrung ihrer Erträgnisse dadurch dient, daß er selbst Imker wird und in seiner Gemeinde anregend und beratend dahin wirkt, daß sich wieder mehr Volksgenossen der Bienenzucht zuwenden."[439]

Diese Apelle sind wohl nicht ganz spurlos versandet, denn am Beispiel der sächsischen Imker lässt sich zeigen, dass „über die Hälfte aller imkerlichen Orts- und Kreisfachgruppen Sachsens, auch die Landesführung, in der Hand der Lehrer aller Schulgattungen"[440] [lagen]. Von Junglehrern, insbesondere Biologielehrern, erwartete man mehr Engagement in der Bienenzucht, zumal Lehrer häufig als Schriftleiter von Bienenzeitungen tätig waren. Die verquere Begründung von Albert Köchert (1880–1960), Dozent für Biologie am Pädagogischen Institut Jena und enger Freund von Pfarrer Ludwig, geriet ganz im Sinne des Regimes:

> „Welch erzieherische Bedeutung so ein Blick in die geheimnisvolle Wunderwelt hat, braucht hier nicht weiter ausgeführt zu werden. Am Flugloch, hinter der Glasscheibe, im geöffneten Stock, am blühenden Busch im Bienengarten, überall ein fleißiges, ordnungsliebendes Volk im Kampf ums Dasein, bis ins Kleinste als Staatssozialismus durchorganisiert und immer bereit, das Letzte für diesen Staat zu opfern, für ein Reich, in dem es nur Gemeinnutz gibt."[441]

„Der Bienenstaat" als Tierfilm im Nationalsozialismus

Das nationalsozialistische Regime benutzte bestimmte filmische Formate, wie beispielsweise Wochenschau und Spielfilm, um seine ideologischen Ziele für das breite Publikum zu transportieren. Neben den Propagandafilmen und den Lehr- und Unterrichtsfilmen für die Schul- und Hochschullehre wurden Kulturfilme produziert, die vorwiegend im Kino gezeigt wurden. Mit diesen Filmen, die sich nach außen objektiv und sachlich oder unterhaltend gaben, „konnten Themen wie die ‚Vererbungs'- und ‚Rassenlehre', das ‚Führerprinzip', der ‚Kampf ums Dasein', aber auch militärische Stoffe/Sujets propagiert werden".[442] Ramón Reichert zieht den historischen Faden in seinem Beitrag „Tierfilme im ‚Dritten Reich'" bis in die Weimarer Republik: „Der Kulturfilm im ‚Dritten Reich' [rekurriert] auf sozialdarwinistische und rassenhygienische Themen und Motive, die bereits im Dokumentarfilmkino der Weimarer Republik zum fixen Repertoire zählten [...]."[443] Eindrücklich zeigt er dies am Beispiel des Ufa-Kulturfilms „Der Hirschkäfer", der ebenfalls unter der Regie von Ulrich K.T. Schulz 1920 als Beiprogrammfilm in den Kinos der Weimarer Republik entstanden ist. Die filmische Dokumentation staatenbildender Insekten eignete sich hervorragend für die nationalsozialistischen Ideologen, Naturordnungen und biologische Gesetzmäßigkeiten politisch und propagandistisch umzumünzen. Unter der Regie von Ulrich K.T. Schulz wurde in diesem Kontext 1937 der Film „Der Bienenstaat“[444] gedreht, nachdem bereits 1935 „Der Ameisenstaat“ entstanden war.[445] In dem Film „Der Bienenstaat“ wird das Bienenvolk „durchgehend als ein militärisches Kollektivsubjekt dargestellt“, „zwischen Gleichen geht es immer um Leben und Tod, ein Führer gegen den anderen Führer, eine Königin gegen die andere, ein Volk im Daseinskampf gegen das andere“, der Königin ist „der Hofstaat als ihr Volk unterworfen“, Drohnen werden als „nutzlose“ Individuen „ausgemerzt“, „freche Eindringlinge“ werden verjagt, „die gute Organisation und das Funktionieren der einzelnen Biene im Verband ihres Volkes“ und die „Geschlossenheit des Volkes“ werden betont, der „Daseinzweck“ wird als „biologisch determiniert“ angesehen und erhält seinen Sinn in der Pflichterfüllung gegenüber der Gemeinschaft, „Arbeit“ und „Wehrhaftigkeit“ werden hervorgehoben.[446] So zielen die Themen und Motive der Tierfilme neben Sozialdarwinismus und Rassismus auch auf Ideologeme wie Nationalismus, Entindividualisierung und Volksgemeinschaft ab[447] und „[suchen] stets nach nützlichen Ähnlichkeiten zwischen der natürlichen und der sozialen Ordnung“.[448]

Die Expansionspolitik Hitlers und die „Großdeutsche Imkerschaft“

Führerkult und Führerworte gab es in den Imkerzeitschriften zuhauf (Abb. 27), beispielsweise auch im Hinblick auf die aggressive Außenpolitik Hitlers.

Nachdem sich die Saarländer bei der Volksabstimmung am 13. Januar 1935 für einen Verbleib im Deutschen Reich entschieden hatten, kündigte Hitler zwei Monate später offiziell die Wiedereinführung der Wehrpflicht an. Am 7. März 1936 marschierten deutsche Truppen in die entmilitarisierte Zone im Rheinland ein, die Siegermächte tolerierten diesen Angriff. Am 29. März 1936 wurden hierauf Reichstagswahlen kurzfristig anberaumt. Karl Vetter wandte sich mit einer Sonderbeilage im Deutschen Imkerführer an die deutschen Kleintierzüchter, welche die „Treue und Liebe [Hitlers] zu seinem Volk“ geschlossen erwidern sollten. Es war Bestandteil eines jahrelangen Täuschungsmanövers, wenn öffentlich in der Sonderbeilage bekundet wurde: „Der Führer will den Frieden für das deutsche Volk und für die ganze Welt.“ Bei den Reichstagswahlen kam die NSDAP auf knapp 99 Prozent, ein manipuliertes Ergebnis, aber Hitler hatte an Popularität gewonnen. Am 12. März 1938 folgte die Besetzung und der „Anschluss“ Österreichs. Die Imkerzeitschriften feierten euphorisch die Besetzung. So hießen beispielsweise Schriftleitung und Verlag der „Leipziger Bienen-Zeitung“ fast 40 000 Imker der „Ostmark“ willkommen, die zu der Reichsfachgruppe hinzugetreten sind: „Mit Stolz und Freude begrüßen wir euch, liebe Imkerbrüder Österreichs! Seid herzlich willkommen im neuen Großdeutschland!“[449] Die „Heimkehr der Ostmark zur deutschen Mutter“ wurde als „Wendepunkt auch der deutschen Imkergeschichte“ gefeiert:

Nummer 1 April 1940

Reichsfachgruppe Imker im Reichsverband Deutscher Kleintierzüchter

Aufnahme: Presse Hoffmann, Berlin.

Der Führer.

Zum 20. April.

Von H. Henning, Bad Segeberg.

Du hast den Polenstaat vernichtet
Wie Siegfried einst die Drachenbrut,
Dein Feuergeist hat aufgerichtet
Ein einig Volk von deutschem Blut.
Ob England schürt
Und nach dem Rhein der Franzmann giert —
Dein scharfes Schwert in diesem Krieg
Verbürgt den Sieg.

Erfüllt von gläubigem Vertrauen,
So jubelt dir Großdeutschland zu.
Du bist der Hort, auf den wir bauen,
Kein Fürst war so geliebt wie du.
Des Schicksals Hand
Erhalte dich dem Vaterland!
Du baust, dem keins an Ehren gleich:
Das neue Reich!

Weiselrichtig.

Von K. H. Kickhöffel.

Während polnische Emigranten, Räuber deutschen Landes und Gutes, Vernichter deutschen Blutes, im Auslande von neuem Raube träumen, ist deutsche Tatkraft längst dabei, das zurückgeholte deutsche Land von allen Wunden und Schlacken der polnischen Wirtschaft zu reinigen, ja selbst zugunsten der Polen das Land in Kongreßpolen ertragreicher zu gestalten. Hier zeigt sich der segensreiche Einfluß des Arbeitsdienstes. Gilt es doch, unter anderem folgende, auch für die Bienenwirtschaft bedeutsame Aufgaben günstig zu lösen.

1. Schaffung ausreichender, guter Betriebswege zur Förderung der Wirtschaft, vor allem der Arbeit auf dem Lande und der Beförderung der landwirtschaftlichen Erzeugnisse. Hier müssen die heimischen Bienennährpflanzen, die sich in Deutschland als Straßenbepflanzung sehr bewährt haben, berücksichtigt werden. Bei der Auswahl sind straßenbauliche Notwendigkeit, der Boden und bienenwirtschaftliche Erfordernisse zu berücksichtigen.

2. Herstellung einer geregelten Wasserbauwirtschaft. Das bedeutet zunächst das Aufhören der polnischen Vernachlässigung der Wasserstraßen. Sodann folgt nach der Dränierung weiter Flächen die Neuanlage vieler Gräben, Vorfluten usw. Was aber an Wildtracht verloren gehen sollte, das wird reichlich aufgewogen durch die Verbesserung des Acker- und Wiesenlandes, durch das bessere Gedeihen honigender landwirtschaftlicher Kulturpflanzen. Außerdem sind auch hier honigende Bäume und Sträucher in geschickter Weise zu verwerten. Die Erfahrungen im Altreich zeigen, daß bei einer lebhaften Tätigkeit in der Wasserbauwirtschaft die Bienenweide nicht leidet, sondern leistungsfähiger wird. Allerdings muß auch der Imker rege mitschaffen. Gelingt es hier unsern Vorsitzern der betreffenden Landes-, Kreis- und Ortsfachgruppen und ihren Obmännern für Bienenweide, enge Fühlung mit allen Stellen, die an der Wasserwirtschaft beteiligt sind, zu halten, dann erhalten wir im Osten, dank des Einsatzes des Arbeitsdienstes, eine gute, vorbildliche Bienenweide.

1

Abb. 27: Deutscher Imkerführer 1940: „Weiselrichtig“.

> „Es ist eine besondere Einstellung der deutschen Imkerschaft, daß sie seit rund 100 Jahren bewußt den volksdeutschen Gedanken gepflegt hat: in der Wanderversammlung der Bienenwirte deutscher Zunge!“[450]

In der Fachzeitung des österreichischen Imkerbundes „Bienen-Vater“ wurde Hitler, dem „Schöpfer Großdeutschlands und Befreier Österreichs“ gehuldigt. Kickhöffel kündigte darin den alsbaldigen Einbezug der österreichischen Imker in den Reichsnährstand, in die Reichsfachgruppe Imker und in den imkerlichen Vierjahresplan an.[451] Am 10. April 1938 sollte der „Anschluss“ in einem „Volksentscheid“ gutgeheißen werden. Mit Parolen wie „Ein Volk, ein Reich, ein Führer! Nun Imker an die Arbeit!“ und „[...] Sie kämpfen für Groß-Deutschland. Deutscher Imker tue auch du am 10. April deine Pflicht!“ wurden die österreichischen Imker vereinnahmt. Mit dem „Anschluss“ Österreichs wurde auch der ehemalige Bienenstand des Vaters von Adolf Hitler in den Bienenzeitschriften öffentlichkeitswirksam präsentiert. Am 15. März 1939 folgte die „Zerschlagung der Resttschechei“ im Sprachgebrauch der NS-Propaganda. Das Territorium der Tschechoslowakei war schon zuvor, am 2. Oktober 1938, durch die Eingliederung des Sudetenlandes in das Deutsche Reich verkleinert worden. Am 23. März 1939 marschierte die Wehrmacht ins Memelgebiet ein. Kickhöffel feierte von Seiten der Reichsfachgruppe Imker alsbald die „Großdeutsche Imkerschaft“ im „Deutschen Imkerführer“ und den Zugewinn von 67 491 Imkern mit 424 579 Völkern im „Protektorat“ Böhmen und Mähren:

> „Wie ich schon auf unserer großen Kundgebung in Leipzig den Führer der tschechischen Imker begrüßt habe, so habe ich nun dem Präsidenten des Reichsverbandes der tschechischen Imker, Otakar Brenner, unseren Willkommensgruß gesandt. Wir dienen fortan im gemeinsamen Lebensraum unter der gesegneten Führung Adolf Hitlers einem Ziel: Großdeutschland, der Sicherung seiner Nahrungsfreiheit!“[452]

Die „Heimkehr“ des Memellandes im März 1939 mit 300 Imkern und ungefähr 2 000 Völkern wurde ebenfalls nach „Jahren tiefster Schmach“ gefeiert.[453] Organisatorisch wurden die Imker des Memellandes der Landesfachgruppe Ostpreußen unter dem Vorsitzenden Carl Rehs (1867–1947) zugeschlagen.

Auch die Bienenzucht in den alten deutschen Kolonien rückte angesichts der Expansionspolitik des Hitler-Regimes verstärkt in den Fokus der Aufmerksamkeit. So wurde in einem Beitrag im „Deutschen Imkerführer“ 1939 darauf hingewiesen, dass „die Bienenzucht in den Tropen und Subtropen nicht nur gut möglich, sondern auch wirtschaftlich ist“.[454] Bei dem großen Wachsbedarf Deutschlands für die Industrie und an Honig zur Ernährung sei den „Kolonien der allergrößte Wert beizumessen“. So heißt es weiter: „Dank unserer kolonialen Tätigkeit ist Deutsch-Ostafrika zu einem wichtigen Wachslieferanten des Weltmarktes geworden. Bei entsprechender Förderung werden auch unsere übrigen Kolonien Wachs und Honig ausführen können.“[455] Der begehrliche Blick auf die ehemaligen deutschen Kolonien war seit ihrem Verlust durch den Vertrag von Versailles am 28. Juni 1919 nicht erloschen. Sehr detailliert ist dies von dem Medizinhistoriker Wolfgang Eckart am Beispiel der Tropenmedizin nachgewiesen worden:

„Nach dem Verlust der deutschen Kolonialgebiete durch den Vertrag von Versailles haben kolonialrevisionistische Tendenzen und Ziele die Entwicklung der deutschen Tropenmedizin, die sich durch den Kolonialverlust ihres peripheren Erprobungsgeländes beraubt sah, durch die Weimarer Republik und durch die Zeit des Nationalsozialismus ständig begleitet. Sie lassen sich mühelos in großer Zahl und in vielen deutschen tropenmedizinischen Publikationen zwischen 1919 und 1945 nachweisen. So selbstverständlich, wie die Rückforderung der durch Versailles de jure verlorengegangenen ‚Schutzgebiete' im Sinne eines quasi regierungsamtlichen kolonialen Revisionismus fest zur Außenpolitik der Republik von Weimar gehört hatte, so selbstverständlich war sie nach 1933 auch Bestandteil der nationalsozialistischen Rückeroberungsprogrammatik und politisches Wunschziel der deutschen Tropenmedizin jener Zeit."[456]

Deutsche Volksforschung im Zeichen der Biene

Die deutsche Volksgeschichte entstand nach dem Ersten Weltkrieg und hat – wie Willi Oberkrome in seinem 1993 erschienenen Band „Volksgeschichte" nachweist – Zivilisationskritik, Heimatgefühl, völkisch-großdeutsches Denken und antidemokratische Ideen miteinander verbunden.

„[...] Die Volksgeschichte [setzte sich] in weiten Teilen dezidiert rückwärtsgewandte Primärziele. Sie stand seit ihren Anfängen im Kontext deutscher Revisionspolitik gegen das System von Versailles, das sich durch die ‚Erweckung' und Erschließung lange ‚verkannter', aus gesellschaftlichen wie staatlichen Überlagerungen herauszuschälender ‚völkischer Energien' zu überwinden suchte. Diese Absicht bildete das intellektuelle Ferment für eine in den 1930er und 40er Jahren häufig vollzogene Annäherung zwischen volksorientierter Geschichtswissenschaft und spekulativen Geschichtskonzeptionen nationalsozialistischer Herkunft. Die Volksgeschichte ließ sich teils unbewußt, teils beabsichtigt im Interesse des ‚Dritten Reiches' politisch instrumentalisieren, indem sie weite Gebiete im Osten und Westen Europas als deutschen Volksboden reklamierte und Wissenschaft mit dem Dienst an der ‚Volkswerdung' identifizierte. Diese Ethnogeschichte erforschte das ‚Volkstum' in seiner räumlichen Differenzierung primär als jeweils kollektive Aktionseinheit für die Belange eines wieder erstarkenden Großdeutschland. Selbstkritische Reflexion, seriöse Abwägung kontroverser, etwa ausländischer Lehrmeinungen und vor allem eine soziale oder individuelle ‚Erziehung zur Mündigkeit' waren dabei im klaren Gegensatz zu der modernen Sozialgeschichte nicht intendiert."[457]

Die geographisch-ethnogeschichtliche Volksforschung lieferte die wissenschaftlich kaschierte Rechtfertigung für die deutsche Ostkolonisation, die mit der Besetzung des Sudetengebiets und der Annexion Österreichs als „Ostmark des Reiches" einsetzte. Beiträge „zur geistigen Wehrhaftmachung des deutschen Volkes" wurden gefordert.[458] Dieser Aufforderung kam der Leipziger Volkskundler Bruno Schier (1902–1984) nach, der das Kulturgefälle in Mitteleuropa durch kartographische Darstellungen slawischer und deutscher Wohnverhältnisse sowie Siedlungstypen durch Vergleich der Ethnien zu belegen versuchte.[459] Hierzu gehörten auch Formen der Bienenzucht und -haltung, die er in seiner 1939 erschienen Schrift „Der Bienenstand in Mitteleuropa"[460] darstellte. Schier sah dies als Vorarbeiten an für ein künftiges großes Werk über den Aufbau der deutschen Volkskultur:

> „Eine Fülle solcher Einzeluntersuchungen wird uns Erbgut und Neuerwerb, Eigenbesitz und Lehngut scheiden lehren und unsere Verwurzelung im germanischen Erbe wie unsere Einbettung in die Kulturwelt des Abendlandes dartun."[461]

Ein Beispiel für den Sprachgebrauch Schiers in dem erwähnten Sinne ist die

> „Strahlkraft, welche der westgermanisch-deutsche Strohkorb nach dem Südwesten und Südosten Mitteleuropas entfaltete [...] Wo immer in Europa er auftritt, ist der Strohkorb ein Zeuge westgermanisch-deutscher Aufbaukraft und das schlichte Sinnbild eines friedlich wirkenden, wertschaffenden Kulturwillens, der in viele Völker unseres Erdteiles verströmte."[462]

„Der deutsche Imker und die Juden"

Der Rassenantisemitismus war eine der grundlegenden ideologischen Triebfedern des Nationalsozialismus. In einer historisch beispiellosen rücksichtslosen Härte und Konsequenz begann das NS-Regime nach der Machtergreifung in zahlreichen menschenverachtenden Maßnahmen, die Juden aus der Gesellschaft zu verdrängen. In der Sprache der Nationalsozialisten und in analoger Metaphorik der Beseitigung vermeintlicher körperlicher „Unreinheiten" sollten die Juden aus dem „Volkskörper" „entfernt" werden.[463] Zu diesen Maßnahmen gehörten insbesondere der Judenboykott, Berufsverbote, Auswanderungsdruck, die Nürnberger Gesetze, die „Reichskristallnacht", die „Arisierung" und die Ghettoisierung bis hin zum Holocaust, der als „Endlösung" getarnt wurde. Während des Russlandfeldzuges im Zweiten Weltkrieg ab Juni 1941 verschärfte sich der Rassenantisemitismus durch die organisierte Massenvernichtung der Juden mit Millionen Opfern.

Bereits auf Seite 1 der ersten Ausgabe der Imkerzeitschrift „Deutscher Imkerführer" des Jahres 1934 hat „Präsident Vetter" der Imkerschaft frühzeitig die Schuldzuweisungen klargemacht, dass durch die „jüdisch-kapitalistischen Abwürgungsmethoden" der deutsche Bauernstand „am Ende seiner Kräfte" war.[464] Antisemitische Äußerungen gab es mehr oder weniger offen immer wieder in den Bienenzeitschriften (s. beispielsweise von Pfarrer August Ludwig). Besonders deutlich wird Karl Hans Kickhöffel in seinem 1939 erschienen Aufsatz „Der deutsche Imker und die Juden" („Deutscher Imkerführer"), der auch in anderen Bienenzeitungen, z.B. in „Die Bayerische Biene", veröffentlicht wurde.[465] Darin führte Kickhöffel aus: „Deutscher und Jude – sie sind Gegenfüßler auf dieser Welt; ein Sichvertragen auf einem gemeinsamen Raume ist auf die Dauer auf Grund der aus dem Blute kommenden Gegensätzlichkeiten unmöglich."[466] Und Kickhöffel schrieb weiter an den deutschen Imker gerichtet:

„So, deutscher Imker, stand der Jude als ewiger Feind immer gegen dich, in seiner geistigen Grundhaltung wie in seinem Feilschen und Schreiben, seinem ‚Regieren' und seinem ‚Agitieren'. So wird also auch der Raum frei für dich, wenn er frei wird vom Juden."[467]

Im gleichen Jahr griff die „Leipziger Bienen-Zeitung" das gleiche Thema unter dem Titel „Wir und die Juden" auf. In ähnlicher Hetzweise hieß es dort: „So steht der Jude als Raffer dem deutschen als Schaffer unversöhnlich gegenüber. Immer wieder stürmte das Weltjudentum gegen unser Volk und seine Wirtschaft los, damit auch alle unsere Anstrengungen um Sicherung der Bienenwirtschaft gefährdend."[468] Als Beleg dafür, dass Kickhöffel bereits Mitte der 1920er Jahre eine antisemitische Grundeinstellung zeigte, wurde ausgeführt:

„Da kam im August 1926 der Deutsche Imkertag in Ulm mit dem Vortrag und den Richtlinien Kickhöffels. Er wußte um Wege zur Rettung, denn er kannte aus seiner vielseitigen öffentlichen Tätigkeit heraus die Juden. Hatte er doch in einer Ende 1924 erschienen Kampfschrift mit wenigen Sätzen eine Seite der jüdischen Gefahr umrissen: ‚Die Abwehr der Ostjuden ist eine nationale Tat, denn man kann von einer schweren ostjüdischen Gefahr für Deutschland sprechen. Wie fein haben es die aus dem schmutzigen Ghetto kommenden Ostjuden verstanden, schnell prachtvolle und geräumige Wohnungen zu bekommen, während tausende und aber tausende Deutscher in Notwohnungen hausen, ja auf Eheschließung verzichten mußten […].'"[469]

Die „Leipziger Bienen-Zeitung" stellte in dem gleichen Artikel ihre nationalistische Einstellung zur Schau, die schon lange bestand:

„Was die ‚Leipziger Bienenzeitung' in vielen Aufsätzen ersehnt, ist nun durch den Führer des deutschen Volkes, Adolf Hitler, geworden: das einige deutsche Volk, Großdeutschland. In Erinnerung des schweren Ringens und all unserer Mahnworte soll unser Dank sein, deutsches Wesen in der Imkerei immer reiner und tatfroher wirksam werden zu lassen."[470]

Im August-Heft 1939 der Zeitschrift „Die Bayerische Biene" wurde ein aus dem Jahr 1924 stammendes Zitat von Kickhöffel veröffentlicht:

„Das internationale Schachertum (Judentum) hat noch immer zwei Eisen im Feuer gehabt. Sein Ziel, die Zersetzung des völkischen Lebens, bleibt dasselbe, nur die Wege werden gewechselt. Geht es nicht mit dem Marxismus, dann versucht man es mit dem unzweifelhaft stärkeren internationalen Kapitalismus. Wenn in Deutschland an Stelle des verneinenden Marxismus der die völkische Einheit aufhebende internationale Kapitalismus tritt, scheidet das deutsche Volk aus, im Leben der Völker seine besonderen Aufgaben zu erfüllen: es wird dann zu einem Kolonialvolk."[471]

In einem weiteren Artikel mit dem Titel „Der Jude und der Honighandel", der 1939 im „Deutschen Imkerführer" erschien, wird die antisemitische Hetze weitergetrieben und mit völkischem Denken sowie der Rasselehre des Nationalsozialismus in Verbindung gebracht:

„Die Stellung der Juden im Honighandel ist eigentlich, wie die Stellung des Juden in jedem Wirtschaftszweig, schon vorherein klar: den Juden finden wir dort, wo er eine Gelegenheit sieht, ohne Arbeit zu leben. [...] [Es] ist [...] gut, völkisches und rassisches Denken immer und immer wieder durch die Betrachtung dessen, was war, zu schulen."[472]

Der Autor schließt mit der zynischen Feststellung im nationalsozialistischen Stil, dass der „Honighandel nie verjudet oder auch nur jüdisch durchsetzt war", da „er hier kein geeignetes Objekt für seine Jobbergelüste sah".[473] Auch in anderen Zeitschriften, wie „Die Bayerische Biene" und „Uns' Immen" wurde gegen die „Honigjuden" gehetzt: „Sobald jedoch der Honig gewonnen wurde, ohne daß man die Bienen vorher abschwefelte, also bei der Honiggewinnung auch die Stiche der Bienen mit in Kauf genommen werden mußten, zog sich der Jude, als von Natur aus feig, von diesem in seinen Augen gefährlichen Geschäft zurück. Seitdem hat sich kaum je ein Jude mit Bienenhaltung und Honiggewinnung beschäftigt."[474] Im Laufe der Kriegsjahre wurde die antijüdische Propaganda weiter verstärkt, so beispielsweise in dem 1942 erschienenen Beitrag „Und nun nicht vergessen": Die „Erfahrungen weiser Männer und Frauen zu allen Zeiten und an allen Orten: Die Juden sind schuld!"[475] Anlässlich des 50. Geburtstages von Hermann Göring (1893–1946) veröffentlichte der „Deutscher Imkerführer" im Februar 1943 ein Portrait mit folgendem Text: „[...] Dieser Krieg ist nicht der zweite Weltkrieg, dieser Krieg ist der große Rassenkrieg. Ob hier der Germane und Arier steht oder ob der Jude die Welt beherrscht, darum geht es letzten Endes und kämpfen wir draußen."[476]

„In brüderlicher Verbundenheit" – deutsche und italienische Imker

Anfang November 1938 fand in Neapel der 6. nationale Kongress der italienischen Imker unter dem Vorsitz des Grafen Antonio Zappi-Recordati (1894–1964) statt, bei dem Grußbotschaften zwischen italienischen und deutschen Imkern ausgetauscht und die Autarkiebestrebungen beider Staaten betont wurden:

„Die italienischen Imker betrachten die deutschen Imker als ihre bevorzugten Kameraden und fühlen sich einig in deren Richtlinien, deren Willen und deren Notwendigkeit auf die Fortführung der autarkischen Bestrebungen für die beiden Nationen. Es lebe Hitler! Es lebe Mussolini!"[477]

Eine Vertiefung der „kameradschaftlichen Zusammenarbeit"[478] deutscher und italienischer Imker war im Sinne der befreundeten Nationen im Zeichen des Faschismus. Die innige Verbundenheit des „Geschäftsführenden Präsidenten Reichsfachgruppe Imker" (Kickhöffel) mit dem „Präsidenten der Italienischen Bienenzuchtabteilung des Faschistischen Landwirtschaftlichen Verbandes" (Zappi-Recordati) zeigte sich besonders anlässlich der Affäre um Morgenthaler, der im Novemberheft 1938 der „Schweizerischen Bienenzeitung" das Münchner Abkommen kritisiert hatte. Morgenthaler war in der Sitzung in Bern im März 1938 von der Internationalen Kommission für Bienenzucht zum Präsidenten des XII. Internationalen Kongresses für Bienenzucht, der im Monat August 1939 in Zürich stattfinden sollte, ernannt worden. In einer gemeinsamen „Bekanntmachung" verweigerten beide Präsidenten, Kickhöffel und Zappi-Recordati, ihre Teilnahme an dem Kongress.[479] Anlässlich der 5. von der Reichsfachgruppe Imker veranstalteten Reichsausstellung für Bienenzucht in Leipzig im Januar 1939 veröffentlichte Zappi-Recordati eine Grußbotschaft an die deutschen Imker:

> „Wir sind zutiefst überzeugt, daß auch wir Imker, jeder in seinem Lande, aber in brüderlicher Verbundenheit im Zeichen des gleichen Glaubens, der gleichen Liebe und der gleichen Ideale – und wir wissen, wie sehr gerade diese bei den Imkern entwickelt sind – zur weiteren Annäherung unserer Völker beitragen können."[480]

In einem persönlichen Schreiben an Kickhöffel Ende 1940 grüßte Zappi-Recordati, „nun unter die Fahnen berufen", erneut die deutschen Imker:

> „Diese Augenblicke, die wir erleben, sind historisch. Daraus entsteht mit unserem unfehlbaren Sieg eine neue und bessere Welt. Die Freundschaft unserer beiden Völker, mit dem gemeinsamen Blut besiegelt, ist die sichere Garantie besserer Zeiten für die Menschheit. Wir geben unsere Kraft wie Sie außer den Waffen der Erzeugung. Auch unsere italienischen Bienenzüchter steigern unsere Produktionsleistung. Ich gebe dafür ebenfalls die Richtlinien. Ich bin stolz, mit 46 Jahren auch in Waffen unserer heiligen Sache dienen zu können."[481]

1942 wurde ein schillernder Artikel, „Die Bienenwirtschaft Europas", von Zappi-Recordati veröffentlicht, in dem er „nach gewonnenem Krieg" anregte, eine „ständige zwischenstaatliche Vereinigung für die Imkerei" zu bilden:

> „Heute zeichnen die Ereignisse deutlich am Horizont eine neue Zeit auch für die Imkerei ab. Diese Zeit wird aus der Zusammenarbeit ihren Anfang nehmen, die nach gewonnenem Krieg gewiß in jeder Hinsicht durch herzliche und freundschaftliche Abkommen zwischen den Völkern möglich sein wird, die zur europäischen Neuordnung mit ihrem Opfer und ihrem Aufbau willen beigetragen haben."[482]

Im Februar 1943 bejubelte Zappi-Recordati in einem Artikel das erste Jahrzehnt des Nationalsozialismus, da die

> „leitenden Persönlichkeiten" der deutschen und italienischen Bienenzucht „zu der Überzeugung gekommen [sind], daß nur die neuen politischen, wirtschaftlichen und sozialen Auffassungen, die die totalitären Regime ihrer gesamten Tätigkeit zugrunde legen, gewisse tote Punkte, die teils auf irrigen Auffassungen, teils auf schuldhafter Vernachlässigung beruhen, überwinden konnten [...]".[483]

Zappi-Recordati sprach in diesem Artikel auch die gemeinsamen Probleme der Bienenzucht beider Länder an, nämlich den Kampf um Honigeinfuhrzölle und die Zuteilung von steuerfreiem Zucker. Zu diesem Jubiläumsanlass betonte Zappi-Recordati, dass sich die italienischen Bienenzüchter

> „bei diesem Anlaß ihren deutschen Kameraden besonders nahe [fühlen], mit denen sie nach siegreicher Beendigung des Krieges zusammen Schulter an Schulter marschieren wollen, um im Rahmen der neuen europäischen Ordnung eine große, vervollkommnete und bedeutungsvolle europäische Bienenzucht zu verwirklichen".[484]

Es kam aber ganz anders. Zappi-Recordati, der lange Jahre den italienischen Imkerverband unter dem faschistischen Regime leitete, mehrere Lehrbücher schrieb und Schriftleiter der Imkerzeitung Italiens war, wurde nach dem Krieg 1956 in Wien zum Generalsekretär der Apimondia gewählt und behielt dieses Amt bis 1963.[485] Apimondia ist der Kurzname des Internationalen Verbandes der Bienenzüchtervereinigungen, der seinen ersten Kongress 1897 abhielt.[486]

7 Kriegswichtige Aufgaben der Imker im Zweiten Weltkrieg

Am 1. September 1939 überfiel die deutsche Wehrmacht das Nachbarland Polen, das mit Großbritannien einen Bündnisvertrag abgeschlossen hatte. Großbritannien und Frankreich erklärten nach Ablauf der ultimativen Frist, dass Deutschland seine Truppen hinter der Reichsgrenze zurückziehen müsse, am 3. September 1939 den Krieg. Voraussetzung für den deutschen Angriff auf Polen war der am 23. August 1939 geschlossene deutsch-sowjetische Nichtangriffspakt mit geheimem Zusatzprotokoll, das die beiderseitigen Interessensphären in Osteuropa festlegte. Im Zuge der „Neuordnung“ Polens wurden die 1918 an Polen abgetretenen Gebiete („Danzig-Westpreußen“ und „Wartheland“) dem Reich wieder eingegliedert. Zusammen mit den polnischen Westprovinzen bildeten sie die „eingegliederten Ostgebiete“. Zentralpolen wurde als „Beuteland“ betrachtet und als „Generalgouvernement“ dem Deutschen Reich einverleibt. Nach dem Einmarsch der Roten Armee in Ostpolen wurde am 28. September 1939 der deutsch-sowjetische Grenz- und Freundschaftsvertrag abgeschlossen. Der neue Gau „Wartheland“ sollte als Vorreiter für die geplante „Germanisierung“ im Osten dienen. Ziel der NS-Politik war, die polnische Bevölkerung in verschiedenen Wellen zwangsweise zu vertreiben und die neuen Siedlungsgebiete „einzudeutschen“. So kam es dazu, dass viele Polen aus dem „Wartheland“ in das „Generalgouvernement“ abgeschoben wurden. Der Polenfeldzug, der mit besonderer Härte geführt wurde, mündete in der Versklavung der Polen. Die polnische Führungsschicht sollte in Konzentrationslager verschleppt oder erschossen werden. Die restliche Bevölkerung sollte vertrieben oder als Arbeitskräfte ausgebeutet werden. Die Juden, die in den annektierten Gebieten lebten, sollten in ein „Judenreservat“ im „Generalgouvernement“ deportiert werden. Am 22. Juni 1941 erfolgte dann der Überfall auf die UdSSR ohne Kriegserklärung.

„Sie haben den Krieg gewählt“

In den Imkerzeitschriften wurde der Beginn des Zweiten Weltkrieges über Aufrufe an die deutschen Imker propagandistisch verfälscht (Abb. 28): „England hat uns mit Krieg überfallen und will uns vernichten. Der Führer steht uns allen voran im Kampfe um die Selbstbehauptung unseres Volkes und weist uns den Weg. Wir deutschen Imker folgen ihm. Wir beweisen ihm unsere Treue durch hingebende Arbeit am Bienenstande.“[1]

Die Deutsche Bienenzucht in Theorie u. Praxis

Sonderbeilage zum Imker aus Thüringen

1939 Nr. 7

Herausgeber: August Ludwig, Jena, von Hase-Weg 11
Verlag Fritz Pfenningstorff, Berlin W 35, Steinmetzstr. 2

Aufruf! An die deutschen Imker!

England hat uns mit Krieg überfallen und will uns vernichten. Der Führer steht uns allen voran im Kampfe um die Selbstbehauptung unseres Volkes und weist uns den Weg. Wir deutschen Imker folgen ihm. Wir beweisen ihm unsere Treue durch hingebende Arbeit am Bienenstande.

Weltkrieg und Inflation schlossen mit dem Verlust von 2/5 des Gesamtbestandes aller Bienenvölker ab. Das Schanddiktat von Versailles erpreßte auch von den deutschen Imkern Zehntausende von Bienenvölkern.

In mühseliger Arbeit, unterstützt von der Reichsregierung, haben wir Imker diese Schäden überwunden und den Vorkriegsstand der deutschen Bienenwirtschaft überschritten. Dank Eurer treuen Gefolgschaft, der unbeirrbaren Befolgung unserer Losung, stehen heute über 3 Millionen Bienenvölker mit gesteigerter Leistungsfähigkeit für die Versorgung des deutschen Volkes mit Honig und Wachs zur Verfügung.

Diesen hohen Stand unserer deutschen Bienenwirtschaft wollen wir versuchen, trotz aller Schwierigkeiten zu halten!

Unser Ruf ergeht an alle Imker, die daheim geblieben sind, nicht nur ihre eigenen Völker gut zu versorgen, sondern sich der Führung der Ortsfachgruppe Imker für die Betreuung der Stände zur Verfügung zu stellen, deren Inhaber nicht in der Lage sind, ihre Völker selbst zu pflegen.

Wenn Dein Nachbar draußen sein Leben für Dich einsetzt, dann ist es Dir leicht, seinen Bienen einige Pflegestunden zu geben. Wir wissen, daß sich dabei besonders unsere Frauen, die mit der Bienenpflege vertraut sind, einsetzen werden.

Auch die Jugend der Imkerhäuser wird mit Stolz für die Väter, Brüder und Nachbarn an der Front einspringen.

Imker und Imkerinnen, Ihr selbst dürft versichert sein, daß Eure Reichsfachgruppe Imker im Reichsverbande Deutscher Kleintierzüchter mit ihren Landes-, Kreis- und Ortsfachgruppen alles tun wird, um Euch die Erfüllung Eurer Aufgaben zu sichern. Wir werden in enger Fühlungnahme mit den zuständigen Stellen Eure Nöte und Sorgen als unsere achten und vertreten.

So werden wir in vertrauensvoller Gemeinschaft unserem Volke und seinem Führer auf unserem Gebiete dienen, und so mithelfen, daß der Wille unserer Feinde zuschanden werde.

Dr. Filler
Geschäftsführender Präsident
des Reichsverbandes Deutscher Kleintierzüchter e. V.
und Präsident der Reichsfachgruppe Imker e. V.

Kickhöffel
Geschäftsführender Präsident
der
Reichsfachgruppe Imker e. V.

Abb. 28: „Aufruf! An die deutschen Imker!" (1939).

In Umkehrung der tatsächlichen Verhältnisse im Kriegsgeschehen wurden die deutschen Imker als Opfer der polnischen Aggressionen dargestellt. Die Zeitschrift der deutschen Imker in Polen, die im Juni 1939 das Erscheinen einstellen musste, sollte nun eine „herrliche Auferstehung feiern".[2] Der Schriftleiter der „Bayerischen Biene", Georg Neuner, wetterte in seinem Aufsatz „Sie haben den Krieg gewählt" gegen den „englischen Kriegsminister, einem rassereinen Juden": „Doch ein Rechenfehler ist den Goldinteressenten, Juden und Freimaurern unterlaufen. Sie kennen ihren Gegner nicht. Sie kennen nicht die Unüberwindlichkeit eines nationalsozialistischen Staates."[3] Auch der „polnische Haß" auf die „Volksdeutschen" wurde anhand zerstörter Bienenstöcke dokumentiert.[4] Kickhöffel überschlug sich in seinem Aufsatz „Weiselrichtig" förmlich im Hass gegen die Polen und die Juden und pries die Aufgaben der deutschen Bienenwirtschaft im besetzten Polen: „Während polnische Emigranten, Räuber deutschen Landes und Gutes, Vernichter deutschen Blutes, im Auslande von neuem Raube träumen, ist deutsche Tatkraft längst dabei, das zurückgeholte deutsche Land von allen Wunden und Schlacken der polnischen Wirtschaft zu reinigen [...]. Sind wir doch alle, in der Front und in der Heimat, Mann und Frau, Groß und Klein, unabdinglich hineingestellt in das große deutsche Ringen gegen den Vernichtungswillen der englisch-französischen Plutokratie. Auch wir Imker! Der westlich-jüdischen Plutokratie gilt es nicht, Recht und Freiheit zu sichern, ihr gilt nur der Geldbeutel. Sie will uns vernichten [...]."[5] In einem Schreiben Kickhöffels nach Kriegsausbruch „An die Vorsitzer der Ortsfachgruppen Imker" gab er Anweisungen für die folgende Zeit und beschwor den „Willen der Selbstbehauptung unseres Volkes gegen den feindlichen Vernichtungswillen" und „an den Bienenständen [die] wahre Kameradschaft".[6]

„Keine Liebe zur Bienenzucht"

Die Übersiedlung von Deutschen in die „eingegliederten Ostgebiete" erfolgte bald nach dem Polenfeldzug. So hieß es in einem Bericht: „Im Oktober 1940 siedelte ich mit Sack und Pack in den Kreis Ostrolenka über. Meine ersten bienenkundlichen Ausflüge in die nächste Nachbarschaft meines Wohnsitzes brachten sehr erfreuliche Resultate". Die Praxis der „polnischen Wirtschaft" wurde abgelehnt.[7] Zur brutalen Gewaltherrschaft der deutschen Besatzer im eroberten Polen gehörte die Herabwürdigung der wirtschaftlichen Verhältnisse in dem besetzten Land. Ideologisch gesehen stand dies in Übereinstimmung mit der deutschen Volksforschung, die das kulturelle Gefälle in Mitteleuropa zu beweisen versuchte. Demonstrativ sichtbar wurde dies in verschiedenen bebilderten Beiträgen in den Imkerzeitschriften, worin die Überlegenheit der deutschen und die Minderwertigkeit der ausländischen Imkerpraxis propagandistisch ausgeschlachtet wurde, beispielsweise in der 1942 erschienenen Bilderserie „Weg mit der polnischen Wirtschaft!"[8] (Abb. 29).

In Kriegsberichten von der Ostfront wurde von der „Verwahrlosung im Osten"[9], vom „Bienenstand der anderen"[10] (Abb. 30) sowie von rückständigen Imkerprakti-

Abb. 29: „Weg mit der polnischen Wirtschaft! Hier wird gründlich entseucht!“ (1942).

Weg mit der polnischen Wirtschaft!

Hier wird gründlich entseucht!

3 Aufnahmen: Bienenzuchtberater Wetzel

Der Bienenstand der anderen!

Ungepflegt, lieblos und wirr durcheinander — das Bild einer Imkerei am Dnjepr. Von Kampfhandlungen blieb das Dorf verschont. Der Bienengarten wartet längst auf die ordnende Hand.

Aufnahme: Lex, Deggendorf

Wie aus der Vorzeit mutet diese russische Klotzbeute an! Seit Generationen wartet sie auf das Ausgedinge — für sie steht die Zeit still

Aufnahme: Kühn, Freiberg

Reiche Tracht rings um diesen Bienenstand am Don! Doppelte Schätze würde der deutsche Imker heben, was Trägheit und Rückständigkeit der anderen bisher verhinderte.

Aufnahme: Lex, Deggendorf

Abb. 30: „Der Bienenstand der anderen!" (1942).

ken berichtet[11]. Diesen Berichterstattungen wurde der deutsche Bienenstand[12] als Vorbild gegenübergestellt.

Nach dem Überfall auf die UdSSR am 22. Juni 1941 folgte bald darauf ein Artikel der Reichsfachgruppe Imker mit dem Titel „Führer befiehl – wir folgen dir!“, in dem Kickhöffel auf die Bienenwirtschaft in der Sowjetunion einging:

> „Nun sind mit dem Riesenheere auch Tausende von deutschen Imkern angetreten zum Siegesmarsche über den Bolschewismus. Eine Anzahl von unseren geschätzten Mitarbeitern, Vorsitzern und Obmännern von Landes-, Kreis- und Ortsfachgruppen marschieren in der großen Front vom Eismeer bis zum Schwarzen Meer. Wir sind stolz auf sie, grüßen sie und schließen sie in unsere Fürbitte ein.
>
> Sie werden nun auch das wahre Gesicht der sowjetunionistischen Bienenwirtschaft sehen und uns von ihm erzählen. Hatte doch auch in der bolschewistischen Bienenwirtschaft nicht der erfahrene Fachmann, sondern der Bolschewist das Kommando. Ich bitte um recht viel Feldpostbriefe, auch mit Bildern über den wahren Stand, um einmal alle Berichte zu einer zusammenfassenden Darstellung auswerten zu können.“[13]

Eine Ahnung von der Brutalität des Russlandfeldzuges vermittelt der Kriegsbericht mit dem Titel „Bienenzucht in der Sowjetunion, wie ich sie sah“ vom 12. September 1941, in dem der Soldat von „vertierte[n] Gewaltmenschen, mit allen Machtmitteln des bolschewistischen Staates ausgerüstet“ schrieb, bei denen keine „Liebe zur Bienenzucht“ zu erkennen war.[14]

Nach der Kriegserklärung Englands und Frankreichs im September 1939 wurden Teile der an die Westfront angrenzenden Gebiete von der deutschen Zivilbevölkerung geräumt. Ein Bericht zur Situation im September 1939 am „Westwall“, der die Bergungsarbeit von Bienenvölkern beschreibt, durfte aus Zensurgründen nicht in der Bienenzeitung erscheinen:

> „Zweierlei war das geheimnisvolle Raunen, das im Frühling 1938 in den Wäldern des Pfälzerlandes anhub. Als im Vorfrühling die Vögel ihr Liebesspiel begannen, fanden sich dort auch vereinzelt Männer, die mit Messgeräten und dergl. recht geheimnisvoll umgingen. Mit den Massen der Maiblumen erschienen auch Massen von Arbeitern aus allen Gauen Deutschlands, um das grösste Festungswerk aller Zeiten zu beginnen zu dessen Errichtung der Führer in weiser Voraussicht den Befehl gegeben hatte: den Westwall. Neben der allgemeinen Freude, die ganz Deutschland empfand, als der Führer dessen Vorhandensein öffentlich bekannt gab, hatten die Imker noch eine besondere: Sahen sie doch, wie auf den für Schussfeld abgeholzten Flächen Heide und Brombeeren wucherten und wie zur Tarnung der Bunker allerlei Gehölz verwendet wurde, das eine geradezu ideale Bienenweide zu werden versprach. Dass sie das erste Blühen der Heide auf den kahlgeschlagenen Flächen nicht mehr bei ihren Bienen erleben sollten, davon konnten sie freilich bei den oftmals und feierlich ausgesprochenen Friedenabsichten des Führers keine Ahnung haben. […] Nach vorbereitender Besprechung mit höheren Stellen und der Landesbauernschaft gab der Vorsitzende der Landesfachgruppe [Imker Saarpfalz: Stud.-Prof. Otto Gauly, Speyer] u.a. auch mir den Auftrag, im Benehmen mit der Kreisbauernschaft die Bienenvölker der geräumten roten Zone und die der evtl. zu räumenden grünen, in Sicherheit zu bringen. Sein Auftrag fand bei den darum Angegangenen freudigen Widerhall. Galt es doch den rückgewanderten Imkern – die wohl beim Abwandern einen besorgten Blick auf ihre

> Lieblinge geworfen haben – praktische Kameradschaft zu erweisen und darüber hinaus, grosses Volksvermögen in Sicherheit zu bringen. [...] Imkerkameraden in Hassloch, in Deidesheim und in Grünstadt [hatten] sich zur Unterbringung und Betreuung von je etwa 100 Völkern bereiterklärt [...]. Der Kassenwart der Ortsfachgruppe Bergzabern [...] machte über die ungefähre Zahl und die Lage der einzelnen Stände die notwendigen Angaben [...]. Sofort am nächsten Morgen begann die eigentliche Arbeit. [...] Mit drei freiwilligen Helfern [...] ging es in der geräumten (roten Zone) zu. [...] Dazu war die Erlaubnis des dort befehligenden Regts-Kommandeurs notwendig. [...] Die Doppelposten machten erstaunte Gesichter, als wir in flotter Fahrt direkt der Front zufuhren. Unser Ziel der Luftkurort D. [Dörrenbach] war bald erreicht. [...] Mit Hammer, Zange, Nägeln, Drahtgaze, Sackleinen, Nummernfarbe u.a. ausgerüstet, setzten wir an den folgenden Tagen unsere Tätigkeit fort, wobei uns in der Nähe einschlagende Granaten nicht störten. Trotz aller Schwierigkeiten gelang es, in D. und B. [Bergzabern] 80 Völker versandfertig zu bringen und es konnte mit deren eigentlichem Abtransport begonnen werden. [...] Unter stets sich steigerndem Feuer verluden wir die Bienen. [...] In flottem Tempo fuhren wir bei lebhaftem Feuer zum Dorfe hinaus und atmeten erleichtert auf, als wir – der Gefahrenzone entrückt – die Kurstadt B. wiedersahen. [...] In mehreren solcher Fahrten bei schlechtem Wetter gelang es uns, mehrere Hundert Völker teils aus Batteriestellungen, teils vor unserer Hauptkampflinie wegzuholen und in Sicherheit zu bringen. [...].“[15]

Nach dem Westfeldzug hatte Hitler am 25. Juni 1940 zur „Rückkehr in die heimatlichen Städte und Dörfer“ aufgerufen. Von der Reichsfachgruppe Imker wurde daraufhin „Der imkerliche Aufbau im Westen“[16] ausgerufen. Kickhöffel feierte in seinem 1940 erschienenen Aufsatz „Der neue Westen“ die Gebietsannexionen im Westen: „Der Krieg versetzt die Grenzsteine; er bot jetzt dem Führer die Möglichkeit, Gebiete, die Jahrhunderte, ja über ein Jahrtausend deutsch waren, in das Reich zurückzuholen. Wie sieht es nun mit der Bienenwirtschaft in diesen Landesteilen aus?“[17] Die Imker von Eupen-Malmedy, Luxemburg, Lothringen und dem Elsaß wurden der Reichsfachgruppe Imker im „Großdeutschen Reich“ zugeschlagen.

„Kriegsversehrte bewähren sich“

Die Zahl der heimgekehrten Kriegsversehrten nahm mit dem Verlauf des Zweiten Weltkrieges zu. „Stunden um Stunden rasselte der Lazarettzug. Verwundete, kranke und verletzte Soldaten ruhen in sauberen, weißen Betten des Laz.-Zuges“,[18] hieß es in dem 1940 erschienenen Bericht eines Imkers. Es folgten Imkerbesuche im Lazarett. Ab etwa 1940 wurden vermehrt Berichte in den Imkerzeitschriften veröffentlicht, die den erfolgreichen Einsatz der Kriegsversehrten in der Bienenzucht vor Augen führen sollten und die Imkerkameradschaft beschworen (Abb. 31).

Die Bienenzucht wurde als „ideale Beschäftigung des Schwerkriegsversehrten“ angeboten: „Ich selbst bin auch schwerverletzt aus dem Weltkriege heimgekehrt und kann meinen Beruf nicht mehr ausüben. Was war wohl besser, als Bienenzucht zu betreiben!“[19] Weitere zum Teil bebilderte Berichte demonstrierten die Tätigkeit eines Imkers, der im Kriegseinsatz ein Bein verlor[20] oder sogar eines Kriegsblin-

Kriegsversehrte bewähren sich!

Von Theod. Wietfeld, Mülsborn über Meschede-Land.

(Aufnahmen: Landwirtschaftsassessor Schulz-Everding in Münster i. W.)

Im Kriegseinsatz 1939 verlor ich bei der Ausbildung als Fahrer durch Unglücksfall mein rechtes Bein.

Dadurch wurde für mich eine große Umstellung notwendig, da es mir nicht mehr möglich war, meine frühere Tätigkeit in einem Sägewerk wieder aufzunehmen. Mein ererbtes Eigentum liegt in den Bergen des Sauerlandes, eine Stunde vom nächsten Ort entfernt. In der näheren Umgebung fand sich für mich keine Beschäftigung, die ich bei meiner körperlichen Beschädigung hätte übernehmen können.

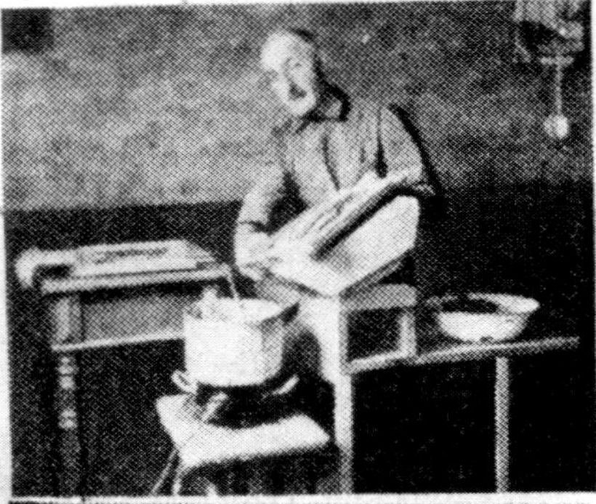

Abb. 31: „Kriegsversehrte bewähren sich!" (1943).

den[21], der mit Unterstützung eines Helfers imkerte. Ein Kriegsversehrter, der seinen linken Arm verlor, sah in der Bienenzucht einen neuen Lebenserwerb und schrieb:

> „Deshalb wollen und müssen wir unsere Blicke gen Osten lenken, wo noch riesige Trachtquellen ihrer Erschließung harren. [...] Wir müssen derer gedenken, die ihr junges Leben für Deutschland gaben, damit unsere Heimat genügend Lebensraum erhalte, und wollen auf diesem so hart erstrittenen Boden in unserem Beruf für Deutschland arbeiten und ihm dienen."[22]

In den letzten Kriegsjahren erschien sogar der tröstende Bericht eines Imkers, der Schwerkriegsbeschädigter des Ersten Weltkrieges war und betonte, dass der Schwerbeschädigte „auf seinem Stande so manche Erholung finden und sich über seine Leiden leichter hinwegsetzen" könne. Die Propaganda durfte allerdings auch hier nicht fehlen: „Er wird dann das Gefühl haben, trotz seiner Verwundung ein wertvolles Glied im großen Ganzen zu sein und durch Mehrerzeugung von Honig und Wachs die Widerstandskraft des deutschen Volkes erhöhen. Dadurch ist auch er Mitkämpfer bis zum endgültigen Siege."[23] Karl Maier[24] (1892–1962), der unter anderem von 1944–1945 zusammen mit Karl Hans Kickhöffel die Schriftleitung der Zeitschrift „Deutscher Imkerführer" übernahm und nach dem Krieg nahtlos als Schriftleiter der „Badische Bienenzeitung" tätig war, ist selbst als Kriegsfreiwilliger in den Ersten Weltkrieg gezogen und kam als Schwerkriegsbeschädigter zurück. In seinem Beitrag 1943 schrieb er:

> „Die Nachkriegszeit stellte neue Anforderungen: Bekenntnismut und Einsatz für ein kommendes Deutschland in Freiheit und Größe. Jugendzeit – meine Eltern hatten 12 Kinder – und Beruf, Kriegserleben und die Zeit der Schmach führten vom Ich zum Wir. Als Schwerkriegsbeschädigter wurde ich 1919 zu jedem Militärdienst untauglich verabschiedet. Aber ‚Schwert und Pflug' führen heraus aus Schmach und hinauf zu Ehre und Geltung. In der vernünftigen Freizeitgestaltung fand ich den Weg zur Bienenzucht und hier neben Beruf und Familie mein Glück."[25]

Reichsfachgruppe Imker: „Treue Gefolgschaft am Bienenstande"

Ludwig Runk, Schriftleiter der Zeitschrift „Die hessische Biene" und dem Nationalsozialismus sehr zugeneigt, hat in seinem im März 1940 erschienenen Beitrag „Imkerei und Politik" eine Ahnung davon geliefert, wie über den Kriegseintritt Englands gedacht und wie intensiv über Politik in Imkerkreisen vor und während des Nationalsozialismus kommuniziert wurde:

> „Was hat die Imkerei mit der Politik zu tun? Gewiß, in früheren geruhsamen Zeiten scherte sich der Imker den Teufel um die Politik. Als es gar noch hieß: ein politisch Lied – ein garstig Lied, war diese Stellungnahme der Bienenzüchter vielleicht am Platze. Denn auch zur Zeit des Parteienstaates fanden sich Anhänger aller politischen Parteien auf den Imkertagungen friedlich zusammen. Ueber politische Fragen, und

waren sie noch so brennend, wurde nicht gesprochen, ja, durfte nicht gesprochen werden, sollten die Geister nicht heftig aufeinanderplatzen und den Verein sprengen!

Im nationalsozialistischen Deutschland ist das anders geworden. Heute sind wir alle, einerlei wes Standes, Alters und Geschlechtes, in die Reihen einer politischen Kampfgemeinschaft gestellt und sind Streiter in einem Kampfe, in dem es um Sein oder Nichtsein unseres Volkes und damit jedes einzelnen Deutschen geht. Nichts Geringeres als die Vernichtung Deutschlands ist das Kriegsziel der englischen Seeräuber, zuerst schamhaft verhüllt, dann mit zynischer Offenheit ausgesprochen. […]

Aber dem Zusammenbruch und der schmachvollen Knechtung des deutschen Volkes durch das Schanddiktat von Versailles folgte durch den fanatischen Glauben und stählernen Willen eines Mannes ein Aufstieg Deutschlands, wie er noch vor zehn Jahren unvorstellbar war. […]

Was können wir als Imker in diesem Kampfe tun? Uns ist die Aufgabe gestellt, mit allen Kräften dafür zu sorgen, daß wir den für die Volksgesundheit so wichtigen Honig und das für die Wehrmacht benötigte Wachs in ausreichender Menge erzeugen. Durch vermehrte Bienenhaltung und durch Wanderung müssen wir außerdem die Bedingungen schaffen, daß die Obstblüten durch Bienenbeflug befruchtet werden und die Oelsaaten, vornehmlich Raps und Rübsen, reicheren Samenertrag bringen. […] Auch wir Imker wollen durch unser Tun beweisen, daß wir entschlossen sind, das geringe Opfer unserer Mehrarbeit willig und freudig auf uns zu nehmen, eingedenk der Mahnung, die uns unser Kickhöffel so sinnfällig und eindringlich auf der Leipziger Schau vor Augen gestellt hatte: Du bist nichts, dein Volk ist alles!"[26]

Karl Hans Kickhöffel hat im März 1943 schließlich alle Imker aufgerufen, dem Ruf nach dem „totalen Krieg" „in vorbildlicher Weise" Folge zu leisten:

„Der Führer hat das deutsche Volk, auch alle Imker, zum totalen Krieg aufgerufen! Die rund 400 000 Imker werden, getreu der Losung der RfgrI ‚Ich dien' dem Ruf in vorbildlicher Weise folgen. Sie tun das aus der Erkenntnis heraus, die sie in ihrem täglichen Tun im Umgang mit den Bienen immer wieder ehrfürchtig und dankbar gewinnen, daß der einzelne nichts ist, sondern daß allein das Volk Wert, Leben und Zukunft gewährleistet. Der Führer hat dem Ausdruck gegeben mit den Worten: ‚Du bist nichts, Dein Volk ist alles!'"[27]

Zunächst ein kurzer Abriss der letzten beiden Kriegsjahre: Nachdem im Juli 1943 im Osten die letzte deutsche Offensive im Kursk-Bogen („Zitadelle") abgebrochen wurde, lag die Initiative nun bei den Sowjets. Diese drangen 1944 zunächst im Süden (Süd-Ukraine, Galizien, Krim, Weichsel) vor. Zur Errichtung der von der UdSSR geforderten zweiten Front erfolgte am 6. Juni 1944 die Invasion der westlichen Alliierten in Nordfrankreich und am 15. August 1944 landeten alliierte Truppen in Südfrankreich. Als letzte deutsche Abwehrmaßahmen wurden im Oktober 1944 alle waffenfähigen Männer zwischen 16 und 60 Jahren zum „Deutschen Volkssturm" einberufen, um den „Heimatboden" des Deutschen Reiches zu verteidigen. 1945 wurden die Lebensmittelrationen weiter gekürzt und der Jahrgang 1929 einberufen (5. März 1945). Am 19. März 1945 befahl Hitler die Zerstörung aller militärischen, Verkehrs-, Nachrichten-, Industrie- und Versorgungsanlagen („Nero-Befehl") sowie die Verteidigung deutscher Städte mit Androhung der Todesstrafe bei Zuwiderhandlung. Der sogenannte „Nero-Befehl" wurde allerdings teils bewusst unterlaufen und teils wegen der chaotischen Ereignisse nicht mehr ausgeführt. Am 25. April 1945 trafen amerikanische und sowjetischen Truppen bei Torgau an der Elbe zusammen und am 2. Mai 1945 erfolgte die Kapitulation Berlins. Hitler beging am 30. April 1945 Selbstmord. Am 7. Mai 1945 wurde die „bedingungslose Kapitulation" der deutschen Wehrmacht unterzeichnet. Die „geschäftsführende Reichsregierung" Dönitz wurde am 23. Mai 1945 abgesetzt.

Nach vier Jahren Krieg bilanzierte 1943 die Reichsfachgruppe Imker ihre Aufgaben als alleiniger imkerlicher Verband Großdeutschlands: „Im totalen Krieg erwartet daher die Reichsfachgruppe Imker von allen ihren 365 000 Mitgliedern treue Gefolgschaft am Bienenstande, in der Ablieferung der Erzeugnisse und in der gegenseitigen Förderung unserer imkerlichen Arbeit!"[28] Auf die Invasion der Alliierten am 6. Juni 1944 in Nordfrankreich hin, schrieb Kickhöffel in seinem Aufsatz „Die Invasion und unsere Antwort":

> „Unser Leben mit den Bienen aber läßt uns wissen, daß Dienst am Volke und Treue zu ihm allein Leben und Zukunft verheißen und über alle Gier, List und Macht der Feinde siegen werden. [...]
> In diesem Sinne erleben wir alle auch den 6. Juni, den Beginn der Invasion. [...] Unsere Aufgabe ist es, in noch stärkerem Glauben an den Sieg und an unsere deutsche Aufgabe uns in noch festerem Tun und größerer Leistung für den Sieg und den kommenden deutschen Frieden Europas zu wirken. Auch in unserer bescheidenen Ecke am Bienenstande."[29]

„Totaler Kriegseinsatz" hieß der Aufruf von Kickhöffel Mitte Oktober 1944, in dem er sich auf den Befehl des Reichsbauernführers, Reichsminister Backe, berief: „Mehr erzeugen, mehr abliefern, sparsam wirtschaften!"[30] Backe selbst wandte sich Anfang 1944 in einem „Aufruf an das deutsche Landvolk", beschwor die „fanatische Haltung" und stimmte dieses auf weitere entbehrungsreichere Kriegszeit ein:

> „Ein arbeitsreiches Jahr liegt hinter uns. Die Länge des Kriegs bedingte die Härte eures Einsatzes, denn es ist selbstverständlich, daß alle Beschwernisse im vierten Kriegsjahr weit größer sein mußten als im ersten. Jeder einzelne von euch hat sich immer wieder erneut eingesetzt. Diese millionenfache Einzelleistung hat daher in ihrer Gesamtheit auch den Erfolg gehabt, die Ernährung des deutschen Volkes für ein weiteres Jahr zu sichern. Die in der Vergangenheit aufgetretenen Schwierigkeiten habt ihr durch beispielhafte Haltung und Leistung überwunden. Es ist eure Pflicht und eure Ehre, die Aufgaben der Zukunft – mögen sie noch so schwer sein – durch den gleichen Geist und die gleiche fanatische Haltung zu bezwingen, die euch bisher ausgezeichnet haben.
> Was wir leisten, geschieht nicht für uns, um unser persönliches Wohl, dient allein unserem Volk und dem Sieg der gerechten deutschen Sache."[31]

Angesichts der Entwicklung der Kriegsereignisse ist es erstaunlich, dass noch eine Ausgabe der Zeitschrift „Deutscher Imkerführer" mit Datum Mitte März 1945 (Heft 12) unter der Schriftleitung von Karl Hans Kickhöffel (Potsdam) und Karl Maier (Heidelberg) erschien. Unbeirrt von dem nahenden politischen Zusammenbruch wurden die Imker zur Wanderung in die Sommerölfruchtflächen[32] aufgefordert, da die Fettversorgung als entscheidendste Frage der deutschen Kriegsernährungswirtschaft angesehen wurde. Im Hinblick auf die „Fettlücke“ wurde schon seit Jahren als eine der vordringlichsten Aufgaben besonders in den Kriegsjahren die Raps- und Rübsenwanderung angesehen, denn der Samenertrag wird wie bei anderen Fettpflanzen durch den Bienenbeflug erheblich gesteigert und gesichert. Die RfgrI hatte daher Anfang 1943 „Richtlinien für die Bewanderung der Anbauflächen von Raps, Rübsen und anderen Fettpflanzen mit Bienen“ herausgegeben.[33] In den Imkerzeitschriften war dies ein immer wiederkehrendes Thema und wurde als „nationale Pflicht“ in Erinnerung gerufen.

Ein weiteres Thema, dem sich die Zeitschrift „Deutscher Imkerführer“ bis zum Kriegsende widmete, war die Wachsabgabepflicht, da Wachs wie im Ersten Weltkrieg ein kriegswichtiger Stoff war (s. Kap. 3). Die Ablieferungspflicht für deutsches Bienenwachs wurde von der „Reichsstelle Chemie“ bereits am 30. März 1940 angeordnet.[34] Die Reichsfachgruppe Imker setzte die Vorgaben in einer Anordnung zur Sicherung des Wachsbedarfes um und gab Anweisungen an die Imker zum verstärkten Wachsbau, zur Bekämpfung des „Verderbs“, zur Verbesserung der Wachsgewinnung und zur Wachsablieferung.[35] Das bei den Imkern angefallene Bienenwachs einschließlich der Altwaben und Wachsreste (Trester) unterlag der Beschlagnahmung und musste an zugelassene Wachsaufkäufer, die in Listen veröffentlicht wurden, abgeliefert werden. Die Beschlagnahmung galt ebenso für die Bestände an Mittelwänden. Die Reichsfachgruppe Imker war für die Umsetzung der Maßnahmen verantwortlich und legte die Verfahrensweisen fest, welche Mengen an Mittelwänden für den weiteren Imkerbetrieb notwendig waren[36]. Für das „Lohnherstellungsverfahren“ für Mittelwände erhielten die Imker Bezugsscheine oder Bescheinigungen. Der Befehl Backes zur sparsamen Wirtschaftsweise betraf auch die Herstellung dünnerer Mittelwände, damit der deutsche Imker „somit am Endsieg“ helfen konnte.[37] Im Dezember 1944 wurde die Wachserfassung verschärft und bei Verstößen wurden schwere Bestrafungen angedroht. Alle Ortsfachgruppen wurden zur Sofortabgabe von Wachs aufgefordert, um die Bedürfnisse der „Wehrwirtschaft“ zu decken. Eine Wabe je Bienenvolk wurde eingefordert.

Der Zuckerbezug zur Bieneneinfütterung war ebenfalls reglementiert. Im Februar 1945 waren für die Imker, die ihrer Wachs- und Honigabgabepflicht nachgekommen waren, wie in den Vorjahren Zuckerzuweisungen vorgesehen, und zwar je Bienenvolk im Spätsommer sechs Kilo und im zeitigen Frühjahr anderthalb Kilo. Mit der Zuckerlieferung im Spätsommer war eine Zuckerverbilligung, die bereits 1936 wiedereingeführt wurde[38], verbunden. Die Zuckerbelieferung an die Imker, die der Reichsminister für Ernährung und Landwirtschaft genehmigte, durfte

> „nur den Imkern [... ge]geben [werden], die ihrer Wachsabgabepflicht genügt haben. [...] Vorsitzer von Ofgrn und deren Beauftragte, die Imkern, die ihrer Wachsabgabe nicht genügt haben, Zucker liefern, machen sich ebenso strafbar wie Imker, die trotz der Nichterfüllung ihrer Wachsabgabe Zucker abnehmen und verfüttern. Die Übertretung dieser Bestimmung wird unnachsichtlich verfolgt, die Wachsabgabe aber trotzdem auf andere, den Bienenhaltern unbequemerem Wege, erzwungen. Die Wachsabgabe ist eine Bringschuld [...].“[39]

Neben der Wachsabgabepflicht war es für die Imker auch „selbstverständliche Pflicht geworden, einen großen Teil ihrer Honigernte für Wehrmacht, Lazarette und Bombengeschädigte abzuliefern.“[40] Eingeführt wurde die „Sonderaktion“[41] in einem Aufruf am 18. Mai 1940 durch Karl Vetter, der die Imker aufforderte, drei Kilo Honig je Bienenvolk der Reichsfachgruppe Imker „zum gerechten Preise“ zur Verfügung zu stellen[42]. Die Steigerung der abgegebenen Gesamtmenge an Honig betrug im Zeitraum von 1940 bis 1944 rund 300 Prozent, wobei die Imker aufgrund der Kriegslage zu noch mehr Abgaben in Form von „Sonderaktionen der Reichsfachgruppe Imker“[43] aufgefordert wurden. In einem Rundschreiben der Reichsfachgruppe Imker vom 29. Juni 1943 „Sonderaktion und Zuckerbelieferung 1943/44“ wurden die Kilopreise für den abgelieferten Honig erneut festgelegt.[44] Im Februar 1945 wurde als Soll der Honigabgabe die Zahl der Bienenvölker, die im Herbst 1944 eingewintert wurden, zugrunde gelegt. Demnach waren je Volk mindestens 4 Kilo Honig an die von den Landesfachgruppen angegebenen Stellen abzuliefern.

Leonhard Birklein, erster Vorsitzender der Landesfachgruppe Bayern, Beisitzer der Reichsfachgruppe Imker und nach dem Krieg Präsident des Deutschen Imkerbundes, rief im Juni 1942 als in der Wolle gefärbter Nationalsozialist zur „Honigaktion“ folgendermaßen auf:

> „Imker laß Deine Bienen Dir Vorbild sein! Du weißt es und siehst es ja alle Tage, wie im Bienenstaat jedes einzelne Bienlein nach dem in ihm wirkenden göttlichen Gesetz unermüdlich und unverdrossen zu emsiger Arbeit antritt, wie das Erworbene für die Gemeinschaft auf das sorgfältigste verwahrt, auf das gewissenhafteste verwaltet und verteidigt wird, wie Volksschädlinge und Eindringlinge unnachsichtig ausgestoßen werden, und wie jedes Glied der Gemeinschaft bereit ist, jederzeit sein Leben hinzugeben, damit das Ganze fortbestehen kann.
> Imker, sei durchdrungen von solchem Denken und Fühlen!
> Erinnere Dich dabei an das Führerwort: ‚Du bist nichts, Dein Volk ist alles!‘ und glaube fest, daß Dein Besitz, Dein Heim, Deine Familie und Dein Glück nur erhalten werden können, wenn Dein Volk, unser geliebtes deutsches Vaterland, in dem gewaltigen Ringen um Sein oder Nichtsein den Sieg erringt.
> Leiste auch Du dazu Deinen kleinen Beitrag!
> Möge kein Imker nach Ablauf der Honigsonderaktion 1942 als unwert befunden werden!
> Trage jeder eingedenk unseres Losungswortes: ‚Tätig, tapfer, treu!‘ und in heißer Liebe und Treue zu Führer und Volk sein bestes bei zum Gelingen der Honigsonderaktion 1942!“[45]

„Imker, Du bist etwas schuldig!“ schrieb Georg Neuner 1942 bedrohlich suggestiv in der Zeitschrift „Die Bayerische Biene“:

> „1. Was bist Du schuldig?
> Du schuldest von jedem Volke, für das Du Zucker bekamst, für das Jahr 1940 3 kg Honig, für das Jahr 1941 2 kg Honig und für das Jahr 1942 2 kg Honig!
> 2. Wem schuldest Du Honig?

> Du schuldest den Honig den Edelsten unserer Nation, den Helden, welche Gesundheit und Blut gaben, auf daß Dein Heim, Dein Bienenzuchtbetrieb, Deine Lieben gesichert wurden vor den bolschewistischen Horden.
> Du schuldest den Honig unseren Kindern, der Zukunft unseres Volkes!
> Du schuldest den Honig den Volksgenossen hohen Alters!
> Hast Du in den beiden verflossenen Jahren Deine Schuld restlos beglichen? Gewiß, vielen Imkern versagte in den zwei letzten Jahren der Himmel seinen Segen, so daß sie nicht völlig ihren Verpflichtungen nachkommen konnten. Die Schuld wurde ihnen unter diesen Umständen auch gestundet. Allein, aufgehoben ist sie nicht. Sie besteht weiter. Hast Du schon berechnet, wie hoch Deine Rückstände aus den abgelaufenen Jahren sind? Hat ein deutscher Mann Schulden, dann kennt er Tag und Nacht keine andere Sorge als die: Wie gelingt mir die rascheste Zahlung? Er verzichtet auf jeden Genuß und spart sichs vom Munde ab.
> So wirst auch Du als deutscher Mann nun alles daran setzen, die schuldige Menge aus den Bienen herauszuwirtschaften. Du wirst keinen Tropfen Honig für Dich in Anspruch nehmen, bevor Du nicht sagen kannst: Meine diesjährige sowie meine rückständige Honigschuld sind restlos beglichen!"[46]

1943 forderte „Die Reichsfachgruppe Imker am Schluß des vierten Jahres im Großen Kriege" von den Imkern:

> „Im totalen Krieg erwartet daher die Reichsfachgruppe Imker von allen ihren 365 000 Mitgliedern treue Gefolgschaft am Bienenstand, in der Ablieferung der Erzeugnisse und in der gegenseitigen Förderung unserer imkerlichen Arbeit!"[47]

Die Abgabepflichten und Sonderaktionen wurden in Imkerkreisen offensichtlich nicht reibungslos hingenommen, was man aus dem 1942 erschienenen Artikel „Höflichkeit in der Imkerei" ablesen kann:

> „Von den Männern in der imkerlichen Führung erwartet man als selbstverständlich, daß sie höflich sind nach oben im Verkehr mit den Behörden und nach unten gegen die ehrenamtlichen Mitarbeiter.
> Nötiger ist es, manche Mitglieder zu ermahnen, höflich im dienstlichen Verkehr zu sein. Denn nicht immer verstehen sie die getroffenen Maßnahmen.
> Die Imker untereinander als Kameraden werden wohl immer bestrebt sein, Höflichkeit zu üben. [...]
> In dem entscheidenden Ringen unseres Volkes hat jeder sein gerüttelt Maß an Arbeit, Sorgen und Nervenanspannung. Das Leben sich nicht gegenseitig noch schwerer zu machen, sondern die Last zu erleichtern, ist deshalb ganz selbstverständlich. Dazu hilft auch die freundliche, beruhigende und höfliche Art des Imkers."[48]

Im gleichen Jahr griff Kickhöffel das Thema erneut auf und erinnerte daran: „Wer die Geschichte der deutschen Bienenwirtschaft kennt, der weiß, daß sehr oft nicht der Wille zum zusammenfassenden Gestalten, sondern die Streit- und Geltungssucht das Wort führten."[49] Diesen „Streithengsten" stellte er den „unbezwingbaren Willen zur Leistung, zur Einheit und zur deutschen Größe" gegenüber.

Nachdem bereits vor Kriegsbeginn, im April 1938, durch die Reichsfachgruppe Imker ein Beirat für Krankheitsbekämpfung eingerichtet wurde, folgte nun im März 1941 die Einrichtung eines Beirates für Beuten und Betriebsmittel. Die Einheitsblätterbeute mit „Deutschem Einheitsmaß“ wurde favorisiert. Die Anweisung des „Leiters der Fachuntergruppe Holzwaren“ vom 26. Juni 1942 erlaubte aus Rationalisierungsgründen nur noch die Herstellung eines einheitlichen Beutenmaßes. Die Herstellung anderer Rähmchenmaße war verboten.[50]

Im Rahmen der allgemeinen Viehzählung mussten jährlich auch die Bienenvölker gezählt werden. Diese stand zuletzt am 4. Dezember 1944 an. „Personen, die falsche oder unvollständige Angaben machen, haben strenge Bestrafung zu gewärtigen“, hieß es in dem entsprechenden Aufruf.[51]

In der Zeitung „Deutscher Imkerführer“ wurde zuletzt auch das imkerliche Verbandswesen und die Kameradschaftshilfe angesichts der neuen Flüchtlingsproblematik angesprochen: „Es gilt also nun, sich in der Notzeit unserer imkerlichen Gemeinschaft auch in der Flüchtlingsfrage besonders zu bewähren.“[52] Und schließlich wurde auch die Angst vor dem Einmarsch der Sowjets geschürt: „Imker, es geht um eigenen Hof und Herd, auch um deinen Bienenstand! […] ‚Der Bolschwismus will allen alles nehmen und niemandem etwas lassen. Niemand sei so unklug und rede sich ein, er sei so klein, daß der Bolschewismus ihn und seine Habe vergessen werde.‘“[53]

Der Druck auf die Imker, die Zahl der Bienenvölker zu steigern, drang auch in die finstersten Bereiche des NS-Staates hinein, nämlich in die Konzentrationslager. Am 8. Februar 1943 schrieb der Persönliche Stab des Reichsführers der SS (Heinrich Himmler) an den Chef des SS-Wirtschafts-Verwaltungshauptamtes, SS-Obergruppenführer Pohl:

> „Der Reichsführer-SS bittet Sie, die Bienenvölker ungeheuer zu vermehren und zwar nicht nur im Osten unserer Betriebe, sondern auch bei allen Konzentrationslagern und sonstigen Betrieben im Reich. Der Reichsführer bittet Sie, auch zu veranlassen, daß eine besondere Pflanzung, die eine ausgezeichnete Immenweide ist, in größtem Ausmaß angelegt wird. Der Reichsführer-SS hat vor einem Jahr oder vielleicht noch früher wegen dieser Pflanze schon einmal an Sie geschrieben. Ich nehme an, daß Unterlagen darüber vorhanden sind. Ich lasse ausserdem noch bei uns Näheres feststellen. Ich weiß im Augenblick nur, daß diese Pflanze sich in kleinerem Umfange auf dem Grundstück des Reichsführer-SS in Gmund befindet.“[54]

Imker im „totalen Kriegseinsatz“

In den letzten Kriegsjahren stellten aufgrund der Mangelwirtschaft einige Bienenzeitungen ihr Erscheinen ein und wurden in sogenannten Kriegsgemeinschaftsausgaben zusammengefasst, beispielsweise die „Nordwestdeutsche Bienenzeitung“, die „Ostdeutsche Bienenzeitung“ und die „Südwestdeutsche Bienenzeitung“. Die Bienenzeitung „Deutscher Imkerführer“ wurde im Dezember 1944 auf Kriegsdauer vereinigt mit der Zeitung „Deutsche Bienenwirtschaft“.

Im Zusammenhang mit dem Zweiten Weltkrieg wurden Schutzmaßnahmen für die Bienenvölker gegen chemische Kampfstoffe[55] sowie Hinweise für das luftschutzbereite Bienenhaus[56] veröffentlicht. Die Reichsfachgruppe Imker veröffentlichte 1942 und 1943 Verhaltensregeln bei Bombenangriffen und Hinweise für die Wiederbeschaffung von Beuten und Geräten.[57] Um den von der Reichsfachgruppe Imker geforderten Beutentyp des deutschen Blätterstocks sowie Wanderstände und Wanderwagen anzufertigen, waren Holz, Eisen und Blechwaren notwendig. 1942 erfolgten Anweisungen der „Fachuntergruppe Holzwaren" und der „Wirtschaftsgruppe Eisen-, Stahl- und Blechwarenindustrie" zur Bewirtschaftung der Bienenzuchtgeräte.[58] Hierzu gab es in Kriegszeiten Holz- und Eisenbezugsscheine. Hinzu kamen Bezugsscheine für Mittelwände und Spiritus.[59] Auch die Zuteilung von Tabak wurde reglementiert.[60] Auch der Versand von Einheitshoniggläsern, deren Verwendung von 1933 (1 219 000 Stück) bis 1942 (7 888 000 Stück) stark zunahm[61], musste stark eingeschränkt werden. Gegen Kriegsende wurden die Verlautbarungen der „Reichsfachgruppe Imker" immer spärlicher. So hieß es in der Oktober/November-Ausgabe 1944 der „Ostdeutschen Bienenzeitung" (früher: „Leipziger Bienenzeitung"):

> „Zum Totalen Kriegseinsatz:
> 1. Das Ehrengerichtsverfahren wird stillgelegt. Über Ausschlüsse, nur bei gerichtlicher Bestrafung und Verstößen gegen Anordnungen der Reichsregierung, des Reichsnährstandes und des RDKl., unterrichten die Lfgren.
> 2. Keine Statistiken mehr!
> 3. Lehr- und Ausbildungsmaßnahmen werden stillgelegt.
> 4. Die hauptamtliche Bienenzuchtberatung wird stillgelegt.
> 5. Beobachtungsstellen werden stillgelegt. Nur drei A-Beobachtungsstellen in jeder Lfgr bleiben.
> 6. Körungen finden nicht mehr statt.
> 7. Die Bienenweidearbeiten werden stillgelegt. Der Einzelimker schafft an der Verbesserung weiter.
> 8. Alle Beihilfen für Zuchtgeräte, Völker, Um- und Ausbau von Imkereien werden stillgelegt.
> 9. Betreuung und Beratung durch Imker, Ofgrn bleiben erhalten.
> 10. Alle Mitglieder werden besonders gebeten, den Schriftverkehr aufs äußerste einzuschränken."[62]

„Beispiels-Imker vor die Front" – Parolen an die Imker

Die Reichsfachgruppe Imker hatte die zentralen Themen des NS-Regimes über prägnante und einprägsame Parolen und Botschaften, häufig verbunden mit Zeichnungen, an die Imker über die Jahre hinweg propagandistisch transportiert. Parolen waren wichtige Instrumente für die „psychologische Führung" des deutschen Volkes, wie aus einem Schreiben vom Reichspropagandaleiter der NSDAP, Joseph Goebbels, an alle Gauleiter, Gaupropagandaleiter und Mitglieder des Reichsrings vom 8. April 1940 hervorgeht:

„Das von der Reichspropagandaleitung herausgegebene Wochenplakat ‚Parole der Woche' ist ein wesentliches Mittel für die psychologische Führung unseres Volkes in diesem Kriege. Die Kürze seiner Formulierungen, seine Aufmachung und laufende Aktualität machen es zu einem bedeutsamen und heute unentbehrlichen Organ unserer inneren Propaganda und verleihen ihm eine nachdrückliche Wirkung für die öffentliche Meinungsbildung.
Ich stelle fest, dass im Interesse einer einheitlichen Ausrichtung der öffentlichen Meinung die weitgehende Verbreitung und Verwertung der ‚Parole der Woche' äusserste Beachtung verdient und ersuche daher, das Wochenplakat über den Rahmen der bisherigen Verwendung in Betrieben und Büros hinaus in breitester Öffentlichkeit weitestgehend zum Einsatz zu bringen."[63]

Hier einige der wichtigsten Aufrufe, Losungen bzw. Parolen zwischen den Jahren 1934 und 1944 an die Imker (Abb. 32, 33):

- 1934, Thema: Einheitsglas und Honigmarkt
  Das Einheitsglas ist unsere Waffe im Ringen um den deutschen Honigmarkt. Es ist schön und preiswert.[64]
- 1935, Thema: Erzeugungsschlacht
  Die Erzeugungsschlacht muß ein Sieg werden! Imker, auch auf Euch kommt es an![65]
- 1935, Thema: Einheitsglas, Werbemittel, Flugschriften, Deutscher Imkerführer, Bienenzeitungen in der Erzeugungsschlacht
  Waffen für die Erzeugungsschlacht sind unser Einheitsglas mit dem Gewährstreifen, unsere Werbemittel, unsere Flugschriften, Der Deutsche Imkerführer und die Bienenzeitungen.[66]
- 1935, Thema: Behandlung der Völker, Zucht, Wanderung in der Erzeugungsschlacht
  Sorgsame und pflegliche Behandlung der Völker, zielbewußte Auslese und Zucht, Ausnutzung aller vorhandenen Nektarquellen, auch durch Wanderung mit den Völkern, – Das ist unsere Aufgabe in der Erzeugungsschlacht![67]
- 1937, Thema: Bienenpflege
  Bessere Bienenpflege ist nationale Pflicht![68]
- 1937, Thema: Beispiels-Imker
  Beispiels-Imker vor die Front! Laßt Euer Können und Wissen in Zehntausenden von Imkern wirksam werden. So wirkt Ihr über Euern Stand hinaus im Sinne des Führeres und zum Segen des Volkes.[69]
- 1937, Thema: Bienenwachsabgabe
  Wachs ist wichtiger Rohstoff! Alle Wachsrückstände müssen Fachleuten zur Verwertung übergeben werden![70]
- 1937, Thema: Imker-Nachwuchs
  Imker! Sorgt für Nachwuchs! Unsere Leistung ist die Grundlage der deutschen Bienenwirtschaft für Jahrhunderte, daher gehört zu unserer Leistung auch die Gewinnung und Erziehung eines wertvollen Nachwuchses![71]
- 1938, Thema: Vergrößerung des Stands
  Der Führer vergrößerte den Staat. Wir vergrößern den Stand.[72] (Abb. 32)
- 1939, Thema: Mehr Mitglieder
  Jede Ofgr mindestens 10 v.H. Mitglieder mehr![73]
- 1939, Thema: Ein Volk mehr
  Losung 1939: Jeder Imker mindestens ein Volk mehr![74]

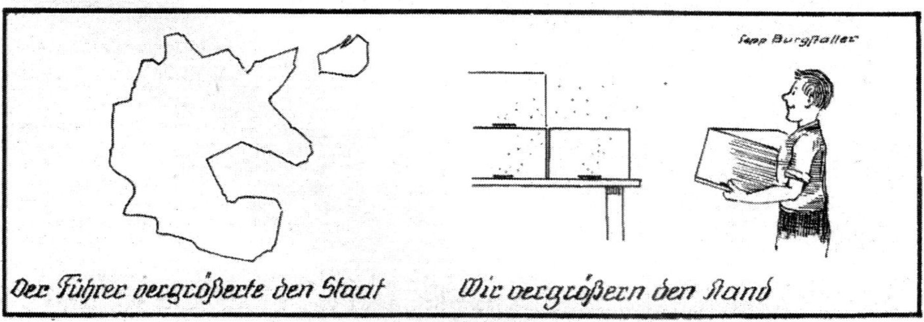

Abb. 32: „Der Führer vergrößerte den Staat. Wir vergrößern den Stand.“ (1938).

Abb. 33: „Imker nicht abseits stehn, sondern anfassen u. mithelfen!“ (1943).

- 1940, Thema: Aufgabe 1940: Sonderaktion Honigabgabe
  Die Aufgabe 1940: Die Erfüllung der Sonderaktion der Reichsfachgruppe Imker, zu der Präsident Vetter vom Reichsverbande Deutscher Kleintierzüchter alle aufgerufen hat. Wer viel Honig geerntet hat, hilft dem, der eine schlechte Ernte hat, das volle Liefersoll, 3 kg je Volk, zu erfüllen![75]
- 1940, Thema: Raps- und Rübsenwanderung
  Imker, folgt den Anweisungen der Reichs-, Landes-, Kreis- und Ortsfachgruppen, damit auch die kleinste Rapsfläche von Bienen bedient und genutzt werden kann.[76]
- 1940, Thema: Honig- und Wachsabgabe, Versorgung mit Fett durch Raps- und Rübsenwanderung
  Imker, folgt den Anweisungen der Reichsfachgruppe Imker und ihrer Gliederungen! Auch jeder Imker in der einheitlichen Abwehrfront hinter dem Führer. Der Nährstand muß Volk und Wehrmacht stützen. Wir Imker geben Honig und Wachs, – aber unmittelbar auch Fett. Je besser wir für die Besetzung der Rapsflächen mit Bienen sorgen, desto größer wird die Rapsernte, desto sicherer die Versorgung mit Fett![77]
- 1941, Thema: Aufgabe 1941: Volksgemeinschaft als Ernährungsgemeinschaft
  Unsere Aufgabe 1941![78]

- 1941, Thema: Raps-und Rübsenwanderung
  Rapswanderung 1941[79]
- 1941, Thema: Nutzung der Bienenweide
  100 000 Morgen von Bienenweide liegen heute noch unausgenutzt![80]
- 1942, Thema: Sonderaktion der RfgrI: Honigmehrabgabe
  Imker, Eure Kriegsaufgabe 1942 und Euer Stolz: Die volle Erfüllung der Sonderaktion der Reichsfachgruppe Imker![81]
  Der Bienen Fleiß ist lobenswert, Den Imkersmann die Leistung ehrt! Jeder Imker liefert 2 kg Honig für die Sonderaktion der Rfgr. Imker![82]
  Wir Imker stehen Mann für Mann. Auch auf den letzten kommt es an. Jeder Imker liefert 2 kg Honig je Volk für die Sonderaktion der Rfgr. Imker![83]
- 1942, Thema: Nutzen der Reichsfachgruppe Imker
  Schutz und Schirm der deutschen Imkerei durch die Reichsfachgruppe Imker.[84]
- 1943, Thema: Zucht und Auslese
  Durch Zucht und Auslese höhere Erträge! Dies gilt auch für die Bienen![85]
- 1943, Thema: Imker gegen Juden und Kommunisten
  Imker nicht abseits stehn, sondern anfassen u. mithelfen![86] (Abb. 33)
- 1943, Thema: Honigmehrabgabe für verwundete Soldaten
  Dein Honig hilft dem verwundeten Soldaten![87]
- 1943, Thema: Honigmehrabgabe für Bombenopfer
  Bomben beantworten wir Imker mit größerer Honigabgabe![88]
  Ihr Feinde kennt uns schlecht, wir Imker helfen – und jetzt erst recht![89]
  Imker, denke an sie und du wirst wissen, was du zu tun hast![90]
- 1943, Thema: Honigmehrabgabe für die Frontsoldaten
  Wir Imker helfen der Front, denn die Front bewacht auch uns![91]
- 1943, Thema: Honigmehrabgabe für die Verteidigung Deutschlands
  Alle emsig schaffen u. walten, denn es gilt das Volk zu erhalten! Imker, verstehe die Zeit u. öffne die Hand, denn es geht um deutsches Land![92]
- 1943, Thema: Honigmehrabgabe für den Endsieg
  Was die deutschen Fluren spenden, wollen wir zum Sieg verwenden![93]
- 1944, Thema: Sorge um Imkernachwuchs
  Unsere Leistung ist die Grundlage der Bienenwirtschaft für Jahrhunderte. Imker sorge für Nachwuchs![94]
- 1944, Thema: Hilfe für Imkerfrauen
  Helft den Imkerfrauen deren Männer im Felde stehen![95]
- 1944, Thema: Luftschutzbereiter Imkerstand
  Bis ins letzte und entlegenste Dorf muß ausnahmslos auch jeder deutsche Imker erklären können: Mein Anwesen ist luftschutzbereit.[96]

8 Bienenzucht unter dem Einfluß völkisch-nationalistischer Vorstellungen

Bienenzucht unter dem Einfluss biopolitischer Ideen im 19. Jahrhundert

Vergleiche von Biene und Mensch bzw. Bienenvolk und Menschenstaat werden zwar hier und da im allgemeinen Biologismusdiskurs angesprochen (z.B. Johach, 2007[1], Kruse, 2010[2], 2013[3]). Die Betrachtung des Biologismus Biene/Staat im Kontext der völkisch-nationalistischen Bewegung über den langen Zeitraum vom Kaiserreich über die Weimarer Republik bis zum Nationalsozialismus ist allerdings besonders aufschlussreich. Die metaphorische Übertragung biologischer, aber auch medizinischer Begriffe und Sprache auf die Bereiche der Gesellschaft, Geschichte und Politik (Körper-Staat-Metaphorik) ist durch die Jahrhunderte zu verfolgen. Ernst Cassirer (1874–1945) betrachtete den Körper als einen zentralen Quellbereich für die Beschreibung, Darstellung und Strukturierung des menschlichen Welt- und Selbstverständnisses: „Der menschliche Körper und seine einzelnen Gliedmaßen erscheinen gleichsam als ein bevorzugtes Bezugssystem"[4]. Der Begriff „Volkskörper" entstand in der zweiten Hälfte des 19. Jahrhunderts, wobei eher der ökonomische „Wert des Menschen" und nicht die selektionistischen Aspekte des Sozialdarwinismus im Vordergrund standen. So wurde bis zum Ersten Weltkrieg auf die große Kraft des deutschen „Volkskörpers" abgehoben, während nach dem Krieg seine Stärkung beschworen wurde[5]. In der Zeit des Nationalsozialismus wurde der „Volkskörper" zunehmend rassenbiologisch definiert. Die Metapher des Volkskörpers diente dazu, das biologisch und rassisch einheitliche und gesunde „Volk" vom Fremden, Gefährlichen, Kranken und Schädlichen abzugrenzen. Das „biopolitische Programm" Hitlers und die Gesundheitspolitik der NSDAP waren geprägt von Degenerationsangst und zielte „nicht auf das Wohl des Einzelnen in der Schutz- und Fürsorgeverantwortung [ab], sondern klar auf eine völkische Gesundheitspolitik, der sich alle konkreten Maßnahmen würden unterwerfen müssen."[6] Die „biopolitischen Instrumente" nationalsozialistischer Gesundheitspolitik sollten zu einer „dauernden Genesung" des deutschen Volkes beitragen: „blutgebundener Rassismus, Pronatalismus und körperliche Ertüchtigung".[7]

Der französische Theoretiker Michel Foucault (1926–1984) hat sich vielfach mit dem „Gesellschafts-Körper" befasst. Darunter verstand er einerseits die Gesellschaft als Körper und andererseits den individuellen Körper des/der Einzelnen, auf den die Macht des Staates auf unterschiedliche Weise einwirkt.[8] Foucault entwickelte die Methode der Diskursanalyse, die quer durch alle Disziplinen neue kritische Ansätze lieferte. „Darunter verstand er sehr prinzipiell den Vorgang der Herausbildung jener Wahrheiten, in denen wir uns unsere Existenz denken. Wahr ist nicht (nur), was je als ‚vernünftig' anerkannt gilt, sondern Wahrheit ist Ergebnis textabhängiger, diskursiver Macht, die unser Verhalten und Denken in unserem philosophischen, kulturellen, politischen Kontext bestimmt".[9] Die historische Diskursanalyse hat sich daher in den letzten Jahren zu einer der etablierten historischen Methoden entwickelt.[10]

Ein weiterer Begriff in Verbindung mit der Körper-Staat-Metaphorik ist „Biopolitik". „Folgt man der Definition von Bio-Macht (*le biopouvoir*) bei Michel Foucault, dann lassen sich mit ihm Techniken der Herrschaftsausübung fassen, die den Einzelnen in seiner körperlichen, reproduktiven und mikrosozialen Freiheitsentfaltung einschränkend treffen, intentional aber auf ‚die gesamte Bevölkerung zielen'[11]."[12] Die Biopolitik hängt vom politisch beeinflussten Menschenbild der jeweiligen Bio-Macht ab, die entsprechend die Körper-Staat-Metaphorik prägt.

Im 19. Jahrhundert stand auch die Bienenzucht unter dem Einfluss biopolitischer Ideen, die den Nährboden für die Verbrechen in der ersten Hälfte des 20. Jahrhunderts legten. Zu nennen sind Malthusianismus, Lamarckismus, Sozialdarwinismus, Rassenanthropologie, Rassenantisemitismus, Eugenik und völkische Bewegung.[13] Ab dem letzten Viertel des 19. Jahrhunderts gewann die völkische Bewegung großen Einfluss auf die Öffentlichkeit im Deutschen Reich und in Österreich-Ungarn. Die völkische Bewegung umfasste deutschnationale und antisemitisch-rassistische Vereine, Parteien, Publikationen und weitere Gruppen und Individuen. Es war daher zu erwarten, dass ältere Vergleiche von Bienenvolk und Menschenstaat wiederaufgenommen und in der völkischen Ideologie vereinnahmt werden, wie diese Untersuchung zeigen wird. Gleichzeit nahm die Bienenzucht in der Vorkriegsphase des Ersten Weltkriegs einen enormen Aufschwung, sichtbar an der Gründung von Bieneninstituten und Einigungsbemühungen der Imker mit dem Ziel einen „Deutschen Imkerbund" zu gründen. Die „Volksbienenzucht" sollte die Einkommen breiter Bevölkerungsschichten fördern. Nach dem verlorenen Weltkrieg und dem Zusammenbruch des Kaiserreichs 1918 wurde der Zusammenhalt des Volkes beschworen. Inwieweit sich bereits in der Imkerliteratur des späten Kaiserreichs und der Weimarer Republik die Verbreitung deutsch-völkischer und nationalistischer Deutungen der Bienensymbolik abzeichnete, soll Gegenstand dieser Untersuchung sein. Eugenik und Rassenhygiene sowie die Wehrhaftigkeit des Staates und die unerbittliche Vorgehensweise gegenüber diskriminierten Gruppen wurden während der NS-Diktatur scheinbar auf naturgesetzliche Grundlagen zurückgeführt. Dementsprechend gewann die Biologie im Dritten Reich eine ungeheure Prestigezunahme, welche die Aufgabe hatte, die unumstößliche Richtigkeit der nationalsozialistischen Forderungen und Propagandathesen auch in der Schule zu beweisen.[14] Nationalistisches Gedankengut fand Eingang in die Schullehrpläne (z.B. Flessau 1984[15], Kollmann, 2006[16]). Grundlegend für alle Verordnungen, Lehrpläne und Vorschläge zur Unterrichtsgestaltung waren zwei Thesen: „Nationalistisches Denken muß biologisches Denken sein" und „Nationalismus ist politisch angewandte Biologie".[17]

Deutsch-völkische und nationalistische Vorstellungen seit dem Ende des 19. Jahrhunderts

Für die nationalsozialistische Weltanschauung waren die „völkischen" bzw. „deutsch-völkischen" Ideologien wesentlicher Bestandteil und bildeten die Voraussetzung für die Integration antisemitischen und rassistischen Gedankenguts.[18] Die Forschungsliteratur hat unmissverständlich aufgezeigt, dass nach dem Ersten Weltkrieg die völkische Bewegung einen vielfachen Auftrieb erfuhr, aber dennoch kein originäres Produkt dieser Kriegsepoche oder der Weimarer Republik war. Die Anfänge lagen vielmehr im Kaiserreich, wobei der Erste Weltkrieg eine Zäsur darstellte, bei der „die alte ‚völkische Garde' in der Bewegung zusehends ins Abseits [geriet]."[19] Erst seit dem Beginn des 20. Jahrhunderts wird von der „völkischen Bewegung" als Sammelbewegung gesprochen und im Zeitraum bis zum Ersten Weltkrieg gelangte diese zur vollen Ausbildung, ohne eine Dachorganisation zu bilden. Die Ursprünge liegen jedoch im „Fin de sciècle"[20], etwa im letzten Jahrzehnt des 19. Jahrhunderts, als sich die „deutsche Bewegung" als Vorform der „völkischen Bewegung" zu formieren begann.[21]

Zwischen Struktur und Ideologie der völkischen Bewegung gab es eine Entsprechung: „Die Anhänger dieser heterogenen, (integral-)nationalistischen Protest-, Such- und Sammelbewegung vertraten nicht *eine* und schon gar keine *einheitliche* Ideologie, sondern eine aus bunt gemischten religiösen und politischen Ideen, die miteinander in dem breiten Ideologieangebot der synkretistischen völkischen Weltanschauung verschmolzen. Diese allerdings konnte schon aus organisatorischen Gründen – also infolge der offenen Organisationsstruktur und der Fragmentierungen innerhalb der Bewegung – nie als einheitliche, systematische und für alle Völkischen allgemein verbindliche Ideologie formuliert werden."[22] Trotz aller Heterogenität der völkischen Bewegung bilden deren Anhänger dennoch eine Gesinnungsgemeinschaft. Puschner und Großmann (2009)[23] stellen signifikante Grundüberzeugungen heraus, die von allen Anhängern der völkischen Bewegung mit unterschiedlicher Akzentuierung geteilt wurden und in unterschiedlicher Ausprägung – wie dargelegt – bis ins Kaiserreich zurückreichen und im Nationalsozialismus eine besondere Ausprägung erhielten. Hierzu gehört als Fundament der völkischen Weltanschauung die Rassenideologie, die sehr divergent von biologistischen bis spiritualistischen Auffassungen reichte. Der Rassenideologie unterliegen sämtliche Ideologeme[24] der völkischen Weltanschauung. Eine zentrale Grundüberzeugung mit rassenideologischer Grundlage ist der Antisemitismus und der Antislawismus. Ein weiteres Element ist die Ideologie der Heimat- und Volkstumskunde, die eng mit dem Wertesystem der Germanenideologie zusammenhängt, welche die rassische Überlegenheit von Germanen und Deutschen postuliert. Als weiteres Element der völkischen Weltanschauung kommen Züge einer „politischen Religion" hinzu, die geprägt ist von antisemitischen und antikatholischen Forderungen nach einer „arteigenen" Religion, d.h. einer „Rasse" und „Volk" wesensgemäßen Religion.[25] Betrachtet man die Geschichte der völkischen Bewegung, die um 1900 beginnt, so „arbeiteten [alle Vereinigungen] auf die Errichtung eines in seiner Ausdehnung differierenden ‚Großdeutschland' hin, das ‚auf völkischer und sozialer, auf judenreiner, echt deutscher Grundlage errichtet […] bis in die fernsten Zeiten bestehen und einem freien, stolzen Geschlechte, einem einigen Volke von Brüdern Raum und Schutz gewähren' sollte."[26] Die völkische Bewegung war zudem stark männerzentriert und häufig militaristisch ausgerichtet. Ihre Anhänger waren mehrheitlich männlich und protestantisch und entstammten überwiegend dem bürgerlichen Mittelstand. „Kennzeichnend sind neben ideellen, personellen und institutionellen Verflechtungen mit den Alldeutschen Österreichs rege Austauschprozesse mit den für Deutschland im ausgehenden 19. und im ersten Drittel des 20. Jahrhunderts charakteristischen bürgerlichen Reformbewegungen, im besonderen mit den verschiedenen Strömungen der Lebensreformbewegung."[27]

Völkisch-nationalistische Einflüsse im Kaiserreich

In der vordersten völkischen Reihe befanden sich auffallend viele Journalisten, Publizisten, Schriftsteller, Lehrer, Professoren, Beamte, Offiziere, Pfarrer, Ärzte und Rechtsanwälte.[28] 1894 wurde als erste Organisation der völkischen Bewegung im Kaiserreich der „Deutschbund" von dem Journalisten Friedrich Lange (1852–1917) gegründet und war von Beginn an rassistisch, antisemitisch und antisozialdemokratisch eingestellt. Weiteren ideologiebildenden Einfluss in dieser Richtung hatte die von Adolf Reinecke (1861–1940) 1896 gegründete Zeitschrift „Heimdall".[29] Uwe Puschner stellt in seinem Buch „Die völkische Bewegung im wilhelminischen Kaiserreich" die drei Schlüsselbegriffe „Sprache", „Rasse" und „Religion" besonders heraus, die das „Koordinatensystem, in dem sich die ‚Völkische Bewegung' im wilhelminischen Deutschland bewegt" beschreiben lässt.[30] Das Adjektiv „völkisch" wird in „Meyers Großem Lexikon" 1909 erstmals in dem Sinne erwähnt, dass es sich um „‚ein neuerdings neben volklich in Aufnahme gekommenes Beiwort' handele, und zwar um ‚eine Verdeutschung des Fremdwortes ‚national'."[31] In einer späteren Auflage des Lexikons im Jahre 1930 wurde die politische Dimension ergänzt. „Demnach sei ‚völkisch' ein ‚seit etwa 1900, zuerst im Alldeutschen Verband, gebräuchlich gewordenes Wort', welches auf eine ‚streng rechte[e]' Orientierung ‚mit stark antisemitischem Einschlag' hinweise."[32] Im „Brockhaus" des Jahres 1934 hießt es in ähnlicher Weise: „Das ‚seit etwa 1875 aufgekommene' Adjektiv ‚völkisch' stehe für einen rassisch begründeten, insbesondere ‚entschieden antisemitischen Nationalismus'."[33] Das Adjektiv „völkisch" entwickelte sich somit zum festen Bestandteil im Sprachgebrauch radikalnationalistischer Kreise. Ein wichtiges ursprüngliches Anliegen ihrer Wortführer war die Bekämpfung von Fremdwörtern im Wortschatz der deutschen Sprache und die Förderung des nationalen Bewusstseins, für die Bestrebungen des „Allgemeinen Deutschen Sprachvereins" standen.[34] Ein einflussreiches völkisches Organ war die Zeitschrift „Heimdall", ein Name, welcher der nordischen Mythologie entnommen war, da sie sich dem „germanischen Erbe" verbunden sah. Das völkische Programm dieser Zeitschrift „verstand sich in Übereinstimmung mit dem ihren Untertitel erläuternden Geleitwort als

‚nimmermüder Vorkämpfer und Sachwalter für die Anliegen des deutschen Volkstums und der Deutschen Volkheit […] Politisch wird das Blatt nur dann werden, wenn es sich um stammestümliche, rassenhafte, alldeutsche Fragen handelt. Neben der Pflege der Schöpfungen der deutschen Volkseele auf allen Lebensgebieten, der Güter des deutschen Volkstums, wird eine Hauptaufgabe ‚Heimdalls' sein nachdrückliches, beharrliches Eintreten für die Erhaltung und Förderung der Stammesart unserer Volksgenossen außerhalb der Reichsgrenzen, besonders in Oestreich, Ungarn, Polen, Baltien und Belgien sein.'"[35]

Welche Gebiete „Alldeutschland" umfassen sollten, gab Reinecke 1899 in folgendem Motto preis:

„Von Skagen bis Adria! Von Boonen [=Boulogne] bis Narwa! Von Bisanz [=Besançon] bis ans Schwarze Meer!"[36]

Uwe Puschner führt zu Reineckes Gedankenwelt aus: „Dies sollte nach Reineckes und seiner Anhänger Vorstellung das ‚Alldeutschland der Zukunft' sein: ein von den wahren Nachkommen der Germanen, den Deutschen, beherrschter ‚einheitliche[r] Stammesstaat' aller ‚Volksgenossen', ‚ein Reich', das – unter Verweis auf Ernst Moritz Arndt – ‚soweit reicht, soweit die deutsche Zunge klingt.' Solange aber dieses ‚Alldeutschland' noch Vision war, sollte ‚eines alle Kinder der Mutter Germania umschlingen […]; ein geistiges Band soll uns umwinden und zusammenhalten, das köstliche Kleinod unseres Stammes: unsere Muttersprache'."[37] Reineckes Sprachverständnis war ein wichtiges Merkmal, um die Zugehörigkeit zum deutschen Volk zu betonen, während beispielsweise die sogenannten „Heimdall-Gemeinden" einen radikalen Nationalismus vertraten, der auf rassischen Grundlagen fußte:

„Erbfeinde des deutschen Volkes und seines Volkstums sind wälsche, slawische, madjarische und semitische Art. Es ist heilige Pflicht für das deutsche Volk, uns von diesen Rassen, soweit sie Macht über deutsche Art erlangt haben, zu befreien, bezw. ihre Uebermacht zu beseitigen. Die Germanen waren einst, als sie aus dem Norden herabstiegen, das Herren= und Edelvolk der Welt, der wahre Adel der Menschheit, die eigentlichen und alleinigen Arier. Dies soll auch den Nachfahren bewußt bleiben und sie mit Stolz erfüllen; die anderen Rassen sind minderwertig."

Puschner führt hierzu weiter aus: „Dementsprechend zeichneten ‚Vaterlands=, Volks= und Stammgefühl, Blut= und Rassentrieb' den Heimdall-Deutschen aus."[38]

Bereits kurz nach Gründung des Deutschen Reiches dachte man über einen Nationalfeiertag nach, um die patriotischen Gefühle zu befriedigen. Man einigte sich auf ein militärisches Gedenkdatum, den 2. September als Datum der Kapitulation Napoleons III. in Sedan (1870). Dieser „Sedantag" wurde ab 1873 als Erinnerungstag an den Krieg gegen den „Erbfeind" Frankreich mit militärischem Pomp offiziell gefeiert. Die Besonderheit des deutschen Nationalismus war, dass er nicht nur gegen fremde Nationen, wie Frankreich und später England, militant auftrat, sondern sich auch gegen innere Feinde richtete, wie der national unzuverlässige von Rom gesteuerte (ultramontane) Katholizismus und die der Internationalen angehörenden Sozialdemokraten, die als „vaterlandslose Gesellen" verketzert wurden.[39] Ein weiteres Mittel zur Pflege des patriotischen und militärischen Gedankenguts waren die zahlreichen „Kriegervereine", die ein wichtiges Ziel in der Bekämpfung des inneren Feinds, der Sozialdemokratie, sahen. Der Historiker Hans Mommsen (1930–2015) beschrieb die Situation im Deutschen Reich folgendermaßen: „Indem Sozialdemokratie und Katholiken als reale oder potentielle Reichsfeinde aus der Nation geistig ausgeklammert blieben, ermangelte dem Deutschen Reich ein in sich ruhendes Nationalbewußtsein. Die unmittelbar nach der Reichsgründung einsetzende Überschichtung des liberal geprägten Nationalismus durch völkisch-antisemitische und imperialistische Ideengänge bewirkte, daß eine ‚innere' Reichsgründung ausblieb, die anhaltenden sozialen und regionalen Gegensätze überdeckt und durch nationalistische Weltmachtambitionen und alldeutsche Selbstüberschätzung nach außen abgelenkt wurden, so daß die kaiserliche Regierung schließlich nicht imstande war, durch entschlossenes Handeln in der Julikrise 1914 den Ausbruch des Ersten Weltkrieges abzuwenden."[40]

Neben dem Begriff „Sprache" führt Puschner in seinem Werk „Die völkische Bewegung im wilhelminischen Kaiserreich" den komplexen Schlüsselbegriff „Rasse" auf, dem eine Reihe von ideologischen Vorstellungen zugeordnet sind. Die grundlegenden Ideen, welche im Zusammenhang mit den Veröffentlichungen zur Bienenzucht eine Rolle spielten, sollen hier aufgeführt werden. Eine zentrale Wurzel der völkischen Bewegung war der Antisemitismus, der sich zunächst „wissenschaftlich verbrämt" in den 80er und 90er Jahren sammelte[41], Anfang des 20. Jahrhunderts „in der ‚Judenfrage' das A und O aller Lebensfragen erblickte"[42] und in zahlreichen sogenannten Arierparagraphen völkischer Verbände und völkischer Organisationen seinen Ausdruck fand. In den „Deutschen Glaubens-, Grund- und Leitsätzen" der „Heimdall-Gemeinden" beispielsweise war „vom Judentum als einem ‚Erbfeind' des deutschen Volkes und Volkstums die Rede."[43] Als „sichtbarstes Koordinationszentrum" der Judengegnerschaft fungierte die seit 1902 bestehende Zeitschrift „Hammer" des obersächsischen Mühleningenieurs Theodor Fritsch (1852–1933).[44] Mit Bezug auf Adolf Reinecke (1907) stellt Puschner heraus: „‚Was wir in deutsch=völkischen Kreisen immer an dem gegenwärtigen Geschlechte beklagen', resumierte Adolf Reinecke, ist

> ‚die Erbärmlichkeit, die Gesinnungs=Lumperei und Unvornehmheit, das Schwinden des idealen Sinnes, die Seichtigkeit, die zunehmende Sittlichkeit=Verderbnis, die Genußsucht und rein materielle Lebens-Auffassung, die mangelnde Deutschtums=Gesinnung, die die alten Heiligtümer unseres Volkes, Sprache, Schrift, Sitte und vieles andere gleichgültig verfälschen und zertrümmern läßt, die zunehmende demokratische Gesinnung und die sich in der Sozialdemokratie ankündigende Pöbel=Herrschaft – all diese Erscheinungen des Verfalles und der Entartung finden ihre Begründung in der Rassen=Mischung, im Rassen=Zerfalle. Es sind die Kennzeichen des Mischlingstums.'"[45]

Puschner resumiert konsequenterweise: „Da für Reinecke und die Mehrzahl der völkischen Ideologen und vor allem auch für ihre Anhänger die ‚Weckung des Rassen=Triebs' und nachfolgende ‚Rassen=Veredelung' (bis hin zur ‚Arier-

Züchtung') als Schlüssel einer umfassenden deutschvölkischen Erneuerung galten, mußte in der Logik dieses Denkens die Bekämpfung sogenannter Rasse=Fremder, allen voran des Judentums, die konsequente Folge sein."[46] Bereits 1886 von Theodor Fritsch (1852–1933) formuliert und seit 1902 im „Hammer" als Parole verwendet, wurde der völkische Antisemitismus als „Ausscheidung der jüdischen Rasse aus dem Völkerleben" verstanden.[47]

Mit diesen drastischen Formulierungen verband sich der Rassismus mit dem Antisemitismus. Der völkische Rassebegriff basierte auf zwei Grundlagen: dem Prinzip der Ungleichheit und dem Prinzip der Rasseverbesserung.[48] Neben den Schriften Darwins und den daraus abgeleiteten sozialdarwinistischen Vorstellungen war insbesondere die deutsche Übersetzung des französischen Diplomaten und Schrifstellers Joseph Arthur Gobineau (1816–1882) „Versuch über die Ungleichheit der Menschenrassen", das Mitte des 19. Jahrhunderts erschien, von grundlegender Bedeutung. Wolfgang Eckart beschreibt die Anfänge der Rassenanthropologie in seinem Werk „Medizin in der NS-Diktatur" folgendermaßen:

> „Bereits am Anfang des 19. Jahrhunderts waren idealistische Rassen (eigentlich Gruppen) postuliert worden, die eine polare Wertgliederung der gesamten Menschheit gestatten sollten: Tag- und Nachtrassen, Morgen- und Dämmerungsrassen, schöne und hässliche, aktive und passive, helle und dunkle Rassen. Bereits in dieser Zeit wurde die Überlegenheit der weißen Hauptrasse und in ihr die Dominanz des ‚germanischen' Elements behauptet. Biologische (Körpergröße, Hautfarbe, Gehirnmasse etc.), kulturelle und historische Elemente wurden begründend herangezogen. Die rassenorientierte Völkergeschichte wurde so zu einem Spezialzweig der Zoologie. Gobineaus in den Jahren 1853 bis 1855 publiziertes Werk wurde insgesamt begründend für die Rassenlehre des späten 19. und frühen 20. Jahrhunderts. Seine Hauptthesen lauten: Die Rasse ist eine gegenwarts- und geschichtsmächtige Kraft; aus einer Urrasse leiten sich die weiße, schwarze und gelbe Rasse als Sekundärtypen ab; Kerngruppe der weißen Rasse ist die der Arier; sie ist allen Übrigen als edelste Rassengruppe überlegen. In ihr wiederum – so die deutsche Rezeption – ist die weiße, arische, germanische Rasse dominierend; alle Rassen unterliegen der fortwährenden Vermischung. Rassenmischung aber führt zu einer biologischen und kulturellen Degeneration der Einzelindividuen, und diese wiederum bedingt unerbittlich den Niedergang der Völker (= Kulturpessimismus)."[49]

Um die Jahrhundertwende entstanden unter dem Einfluss des Sozialdarwinismus Vorstellungen über Auslesefaktoren hinsichtlich der Rassenbildung, wie Erziehung, Klima, Erbfaktormischung, natürliche Auslese, militärische Auslese, politische Auslese, religiöse Auslese, moralische Auslese, gesetzliche Auslese und ökonomische Auslese.[50] Der britische Naturforscher und Schriftsteller Francis Galton (1822–1911) prägte den Begriff „Eugenik" für die „Verbesserung der menschlichen Rasse".[51] „Im Kernbereich der Eugenik stand die Vision einer Menschenzüchtung im Sinne der Herausbildung biologischer Eliten (Zuchtrassen). Als negative Eugenik sollte sie der Verschlechterung der Erbanlagen vorbeugen, als positive Eugenik deren Verbesserung fördern."[52] Der deutsche Arzt Alfred Ploetz (1860–1940) machte die „Eugenik" als „Rassenhygiene" im deutschsprachigen Raum populär.[53]

Ein weiteres Kennzeichen des Rassismus der völkischen Bewegung war der ausgeprägte Antislawismus. Die Warnung vor der vom Osten drohenden Gefahr, „dem slavischen Ansturm von der Ostsee bis zur Adria!" war eine Parole, die angesichts des anbrechenden „germanischen Jahrhunderts" von Adolf Reinecke benutzt wurde.[54] Ende des 19. Jahrhunderts machte auch das Schlagwort von der „gelben Gefahr" Karriere, „als im imperialistischen Diskurs ausgehend von malthusianischen und sozialdarwinistischen Ideen eine stetig zunehmende existentielle Bedrohung der westlichen Zivilisation und der weißen Rasse diesseits und jenseits des Atlantiks durch den ‚Ansturm' der ‚Gelben' prognostiziert wurde."[55]

Im völkischen Rassedenken in Folge der Gobineau-Rezeption wurde dem Krieg eine „fundamentale Bedeutung" beigemessen: „Denn Krieg war die *ultima ratio* der völkischen Rassenideologie. Krieg zählte gemeinhin zu den sogenannten völkischen Hochzielen."[56] Puschner führt hierzu aus: „Nach der völkischen Weltanschauung gingen vom Krieg wesentliche Impulse aus, denn der Krieg galt als ‚Schöpfer alles Großen, Starken, Heldenhaften, [... als] Entbinder der Macht und des Triumpfes'. Überdies bestimmten die ‚arisch=kriegerisch=heldenhaften' Urinstinkte zwanghaft das deutsche Volk zum ‚Volk der Tat':

> ‚Und Tat heißt Krieg: man überlege sich doch nur: kann es eine höhere Lebensbejahung geben, als daß man das Leben anderer zugunsten des eigenen verneint? Und ist der Krieg etwas anderes, wie eine solche Lebensbejahung? Und Lebensbejahung ist eben der neue Geist unserer Zeit. Das ist der neue, nein, der neu erwachte Geist unserer Rasse, der in hellen Worten und leuchtenden Zielen im Bewußtsein unserer Besten lebt und der tief in den Unterströmungen jeden germanischen Blutes rauscht. Wir sollen uns nur alle dessen bewußt werden. Ohne Krieg können wir weder Rasse bleiben noch unsere eigene Kultur haben. Denn Krieg ist eben doch nichts weiter als die Durchsetzung seiner selbst auch mit den letzten und äußersten Waffen zur Lebensverneinung unserer Feinde.'"[57]

Zu den Komponenten des Nationalgefühls im Deutschen Reich gehörte nicht nur die innenpolitische Stoßrichtung und das äußere Feindbild, sondern auch die Dominanz des Militärischen. Den gegenseitigen Zusammenhang beschreibt beispielsweise Johannes Willms folgendermaßen:

> „Die Militarisierung des öffentlichen Lebens im Kaiserreich [...] diente vor allem dazu, das bismarcksche Herrschaftssystem erfolgreich gegen parlamentarische und liberale Geltungsansprüche abzusichern. Und damit dies auf Dauer auch funktionierte, mußte die Öffentlichkeit durch einen äußeren Feind andauernd geschreckt werden, der das Reich, das ihren Wohlstand garantierte, vermeintlich oder tatsächlich bedrohte. Diesen Part wies Bismarck Frankreich zu, von dem er wohl wußte, daß es den Verlust von Elsaß-Lothringen nie verwinden, sondern seine Politik darauf ausrichten würde, diese Gebiete zurückzuerobern. [...] Die Ideologie der deutsch-französischen Erbfeindschaft, die nach 1870/71 entstand und in deren Perspektive die ganze bisherige deutsche Geschichte bis zur Gründung des zweiten Kaiserreichs als das große, von Frankreichs Herrschsucht verursachte nationalpolitische Unglück der Deutschen interpretiert wurde, diente dann als Negativfolie für den bramarbasierenden deutschen Nationalismus, dessen völlige innere Leere und Ideenarmut durch blinden Haß und wilden Lärm übertönt wurde."[58]

Der Militarismus wurde im Kaiserreich sehr positiv gesehen, was sich beispielsweise in der Äußerung des Nationalökonoms Werner Sombart (1863–1941) mit Bezug auf „Heldentum", „Krieg als das Heiligste" und „höchste Ehre" im Jahre 1915 zeigte:

> „Vor allem wird man unter Militarismus verstehen müssen das, was man den Primat der militärischen Interessen im Lande nennen kann. Alles, was sich auf militärische Dinge bezieht, hat bei uns den Vorrang. Wir sind ein Volk von Kriegern. Den Kriegern gebühren die höchsten Ehren im Staate [...] unser Kaiser erscheint selbstverständlich offiziell immer in Uniform [...] die Prinzen kommen sozusagen als Soldaten auf die Welt [...] Alle anderen Zweige des Volkslebens dienen dem Militär-Interesse [...] Weil aber im Kriege erst alle Tugenden, die der Militarismus hoch bewertet, zur vollen Entfaltung kommen, weil erst im Kriege sich wahres Heldentum bestätigt, für dessen Verwirklichung auf Erden der Militarismus Sorge trägt: darum erscheint uns, die wir vom Militarismus erfüllt sind, der Krieg selbst als etwas Heiliges, als das Heiligste auf Erden. Und diese Hochbewertung des Krieges selber macht dann wiederum einen wesentlichen Bestandteil des militaristischen Geistes aus."[59]

Neben der Dominanz des Militärischen und der Propagierung von Feindbildern war ein weiterer wichtiger Aspekt des deutschen Nationalismus der Wunsch nach einem Führer, der als Symbolfigur des deutschen Nationalismus und Patriotismus fungieren sollte. Der Historiker Friedrich Meinecke (1862–1954), ein einflussreicher Vertreter der deutschen Geschichtswissenschaft, hatte sich zu dieser Thematik 1913 in einer Universitätsrede geäußert:

> „Dem Deutschen, so kühn er auch den Flug ins Land der Ideen wagt, geht doch immer erst dann das Herz ganz auf, wenn ihm die lebendige Persönlichkeit als Träger der Idee entgegentritt. Wir sind nicht zufrieden mit dem Bewußtsein, daß unsere Nation eine große geistige Gesamtpersönlichkeit ist, sondern wir verlangen einen Führer für sie, für den wir durchs Feuer gehen können."[60]

Diese nationale Führerfigur verkörperte der 1888 inthronisierte Kaiser Wilhelm II. (1859–1941), der seine Dynastie vom Gottesgnadentum herleitete und von Schulkindern wie von Erwachsenen geradezu naiv verehrt wurde, wie zeitgenössische Quellen verdeutlichen.[61]

Der Bezug auf das „germanische Blut" verweist auf einen weiteren Bestandteil völkischen Denkens, die Germanenideologie. Sie hängt mit der Überzeugung zusammen, alles Fremde abwehren zu müssen, um das Eigene zur Entfaltung kommen zu lassen und stellt sich somit nicht nur als Kultur- sondern auch als Rassenphänomen dar.[62] Insbesondere der Arzt und Philosoph Ludwig Woltmann (1871–1907), zunächst aktives Mitglied der Sozialdemokratie und dann entschiedener Vertreter des völkischen Lagers, vertrat diese irrationale und methodisch willkürliche Geschichtsauffassung der Germanenideologie vehement.[63]

In einem engen Zusammenhang mit der Germanen- und Deutschtumsideologie der völkischen Weltanschauung standen die Volkskunde und die völkischen Vorstellungen von der Deutschen Heimat. Der Antisemit Otto Böckel (1859–1923) beispielsweise hat seit den 1880er Jahren die „deutsche Volkskunde" propagiert und verkündet: „Volkskunde sei der ‚Inbegriff deutschvölkischer Weltanschauung', da es ihr, so Böckels Credo, um die ‚Erschließung' des durch Jahrhundertlange Fremdeinflüsse ‚tief verschütteten Grundes unserer deutschen Anschauungs= und Denkweise' ginge."[64] Einem umfangreichen Programm „völkischer Erziehung" hatte sich beispielsweise die 1907 gegründete „Gesellschaft für deutsche Erziehung" verschrieben, die aus dem Leserkreis der von Arthur Schulz herausgegebenen „Blätter für Deutsche Erziehung" hervorgegangen war.[65] Schulz forderte, dass die Grundlage der Erziehung das „‚Heimische, Deutsche, Germanische, Eigene' sein [müsse]."[66] In dem 1904 veröffentlichten Agitationsgedicht „Völkische Erziehung"[67] des langjährigen Vorsitzenden des österreichischen Schutzvereins „Südmark", Aurelius Polzer (1848–1924), wird der Anspruch der „deutschen Erziehung" für „Natur- Heimat- und Vaterlandsliebe" deutlich:

Völkische Erziehung

Erzieht zu deutscher Art die Jugend,
Lehrt eure Mädchen Zucht und Tugend,
Lehrt eure Knaben Kraft und Mut,
Sagt ihnen, daß ihr höchstes Gut,
zu schirmen vor Gewalt und List,
Ihr Vaterland und Volkstum ist!
Dann sorgt, daß ihr sie unterweist
Im guten, alten deutschen Geist,
Der uns aus beßrer Vorzeit Tagen
Noch lebt in Büchern und in Sagen,
Dem Gotteshaus der hohe Tann
Und feste Burg des Hauses Bann,
Der, allem Fremdtum abgekehrt,
Die deutsche Sprach und Sitte ehrt
Und sich als Höchstes nur mag preisen,
Der Väter würdig sich zu weisen!
Ein solches Fühlen und Gehaben
Lehrt eure Mädchen, eure Knaben,
Seid selber auch von solchem Wesen:
Dann mag das Deutschtum wohl genesen,
Daß ihm noch scheint nach Macht und Not
Glanzvoller Tage Morgenrot.

In der völkischen Weltanschauung war mit dem Begriff „deutsche Heimat" „eine organische, kulturschöpferische Symbiose von ‚rassisch geschlossenem' Volk mit Natur und Individuum"[68] verbunden. Veränderungen, die die Industriegesellschaft mit sich brachten, wurden kritisiert und die Heimat- und Volkstumspflege wurden propagiert. „Mit Kapitalismus, Industrialismus, Materialismus, Kosmopolitismus, Liberalismus, mit Massenkultur und (westlicher) Zivilisation ließen sich nach völkischer Überzeugung die Geißeln der Gegenwart benennen, die den sogenannten deutschen Verfall verantworteten."[69] Die Verherrlichung des Landlebens, des Bauernlebens, der Bauern selbst sowie der heimatlichen Bodenständigkeit waren ideologisches Programm einer neuen Lebensordnung, welche die „deutsche Volkskraft" stärken sollten.[70]

Die völkische Vorstellungswelt schloss auch die Forderung nach „neuem Siedlungsland" ein, wie es 1913 der „Deutschbund" oder zehn Jahre zuvor die „Deutschvölkische Vereinigung" aufgestellt hatten.[71] Die außereuropäischen Kolonien spielten allerdings in den völkischen Zukunftsplänen nur eine randständige Rolle, wobei in diesem Zusammenhang allerdings von Friedrich Ratzel (1844–1904) das Schlagwort „Lebensraum" geprägt wurde.[72] „Lebensraum meinte in völkischem Verständnis zweierlei: erstens daß ‚kein Fußbreit deutschen Landes [...] verlorengehen' dürfe und deshalb insbesondere das Grenz- und Auslandsdeutschtum zu erhalten sei und zweitens daß eine expansiv-imperiale Europapolitik betrieben werden müsse, deren erklärtes Ziel die ‚Neugründung deutscher Siedlungen',das heißt ‚neuer Zellen des deutschen Volkskörpers', zu sein habe."[73] Vorrangiges Ziel dieser „imperialen Europapolitik" war der Osten, wie es beispielsweise Adolf Bartels (1862–1945) noch vor dem Ersten Weltkrieg in einem Hetzgedicht gegen Polen formulierte[74]:

> Vorwärts, Deutsche, auf nach Osten,
> Vorwärts, auf, dem Morgen zu!
> Lasset Schwert und Pflug nicht rosten,
> Laßt dem Polen keine Ruh!
> Dürft ihr auch das Schwert erst schwingen,
> Wenn es blinkt in Feindesland,
> Mit dem Pflug läßt sich bezwingen
> Dauernd jedes fremde Land.

Mit dem Ausbruch des Ersten Weltkriegs erfuhren die Völkischen einen Bedeutungsverlust: Viele Publikationsorgane unterlagen einer zeitweisen Präventivzensur und wurden immer wieder verboten, so beispielsweise der „Hammer", die „Deutschvölkischen Blätter" und die „Staatsbürger-Zeitung". Zudem rückte die Außenpolitik in den Vordergrund des politischen Geschehens, wozu die völkische Bewegung wenig eigene und konsensfähige Ideen hervorgebracht hatte.[75] „So ist es wenig verwunderlich, wenn die Völkischen im Krieg den Schulterschluß mit dem zielklareren und zugleich in seiner Bewegungsfreiheit weniger eingeschränkten ‚alten' Nationalismus suchen."[76]

Völkisch-nationalistische Einflüsse in der Weimarer Republik

Nach 1918 nahmen die völkischen Organisationen und deren Anhänger stark zu, was mit den Prozessen zunehmender Radikalisierung in der deutschen Gesellschaft zusammenhing. Ein Blick in die Zeit am Ende der Weimarer Republik macht deutlich, dass die wachsende politische Radikalisierung in Deutschland Anfang der dreißiger Jahre eng mit der Weltwirtschaftskrise einherging: „Dies zeigte sich nicht nur im Anstieg der Stimmen für die radikalen Parteien auf der Linken und der Rechten – KPD und NSDAP –, sondern auch an einem veränderten politischen Meinungsklima innerhalb der deutschen Gesellschaft: Angesichts der allgemeinen ökonomischen und politischen Verunsicherung entwickelte sich nun in größeren Bevölkerungsteilen Überdruss am bisherigen parlamentarisch-demokratischen System der Weimarer Republik, dass sich anscheinend als unfähig zur Lösung der Probleme erwies. Selbst innerhalb des demokratischen Lagers ertönte nun der Ruf nach durchgreifenden Reformen der politischen Entscheidungsabläufe, und die radikalen Gegner von links bis rechts sahen nun sogar ihre Chance, dem ihnen verhassten Weimarer „System" endgültig den Garaus machen zu können."[77] Anders als in anderen ausländischen Demokratien gab es in Deutschland keinen breiten demokratischen Konsens. Entscheidende Teile der Bevölkerung innerhalb der wirtschaftlichen, militärischen und politischen Eliten waren erklärte Gegner der Weimarer Republik. „Die ‚Politik der autoritären Wende' (Detlev Peukert) der Präsidialkabinette in den Jahren 1930 bis 1933 förderte diese negative Entwicklung zusätzlich, indem sie den Parlamentarismus durch ihre fehlende Anbindung an den Reichstag sukzessive aushöhlte und durch unpopuläre ökonomische Entscheidungen den radikalen Parteien weitere Anhänger zutrieb [...]."[78] Seit Ende der Zwanziger entarteten die politischen Auseinandersetzungen zunehmend, indem Andersdenkende in blutigen Straßenschlachten hemmungslos bekämpft wurden.[79]

Bei der politisch Rechten gab es eine Reihe antidemokratisch gesinnter außerparlamentarischer Organisationen mit völkischem Charakter, die nach dem Ersten Weltkrieg erstarkten. Der „Stahlhelm" wurde 1918 als politischer Wehrverband zur Niederschlagung linker Unruhen gegründet, dem ursprünglich ehemalige Frontsoldaten angehörten, seit 1924 auch national gesinnte Männer ab 23 Jahren. Die Organisation war offen republikfeindlich, wurde kurzfristig verboten und richtete sich auch gegen die katholische Kirche und die Juden.[80] Am 11. Oktober 1931 bildete sich die „Harzburger Front": Die „nationale Opposition" traf sich zu einer Großveranstaltung in Bad Harzburg: „Dazu zählten neben der NSDAP und der DNVP auch Stahlhelm, Reichslandbund, Alldeutscher Verband sowie wichtige Persönlichkeiten der rechtskonservativen Szene, darunter der ehemalige Reichsbankpräsident Schacht und der frühere Chef der Heeresleitung, General Hans von Seeckt (1866–1936)."[81]

Der „Alldeutsche Verband" (ADV, bis 1894 „Allgemeiner Deutscher Verband"), während des Deutschen Kaiserreichs einer der bedeutendsten Agitationsverbände des völkischen Spektrums, bestand von 1891 bis 1939. Sein Programm war militärisch, nationalistisch, expansionistisch, pangermanisch, rassistisch und antisemitisch ausgerichtet.[82] „Seine besondere Rolle fand [der Alldeutsche Verband] in der Anfangs- und Endphase der Republik, in den Anfangsjahren als Propagandist und Förderer der Gegenrevolution, der Dolchstoßlegende und antisemitischer Verschwörungstheorien, in den Jahren seit 1928 als Architekt und Hilfsbaumeister für die ‚völkische Diktatur'."[83] In den Leitungsgremien und Netzwerken befanden sich Männer, „die an ihrem Glauben an deutsche Geistesüberlegenheit und Weltherrschaftsbefähigung genauso unerschütterlich festhielten wie an ihren antihumanistischen, antisozialistischen, antidemokratischen und antisemitischen Grundüberzeugungen."[84] Der „Deutsche Schutz- und Trutzbund" (DSTB) ging aus dem Ende Oktober 1918 gebildeten „Judenausschuss" des „Alldeutschen Verbandes" hervor. Der DSTB setzte sich „die sittliche Wiedergeburt des deutschen Volkes durch die Erweckung und Förderung seiner gesunden Eigenart"[85] zum Ziel. Er lehnte das demokratisch-parlamentarische System vehement ab und war antisemitisch eingestellt. Bestimmte „Lebensregeln" wurden als verpflichtend eingefordert: „Der ‚Deutschbewußte' [habe] jede Heirat mit ‚fremdem Geblüt' in seiner Familie zu bekämpfen, jeden gesellschaftlichen Verkehr mit ‚Undeutschen' zu vermeiden und geschäftliche Beziehungen mit ihnen nur im Ausnahmefall zu pflegen [...]. Jüdische Geschäfte seien tabu, desgleichen jüdische Zeitungen, Theaterstücke, Vereine mit jüdischen Mitgliedern und Vorlesungen von jüdischen Professoren."[86] In der Öffentlichkeit trat der DSTB mit massiver Propagandatätigkeit für das völkische Gedankengut auf in Form von Flugblättern, Broschüren und Veranstaltungen – nicht ohne Wirkung auf die bürgerliche Jugend.[87] 1922 wurde der DSTB auf der Grundlage des Republikschutzgesetzes in den meisten Ländern verboten, da er in den Fememord an Außenminister Rathenau verwickelt war. Ein erheblicher Teil seiner Miglieder sammelte sich in der „Deutschvölkischen Freiheitspartei", einer Abspaltung von der „Deutschnationalen Volkspartei".[88] Eine weitere Organisation, die sich dem „Judenausschuss" angeschlossen hatte, war der bereits 1894 gegründete „Deutschbund", der sich in der Weimarer Republik zu einer der stärksten völkischen Organisationen entwickelte. Nach dem Mord an Rathenau für ein halbes Jahr verboten, konnte er 1923 seine Aktivitäten wiederaufnehmen. Er vertrat rassistische und antisemitische Gedanken, sichtbar auch an der Gründung des „Germanentags" zur Förderung der „kulturellen Zusammengehörigkeit der germanischstämmigen Völker".[89] Ein besonders herausragender Vertreter des Deutschbundes in der Weimarer Republik war Max Robert Gerstenhauer (1873–1940), dessen Weltanschauung einer „Ethik des Nationalismus" in seiner 1927 erschienenen Schrift „Der Führer" deutlich sichtbar wird. Darin wird die „‚Weltsendung des Deutschtums', die ‚Bedeutung der deutschen Rasse (!) für die gesamte Menschheit', [...] als diejenige eines kollektiven Erlösers vorgestellt [...]. Der Deutsche, heißt es, sei ‚der faustische, der heldische, der kulturschöpferische Mensch', der ‚einen stärkeren metaphysischen Hang, einen stärkeren Trieb und eine größere Fähigkeit zur geistig-seelischen Vervollkommnung als andere Völker und andere Rassen hat', und deshalb den ‚Rassenadel(s) der Menschheit' verkörpert."[90] Neben dem „Deutschbund" gab es eine Reihe neuer Parteien, wie die Deutschsozialisten, Deutschsozialen und Regionalparteien, die völkisches Gedankengut vertraten. „Nicht einmal die Forderung nach einem ‚deutschen nationalen Sozialismus', welcher dem ‚jüdisch- internationalen Sozialismus' entgegenzusetzen sei, [war] neu", da diese Vorstellungen bereits im Kontext der Deutsch-sozialen Partei der wihelminischen Ära nachzuweisen war.[91] Auch die „Deutschnationale Volkspartei" profitierte vom völkischen Gedankengut: In den Reichstagswahlen des Jahres 1924 (Mai) gewann sie 19,5 Prozent der Stimmen, im Dezember sogar 20,5 Prozent und wurde zweitstärkste Reichtagsfraktion hinter der SPD. 1926 wurde der Ausschluss von Juden in die Satzung aufgenommen.[92] 1922 entstand als Abspaltung von der DNVP zeitweise die „Deutschvölkische Freiheitspartei" (DVFB), die rassistisch, antikommunistisch und antisemitisch eingestellt war.[93] Im Bereich der völkischen Jugend gab es in der Weimarer Republik verstärkt Zuspruch, beispielsweise in Gestalt der seit 1925 agierenden „Völkischen Studentenbewegung“ oder unter der Bezeichnung „Wandervogel, Völkischer Bund für Jugendwandern“ und anderer Bünde mit „Blutsbekenntnissen“, „völkisch-nationalen“ und „rassischen“ Ansichten.[94] Antifeminismus kam bei den Völkischen vor, war wesentliches Element der völkischen Denkweise und war vermutlich „Denken der Mehrheit“, es gab aber auch Strömungen beispielsweise in der DNVP, den Frauen mehr Mitsprachemöglichkeiten einzuräumen.[95] Häufig führte der Weg von Personen zu der 1920 gegründeten Nationalsozialistischen Arbeiterpartei (NSDAP), die aus der „Deutschen Arbeiterpartei“ (DAP) hervorging, über völkische Organisationen oder Zusammenschlüsse, die ihr nahe standen. „Mit den Völkischen außerhalb der NSDAP teilten die Genannten die für die Nachkriegszeit typische Distanzierung von den ‚Altvölkischen‘ des Kaiserreichs, denen man vorwirft, sich zu sehr mit den Interessen der bürgerlichen Schichten identifiziert zu haben: von daher der erstaunliche Erfolg, den die Vokabel ‚Sozialismus‘ im Wortschatz der ‚Jungvölkischen‘ erlebt.“[96] Die NSDAP war radikal antisemitisch, nationalistisch, antidemokratisch und antimarxistisch eingestellt. Vorstellungen völkischer Nationalsozialisten wurden über unterschiedliche Organisationen eingebracht, deren Einfluss hier nur skizziert werden kann. Der 1928 vom NS-Chefideologen Alfred Rosenberg (1893–1946) gegründete „Kampfbund für deutsche Kultur“ war ein völkisch und antisemitisch ausgerichteter Verein, der das Kulturleben in Deutschland entsprechend prägen sollte. Bevölkerungpolitische Vorstellungen wurden von der eugenischen und rassehygienischen Bewegung eingebracht, angereichert mit schon seit dem Kaiserreich vorhandenen Gedanken der Lebensraumerweiterung in Richtung Osten. Kennzeichnend für die NSDAP war außerdem eine straffe „Führer“-Organisation. Unverkennbar waren Tendenzen zur Abwendung vom religiösen Katholizismus, zum Antiklerikalismus und zur Schaffung eines überkonfessionellen Deutschchristentums.[97] Kurt Sontheimer stellte in seinem Buch „Antidemokratisches Denken in der Weimarer Republik“ zu Recht fest: „Die NSDAP selbst war in erster Linie eine völkische Bewegung und gehört in ihrem ideologischen Ursprung zu den vielfältigen, teilweise esoterischen Gruppen der Deutsch-Völkischen.“[98] Hitler wandte gegenüber den Deutschvölkischen eine Doppelstrategie an, indem er sich einerseits distanzierte, um eine Art Alleinvertretungsanspruch für sich zu reklamieren, andererseits absorbierte er ihre Weltanschauung in die NSDAP. „Schon am 26. Februar 1925 verkündete er, er habe sich immer gegen die Sammelbezeichnung ‚völkisch‘ gewehrt, weil der Begriff zu unbestimmt und zu auslegungsfähig sei; in fünf Jahren, heißt es einige Zeit später, dürfe es keine ‚Völkische Bewegung‘ mehr geben, sondern nur mehr eine NSDAP.“[99] Nach dem gescheiterten Hitlerputsch am 9. November 1923 in München wurde die Partei reichsweit vom 23. November 1923 bis Februar 1925 verboten. Die NSDAP weitete ihre Agitation und Organisation bis Ende der zwanziger Jahre aus, zunächst jedoch ohne große Wahlerfolge (1928: 2,6 Prozent der Stimmen). Angesichts der Weltwirtschaftskrise lockten dann die Nationalsozialisten mit verheißungsvollen Parolen und bedienten sich „eklektizistisch aller Agitationsformen und Stilmittel“.[100] Die NSDAP hatte ab 1930 beträchtliche Wahlerfolge. Ende der zwanziger Jahre wurden Sonderorganisationen der Partei gebildet, um unterschiedliche Berufsgruppen anzusprechen: „Agrarpolitischer Apparat“ (1930 gegründet, Walther Darré), „Kampfbund für deutsche Kultur“ (Vorläuferorganisation 1927 gegründet, Alfred Rosenberg), „Nationalsozialistischer Deutscher Ärztebund“ (1929 gegründet), Deutsche Studentenschaft (1931 Vorsitz eines Nationalsozialisten). Die Gründe für den Siegeszug der NSDAP sind vielfältig und sollen nur kurz, Stefan Breuer folgend, dargelegt werden:

> „Nach der Seite der Bauern sind die auslösenden Faktoren die 1927 einsetzende Agrarkrise und der anhaltende Preisverfall für ihre Produkte, der durch eine hohe Verschuldung sowie durch zusätzliche Lasten verschärft wird, die aus dem Ausbau des Steuersystems und des Sozialversicherungswesens resultieren. Nach der Seite der NSDAP ist es zum einen die Abkehr von extremistischen Programmen der Bodenverstaatlichung und die Hinwendung zu den üblichen Forderungskatalogen der agrarischen Rechten, die um Themen wie Zollschutz, Siedlung, Krediterleichterungen, Aussetzung von Zwangsversteigerungen und Stundung von Zins- und Steuerzahlungen kreisen, zum andern und wahrscheinlich in der Hauptsache der Umstand, dass die Partei noch nicht durch Regierungsbeteiligung oder durch uneinheitliches Verhalten im Parlament diskreditiert ist, darüber hinaus auch nicht, wie die DNVP seit der Wahl Hugenberg zum Parteivorsitzenden, mit dem Odium zu kämpfen hat, ein bloßes Instrument der Gutsbesitzeroligarchie zu sein. Besonders vorteilhaft wirkt sich aus, dass es die Nationalsozialisten durch ihre entschiedene Distanzierung von allem völkischen Sektierertum vermeiden, bei den wichtigsten Meinungsführern auf dem Dorf, den protestantischen Pfarrern, Widerstände aufzubauen, mehr noch: daß es ihnen gelingt, sich gegenüber der Kirche als eine noch formbare politische Kraft zu präsentieren, die mit ihrer Betonung des Volksgemeinschaftsgedankens in Affinität zum christlichen Liebesgebot zu stehen und zugleich eine einmalige Chance zur Realisierung volkskirchlicher bzw. volksmissionarischer Ansprüche darzustellen scheint. Nimmt man die beachtliche Organisationsleistung hinzu, die im kurzfristigen Aufbau eines Agrarpolitischen Apparates und der Infiltration zahlreicher Landbünde liegt, dann versteht man, weshalb sich die Rolle der NSDAP im ländlichen Deutschland nicht auf ein kurzes Gastspiel beschränkt hat.“[101]

Völkisch-nationalistische Einflüsse im Nationalsozialismus

Wie im vorigen Kapitel aufgezeigt, wurde ab etwa Mitte der zwanziger Jahre die völkische Bewegung vom Nationalsozialismus ins politische Abseits gedrängt, da die strukturellen Defizite zu groß waren.[102] Einzelne völkische Organisationen näherten sich dem Nationalsozialismus unterschiedlich stark an und begrüßten mehrheitlich die Machtübernahme Hitlers. Die nach 1933 weiterbestehenden völkischen Organisationen verloren stark an Bedeutung. Einzelne gingen in den nationalsozialistischen Organisationen auf, lösten sich auf oder fristeten ein Schattendasein.[103]

Die Gegensätze zwischen den Nationalsozialisten und den Völkischen wurden in den zwanziger Jahren und nach der Machtergreifung Hitlers immer wieder von beiden Seiten betont. Allerdings bestanden enge ideologische Gemeinsamkeiten zwischen beiden Bewegungen. „Wie der Nationalsozialismus Bestandteil der Geschichte der völkischen Bewegung ist, ist die völkische Bewegung Teil der Vor- und Frühgeschichte des Nationalsozialismus. Die nationalsozialistische Ideologie ist weitgehend identisch mit der völkischen Weltanschauung.“[104] Während es den Völkischen aufgrund ihrer unterschiedlichen Auffassungen nie gelang, eine strukturierte Partei zu gründen, ist dies den Nationalsozialisten hingegen gelungen.

Die Basisgedanken bzw. Ideologieansätze der nationalsozialistischen Ideologie folgen primär der Rassenideologie mit dem Ideal der arisch-nordischen Rasse als Schöpfer der Kultur und einer besonderen Opferbereitschaft. Die körperlichen Merkmale der nordischen Rasse wurden von der NS-Rassenkunde beschrieben. Als negativer Gegentyp zum Arier und Feindbild der NS-Rassenideologie wurde der Jude angesehen, der von der NS-Propaganda als Rassenschänder stilisiert und mit bestimmten Körpermerkmalen in Verbindung gebracht wurde. In dieser Einstellung des Antisemitismus galt der Jude als Schädling, Schmarotzer, Kulturzersetzer und Gefahr für die Völker. Die NS-Rassenideologie charakterisierte den Juden zudem als Täuscher, Lügner und Betrüger. In einem ausgeprägten Antislawismus wurden zudem die Menschen im Osten als minderwertige Rassen herabgewürdigt. Die Germanenideologie postulierte die Auserwähltheit und rassische Überlegenheit von Germanen und Deutschen und folgerte daraus deren Bestimmung zur Herrschaft über die Völker. „Sie behauptet ferner eine bis in die Anfänge der Menschheitsgeschichte zurückreichende Abstammungsgemeinschaft und sie liefert – abgesehen von den aus der nordeuropäisch-isländischen Sagaüberlieferung entlehnten und aus archäologischen Artefakten konstruierten begrifflichen und materiellen Symbolen – die Grundlagen für eine scheinbar historisch legitimierte Lebenswelt mit einem rassespezifischem Werte- und Verhaltensnormensystem.“[105] Besonders augenfällig wird diese ideologische Ausrichtung in den „Richtlinien für die politischen Gemeinschaftsstunden der SS 1942–43“ mit dem Titel „Deutschlands Kampf um die völkische Wiedergeburt des Germanentums – dem Sieg der Waffen muß der Sieg des Kindes folgen“:

> „Die SS ist von Anfang an die Kampfgemeinschaft für die rassische Wiedererneuerung unseres Volkes gewesen. Sie muß innerhalb aller germanischen Völker ein wirklicher Grundpfeiler und Garant für die völkische Wiedergeburt werden. Deshalb wollen wir in diesem Schicksalskriege, der wieder so viel bestes Blut von den germanischen Völkern fordert, das eingesetzt werden mußte für die Erhaltung der ewigen germanischen Charakterwerte, der germanischen Ehre und Freiheit und der europäischen Kultur, alle germanischen Völker aufrufen, in Verantwortung vor den Gesetzen Gottes, in Verantwortung vor dem Erbe ungezählter Ahnen und in Verantwortung vor einer großen Zukunft den Kampf um die völkische Wiedergeburt des Germanentums aufzunehmen.“[106]

Ein weiteres Merkmal des Nationalsozialismus war die idealisierte Vorstellung von der Volksgemeinschaft als Gemeinschaft aller Volksgenossen. Die Volksgemeinschaft trug Züge des Antiindividualismus und Kollektivismus, soziale Unterschiede wurden vordergründig übertüncht. Die Volksgemeinschaft „im Blute“ hatte einen rassistischen Kern, geprägt von deutschem Blut und arischer Rasse. Weitere Kennzeichen der Volksgemeinschaft waren die Schicksals-, Opfer- und Kulturgemeinschaft. Als politisches Leitsystem im NS-Staat kann das Führer-Gefolgschafts-Prinzip angesehen werden. Grundsätzlich lagen die Entscheidungsbefugnis und die Befehlsgebung im System des NS-Staats und der NSDAP. Das Führer-Gefolgschafts-Prinzip verlieh dem Führer grundsätzliche Autorität, war unbedingt gegeben und bedurfte keiner weiteren Begründung. Es bedingte eine strikte Kommandostruktur von oben nach unten und stand somit diametral dem parlamentarischen Prinzip der Majoritätsbestimmung entgegen. Demokratische Grundprinzipien galten als „undeutsch“ und wurden entsprechend bekämpft. Das Führerprinzip basierte auf der Annahme einer natürlichen Ungleichheit zwischen den Menschen und stand auf diese Weise komplementär dem Gefolgschaftsprinzip gegenüber. Der Führer war seiner Gefolgschaft gegenüber verantwortlich. Hitler verstand es zudem, Führerschaft mit Heldenhaftigkeit zu verknüpfen. Als weitere zentrale Säule der NS-Ideologie diente die Lebensraumideologie, die mit der Rassenlehre in Verbindung stand. Demnach sollte der „Herrenrasse“ erweiterter Lebensraum im Osten auf Kosten der dort lebenden Menschen ermöglicht und erobert werden. Hinzu kam die Feindschaft gegen den Kommunismus. Mit dem Antikommunismus vermischte Hitler den Kommunismus mit dem Bolschewismus und dem Antisemitismus.

Völkisch-nationalistische Einflüsse auf Bienenzucht und Bienensymbolik

Die kleinbürgerliche Vorstellungswelt der Imker bzw. Bienenzüchter lässt sich anhand der Bienenzeitschriften ergänzt durch Monographien zur Bienenthematik gut nachvollziehen. Zahlreiche Ideologeme der völkischen Weltanschauung, die im Nationalsozialismus eine besondere Ausprägung erfuhren, nahmen im Deutschen Kaiserreich ihren Ausgang und waren bereits in vielen Publikationen erkennbar. Mit Beginn des Ersten Weltkriegs nahm die Politisierung der Artikel auch in den Bienenzeitschriften spürbar zu und wesentliche radikal nationalistische sowie deutsch-völkische Basisgedanken waren nun auch in der Imkerszene vertreten (s. Kap. 3). Die damals beliebte Textform der Gedichte diente neben den Artikeln als Transportmittel insbesondere für die Thematik „Nationalismus“ und „Vaterland“, wobei die Grenzen zwischen völkischen Einflüssen und nationalistisch-patriotischen Äußerungen fließend waren. Zu Beginn des 20. Jahrhunderts verstärkten sich die Einflüsse alldeutscher-völkischer Gedanken in den Bienenzeitschriften. Die Einheit der Imker ging mit der Reichsgründung nicht einher, sondern brauchte noch Jahre der Auseinandersetzung bis zur Verwirklichung. Als Sehnsuchtsfigur der Einigung wurde das „große Vaterland“[107] unter Bezug auf „deutsches Blut“ und „Heimatland“ beschworen, nicht ohne auf die „Heimatbienen“[108] hinzuweisen. Die politischen Rahmen bildeten die „deutsche Herrlichkeit“, das Gottesgnadentum der Kaiserkrone sowie „Macht und Ruhm“[109] des Deutschen Reiches. Diese Chiffren monarchisch geprägter Macht wurden insbesondere von der Zeitschrift „Bienenwirtschaftliches Centralblatt“, die ab 1870/71 herausragende Bedeutung für das Deutsche Reich hatte, vertreten und in die Imkerschaft transportiert, die für diese Vorstellungen umgekehrt sicherlich eine entsprechende Erwartungshaltung hatten.

Der im Kaiserreich euphorisch begrüßte Ausbruch des Ersten Weltkrieges fand auch in den Bienenzeitschriften seinen Widerhall. Appelle an das Nationalgefühl, Vaterlandstreue, Heldenmut, Ehre und Treue wurden vehement veröffentlicht. Die „Deutsche Illustrierte Bienenzeitung“ beispielsweise schrieb in der September-Ausgabe von 1914:

> „Da aber erhebt sich das geeinte deutsche Vaterland wie ein Mann! Mit echt deutschem Heldenmute, mit fester Entschlossenheit, mit ungeahnter Opferwilligkeit nimmt das deutsche Volk den Fehdehandschuh gegen alle auf! Einigkeit und Recht und Freiheit! – – So hallt es einmütig von Nord und Süd und Ost und West, und wie gleichsam nach schwerem Traume die deutsche Imkerschaft sich endlich zu e i n e r Vereinigung der deutschen Imkerverbände zusammengeschlossen, so sind alle deutschen Parteien treu und fest zu einer großen deutschen Macht geeint! Überall heißt's mit Stolz: ‚I c h b i n e i n D e u t s c h e r, k e n n s t d u m e i n e F a r b e n!‘“[110]

Und in der November/Dezember-Ausgabe 1914 wurde unter dem Titel „Krieg!“ nachgelegt: „Wir verzagen nicht, denn deutsche Geradheit, deutsche Ehrlichkeit, deutsche Treue können nicht zuschanden werden!“[111] Appelle an die Zusammengehörigkeit und die „Opferbereitschaft“[112], den „Opfermut des deutschen Volkes“, die „Hingabe bis zum Tode“[113] angesichts der „dem deutschen Volke innewohnende[n] unerschütterliche[n] Kraft“ wurden immer wieder an die Imker herangetragen. Die Ansprache an die Gemeinschaft in Verbindung mit der „Opferbereitschaft“ trug im Kern Züge des Antiindividualismus und Kollektivismus, der soziale Unterschiede vordergründig überdeckte und im Kern – von „deutschem Blute“ – rassistisch geprägt war. „Opferbereitschaft“ als Ideologem des Völkischen ist als roter Faden in den nächsten Jahrzehnten deutscher Geschichte immer wieder in der untersuchten Imkerliteratur vertreten. Dank des Erfindungsreichtums der Imkerschaft hinsichtlich der Bienenbehausungen wurde eine weitere während des Ersten Weltkriegs hinzugefügt: der „Deutsche Siegerstock“[114].

Im Nationalsozialismus wurde die Ideologie der „Volksgemeinschaft“ aus „deutschem Blut“ und der „arischen Rasse“ in extremer Weise auf die Spitze getrieben. Im völkischen Rassedenken spielte der Krieg eine zentrale Rolle, von dem wesentliche Impulse ausgingen, um Größe, Stärke und Heldenhaftigkeit in den Vordergrund zu rücken. Zu den wesentlichen Komponenten des Nationalgefühls im Deutschen Reich gehörten neben der innenpolitischen Ausrichtung und der Propagierung des äußeren Feindbilds die Dominanz des Militärischen, die im Kaiserreich besonders positiv gesehen wurde. Dazu gehörte als weiterer Aspekt der Wunsch nach einem Führer als Symbolfigur des deutschen Nationalismus und Patriotismus. Kaiser Wilhelm II. verkörperte diese Führerfigur. Es ist daher konsistent, dass auch in Bienenzeitschriften die Themen Militarismus, Krieg und Heldentum ihren Niederschlag fanden. Der alltägliche Sprachgebrauch der Imker militarisierte sich insbesondere zu Kriegszeiten in einem Ausmaß, dass immer wieder das „Volk in Waffen“[115], „Blutopfer“, „Heldentum“[116], „Kampf“[117], „sieggekrönte Heere“[118] und die „gerechte Sache“ beschworen wurden. Pfarrer Ferdinand Gerstung schrieb beispielsweise in seinem „Schlußwort“ des Jahres 1914: „Trotzdem erfüllt unser Volk die sichere Zuversicht und Gewißheit, daß die schrecklichen Blutopfer nicht vergeblich gebracht worden sind [...].“ Und weiter, „daß durch Blut und Eisen in dieser harten Zeit unser Volk innerlich fest zusammengeschweißt worden ist [...].“[119] „Züchter vor die Front“[120] stand stellvertretend für das Bild des „Volkes in Waffen“ und kein geringerer als August Frey, der erste Präsident der Vereinigung der Deutschen Imkerverbände, rühmte in vielen Verlautbarungen – nun insbesondere unter der Meinungsführerschaft der „Leipziger Bienenzeitung“ – die „Heldentaten in siegreichen Kämpfen und gottergebenen Leiden vor dem Feinde und in treuer Pflichterfüllung und Hingabe zu Hause“[121]. Der „ehrenvolle Frieden“[122] wurde mit Durchhalteparolen ersehnt, natürlich unter den Bedingungen des Deutschen Reiches. Mit Aufforderungen an die Imker, mehr Bienen zu halten, sollte die wirtschaftliche Unabhängigkeit Deutschlands vom Ausland unterstützt werden.

Der verlorene Erste Weltkrieg bot auch in den Imkerzeitschriften der Weimarer Republik den idealen ideologischen Nährboden für Revanchegedanken und die Befeuerung des deutschen Nationalismus. Nationalistische und völkisch anmutende Gedanken durchziehen die Imkerzeitschriften an vielen Stellen, besonders in den Monatsbetrachtungen beispielsweise der „Leipziger Bienen-Zeitung“ von L. Müsebeck („Monatsschau“ bis 1920), Dr. Zaiß „Rund- und Ausschau“ bzw. „Um- und Ausschau“ bis 1924), Pfarrer Ottmar Dächsel („Rundschau“ bis Januar 1930), Karl-Hans Kickhöffel („Kickhöffel am Wagstock“ bzw. „Am Wagstock“ 1929 bis Dezember 1931), Karl-Heinz Kikisch („Am Wagstock“ bis 1934). Zaiß schrieb 1924 in der Leipziger Bienen-Zeitung hierzu unmissverständlich: „Wer ‚politisierte‘ im armen, neuen Deutschland nicht? Auch unsere Bienenzeitungen können es nicht lassen.“[123] „Deutscher Imker – sprich deutsch!“, hieß es in einem Beitrag aus dem Jahre 1926 in der „Leipziger Bienen-Zeitung“ an „alle lieben deutschen Imker“: „Das bist du dir, deinen Brüdern, deiner Heimat und deinem Vaterlande schuldig! Verschont deutsche Imker mit ‚Auslandhonig‘.“ Und die Schriftleitung hatte diesen Beitrag gleich so kommentiert: „Wir bitten alle unsere Mitarbeiter, den hier ausgesprochenen Gedanken – soweit es möglich ist – Rechnung zu tragen.“[124] Unabhängigkeit vom „Auslandshonig“ war eines der wichtigsten Kampfziele des deutschen Imkers in Verbindung mit der Forderung nach allgemeiner „Nahrungsmittelfreiheit“, „Wirtschaftsautonomie“ und „Selbsterhaltungspflicht des deutschen Volkes“.

„Opferbereitschaft“[125], das seit dem Kaiserreich immer wieder bemühte Schlagwort und Chiffre völkisch-nationalistischer Ideologie, um die Imker auf mehr Honig- und Wachserzeugung einzustimmen, aber auch den Krieg und die Kriegsvorbereitungen ideologisch mitzutragen und die Entbehrungen der Nachkriegszeit zu ertragen, wurde auch wichtige Botschaft in der Weimarer Republik. In militaristischer Nostalgie wurde sogar Jahre nach Ende des Ersten Weltkriegs an die „Opferfreudigkeit“ zu Kriegsbeginn erinnert.[126] Der Dienst an der Gemeinschaft wurde zur

„heiligen Verpflichtung“[127] und der Einzelne habe sich ein- und unterzuordnen[128], verkündete Kickhöffel schon zu Weimarer Zeiten. „Noch haben sich die Deutschen vielleicht nie reif erwiesen, das Glück zu tragen. Dagegen haben sie in finsteren Tagen meist herrliche Männlichkeit gezeigt“, schrieb Zaiß 1921 in versteckter kriegsverherrlichender Weise. 1922 legte er nach: „Mehr als vier Jahre widerstanden wir Deutschen einer Meute von Feinden. Niemals hat sich ein Volk mit größerem Kriegsruhm bedeckt, niemals im selben Maße Heldentaten vollbracht. [...] uns, die wir in unserer Gesamtheit, trotz Franzosen und Engländern, das unsterbliche deutsche Volk verkörpern, unsterblich, weil niemals gelingen wird, den deutschen Geist niederzuschlagen!“[129] Kriegsverherrlichung, Heldentum und Aufrechterhaltung von Feindbildern waren auch in den Imkerzeitschriften spürbar. Eine eklatante Militarisierung der Sprache war beispielsweise auch in Verbindung mit der Werbearbeit für das „Einheitshonigglas“[130] erkennbar.

Die im Nationalsozialismus gleichgeschalteten Imkerzeitschriften – angereichert durch die Zeitschrift „Deutscher Imkerführer“ – nahmen die aggressive Außenpolitik Hitlers und dessen NS-Ideologie aufmerksam wahr und kommentierten diese systemkonform in unterschiedlichen Akzentuierungen. „Der Führer vergrößert den Staat, wir vergrößern den Stand“[131] war eine der Parolen an die Imker, um das wachsende „herrliche und starke“ „Großdeutschland“[132] zu begleiten.

Ganz im Sinne dieser Haltung entstand 1939 folgendes Gedicht:

Vorwärts[133]

Ein neues Deutschland ist entstanden
Von nie geahnter Stolzer Pracht.
Ein einziger entschloss'ner Wille
Gab Macht und Schönheit ihm die Fülle;
Gewaltig ist, was es vollbracht.

Und wie sein Leben unser Führer
Alleine seinem Volke weiht,
So sei auf deinem Bienenstande
Zum Dienst an unserm Vaterlande
Du, deutscher Imker, auch bereit!

Die Wirtschaftsfreiheit ist das Hochziel,
Das der Vierjahresplan uns zeigt.
Ist steil der Weg und reich an Mühen –
Die Kraft genutzt, die uns verliehen!
Kein Berg sich uns entgegenneigt.

Drum vorwärts, Imker aller Gaue,
In echtem deutschen Pflichtgefühl!
Allein braucht keiner mehr zu schreiten,
Gemeinschaftsgeist wird ihn begleiten;
Durch ihn erringen wir das Ziel.

Das Vokabular der Lebensraumideologie der NS-Propaganda fand auch Eingang in den Sprachgebrauch der Reichsfachgruppe Imker, die mit der Bildung der „Großdeutschen Imkerschaft"[134] beschäftigt war. Ein wesentlicher Basisgedanke des völkischen Nationalismus war die Idee von der „Volksgemeinschaft", die zu einer der zentralen Formeln der nationalsozialistischen Massenbewegung wurde und bereits im Ersten Weltkrieg als ideologische Strömung deutlich wurde. Diese Vorstellung fand auch ihren Niederschlag in den Bienenzeitschriften, wo der Begriff der „Volksgemeinschaft"[135] angesichts der imperialistischen Zielsetzungen Hitlers auch mit dem Begriff der „Leistungsgemeinschaft"[136] zur Bedarfsdeckung des deutschen Volkes mit Honig und Wachs, unter Propagierung der Rohstoffunabhängigkeit[137], vehement verknüpft wurde. Die zentrale Losung der NS-Propaganda, welche die Imkerzeitschriften dankbar aufnahmen, „Du bist nichts, Dein Volk ist alles!"[138], negierte die unbeschränkte Freiheit des Einzelnen gegenüber dem Staat und orientierte sich an der völkischen Gemeinschaft. Dieser Leitspruch für die Bevölkerung schweißte die „Volksgemeinschaft" mit der „Leistungsgemeinschaft" zusammen und verband sie mit der bekannten „Opfergemeinschaft" und „Schicksalsgemeinschaft" in dem „gewaltigen Ringen um Sein oder Nichtsein"[139] als kriegsvorbereitende Idologie. Die „Heerschau der Imker Groß-Deutschlands"[140] hatte für die Umsetzung des „Vierjahresplans" zu sorgen.

Das Führer- und Gefolgschaftsprinzip war ein zentraler Mythos im Nationalsozialismus und fand seinen besonderen Ausdruck im Gleichschaltungsprozess der Imkervereine. Führerkult und „Menschenführung" waren wichtige „völkische Teilaufgabe" auch in der Imkerschaft, wie Kickhöffel unmissverständlich schrieb.[141] Kickhöffel legte 1941 als oberster Imker ein wahres Glaubensbekenntnis für den „Führer Adolf Hitler" ab:

> „[...] auch wir deutschen Imker – danken es unserem Führer, daß er uns durch den erfolgreichen Widerschlag schützt und uns dadurch endgültig von den Mördern und Zerstörern deutscher Menschen und deutschen Gutes befreien wird. [...] Wir sind [...] seit der Schmach von Versailles und dem englischen Hungertode Hunderttausender unserer Lieben Gläubige geworden: Gläubige an Führer und Volk in unwandelbarer Hingabe! Wir treiben dabei eine Volkspolitik, die die Massen der Arbeiter nicht in Hunger, Wohnungselend, Krankheit und sonstigem Unflat verkommen läßt, die nicht Plutokraten und verluderte Proleten kennt, sondern die Einheit von Blut und Boden!"[142]

Auch Leonhard Birklein, der Vorsitzende der Landesfachgruppe Imker Bayern, huldigte am 30. Januar 1943, dem zehnten Jahrestag der Machtergreifung Adolf Hitlers, in der Zeitschrift „Die Bayerische Biene" dem „Führer"[143] mit antisemitischer Gesinnung. Nicht zuletzt spiegelten sich „Militarismus", Kriegsrhetorik und „Männerzentriertheit"[144] in Deutschland in den Bienenzeitschriften durch Verwendung zahlreicher Formulierungen, Anklänge und Wendungen, die dem militärischen und kriegerischen Wortschatz entnommen waren, wider.

„Heimatland" und „Vaterland" waren zwei wichtige und häufig verwendete Begriffe in der Bienenliteratur des Kaiserreichs, was sich vielfach am Bekenntnis für die einheimische, „deutsche" Biene ausdrückte, deren Stechlust auch mit der „teutonischen Tapferkeit"[145] gleichgesetzt wurde. In der Weimarer Republik wurde die „Liebe zur Heimat"[146] intensiv beschworen[147] und von den Imkern mit dem Konsum von deutschem Honig nicht selten mit völkischen Anklängen[148] verbunden. Aus volkskundlicher Sicht wurde der nordisch-germanische Ursprung der Bienenwirtschaft betont[149]. Kickhöffel benutzte den bereits im Kaiserreich geprägten Begriff des „Lebensraums" in der Weimarer Republik und verknüpfte ihn mit dem „Lebensrecht" der deutschen Bienenzucht.[150] In dieser angebahnten Kontinuität stand die Lebensraumideologie der NS-Propaganda, die von der Imkerschaft als Zugewinne von Imkern und Völkern gefeiert wurde. In der Volkstumskunde hatte sich die Forschung mit der vermeintlichen Überlegenheit der deutschen Bienenzucht befasst.

Dem komplexen Schlüsselbegriff „Rasse" waren in der völkischen Bewegung des Kaiserreichs eine Reihe von ideologischen Vorstellungen zugeordnet. Eine zentrale Rolle spielte der Antisemitismus, der sich mit der Vorstellung des Rassismus verband. Der völkische Rassebegriff stützte sich auf zwei ideologische Vorstellungen: das Prinzip der Ungleichheit und das Prinzip der Rasseverbesserung. In der Imkerliteratur gab es zur Rassenthematik hinsichtlich der Rassenanthropologie im Kaiserreich und in der Weimarer Republik nur wenige Fundstellen, wobei die „Leipziger Bienen-Zeitung", die im Nationalsozialismus eines der ideologischen Hauptsprachrohre darstellte, Vorrangstellung hatte. Den Kriegsausbruch kommentierte sie treu der Germanenideologie unter Hinweis auf die Überlegenheit der „germanischen Rasse" und auf die „gelbe Gefahr". „Rassereinheit", „edles Blut", „‚Deutsch' in allem, auch in der Bienenzucht" hieß es bereits zur Kaiserzeit, um an das deutsche Nationalgefühl zu appellieren (s. Kap. 2). In Kriegsberichten von der Ostfront sind nur vereinzelt antisemitische Äußerungen sichtbar. Immerhin wurde ein Vertreter einer im Kaiserreich exponierten antisemitischen Partei zweiter Bundesvorsitzender des 1908 gebildeten „Deutschen Imkerbundes". Die Rassenideologie erfuhr im Nationalsozialismus ihre extreme Ausprägung. Auch wenn es sachliche Gründe für Reinzucht in der Bienenzucht gab, so rückte der Zuchtgedanke in der deutschen Imkerei deutlich in die Nähe der rassischen Blut-und-Boden-Lehre des Nationalsozialismus. Reichskörmeister Gottfried Goetze hatte mit seiner nahezu generalstabsmäßigen Durchplanung des Bienenzuchtwesens ganz im Schulterschluss mit dem NS-Regime festgestellt, dass Leben nur dann wertvoll sei, wenn es „schollengewachsen, heimatverbunden, ganz kurz gesagt gesund ist"[151]. Rassenantisemitismus wurde in den Bienenzeitschriften an verschiedenen Stellen von unterschiedlichen Personen geäußert. Karl Hans Kickhöffel, in der Weimarer Republik Abgeordneter der Deutschnationalen Volkspartei (DNVP) im Preußischen Landtag und völkisch-nationalistisch orientiert, stellte schon Mitte der zwanziger Jahre seine antisemitische Haltung zur Schau, was der Imkerschaft nicht verborgen geblieben sein kann. Und in seiner Funktion als geschäftsführender Präsident der Reichsfachgruppe Imker veröffentlichte er 1939 einen eigenen Aufsatz zu diesem Thema: „Der deutsche Imker und die Juden" (s. Kap. 6). Zur Rassenideologie passte ideologisch konform mit der deutschen Volkstumsforschung, dass in der Imkerliteratur antislawische Artikel erschienen, die die Verhältnisse in den besetzten Gebieten herabwürdigten (s. Kap. 6). Die vermeintliche Überlegenheit der nordisch-germanischen Kultur als nationalsozialistisches Grundmotiv und Anklänge an die Germanenideologie[152] finden sich auch in der Imkerliteratur.[153]

Insgesamt lässt sich feststellen, dass bereits im Kaiserreich und insbesondere in der Phase des Ersten Weltkriegs, einflussreiche Personen des Bienenzuchtmilieus völkisch-nationalistische Vorstellungen vertraten, die in der Weimarer Republik weitere Verbreitung fanden. Die sich verschlechternden Verhältnisse in der deutschen Bienenzucht und das Verlangen nach starken Führungspersönlichkeiten, gepaart mit einer entsprechenden politischen Grundstimmung in der Imkerschaft, spülte neue Protagonisten an die Oberfläche der Führungsfunktionäre. Herausragender Vertreter der Imker war der Volksschullehrer Karl Hans Kickhöffel, der seit 1919 Mitglied und seit 1921 Abgeordneter der Deutschnationalen Volkspartei (DNVP) im Preußischen Landtag war und seit 1928 dem „Stahlhelm" angehörte (s. Kap. 6). Die Programmatik der DNVP in der Weimarer Republik war geprägt von Nationalismus, Nationalliberalismus, Antisemitismus und enthielt kaiserlich-monarchistische sowie völkische Elemente. Kickhöffels Aufstieg in der Imkerschaft begann als „Volkswirtschaftlicher Beirat" und war begleitet von zahlreichen Reden, Zeitschriftenbeiträgen und Buchpublikationen in der Weimarer Republik, bei denen auch seine völkisch-nationalistische Einstellung deutlich wurde. Bei den Imkervertretern fiel die Begeisterung für den undemokratisch eingestellten Kickhöffel, der dominant auftrat und sich fachlich im „Kampf" gegen die „Notlage der Bienenzucht" vehement engagierte, auf fruchtbaren Boden und er wurde in den Schoß Gleichgesinnter aufgenommen. 1929 wurde Kickhöffel in den geschäftsführenden Vorstand des D.I.B. berufen und 1931 wählte ihn die Imkerschaft einstimmig zum ersten Bundesleiter. Nach der Machtergreifung war die im Juli 1933 in Bad Nauheim beschlossene Gleichschaltung nahezu ein kontinuierlicher Prozess, bei dem die nun gut organisierte Imkerschaft sich in die Strukturen des NS-Regimes unter der Führung von Kickhöffel perfekt einpasste. Kickhöffel, der sich sehr für die Förderung der Bienenzucht einsetzte, war der einflussreichste und beherrschendste Bienenfunktionär während des Nationalsozialismus und zugleich verantwortlich für zahlreiche systemkonforme – auch antisemitische – Artikel des menschenverachtenden NS-Regimes. Allerdings war Kickhöffel umgeben von einem Netzwerk gleichgesinnter Imkerfunktionäre und Wissenschaftler. Neben zahlreichen Autoren mit völkisch-nationalistischen und nationalsozialistischen Ansichten sind die im Folgenden aufgeführten offensichtlich nur die Spitze des Eisbergs (s. Kap. 5). Bereits in der Weimarer Republik wurden die Ende der 1920er Jahre veröffentlichten Schriften Kickhöffels von Prof. Dr. Albert Koch, seit 1. Mai 1933 NSDAP-Mitglied, in frontkampfbereiter militarisierter Sprache begrüßt. Auch der renommierte Prof. Dr. Enoch Zander, seit 1. Mai 1933 Mitglied der „Reichsschaft Hochschullehrer" im Nationalsozialistischen Lehrerbund (NSLB), war nationalistisch, antidemokratisch und nationalsozialistisch eingestellt. Im Nationalsozialismus hatte er besonders großen fachlichen Einfluss und wurde entsprechend hofiert. Sein Nachfolger, Dr. Anton Himmer, wurde 1937 NSDAP-Mitglied. Ein Aufnahmeantrag von

Prof. Dr. Alfred Borchert in die NSDAP wurde vermutlich wegen des Aufnahmestopps nach der Machtergreifung nicht bearbeitet. Dr. Karl Freudenstein war Mitglied in der SA, in der NSDAP und im „Nationalsozialistischen Deutschen Dozentenbund". Hugo Gontarski war seit 1933 Mitglied des „Nationalsozialistischen Lehrerbunds" und seit 1937 Mitglied der NSDAP. Dr. Erich Wohlgemuth war seit 1. Mai 1933 Mitglied der NSDAP. Völkische, bis hin zu antisemitischen Äußerungen, wurden insbesondere von Pfarrer August Ludwig, enger Mitstreiter von Ferdinand Gerstung, transportiert, der sich zu einem glühenden Nationalsozialisten und fanatischen Verfechter der „Reinheit deutscher Sprache" entwickelte. Leonhard Birklein war Studiendirektor und Mitglied des „Nationalsozialistischen Lehrerbunds" sowie Mitglied der NSDAP seit 1. Mai 1933, Hermann Preim war Mitglied der NSDAP seit 1. Mai 1933. Reichskörmeister Dr. Gottfried Goetze, seit 1. Mai 1937 Mitglied der NSDAP, veröffentlichte ganz unter dem Einfluss der „Blut-und-Boden-Ideologie" Darrés Bienenzuchtgrundsätze mit Anklängen an die rasseideologischen Vorstellungen von der Erbgesundheit im Nationalsozialismus. Nur wenige Bienenzuchtforscher gerieten ins Visier der NS-Ideologie. Prof. Dr. Ludwig Armbruster wurde wegen Unbeugsamkeit aus dem Dienst entfernt und Prof. Dr. Karl von Frisch musste wegen seiner teilweise jüdischen „Abstammung" heftige Anfeindungen in Kauf nehmen. Zahlreiche ideologiebelastete Imkerfunktionäre wurden von Lehrern gestellt (die innerhalb der Berufsgruppen der Imker stark vertreten waren), wobei die Theologen anfänglich ebenfalls eine nicht unbedeutende Rolle gespielt haben. Nach dem Zweiten Weltkrieg gelang an der Spitze des Deutschen Imkerbundes eine personelle Erneuerung nicht und alte Nazi-Größen wurden in Bienenzeitschriften verehrt. Hinsichtlich der Bienenzucht brachen alte Rivalitäten und Feindschaften aus der Zeit der Weimarer Republik und der Zeit des Nationalsozialismus wieder auf, insbesondere zwischen Ludwig Armbruster und Gottfried Goetze, der seine Karriere wie viele andere fortsetzen konnte. Andere im Nationalsozialismus aktive Bienenzüchter, wie beispielsweise August Ludwig, Ludwig Runk, Enoch Zander, Hugo Gontarski genossen nach dem Krieg weiterhin hohes Ansehen (s. Kap. 6).

9 Flüchtlingsimker und Lyssenko-Züchter – Entwicklungen nach 1945 bis heute

Das Kriegsende und der Zusammenbruch des Nationalsozialismus bedeuteten eine gewaltige Zäsur in Deutschland. Der Griff der nationalsozialistischen Diktatur auf die Bienenzucht war schlagartig vorbei. Diese Diskontinuität wirkte sich für die Imkerei nach dem Krieg in den besetzten Zonen unterschiedlich aus und divergierte später weiter in der frühen BRD und DDR. Andererseits gab es in personeller und ideologischer Hinsicht eine deutliche Kontinuität bis hin zur Sprache in den Imkereipublikationen in West und Ost. In Ostdeutschland war die Imkerei der neuen Ideologie des „Lyssenkoismus" unter neuen diktatorischen Bedingungen ausgesetzt.

„Mitten in dem ‚Trümmerhaufen Deutschland' liegen auch unsere Bienenvölker, teilweise zerstört, teilweise verhungert und wir Überlebende müssen nun die Lebensgeister wecken."[1] So schrieb Heinz Wolf, Schriftleiter der ersten Imkerzeitschrift nach dem Krieg „Der Imkerfreund" (Bayern) im Februar 1946. Schon einen Monat später erschien „Der Imker" (Offizielles Mitteilungsblatt für die Fachgruppen Imker Deutschlands) im Verlag „Deutscher Bauernverlag" Berlin. Darin hieß es auf der ersten Seite: „Wenn irgendwo leere Beuten oder leere Kisten, die sich dazu eignen würden, ungenutzt stehen sollten, bitten wir um Benachrichtigung. Wir können damit ausgebombte und kriegsgeschädigte Imker unterstützen."[2] Im ersten Heft schrieb Schriftleiter Bruno Wimmer „Grundsätzliches zur wirtschaftlichen Bedeutung der Imkerei" und im gewohnten nationalsozialistischen Jargon wurden „unsere Bienen als Helfer in der Erzeugungsschlacht" gepriesen: „Durch den fürsorglichen Bienenvater sind sie bei sachgemäßer Pflege schon einsatzbereit für die große Ernährungsschlacht der Menschheit."[3] Die frühere „Leipziger Bienenzeitung", die dem nationalsozialistischen System sehr die Treue gehalten hatte, nahm im Juli 1946 ihr Erscheinen unter gleicher Verlagsleitung, „Liedloff, Loth & Michaelis", wieder auf. Dort schrieb Hans Ebert:

> „Überflüssig zu sagen ist, daß das Nazisystem in sachlicher und personeller Hinsicht restlos ausgerottet werden muß. Es darf nicht mehr Organisationssoldaten und Organisationsoffiziere geben, die aufgrund des Führerprinzips der Verbandsarbeit einen Sinn gaben, der gar kein Sinn mehr war. An die Stelle des einseitigen Diktats muß das demokratische Prinzip treten."[4]

Mit Genehmigung der französischen Militärregierung erschien ebenfalls im Juli 1946 erstmals die „Deutsche Bienenzeitung" (DBZ). Dort hieß es:

> „Die [...] brennende Frage, an der wir Imker nicht vorbeikommen, ist die Sorge um die vielen Imkerfreunde, die alles verloren haben (Flüchtlinge, Ausgewiesene, Totalgeschädigte usw.) und denen wir wieder zu einer imkerlichen Grundlage verhelfen müssen."[5]

Zur Motivation schrieben Schriftleitung und Verlag der DBZ im letzten erschienenen Heft im März 1958:

> „Angesichts des Mißbrauchs, den die Machthaber des Dritten Reiches auf allen Gebieten mit einer von ihnen kontrollierten politischen und fachlichen Presse zum Schaden der Bevölkerung getrieben hatten, sah man als sauberste und wirkungsvollste Lösung das Entstehen einiger unabhängiger Bienenzeitungen an, die entsprechende Abmachungen über die Aufnahme von verbandlichen Nachrichten und Mitteilungen mit wieder entstehenden Verbänden unter Ausschaltung einer Einflußnahme auf die Freiheit der Meinungsäußerung und auf die Wahl der fachlichen Mitarbeiter treffen sollten."[6]

Die Imkerei in Deutschland hatte 1945 nach dem Kriegsende lediglich auf der Ebene der Ortsfachgruppen oder Vereine – wie sie wieder heißen durften – wieder begonnen. Die Besatzungsmächte erlaubten andere Zusammenschlüsse zunächst nicht, einzelne Landesverbände konnten nach und nach ihre Arbeit wiederaufnehmen und Bienenzeitschriften konnten allmählich wieder erscheinen. In der französischen Besatzungszone gab es zunächst nur Rundschreiben, die vom im Spätherbst 1945 von der Militärregierung eingesetzten „Generalinspekteur für Bienenzucht", Ludwig Armbruster, herausgegeben wurden.[7] In Schleswig-Holstein konnte ab Oktober 1948 die Zeitschrift „Die Bienenzucht im Spiegel der Wissenschaft und Praxis" erscheinen. Zuvor gab es ein „Mitteilungsblatt des Landesverbandes Schleswig-Holsteinischer Imker" (1947/1948).[8] So wurde beispielsweise der „Landesverband Bayerischer Imker" 1947 durch Erlass des bayerischen Staatsministeriums für Ernährung, Landwirtschaft und Forsten genehmigt (amerikanische Besatzungszone). Allerdings verliefen die Entwicklungen in den einzelnen Besatzungszonen und in Berlin unterschiedlich.[9] Im folgenden Ausblick werden lediglich die Grundzüge und einige Schlaglichter der ersten Jahre nach dem Zweiten Weltkrieg ergänzend dargestellt. Weitergehende Betrachtungen können im Fokus eines vertiefenden Forschungsinteresses stehen.

Westliche Besatzungszonen und Bundesrepublik bis 1989

In den westlichen Besatzungszonen stellten sich die Verhältnisse unterschiedlich dar. Wichtige Themen waren die Versorgung mit Futterzucker bzw. dessen Zuteilung, die Ablieferungen von Honig und Holz zum Bau der Beuten, die Genehmigung von Lizenzen für die Herausgabe von Bienenzeitungen und die damit verbundene Bereitstellung von Papier.[10] So hat beispielsweise der „Landesverband Bayerischer Imker" noch im Mai 1948 mitgeteilt, dass „die Imker 1948/49 pro Volk 7,5 kg Zucker zugewiesen [erhalten]. Hierfür müssen pro Volk 2,5 kg Honig abgeliefert werden."[11] Das Sachregister der Zeitschrift „Der Imkerfreund" aus dem Jahr 1946[12] demonstriert das Themenspekrum, das die Imker der damaligen Zeit bewegte: Fragen der Imkerorganisation, Bienenzuchtbetrieb und Neuaufbau des Zuchtwesens, Bienenkunde und Unterrichtswesen, Bienenbauten und Hilfsgeräte, Bienenkrankheiten, Königinnenzucht, Verkehr und Bezug von Wachs, Pflanzen und Bienenweide, Überlegungen zur Wirtschaftlichkeit. Hinzu kamen Probleme wie die Ablieferung von Bienenvölkern und von Schwärmen. So sollten – wie bereits nach dem Ersten Weltkrieg – laut Anordnung der Militärregierung vom 15. Mai 1946 insgesamt 8 000 (später auf 10 000 erhöht) Bienenvölker und Schwärme an Frankreich abgeliefert werden. Zur Ablieferungspflicht kamen 4 000 Kilo reines Bienenwachs hinzu.[13] Das Institut für Bienenkunde in Freiburg hatte die Organisation zu übernehmen – eine nicht ganz einfache Aufgabe, da keine Heidebienen als Korbvölker wie nach dem Ersten Weltkrieg zur Verfügung standen. In der britischen Besatzungszone waren die Landesverbände als Nachfolger der „Landesfachgruppen" im Auftrag der Landwirtschaftskammern weiter tätig. Joachim Evenius (1896–1973)[14] leitete seit August 1945 die Zusammenfassung der Landesverbände zu einem Zonenverband in die Wege, der „bald danach als vorläufiger Zusammenschluß" als „Verband Nordwestdeutscher Imker" seine Tätigkeit aufnahm. Nach einem Treffen der neugewählten Vorstände der fünf Landesverbände in Celle (am 10. und 11. Oktober 1945 oder 1946) erhielt der Verband auf Wunsch der Militärregierung den Namen „Zentralverband Deutscher Imker (britische Zone)".[15] Zum ersten Vorsitzenden wurde einstimmig Herrmann Preim (1892–1956)[16] gewählt, ehemals Lehrer und Vorsitzender des Verbands Schleswig-Holstein (bis 1933; ab 1936 Führer der Landesfachgruppe Schleswig-Holstein) und wie Leonhard Birklein seit 1933 Mitglied der NSDAP[17]. Zum zweiten Vorsitzenden und zugleich zum Geschäftsführer wurde Joachim Evenius gewählt.[18] 1948 genehmigten die Besatzungsmächte den Zusammenschluss der Landesverbände der amerikanischen und britischen Besatzungszone und noch im gleichen Jahr – nach einer Tagung am 2. und 3. November 1948 in Marburg a.d. Lahn – wurden die Verbände der französischen Zone zur „Arbeitsgemeinschaft der Imkerlandesverbände der drei Westzonen" zusammengeführt. Der Vorsitzende des Landesverbands Bayern, Leonhard Birklein, wurde zum Leiter der „Arbeitsgemeinschaft" gewählt, zweiter Vorsitzender wurde Hermann Preim, dritter Vorsitzender Jakob Mentzer.[19] Zuvor, anlässlich der Tagung des Landesverbands Bayerischer Imker in Ansbach am 9. und 10. Juli 1949 wurde Leonhard Birklein[20] zudem „mit einer beinahe ergreifenden Einmütigkeit bestätigt. [...] Die Imker Bayerns haben sich um einen Mann geschart und schenken ihm Vertrauen. Sie kennen ihn von früher und sind ihrer Sache sicher. Niemand wollte angesichts der Einigkeit etwas von einer schriftlichen Wahl wissen. Das erschien in dieser Lage als entbehrlicher Umstandskram."[21] Die Umstände dieser Wahl wurden so beschrieben:

> „Der zunächst gewählte Vorsitzende trat jedoch bald wieder zurück, und es stand eine Neuwahl an. Aufgrund einer kurz zuvor bekannt gegebenen Erleichterung bei der Entnazifizierung ergab sich die Möglichkeit, Leonhard Birklein, der bereits in der

> Reichsfachgruppe mitgearbeitet hatte, als Kandidaten aufzustellen. Er wurde einstimmig gewählt."[22]

Anfang 1949 schrieb Rudolph Jacoby rückblickend über Detlef Breiholz und Karl Hans Kickhöffel, „den heute ebenfalls schon der grüne Rasen deckt", ohne ein Wort der Kritik: „Sie haben das Gebäude der großen imkerlichen Organisation errichten helfen, haben die Organisation stark gemacht und dem kleinsten Imker draußen im Lande das stolze Bewußtsein gegeben, einer Organisation anzugehören, wie sie einmalig in der Welt war."[23] Die organisatorischen Strukturen beim Neuaufbau der Imkerschaft blieben weitgehend erhalten. Jacoby schrieb weiter:

> „Die schweren Schläge, die Deutschland 1945 niederwarfen, haben darum auch nur das Dach von dem Gebäude unserer Organisation abdecken können, die Mauern und Pfeiler sind stehengeblieben, und wenn hier und da als Folge der politischen Fehler der Vergangenheit in den Landesverbänden bis herunter zu den Kreis- und Ortsvereinen auch umgeweiselt[24] werden mußte, der einzelne Imker ist seiner Organisation treugeblieben und in allen ist der Wunsch lebendig, die alte Geschlossenheit wieder herzustellen."[25]

1949 gab Jacoby auch das große „Imker=ABC" als „Nachschlagwerk für alle Gebiete der Bienenzucht" heraus. Kritisches zu den Verstrickungen mit dem NS-Regime liest man vergebens, weder unter dem Schlagwort Karl Hans Kickhöffel, noch bei Leonhard Birklein, Hermann Preim, Gottfried Goetze, Carl Rehs und anderen. Vielmehr geriet die Verehrung für Kickhöffel enthusiastisch:

> „Die deutsche Imkerschaft hat mit Kickhöffel ihren markantesten Vertreter der neueren Zeit verloren, einen Mann, der stark im Wollen und in der Tat war, ein unermüdlicher Arbeiter, dessen Name mit dem Werden und Wachsen der deutschen Bienenzucht für alle Zeit auf das engste verbunden bleiben wird."[26]

Über die zwangsweise Entfernung von Ludwig Armbruster aus dem Amt durch die Nationalsozialisten erfuhr man erst in der zweiten Auflage im Jahr 1964.[27] Die „Imkergemeinschaft" und die „Imkerkameradschaft"[28] wurde nach dem Krieg wieder beschworen. „Eine helfende, heilende und aufbauende Kritik" sei notwendig, schrieb Edmund Herold Ende 1948, denn:

> „Es war einer der grundlegenden Fehler des Dritten Reiches, daß es die Kritik ausgeschaltet hatte. Kritik ist notwendig, wo es vorwärts gehen soll. Aber es ist ein Unterschied zwischen Kritik und Kritik."[29]

Anfang 1948 erschien in der „Leipziger Bienenzeitung", die unter der Schriftleitung von Pfarrer Karl Krause (Imkermeister, Kreischa b. Dresden)[30] in der Sowjetischen Besatzungszone veröffentlicht wurde, ein völlig unkritischer Nachruf auf Kickhöffel und seinen Leistungen, der die Verstrickungen in das verbrecherische Regime gänzlich ignorierte: „Aber der Glanz dieser Lichter strahlt weiter in der Erinnerung, daß ein solches Wirken nicht versinken, nicht auslöschen kann."[31] In einer Stellungnahme zu diesem Artikel in der in Ost-Berlin im gleichen Jahr erschienenen Zeitschrift „Der Imker" wurde dieser Nachruf heftig kritisiert: „Schamhaft verschweigt der Nachruf alles, was Herr Kickhöffel nach 1933, nachdem er dem ‚Führer' Treue geschworen, geredet und geschrieben und mit äußerster Konsequenz durchgeführt hat."[32] Aber auch in Westdeutschland hielten die alten Kameradschaften. 1953 veröffentlichte der nun etwa 84-jährige Schriftleiter der Zeitschrift „Die Hessische Biene", Ludwig Runk (s. Kap. 6: Gleichschaltung am Beispiel des oberhessischen Bienenzüchtervereins) einen unkritischen Nachruf auf Karl Hans Kickhöffel mit einem Portrait kurz vor seinem Tode. Darin heißt es: „Ergeben in sein schweres Schicksal verzieh er seinen Feinden.[...] Karl Hans Kickhöffel wird als einer der ganz Großen auf dem Gebiet der Bienenzucht unvergessen bleiben."[33]

Vom 13. bis 15. August 1949 – nach Gründung der Bundesrepublik Deutschland am 23. Mai 1949 – kam es in Lippstadt (Westfalen) zu einem denkwürdigen Imkertreffen. Leonhard Birklein hatte als Vorsitzender der „Arbeitsgemeinschaft der Imkerverbände" zu der „Ausstellung ‚100 Jahre Bienenzucht', verbunden mit der Wanderversammlung deutscher Imker und dem 100jährigen Jubiläum der Rheinisch-Westfälischen Imkerverbände", eingeladen. Auf der Tagesordnung stand an erster Stelle die „Umbenennenung der Arbeitsgemeinschaft in Deutscher Imkerbund und Satzungsänderung".[34] Auch der „Landesverband Westfälischer und Lippischer Imker" schrieb in seiner 1999 erschienen Jubiläumsschrift von der „Wanderversammlung der Arbeitsgemeinschaft der Imker-Landesverbände".[35] Ganz offensichtlich war beabsichtigt, „daß die ‚Wanderversammlung deutscher Imker' wieder ersteht".[36] In der Jubiläumsschrift des D.I.B. wurde allerdings betont, dass diese Veranstaltung „tatsächlich nicht in diese Reihe" gehört.[37] Die letzte Wanderversammlung fand 1937 in Innsbruck statt, die geplante 73. Wanderversammlung und die folgenden wurden im Nationalsozialismus verhindert (s. Kap. 2). Edmund Herold schrieb über die Lippstadter Tagung: „Im Rahmen dieser Zusammenkunft erhielt die bisherige Arbeitsgemeinschaft der Landesverbände wieder den guten alten Namen ‚Deutscher Imkerbund'. Als gewählter Präsident steht ihm unser Landesvorsitzender Birklein mit seiner reichen Erfahrung und seiner unermüdlichen Arbeitskraft als rechter Mann am rechten Platze vor."[38] Als Vertreter der sowjetisch besetzten Zone nahm der Vorsitzende des Landesverbands Brandenburg, zugleich Vorsitzender des ostdeutschen Imkerbundes, Gustav Kreisel (1889–1991), teil.[39] Der Deutsche Imkerbund e.V. hielt am 13. November 1949 in Bamberg eine Mitgliederversammlung ab, um sich eine neue Satzung zu geben. Diese entsprach „in den Grundzügen der Satzung des früheren Deutschen Imkerbundes vor 1933 und wurde nach eingehender Beratung einstimmig angenommen". Die Wahl hatte folgende Ergebnisse: Leonhard Birklein (Präsident), Jakob Mentzer[40] (1878–1954, erster Stellvertreter), Hermann Preim (zweiter Stellvertreter).[41] Geschäftsführer wurden Joachim Evenius und Schneider (Halle/Westfalen).[42] Im September-Heft 1952 von „Der Imkerfreund" hieß es: „Am 15. August 1952 wurde Oberstudiendirektor Leonhard Birklein auf der Vertreterversammlung der deutschen Imkerlandesverbände erneut auf drei Jahre zum Präsidenten des Deutschen Imkerbundes gewählt. Die Wahl erfolgte einstimmig mit allen 186 Stimmen, die im Namen der 186 000 organisierten Imker Deutschlands abgegeben wurden. Damit ist Birklein, wie schon seit

November 1948, weiterhin Vater aller deutschen Bienenväter."[43] Zweiter Vorsitzender wurde erneut Hermann Preim. „Nach dem Bericht über die Tätigkeit des deutschen Imkerbundes von 1951/52 waren insgesamt 179 905 Imker mit 2 060 351 Völkern in 3 353 Ortsvereinen zusammengeschlossen. Diese bildeten 319 Bezirksvereine in zwölf Imker-/Landesverbänden."[44] Seit Oktober 1950 erschien monatlich die Fachzeitschrift „Deutsche Bienenwirtschaft", in der der Deutsche Imkerbund regelmäßig Bekanntmachungen veröffentlichte. Eine enge Kooperation wurde zudem zur „Arbeitsgemeinschaft der Institute für Bienenforschung e.V.", die am 16. Januar 1949 in Marburg gegründet wurde, gepflegt – sichtbar durch die seit Juli 1950 gemeinsam herausgegebenen „Zeitschrift für Bienenforschung (Deutsche Bienenwirtschaft Teil 2)". Mit einer Reihe von immer wiederkehrenden Aufgaben und Problemen, die sich aus der Nachkriegssituation ergaben, musste sich der Deutsche Imkerbund auseinandersetzen, hierzu gehörten insbesondere die Wintereinfütterung mit Zucker, die Königinnenzucht, die Honiggewinnung und -bearbeitung, Qualitäts- und Absatzfragen sowie die Bienenkrankheiten.[45] Die Kampf-Diktionen vergangener Zeiten leuchteten noch in manchen Veröffentlichungen auf, beispielsweise Anfang 1950 durch den zweiten Vorsitzenden Jakob Mentzer:

> „Wenn es auch gelungen ist, unser wichtigstes Kampfmittel gegen den Auslandshonig und unlauteren Wettbewerb, das deutsche Einheitsglas, wieder zur Geltung zu bringen, so bleibt doch noch unendlich viel zu tun übrig, bis die Belange der deutschen Bienenzucht und Bienenwirtschaft wieder so gewahrt werden können, wie es die Not unserer Tage und die Bedrängnis, in die unsere Bienenzucht geraten ist, gebieterisch verlangen. Der DIB kämpft einen schweren Kampf um Sein oder Nichtsein der deutschen Bienenzucht."[46]

Fast zeitgleich richtete der erste Vorsitzende Birklein einen Neujahrsgruß Anfang 1950 an die Imker, Höchstleistungen fordernd, unter Bedienung bekannter Begrifflichkeiten wie Kampf und Kameradschaft sowie unter Verwendung des Losungswortes „Tätig, tapfer, treu!", das bereits 1942 „in heißer Liebe und Treue zu Führer und Volk" von ihm Verwendung fand:

> „Es kann mit Freuden festgestellt werden, daß die gesamte Imkerschaft innerhalb des Bundesgebietes sich nunmehr wieder fest zusammengeschlossen hat in örtlichen Vereinen, in Bezirks-, Kreis- und Landesverbänden und daß gegen Ende des Jahres auch der Deutsche Imkerbund wieder ins Leben gerufen werden konnte. Mit Befriedigung darf auch hervorgehoben werden, daß in allen Gliederungen ernste Arbeit geleistet wurde, getragen von wahrer Imkerkameradschaft und gegenseitigem Vertrauen. Darum fanden wir auch, als kraftvolle und lebendige Organisation dastehend, in der breiten Öffentlichkeit und bei den Behörden Beachtung, Unterstützung und Förderung unserer Arbeit. [...] Im kommenden Jahr wird unsere Organisation angesichts der Liberalisierung des Handels und des damit zusammenhängenden Zollabbaues vor schwerste Aufgaben gestellt sein, um die deutsche Bienenzucht am Leben zu erhalten. Die allseitige Verwendung des neugeschaffenen Einheitsglases wird uns dabei ein wertvoller Helfer im Kampfe für einen gerechten Honigpreis sein.

Zur Erreichung des Erfolges muß auch jeder einzelne Imker bestrebt sein, zu Höchstleistungen zu kommen. [...] So wollen wir alle mit echtem Imkergeist und in lieber, kameradschaftlicher Verbundenheit

tätig, tapfer, treu

im neuen Jahr mitarbeiten an der Förderung unserer Bienenzucht und an der Einheimsung des Nektarsegens [...]. Bleiben wir dabei auch stets eingedenk des Wortes:

Und handeln sollst du so – auch als Imker –,
Als hinge von dir und deinem Tun allein
Das Schicksal ab der deutschen Dinge
Und die Verantwortung wäre dein!"[47]

Erstaunlich, dass Leonhard Birklein noch 1955 alte Chiffren völkischen Denkens, wie den „Opferdienst" und den „Opfergeist" mit Anklängen an Ferdinand Gerstungs „Opfergesetz" als „Grundgesetz der ganzen Welt" in seiner Neujahrsansprache an die Imker bediente:

„Er [dieser Geist] erkennt, daß alle Geschehnisse, Vorgänge und Tätigkeiten im Bienenvolk, die in tausendfacher, selbstloser Hingabe aller Glieder für das Ganze geschehen, ohne jede Ausnahme wunderbare Urkunden darstellen für das Grundgesetz der ganzen Welt, für das Opfergesetz.

Wir merken, wie dieses Gesetz jedes Einzelglied von innen heraus lenkt und leitet und zwingt, in den Dienst für das Ganze seine Lebenszeit und Lebenskraft hinzugeben und wie umgekehrt die Gesamtheit des Bienenvolkes durch diesen Opferdienst jedem Einzelglied erst die Möglichkeit darbietet, existieren und für das Ganze wirken zu können."[48]

Ein weiteres immer wiederkehrendes Thema war die Befreiung von „Zuckersteuer". Nach zähen Verhandlungen trat am 25. Juli 1953 ein Änderungsgesetz in Kraft, mit dem die Zuckersteuerbefreiung für Bienenzucker erreicht wurde. Ab 1957 war diese Zuckersteuerbefreiung Bestandteil der staatlichen Fördermaßnahmen für die Imkerei. Von 1967 bis 1980 wurde vergällter, verbilligter Zucker angeboten. Seitdem stand kein verbilligter Zucker mehr zur Verfügung.[49] Zuckersteuer wurde in der Bundesrepublik Deutschland noch bis 1993 erhoben.[50]

Aufgrund der wachsenden Konkurrenz importierten Honigs stiegen die Qualitätsansprüche gegenüber dem deutschen Honig. Daher stand das Warenzeichen des Deutschen Imkerbundes weiterhin im Zentrum der Aufmerksamkeit des D.I.B.: „1956 erreichte der D.I.B. bei der Liquidation der Reichsfachgruppe Imker (Registergericht Charlottenburg 11. Juni 1956), dass er sein Warenzeichen weiterhin nutzen konnte."[51]

„Die Liquidatorin verpflichtete, sich die der ‚Fachgruppe gehörenden drei Verbandszeichen (Altwarenzeichen) Nr. 387864, Nr. 451745 und Nr. 350439 auf den Deutschen Imkerbund, Nürnberg zu übertragen.' Diese Übertragung jedoch sollte erst nach einer Satzungsänderung des Deutschen Imkerbundes erfolgen. In dieser Satzung sollte zum Ausdruck kommen, dass der deutsche Imkerbund sich als Funktionsnachfolger der Reichsfachgruppe Imker (Deut. Imkerbund Berlin) betrachtet und sich verpflichtet, die Interessen der ostdeutschen Imkerschaft, soweit dies möglich ist, wahrzunehmen und im Falle der Wiedervereinigung Deutschlands die Ostdeutsche Imkerschaft an der Nutzung der oben erwähnten Warenzeichen zu beteiligen."[52]

Die mit dem Warenzeichen einhergehenden Bestimmungen sowie die erst 1976 erneuerte Honigverordnung aus dem Jahr 1930 erhöhten die Qualitätsanforderungen, die in Form von Schulungen der Imker durch Vereine, Verbände und Bieneninstitute verbreitet wurden.[53] Unterstützung fanden diese Bemühungen durch die Einführung von Kontrollmöglichkeiten. 1953/54 errichtete Hugo Gontarski (1900–1963) an seinem Institut in Oberursel die „Honigteststelle des Deutschen Imkerbundes", bei der mittels chemisch-physikalischer Untersuchungsmethoden eine Honiganalyse ermöglicht wurde. Nach seinem Tod wurden die Arbeiten in Stuttgart-Hohenheim von Günther Vorwohl (1931–1995) fortgeführt und überprüfbare Qualitätsmerkmale erarbeitet.[54]

Ein weiteres Problem nach dem Krieg ergab sich aus den Flüchtlingsimkern aus Schlesien, den Sudeten und Ostpreußen, wie dies beispielsweise in Abb. 34 ersichtlich ist.

So schrieb eine Flüchtlingswitwe: „Alles hab ich verloren; ich trüg es leichter, wenn ich nur meine Bienen hätte."[55] Über entsprechende örtliche Hilfsmaßnahmen für Flüchtlingsimker wurde schon 1949 berichtet.[56] Der Landesverband Bayerischer Imker sowie der Deutsche Imkerbund setzten den aus dem Sudetenland stammenden Schuldirektor Johann Spatzal (1875–1953) als „Landesobmann der Flüchtlingsimker" ein.[57] Dieser gab ein periodisch erscheinendes Blatt „Der heimatvertriebene Imker – Beilage zum ‚Vertriebenen-Anzeiger'" heraus und bemühte sich zusammen mit dem D.I.B. auch um Aufbaukredite für Flüchtlingsimker, insbesondere um Beihilfen zum Aufbau von Imkereien im Nebenberuf.[58] So hieß es in dem 1952 erschienenen Aufsatz „Wie steht es um die heimatvertriebenen Imker?":

> „Tausende wollen anfangen und wieder vorwärtskommen. Man sollte doch endlich begreifen lernen, daß Bienenhaltung zur s i t t l i c h e n K u l t u r d e r D e u t s c h e n gerechnet werden kann, daß eine Abkehr von der Natur ein Volk materialistisch-kommunistisch werden läßt. Darum lassen wir nicht locker, bis eines Tages doch der gerechte Ausgleich kommt, der auch den kleinen Imkern ihr Recht bringt."[59]

In den Bienenzeitungen der Nachkriegszeit tauchte die Thematik „Die Frau und die Biene" hin und wieder auf – mit Ermutigungen sich dieser Tätigkeit in einer noch von Männern dominierten Bienenzucht-Welt zuzuwenden. Eine Autorin betonte dabei:

> „Es hat mich immer gefreut, daß man in Imkerkreisen kaum je einmal der Auffassung begegnet, die in so vielen anderen Berufen so häufig geäußert wird, daß dieser Beruf für Frauen nicht geeignet sei oder die Frau allgemein nicht für ihn. Das ist sehr schön und ich glaube wirklich, daß Frauen auch gute Imkerinnen sein können, obwohl – oder vielleicht eben deshalb, weil bei diesem Beruf nichts schematisch geht. […] Ach, liebe Imkersfrau – gönne Deinem Mann die Wanderungen! Sie sind vielleicht das letzte Stück Romantik in seinem Leben!"[60]

Postverlagsort: Oldenburg

Niedersächsischer

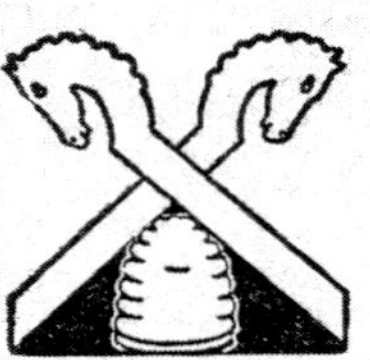

Imker

Bienenfreund

Unabhängige
Fachzeitschrift für das gesamte Imkereiwesen

Heft 9 September 1952

Imkerarbeit in der alten Heimat

„... da ist Deine Heimat, da ist Dein Vaterland". Doch Millionen Deutsche sind von Haus und Hof vertrieben, aus der Heimat verbannt und in der heutigen Westzone angesiedelt. Wohl alle Imker unter Ihnen mußten ihre Immen zurücklassen, müssten von neuem beginnen, und in diese Arbeit leuchtet ein Bild aus vergangener Zeit.

Abb. 34: Flüchtlingsimker – „aus der Heimat verbannt und in der heutigen Westzone angesiedelt" (1952).

In einem weiteren Beitrag hieß es:

> „In fast allen Berufen hat sich die Frau durchgesetzt und zum Teil hervorragende Leistungen vollbracht. Nur von den Imkerinnen hört und spricht man sehr wenig. Und warum eigentlich? [...] Leider habe ich aber die Beobachtung gemacht, daß die Frauen der Imkerei gegenüber sehr zurückhaltend sind. Und zwar aus Angst vor den Stichen. Jawohl aus reiner Angst, das weiß ich aus eigener Erfahrung. Darum rate ich allen Anfängerinnen eine stichfeste Ausrüstung [...] anzuziehen."[61]

Und die Imkermeisterin E. Focke aus Celle schrieb 1949 einen mutigen und zukunftsorientierten Aufsatz mit dem Titel „Die Frau am Bienenstande":

> „Imkerin! Vor dreißig Jahren ein unbekannter Begriff, ein Kuriosum. Frauen, die sich mit Bienenzucht beschäftigen! – Heute sind wir es gewohnt, daß sich Frauen auch mit den für sie absonderlichsten Beschäftigungen befassen, mit Ernst und Hingabe und auch soweit alles erfolgreich betreiben, wie es im Rahmen der natürlichen Grenzen der Frau möglich ist. Die geruhsamen Zeiten sind dahin, und seit 1914 zwangen Notzeiten dazu, den Versuch zu machen, Frauen die beruflichen Betätigungen der Männer zu übertragen. Der Versuch gelang über Erwarten gut. Zaghaft begannen sie über die Schwelle ihres ehedem bewachten Reiches zu treten und in einer neuen Welt Fuß zu fassen. Mit den ersten Erfolgen wuchs das Selbstvertrauen." Unter Hinweis auf die „Angst vor dem Bienenstich" und die „Beanspruchung der Körperkräfte" schrieb sie hoffnungsfroh weiter: „Wenn diese letzte Fragestellung für uns zufriedenstellend gelöst sein wird, ist anzunehmen, daß die Bienenzucht in den nächsten Jahrzehnten zu einem weitgehend weiblichen Beruf wird."[62]

Der Anteil der imkernden Frauen war schon immer gering und blieb es auch in den kommenden Jahrzehnten. Dies sollte sich erst in den letzten Jahren ändern (s. Kap. 9).[63]

Beim Thema Bienenzucht brachen nach dem Krieg alte Rivalitäten und Feindschaften aus der Zeit der Weimarer Republik und der Zeit des Nationalsozialismus wieder auf. Steffen Rückl zeigte dies deutlich anhand der Biographie Ludwig Armbrusters, der schon bald nach 1945 das im Nationalsozialismus eingeführte zentralistisch organisierte Körwesen kritisierte. Bereits 1948 setzte sich Armbruster in einem Aufsatz im „Archiv für Bienenkunde" mit dem Titel „Nutzzüchtungsfragen um die beste Biene"[64] mit dem Körwesen von Gottfried Goetze im Dritten Reich auseinander, wobei er insbesondere Goetzes Buch „Die beste Biene" aus dem Jahr 1940 ins Visier nahm. Er kritisierte veraltete Züchteranschauungen und den „verflossenen Rassenwahn".[65] Und an die Verantwortlichen für die damalige Bienenzucht gerichtet, schrieb er: „Das Gros der Körmeister möge prüfen, ob es nicht unter der Führung von Geistern steht, die dem Rassenrummel der verflossenen Unzeit auch ihrer skrupellosen Propaganda und hemmungslosen geistigen Vergewaltigung verhaftet waren [...]."[66] In der Auseinandersetzung räumte Armbruster Goetze sogar im „Archiv für Bienenkunde" die Möglichkeit ein, seine Position zu erklären, worauf Armbruster wiederum seine Entgegnungen brachte. Die Auseinandersetzung wurde auch in verschiedenen Imkerzeitschriften[67] und bei den Zusammenkünften der Imker ausgetragen und erhielten so eine öffentliche Aufmerksamkeit. 1950 ging Armbruster in einem Aufsatz mit dem Titel „Grenzen der Rassenzucht?“ erneut auf das Körwesen im Dritten Reich ein: „Den Rassenwahn und die Rassenpolitik des Dritten Reiches hat man unsachlich und unwissenschaftlich auf die Züchtung mißbräuchlich zu übertragen gewagt.“[68] Goetze wehrte sich 1949 unter anderem mit dem Hinweis, dass „in allen Züchterorganisationen [...] nach wie vor nach den von mir entwickelten Auslegegrundsätzen ‚gekört‘ [wird]“[69]. Bei aller Sachauseinandersetzung hat Goetze seine ideologischen Entgleisungen nie zurückgenommen, seine wissenschaftlichen Erkenntnisse hat er allerdings modifiziert.

In die Auseinandersetzung zwischen Armbruster und Goetze schaltete sich auch Karl Dreher (1909–2001)[70] kritisch ein. Dreher wurde im Januar 1949 in Marburg auf einer Tagung der „Arbeitsgemeinschaft der Imkerlandesverbände der drei Westzonen“ zum Obmann für das Zuchtwesen der Arbeitsgemeinschaft[71] gewählt, eine Aufgabe, die er über zwanzig Jahre lang wahrnahm. 1954 übernahm er die Leitung der Landesanstalt für Bienenzucht in Mayen und war zudem Chefredakteur verschiedener Imkerzeitungen.[72] Karl Dreher, „der gelegentlich politisch in einem Atemzug mit Gottfried Goetze genannte wird“[73], war schon ab 1. Mai 1933 NSDAP-Mitglied[74] und hat nach dem Krieg nach eigenem Bekunden zu Armbruster „ein persönliches Verhältnis [gefunden], das bis zu seinem Tode anhielt“ und sich mit ihm wissenschaftlich ausgetauscht.[75] In seinem Nachruf auf Ludwig Armbruster führte Dreher zu den aktiven Jahren Armbrusters aus, dass „schon unter den damaligen wenigen Bienenwissenschaftlern [...] größtenteils kein gutes Verhältnis [herrschte]. Zu eigenwillig waren die führenden Köpfe, ganz abgesehen von wissenschaftlicher Eifersucht und damit zusammenhängenden Schwächen, von denen viele bedeutende Forscher nicht frei waren.“[76] Schwärzel beschreibt die Tätigkeit Drehers 1985 folgendermaßen: „Forschungen zu den Fragen um Rasse, Vererbung und Leistung beschäftigten Dr. Dreher nun ganz besonders und man kann dabei immer wieder feststellen, daß er sich an die Arbeit von Dr. Armbruster anlehnte und das Ziel des Nutzens für den praktischen Imker niemals aus den Augen verlor.“[77] In seinem Aufsatz „Wo steht die Bienenzüchtung?“[78], der nach dem Krieg 1948 in der „Leipziger Bienenzeitung“ erschienen, reflektierte Dreher kritisch die seitherige Entwicklung in der Bienenzucht, die mit der Einfuhr fremder Bienenrassen ihren Anfang nahm. So mussten, um eine scheinbare Leistungsfähigkeit (Blender) aufrecht zu erhalten, ständig neue fremde Rassen eingeführt werden, die sich allerdings nicht als erbfest erwiesen. Die damit verknüpften Erwartungen hatten sich nicht erfüllt, weil das Paarungsverhalten der Geschlechtstiere nicht zu kontrollieren war und zu Kreuzungen und Aufspaltungen führte. Rückschläge in der seitherigen Züchterarbeit sah Dreher in der Benutzung von Blendern, unerkannten Fremdbegattungen und Inzuchterscheinungen. Aufgrund der damit verbundenen Enttäuschungen wurden nach Dreher im Nationalsozialismus neue Wege der Reinzucht gesucht und die Zucht der heimischen Dunklen Biene wurde favorisiert, die besonders von Schweizer Züchtern gepflegt wurde. Das Körwesen im Dritten Reich betrachtete Dreher anfänglich kritisch und führte 1948 hierzu aus:

„Leider hatte dies eine ungerechtfertigte Überschätzung der Farbe zur Folge, die sich bis auf den heutigen Tag auswirkt. Durch ständige Nachzucht von den besten Völkern und Reinbegattung mit Hilfe von Belegstellen sollte immer besseres und leistungsfähigeres Bienenmaterial erzielt werden. Den letzten Rest von Schwierigkeiten hoffte man mit Hilfe des imkerlichen Körwesens zu überwinden, von dem man sich folgende Möglichkeiten versprach:
1. Ermittlung besonders wertvoller Zuchttiere zwecks Vermehrung,
2. Festigung und Verbesserung der Leistung durch ständige Auslese,
3. Sicherheit in der Unterscheidung von Zuchtstämmen,
4. Überwachung der Paarung als Grundlage für die Reinzucht.
Was die übrigen Tierzuchtzweige in Jahrtausenden erreicht hatten, nämlich die Schaffung erbtreuer und mit besonderen Merkmalen ausgestatteter Zuchtrassen, Stämme und Schläge, wollte man in der Bienenzucht in wenigen Jahren nachholen. Das Stammesunwesen nahm unhaltbare Formen an. Fand sich auf einem Bienenstand ein Volk mit sehr guter Leistung und erwies es sich als halbwegs erbtreu, so wurde die Züchtung stolz mit einer Stammesbezeichnung versehen.

Gegen die vorstehend aufgeführten Zuchtmethoden wäre nichts einzuwenden, wenn sie zum Erfolg geführt hätten. Die Erfahrung jedoch zeigt, daß dies nicht der Fall war. Die Unsicherheit der Belegstellen ist erheblich größer als ursprünglich angenommen wurde. Die Körung gestattet keine sichere Unterscheidung aller Zuchtstämme. Die Körpermerkmale geben nur bedingt Auskunft über den züchterischen Wert einer Königin. Auch gewährleistet die bloße Auslese nach Körpermerkmalen keine Festigung und Verbesserung der Leistung.

Besonders an dem Zuchtstamm ‚Marburg', aber auch am Stamm ‚Nigra' und zahlreichen Linien des Stammes ‚Sklenar' konnte ich nachweisen, daß die Leistung um so stärker absank, je länger sich die Stämme in der Hand des Züchters befanden. Stamm ‚Marburg' lag auf Grund von Fragebogenerhebungen im Jahre 1932 55 Proz. über dem Durchschnitt der Landbiene. Im Jahre 1937 betrug die Überlegenheit nur noch 35 Proz. Und im Jahre 1944 war sie auf etwa 10 Proz. abgesunken. Es ist nicht ausgeschlossen, daß in diesen Zahlen eine gewisse Leistungssteigerung der Landbiene durch vermehrtes Auftreten von Blendern zum Ausdruck kommt; trotzdem ist der Leistungsabfall unverkennbar.

Das angeführte Beispiel zeigt, daß wir in der imkerlichen Leistungszucht bisher die Natur nicht überboten haben. In den meisten Fällen ist sogar eine Leistungsminderung eingetreten."[79]

Trotz Kritik am Körwesen im Nationalsozialismus stützte sich Dreher nach dem Krieg in den Grundzügen wieder auf die Struktur der Belegstellen und des Körwesens. Auf den Bedarf und die Bedeutung der Königinnenzucht für den Wiederaufbau wies Dreher 1948 in seinem Aufsatz „Der Schrei nach Königinnen" hin. Darin äußerte sich Dreher dezidiert zu den Bienenrassen und die Präferenz für die „Carnica": „Zur Leistungszucht hat sich die K-Biene [Kärntner oder Krainer Biene] mit ihren Stämmen Troiseck, Peschetz und Sklenar fast überall in Hessen gegenüber der einheimischen N-Biene [Dunkle oder Nord-Biene] teilweise weit überlegen erwiesen."[80] Überhaupt war Dreher der Auffassung, dass sich „die Carnicarasse im größten Teil Deutschlands als einwandfrei überlegen erwiesen hat" und entwickelte sich als Hautfürsprecher dieser Bienenrasse und deren Zucht in der Nachkriegszeit.[81] Die „prinzipiellen Änderungen" nach dem Zweiten Weltkrieg wurden aus wissenschaftlicher Sicht von Niko Koeniger rückblickend folgendermaßen beschrieben:

> „Der rasche Wiederaufbau und die zunehmende Siedlungsdichte in der Bundesrepublik stellten die Bienenhaltung vor neue Probleme. Neben dem Honigertrag gewann das Stechverhalten zunehmend an praktischer Bedeutung. Das Bieneninstitut Marburg unter seinem damaligen Leiter Dr. Karl Dreher gehörte mit zu den ersten Stimmen, die für neue Wege, nämlich die für eine planmäßige, züchterische Verbesserung der Bienen warben und sich konsequent für die Umstellung der Bienenhaltung auf Carnica einsetzten. Diese züchterische Ausrichtung des jungen Instituts erwies sich als zukunftsträchtig und hat wesentlich zu dem hohen Renommee des Instituts beigetragen."[82]

Unterstützung im Hinblick auf den Ausbau der Carnica-Zucht fand er bei Friedrich Ruttner, der 1965 einem Ruf an die Universität Frankfurt an das von Hugo Gontarski (1900–1963) 1937 gegründete Institut für Bienenkunde in Oberursel folgte.[83] 1948 wurde unter dem Einfluss Drehers bereits eine „Bienenzuchtordnung" für Hessen zur Förderung und Sicherung der Bienenzucht formuliert.[84] Als züchterische Betätigungsfelder wurden Gebrauchs- und Reinzucht unterschieden:

> „Gebrauchszucht ist jede Zucht von Königinnen und Drohnen aus leistungsfähigen und möglichst reinrassigen Völkern. [...] Reinzucht ist die Züchtung von Königinnen aus gekörten Rassevölkern mit nachgewiesener Leistung und Abstammung unter einwandfreien Zuchtbedingungen. Die Königinnen müssen mit Drohnen aus ebensolchen Völkern gleicher Rasse auf Reinzuchtbelegstellen gepaart werden.
> Das Ziel der Reinzucht ist die Erhaltung wertvoller Zuchtstämme reiner Rassen, die Festigung und Vermehrung erwünschter sowie die Ausmerzung schlechter Eigenschaften unter besonderer Berücksichtigung hoher und ausgeglichener Erträge. Voraussetzung hierfür ist die einwandfreie und lückenlose Führung von Stockkarten, Leistungs- und Abstammungsnachweisen. Zuchtbuchführung und eine fortgesetzte Überwachung der Körpermerkmale sind unentbehrliche Hilfsmittel. Anerkannte Reinzüchter können nur erfahrene und vertrauenswürdige Imker sein, welche die theoretischen und praktischen Grundlagen der Königinnenzucht voll beherrschen und nach Möglichkeit Vorkörungen durchführen können."[85]

Alle früheren Anerkennungen als Hoch- und Reinzüchter wurden gestrichen und die Reinzüchter mussten sich einem neuen Anerkennungsverfahren unterwerfen. Als Gegenstand der Reinzucht wurden „leistungsfähige und reinrassige Typen der europäischen Honigbiene, vor allem der Krainer (K) und der Nordrasse (N), unter besonderen Umständen auch der Alpenländischen (A)[86] und Italiener Rasse (I)" aufgeführt. Zwar wurde unter den „Körbestimmungen" konstatiert, dass „ein Zusammenhang zwischen Körpermerkmalen und Leistungen nicht erwiesen [ist]", aber eine ständige „Überwachung der Körpermerkmale [zum] Nachweis von rassefremden Einflüssen"[87] war geboten. Dreher wies nachhaltig auf die Notwendigkeit der Königinnenzucht hin, betonte die Bedeutung der Körung und die Nutzung von Belegstellen für die Reinzucht. Im Jahre 1950 wurde dann eine Zuchtrichtlinie des Deutschen Imkerbundes herausgegeben, in der „züchterisch die Reinerbigkeit in

Bezug auf Leistung unter Beibehaltung eines abstammungsmäßig gleichen Materials [erstrebt wurde]."[88] Als Gegenstand der Reinzucht wurden leistungsfähige Linien der europäischen Bienenrassen, vor allem der „Nordrasse" (N) und „Krainerrasse" (K), unter besonderen Umständen auch der „Italienerrasse" (I), aufgeführt. In den Folgejahren gingen weitere Forschungsergebnisse, beispielsweise aus dem Paarungsverhalten der Honigbiene (z.B. Umkreis der Belegstellen, Anzahl begattungsfähiger Drohnen, Mehrfachpaarung der Bienenkönigin), in die Belegstellenthematik bezüglich ihrer Sicherheit oder Unsicherheit ein, die Zuchtrichtlinien erfuhren entsprechende Anpassungen. In Deutschland setzte sich die „Carnica" der österreichischen Züchter letztlich als bevorzugte Bienenrasse auf den Belegstellen durch: „Die Qualität der ‚neuen' Carnica war so überzeugend, dass es bald zu einer flächendeckenden Verbreitung der neuen Rasse in ganz Deutschland kam."[89] Bis heute gibt es auch Bestrebungen, die „Dunkle Biene" (Mellifera) weiter zu züchten, mit entsprechenden Zucht- und Erhaltungsprogrammen (s. unten).[90] Rückl resümierte in der Armbruster-Dokumentation, dass „die Diskussion um das NS-Erbe der Imker und ihres Verbandes [...] nach 1945 nicht zu Ende geführt [wurde], vor allem nicht zu dessen ideologischen Auswüchsen".[91] Und er bringt es in Verbindung damit, dass „die Kritik seitens der heutigen Buckfast-Imker am Festhalten an den in der NS-Zeit durchgesetzten Zuchtprinzipien bis heute an[hält]".[92] Die „Buckfast-Biene" ist eine Zuchtrasse der Westlichen Honigbiene (Apis mellifera), die von dem Benediktinermönch Adam Kehrle (1898–1996), genannt Bruder Adam, im englischen Kloster Buckfast ab 1916 gezüchtet wurde (s. unten).[93] Die aktuellen Richtlinien für das Zuchtwesen des Deutschen Imkerbundes bestätigen unter „3. Zuchtmaterial", dass „die heute in Deutschland verbreitete Landbiene [...] überwiegend Carnica-Charakter [zeigt]." Zur Bienenzüchtung dient das Körwesen, wobei unter Körung die Anerkennung der Nachzuchtwürdigkeit eines Bienenvolkes verstanden wird („9. Körwesen"). Die Körung erfolgt als Zuchtvolk (zur Nachzucht von Königinnen) und als Drohnenvolk (zur Erzeugung von Drohnen). Die Körung als Zuchtvolk erfordert Nachweise für Abstammung, Eigenleistung und Geschwisterleistung. Zur Eigenleistung zählen die Kriterien Sanftmut, Wabensitz, Winterfestigkeit, Frühjahrsentwicklung, Volksstärke und Schwarmtrieb. Nach diesen Richtlinien („3. Zuchtmaterial")

> „[erfolgt] die Zucht [...] im Rahmen anerkannter Zuchtpopulationen. Diese können
> 1. auf der Basis einer nach bestimmten Körpermerkmalen und/oder Nutzungseigenschaften stabilisierenden Selektion innerhalb einer geographischen Rasse oder
> 2. durch Kombination mehrerer geographischer Rassen und nachfolgender stabilisierender Selektion nach bestimmten Merkmalen und/oder Nutzungseigenschaften (Zuchtrasse)
> entstanden sein."[94]

Als Zuchtmethoden werden aufgeführt: Reinzucht, Kreuzungszucht, Kombinationszucht und kontrollierte Vermehrungszucht („4. Zuchtmethoden"). Unter „5. Anerkennung und Kontrolle der Züchter" heißt es: „Für jede anerkannte Population (Population Carnica und Population Buckfast) gibt es eine eigene Zuchtkarte." Im

Anhang der Richtlinien werden nun unter „Zuchtziele und Merkmalsbeschreibungen der anerkannten Zuchtpopulationen" die „geographische Rasse Carnica" und die „Zuchtpopulation Buckfast" gleichwertig aufgeführt.[95] Bereits anlässlich des Deutschen Imkertages am 11. Oktober 2015 äußerte sich der Präsident des Deutschen Imkerbundes, Peter Maske, in seiner Rede „Zur Lage der Bienenhaltung in Deutschland" dezidiert auch zum Thema Zucht und zeigte Toleranz unter anderem auch gegenüber der „Buckfast-Biene":

> „Derzeit werden in unserem Land überwiegend die Carnica-Rasse, die Buckfast-Biene und auch wieder die Dunkle Biene gehalten. Klar und deutlich betone ich: Der D.I.B. ist kein Zuchtverband, sondern ein Verband, offen für alle Imker und Imkerinnen, egal in welchem Beutensystem und mit welcher Biene sie imkern. Unsere Arbeit beruht auf gegenseitigem Respekt und Toleranz jedem gegenüber, der sich mit Bienen beschäftigt!"[96]

Ein Ausblick in die Gegenwart zeigt, dass der Streit um bienenzüchterische Fragen allerdings bis heute anhält. Aktuelles Beispiel ist das Kärntner Bienenwirtschaftsgesetz, das die Züchtung anderer Bienenrassen als die heimische „Carnica" untersagt und die Buckfast-Bienenzucht im Lande verbietet.[97] Neue Studien belegen, dass morphometrische Untersuchungen, wie sie Goetze entwickelt hat, die Forscher immer wieder zu falschen Schlussfolgerungen geführt haben und heutigen Anforderungen nicht mehr genügen. In den 1980er Jahren wurden in der Wissenschaft genetische Methoden immer weiterentwickelt, die die morphometrischen Methoden abgelöst haben und mehr Sicherheit bei der Rassenzugehörigkeit und dem Grad der Einkreuzung geben.[98] Auch haben moderne Methoden der Zuchtwertschätzung bei erwünschten Merkmalen der Honigbiene eine Steigerung des genetischen Fortschritts bewirkt.[99]

Nach dem Tode von Leonhard Birklein im Jahre 1959 wurde Heinrich Denghausen (1902–1964), Vorsitzender des Landesverbandes Hannover und erstmals ein Berufsimker, zum Präsidenten gewählt. Von 1965 bis 1968 übernahm Dr. Wolfgang Fahr (1906–1998), Vorsitzender des Landesverbandes Hessischer Imker, die Präsidentschaft und mit Werner Melzer (1927-2012) wurde wieder ein Geschäftsführer bestellt (bis 1982). In diese Zeit fiel die Verlegung der Geschäftsstelle regierungsnah nach Bonn. Außerdem wurde die Zeitschrift des D.I.B., die „Deutsche Bienenwirtschaft" 1966 durch die „Allgemeine Deutsche Imkerzeitung" ersetzt. Auf wissenschaftlichem Gebiet erschien ab 1970 die neue mehrsprachige Zeitschrift „Apidologie". Unter der Präsidentschaft von Fahr hatte 1967 die weltweite Imkervereinigung Apimondia die Einladung angenommen, ihren XXII. Internationalen Bienenzüchterkongress zwei Jahre später in München abzuhalten – den Festvortrag hielt Karl von Frisch, dem 1973 der Nobelpreis zugesprochen werden sollte. Mit den Vorbereitungen wurde der Veterinärmediziner Dr. Fridolin Gnädinger (1921–2009), Vorsitzender des Landesverbands Badischer Imker, beauftragt. Der D.I.B. trat der 1949 in Amsterdam gegründeten Vereinigung bereits Anfang der 1950er Jahre bei.

Wolfgang Fahr trat im Zusammenhang mit dem missglückten Versuch, einen orangefarbenen Gewährverschluss zur Honigvermarktung aus Mitteldeutschland einzuführen, zurück.[100] Dr. Fridolin Gnädinger übernahm 1968 die Präsidentschaft. Ihm gelang es, dass mit dem Vertragsabschluss zwischen der Gesellschaft für Absatzförderung der Deutschen Landwirtschaft (GAL) und dem D.I.B. für den deutschen Honig der Slogan „Aus deutschen Landen frisch auf den Tisch" verwendet werden durfte – ein Beispiel für weitere korporative Mitgliedschaften des D.I.B..[101] Im Jahre 1970 erweiterte der 1928 als Deutscher Berufsimkerbund e.V. in Soltau gegründete und auf Norddeutschland begrenzte Berufsverband (unterlag 1934 der Gleichschaltung) seine Aktivitäten auf ganz Deutschland (Deutscher Berufs- und Erwerbsimkerbund e.V.) und arbeitet seitdem mit dem D.I.B. eng zusammen. Eine Untersuchungsstelle für Bienenvergiftungen durch den Einsatz von Pflanzenschutzmitteln wurde 1977 von Celle an die Biologische Bundesanstalt in Braunschweig verlegt.[102]

Das Jahr 1977 sollte sich zu einer gewaltigen Herausforderung für die Imker entwickeln: das erste Auftreten der Varroamilben in Deutschland – eine den Fortbestand der Imkerei inzwischen weltweit bedrohende Seuche. Der Befall durch diese Milbenart wird „Varroose" (veraltet „Varroatose") genannt. Die „zerstörerische" Milbe *Varroa destructor* wurde im Jahr 2000 durch Anderson und Trueman beschrieben. Ursprünglich wurde der Parasit der bereits bekannten Art *Varroa jacobsoni* (Oudemans, 1904) zugerechnet, deren Verbreitungsgebiet in Südostasien liegt.[103] In der älteren Literatur ist daher dieser Name zu finden. Die Östliche Honigbiene *Apis cerana* stellte den ursprünglichen Wirt für *Varroa destructor* dar. Bei dieser Bienenart werden ausschließlich die Larven von Drohnen befallen.[104] Die Gattung Varroa war zunächst auf das tropische Ostasien beschränkt, wobei neben der Parasiten-Art *Varroa destructor* drei weitere Arten westlich bis Nepal beschrieben werden.[105] Hans Ruttner (1919–1979), Bruder von Dr. Friedrich Ruttner (1914–1998), beschrieb 1977 die Europäische Honigbiene (*Apis mellifera*) als „der Indischen jedoch bezüglich Honigleistung weit überlegen, daher wurde sie in die gemäßigten Zonen Ostasiens importiert. Dies bereitete vorerst keine Schwierigkeiten, da sie mit der *Apis cerana* nicht kreuzbar ist. Bald gab es aber bei *A. mellifera* Milbenbefall. Offenbar fand die Milbe auf dem neuen Wirt bessere Entwicklungsmöglichkeiten und verbreitete sich rasant."[106] In Japan fand man die Milbe erstmals 1958, vier Jahre später war sie bereits häufig.[107] Die weitere Verbreitung der Milbe wird von Hans Ruttner wie folgt beschrieben:

> „1964 wurde die Milbe im russischen Fernen Osten gefunden. Die in Ussurien gehaltenen *mellifica* [*mellifera*]-Bienen gelten als besonders winterhart und wurden vielfach nach Osteuropa re-importiert. Mit ihnen kam *Varroa jacobsoni*. Schon 1967 wurde sie in Bulgarien gefunden und soll 1974 bereits in der Hälfte der bulgarischen Landkreise verbreitet gewesen sein. Manche Bienenfarmen sind damals schon fast ausgestorben. 1975 fand man *V. jacobsoni* am rumänischen Ufer der Donau in einem Gebiet, dessen Akazienwälder mit Bienen von weither bewandert werden. 1976 wurde der Parasit in Siebenbürgen und Serbien nachgewiesen. Mit Bienentransporten aus Japan kam *V. jacobsoni* auch nach Paraguay. Mit Studienvölkern der *Apis cerana* wurde sie schließlich in den ersten Jahren direkt aus Pakistan oder China in das Institut für Bienenkunde nach Oberursel in Hessen (Bundesrepublik Deutschland) eingeschleppt, aber dort erst 1977 erkannt."[108]

Für Friedrich Ruttner – seit 1964 Nachfolger von Hugo Gontarski als Direktor des Instituts für Bienenkunde in Oberursel bis 1979 – war die Einschleppung und Verbreitung der Varroa-Milbe ein schwerer Schlag. Der damalige Präsident des D.I.B., Fridolin Gnädinger, beurteilte 1984 die Situation wie folgt:

> „Anfang 1977 wurden bei einigen Instituts-Völkern in Oberursel *Varroa*-Milben gefunden. Höchster Alarm! Prof. Dr. F. Ruttner stellte seine bisherigen Forschungen über Bienenbiologie, Paarung und Genetik um und konzentrierte sich auf die Ausmerzung des *Varroa*-Befallsherdes. [...] Es wird außerordentlich bedauert, daß die Varroatose in der BRD bei Bienenvölkern im Oberurseler Institut zuerst aufgetreten ist; sicherlich wäre sie wenige Jahre später auch gekommen."[109]

Friedrich Ruttner selbst äußerte sich 1980 im Rückblick zu der Problematik der ersten „Alarmsignale":

> „Diese Information [1976 Varroatose-Hinweise aus Sowjetunion, Bulgarien, Jugoslawien und Rumänien] löste am Institut Oberursel unmittelbar Aktivitäten aus, denn im Sommer 1976 waren 7 Königinnen der ‚Karpathenbiene' aus Rumänien bezogen worden. Die ‚Karpathenbiene' aus Rumänien stand in der Bundesrepublik neben anderen Stämmen aus Südosteuropa und Vorderasien schon seit vielen Jahren in hohem Ansehen, und es wurden von einer Reihe von Instituten und privaten Imkern wiederholt Königinnen aus Rumänien, der UdSSR sowie aus dem Carnica-Raum von Jugoslawien und Nordgriechenland (Mazedonien) bezogen. Sehr beliebt war um diese Zeit auch die Anatolische Biene. 1966 wurde vom Deutschen Imkerbund für ein groß angelegtes Selektionsprogramm eine Beschaffungsaktion von Bienenköniginnen aus Südosteuropa durchgeführt, in dessen Rahmen zahlreiche Königinnen aus diesem Gebiet in die Bundesrepublik gebracht wurden. Auch für Hybridprogramme, z.B. nach den Empfehlungen von BRUDER ADAM, spielten die Zuchtstämme aus diesem Raum die größte Rolle. Jedenfalls war um diese Zeit das ganze Gebiet zwischen den Alpen und Vorderasien mit den Rassen Carnica, Cecropia [griechische Biene], Karpathen- und Anatolische Biene und Caucasica das genetische Reservoir für die Bienenzüchtung in der Bundesrepublik."[110]

Zur Entdeckung des Varroa-Herdes im Jahr 1977 schrieb er:

> „Im Februar 1977 wurden auf Winterwindeln in Völkern des Instituts für Bienenkunde Oberursel (bei Frankfurt/Main) einige Varroa-Milben entdeckt. [...] Das war der Diagnosestand im März 1977. Zu diesem Zeitpunkt war die Milbe schon ganz wesentlich weiter verbreitet als man damals wußte. Die Entwicklung des Varroatose-Herdes im südlichen Hessen in den Jahren 1977–1980 ist darum weniger eine Geschichte der aktiven oder passiven Ausbreitung des Parasiten, als eine Geschichte der diagnostischen Untersuchungen. Ein Varroa-Befall bleibt in den ersten Jahren seines Bestehens solange unentdeckt, als man gezielt nach ihm sucht. Rückblickend kann mit Sicherheit festgestellt werden, daß schon zur Zeit der Entdeckung des zentralen Herdes im Frühjahr 1977 mehrere Sekundärherde bestanden, die z.T. erst mit großer zeitlicher Verzögerung aufgefunden wurden. [...] Schon im Frühjahr 1977 wurde klar, daß der Primärherd nicht durch Königinnen aus Rumänien des Jahres 1976 entstanden sein konnte. Dazu waren zu viele Völker in zu großer Entfernung von diesen Königinnen befallen. Über den konkreten Zeitpunkt der Einschleppung und deren Herkunft

> können nur Vermutungen geäußert werden. In den Jahren 1971–1975 erfolgten mehrere Importe von Cerana-Völkern aus Süd- und Ostasien. Deshalb wurde als nächstes vor allem daran gedacht. Als sich jedoch später herausstellte, wie weit verbreitet die Varroa in Südosteuropa und Kleinasien ist, war auch die Einschleppung von anderer Seite nicht auszuschließen. Im Nachhinein ist es praktisch unmöglich, eine sichere Aussage zu dieser Frage zu machen."[111]

Obwohl damals von Seiten des Instituts in Oberursel Sperrgebiete errichtet und befallene Völker abgetötet sowie die Forschung und Behandlung intensiviert wurden, konnte die Varroaverbreitung nicht eingedämmt werden. 1980 hatte sich der ursprüngliche Herd in Hessen – sofern es nur einen gab – in die umliegenden Bundesländer ausgebreitet.[112] Der „Siegeszug" der Varroa-Milbe mit hohen Völkerverlusten verlief rasant: „Vom Imker zunächst unbemerkt wurde sie von Bienenstand zu Bienenstand und von Volk zu Volk insbesondere durch das Verstellen von Bienenvölkern, den Schwarmvorgang sowie Verflug und Räuberei zwischen den Völkern verbreitet."[113] Die Bekämpfungsmaßnahmen wurden daher bis heute massiv ausgebaut und können in diesem Rahmen nicht näher dargestellt werden. An den Bieneninstituten wurden die Forschungs- und Untersuchungstätigkeiten intensiviert, europäische und internationale Forschungsprogramme wurden aufgelegt und Monitoringprojekte wurden beschlossen.

Nach 15-jähriger Amtszeit von Gnädinger wurde 1983 Dr. Erich Schieferstein (1934–2007), Vorsitzender des Landesverbands Hessischer Imker, zum Präsidenten des D.I.B. gewählt (bis 2004). Von 1982 bis 1984 übernahm das Vorstandsmitglied Rudolf Kinder (1918–1986) kommissarisch die Geschäftsstelle und 1984 wurde Jürgen Löwer (*1942) zum Geschäftsführer bestellt (bis 2007). Es erfolgte die Konsolidierung der Finanzen und die Planung für den Bau einer eigenen Geschäftsstelle „Haus des Imkers" in Wachtberg-Villip mit Fertigstellung im Jahre 1991. In die Zeit von Erich Schieferstein und Jürgen Löwer fiel das herausragende Ereignis der Wiedervereinigung beider deutscher Staaten.

Sowjetisch besetzte Zone und DDR

Die Entwicklung in der sowjetisch besetzten Zone und in der frühen DDR verlief anders als in Westdeutschland. Die Deutsche Demokratische Republik wurde am 7. Oktober 1949 gegründet, wenige Monate nach der Gründung der Bundesrepublik Deutschland. Hans Oschmann (1915–1999), der 1956 Leiter der „Lehr- und Forschungsanstalt für Bienenzucht" in Tälermühle (Thüringen) wurde, berichtete in seinem 1966 erschienenen Beitrag „Geschichte der Imkerei und der Imkerorganisationen" vom Aufbau der Imkerorganisation nach 1945 im Osten:

> „Das Land Brandenburg einschließlich Berlin hatte über die Hälfte, Sachsen rund 32 % der Bienenvölker gegenüber dem Stand von 1938 eingebüßt. Es galt, den Fortbestand der noch lebenden Bienenvölker zu sichern und schnellstens mit dem Wiederaufbau zu beginnen.

Zur Erledigung der mit dem Wiederaufbau zusammenhängenden organisatorischen Fragen wurde von der Besatzungsmacht bald die Bildung von Orts- und Kreisvereinen zugelassen. 1947 bildeten sich, auf diesen Anfängen aufbauend, die Landesverbände. Die einzelnen Landesverbände der sowjetisch besetzten Zone schlossen sich am 3. Januar 1947 in Berlin zum ‚Zentralverband der Kleintierzüchter, Fachabteilung Imker' zusammen. Der Zentralverband der Kleintierzüchter vereinigte 1947 in sich 5 Imker-Landesverbände mit 159 Kreis- und 953 Ortsvereinen, dazu kam Groß-Berlin mit 17 Imkerortsvereinen. In ihnen waren 44 300 Mitglieder organisiert, in Groß-Berlin 1 561 Mitglieder. Es gab zu dieser Zeit insgesamt 346 735 Bienenvölker."[114]

Die Fachabteilung Imker des Zentralverbandes der Kleintierzüchter legte sich am 22. Juni 1949 auf einer Zonentagung den Namen Deutscher Imkerbund (Ost) zu. Am gleichen Tag beschloß auf einer Zonendelegiertentagung der Zentralverband der Kleintierzüchter den Anschluss an die Vereinigung der gegenseitigen Bauernhilfe (VdgB). Innerhalb der VdgB bildeten die Imker die Zuchtgemeinschaft Bienen, angeleitet von Fachausschüssen. Der Anschluß an die VdgB dokumentierte, dass die Imkerei eine landwirtschaftliche Tätigkeit ist und keine rein liebhaberische Betätigung. Die gewonnene Anerkennung der Bienenhaltung als landwirtschaftliche Tätigkeit wurde auch dadurch unterstrichen, dass im Jahre 1949 von der Deutschen Wirtschaftskommission (DWK) im Rahmen der Ausbildungsbestimmungen für landwirtschaftliche Berufe Ausbildungsbestimmungen für den Imkerberuf erlassen wurden. 1952 wurden die Zuchtgemeinschaften aus der VdgB herausgelöst. Aus ihnen wurde der Verband der Kleingärtner, Siedler und Kleintierzüchter mit den einzelnen Fachrichtungen gebildet, der jedoch wegen ungenügender organisatorischer Vorarbeiten nach siebenmonatigem Bestehen aufgelöst wurde. Ihre Nachfolge traten die juristisch selbständigen Kreisverbände der Kleingärtner, Siedler und Kleintierzüchter an. Die Imker bildeten in ihnen Kreisfachkommissionen, die die Imkersparten in den Orten fachlich anleiteten und vertraten. Ab 1954 bildeten sich in den Bezirken und auf zentraler Ebene in den einzelnen Fachrichtungen Fachkommissionen als fachliche und rechtliche Vertretungen: die Bezirksfachkommissionen (BFK) Imker und die Zentrale Fachkommission (ZFK) Imker. 1959 erfolgte der Zusammenschluss aller Kleingärtner-, Siedler- und Kleintierzüchtervereinigungen im Zentralverband der Kleingärtner, Siedler und Kleintierzüchter (VKSK), worin die Imker eine Fachrichtung bildeten. Die Vertretung der Ortssparten Imker erfolgte im Rahmen der Kreisverbände durch Fachkommissionen. Fachausschüsse beschäftigten sich mit fachlichen und wirtschaftlichen Aufgaben. Die Fachrichtung Imker erfaßte organisatorisch etwa 45 000 Imker. Etwa zehn Prozent der Imker waren organisatorisch nicht erfasst. Seit 1. Oktober 1962 gab der Zentralverband der Kleingärtner, Siedler und Kleintierzüchter ein einheitliches Organ, die Zeitung „Garten und Kleintierzucht, Ausgabe C (für den Imker)" heraus.[115] Die beschriebene Organisationsform hatte bis zur Wende Bestand.[116] Die Bienenhaltung in der DDR zielte auf eine nebenerwerbsmäßige Imkerei ab, wobei auch Großimkereien entstanden.[117] Die Imker hatten sich auf die Planwirtschaft und die „Planerfüllung" einzustellen (Abb. 35), wie es beispielsweise bei der Einführung des Wirtschaftsplans 1949–50 ersichtlich war:

„Darüber, welchen speziellen Beitrag die Imker außer ihrer selbstverständlichen Berufserfüllung im Interesse des großen Werkes der Planerfüllung zu lösen haben, wird noch viel zu sprechen sein. Die Ortsvereine und Landesverbände sind aufgerufen, sich Gedanken über eine produktive Eingliederung der Bienenzucht in den Zweijahresplan zu machen. [...] Alle Imker sollten dabei sein, wenn es sich darum handelt: Mehr produzieren, um besser zu leben!"[118]

Lange vor dem Erscheinen der „Garten und Kleintierzucht, Ausgabe C (für Imker)" hatte die „Leipziger Bienenzeitung" ab Juli 1946 unter der Schriftleitung von Pfarrer Karl Krause ihr Erscheinen fortsetzen können – nun im 60. Jahrgang. „Auferstanden!"[119] hieß der Titel der März-Ausgabe 1947 unter Verwendung der gleichen Abbildung wie bei der März-Ausgabe 1944 mit dem Titel „Zum Licht!", in der der damalige Schriftleiter Richard Scholz noch geschrieben hatte: „Auch unserem deutschen Volk harrt die Stunde der Überwindung aller Not. Geh hin zur kleinen Biene und lerne von ihr!"[120] Ab 1951 erschien in der DDR als weitere Zeitung die „Deutsche Imkerzeitung". 1953 wurden beide wiederum unter dem Namen „Leipziger Bienenzeitung" vereinigt (bis 1962).

Die Eigenversorgung mit Honig und anderen Bienenprodukten sowie die Bestäubung von Nutzpflanzen war „Ziel aller staatlichen Bemühungen"[121]. Landwirtschaftliche Betriebe (VEG und LPG), welche die Bestäubungsleistung von Freizeitimkern in Anspruch nehmen wollten, haben für den Transport mit Bienenwanderwagen gesorgt und konnten Prämien pro Bienenvolk an die Imker zahlen (Abb. 36).
Die Beuten wurden der Normierung unterworfen und die Hinterbehandlungsbeute, auch „Blätterstock" genannt, wurde lange Zeit festgeschrieben. Im Jahr 1952 hatten sich die Imker in der DDR auf eine Vereinheitlichung der zahlreichen Beutentypen geeinigt, um die Austauschbarkeit zwischen den einzelnen Systemen zu gewährleisten. Die „Normbeute 52" wurde in den Wanderwagen (Bienenwagen) und Bienenhäusern verwendet. Der Lehrer Adolf Alberti (1846–1914) erfand den Blätterstock bereits 1873 und stellte diesen ein Jahr später auf der Wanderversammlung deutscher und österreichischer Bienenzüchter in Halle a. S. vor.[122] Alberti beschrieb 1887 in seiner Schrift „Die Bienenzucht im Blätterstock"[123] ausführlich diesen Beutentyp und gab später einen weiteren „Leitfaden"[124] für die Praxis heraus. Der „Blätterstock" vereinigte nach Alberti die Vorteile der „Berlepschbeute" und des „Gravenhorstschen Bogenstülpers" (s. Kap. 2). Im Gegensatz zur „Berlepschbeute" sind die beweglichen Waben der Hinterbehandlungsbeute nicht hintereinander, sondern nebeneinandergestellt, so dass dem Imker „die Waben wie die Blätter eines Buches zugänglich sind"[125]. Die Nachteile der Hinterbehandlungsbeuten lagen insbesondere in der Unflexibilität und räumlichen Beschränkung.[126] Erst ab 1978 gingen in der DDR auch Magazinbeuten, die von oben bedient wurden, in Serienproduktion.[127] „Hinzu kam der staatliche Aufkauf der Honigernte zu garantierten Festpreisen, die teilweise über dem Einheitsverkaufspreis in den HO-Läden lagen."[128] Für ihren geernteten Honig bekamen die Imker der DDR einen garantierten Festpreis von 14 Mark pro Kilogramm von staatlichen Honigaufkaufstellen (Abb. 37).

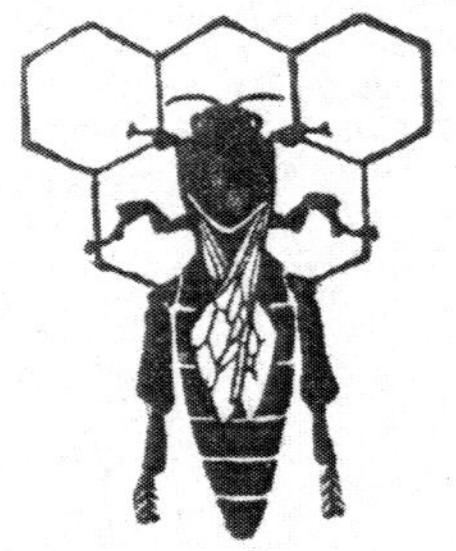

Leipziger Bienenzeitung

„Mitteilungsblatt der Deutschen Wirtschaftskommission, Hauptabteilung Land- und Forstwirtschaft in der sowjetischen Besatzungszone" – „Nachrichtenblatt der Landesverbände für Bienenzucht im Zentralverband der Kleintierzüchter Berlin-Charlottenburg 2, Hardenbergstraße 9 a, Sachsen, Sachsen-Anhalt, Mecklenburg-Vorpommern, Groß-Berlin-Brandenburg, Thüringen".
Erscheint am 1. des Monats in Leipzig.

Nr. 1 / 63. Jahrgang
Januar 1949

Der 2-Jahresplan fordert:

VERGRÖSSERUNG DER ANBAUFLÄCHE
VERBESSERUNG DER ERTRÄGE–DARUM .....
mehr Bienenvölker!

1938 = 100% (IN VÖLKERN)	1945 %	1948 %
MECKLENBURG 60 500	82	91
BRANDENBURG EINSCHL. BERLIN 145 500	41	43
LAND SACHSEN 102 200	68	81
PROV. SACHSEN-ANH. 72 400	83	86
LAND THÜRINGEN 76 700	84	82

1950
ÜBERERFÜLLUNG DES PLANSOLLS MIT 120%

Ohne Bienen geht es nicht!

Abb. 35: Leipziger Bienenzeitung 1949: „Der 2-Jahresplan fordert: Vergrößerung der Anbaufläche, Verbesserung der Erträge – Darum mehr Bienenvölker!".

Abb. 36: Wanderwagen in der DDR (1975).

„Der Honig konnte in großen Gebinden abgegeben werden, um die weitere Vermarktung brauchte sich der Imker nicht zu kümmern."[129] Die Qualitätskontrolle des angelieferten Honigs war allerdings sehr unterschiedlich. Als Durchschnittsertrag des Honigs pro Volk wurden in der DDR im Jahr 1955 2,7 Kilogramm (kg) angegeben (zum Vergleich: 1960 – 5,5 kg, 1965 – 8,9 kg, 1970 – 9,9 kg, 1973 – 11,3 kg).[130] Hans-Joachim Flügel äußert sich zur verwendeten Bienenrasse wie folgt: „Nach

Abb. 37: Honiganlieferung an die sparteneigene Ankaufstelle in der DDR (1975).

Vorversuchen mit verschiedenen Bienenrassen wurde auf dem Gebiet der DDR die Krainer Honigbiene, *Apis mellifera carnica* POLLMANN, 1897 verstärkt gefördert, da sich diese Honigbienenrasse am besten für die geänderte Landnutzung durch die sozialistische Agrarproduktion eignete."[131] 1965 wurde auf dem XX. Kongress die Vereinigung volkseigener Betriebe (VVB) als Vertreterkörperschaft der DDR-Bienenzucht in die Apimondia (Internationaler Verband der Bienenzüchtervereinigungen) aufgenommen. Nach dem Auftreten der Varroa-Milbe wurde der Bienengesundheitsdienst verstärkt ausgebaut: Ende Mai 1980 wurde im Umland von Berlin die Varroamilbe entdeckt, so dass die DDR ein großes Sperrgebiet verhängte. Hilfe ließ man sich von russischen Spezialisten kommen. Über die Herkunft der Varroa wurden damals verschiedene Vermutungen angestellt: Einschleppung von Königinnen durch Rentner aus dem Westen, Balkanreisende oder Angehörige russischer Garnisonen.[132]

Auf dem Gebiet der Bienenzucht arbeiteten in der DDR verschiedene Forschungsinstitute. Wie erwähnt, leitete Hans Oschmann ab 1956 die „Lehr- und Forschungsanstalt für Bienenzucht“ in Tälermühle, die 1969 nach seiner Entlassung ihren Betrieb einstellte. An der Karl-Marx-Universität Leipzig gab es ebenfalls eine Abteilung Bienenzucht und an der Humboldt-Universität in Berlin existierte eine Abteilung Bienenkunde, aus der das Bieneninstitut in Hohen Neuendorf hervorging. Zum Aufbau dieser Abteilung wurde Grete Meyerhoff (1913–2002) von Jan Gerriets berufen, der im Nationalsozialismus als preußischer Ministerialbeamter seines Amtes enthoben und nach dem Krieg Leiter des Instituts für Kleintierzucht an der Humboldt-Universität zu Berlin wurde (s. Kap. 6). Grete Meyerhoff studierte nach ihrer Ausbildung zur Imkergehilfin während des Zweiten Weltkrieges Biologie und promovierte kurz vor Kriegsende. 1954 habilitierte sie sich und wurde 1955 zur Dozentin sowie 1957 zur Professorin für Bienenkunde berufen. Während des Krieges war sie in der Redaktion der Bienenzeitung „Deutscher Imkerführer“ tätig, in die NSDAP war sie „noch vor 1933“ eingetreten.[133] „Sehr wohl können aber die beiden Tatsachen für ihre dreijährige Lagerhaft [im ehemaligen Konzentrationslager Sachsenhausen] verantwortlich sein.“[134] Über Inhaftierungen in ehemaligen KZ-Lagern nach dem Kriegsende wurde schon 1946 berichtet, beispielsweise über „Imker im KZ-Lager Auschwitz“:

> „Nach dem Zusammenbruch im Mai 1945 zog Kolonne um Kolonne Gefangener ostwärts. Soldaten und Zivilisten, unter denen sich 14jährige Jungen, gebrechliche Greise und schwerkriegsbeschädigte Männer befanden, wurden von den Russen ins KZ-Lager Auschwitz geführt, nach einer ärztlichen Untersuchung auf Arbeitsfähigkeit zu Kompanien formiert und auf Arbeit geschickt. Die Arbeitsunfähigen verblieben im Lager. Dazu zählte auch ich. […] Auch wir Imker fanden uns.“[135]

Eine Thematik, die weiterer Forschung bedarf, ist der Einfluss der „Lyssenko-Diskussion“ auf die Bienenzucht in der DDR. In den Nachkriegsjahren tauchten in den Bienenzeitschriften der DDR Artikel auf, die auf die ideologisch und politisch beeinflussten Lehren von Trofim Denissowitsch Lyssenko (1898–1976) und Iwan Wladimirowitsch Mitschurin (1855–1935) und deren Einflüsse auf die Bienenzucht eingingen. So erschien in der Bienenzeitschrift „Der Imker“ im März 1949 ein Aufsatz „Lyssenko und die Bienenzucht“, in dem ausführlich für die Lehre von der „Vererbung erworbener Eigenschaften“ geworben wurde.[136] Georg Dießner (1896–1960), Leiter der Abteilung für Bienenzucht an den Landwirtschaftlichen Instituten der Universität Leipzig, veröffentlichte noch im gleichen Jahr einen Aufsatz mit dem Titel „Mitschurin-Lyssenko – und der deutsche Züchter“:

> „Je mehr man sich als Imker an dem neuerdings wieder heftig geführten Kampfe um die wissenschaftlichen Streitfragen der Vererbung interessiert und an der zum Begriff gewordenen ‚Lyssenko-Diskussion' Anteil nimmt, um so ernster und tiefer denkt man über die Weiselzuchtfragen nach und kommt zur Meinung, daß wir bei den Zuchtbestrebungen um die ‚beste Biene' keineswegs uns nur auf die Mendel'schen Vererbungsgesetze einstellen dürfen, sondern der ‚Umwelt' (in der weitesten Auslegung!) starken Einfluß zurechnen müssen."[137]

Entsprechende Artikel, die in sowjetischen Zeitschriften erschienen sind, wurden übersetzt und publiziert, beispielsweise:

> „Entsprechend der Lehre Lyssenkos, daß Umgebung, Nahrung und sonstige äußere Verhältnisse die Vererbung beeinflussen, ergibt sich folgende Forderung: Jeder Imker muß klar erkennen, daß wir durch Verbesserung der Lebensverhältnisse unserer Bienen nicht nur auf die einzelne Familie einwirken und ihre Produktivität erhöhen, sondern auch ihre Vererbungsfaktoren verbessern."[138]

An der Frage „Sind erworbene Eigenschaften vererbbar?" entzündeten sich Ende 1948/Anfang 1949 auch Diskussionen, die in Bienenzeitschriften ausgetragen wurden, beispielsweise zwischen Wilhelm Harney (1875–1957)[139] und Friedrich Ziebarth[140] in der Zeitschrift „Deutsche Bienenzeitung". Der weitere ideologische Einfluss der Lyssenko-Lehre auf die Landwirtschaft in der DDR machte auch vor der Bienenzucht nicht Halt, wie dies in dem Beitrag „Biologische Forschung und Rassebienenzucht" Ende 1950 sichtbar wurde:

> „Was bedeutet die materialistische Richtung der Biologie für unsere Reinzuchtarbeit? Wir kommen zu folgendem Schluß: Unsere gesamte Züchtungsarbeit bekommt ein ganz anderes Gepräge, indem wir die Umwelt als den primären Faktor ansehen und ihn nicht dort suchen, wo er zufolge der Mendelschen Auffassung liegen soll."[141]

Der Einfluss Lyssenkos wuchs während der Stalin-Ära erheblich, nachdem er am 31. Juli 1948 auf der Tagung der Lenin-Akademie („August-Tagung") seine berüchtigte Rede mit dem Thema „Die Situation in der biologischen Wissenschaft" gehalten hatte.[142] Vermutlich blieben diese Diskussionen für die Bienenzucht in der DDR in der Praxis ohne größere Auswirkungen. Walter Ulbricht hatte schon bald nach der berüchtigten August-Tagung 1948, die den Lyssenkoismus verbindlich für die UdSSR zum ideologischen Maßstab für die Biologie erklärte, grünes Licht für die Weiterführung genetischer Forschungen auf der Basis der Mendel-Weismann-Morganschen Genetik gegeben. Der Genetiker Hans Stubbe (1902–1989)[143] hatte dies wohl stillschweigend erwirkt.[144] Hans Stubbe und seine Mitarbeiter setzten sich theoretisch und experimentell mit dem Lyssenkoismus auseinander und publizierten die kritischen Ergebnisse in den Jahren 1954–1956. Zugunsten kam Stubbe dabei sein internationaler Ruf und seine Stellung als Abgeordneter der Volkskammer der DDR.[145] Folge war, dass die Wissenschaft, der Schulunterricht und später auch die Theorie der SED zur wissenschaftlichen Genetik zurückkehrten. Die Mitschurin-Biologie wurde jedoch mit Rücksicht auf die Situation in der UdSSR nicht öffentlich kritisiert, sondern in einem „langsamen Prozeß der Reinterpretation und

Redefinition" abgeschafft.[146] Neben der Wiederbelebung der klassischen Genetik wurde gleichzeitig in Artikeln und Büchern die Mitschurin-Biologie aufrechterhalten. Ein Blick in die späten fünfziger und frühen sechziger Jahren zeigt, dass die Mitschurin-Biologie erneut Gegenstand der Diskussion über die Genetik war, die von Philosophen und SED-Parteiideologen geführt wurde.[147] Eine 1960 gegründete Arbeitsgruppe „Biologie-Philosophie" beschäftigte sich mit dem Lyssenkoismus, der Neurophysiologie und der Anthropologie (Pawlow-Diskussion).[148] Auf philosophischen Symposien in Leipzig (1959) und Berlin (1960 und 1962) nahmen Biologen erstmals kritisch zum Lyssenkoismus Stellung.[149] Einen gewissen Schlusspunkt der Diskussion setzte das Buch „Philosophisch-methodologische Probleme der Molekulargenetik" (1966)[150], in dessen Folge sich die SED endgültig von der Mitschurin-Biologie lossagte. Der herausragende DDR-Genetiker Hans Stubbe versuchte in der Folgezeit, die Ausbildung der Lehrer und die Lehrbücher zu revidieren sowie die verfolgten Genetiker zu rehabilitieren.[151]

Entwicklungslinien in Deutschland seit der Wende

Im Oktober 2015 veröffentlichte der Deutsche Imkerbund anlässlich des Zusammenschlusses der Imkerverbände aus Ost und West eine ausführliche Chronik mit dem Titel „25 Jahre gemeinsam für Bienen- und Naturschutz"[152]. Nach dem Mauerfall entstanden 1990 auf dem Gebiet der DDR – nach anfänglichem Wunsch eines eigenen Imkerbunds der DDR – neue Imkerlandesverbände.[153] Letztlich waren im Oktober 1990 auf der Vertreterversammlung des D.I.B. in Neuhaus am Solling die ostdeutschen Landesverbände Mitglieder des deutschen Imkerbundes e.V. geworden. Die Satzung des D.I.B. wurde entsprechend geändert und der Vorstand mit zwei Mitgliedern aus den ostdeutschen Landesverbänden erweitert: Wolf-Dieter Feldkamp (LV Mecklenburg-Vorpommern) und Dieter Paschke (LV Brandenburgischer Imker). Erich Schieferstein, Präsident des D.I.B., sagte hierzu: „Wenn wir mit den neugegründeten Verbänden nun zusammengehen, muss das in der Imkerschaft der DDR Bewährte, z.B. auf dem Gebiet der Zucht und die Darstellung der Imkerei sowie ihre[r] Erzeugnisse in der Öffentlichkeit, fortgesetzt und weiterentwickelt werden."[154] Zunächst nahm nach der Wende in den neuen Bundesländern die Zahl der Imkerinnen und Imker und die Zahl der Bienenvölker drastisch ab, da die staatliche Unterstützung wegfiel: 45 000 Imker in 1985, 13 010 in 1991, 10 457 in 1993, 9 717 in 1995, 9 238 in 1997 und 9 140 in 2003.[155] Die Wiedervereinigung Deutschlands brachte Verunsicherungen der ostdeutschen Imker mit sich, da der Honigabsatz unter dem Einfluss der freien Marktwirtschaft für sie ungewohnt war.[156] Zudem waren die Preise für neue Magazinbeuten und andere Materialien nicht gering. Im Wesentlichen entsprach die Imkerei in der DDR weder dem Standard in der BRD noch in Europa. Als wesentliche Gründe für die entstandenen Probleme wurden genannt: die Dominanz der Wanderwagen-Imkerei mit Hinterbehandlungsbeuten, später Einsatz der Magazin-Imkerei, Verwendung veralteter Gerätschaften, mangelnde Qualitätskontrolle des Honigs wegen der Abnahme durch Sammelstellen, mangelndes Wissen über Qualitätsstandards und Mangel an geeigneten Honigverpackungen.[157] „Heute ist jeder Bienenhalter, egal ob Berufs- oder Freizeitimker, mit seinem fachlichen und unternehmerischen Geschick gefordert, wenn er erfolgreich sein will."[158] Am 20. Oktober 1991 fand der erste gemeinsame Imkertag in Erfurt statt – ein Signal für die deutsche Einheit. Die Frage nach der Erzeugung von Qualitätshonig wurde in den 1990er Jahren intensiviert, die Werbearbeit mit einer eigenen Abteilung Presse-und Öffentlichkeitsarbeit beim D.I.B. ausgebaut und die Züchtung weiterentwickelt, insbesondere hinsichtlich der Bemühungen um Varroatoleranz. Im Jahr 2000 konnte der D.I.B. das 75-jährige Jubiläum des Imker-Honigglases feiern. Sieben Jahre zuvor war der Gewährverschluss umgestaltet worden: Anstelle des Adlers trat ein neues Logo mit Bienenkorb und Bäumen. An der Jahrtausendwende waren im D.I.B. etwa 86 000 Imker mit 816 000 Bienenvölkern organisiert.[159] Diese Zahlen gingen in den Folgejahren weiter zurück.[160]

Im Jahr 2004 kehrte die 1850 gegründete „Wanderversammlung" (s. Kap. 2) an ihren Gründungsort Arnstadt in Thüringen zurück. Nach über zwei Jahrzehnten Präsidentschaft von Erich Schieferstein wurde im gleichen Jahr der langjährige Vorsitzende des Landesverbands Badischer Imker, Ekkehard Hülsmann (*1945) Nachfolger. In seine kurze Amtszeit fiel die offizielle Wiedereröffnung des zwei Jahre zuvor geschlossenen „Deutschen Bienenmuseums Weimar". Nach seinem Rücktritt übernahm von 2005 bis 2008 Anton Reck (*1941), Vorsitzender des Landesverbands Württembergischer Imker, die Leitung des D.I.B. In seiner Amtszeit kamen im Zusammenhang mit dem geplanten Gentechnikgesetz die für die Imker wichtigen Fragen nach Haftung und Kennzeichnungspflicht auf – insbesondere im Hinblick auf die Pollen gentechnisch veränderter Pflanzen.[161] Unter der Präsidentschaft von Anton Reck wurde im Oktober 2007 die 100-Jahr-Feier in Frankfurt/Main ausgerichtet. Im gleichen Jahr übernahm Barbara Löwer die Geschäftsführung des D.I.B..

Ende 2008 wurde Peter Maske aus Franken zum Präsidenten des D.I.B. gewählt – eine Aufgabe mit weiterhin sehr komplexen Herausforderungen. Während der Präsidentschaft konnten 2015 zwei Jubiläen gefeiert werden: 90 Jahre Imker-Honigglas[162] und der Beitritt acht neu gegründeter Imker-/Landesverbände zum D.I.B. vor 25 Jahren. Weiterhin wurde der Gewährverschluss 2011 erneut umgestaltet mit der Möglichkeit regionaler Eindrucke. Die Entwicklungen der letzten Jahre haben deutlich gemacht, dass Politik und Medien den brisanten Bienenthemen großes Interesse entgegenbringen und dass die Imkerei mit politisch relevanten Themen weiterhin konfrontiert ist. Von Seiten des D.I.B. wird die EU-Agrarpolitik auf EU- und Bundesebene intensiv diskutiert. Anlässlich zahlreicher Veranstaltungen und in Positionspapieren wurden eine nachhaltige Landwirtschaft und der Schutz der Artenvielfalt gefordert: zur Agro-Gentechnik (11.7.2010), zu Pflanzenschutzmitteln (11.7.2010), zu Agrarumweltmaßnahmen (11.7.2010), zur Gemeinsamen Agrarpolitik 2014–2020 („Berliner Resolution vom 12.6.2012") und zum Thema „Zusammenhängender Lebensraum: NATUR BIENE MENSCH" („Echternacher Resolution vom 13.9.2012).[163] Im September 2018 legte der D.I.B. „weitere Vorschläge zur Gemeinsamen Agrarpolitik nach 2020" vor. Darin heißt es, dass „Beiträge zur Lösung der Probleme im Hinblick auf die Belastung von Boden und Wasser, die Erhaltung der Biologischen Vielfalt, die Stärkung der ländlichen Räume und den Klimawandel" geleistet werden müssen. Die „Bedeutung der Bienenvölker für die inzwischen anerkannten Ökosystemdienstleistungen in der Kulturlandschaft sollten dazu genutzt werden."[164]

Die Zahl der Arbeitsthemen des D.I.B. ist gewaltig. Sie können in diesem Rahmen nur beispielhaft angesprochen werden. Ein wichtiges Thema betrifft das Schlagwort „Bienensterben", das in den letzten Jahren die Medien und öffentlichen Debatten mit Hiobsbotschaften füllte. Darin drückt sich die Ansicht zu einem Gesamttrend aus, dass nicht überall, aber in vielen Regionen der Welt die Anzahl bzw. Dichte von Völkern der Westlichen Honigbiene (*Apis mellifera*) stark zurückgeht und dass dafür die globalisierten, industriell-technische Formen der Landnutzung (Monokulturen, Pestizide, Transport etc.) verantwortlich sind. Dies hat wegen ausbleibender Bestäubung durch die Bienen fatale Folgen für die Lebensmittelproduktion[165]. Als Fachterminus betrachtet, muss die These vom „Bienensterben" differenzierter betrachtet werden, da es überregional und regional sehr unterschiedliche Befunde von Zu- und Abnahmen der Dichte von Bienenvölkern gibt.[166] Als eine der Hauptursachen für Bienenvölkerverluste wurde die Varroamilbe identifiziert (s.o.). Nach anfänglichen Verlusten durch das Auftreten der Varroose blieb allerdings durch massiv veränderte imkerliche Praxis der Völkerbestand über viele Jahre relativ konstant.[167] Dennoch bleibt die Suche nach erfolgreichen Varroa-Bekämpfungswegen ein weiteres wichtiges Forschungsthema, da nicht zuletzt mit der Varroamilbe auch andere Bienenkrankheitserreger (verschiedene Virenarten) transportiert werden. Als sozioökonomischer Faktor kam hinzu, dass mit dem Ende des Sozialismus in Osteuropa zu Beginn der 1990er-Jahre die sozialistisch organisierte Infrastruktur in der Landwirtschaft zusammenbrach mit negativen Auswirkungen auf die Imkerei.[168] Zudem fand in den USA 2006/07 ein massives Bienensterben nach der Bestäubung der Mandelblüte im Sacramento Valley statt, das als CCD (Colony Collapse Disorder) große mediale Aufmerksamkeit erhielt. Diskutiert wurden in diesem Zusammenhang die Haltungsmethoden der Wanderimker, die gegen Bezahlung von einer Monokultur zur nächsten ziehen. In China gibt es bereits Regionen, wo nicht die Bienen, sondern die Obstbauern selbst die Bestäubung übernehmen. Dezentral gesteuerte Pestizideinsätze haben ganze Landstriche verseucht und wurden von den Wanderimkern gemieden. Notgedrungen bestäuben seither die betroffenen chinesischen Obstbauern mit Pinseln und Federn die Blüten ihrer Obstbäume selbst.[169] 2008 schreckte eine massive Bienenvergiftung im Rheintal auf, die mit der Aussaat von fehlerhaft behandelten Mais-Saatgutpartien zusammenhing. Das Braunschweiger Julius Kühn-Instituts stellte fest, es könne "eindeutig geschlossen werden, dass eine Vergiftung der Bienen durch Abrieb des Pflanzenschutzmittelwirkstoffs Clothianidin vorliegt"[170], das zur Wirkstoffgruppe der Neonicotinoide gehört. Der Einsatz von Neonicotinoiden – eine Gruppe hochwirksamer Insektizide, die selektiv auf Nervenzellen von Insekten wirken – steht seit längerem in der Kritik. 2008 betrug ihr Anteil am weltweiten Insektizidmarkt 24 % und an der weltweiten Saatgutbeizung 80 %.[171] Nachdem die Schädlichkeit dieser Stoffe für Wild- und

Honigbienen bestätigt wurde, hat die EU 2018 verboten, drei Neonicotinoide auf Äckern weiterhin zu versprühen (konkret handelt es sich um die Wirkstoffe Clothianidin, Thiamethoxam und Imidacloprid). Der D.I.B. ging in seiner Stellungnahme „Pflanzenschutzmittel und Bienenhaltung" ebenfalls auf diese Thematik ein.[172] Weiterhin wird der Einsatz des Totalherbizids Glyphosat diskutiert, von dem bisher angenommen wurde, dass es keine Auswirkungen auf die Bienengesundheit hat. In Experimenten wurde jedoch festgestellt, dass sich bei Kontakt mit diesem Totalherbizid die Mikroflora des Darms dahingehend veränderte, dass die Bienen anfälliger für eine bakterielle Krankheit wurden und mehr Bienen starben.[173] Die Ursachen für das Phänomen „Bienensterben" sind daher insgesamt vielfältig und miteinander verknüpft, somit multikausal. Heute wird der Begriff „Bienensterben" deutlich weiter gefasst und die Wildbienenarten werden in die Betrachtungen einbezogen – denn mehr als die Hälfte der zahlreichen Wildbienenarten in Deutschland und weltweit sind gefährdet (s. Kap. 10).

Ein aktuelles Thema stellt auch die „Gen-Biene" dar, bei der es um den Einsatz der Gentechnik, Patentschutz und Schutz der Züchtung geht.[174] Im Hinblick auf das Thema „Agro-Gentechnik" stellte der D.I.B. – wie der Deutsche Brauerbund – fest, dass „Gentechnik mit dem deutschen Reinheitsgebot nicht vereinbar ist" und der „Deutsche Imkerbund e.V. mit seiner über 90 Jahre gesetzlich geschützten Marke ‚Echter Deutscher Honig' weiter den Qualitätsanspruch auf Honig ohne Gentechnik" hat.[175] Ein weiteres problematisches Thema ist der Einsatz von Bienenwachs in der Imkerei – ein bedeutendes und notwendiges Betriebsmittel. Im Sommer 2016 wurde bekannt, dass „offensichtlich vermehrt verfälschtes Bienenwachs in Umlauf" ging, was zum „Zusammenbruch der Waben und zu Brutschäden in den Bienenvölkern" führte.[176] Die gestreckten Mittelwände enthielten rund 25 Prozent Stearin. Außerdem waren oder sind Mittelwände im Handel, die rund 90 Prozent Paraffin enthalten.[177] Ein weiteres Problem stellen die Rückstände in Mittelwänden dar, die vor allem aus der Varroabekämpfung entstanden sind, da Bienenwachs bestimmte Pestizide leicht aufnimmt. Regelmäßige Rückstandsuntersuchungen von Forschungsinstituten und Untersuchungsstellen zeigen, dass Honig selbst auch belastet sein kann. So wurden beispielsweise Mitte Mai 2018 im Rahmen der Lebensmittelüberwachung Honigproben aus dem Mannheimer Norden untersucht. Bei einer Anzahl Proben war der Honig mit polyfluorierten Chemikalien (PFC) belastet, so dass dieser nicht in den Verkauf kommen durfte. Weitere Untersuchungen sollten ergeben, ob es einen Zusammenhang zwischen dem Standort der Bienenvölker und PFC-belasteten Ackerflächen gibt.[178] Nicht nur Parasiten und Pestizide bedrohen die Honigbiene. Zahlreiche Krankheiten gefährden die Bienenbestände. So ist beispielsweise die Amerikanische Faulbrut, eine meldepflichtige bakterielle Brutkrankheit, unter Imkern gefürchtet. Nosema und Ruhr sind Darmerkrankungen der Biene, Kalkbrut eine Pilzerkrankung. Das Eindringen neuer Schädlinge, wie der ursprünglich aus Afrika stammende Kleine Beutekäfer (Aethina tumida) wird erwartet.

Die Jahresberichte 2016/17 und 2017/18 des D.I.B. weisen eine stattliche Liste weiterer Themen auf, die von der imkerlichen Praxis über Forschungsthemen bis hin zu rechtlichen Themen reichen. Um nur einige Problembereiche zu nennen: Gemeinsame Agrarpolitik der EU (GAP) hinsichtlich Landwirtschaft und Umwelt, Bienenkrankheiten, Bienenzuchtverfahren, Gentechnik und ähnliche Züchtungstechniken, Herkunfts- und Reinheitsfragen von Honig, Analyseverfahren von Honig, Wachseinsatz, Importdruck bei Honig, Naturschutzaspekte und Nahrungssituation, Berufsausbildungsfragen usw.. Von großer Bedeutung für die wissenschaftliche und praktische Weiterentwicklung der Bienenzucht ist die Zusammenarbeit mit den bienenwissenschaftlichen Instituten. Diese Verbindung von Theorie und Praxis in der Bienenhaltung ist historisch gewachsen (s. Kap. 2 und 5).

Honig ist nach wie vor ein sehr begehrtes Lebensmittel. Im Jahr 2017 produzierten die Imker aus Deutschland 28 600 t Bienenhonig, 2016 waren es lediglich 21 600 t.[179] Der durchschnittliche Pro-Kopf-Konsum von Honig in Deutschland im Jahr 2017 betrug 1,14 Kilogramm.[180] Im Jahr 2017 wurden allerdings in Deutschland insgesamt rund 94 500 t Honig zu Ernährungszwecken verbraucht. Der in Deutschland gewonnene Honig konnte somit im Jahr 2017 die Nachfrage nur zu etwa 30 Prozent decken. Betrachtet man den Honigbedarf, wird verständlich, dass Deutschland eine beträchtliche Menge Honig importierten musste. Die wichtigsten Lieferländer für Honigimporte nach Deutschland nach Importmenge im Jahr 2017 (in Tonnen) waren: Argentinien (14 117,1 t), Ukraine (14 920,5 t), Mexiko (13 721,8 t), Ungarn (6 079,0 t), Kuba (5 279,2 t), Bulgarien (4 854,0 t), China (4 710,5 t), Rumänien (4 528,5 t), Spanien (4 336,5 t) und Chile (3 731,0 t). Im Jahr 2017 wurden insgesamt 92 195,1 t Honig aus der Europäischen Union und Nicht-EU-Ländern eingeführt. Deutschland blieb somit auch im Jahr 2017 größter Honig-Importeur in der EU.[181] Der importierte Honig steht häufig bei den einheimischen Imkern als „Billighonig" in der Kritik.[182] Den Importzahlen stehen 23 889,2 t Honigexporte im Jahr 2017 gegenüber (davon 17 323,8 t in EU-Staaten).[183]

Das Selbstverständnis des Bundesverbands D.I.B. ist es, sich nicht an Einzelinteressen zu orientieren, sondern die Mehrheit der Imker im Auge zu behalten.[184] Wie bereits erwähnt verweisen die Richtlinien für das Zuchtwesen des Deutschen Imkerbunds bei der Verwendung des „Zuchtmaterials" auf Folgendes: „Die heute in Deutschland verbreitete Landbiene zeigt überwiegend Carnica-Charakter. Das in Verkehr gebrachte Bienenmaterial darf bei der Kreuzung mit der Landbiene zu keiner Verschlechterung der Verhaltenseigenschaften führen. Für neu anzuerkennende Zuchtpopulationen muß der Nachweis hierfür erbracht werden."[185] Neben den Carnica-Züchtern gibt es weitere Vereinigungen, die sich der Bienenzucht und -haltung widmen. So wurde etwa die „Gemeinschaft der europäischen Buckfastimker e.V." von Günter Ries 1976 in Kassel gegründet. „Der Ursprung der Buckfastbiene ist eine Kreuzung von vor 1920 zwischen der dunklen, lederbraunen Ligustica und der einstigen englischen Form der Mellifera. Br[uder] Adam [1898–1996] selektierte seinen Bienenstamm auf Leistungsfähigkeit, Fruchtbarkeit, Krankheitsfestigkeit und Winterhärte."[186] Die Gemeinschaft „versteht sich heute in erster Linie als Zuchtverband" und regt ihre Mitglieder „zu eigener Zuchtarbeit an, egal ob sog. ‚Basiszucht', Vermehrungszucht oder eigentliche Buckfastzucht nach dem Zuchtweg Bruder Adams" (s. Kap. 6). Ein weiterer „Zuchtverband Dunkle Biene Deutschland e.V." wurde 2013 gegründet und widmet sich dem Erhalt der Dunklen Biene (Apis mellifera mellifera).[187] Der Verband betreibt nach eigener Angabe ein Zucht- und Erhaltungsprogramm mit Schwerpunkt „Vitalität", pflegt eigene Linien, organisiert regionale Zuchtgruppen und bietet Lehrgänge an. Der Zuchtverband wurde 2015 durch die Vereinten Nationen (UN) im Rahmen der „UN-Dekade (2011 bis 2020) Biologische Vielfalt" ausgezeichnet. „Die Dunklen Bienen fliegen wieder" lautete die Überschrift eines Artikels. Sie „erober[n] Deutschland langsam wieder zurück"[188] (s. Kap. 2). In einigen isolierten Regionen Mitteleuropas hatte die Dunkle Biene überlebt, beispielsweise in Irland, Teilen Skandinaviens und auf einigen Inseln vor der Küste der Bretagne. Die Zuchtbemühungen werden nicht immer widerspruchslos hingenommen:

> „Doch nicht überall stoßen sie auf Zustimmung für ihr Anliegen: Viele fürchten eine Beeinträchtigung der guten Eigenschaften der Rückkehrerin. So hält sich hartnäckig das Gerücht, die Dunkle sei ‚spitz am Popo' – ein Ausdruck, der im Fachjargon besonders stechfreudige Bienen bezeichnet."[189]

Peter Maske vom Deutschen Imkerbund ist gegenüber dem Zuchtverband tolerant eingestellt und betont den „wichtigen Beitrag zur Erhaltung der Biodiversität".[190] Die Ausbreitung der Varroa-Milbe war Anlass für die Gründung des Vereins „Mellifera e.V." im Jahre 1986, der sich zum Ziel gesetzt hat, „die herkömmlichen Formen der Imkerei" zu überdenken, „Betriebsweisen und Konzepte" zu entwerfen, „um langfristig die Gesundheit der Bienen zu stärken". Nach ihrem Selbstverständnis setzt sich die Vereinigung für eine „wesensgemäße Bienenhaltung ein, welche sich an den natürlichen Bedürfnissen des Bienenvolks orientiert".[191] Darunter versteht der Verein unter Bezugnahme auf den „Bien als Ganzes" Folgendes:

> „Wesensgemäße Bienenhaltung orientiert sich an den natürlichen Bedürfnissen des Bienenvolks. Sie geht von der Erkenntnis aus, dass das Bienenvolk einschließlich seiner Waben ein Organismus ist, und respektiert den Bien in der Tradition Rudolf Steiner und Ferdinand Gerstungs als ein Ganzes. Das drückt sich insbesondere in der Wahrung der Integrität des Brutnestes, Naturwabenbau und Vermehrung über den Schwarmtrieb aus."[192]

10 Imkerei – ein neuer Boom?

Das Interesse an der Imkerei und am Thema Bienen hat seit einigen Jahren einen völlig neuen Aufschwung erfahren. Betrachtet man allein die Mitgliederzahl des D.I.B. und die Anzahl der Bienenvölker, so stiegen diese seit einigen Jahren wieder an: Mit Stand 31.12.2017 waren in den Mitgliedsverbänden des Deutschen Imkerbundes 114 500 Imkerinnen und Imker als Mitglieder gemeldet. Dies entspricht einer Steigerung zu 2016 von 5,81 Prozent. Die Steigerungsrate der Mitglieder war Mitte der 2010er Jahre besonders hoch. 2015 beispielsweise betrug sie deutschlandweit 5,99 Prozent. Besonders die Städte Berlin (17,27 Prozent) und Hamburg (25,94 Prozent) verzeichneten 2013/14 enorme Zuwächse.[1]

Ende 2017 waren beim D.I.B. etwa 870 000 Bienenvölker gemeldet.[2] Der Anstieg der Völkerzahl ist erst seit etwa fünf Jahren leicht und stetig zu verzeichnen. Von 2016 auf 2017 waren es sogar 6,22 Prozent. Gemessen an der Bienenvölkerzahl liegt Deutschland in der EU an siebter Stelle, wobei Spanien mit seiner stark vertretenen Berufsimkerei den Spitzenplatz einnimmt. Aus Sicht des D.I.B. spiegelt sich der hohe Zuwachs an Mitgliedern in den Völkerzahlen nicht wieder, da gerade von Neumitgliedern nur wenige Völker gehalten werden. Pro Mitglieds-Imker wurden lediglich 6,9 Völker gezählt (Abb. 38).[3]

Die durchschnittliche Ernte pro Volk (Mitglieder) belief sich auf 32,36 kg (Stand 31.12.2017). Die Verteilung der Anzahl der gehaltenen Bienenvölker pro Mitglied ist seit Jahren mehr oder weniger unverändert. D.h. zwei Drittel der Mitglieder des D.I.B., zu denen auch überwiegend die Mitglieder des Deutschen Berufs- und Erwerbs-Imkerbundes e.V. gehören, halten zwischen ein und zehn Völker. Die Anzahl der Imker, die mehr als 150 Völker halten und von Seiten der EU als Berufsimker eingestuft werden, betrug weniger als 0,1 Prozent. Die höchsten Völkerzahlen pro Imker finden sich im Jahr 2017 in Mecklenburg-Vorpommern und Brandenburg, die geringsten in Berlin und Hamburg. Ein Vergleich der Bienendichte (Völkerzahlen pro km^2) ergibt nahezu ein umgekehrtes Bild: Brandenburg (0,88), Mecklenburg-Vorpommern (0,78) und Sachsen-Anhalt (0,73) liegen hier am Ende der Skala, während Berlin (7,95) und Hamburg (6,78) an der Spitze liegen. Als Bundesdurchschnitt wurden 2,22 Völker pro km^2 verzeichnet.[4]

Die Altersstruktur der Imker hat sich in den letzten Jahren geringfügig nach unten bewegt und lag 2017 bei 55,93 (2008 bei 59,67), der Anteil der Jungimker unter 18 Jahren lag in den letzten Jahren zwischen 1,8 und 2,1 Prozent der Mitglieder. Der D.I.B. sieht in der Altersstruktur keine besorgniserregende Entwicklung, „denn die Imkerei war schon früher überwiegend eine Beschäftigung für die ältere Bevölkerungsgruppe. In der Landwirtschaft wurde sie im 19. bis zu Beginn des 20. Jahrhunderts von den Altbauern durchgeführt."[5] Erstaunlich ist der Anteil der

Abb. 38: Bienenstand auf dem Land mit Zander-Magazinbeuten (2018).

Imkerinnen an der Gesamtmitgliederzahl, der in den letzten fünf bis sechs Jahren enorm angestiegen ist. Betrug der Anteil 2009 noch 5,07 Prozent, so stieg er in 2017 auf rund 18,85 Prozent. In den Großstädten war der Anteil von Anfang an überdurchschnittlich hoch: Berlin 31,6 Prozent und Hamburg 32,1 Prozent. Vermutlich weisen die Zahlen in anderen Großstädten in die gleiche Richtung.[6]

Die Biene ist für die Menschen zum Symboltier für die Verletzlichkeit des Ökosystems geworden. Das Schlagwort „Bienensterben" hat viel Aufmerksamkeit auf die Biene und die Imkerei gelenkt. Dies zeigt sich nicht nur anhand der deutschlandweit steigenden Mitgliederzahl des D.I.B.. Das Interesse, das den Bienen in den letzten Jahren entgegengebracht wurde, spiegelt sich auch in zahlreichen Fachbüchern, der bellestristischen Literatur, in Filmen über Bienen sowie in Spielen für Kinder wider. Besonders markant sind die zahlreichen Initiativen, die das Imkern in der Stadt zum Ziel haben.

In den Großstädten wie Berlin und Hamburg brach Anfang der 2010er Jahre eine ausgesprochene Boomphase der Imkerei an. Imkern wurde als „trendiges Hobby junger Leute in der Stadt" entdeckt, die dem „Altmännerhobby" Flügel verliehen.[7] „Urban Imkering" und „Urban Beekeeping" heißt dieser Trend (Abb. 39).

Abb. 39: Stadtimkerei in Hannover am Waterlooplatz.

Der Zukunfstforscher Matthias Horx stellte bereits 2008 hierzu fest: „Junge Großstädter entdecken ein altes Hobby wieder: das Imkern.“[8] Horx ordnete diese Betätigung – neben „grünen Energien“ und „Netzmacht“ (Internet-Computer-Bereich) – dem Megatrend „Back to the basics“ zu und prognostizierte: „Menschen werden sich wieder mehr mit den Grundlagen ihres Daseins beschäftigen“.[9] Die urbane Imkerei, die junge Menschen in Deutschlands Großstädten entdeckten, war für andere Großstädte im Ausland seit Jahrzehnten bereits Realität. Als einer der Pioniere der Stadtimkerei gilt der Pariser Theaterdekorateur Jean Paucton. Seit 1985 fliegen seine Bienen vom Dach der Garnier-Oper in die Parks der französischen Hauptstadt. Als Preis des als „Beton-Honig“ („Miel Béton“) angebotenen Produkts wurden 15 Euro pro 125 Gramm angegeben.[10] „Hoch über den Schluchten aus Glas, Stahl und Beton“ im New Yorker Stadtteil Manhatten liegt der Arbeitsplatz mit mehreren Bienenvölkern des ehemaligen Busfahrers David Graves. Etwa um das Jahr 2000 hatte er die Marktlücke entdeckt und seinen Honig als Marke schützen lassen: „New York City Rooftop Honey“.[11] In Deutschland ist der Sozialwissenschaftler und Wirtschaftsjournalist Marc-Wilhelm Kohfink einer der Vorreiter der Stadtimkerei.[12] Er hält seit 1999 in Berlin an verschiedenen Orten Bienen und bildet in Kursen regelmäßig Stadtimker aus. Auf der Dachterrasse des Redaktionssitzes des Deutschen Bienen-Journals in Berlin betreut die Redaktion seit 2009 mehrere Bienenvölker.[13] Ein weiterer Pionier unter den Hamburger Stadtimkern ist Georg Petrausch, der seit über 30 Jahren Bienen auf dem Dach des Kulturzentrums Motte in Ottensen hält.[14] In Frankfurt am Main betreibt die Künstlergruppe „finger“ seit 2008 eine Stadtimkerei auf dem Dach des Museums für Moderne Kunst. In Zusammenarbeit mit Imkern bzw. Imkervereinen kommen beispielsweise Schulen, Horte oder Behinderteneinrichtungen mit der Bienenhaltung in Kontakt, so dass die Imkerei Mensch, Stadt und Natur vernetzt.[15] Zahlreiche Initiativen sollen dazu beitragen, dass den Bienen vielfältige Lebensräume bereitgestellt werden. So stellt beispielsweise die Initiative „Berlin summt“ eine Kooperation mit erfahrenen Berliner Imkern und Hausbesitzern dar. Die Initiative „wirbt um Aufmerksamkeit der Berliner für ihre Stadtnatur“, dafür, „unsere Abhängigkeit von funktionierenden Ökosystemen zu begreifen“.[16] Die Initiative ist seit Ende 2010 deutschlandweit aktiv: „Deutschland summt“[17].

Einige alteingesessene Großstadtvereine, wie beispielsweise der Berliner Imkerverein Neukölln 1923 e.V. oder der 1934 gegründete Imkerverein Hamburg Rechtes Alsterufer sind Beleg dafür, dass die Stadtimkerei nicht nur neuer Trend ist, sondern auch lange Tradition hat.[18] Die Stadtimkerei ist inzwischen nicht nur in New York, Washington, Toronto, Vancouver, Tokio, London, Paris, Berlin, Hamburg oder München vertreten. Michelle Obama hat Bienenvölker im Garten des Weißen Hauses aufbauen lassen, auch auf dem Berliner Abgeordnetenhaus schwirren die Bienen.[19] Winfried Kretschmann, Ministerpräsident in Baden-Württemberg, hat 2011 in Stuttgart „Regierungsbienen“ losgelassen, die „Regierungshonig“ produzieren.[20] Der Trend der urbanen Imkerei hat inzwischen auch mittelgroße Städte erfasst. Mit ihrer Arbeit wollen die Imker im Wesentlichen die Natur und eine der wichtigsten Insektenspezies schützen, meist steht der Verkauf von Honig gar nicht im Vordergrund.[21]

Urbane Imkerei ist inzwischen eine große Bewegung geworden, die sich als Teil urbaner Landwirtschaft versteht. Für das Imkern in der Stadt werden gute Gründe aufgeführt.[22] Offensichtlich fühlen sich die Bienen wohl. Neben Parkanlagen, Hausgärten, Friedhöfen, Alleen, verwilderten Grundstücken und Gründächern kommen selbst Verkehrsinseln und Balkonpflanzen als Trachtquellen infrage. Außerdem ist das Klima in den Städten um 2 bis 3 Grad Celsius wärmer als das Umland. Daher sind die Bienen im Frühjahr zeitiger und im Herbst länger unterwegs und finden entsprechend ein vielfältigeres Tracht- und Pollenangebot. Auf dem Land bieten sich Bienen häufig nur Monokulturen und totes Grünland. Obwohl für die meisten Stadtimker diese Betätigung nur Hobby darstellt, erzielen sie für ihren produzierten Honig deutlich höhere Preise als die Landimker. Als weiteres Argument wird aufgeführt, dass die Stadtimkerei unbürokratischer sei, da die Imker weder auf Naturschutzgebiete (Naturschutzrecht) noch auf Landstriche achten müssen, in denen reinrassige Bienen gezüchtet werden. Auch wird betont, dass Stadthonig rückstandsarm sei, da in der Stadt weniger Pflanzenschutzmittel versprüht werden. Der Honigernteertrag soll deutlich höher als bei den Landimkern liegen. Marc-Wilhelm Kohfink gab in seiner Buchpublikation im Jahre 2010 für Berlin bis zu 47 kg und für Hamburg 40 kg Honig jährlich pro Volk an.[23] Die „Frühtrachternte 2018" beispielsweise ergab für ganz Deutschland 21,1 kg Honig pro Volk (Imkereien mit Ernte), Berlin erzielte 23,6 kg (149 Meldungen, 1 334 Mitglieder D.I.B. Ende 2017) und in Hamburg waren es 20,0 kg (72 Meldungen, 912 Mitglieder D.I.B. Ende 2017).[24]

Wie der Anstieg der Mitgliederzahl des D.I.B. unmissverständlich zeigt (s. oben) ist der Trend zum Imkern nicht nur auf die großen und mittleren Städte begrenzt. Insgesamt ist das Interesse am Hobbyimkern größer geworden und die Imkerkurse werden gut besucht. Je nach Aktivitäten der Landesverbände und einzelner Imkervereine gibt es beim Interesse am Hobbyimkern regionale Unterschiede. Die Berichterstattungen in den Medien über das Bienensterben hat die breite Öffentlichkeit sensibilisiert und auch das Umweltbewusstsein gestärkt. Zumal die riesige Bestäubungsleistung der Bienen nicht zu verkennen ist:

„Rund 80 % der 2.000–3.000 heimischen Nutz- und Wildpflanzen sind auf die Honigbienen als Bestäuber angewiesen.

Der volkswirtschaftliche Nutzen der Bestäubungsleistung übersteigt den Wert der Honigproduktion um das 10- bis 15-fache. Dies sind rund 2 Milliarden Euro jährlich in Deutschland und 70 Milliarden US-Dollar weltweit.

Damit sind Bienen eine der 3 wichtigsten Nutztiere neben Rind und Schwein.

Auch Obst und Gemüse profitieren deutlich, denn Erträge und Qualitätsmerkmale wie Gewicht, Gestalt, Zucker-Säure-Gehalt, Keimkraft, Fruchtbarkeit und Lagerfähigkeit werden deutlich gesteigert."[25]

Im Jahresbericht 2016/17 des D.I.B. wurde eine Sättigung der Boomphase der Imkerei in den Städten Berlin und Hamburg angenommen. Die Verbände Berlin und Hamburg, die mit Blick auf den Mitgliederanstieg in 2013/14 noch im Boom lagen (s. oben), verzeichneten in 2015/16 „einen rapiden Rückgang der Steigerungsrate". Es sei „dies damit verbunden, dass die Städte voller Bienenvölker sind und eine weitere Ausweitung schwerlich möglich ist [Berlin: 7,44 Prozent und Hamburg 4,14 Prozent Mitgliederanstieg]. Mittlerweile gibt es bereits ein erstes Urteil zum Verbot der Bienenhaltung auf dem Balkon."[26] Die Anzahl der Imker in beiden Großstädten stieg allerdings im Jahr 2017 zu 2016 wieder überproportional an (Berlin: 11,35 Prozent, Hamburg: 9,88 Prozent).[27] Kritik wurde auch von Seiten des Naturschutzes geäußert: „Der Honigbiene geht's teilweise schon fast zu gut – jedenfalls in

Abb. 40: Wildbienenstand (2018).

der Stadt."[28] Das Leben zu vieler Bienenvölker auf engem Raum könne die Gefahr von Krankheitsübertragungen erhöhen und anderen Arten schaden.

Diese Kritik zielt insbesondere auf die Wildbienen ab. Wildbienen sind Insekten, die im Gegensatz zu der staatenbildenden Honigbiene meist als Einzelgänger (solitär) unterwegs sind – abgesehen von den Hummeln (Abb. 40).

Die Artenvielfalt dieser Bestäuber ist immens: In Deutschland kommen etwa 560 solitäre Arten vor, in Europa sind es rund 1 965 Arten und weltweit sind es mehr als 20 000 Arten.[29] Mehr als 50 Prozent aller Wildbienenarten sind weltweit bedroht. Ähnliches gilt für Deutschland. Die Gründe liegen im Siedlungs- und Straßenbau und in der Intensivierung der Landwirtschaft. Forschungsstudien zeigen, dass für die Bestäubung unserer Kulturpflanzen die Honigbienen allein nicht ausreichen. Überall auf der Erde erhöhen Wildinsekten den Fruchtansatz und damit die Erträge, selbst wenn bereits viele Honigbienen ein Feld besuchen.[30] Der geschätzte Wert der Insektenbestäubung insgesamt für die europäische Landwirtschaft wird auf etwa 22 Milliarden Euro jährlich geschätzt.[31] Biodiversität und landwirtschaftliche Produktion sind eng verknüpft. In den Agrarlandschaften ist die Artenvielfalt der Bestäuber daher von großer Bedeutung. Für die landwirtschaftliche Produktion werden in jüngerer Zeit auch andere bestäubende Bienen als die Honigbienen, wie z. B. Hummeln und Mauerbienen eingesetzt. Die Gestaltung nachhaltiger landwirtschaftlicher Verfahren schafft Lebensräume für Honigbienen und Wildbienen. Verantwortungsvoller Umgang mit dem Thema Biene muss daher Hilfen auch für Wildbienen einschließen. Im Jahr 1992 unterzeichneten 192 Staaten die „Internationale Strategie zur biologischen Vielfalt". Die „Deutsche Strategie zur biologischen Vielfalt" gibt es seit 2007.[32] Neue Initiativen im städtischen Bereich, die unter den Begriffen „urban farming" und „urbanes Gärtnern" bekannt geworden sind, verfolgen Konzepte[33], von denen auch die Wildbienen profitieren können.[34]

Sowohl Honigbienen als auch Wildbienen ernähren sich hauptsächlich von Blütenstaub und Nektar. Der Gedanke, dass „Konkurrenzsituationen um knappe Nahrungsressourcen zwischen Honig- und Wildbienen entstehen können"[35] ist daher naheliegend. Die Debatte um diese Nahrungskonkurrenz hat in den letzten Jahren an Fahrt aufgenommen. Eine realistische Einschätzung der Bestäubungsleistung von Wild- und Honigbienen bedarf allerdings fundierter Untersuchungen. In einer 2018 erschienenen Übersichtsarbeit wird die Honigbiene nach wie vor als bedeutendster Bestäuber angesehen – insbesondere in wichtigen landwirtschaftlichen Kulturen.[36] „Dennoch sind auch dort Wildbienen für eine stabile Fruchtbildung wichtig, daher ist eine Betrachtung der Wildbienen und Honigbienen als miteinander im Wettbewerb stehende Konkurrenten grundsätzlich wenig zielführend. Im Gegenteil – Wildbienen und Honigbienen ergänzen sich und erhöhen somit die Resilienz eines Agrarökosystems gegen Störungen von außen."[37] Auch zeigen neuere Untersuchungen, dass „die Gegenwart von Honigbienenvölkern das Vorkommen von Wildbienen nicht gefährdet".[38] Die „Arbeitsgemeinschaft der Institute für Bienenforschung" ist der Auffassung, dass „die derzeit verfügbare wissenschaftliche Datenlage [...] nicht den Schluss zu[lässt], dass die Präsenz von Honigbienen pauschal ein Risikomoment für Wildbienen darstellt". Daher hält sie „es für dringend geboten, im politischen Diskurs auf die nachweislich relevanten Gefahren für Wildbienen wie den Habitatsverlust, fehlende Nistgelegenheiten und Überdüngung [...] zu fokussieren"[39].

Anmerkungen

1 Imkerei vor dem Kaiserreich

1 Propolis oder Bienenharz stellt eine Mischung von Bienenwachs und Harzen dar, welche die Bienen von Blattknospen, Zweigen und Baumrinde sammeln.
2 Vgl. Matthias Lehnherr/Hans-Ulrich Thomas, Natur- und Kulturgeschichte der Honigbiene, Winikon, 2003, S. 86-87.
3 Der Aufstieg der Zuckerrübe als Zuckerlieferant begann mit Napoleons Kontinentalsperre von 1807 bis 1813. Diese Maßnahme verteuerte den Import von Zucker aus Zuckerrohr aus den Kolonien drastisch. Die Rübenzuckerindustrie blühte während der Kontinentalsperre auf, da Napoleon weitere Zuckerrübenfabriken bauen ließ und den Anbau von Zuckerrüben im großen Stil veranlasste.
4 Vgl. Lehnherr et al., Natur- und Kulturgeschichte der Honigbiene, S. 52-71.
5 Christian Konrad Sprengel, Dem entdeckten Geheimniss der Natur im Bau und in der Befruchtung der Blumen, Berlin, 1793.
6 Lehnherr et al., Natur- und Kulturgeschichte der Honigbiene, S. 87.
7 Vgl. Johach, Der Bienenstaat – Geschichte eines politisch-moralischen Exempels, in: Anne von der Heiden/Joseph Vogl (Hrsg.), Politische Zoologie, Zürich, Berlin, 2007, S. 219-233, S. 229.
8 ebenda, S. 229-230.
9 ebenda, S. 229.
10 Vgl. Carla Nicolaye, „Sed inter omnia ea principatus apibus." Wissen und Metaphorik der Bienenbeschreibungen in den antiken Naturkunden als Grundlage der politischen Metapher vom Bienenstaat, in: David Engels/Carla Nicolaye (Hrsg.), Ille operum custos – Kulturgeschichtliche Beiträge zur antiken Bienensymbolik und ihrer Rezeption, Hildesheim, Zürich, New York, 2008, S. 114-137, S. 136.
11 Vgl. Ulrike Kruse, Die fleißige und nützliche Biene. Natur als Gegenstand und Metapher in der Hausväterliteratur, in: Maren Ermisch/Ulrike Kruse/Urte Stobbe (Hrsg.), Ökologische Transformationen und literarische Repräsentationen, Göttingen, 2010, S. 59-95, S. 79.
12 Vgl. Johach, Der Bienenstaat – Geschichte eines politisch-moralischen Exempels, S. 230.
13 Vgl. Nicolaye, „Sed inter omnia ea principatus apibus." Wissen und Metaphorik der Bienenbeschreibungen in den antiken Naturkunden als Grundlage der politischen Metapher vom Bienenstaat, S. 137.
14 Kruse, Die fleißige und nützliche Biene. Natur als Gegenstand und Metapher in der Hausväterliteratur, S. 80.
15 Kathrin Ayass, Hört das Summen der Bienen, in: VielPfalz (2017) 3, S. 14-23, S. 18-19.
16 Zit. nach Lehnherr et al., Natur- und Kulturgeschichte der Honigbiene, S. 89.
17 Vgl. ebenda, S. 89.
18 Vgl. ebenda, S. 89.
19 Eva Crane, The World History of Beekeeping and Honey Hunting, New York, London, 1999, S. 381-382.

20 François Huber, Nouvelles observations sur les abeilles, Genève, 1792.
21 François Huber, Nouvelles observations sur les abeilles, Tome Second, Paris, Genève, 1814.
22 Vgl. Lehnherr et al., Natur- und Kulturgeschichte der Honigbiene, S. 90-91.
23 Henry Alley, The Bee-Keeper's Handy Book: Or Twenty-Two Years' Experience In Queen-Rearing, Wenham, Mass., 1883.
24 Gilbert M. Doolittle, Scientific Queen-Raring As Practically Applied, Chicago, Ills., 1889.
25 Vgl. Lehnherr et al., Natur- und Kulturgeschichte der Honigbiene, S. 102.
26 Karl v. Frisch, Tanzsprache und Orientierung der Bienen, Berlin, Heidelberg, New York, 1965.
27 Siehe auch: Tania Munz, Der Tanz der Bienen – Karl von Frisch und die Entdeckung der Bienensprache, Wien, 2018.

2 Bienenzucht für Kaiser und Vaterland

1 M. Weiß, Soldat und Imker, in: Bienenzeitung (Eichstädt) (1871) 4, S. 52-53.
2 Ewald Frie, Das deutsche Kaiserreich, Darmstadt, 2013, 2. Aufl., S. 1.
3 ebenda, S. 1.
4 Herbert Graf, Die bienenwirtschaftlichen Zeitschriften in Deutschland: Inaugural-Dissertation, Philosophische Fakultät der Universität Leipzig, Leipzig, 1935.
5 Zit. nach ebenda, S. 7.
6 Vgl. ebenda, S. 7-14.
7 Johann Dzierzon, Es tritt ein neuer Bienenfreund auf, in: Vereinigte Frauendorfer Blätter (1845) 46, S. 361.
8 Vgl. Graf, Die bienenwirtschaftlichen Zeitschriften in Deutschland, S. 14-16.
9 Irmgard Jung-Hoffmann, Johann Dzierzon, in: Die neue Bienenzucht (2003) 10, S. 308-310.
10 Irmgard Jung-Hoffmann, Johannes Mehring (1815–1878) und die „Kunstwaben", in: Die neue Bienenzucht (2003) 12, S. 381-382.
11 Irmgard Jung-Hoffmann, Franz von Hruschka und die Honigschleuder, in: Die neue Bienenzucht (2004) 1, S. 10-11.
12 Johann Dzierzon, Gutachten über die von Hrn. Direktor Stöhr im ersten und zweiten Kapitel des General-Gutachtens aufgestellten Fragen, in: Bienen-Zeitung (1845) 11, 12, S. 109-113, 191-121, S. 113.
13 Johann Dzierzon, Der neue Bienenfreund, in: Vereinigte Frauendorfer Blätter (1845) 52, S. 411-412, S. 412.
14 Irmgard Jung-Hoffmann, Durch Nachdenken erfand ich die Rähmchen – August von Berlepsch, in: Die neue Bienenzucht (2003) 11, S. 340-341.
15 Andreas Schmid/ Georg Kleine (Hrsg.), Die Bienenzeitung – das Organ des Vereins der deutschen Bienenwirthe – in neuer und gesichteter und systematisch geordneter Ausgabe, oder die Dzierzon'sche Theorie und Praxis der rationellen Bienenzucht nach ihrer Entwicklung und Begründung in der Bienenzeitung, Nördlingen, 1861.
16 Graf, Die bienenwirtschaftlichen Zeitschriften in Deutschland, S. 17.
17 J. G. Beßler, Illustriertes Lehrbuch der Bienenzucht, Stuttgart, 1896, 2. Aufl., S. 67. Anmerkung: Die 1. Auflage erschien 1887; es folgten sieben weitere überarbeitete Auflagen bis 1948.

18 Vgl. Graf, Die bienenwirtschaftlichen Zeitschriften in Deutschland, S. 17.
19 Vgl. ebenda, S. 17, 29. Anmerkung: Nach dem Tod von Andreas Schmid im Jahre 1881 übernahm der Lehrer Fr. W. Vogel die Redaktion der „Nördlinger Bienenzeitung". 1897 wurde nach dessen Tod Ferdinand Dickel Nachfolger.
20 Vgl. Erich Schwärzel, Durch sie wurden wir: Biographie der Großmeister und Förderer der Bienenzucht im deutschsprachigen Raum, Gießen, 1985, S. 45.
21 Graf, Die bienenwirtschaftlichen Zeitschriften in Deutschland, S. 29.
22 Hans Nachtsheim, Die Parthenogenese bei der Honigbiene – Ein historischer Ueberblick über den Kampf um die Dzierzonsche Theorie, in: Bienenwirtschaftliches Centralblatt (1913) 19, 20, 21, S. 298-300, 308-314, 324-328.
23 Zit. nach Graf, Die bienenwirtschaftlichen Zeitschriften in Deutschland, S. 18.
24 ebenda, S. 18.
25 ebenda, S. 18-19.
26 ebenda, S. 19.
27 Vgl. ebenda, S. 19.
28 Ludwig Armbruster war zwischen 1919 und 1966 Herausgeber des „Archiv[es] für Bienenkunde. Zeitschrift für Bienenwissen und Bienenwirtschaft" in insgesamt 41 Bänden.
29 Die „Münchener Bienenzeitung" erschien von 1879 bis 1918 und ging ab 1919 in der Zeitschrift „Bayerische Bienenzeitung" auf, welche bis 10/1923 erschien. Daraus entstand ab 11/1923 bis 12/1935 die „Bayerische Bienenzeitung/Die Bayerische Biene", aus der von 1/1936 bis 3/1943 „Die Bayerische Biene" hervorging. Danach ist sie in der Kriegsausgabe „Die Imkerpraxis" aufgegangen.
30 Vgl. Graf, Die bienenwirtschaftlichen Zeitschriften in Deutschland, S. 19.
31 ebenda, S. 38-39.
32 ebenda.
33 ebenda, S. 65-66.
34 ebenda, S. 121–122.
35 ebenda, S. 121.
36 Johann Nep. Oettl, Klaus, der Bienenvater aus Böhmen – Anleitung, die Bienen gründlich und mit sicherem Nutzen zu züchten, Prag, 1862, 4. Auflage.
37 Meier, Warum wir an unserer Bienenzucht festhalten müssen, in: Leipziger Bienen-Zeitung (1911) 1, S. 3-6, S. 3.
38 Pfarrer August Weilinger (1840–1908) war von 1888 bis zu seinem Tod Vorsitzender des „Bienenwirtschaftlichen Hauptvereins Thüringen" und treuer Anhänger von Ferdinand Gerstung. Quelle: Schwärzel, Durch sie wurden wir, S. 238.
39 Meier, Warum wir an unserer Bienenzucht festhalten müssen, S. 4.
40 Graf, Die bienenwirtschaftlichen Zeitschriften in Deutschland, S. 25.
41 Wilhelm August Otto Varenhorst war Jurist und Mitglied der überwiegend in Preußen aktiven Freikonservativen Partei und des preußischen Abgeordnetenhauses (12. Wahlperiode). Quelle: http://de.unionpedia.org/c/Liste_der_Reichstagsabgeordneten_des_Deutschen_Kaiserreichs_(12._Wahlperiode)/vs/Reichstagswahl_1907, 5.12.2016. Anmerkung: Die Freikonservative Partei stand politisch zwischen der traditionelleren Deutschkonservativen Partei und der Nationalliberalen Partei. Nach dem Ersten Weltkrieg wechselten ihre Anhänger überwiegend zur Deutschnationalen Volkspartei, ein kleinerer Teil ging zur Deutschen Volkspartei unter Gustav Stresemann.
42 Zit. nach Graf, Die bienenwirtschaftlichen Zeitschriften in Deutschland, S. 25-26.
43 A. Weilinger, Aufgaben und Früchte der Bienenzüchtervereine, in: Leipziger Bienen-Zeitung (1893) 3, 4, S. 71-74, 98-101, S. 71.

44 ebenda, S. 72.
45 ebenda, S. 72-73.
46 ebenda, S. 73, 100.
47 Ferdinand Gerstung, Der Bien und seine Zucht, Berlin, 1910, 4. Aufl., S. 13.
48 August Ludwig, Am Bienenstand, Berlin, 1931, 7. Aufl., Vorwort.
49 Joh. Oswald, Wie steht der Krieg?, in: Bienenzeitung (1899) 1, S. 3-5.
50 Wilhelm Harney, Ist der augenblickliche Grundton richtig gestimmt?, in: Deutsche Illustrierte Bienenzeitung (1909) 12, S. 220-223, S. 221.
51 ebenda, S. 223.
52 Vgl. A. Bohnenstengel, Der Deutsche Imkerbund: Sein Werden, Wachsen und Wirken, Berlin, 1932, S. 1.
53 Vgl. Irmgard Jung-Hoffmann, Die Bienenzucht im 18. und 19. Jahrhundert – eine Zusammenfassung, in: Die neue Bienenzucht (2003) 3, S. 89-90, S. 89.
54 ebenda.
55 Bohnenstengel, Der Deutsche Imkerbund, S. 1-2.
56 Vgl. Schwärzel, Durch sie wurden wir, S. 210-211.
57 Vgl. ebenda, S. 211.
58 Vgl. Bohnenstengel, Der Deutsche Imkerbund, S. 3.
59 Vgl. Schwärzel, Durch sie wurden wir, S. 34.
60 Vgl. Bohnenstengel, Der Deutsche Imkerbund, S. 3.
61 Zit. nach Graf, Die bienenwirtschaftlichen Zeitschriften in Deutschland, S. 132.
62 Zit. nach ebenda, S. 133.
63 Bohnenstengel, Der Deutsche Imkerbund, S. 3.
64 J. G. Beßler, Geschichte der Bienenzucht – Ein Beitrag zur Kulturgeschichte, Ludwigsburg, 1885, S. 145-146.
65 Bohnenstengel, Der Deutsche Imkerbund, S. 5-6.
66 ebenda, S. 4.
67 Vgl. Graf, Die bienenwirtschaftlichen Zeitschriften in Deutschland, S. 133-143.
68 ebenda.
69 Vgl. ebenda, S. 135.
70 Zit. nach ebenda, S. 135.
71 Andreas Schmid, Bericht über die am 12., 13. und 14. September zu Kiel abgehaltene XVII. Wanderversammlung deutscher Bienenwirthe, in: Bienenzeitung (Eichstädt) (1871) 21 und 22, 23 und 24, S. 245-268, 269-282, S. 245-246.
72 ebenda, S. 272.
73 Gregor Mendel hatte seine 1856 begonnenen systematischen Kreuzungsexperimente mit Erbsensorten 1866 veröffentlicht: Versuche über Pflanzen-Hybriden, in: Verhandlungen des Naturforschenden Vereines in Brünn (1866) 4, S. 3-47. Etwa 1870 begann Mendel unter wissenschaftlichen Gesichtspunkten Bienen zu züchten, indem er verschiedene Rassen durch gelenkte Begattung junger Königinnen kreuzte.
74 Andreas Schmid (1871), S. 249.
75 ebenda, S. 275.
76 Imker und 1860 Mitbegründer des „Vereins zur Hebung der Bienenzucht in Oberhessen“, ab 1869 Schriftleiter der „Biene“. Quelle: Schwärzel, Durch sie wurden wir, S. 43-44.
77 Promovierter Musiklehrer in Bonn, Vorsitzender des Bienenzuchtvereins Bonn und Vorstandsmitglied des „Rheinisch-Westfälischen Vereins für Bienenzucht“. Quelle: Schwärzel, Durch sie wurden wir, S. 177.
78 Berufsimker in Eystrup. Quelle: ebenda, S. 42.

79 Habilitierter und promovierter Zoologe an der Universität Gießen. Quelle: ebenda, S. 141.
80 Bohnenstengel, Der Deutsche Imkerbund, S. 6.
81 Vgl. Graf, Die bienenwirtschaftlichen Zeitschriften in Deutschland, S. 138.
82 Vgl. ebenda, S. 138.
83 ebenda, S. 139.
84 ebenda, S. 142.
85 ebenda.
86 Bohnenstengel, Der Deutsche Imkerbund, S. 8.
87 ebenda, S. 9.
88 ebenda, S. 7.
89 Vgl. ebenda.
90 ebenda, S. 12.
91 ebenda, S. 13.
92 Vgl. ebenda, S. 14.
93 Zit. nach ebenda, S. 14-15.
94 Zit. nach ebenda, S. 15.
95 W. Fitzky, Mahnung, in: Bienenwirtschaftliches Centralblatt (1897) 16, S. 241.
96 W. Fitzky, Geeint, in: Bienenwirtschaftliches Centralblatt (1897) 17, S. 257.
97 Friedrich Kühl/Heinrich Petersen, Gemeinsame Wanderversammlung, in: Bienenzeitung (Eichstädt) (1899) 5, S. 65.
98 Vgl. Bohnenstengel, Der Deutsche Imkerbund, S. 17.
99 ebenda, S. 18.
100 Irmgard Jung-Hoffmann, Imkerorganisationen zu Beginn des Jahrhunderts, in: Die neue Bienenzucht (2005) 2, S. 37-38, S. 37.
101 August Berlepsch, Baron von, Die Biene und die Bienenzucht in honigarmen Gegenden nach dem gegenwärtigen Standpunct der Theorie und Praxis, Mühlhausen (Thüringen), 1860, S. 108, 129, 180.
102 Ferdinand Gerstung, Über den Brutansatz der Bienenkönigin und was damit zusammenhängt, in: Bienenwirtschaftliches Centralblatt (1889) 16, 17/18, S. 242-244, 276-279, S. 279.
103 Ferdinand Gerstung, Der Bien und seine Zucht, Freiburg i.Br., Leipzig, 1902, S. 12.
104 Ferdinand Gerstung, Das Grundgesetz der Brut- und Volksentwicklung der Bienen, Bremen, 1890, 1. Aufl., S. 20-21.
105 Ferdinand Gerstung, Das Grundgesetz der Brut- und Volksentwicklung des Biens, Freiburg i.Br., Leipzig, 1902, 6. Aufl., S. 28.
106 Johannes Mehring, Das neue Einwesensystem als Grundlage zur Bienenzucht oder Wie der rationelle Imker den höchsten Ertrag von seinen Bienen erzielt. Auf Selbsterfahrungen gegründet, Frankenthal, Albeck, 1869.
107 ebenda, S. 38, 42.
108 ebenda, S. 15.
109 ebenda, S. 16.
110 ebenda, S. 85.
111 ebenda, S. 44-45.
112 ebenda, S. 22, 24.
113 Bohnenstengel, Der Deutsche Imkerbund, S. 19.
114 ebenda.
115 ebenda, S. 20-21.
116 Jung-Hoffmann, Imkerorganisationen zu Beginn des Jahrhunderts, S. 38.
117 Zit. nach Bohnenstengel, Der Deutsche Imkerbund, S. 22.

118 ebenda, S. 22-23.

119 „‚Burschen heraus!' (oder in der ursprünglichen Form ‚Bursche heraus!') ist ein studentischer Alarm- und Hilferuf, wenn ein einzelner Student angegriffen oder festgenommen werden sollte. Der Ruf ist um 1700 erstmals schriftlich belegt, war aber sicher schon früher in der Tradition des mittelalterlichen Alarmrufes ‚Thiod ute!' (‚Volk heraus!') an den ältesten Universitäten üblich. Aus dem Ruf entstand 1844 das gleichnamige Studentenlied. [...] Als Lied erscheint das ‚Burschen heraus' erstmals in Poccis Liederbuch von 1844; als Verfasser wird Franz von Kobell angenommen.

1. Burschen heraus! Lasset es schallen von Haus zu Haus!
   Wenn der Lerche Silberschlag grüßt des Maien ersten Tag,
   dann heraus, und fragt nicht viel, frisch mit Lied und Lautenspiel!
   Burschen heraus!
2. Burschen heraus! Lasset es schallen von Haus zu Haus!
   Ruft um Hilf' die Poesei gegen Zopf und Philisterei,
   dann heraus bei Tag und Nacht, bis sie wieder frei gemacht!
   Burschen heraus!
3. Burschen heraus! Lasset es schallen von Haus zu Haus!
   Wenn es gilt fürs Vaterland, treu die Klingen dann zur Hand,
   und heraus mit mut'gem Sang, wär es auch zum letzten Gang!
   Burschen heraus!

Die ursprüngliche Bedeutung des Rufes wird nur in der zweiten Strophe angedeutet, wo aber nun die Poesie (‚Poesei') um Hilfe gegen die spießbürgerliche Philisterschaft und die überkommenen Zöpfe ruft. In der letzten Strophe, die aus einer vormärzlichen Einheitsbewegung her zu verstehen ist, wird die alte Bedeutung des Rufes geradezu in ihr Gegenteil verkehrt, da nun nicht mehr nach studentischer Solidarität gegen willkürliche Übergriffe der Staatsmacht gerufen wird, sondern der Ruf mit dem Waffengang verknüpft wird. Dieses Lied erzeugt einen Bedeutungswechsel des Rufes, der sich in bewusster Anspielung auf die letzte Strophe schließlich in Aufrufen zum Deutsch-Französischen Krieg 1870/71, dem Ersten Weltkrieg und den Werbeplakaten für studentische Freikorps am Beginn der Weimarer Republik wiederfindet." Quelle: https://de.wikipedia.org/wiki/Burschen_heraus!, 16.12.2016.

120 Bohnenstengel, Der Deutsche Imkerbund, S. 23.

121 Gustav Gäbel war von 1898 bis 1903 und von 1907 bis 1912 Mitglied des Deutschen Reichstags für den Wahlkreis Königreich Sachsen 7 Meißen, Großenhain, Riesa für die „Deutschsoziale Reformpartei" (1898–1903, 10. Wahlperiode) sowie die „Deutsche Reformpartei" (1907–1912, 12. Wahlperiode). Quelle: https://de.wikipedia.org/wiki/Gustav_Gäbel, 16.12.2016. Anmerkung: Die „Deutschsoziale Reformpartei" (DSRP) war eine antisemitische Partei im deutschen Kaiserreich. Nach dem Erfolg der Antisemiten bei der Reichstagswahl von 1893, in der sie 16 Mandate gewonnen hatten, bemühten sich ihre Führer um die Bildung einer gemeinsamen Partei und Fraktion. Auf dem Parteitag in Eisenach am 7. Oktober 1894 schlossen sich die „Deutschsoziale Partei" und die „Deutsche Reformpartei" zur „Deutschsozialen Reformpartei" (DSRP) zusammen. 1900 kam es zur Spaltung und 1903 beschloss die „Deutschsoziale Reformpartei" sich wieder „Deutsche Reformpartei" zu nennen. Quelle: https://de.wikipedia.org/wiki/Deutschsoziale_Reformpartei, 16.1.2016.

122 Vgl. Jung-Hoffmann, Imkerorganisationen zu Beginn des Jahrhunderts, S. 38.

123 Bohnenstengel, Der Deutsche Imkerbund, S. 24; vgl. auch: Deutscher Imkerbund e.V., Ausgewählte Mitgliederzahlen des Deutschen Imkerbundes. Quelle: http://deutscherimkerbund.de/158-Geschichte_des_DIB, 17.10,2018.

124 Bohnenstengel, Der Deutsche Imkerbund, S. 38.
125 Vgl. ebenda, S. 24.
126 ebenda, S. 27.
127 Die 89. Wanderversammlung wurde 2016 in Salzburg durchgeführt. Die 90. Versammlung fand 2018 in Amriswil (Schweiz) statt.
128 Zit. nach: Deutscher Imkerbund e.V., 100 Jahre Deutscher Imkerbund e.V. – Eine Chronik zum Jubiläum, Wachtberg, 2007, S. 11.
129 ebenda.
130 Deutscher Imkerbund e.V., Ausgewählte Mitgliederzahlen des Deutschen Imkerbundes. Quelle: http://deutscherimkerbund.de/158-Geschichte_des_DIB, 17.10.2018.
131 Irmgard Jung-Hoffmann, Die erste Tagung des Deutschen Imkerbundes, in: Die neue Bienenzucht (2005) 3, S. 70.
132 ebenda.
133 Vgl. ebenda.
134 Satzung der Vereinigung der Deutschen Imkerverbände, in: Leipziger Bienen-Zeitung (1914) 9/10, S. 139-142.
135 Vgl. Jung-Hoffmann, Die erste Tagung des Deutschen Imkerbundes, S. 70.
136 Vgl. Irmgard Jung-Hoffmann, Paul Letocha, in: Die neue Bienenzucht (2004) 2, S. 51-52, S. 51.
137 Vgl. ebenda.
138 Vgl. ebenda.
139 ebenda, S. 52.
140 ebenda.
141 Vgl. Ulrich Herbert, Geschichte Deutschlands im 20. Jahrhundert, München, 2014, S. 27.
142 ebenda, S. 28.
143 Vgl. ebenda, S. 34.
144 Vgl. ebenda, S. 28–29.
145 Vgl. Irmgard Jung-Hoffmann, Bienenzucht im 20. Jahrhundert in Deutschland, in: Die neue Bienenzucht (2005) 1, S. 7-8, S. 7.
146 Zolltarifgesetz vom 15. Juli 1879, Deutsches Reichsgesetzblatt, Band 1879, Nr. 27, 207–244, https://de.wikisource.org/wiki/Gesetz,_betreffend_den_Zolltarif_des_Deutschen_Zollgebiets_und_den_Ertrag_der_Zölle_und_der_Tabacksteuer, 17.10.2018.
147 Zolltarifgesetz vom 22. Mai 1885, Deutsches Reichsgesetzblatt, Band 1885, Nr. 15, 93–107, https://de.wikisource.org/wiki/Gesetz,_betreffend_die_Abänderung_des_Zolltarifgesetzes._Vom_22._Mai_1885, 17.10.2018.
148 Vgl. Jung-Hoffmann, Paul Letocha, S. 52.
149 Zolltarifgesetz vom 25. Dezember 1902, Deutsches Reichsgesetzblatt, Band 1902, Nr. 52, 303–441, https://de.wikisource.org/wiki/Zolltarifgesetz._Vom_25._Dezember_1902_/_Zolltarif, 17.10.2018.
150 Senst., Umgehung des Honigzolls, in: Bienenzeitung (Nördlingen) (1899) 22, S. 349-350.
151 Zolltarifgesetz vom 25. Dezember 1902, Deutsches Reichsgesetzblatt, Band 1902, Nr. 52, 303–441, https://de.wikisource.org/wiki/Zolltarifgesetz._Vom_25._Dezember_1902_/_Zolltarif, 17.10.2018.
152 Jung-Hoffmann, Bienenzucht im 20. Jahrhundert in Deutschland, S. 8.
153 Nahrungsmittelgesetz (Gesetz, betreffend den Verkehr mit Nahrungsmitteln, Genußmitteln und Gebrauchsgegenständen) vom 14. Mai 1879, Reichsgesetzblatt, S. 145, https://de.wikipedia.org/wiki/Nahrungsmittelgesetz 17.10.2018.

154 Jung-Hoffmann, Bienenzucht im 20. Jahrhundert in Deutschland, S. 8.

155 R., Deutschlands Außenhandel mit Bienen, Honig und Wachs im Jahre 1907, in: Leipziger Bienen-Zeitung (1908) 5, S. 73-74.

156 Ludwig Armbruster, Die deutsche Bienenzucht vor dem Kriege – Statistische Untersuchungen und Anregungen zur Bienenbiologie und Bienenwirtschaft, in: Bienenwirtschaftliche Zeit- und Streitfragen (hrsg. vom Märckischen Imkerverband, Werbeausschuß), Frankfurt a. d. Oder (1918) Heft 1, S. 1-25, S. 17.

157 R., Deutschlands Außenhandel mit Bienen, Honig und Wachs im Jahre 1907, S. 74.

158 K. Günther, Wie wird sich in Zukunft der Honigpreis gestalten?, in: Leipziger Bienen-Zeitung (1917) 5, S. 76.

159 ebenda.

160 Höchstpreise für Bienenhonig, in: Deutsche Bienenzucht in Theorie und Praxis (1917) 8, S. 125.

161 BArch, R3601/591: Besprechung im Kriegsernährungsamt am 8. November 1916 über Bienenhonig (zu B I 8123) und Schreiben von Prof. Frey, 1. Präsident der Vereinigung der Deutschen Imkerverbände, vom 18. November 1916 an die Verbände (I-Nr. 1352); BArch, R8843/111: Schreiben des Präsidenten des Kriegsernährungsamtes (B I 8123) an die Vereinigung der Deutschen Imkerverbände, Prof. Frey, und an den K.Bayer. Landesinspektor für Bienenzucht, Herr Hofmann, vom 15. November 1916.

162 K. Günther, Wie wird sich in Zukunft der Honigpreis gestalten?, S. 76.

163 Vgl. Irmgard Jung-Hoffmann, Beratung über Bienenzuchtfragen in Berlin, in: Die neue Bienenzucht (2005) 4, S. 145-146, S. 145.

164 Neuester Honigfälscher-Prozeß in Hamburg, in: Praktischer Wegweiser für Bienenzüchter (1898) 11, S. 172.

165 Jung-Hoffmann, Beratung über Bienenzuchtfragen in Berlin, S. 145.

166 ebenda.

167 R. Pfister, Versuch einer Mikroskopie des Honigs – Forschungsberichte über Lebensmittel und ihre Beziehungen zur Hygiene, in: Pharm. (1895) 2 (1,2), S. 1-9, 29-35.

168 W. J. Young, Mikroskopische Untersuchung der Honigpollen: Uebersetzung des Bull. Nr. 110 des Bureau of Chemistry of the Departements of Agriculture U.S.A., March 1908, in: Zeitschrift des Vereins der deutschen Zucker-Industrie (1908) 632. Lieferung.

169 Carl Fehlmann, Beiträge zur mikroskopischen Untersuchung des Honigs mit spezieller Berücksichtigung des Schweizer Honigs und des in die Schweiz eingeführten fremden Honigs, Dissertation, Zürich, Bern, 1911.

170 Jung-Hoffmann, Beratung über Bienenzuchtfragen in Berlin, S. 146.

171 Ludwig Armbruster/G. Oenike, Die Pollenformen als Mittel zur Honigherkunftsbestimmung, Neumünster in Holstein, 1929.

172 Jung-Hoffmann, Beratung über Bienenzuchtfragen in Berlin, S. 146.

173 ebenda.

174 D. Breiholz, Zum Einheits-Honigglas, in: Leipziger Bienen-Zeitung (1916) 10/11, S. 153-156, S. 153.

175 ebenda, S. 156.

176 vgl. Schwärzel, Durch sie wurden wir, S. 29.

177 Karl Hans Kickhöffel, Am Wagstock, in: Leipziger Bienen-Zeitung (1930) 10, S. 232-236, S. 234-235.

178 Der schwedische Naturforscher Carl von Linné (1741–1783) gab der Honigbiene 1758 entsprechend der binären Nomenklatur zuerst den wissenschaftlichen Namen Apis mellifera L., d.h. die „Honigtragende". Schon 1761 besserte er allerdings in Apis mellifica L. um, was richtigerweise die „Honigmachende" bedeutet, da der Honig erst aus

dem Nektar entsteht. Nach der Prioritätsregel heißt die Honigbiene korrekt Apis mellifera L. 1758.

179 Vgl. Kaspar Bienefeld, Vergangenheit, Gegenwart und Zukunft der Bienenzüchtung in Deutschland, in: umweltjournal (2015) 58, S. 12-14.

180 Heute wird der Ökotyp der Deutschen Braunen Biene Apis mellifera mellifera mellifera genannt.

181 Hugo von Buttel-Reepen (1860–1933) hat ihr 1906 den wissenschaftlichen Namen Apis mellifera lehzeni gegeben. Heute wird der Ökotyp der Heidebiene Apis mellifera mellifera lehzeni genannt.

182 Heute wird der Ökotyp der Schwarzen (Alpenländischen) Biene Apis mellifera mellifera nigra genannt.

183 Vgl. Friedrich Ruttner, Naturgeschichte der Honigbienen, Stuttgart, 2003, 2. Aufl., S. 64.

184 ebenda, S. 55.

185 Lehnherr et al., Natur- und Kulturgeschichte der Honigbiene, S. 15.

186 Vgl. ebenda.

187 Johann Dzierzon, Der Zwillingsstock erfunden als zweckmäßige Bienenwohnung durch mehr als 50-jährige Erfahrung bewährt, Kreuzburg, 1890.

188 Vgl. Lehnherr et al., Natur- und Kulturgeschichte der Honigbiene, S. 97-98.

189 Vgl. ebenda, S. 99-100.

190 Vgl. ebenda, S. 101.

191 Zit. nach Ruttner, Naturgeschichte der Honigbienen, S. 57.

192 ebenda, S. 69-70.

193 Vgl. Bienefeld, Vergangenheit, Gegenwart und Zukunft der Bienenzüchtung in Deutschland, S. 12.

194 Vgl. Ruttner, Naturgeschichte der Honigbienen, S. 54.

195 L. Huber, Schicksal und Stechlust eines ital. Bastardschwarmes, in: Bienenzeitung (Eichstädt) (1871) 16 u. 17, S. 197-199.

196 Ruttner, Naturgeschichte der Honigbienen, S. 55.

197 Viebeg, Die italienische Biene, in: Vereins-Blatt des Westfälisch-Rheinischen Vereins für Bienen- und Seidenzucht (1872) 4, S. 57-58, S. 57, 58.

198 Ruttner, Naturgeschichte der Honigbienen, S. 56.

199 Vgl. Lehnherr et al., Natur- und Kulturgeschichte der Honigbiene, S. 14.

200 Vgl. z.B. Anton Himmer, Die Geschichte der Erlanger Nigra, in: Leipziger Bienen-Zeitung (1940) 5, S. 57-60.

201 Ludwig Armbruster, Zur Mehrfachbegattung der Weisel, in: Archiv für Bienenkunde (1953) 2. Halbjahresheft, S. 78-83.

202 Ludwig Armbruster, Bienenzüchtungskunde – Versuch der Anwendung wissenschaftlicher Vererbungslehren auf die Züchtung eines Nutztieres: Erster, theoretischer Teil, Leipzig, Berlin, 1919.

203 M. Alber/R. Jordan/F. Ruttner/H. Ruttner, Von der Paarung der Honigbiene, in: Zeitschrift für Bienenforschung (1955) 3, S. 1-28.

204 M. Alber/R. Jordan/F. Ruttner/H. Ruttner, Der Versuch von Vulcano über Paarungen der Bienenkönigin, in: Deutsche Bienenwirtschaft (1954) 9, S. 188-190.

205 „Friedrich Ruttner, 15.05.1914 Eger (Böhmen) bis 03.02.1998 Lunz a. See, Studium der Medizin an der Universität Innsbruck, 1936 wegen illegaler Aktivitäten für die NS-Bewegung temporär vom Medizinstudium ausgeschlossen, Promotion 1938, ab März 1939 Mitarbeiter des von Hermann Boehm (27.10.1884 Fürth bis 07.06.1962 Gießen) geleiteten Erbbiologischen Forschungsinstituts der Führerschule der Deutschen Ärz-

teschaft in Alt-Rehse, SA-Angehöriger 1935–1936, Mitglied der NSDAP 1938, SS-Angehöriger 1938, auf Anordnung der Alliierten Militärregierung im Juli 1945 aus dem öffentlichen Dienst (Universitätsdienst) entlassen. Nach 1945 baute er sich eine neue Karriere als Bienenkundler auf, gründete mit seinem Bruder Hans in Lunz ein Bieneninstitut, studierte nochmals Zoologie an der Universität Wien und wurde 1964 nach Mayen berufen." Quelle: zit. nach Steffen Rückl, Ludwig Armbruster – ein von den Nationalsozialisten 1934 zwangspensionierter Bienenkundler der Berliner Universität, Berlin, 2015, 2. Aufl., S. 53.
Friedrich Ruttner (NSDAP-Mitgliedsnummer 6360728, Eintritt zum 1. Mai 1938, Ortsgruppe Innsbruck). Quelle: ebenda, S. 52.

206 Z.B. Hans Ruttner/Friedrich Ruttner, Untersuchungen über die Flugaktivität und das Paarungsverhalten der Drohnen, in: Apidologie (1972) 3, S. 203-232.

207 Vgl. Ruedi Ritter/Jakob Künzle/Charles Maquelin, Königinnenzucht und Genetik der Honigbiene, Winikon, 2003, S. 35.

208 Vgl. Jürgen Tautz, Phänomen Honigbiene, München, 2007, S. 115.

209 Vgl. ebenda, S. 233-245.

210 Emil Hilbert, Meine Erfahrungen über Bienen-Racen, in: Bienenzeitung (1873) 11, S. 131-136, S. 131.

211 Günther, Verschiedene Bienenrassen und Wert derselben, in: Leipziger Bienen-Zeitung (1886) 1, S. 144-147, S. 144.

212 B. Günther, Wert fremder Bienenrassen, in: Leipziger Bienen-Zeitung (1897) 5, S. 73-74, S. 73.

213 W. Kilchling, Rassenzucht, Zucht- und Beobachtungsstationen, in: Leipziger Bienen-Zeitung (1905) 8, S. 166-169, S. 166-167.

214 BArch, R8034-II/1999, Blatt 45: D. Breiholz, Unsere Bienenrassen, in: Die Landwirtschaft (1905) 17, S. 105-106, S. 106.

215 Weigert, Lob der „Deutschen", in: Leipziger Bienen-Zeitung (1908) 7, S. 99-100, S. 99.

216 U. Kramer, Die Eigenart unserer Rasse und unserer Zucht, in: Leipziger Bienen-Zeitung (1912) 1, 2, 1-3, S. 17-19, S. 1.

217 W. Wachtel, Rassezucht und Belegstationen, in: Leipziger Bienen-Zeitung (1912) 8, S. 118-119.

218 Weigert, Die Bewertung verschiedener Bienenrassen in schlechten Trachtjahren, in: Leipziger Bienen-Zeitung (1914) 2, S. 19-21, S. 21.

219 Th. Zeitler, Die Rassenfrage in der Bienenzucht, in: Kalender für Deutsche Bienenfreunde (1914), S. 104-106, S. 106.

220 ebenda, S. 104.

221 Enoch Zander, Die Zukunft der deutschen Bienenzucht, in: Flugschriften der deutschen Gesellschaft für angewandte Entomologie (1916) 2, S. 1-55, S. 54.

222 M. Matthes, Ist eine Weiterentwicklung der Biene denkbar?, in: Leipziger Bienen-Zeitung (1905) 8, S. 117-119, S. 118.

223 C. Pilzweger, Zur Behandlung der Krainerbiene, in: Leipziger Bienen-Zeitung (1909) 11, S. 170. P. Melchert, Wie verschaffen wir unserer deutschen Biene wieder ihr altes Heimatsrecht?, in: Leipziger Bienen-Zeitung (1910) 12, S. 179-181.

224 Ferdinand Gerstung, Immenleben – Imkerlust, Berlin, 1918, 3. Aufl., S. 73.

225 Wilhelm Dittmar, Deutsche Bienen, in: Bienenzeitung (1899) 4, S. 54-58.

226 Wilhelm Dittmar, „Deutsch" in allem, auch in der Bienenzucht, in: Bienenzeitung (1899) 23/24, S. 366-368.

227 Dittmar, Deutsche Bienen, S. 55-56.

228 ebenda, S. 58.

229 Ein Panegyrikus war in der Antike eine prunkvolle Rede aus festlichem Anlass, z. B. eine lobende Rede zur Ehrung einer hochgestellten Person. Dabei wurde eine einseitige Auswahl und auch eine Verfälschung (Über- bzw. Untertreibung) der mitgeteilten Fakten vorgenommen. Im heutigen Sprachgebrauch versteht man unter einer Panegyrik eine distanzlose, lobhudelnde Schmeichelrede.
230 N. Ludwig, Meine Ansicht über den Wert verschiedener Bienenrassen, in: Bienenzeitung (1899) 11, S. 171-173.
231 Melchert, Wie verschaffen wir unserer deutschen Biene wieder ihr altes Heimatsrecht? (1910), in: Leipziger Bienen-Zeitung (1910) 12, S. 179-181, S. 179, 181.
232 Meier, Warum wir an unserer Bienenzucht festhalten müssen, S. 4.
233 ebenda, S. 4-5.
234 Weigert, Züchterische Bestrebungen, in: Leipziger Bienen-Zeitung (1915) 10, S. 149-151, S. 150.
235 Böhse, Der Einfluß des Krieges auf die Bienenzucht, in: Leipziger Bienen-Zeitung (1918) 3, 4, 5, S. 30-31, 38-40, 47-48, S. 38.
236 Dittmar, Weg zur Erzielung einer allgemeinen Volksbienenzucht, in: Bienenzeitung (1899) 15, S. 230-232, S. 232.
237 Dittmar, Strohkorbbienenzucht – Volksbienenzucht, in: Bienenzeitung (1899) 14, S. 211-217, S. 211.
238 J. Weigert, Volksbienenzucht, Leipzig, ca. 1936, 5. Aufl., Vorwort zur dritten Auflage.
239 A. Schmidt, Hat die Bienenzucht Aussicht, Gemeingut des Volkes zu werden?, in: Leipziger Bienen-Zeitung (1905) 8, S. 121-123, S. 121.
240 Dittmar, Weg zur Erzielung einer allgemeinen Volksbienenzucht, S. 232.
241 ebenda, S. 231.
242 F. Tollert, Mittel und Wege zur Volksbienenzucht, in: Deutscher Bienenfreund (1891) 23, S. 356-365, S. 357.
243 ebenda, S. 365.
244 Karl Günther, Wir suchen viele Künste und kommen weiter von dem Ziel!, in: Deutsche Illustrierte Bienenzeitung (1916) 1, S. 10-11, S. 10.
245 H. A. v. Großner, Der Kaiserstock, in: Deutsche illustrierte Bienenzeitung (1888) 7, S. 197-208.
246 Baltruschat, Einfacher Mobilbetrieb im „Burschenstock", in: Leipziger Bienen-Zeitung (1905) 8, S. 119-121.
247 Dzierzon, Der Zwillingsstock erfunden als zweckmäßige Bienenwohnung durch mehr als 50-jährige Erfahrung bewährt., Kreuzburg 1890.
248 Otto Lange, Langes-Volksbienenstock, in: Leipziger Bienen-Zeitung (1902) 4, S. 54.
249 Gerstung, Der Bien und seine Zucht, Freiburg i.Br., Leipzig, 1902, S. 99.
250 Ferdinand Gerstung, „Der Kampf ums Dasein unter den Bienenwohnungen", in: Deutsche Bienenzucht in Theorie und Praxis (1917) 2, S. 20-23, S. 22.
251 Unsere Bienen, in: Münchener Bienenzeitung (1910) 5, S. 101-104, S. 103.
252 Enoch Zander, Bericht über die Tätigkeit der Königl. Anstalt für Bienenzucht in Erlangen im Jahre 1915, in: Deutsche Illustrierte Bienenzeitung (1916) 12, S. 226-229.
253 Weidemann, Neuzeitliche Volksbienenzucht im „Deutschen Försterstock", in: Deutsche Illustrierte Bienenzeitung (1917) 10/11, S. 173-177.
254 F. Wiederhold, Der „Deutsche Siegerstock", in: Leipziger Bienen-Zeitung (1917) 4, 5, S. 57-61, 70-73, S. 57-58.
255 Franz Tobisch, Jung Klaus' Volksbienenzucht, Viersen, 1922, 4. Aufl., S. 5.
256 Günther, Wir suchen viele Künste und kommen weiter von dem Ziel!, S. 10.
257 Vgl. Heinz Wulff, Volksbienenzucht, in: Uns' Immen (1923) 5, S. 136-143, S. 136.

258 Vgl. Heinz Wulff, Volksbienenzucht, in: Uns' Immen (1923) 3, S. 72-74, S. 72.
259 Israel, Die Strohbienenwohnung und ihre Vorzüge, in: Deutsche Illustrierte Bienenzeitung (1915) 2, S. 27-30.
260 Clemens König, Die Bienenwirtschaft im Königreich Sachsen am Ende des neunzehnten Jahrhunderts, in: Leipziger Bienen-Zeitung (1902) 5, 6, S. 65-67, 82-85, S. 67.
261 Ferdinand Liedloff, Denkschrift des Kaiserl. Gesundheitsamtes über den Verkehr mit Honig, in: Leipziger Bienen-Zeitung (1903) 5, S. 65-68.
262 Armbruster, Die deutsche Bienenzucht vor dem Kriege – Statistische Untersuchungen und Anregungen zur Bienenbiologie und Bienenwirtschaft, S. 11-12.
263 ebenda, S. 11.
264 Wulff, Volksbienenzucht, S. 136.
265 ebenda.
266 Tobisch, Jung Klaus' Volksbienenzucht, S. 3.
267 Gustav Dathe, Lehrbuch der Bienenzucht, Bensheim, Leipzig, 1883, 4. Aufl., S. 72.
268 ebenda, S. 73.
269 Bericht über die vom 10.–13. Septbr. 1878 in Greifswald abgehaltene XXIII. Wanderversammlung deutscher und österreichischer Bienenwirthe, in: Bienenzeitung (1878) 20 u. 21, 22 u. 23, 24, S. 225-268, 269-314, 315-324, S. 293.
270 Bericht über die XXV. Wanderversammlung deutscher und österreichischer Bienenwirthe in Cöln a. Rh. vom 5. bis. 9. September 1880, in: Bienenzeitung (1880) 20, 21, 22, 23, 24, S. 229-240, 241-252, 253-264, 265-276, 277-281, S. 235.
271 H. Schlüter, Bienenwohnungsstreit, in: Leipziger Bienen-Zeitung (1895) 6, S. 81.
272 Ferdinand Gerstung, „Volksbienenzucht", in: Uns' Immen (1923) 5, S. 74-79, S. 76, 77.
273 Enoch Zander, Bericht über die Tätigkeit der Landesanstalt für Bienenzucht in Erlangen im Jahre 1924, in: Erlanger Jahrbuch für Bienenkunde (1925) 8, S. 247-276, S. 271.
274 Ludwig Grotegut (Schriftleiter), Warum?!, in: Der freie Volksbienenzüchter (1931) 1 (Werbenummer, 1. Dezember 1931), S. 1-2, S. 1.
275 Verlag Max Karsten (Hilden), An unsere Leser!, in: Die Bienen-Welt in Wort und Bild (1932) 5, S. 97-98, S. 98.
276 Heinz Wulff, Volksbienenzucht, in: Uns' Immen (1923) 4, S. 105-110, S. 107.
277 Michael Wildt, „Volksgemeinschaft" als Selbstermächtigung – Soziale Praxis und Gewalt, in: Hans-Ulrich Thamer/Simone Erpel (Hrsg.), Hitler und die Deutschen – Volksgemeinschaft und Verbrechen, Dresden, 2011, S. 90-93.
278 Georg Neuner, Das Lehrbuch der Volksbienenzucht, Windsheim, 1934, S. 7.
279 ebenda, S. 9.
280 ebenda, S. 12.
281 ebenda, S. 97.
282 ebenda, S. 8.
283 BArch, DK 1/3911: Schreiben des Herrn Erich Neumann an den stellvertretenden Ministerpräsidenten Herrn Walter Ulbricht vom 21.11.1949 (Blatt 34); Schreiben des Stellvertreters des Ministerpräsidenten an das Ministerium für Land- und Forstwirtschaft vom 2.12.1949 (Blatt 33); Bericht des Obmanns des Prüfungs- und Überwachungs-Ausschusses, Deutscher Imkerbund vom 22. Mai 1950 (Blätter 7-11).
284 W. Fahr/Max Lapp/Walter Löber, DIB-Ausschuß Volksbienenzucht, in: Deutsche Bienenwirtschaft (1957) 3, S. 46-47.
285 Wilhelm Runte, Volksbienenzucht, in: Nordwestdeutsche Imkerzeitung (1974) 6, S. 163.
286 Jürgen Schwenkel (Hrsg.), Grundwissen für Imker, München, 2017, S. 02-01-02.
287 Franziska Gravenhorst, Ist die Bienenzucht eine Beschäftigung für Frauen?, in: Deutsche illustrierte Bienenzeitung (1887) 3, S. 74-75, S. 74.

288 Friedrich, Die Imkerfrau und die Frau als Imkerin, in: Leipziger Bienen-Zeitung (1893) 2, 3, S. 34-38, 75-76, S. 38.
289 M. Matthes, Die Frau als Imkerin, in: Leipziger Bienen-Zeitung (1909) 11, S. 169-170, S. 169, 170.
290 Gerstung, Der Bien und seine Zucht, Berlin, 1910, S. 4.
291 G. Böhme, Die Bienen und die Frauen, in: Deutsche Illustrierte Bienenzeitung (1914) 1, S. 8-13, S. 8.
292 R. Starcke, Die Frau als Imkerin, in: Leipziger Bienen-Zeitung (1917) 3, S. 42-44, S. 42.
293 Vgl. Schwärzel, Durch sie wurden wir, S. 233.
294 Gustav Vogelsang, Können Frauen Bienenzucht betreiben?, in: Leipziger Bienen-Zeitung (1928) 5, S. 94-97, S. 95.
295 R. Starcke, Krieg und Bienenzucht, in: Deutsche Illustrierte Bienenzeitung (1915) 1, S. 3-6, S. 5.
296 Karl Hans Kickhöffel, Warum Imker werden? – Fördert die Bienenwirtschaft!, Potsdam, 1940, Sonderdruck aus dem März-, April- und Maiheft der Zeitschrift „Deutscher Imkerführer", S. 12.
297 Vgl. Wolfgang U. Eckart, Medizin und Krieg – Deutschland 1914–1924, Paderborn, 2014, S. 245.
298 ebenda, S. 244-245.
299 Friedrich, Die Imkerfrau und die Frau als Imkerin, S. 75.
300 ebenda.
301 Margarete Mercker, Ein Mahnwort an die Frauen, in: Praktischer Wegweiser für Bienenzüchter (1898) 16, S. 280-281, S. 280.
302 ebenda.
303 Herbert, Geschichte Deutschlands im 20. Jahrhundert, S. 47.
304 Puschner, Die völkische Bewegung im wilhelminischen Kaiserreich: Sprache – Rasse – Religion, Darmstadt, 2001, S. 182.
305 Philipp Stauff, Das Deutsche Wehrbuch, Wittenberg, 1912, S. 169; zit. nach ebenda, S. 184.
306 Erwin Mirsch, An die deutschen Frauen, in: Heimdall (1914) 19, S. 92; zit. nach Puschner, Die völkische Bewegung im wihelminischen Kaiserreich, S. 184.
307 Texte zur Bienenzucht bzw. Bienenthematik in Realienbüchern und Lesebüchern des deutschen Schulbücherbestands aus verschiedenen historischen Epochen (Kaiserreich, Weimarer Republik und Nationalsozialismus) von 1871 bis 1945 wurden auf Bienensymbolik und völkisch-nationalistisches Gedankengut untersucht: Rainer Stripf: Die Bienenzucht in der völkisch-nationalistischen Bewegung. Dissertation, Pädagogische Hochschule Heidelberg, 2018.
308 D. Weltzien, Die Bienenzucht in der Volksschule, in: Praktischer Wegweiser für Bienenzüchter (1898) 12, S. 194-196, S. 195.
309 ebenda.
310 Die Bienenzucht wirkt segenbringend für Familie, Schule und Kirche, in: Leipziger Bienen-Zeitung (1897) Beilage 6, S. 21-22, S. 21.
311 ebenda, S. 22.
312 M. Meyer, Die Bienenzucht an weiblichen Lehranstalten, in: Münchener Bienenzeitung (1911) 11, S. 248-249, S. 249.
313 Vgl. Bayerische Landesanstalt für Weinbau und Gartenbau, Fachzentrum Bienen, Veitshöchheim, Geschichte, https://www.lwg.bayern.de/bienen/087833/index.php, 13.1.2017.

314 Schreiben des K. Staatsministeriums des Inneren (von Brettreich) an die K. Regierungen, Kammern des Innern, Nr. 15223 vom 3. Juli 1908, zu Nr. 19835, an sämtliche Distriktverwaltungsbehörden des Regierungsbezirkes zum geeigneten Vollzuge, Augsburg, den 10. Juli 1908, Betreff: Förderung der Bienenzucht. Quelle: Staatsarchiv Augsburg, Bestand BA Illertissen, Nr. 2501.

315 Enoch Zander, Mein Lebenswerk, in: Deutscher Imkerführer (1937) 15, S. 507-513.

316 Vgl. Irmgard Jung-Hoffmann, Enoch Zander, in: Die neue Bienenzucht (2004) 6, S. 205-206.

317 Enoch Zander/K. Hofmann, 1. Jahresbericht der K. Anstalt für Bienenzucht in Erlangen für das Jahr 1908, in: Münchener Bienen-Zeitung (1909) 7, 8, S. 156-159, 182-185.

318 Enoch Zander, Die Zukunft der deutschen Bienenzucht, Berlin, 1916, S. 1.

319 ebenda, S. 55.

320 Länderinstitut für Bienenkunde, Quelle: https://de.wikipedia.org/wiki/Länderinstitut_für_Bienenkunde, 13.1.2017.

321 Vgl. Irmgard Jung-Hoffmann, Ludwig Armbruster, in: Die neue Bienenzucht (2004) 7, S. 241-242.

322 Vgl. Irmgard Jung-Hoffmann, Ludwig Armbruster und das Institut für Bienenkunde, in: Generaldirektor des Stadtmuseums Berlin Reiner Güntzer (Hrsg.), Jahrbuch Stiftung Stadtmuseum Berlin, Band II, Berlin, 1996, S. 132-157, S. 132-134.

323 Ludwig Armbruster, Verbessert die Biene!, in: Zeitschrift für angewandte Entomologie (1917) Band IV, Heft 1, S. 151-155, S. 153.

324 ebenda, S. 154.

325 Hartmann, Zehn Jahre Institut für Bienenkunde in Berlin-Dahlem, in: Märkische Bienen-Zeitung (1933) 5, S. 125-127, S. 127.

326 Wolfgang U. Eckart, Medizin und Kolonialimperialismus: Deutschland 1884–1945, Paderborn, München, Wien, Zürich, 1997, S. 255.

327 ebenda, S. 292.

328 Heinrich Krauß, Bienenzucht in den deutschen Kolonien, in: Deutsche Illustrierte Bienenzeitung (1912) 2, S. 33-34, S. 33.

329 Vgl. ebenda, S. 33.

330 ebenda, S. 33.

331 ebenda, S. 33-34.

332 ebenda, S. 34.

333 Die Bienenzucht wirkt segenbringend für Familie, Schule und Kirche, S. 22.

3 Honig, Wachs, Kanonen – Imkerei im Ersten Weltkrieg

1 Vgl. Wolfgang Kruse, Der Erste Weltkrieg, Darmstadt, 2014, 2. Aufl., S. 5.

2 ebenda, S. 6.

3 ebenda, S. 7.

4 ebenda, S. 8.

5 ebenda, S. 7.

6 ebenda.

7 ebenda, S. 9.

8 ebenda, S. 9-10.

9 ebenda, S. 8-9.

10 Gustav Küttner (1856–1919), Oberlehrer in Leipzig und Vorsitzender des Vereins Leipzig. Von 1912 bis 1919 Schriftleiter der „Leipziger Bienenzeitung“, die nach seinem Tode Richard Sachse führte. Quelle: Schwärzel, Durch sie wurden wir, S. 134.
11 Redaktion und Verlag der Leipziger Bienen-Zeitung, Der Krieg!, in: Leipziger Bienen-Zeitung (1914) 9/10, S. 129.
12 D. Krancher, Aufruf an unsere Leser!, in: Deutsche Illustrierte Bienenzeitung (1914) 9, S. 155-156, S. 155.
13 L. Müsebeck, Monatsschau, in: Leipziger Bienen-Zeitung (1914) 11, S. 145-147, S. 145-146.
14 Ferdinand Gerstung, Schlußwort, in: Deutsche Bienenzucht in Theorie und Praxis (1914) 12, S. 177-179, S. 179.
15 Fritz Arndt, Aufruf an die werten Imkerkollegen!, in: Deutsche Illustrierte Bienenzeitung (1915) 5, S. 100.
16 August Frey, Helft unseren durch den Krieg geschädigten Imkerbrüdern, in: Deutsche Illustrierte Bienenzeitung (1915) 5, S. 97-98, S. 98.
17 August Frey, Was kann jetzt schon für die durch den Krieg geschädigten Imker in Ost und West geschehen?, in: Deutsche Illustrierte Bienenzeitung (1915) 4, S. 66-67, S. 66, 67.
18 ebenda, S. 67.
19 Schriftleitung und Verlag der Leipziger Bienen-Zeitung, Schlußwort, in: Leipziger Bienen-Zeitung (1915) 12, S. 186.
20 Ferdinand Gerstung, Schlußwort, in: Die Deutsche Bienenzucht in Theorie und Praxis (1915) 12, S. 177-178.
21 August Frey, Neujahrsbetrachtung, in: Deutsche Illustrierte Bienenzeitung (1916) 1, S. 11-13, S. 11.
22 Schriftleitung und Verlag der Leipziger Bienen-Zeitung, Schlußwort, in: Leipziger Bienen-Zeitung (1916) 10/11, S. VI.
23 August Frey/Heinrich Büttner/Lebrecht Küttner, Neujahrsbetrachtung, in: Deutsche Bienenzucht in Theorie und Praxis (1917) 1, S. 14-16, S. 14, 16.
24 L. Müsebeck, Die Zucht der Bienenkönigin, Leipzig, 1918, 3. Aufl..
25 L. Müsebeck, Monatsschau, in: Leipziger Bienen-Zeitung (1918) 1, S. 1-3, S. 1.
26 August Frey/Heinrich Büttner/Lebrecht Küttner, Neujahrsbetrachtung 1918, in: Deutsche Bienenzucht in Theorie und Praxis (1918) 1, S. 7-8, S. 7.
27 Schatzberg, Gib dem Reiche, was des Reiches ist!, in: Bienenwirtschaftliches Centralblatt (1917) 7, S. 68.
28 Zeichnet die sechste Kriegsanleihe, in: Die Deutsche Bienenzucht in Theorie und Praxis (1917) 4, S. 49.
29 Schatzberg, Die siebente Kriegsanleihe, in: Bienenwirtschaftliches Centralblatt (1917) 18, S. 206-207, S. 207.
30 An Deutschlands Imker! – 7. Kriegsanleihe, in: Deutsche Illustrierte Bienenzeitung (1917) 11, S. 182.
31 Kriegsanleihen, in: Leipziger Bienen-Zeitung (1918) 4, S. 37, 39, 41.
32 Müsebeck, Monatsschau, in: Leipziger Bienen-Zeitung (1918) 1, S. 2.
33 Ferdinand Gerstung, Schlußwort, in: Deutsche Bienenzucht in Theorie und Praxis (1918) 12, S. 137-138, S. 137.
34 L. Müsebeck, Monatsschau, in: Leipziger Bienen-Zeitung (1918) 12, S. 103-104, S. 104.
35 Postpakete.
36 Lukat, Aus ernster Zeit. 1. „Als ich wiederkam …“, in: Leipziger Bienen-Zeitung (1915) 2, S. 26-27.
37 D. Krancher, Bienenwirtschaftliches vom Kriegsschauplatze, in: Leipziger Bienen-Zeitung (1915) 7, S. 107-109, S. 107.

38 ebenda, S. 108.
39 K. Mendel, Die Bienenzucht im Feindeslande, in: Leipziger Bienen-Zeitung (1916) 3, S. 42-44, S. 43.
40 Schubert, Die Russen und die ostpreußische Bienenzucht, in: Deutsche Bienenzucht in Theorie und Praxis (1914) 12, S. 184-185, S. 184.
41 Walter Carl, Einiges über die Bienenzucht in Rußland, in: Die Deutsche Bienenzucht in Theorie und Praxis (1916) 9, S. 154-156, S. 154, 155, 156.
42 D. Krancher, Aus ernster Zeit. 2. Der Krieg und die Bienenzucht, in: Leipziger Bienen-Zeitung (1915) 2, S. 27-28, S. 27.
43 ebenda, S. 28.
44 ebenda.
45 Kummer, Aus Flandern, in: Leipziger Bienen-Zeitung (1915) 8, S. 124.
46 G. Schmidt, Mein Bienenstand in Feindesland, in: Leipziger Bienen-Zeitung (1915) 10, S. 157.
47 Richard Krieger, Meine Bienenzuchterlebnisse in Frankreich, in: Deutsche Illustrierte Bienenzeitung (1916) 11, S. 203-205, S. 203, 204.
48 A. Steingräber, Zwei Kriegsbienenstände im Westen, in: Leipziger Bienen-Zeitung (1916) 10/11, S. 158-159, S. 159.
49 Verändert nach Bohnenstengel, Der Deutsche Imkerbund, S. 45-51.
50 Reichstagsansprache von Kaiser Wilhelm II. am 4. August 1914.
51 Leckhonig wird gewonnen, indem man den Honig ohne Erwärmung aus den Waben auslaufen lässt.
52 Scheibenhonig wurde vor allem in der Lüneburger Heide in der traditionellen Korbimkerei erzeugt, indem die Honigwaben geschnitten und portionsweise verkauft wurden.
53 Seimhonig – eine heute nicht mehr gebräuchliche Form der Honiggewinnung – wird unter Einwirkung von Wärme gewonnen, wobei dieser nach dem Schmelzen aus den Waben fließt.
54 Wolfgang U. Eckart, Die Wunden heilen sehr schön: Feldpostkarten aus dem Lazarett 1914–1918, Stuttgart, 2013.
55 D. Krancher, Krieg!, in: Deutsche Illustrierte Bienenzeitung (1914) 10/12, S. 173-174, S. 173.
56 Fr. Fischer, Bienenzucht und Kriegsbeschädigte, in: Deutsche Illustrierte Bienenzeitung (1918) 5, S. 69-70, S. 69.
57 ebenda, S. 69-70.
58 Siegfried Herrmann, Bienenzucht für Kriegsbeschädigte?, in: Deutsche Illustrierte Bienenzeitung (1918) 10/11, S. 147-149, S. 148.
59 August Frey, Glück auf zum Neuen Jahre!, in: Leipziger Bienen-Zeitung (1915) 2, S. 17-18, S. 18.
60 August Frey/Heinrich Büttner/Lebrecht Küttner, Neujahrsbetrachtung, in: Leipziger Bienen-Zeitung (1916) 1, S. 3-4, S. 4.
61 Frey, Was können wir Imker für unsere Kriegsbeschädigten tun?, in: Leipziger Bienen-Zeitung (1916) 3, S. 38-41, S. 38–40.
62 Schriftleitung der Deutschen Illustrierten Bienenzeitung, Kriegsinvalidenfürsorge in Landwirtschaft und Bienenzucht, in: Deutsche Illustrierte Bienenzeitung (1916) 5, S. 92-94, S. 94.
63 ebenda.
64 Bienenzucht-Lehrkurse für Kriegsbeschädigte in der Provinz Westfalen, in: Leipziger Bienen-Zeitung (1917) 1, S. 12-13, S. 12.

65 K. Mutz, Ein kleines Kapitel zur Kriegsverletzten-Fürsorge, in: Leipziger Bienen-Zeitung (1917) 2, S. 26-27, S. 26.
66 Edgar Gerstung, Honig für unsere Soldaten im Felde, in: Die Deutsche Bienenzucht in Theorie und Praxis (1914) 11, S. 171-172.
67 Kriegsbienendosen (Werbung), in: Deutsche Illustrierte Bienenzeitung (1916) 19, S. 1, Werbung.
68 Frey, Der Bienenhonig nicht nur ein Genuß-, sondern ein Nahrungsmittel ersten Ranges, in: Leipziger Bienen-Zeitung (1915) 5, S. 75-76, S. 76.
69 L. Müsebeck, Monatsschau, in: Leipziger Bienen-Zeitung (1915) 9, S. 130-131, S. 130.
70 Irmgard Jung-Hoffmann, Imkerei im Ersten Weltkrieg, in: Die neue Bienenzucht (2005) 4, S. 109-110, S. 109.
71 August Frey, Vereinigung der Deutschen Imkerverbände – Zuckerbezug, in: Leipziger Bienen-Zeitung (1918) 3, S. 29-30, S. 29.
72 BArch, R8843/111: Schreiben des Preußischen Staatskommissars für Volksernährung zur Bienenzuckerausgabe an die Herren Regierungspräsidenten und die Staatliche Verteilungsstelle für Groß-Berlin vom 5. Februar 1918.
73 BArch, NS 5-VI, 113, Blatt 25 und 26: Kriegsausschuß für Konsumenteninteressen vom 29. Juni 1915: Beseitigung der Zuckerknappheit.
74 Jung-Hoffmann, Imkerei im Ersten Weltkrieg, S. 109.
75 Julius Herter, Januar, in: Deutsche Bienenzucht in Theorie und Praxis (1918) 1, S. 1-3, S. 1.
76 Jung-Hoffmann, Imkerei im Ersten Weltkrieg, S. 109.
77 ebenda.
78 Vgl. L. Müsebeck, Monatsschau, in: Leipziger Bienen-Zeitung (1915) 11, S. 161-163, S. 161.
79 L. Müsebeck, Monatsschau, in: Leipziger Bienen-Zeitung (1915) 12, S. 177-179, S. 177.
80 Helfferich, Bekanntmachung über den Verkehr mit Bienenwachs vom 4. April 1917, in: Bienenwirtschaftliches Centralblatt (1918) 17/18, S. 146-147.
81 August Frey, Mitteilung betreffs Wachsablieferung, in: Bienenwirtschaftliches Centralblatt (1917) 14/15, S. 172.
82 Jung-Hoffmann, Imkerei im Ersten Weltkrieg, S. 110.
83 ebenda.
84 Wichtige Verwendungsmöglichkeiten von Bienenwachs sind beispielsweise Trennmittel in der Süßwarenindustrie, Herstellung von Bienenwachskerzen, natürliche Behandlung von Hölzern, natürlicher kosmetischer Grundstoff.
85 Jung-Hoffmann, Imkerei im Ersten Weltkrieg, S. 110.
86 ebenda.
87 BArch, R/3101/1434, Blatt 73: Schreiben der Berliner Ost-Laboratorium G.m.b.H. an das Reichswirtschaftsamt Berlin vom 12. November 1918.
88 BArch, R/3101/1434, Blatt 258-260: Schreiben der Kriegsschmieröl-Gesellschaft m.b.H. an das Reichswirtschaftsamt Berlin vom 19. September 1918.
89 BArch, R/8739/194: Schreiben vom „Kriegsausschuß für Oele und Fette“ an Herrn Direktor Alberti, Kriegsschmierölgesellschaft vom 26. Juni 1916 mit Anlage: Protokoll der Sitzung der Montanwachs Kommission vom 30. Juni 1916.
90 L. Müsebeck, Monatsschau, in: Leipziger Bienen-Zeitung (1915) 5, S. 65-67, S. 65.

4 Biene und Bienenstaat als Metapher

1 Vgl. Johach, Der Bienenstaat – Geschichte eines politisch-moralischen Exempels, S. 219.

2 Kruse, Von Bienen und Menschen, in: Chimaira – Arbeitskreis für Human-Animal Studies (Hrsg.), Tiere Bilder Ökonomien, Bielefeld, 2013, S. 63-85, S. 63.

3 ebenda, S. 64.

4 Vgl. Dieter Zissler, Die Biene in Literatur und Dichtung, in: Natur und Museum (2003) 4, S. 99-109, S. 104.

5 Ralph Dutli, Das Lied vom Honig – Eine Kulturgeschichte der Biene, Göttingen, 2012, S. 11.

6 Johann Philipp Glock, Die Symbolik der Bienen und ihrer Produkte in Sage, Dichtung, Kultus, Kunst und Bräuchen der Völker: Eine kulturgeschichtliche Schilderung des Bienenvolkes auf ästhetischer Grundlage, Heidelberg, 1897, 2. Aufl., S. 182-218.

7 David Engels, „Hierin ist ein Zeichen für solche, die nachdenken." Die Bienensymbolik im Vorderen Orient. Ein Überblick zu Entwicklungslinien und -tendenzen, in: David Engels/Carla Nicolaye (Hrsg.), Ille operum custos – Kulturgeschichtliche Beiträge zur antiken Bienensymbolik und ihrer Rezeption, Hildesheim, Zürich, New York, 2008, S. 21-39, S. 15.

8 Vgl. Carla Nicolaye, „Sed inter omnia ea principatus apibus.", S. 134-135.

9 ebenda, S. 135.

10 ebenda, S. 135.

11 ebenda, S. 136.

12 Lioba Geis, „Modus vivendi claustralium." Der Bienenstaat als Vorbild klösterlichen Zusammenlebens. Zum Bonum universale de apibus des Thomas von Cantimpré, in: David Engels/Carla Nicolaye (Hrsg.), Ille operum custos – Kulturgeschichtliche Beiträge zur antiken Bienensymbolik und ihrer Rezeption, Hildesheim, Zürich, New York, 2008, S. 185-203.

13 Alexander Schüller, „Eins der edelsten meiner Geschöpfe." Die Symbolik der Biene in deutschen Fabeln des 18. Jahrhunderts, in: David Engels/Carla Nicolaye (Hrsg.), Ille operum custos – Kulturgeschichtliche Beiträge zur antiken Bienensymbolik und ihrer Rezeption, Hildesheim, Zürich, New York, 2008, S. 223-261, S. 17.

14 Rachel Paulus/David Engels, „Sehr wahrscheinlich haben die Bienen durch Jahrtausende gerungen." Einige psychoanalytische Perspektiven zur Symbolik der Biene, in: David Engels/Carla Nicolaye (Hrsg.), Ille operum custos – Kulturgeschichtliche Beiträge zur antiken Bienensymbolik und ihrer Rezeption, Hildesheim, Zürich, New York, 2008, S. 303-318.

15 ebenda, S. 306-317, S. 318.

16 Vgl. Dietmar Peil, Untersuchungen zur Staats- und Herrschaftsmetaphorik in literarischen Zeugnissen von der Antike bis zur Gegegenwart, München, 1983, S. 297-298.

17 ebenda, S. 298.

18 Vgl. ebenda, S. 299.

19 Bernd Lutz, Emblematik, in: Friedrich Jaeger (Hrsg.), Enzyklopädie der Neuzeit, Stuttgart, 2005–2012, Band 3, 2006, S. 246–254; Online: BrillOnline Reference Works, Enzyklopädie der Neuzeit Online, http://referenceworks.brillonline.com, 17.10.2018.

20 Vgl. ebenda, Kap. 1.

21 Vgl. ebenda, Kap. 2.

22 Andreas Mudrak, Botschaften in merkwürdigen Bildern, in: Praxis Deutsch (2014) 245, S. 21-28, S. 21.

23 Vgl. Lutz, Emblematik, Kap. 2.
24 Vgl. Mudrak, Botschaften in merkwürdigen Bildern, S. 27.
25 ebenda, S. 25.
26 Lutz, Emblematik, Kap. 4, Abb. 3.
27 Vgl. Johann Anselm Steiger, „Geh' aus, mein Herz, und suche Freud'". Paul Gerhardts Sommerlied und die Gelehrsamkeit der Barockzeit, Berlin, New York, 2007, S. 66.
28 Klaus Türk, „Die Organisation der Welt" – Herrschaft durch Organisation in der modernen Gesellschaft, Opladen, 1995, S. 150-151.
29 Sunflower Foundation Zürich, Bienenhonig aus Löwenkadavern und pfeilschießende Stachelschweine: emblematische Bilderrätsel des 16. Jahrhunderts auf Münzen aus Frankreich und Ferrara, http://www.moneymuseum.com/de/moneymuseum/stories/bilderraetsel-des-16-jahrhunderts-85?slbox=true, 17.10.2018.
30 Vgl. Kruse, Die fleißige und nützliche Biene. Natur als Gegenstand und Metapher in der Hausväterliteratur, S. 83.
31 ebenda, S. 64.
32 ebenda, S. 88.
33 Vgl. ebenda, S. 87-88.
34 ebenda, S. 87.
35 Susanne Lühn-Irriger, Die Biene im deutschen Recht von den Anfängen bis zur Gegenwart, Berlin, Münster, Wien, Zürich, London, 1999.
36 Noah Wilson-Rich (Hrsg.), Die Biene – Geschichte, Biologie, Arten, Bern, 2015, S. 104.
37 Vgl. Wilhelm Rüdiger, Ihr Name ist Apis – Kulturgeschichte der Biene, München, 1974, S. 44, 45.
38 Kruse, Von Bienen und Menschen, S. 75-76.
39 Kruse, Die fleißige und nützliche Biene. Natur als Gegenstand und Metapher in der Hausväterliteratur, S. 71.
40 Johach, Der Bienenstaat – Geschichte eines politisch-moralischen Exempels, S. 227.
41 ebenda. S. 227.
42 ebenda, S. 228.
43 Kruse, Von Bienen und Menschen, S. 78.
44 Johann Dzierzon, Rationelle Bienenzucht, oder Theorie und Praxis des schlesischen Bienenfreundes, Brieg, 1861, S. 3.
45 Bert Hölldobler/Wilson, Edward, Osborn, The Superorganism. The Beauty, Elegance, and Strangeness of Insect Societies, New York, 2009.
46 Jürgen Tautz, Phänomen Honigbiene, München, 2007.
47 Vgl. Niels Werber, Vom Königreich zur Basisdemokratie, in: Stephan Lorenz/Kerstin Stark (Hrsg.), Menschen und Bienen, München, 2015, S. 37-48, S. 43.
48 Thomas D. Seeley, Bienendemokratie, Frankfurt am Main, 2014.
49 ebenda, S. 259.
50 Michael Hardt/Antonio Negri, Multitude. Krieg und Demokratie im Empire, Frankfurt am Main, 2004; zit. nach: Niels Werber, Vom Königreich zur Basisdemokratie, S. 45.
51 G. Köring, Welcher Unterschied besteht zwischen einem „Bienenfalter" und einem „Bienenvater"? oder: Was soll ein Bienenwirt alles können resp. lernen?, in: Kalender des Deutschen Bienenfreundes für das Jahr 1890 (1890), S. 113-116, S. 116.
52 Pollmann, Was im Bienenstaate seine Pflicht nicht erfüllen kann, wird aus demselben entfernt, in: Deutsche illustrierte Bienenzeitung (1889) 9, S. 265.
53 Köring, Welcher Unterschied besteht zwischen einem „Bienenfalter" und einem „Bienenvater"? oder: Was soll ein Bienenwirt alles können resp. lernen?, S. 115-116.
54 ebenda, S. 116.

55 A. Deppisch, Aufruf und Bitte an die Imker!, in: Münchener Bienenzeitung (1914) 11, S. 226.
56 Hofmann, Das Leben und Treiben der Bienen als Vorbild für das menschliche Leben, in: Die Biene (1906) 9, S. 156-160, S. 156.
57 Ferdinand Gerstung, Februar, in: Die Deutsche Bienenzucht in Theorie und Praxis (1915) 2, S. 17.
58 L. Müsebeck, Die Grundgesetze des Bienenstaates, in: Leipziger Bienen-Zeitung (1913) 11, 12, S. 163-165, 179-182, S. 163.
59 Vgl. Ferdinand Gerstung, Der Bien – und unser deutsches Volk im Krieg: ein Vergleich, in: Die Deutsche Bienenzucht in Theorie und Praxis (1915) 1, S. 6-10, S. 8.
60 Ferdinand Gerstung, Das Opfer – Das Grundgesetz der Welt, Oßmannstedt bei Weimar, 1910, S. 119-120.
61 ebenda, S. 47.
62 ebenda, S. 49.
63 ebenda, S. 52.
64 ebenda.
65 Gerstung, Der Bien – und unser deutsches Volk im Krieg: ein Vergleich, S. 6.
66 Müsebeck, Monatsschau, in: Leipziger Bienen-Zeitung (1918) 12, S. 103-104.
67 Andrea Stangl, Kriegsknigge aus dem Bienenstock: „Die Biene Maja“ als Soldatenbestseller, http://ww1.habsburger.net/de/kapitel/kriegsknigge-aus-dem-bienenstock-die-biene-maja-als-soldatenbestseller, 17.10.2018.
68 Vgl. Wilhelm Heafs, Waldemar Bonsels im „Dritten Reich“: Opportunist, Sympathisant, Nationalsozialist?, in: Sven Hanuschek (Hrsg.), Waldemar Bonsels. Karrierestrategien eines Erfolgsschriftstellers, Wiesbaden, 2012, S. 197-227.
69 In ernster, schwerer Zeit, in: Bienen-Zeitung für Schleswig-Holstein (1919) 6, Titelblatt.
70 Zaiß, Um- und Ausschau, in: Leipziger Bienen-Zeitung (1923) 10/11, S. 117-120, S. 117-118.
71 Zaiß, Um- und Ausschau, in: Leipziger Bienen-Zeitung (1924) 12, S. 210-212, S. 210.
72 August Ludwig, Bienenpredigt, in: Bienenwirtschaftliches Zentralblatt (1931) 11, S. 319-321.
73 Ferdinand Gerstung, Der Sozialismus im Bienenstaat, Berlin, 1919, S. 22-23.
74 Julius Herter war Lehrer in Württemberg. Er erließ 1905 einen Aufruf zur Einrichtung von Beobachtungsstationen im ganzen Reichsgebiet. 1915 wurde er Vorsitzender des Vereins „Unterer Neckar“ und 1917 Wanderlehrer des Württembergischen Landesvereins. Für den „Deutschen Imkerführer“ schrieb er bis zu seinem Tod die „Gedenk- und Merktage“. Quelle: Schwärzel, Durch sie wurden wir, S. 94.
75 Julius Herter, Der Nationale Sozialismus im Bienenstaat, in: Die Deutsche Bienenzucht in Theorie und Praxis (1933) 8, S. 243-244, S. 244.
76 L. Becker, Die Biene als Volk und Familie, in: Leipziger Bienen-Zeitung (1933) 8, S. 207-208.
77 Jakob Knapp, Die Bienenzucht im neuen, völkischen Staat, in: Die Biene (1933) 7, S. 204-205, S. 204.
78 Heinrich Hupfeld, Der „Bien“ ein soziales und nationales Volk, in: Die Biene (1934) 12, S. 370.
79 Richard Scholz, Zum Licht!, in: Ostdeutsche Bienenzeitung (früher: Leipziger Bienenzeitung) (1944) 3, S. 17.
80 R. Ziegler, Die große Aufgabe der deutschen Bienenwirtschaft, in: Deutscher Imkerführer (1943) 10, S. 133-134, S. 133.
81 Rud. Calamé, Gedanken am Bienenstande, in: Deutscher Imkerführer (1942) 4, S. 43.
82 H. Henning, Das Ziel, in: Deutscher Imkerführer (1937) 14, S. 500.

83 Kickhöffel, Unsere Erfolgsgrundlagen, S. 42.
84 H. Reimers, Das gute Beispiel, in: Deutscher Imkerführer (1940) 8, S. 115.
85 Rehs, Buntes Allerlei von den Immen, Berlin, 1938, S. 80.
86 Becker, Die Biene als Volk und Familie, S. 208.
87 Rehs, Buntes Allerlei von den Immen, S. 74.
88 Weitere Beispiele zur Bienenmetaphorik seit dem Deutschen Kaiserreich finden sich bei: Rainer Stripf: Die Bienenzucht in der völkisch-nationalistischen Bewegung. Dissertation, Pädagogische Hochschule Heidelberg, 2018.

5 Not und Imker-Einigkeit in der Weimarer Republik

1 Rößler, Welche Forderungen und Pflichten für die deutsche Bienenzucht ergeben sich aus dem Neuaufbau der deutschen Wirtschaft?, in: Leipziger Bienen-Zeitung (1921) 2, S. 21-23, S. 21.
2 Vgl. Marcowitz, Weimarer Republik 1929–1933, S. 27.
3 Direktion des Bienenwirtschaftlichen Centralvereins für die Provinz Hannover, Ehrung des Generalfeldmarschalls von Hindenburg, in: Bienenwirtschaftliches Centralblatt (1920) 1, S. 6-7.
4 Vgl. Herbert, Geschichte Deutschlands im 20. Jahrhundert, S. 199.
5 Carl-Ludwig Holtfrerich (Hrsg.), Die deutsche Inflation 1914–1923. Ursachen und Folgen in internationaler Perspektive, Berlin, New York, 1980, S. 194; zit. nach: Herbert, Geschichte Deutschlands im 20. Jahrhundert, S. 200.
6 Vgl. ebenda.
7 ebenda.
8 Vgl. ebenda, S. 201.
9 ebenda, S. 202.
10 ebenda, S. 203.
11 ebenda, S. 205.
12 Bericht der bayerischen Landeswerbezentrale des Gruppenkommandos 4 V. 5.3.1920; zit. nach Martin H. Geyer, Verkehrte Welt. Revolution, Inflation und Moderne, Göttingen, 1998, S. 283; zit. nach Herbert, Geschichte Deutschlands im 20. Jahrhundert, S. 205.
13 Vgl. ebenda, S. 206.
14 Stiftung Stadtmuseum Berlin/Christian Mothes/ Dominik Bartmann (Hrsg.), Tanz auf dem Vulkan – Das Berlin der Zwanziger Jahre im Spiegel der Künste, Berlin, 2015, S. 7.
15 Herbert, Geschichte Deutschlands im 20. Jahrhundert, S. 212.
16 August Frey, Neujahrsbetrachtung 1919, in: Leipziger Bienen-Zeitung (1919) 1, S. 11-12.
17 August Frey, Die Bienenzucht im neuen Deutschen Reiche, in: Leipziger Bienen-Zeitung (1919) 2, S. 19-23, S. 19.
18 Ludwig Armbruster, Ein preußischer Ausschuß für Bienenkunde, in: Leipziger Bienen-Zeitung (1919) 12, S. 153-154, S. 153.
19 ebenda.
20 Vgl. Jung-Hoffmann, Beratung über Bienenzuchtfragen in Berlin, S. 145.
21 Eduard Knoke hatte die Schriftleitung des „Bienenwirtschaftlichen Zentralblattes“ von 1910 bis 1921 inne und war in dieser Zeit auch stellvertretender Vorsitzender des Zentralvereins Hannover. Nach dem Tod von Detlef Breiholz 1929 übernahm Knoke den Vorsitz des Preußischen Imkerbundes. Quelle: Schwärzel, Durch sie wurden wir, S. 123.

22 Jung-Hoffmann, Beratung über Bienenzuchtfragen in Berlin, S. 145.
23 Ludwig Armbruster, Die deutsche Bienenzucht nach dem Kriege, in: Leipziger Bienen-Zeitung (1919) 3, S. 34-35, S. 34.
24 Ludwig Armbruster, Sparen!, in: Leipziger Bienen-Zeitung (1919) 4, S. 47-50.
25 A. Willmer, Der Zukunftstock, in: Deutsche Illustrierte Bienenzeitung (1919) 6, S. 115-117.
26 L. Müsebeck, Monatsschau, in: Leipziger Bienen-Zeitung (1920) 1, S. 1-2, S. 2.
27 H. Niemann, Beitrag zur Volksbienenzucht, in: Leipziger Bienen-Zeitung (1925) 7, S. 142-147.
28 Emil Herbst, Volksbienenzucht, in: Leipziger Bienen-Zeitung (1919) 6, S. 82-84.
29 Vgl. Irmgard Jung-Hoffmann, Faulbrut, Nosema und Milben, in: Die neue Bienenzucht (2005) 8, S. 239-240.
30 Vgl. Deutscher Imkerbund e.V., 100 Jahre Deutscher Imkerbund e.V. – Eine Chronik zum Jubiläum, S. 18.
31 G. Griese gründete die Zeitschrift „Uns' Immen", deren Schriftleiter er von 1920 bis 1933 war. Als Geschäftsführer des Mecklenburgischen Landesvereins seit 1918 wurde er 1929 in den Reichsausschuss für Bienenzucht berufen. Im Deutschen Imkerbund war Griese seit 1928 Rechnungsführer und wurde 1931 als dritter Bundesleiter gewählt. Quelle: Schwärzel, Durch sie wurden wir, S. 81.
32 Johannes Aisch war von 1916 bis 1933 Schriftleiter der „Märkischen Bienenzeitung". Quelle: Schwärzel, Durch sie wurden wir, S. 5.
33 Gottfried Lupp übernahm ab 1916 die Schriftleitung der „Bienenpflege" und wurde 1919 zum Vorsitzenden des Landesvereins Württemberg gewählt. 1929 trat er an die Spitze des Deutschen Imkerbundes. Quelle: Schwärzel, Durch sie wurden wir, S. 146.
34 Vgl. Bohnenstengel, Der Deutsche Imkerbund, S. 55-58.
35 Vgl. ebenda, S. 60-61.
36 Vgl. ebenda, S. 62.
37 Alfred Heckelmann war von 1923 bis 1929 und von 1931 bis 1932 Vorsitzender des Landesvereins Bayerischer Bienenzüchter. Anlässlich der „Gleichschaltung" 1933 schlug Heckelmann als Nachfolger Studienrat Leonhard Birklein vor. Quelle: Schwärzel, Durch sie wurden wir, S. 90.
38 Bohnenstengel, Der Deutsche Imkerbund, S. 62.
39 Vgl. ebenda, S. 63.
40 Vgl. ebenda, S. 65.
41 Vgl. ebenda, S. 66.
42 Enoch Zander, Zum Einfuhrverbot für Bienenvölker, in: Leipziger Bienen-Zeitung (1925) 2, S. 28-29, S. 28.
43 Zit. nach Bohnenstengel, Der Deutsche Imkerbund, S. 67.
44 Bienenlieferung an den Feindbund, in: Bienenwirtschaftliches Centralblatt (1921) 12, S. 145.
45 Vgl. Irmgard Jung-Hoffmann, Bienenlieferungen nach dem Ersten Weltkrieg, in: Die neue Bienenzucht (2005) 6, S. 178-179, S. 178.
46 BArch, R3301/1202: Schreiben des Reichsministers für Wiederaufbau vom 24. September 1921 (gez. Nathusius).
47 Karl Steinmetz, Die Abgabe der Bienenvölker an den Feindbund, in: Bienenwirtschaftliches Centralblatt (1921) 16, S. 200 a.
48 Vgl. Jung-Hoffmann, Bienenlieferungen nach dem Ersten Weltkrieg, S. 178.
49 Eisenbahn-Direktion, Bienensonderzüge, in: Bienenwirtschaftliches Centralblatt (1921) 12, S. 152-154.
50 Vgl. Jung-Hoffmann, Bienenlieferungen nach dem Ersten Weltkrieg, S. 179.
51 Vgl. Herbert, Geschichte Deutschlands im 20. Jahrhundert, S. 214-216.

52 Marcowitz, Weimarer Republik 1929–1933, S. 6.
53 ebenda, S. 7.
54 ebenda, S. 21.
55 Vgl. Irmgard Jung-Hoffmann, Von der Notlage der Bienenzucht zu einer blühenden Bienenzucht, in: Die neue Bienenzucht (2005) 9, S. 269-270, S. 269.
56 Enoch Zander, Die Schwindsucht der deutschen Imkerei, in: Leipziger Bienen-Zeitung (1926) 1, S. 4-9, S. 4.
57 Karl Hans Kickhöffel, Die Bienenzucht im Reichstage und im Preußischen Landtage im 1. Halbjahr 1926, in: Leipziger Bienen-Zeitung (1926) 8, S. 175-177, S. 176.
58 Hugo von Buttel-Reepen promovierte bei Prof. Dr. Weismann in Freiburg. 1924 übernahm er die Leitung des Naturhistorischen Museums in Berlin, 1926 wurde er Vorsitzender der vom Deutschen Imkerbund gegründeten Arbeitsgemeinschaft deutscher Bienenforscher. Quelle: Schwärzel, Durch sie wurden wir, S. 35.
59 Vgl. Bohnenstengel, Der Deutsche Imkerbund, S. 68.
60 Karl Hans Kickhöffel, Die wirtschaftspolitischen Voraussetzungen einer blühenden deutschen Bienenzucht, in: Leipziger Bienen-Zeitung (1926) 11, S. 238-242.
61 Dem späteren NSDAP-Mitglied Albert Koch gewidmet: „Meinem lieben Freunde Herrn Hochschulprofessor Dr. Albert Koch, Direktor des Landesinstituts für Bienenforschung und bienenwirtschaftliche Betriebslehre in Celle zur Erinnerung an die Jahre gemeinsamen Strebens und Schaffens in herzlicher Verbundenheit. Der Verfasser."
62 Bohnenstengel, Der Deutsche Imkerbund, S. 68.
63 Albert Koch, Der Kampf um die Durchsetzung des deutschen Honigs, in: Bienenwirtschaftliches Zentralblatt (1931) 9, S. 7-17, S. 7.
64 Karl Hans Kickhöffel, Die Deutsche Bienenzucht. Abriß ihrer rechtlichen, wirtschaftlichen, handels- und vereinspolitischen Grundlage, Neumünster, 1927, S. 19.
65 Breiholz, Entschließung des Deutschen Imkerbundes auf dem Deutschen Imkertage in Ulm am 2. August 1926, in: Leipziger Bienen-Zeitung (1926) 10, S. 219.
66 Karl Pinkpank war in der 3. Wahlperiode zum 2. Landtag (1921–1924) Mitglied des „Mecklenburgischen Dorfbunds" (MDB, Landbund, Raiffeisenorganisation), eine Kleinpartei der Weimarer Republik mit landwirtschaftlich-bäuerlichem Hintergrund. Bei der Landtagswahl von 1921 erhielt der Landbund 5,88 Prozent Stimmanteil (SPD 41,74 Prozent, DNVP 22,22 Prozent, DVP 17,49 Prozent, KPD 4,64 Prozent, DDP 4,27 Prozent). Quelle: https://de.wikipedia.org/wiki/Landtag_des_Freistaates_Mecklenburg-Schwerin, 7.5.2017.
67 Arno Bederke, Kalenderblatt: Januar 2004, in: Die neue Bienenzucht (2004) 1, S. 11.
68 Vgl. Schwärzel, Durch sie wurden wir, S. 175.
69 Imkerverein Schwaan (Herwig Brätz), Chronik 1906–2016 Imkerverein Schwaan, Norderstedt, 2016, S. 73.
70 Vgl. ebenda, S. 74.
71 ebenda, S. 74-75.
72 Karl Hans Kickhöffel, Das bienenwirtschaftliche Notprogramm, Leipzig, 1929, S. 10.
73 ebenda, S. 83.
74 Egon Rotter, Frei, wahr und offen!, in: Der Deutsche Imker (1926) 2, S. 32-34, S. 33.
75 Vgl. Irmgard Jung-Hoffmann, Vom Preisausschreiben zum Gewährstreifen, in: Die neue Bienenzucht (2005) 7, S. 208.
76 Bohnenstengel, Der Deutsche Imkerbund, S. 67.
77 Vgl. Jung-Hoffmann, Vom Preisausschreiben zum Gewährstreifen.
78 ebenda.
79 Enoch Zander, Leitsätze einer zeitgemäßen Bienenzucht, Leipzig, 1925, 3. Aufl., S. 35.

80 Detlef Breiholz, Achtung!, in: Leipziger Bienen-Zeitung (1926) 2, S. 25-26.

81 Karl Hans Kickhöffel/Karl-Heinz Kikisch, Wie setzt der deutsche Imker seinen Honig ab?, Leipzig, 1933, S. 64-65; zit. nach: Cornelie Becker-Lamers, „Einheit, Reinheit, Brüderlichkeit", http://www.becker-lamers.de/wissenschaftliche-arbeiten-publikationen/einheit-reinheit-bruederlichkeit/, 16.10.2018.

82 Albert Koch, Der deutsche Honig. Seine Entstehung, sein chemischer Aufbau, seine Gewinnung und Behandlung, seine Bedeutung als Nahrungs-, Genuß- und Heilmittel, Neumünster, 1927, S. 43; zit. nach: Cornelie Becker-Lamers, „Einheit, Reinheit, Brüderlichkeit", http://www.becker-lamers.de/wissenschaftliche-arbeiten-publikationen/einheit-reinheit-bruederlichkeit/, 16.10.2018.

83 Vereinigung der Deutschen Imkerverbände, Die Lage ist ernst, wir rüsten zum Kampf, in: Märkische Bienen-Zeitung (1925) 6, S. 99-100; zit. nach: Cornelie Becker-Lamers, „Einheit, Reinheit, Brüderlichkeit", http://www.becker-lamers.de/wissenschaftliche-arbeiten-publikationen/einheit-reinheit-bruederlichkeit/, 16.10.2018.

84 Cornelie Becker-Lamers, „Einheit, Reinheit, Brüderlichkeit", http://www.becker-lamers.de/wissenschaftliche-arbeiten-publikationen/einheit-reinheit-bruederlichkeit/, 16.10.2018.

85 Vereinigung der Deutschen Imkerverbände, Die Lage ist ernst, wir rüsten zum Kampf, in: Märkische Bienen-Zeitung (1925) 6, S. 99-100, S. 99; zur wiederholten Verwendung des Wortes „Schanze" vgl. auch Vereinigung der Deutschen Imkerverbände, Aus der Arbeit, in: Märkische Bienen-Zeitung (1925), S. 62-63, S. 63; zit. nach: Cornelie Becker-Lamers, „Einheit, Reinheit, Brüderlichkeit", http://www.becker-lamers.de/wissenschaftliche-arbeiten-publikationen/einheit-reinheit-bruederlichkeit/, 16.10.2018.

86 Franz Becker war bis 1927 Assistent bei Prof. Dr. Zander in Erlangen und kam dann als Leiter der Lehr- und Versuchsanstalt nach Münster. Quelle: Schwärzel, Durch sie wurden wir, S. 16.

87 Alfred Borchert wurde 1922 Privatdozent für Bienenkunde und Bienenkrankheiten; 1923 wurde er Leiter des Laboratoriums für Bienenkunde und 1925 mit der Ernennung zum Regierungsrat außerordentlicher Professor an der Tierärztlichen Hochschule Berlin. 1929 wurde er zum ordentlichen Mitglied der Biologischen Reichsanstalt berufen. Quelle: Schwärzel, Durch sie wurden wir, S. 26.

88 Joachim Evenius wurde 1922 Assistent bei Prof. Dr. Koch in Münster. Nach kurzer Tätigkeit am Zoologischen Institut der Landwirtschaftlichen Hochschule in Berlin und bei Prof. Dr. Armbruster seit 1925 erhielt er 1926 die Leitung der neu gegründeten „Lehr- und Versuchsanstalt für Bienenzucht" in Finkenwalde bei Stettin. Quelle: Schwärzel, Durch sie wurden wir, S. 55-56.

89 Richard Ewert war seit 1899 in Proskau (Schlesien) und wurde dort Leiter des Botanischen Instituts der „Höheren Lehranstalt für Obst- und Gartenbau". Nach Auflösung der Anstalt ging er zunächst vorzeitig in den Ruhestand, um dann 1924 an der „Versuchsanstalt für Pflanzenbau" in Landsberg/Warthe seine in Proskau begonnenen Forschungen fortzusetzen. Quelle: Schwärzel, Durch sie wurden wir, S. 56.

90 Jodokus Fiehe kam als Nahrungsmittelchemiker nach mehreren Stationen 1916 als Professor und Abteilungsvorstand an das Hygienische Institut nach Posen. Dieses wurde 1919 nach Landsberg/Warthe verlegt, wo er seine wissenschaftliche Arbeit fortsetzte. Er schuf durch die „Fiehe'sche Reaktion" die ersten Möglichkeiten der genauen Honiguntersuchung. Quelle: Schwärzel, Durch sie wurden wir, S. 59.

91 Heinrich Friese erhielt nach dem Zoologiestudium für seine Insektenforschung etwa 1910 den Dr. h.c. der Universität Gießen, seit 1917 war er Professor. Quelle: Schwärzel, Durch sie wurden wir, S. 65.

92 Bruno Geinitz war von 1919 bis 1920 Mitarbeiter am Senckenberg-Naturkunde-Museum in Frankfurt/Main. 1920 kam er als wissenschaftlicher Assistent an das Zoologische Institut der Universität Freiburg/Br. und wurde 1925 als Dozent tätig. Auf seine Anregung hin wurde 1926 ein bienenkundliches Institut in Freiburg/Br. gegründet, dessen Leitung er übernahm. Quelle: Schwärzel, Durch sie wurden wir, S. 70.

93 Gottfried Goetze übernahm 1925 die Leitung der Lehr- und Versuchsimkerei in Landsberg/Warthe, 1932 wurde die bisherige Imkerschule Mayen „Staatlich anerkannte Lehr- und Versuchsanstalt" und wurde deren Leiter. Quelle: Schwärzel, Durch sie wurden wir, S. 77-78.

94 Anton Himmer ging 1922 als Landwirtschafts-Assessor an die Landesanstalt für Bienenzucht unter Prof. Dr. Zander nach Erlangen, 1934 wurde er zum Landwirtschaftsrat ernannt, 1938 nach dem Ruhestand Zanders wurde er dessen Nachfolger. Quelle: Schwärzel, Durch sie wurden wir, S. 96.

95 Albert Koch übernahm 1925 die Leitung der neugegründeten Versuchs- und Lehranstalt für Bienenzucht in Münster und 1927 die Leitung des neugegründeten „Hannoverschen Landesinstituts für Bienenforschung und bienenwirtschaftliche Betriebslehre" in Celle. Quelle: Schwärzel, Durch sie wurden wir, S. 123-124.

96 Gustav Rösch war von 1925 bis 1928 Assistent am Zoologischen Institut München unter Prof. Dr. von Frisch und von 1928 bis 1931 am Institut für Bienenkunde bei Prof. Dr. Armbruster in Berlin. 1931 ging er als Privatdozent für Bienenkunde an die Landwirtschaftliche Hochschule Stuttgart-Hohenheim und wurde dort 1937 Professor und Leiter des Instituts für Zoologie und Bienenkunde. Quelle: Schwärzel, Durch sie wurden wir, S. 187-188.

97 Vgl. Bohnenstengel, Der Deutsche Imkerbund, S. 73.

98 Vgl. Jung-Hoffmann, Von der Notlage der Bienenzucht zu einer blühenden Bienenzucht, S. 269.

99 Hugo Gontarski trat unter der Amtsbezeichnung „Hilfsschullehrer" am 18. Juli 1933 in den „Nationalsozialistischen Lehrerbund" (NSLB) ein. Quelle: BArch (ehem. BDC) NSLB, Gontarski, Hugo, 10.4.1990, eingetreten 18.7.1933, Mitglieds-Nr. 174998. Hugo Gontarski trat zudem am 1. Mai 1937 in die NSDAP ein. Quelle: BArch (ehem. BDC) NSDAP-Gaukartei, Gontarski, Hugo, 10.4.1900, eingetreten 1.5.1937, Mitglieds-Nr. 4707173.

100 Zit. nach: Jung-Hoffmann, Von der Notlage der Bienenzucht zu einer blühenden Bienenzucht, S. 270.

101 Vgl. Irmgard Jung-Hoffmann, Karl von Frisch, in: Die neue Bienenzucht (2004) 8, S. 259-260.

102 Bohnenstengel, Der Deutsche Imkerbund, S. 77.

103 Vgl. Irmgard Jung-Hoffmann, Ein neuer Aufschwung, in: Die neue Bienenzucht (2005) 10, S. 301-302, S. 301.

104 Bohnenstengel, Der Deutsche Imkerbund, S. 86.

105 ebenda, S. 87.

106 BArch, R3602/2053: Was will der Reichsausschuß zur Förderung der Bienenzucht und des Absatzes ihrer Erzeugnisse? (13.5.1930).

107 Kickhöffel, Das bienenwirtschaftliche Notprogramm, S. 59-82.

108 Bohnenstengel, Der Deutsche Imkerbund, S. 86.

109 Koch, Der Kampf um die Durchsetzung des deutschen Honigs, S. 15.

110 Vgl. Bohnenstengel, Der Deutsche Imkerbund, S. 90.

111 Schriftleitung und Verlag der Leipziger Bienen-Zeitung, Kickhöffels Neujahrsgeschenk für die deutsche Imkerschaft, in: Leipziger Bienen-Zeitung (1930) 1, S. 1.

112 BArch, R2/10484, Blatt 401: Schreiben von Karl Hans Kickhöffel vom 10. Juni 1931 an den Herrn Reichsminister der Finanzen.
113 Bohnenstengel, Der Deutsche Imkerbund, S. 104.
114 Vgl. ebenda, S. 108-109.
115 Graf, Die bienenwirtschaftlichen Zeitschriften in Deutschland, S. 41.
116 ebenda.
117 Vgl. ebenda, S. 53.
118 Karl Hans Kickhöffel, An Deutschlands Imker!, in: Leipziger Bienen-Zeitung (1933) 1, S. 1-3, S. 2.
119 Karl Hans Kickhöffel, Die Presse als Mittel zur Selbsthilfe, in: ders., Für die deutsche Bienenzucht 1923–1928, Neumünster, 1928, S. 138-141, S. 139.
120 Kickhöffel, Das bienenwirtschaftliche Notprogramm, S. 45.
121 Zit. nach Bohnenstengel, Der Deutsche Imkerbund, S. 115-116.
122 Ludwig Armbruster, Von der Preußischen Bienenzucht im Jahre 1930, in: Leipziger Bienen-Zeitung (1932) 7, S. 174-175.
123 Vogelsang, Können Frauen Bienenzucht betreiben?
124 Ludwig, Am Bienenstand, S. 11.
125 Enoch Zander, Die Zucht der Biene (1. Auflage 1919), Stuttgart, 1922, 2. Aufl., S. 3.
126 Vgl. Eckart, Medizin und Krieg – Deutschland 1914–1924, S. 142.
127 Vogelsang, Können Frauen Bienenzucht betreiben?, S. 94.
128 ebenda, S. 95.
129 ebenda.
130 Marie Ritter, Deutsche Frauen, treibt Bienenzucht!, in: Der Imker aus Thüringen (1932) 1, S. 12-15.
131 A. Senner, Bienenzucht und Volksschule, in: Leipziger Bienen-Zeitung (1932) 2, S. 48.
132 Rudolf Werner, Schule und Imkerei, in: Leipziger Bienen-Zeitung (1929) 1, S. 25-26.

6 Die Bienenzucht im Nationalsozialismus

1 Karl-Heinz Kikisch, Am Waagstock, in: Leipziger Bienen-Zeitung (1933) 1, S. 3-5, S. 5.
2 ebenda.
3 Karl-Heinz Kikisch, Am Waagstock, in: Leipziger Bienen-Zeitung (1933) 3, S. 59-61, S. 59.
4 ebenda.
5 Zur Gewinnung der Arbeiterbevölkerung hat die NSDAP den früheren Kampftag der internationalen Arbeiterklasse, den 1. Mai, national zu einem gesetzlichen Feiertag erklärt. Der 1. Mai 1933 wurde mit der Zerschlagung der freien Gewerkschaften verbunden. Am 2.5.1933 wurden die Gewerkschaftshäuser durch NSBO (Nationalsozialistische Betriebszellenorganisation), SA und SS besetzt. Seit 1934 wurden die Maifeiern als Nationalfeiertag des Deutschen Volkes begangen.
6 Karl-Heinz Kikisch, Am Waagstock, in: Leipziger Bienen-Zeitung (1933) 5, S. 113-116, S. 115.
7 Vgl. Karl-Heinz Kikisch, Am Waagstock, in: Leipziger Bienen-Zeitung (1933) 8, S. 193-196, S. 194.
8 Vgl. Karl-Heinz Kikisch, Am Waagstock, in: Leipziger Bienen-Zeitung (1933) 7, S. 165-168, S. 166.
9 Kikisch, Am Waagstock (1933), 8, S. 195.

10 ebenda.
11 Gustavo Corni, Richard Walther Darré – Der „Blut-und-Boden"-Ideologe, in: Ronald Smelser/Rainer Zitelmann (Hrsg.), Die braune Elite I. 22 biographische Skizzen, Darmstadt 1994, 3. Aufl., S. 15-27, S. 16.
12 Ernst Klee, Das Personenlexikon zum Dritten Reich: Wer war was vor und nach 1945?, Frankfurt am Main, 2003, S. 103.
13 Corni, Richard Walther Darré – Der „Blut-und-Boden"-Ideologe, S. 16.
14 Vgl. Klee, Das Personenlexikon zum Dritten Reich, S. 103.
15 Vgl. Corni, Richard Walther Darré – Der „Blut-und-Boden"-Ideologe.
16 Vgl. ebenda, S. 17.
17 Vgl. Klee, Das Personenlexikon zum Dritten Reich, S. 103.
18 Vgl. Corni, Richard Walther Darré – Der „Blut-und-Boden"-Ideologe, S. 18.
19 Erich Stockhorst, 5000 Köpfe: Wer war was im 3. Reich?, Kiel, 1985, S. 98-99.
20 Klee, Das Personenlexikon zum Dritten Reich, S. 103.
21 Isabel Heinemann, „Rasse, Siedlung, deutsches Blut": Das Rasse- und Siedlungshauptamt der SS und die rassenpolitische Neuordnung Europas, Göttingen, 2003, S. 52-53.
22 ebenda, S. 53.
23 Vgl. Corni, Richard Walther Darré – Der „Blut-und-Boden"-Ideologe, S. 20.
24 Vgl. ebenda, S. 21.
25 Vgl. ebenda, S. 21-22.
26 Vgl. ebenda, S. 22.
27 Vgl. ebenda, S. 23.
28 Vgl. ebenda.
29 Vgl. ebenda, S. 24.
30 Vgl. ebenda, S. 25.
31 Vgl. ebenda, S. 24.
32 Vgl. ebenda.
33 Klee, Das Personenlexikon zum Dritten Reich, S. 103.
34 ebenda.
35 Vgl. Corni, Richard Walther Darré – Der „Blut-und-Boden"-Ideologe, S. 26.
36 Klee, Das Personenlexikon zum Dritten Reich, S. 23.
37 ebenda.
38 Vgl. Michael Grüttner, Das Dritte Reich: 1933–1939, Stuttgart, 2014, S. 296-297.
39 ebenda.
40 ebenda.
41 Vgl. ebenda, S. 483-484.
42 Klee, Das Personenlexikon zum Dritten Reich, S. 23.
43 Vgl. Michael Grüttner, Brandstifter und Biedermänner – Deutschland 1933–1939, Stuttgart, 2015, S. 39.
44 ebenda.
45 ebenda, S. 40.
46 ebenda.
47 ebenda.
48 ebenda, S. 41.
49 ebenda.
50 ebenda, S. 43–44.
51 ebenda, S. 44.
52 ebenda.
53 ebenda.

54 Karl-Heinz Kikisch, Am Waagstock, in: Leipziger Bienen-Zeitung (1933) 9, S. 221-224, S. 223.
55 S. [ohne Name], Deutschlands Imker 1933 in Bad Nauheim, in: Leipziger Bienen-Zeitung (1933) 9, S. 227-233.
56 José Filler, Führer und Führeraufgaben, in: Deutscher Imkerführer (1934) 1, S. 1-2.
57 Kikisch, Am Waagstock, in: Leipziger Bienen-Zeitung (1933) 9, S. 223.
58 W. [ohne Name], Rundschau, in: Leipziger Bienen-Zeitung (1933) 9, S. 224-227, S. 224.
59 ebenda.
60 S. [ohne Name], Deutschlands Imker 1933 in Bad Nauheim, in: Leipziger Bienen-Zeitung (1933) 9, S. 227-233, S. 231.
61 Grüttner, Das Dritte Reich, S. 62.
62 W. [ohne Name], Rundschau, S. 224.
63 ebenda.
64 ebenda.
65 ebenda, S. 225.
66 S. [ohne Name], Deutschlands Imker 1933 in Bad Nauheim, S. 230.
67 ebenda.
68 ebenda.
69 Vgl. Deutscher Imkerbund e.V., 100 Jahre Deutscher Imkerbund e.V. – Eine Chronik zum Jubiläum, S. 28.
70 Der Aufbau des Deutschen Imkerbundes, in: Deutscher Imkerführer (1934) 1, S. 2-5, S. 2.
71 Johannes Aisch (1871–1939): „Pfarrer in der Mark Brandenburg ... Seit 1904 begeisterter und wirtschaftlich denkender Imker. [...] Schon 1910 wurde Aisch in den Sonderausschuß für Bienenzucht der Landwirtschaftskammer Brandenburg gewählt. Im Juli 1913 gab er sein ‚Bienenbuch für Anfänger' heraus, das 1934 die 6. Auflage erreichte. 1914 wurde auf Vorschlag und Antrag von Pfarrer Aisch vom Provinzial-Verband der ‚Werbeausschuß Märkischer Imker' gegründet, der eine bienenwirtschaftliche Presse-Korrespondenz herausgab. Er wurde bald in ‚Presseausschuß' umbenannt und 1923 mit dem Obmann Aisch von der Vereinigung Deutscher Imkerverbände, dem damaligen DIB, übernommen. Schon 1912 verlangte Aisch ein Einheitsglas und eine Honigschutzmarke für Märkischen Honig, weil es der DIB nicht erreichen konnte. 1922 wurde Aisch in den neugegründeten Sonderausschuß für Bienenzucht der ‚Deutschen Landwirtschaftsgesellschaft' als dessen Vorsitzender berufen. Als Besucher vieler Wanderversammlungen wurde er 1924 in Marienburg als deren ständiger Geschäftsführer gewählt. Seit 1. April 1916 war Pfarrer Aisch Schriftleiter der ‚Märkischen Bienenzeitung' und leitete sie in vorbildlicher Weise bis 1933. Der Gründer der badischen Imkerschule in Gengenbach, Josef Klemm, sagte dazu: ‚Die Märkische Bienenzeitung verdankt Pfarrer Aisch ihr großes Ansehen.' Neben dem ‚Wanderbüchlein' von 1922 schrieb er 1931 den ‚Deutschen Imkeratlas' und beschloß seine schriftstellerische Arbeit 1939 mit den Texten für die ‚Bienenfibel'." Quelle: Schwärzel, Durch sie wurden wir, S. 5.
72 Aus dem deutschen Imkerbunde, in: Leipziger Bienen-Zeitung (1933) 11, S. 305-306, S. 305.
73 Cornelie Becker-Lamers, „Einheit, Reinheit, Brüderlichkeit", http://www.becker-lamers.de/wissenschaftliche-arbeiten-publikationen/einheit-reinheit-bruederlichkeit/ 16.10.2018.
74 Deutscher Imkerbund e.V., 100 Jahre Deutscher Imkerbund e.V. – Eine Chronik zum Jubiläum, S. 28.
75 Stockhorst, 5000 Köpfe, S. 430.

76 Staatsarchiv Marburg, Bestand 401, laufende Nummer 1321. Zit. nach: https://de.wikipedia.org/wiki/Karl_Vetter_(NSDAP), Datum: 13.6.2016.

77 Karl Hans Kickhöffel, Das Verwaltungsbuch der Reichsfachgruppe Imker, Leipzig, 1937, S. 49-50.

78 Karl Vetter, Der Deutsche Imkerbund, in: Deutscher Imkerführer (1934) 1, S. 1.

79 ebenda.

80 José Filler, Führer und Führeraufgaben, in: Deutscher Imkerführer (1934) 1, S. 1-2.

81 Karl Hans Kickhöffel, Dr. J. Filler 50 Jahre, in: Deutscher Imkerführer (1938) 10, S. 274-276, S. 276.

82 Karl Vetter, Bekanntmachung des Reichsverbandes Deutscher Kleintierzüchter, in: Deutscher Imkerführer 14 (1940) 2, S. 17-18.

83 Die Biographiensammlung von Erich Schwärzel (1902–unbekannt) aus dem Jahr 1985 mit dem Titel „Durch sie wurden wir: Biographie der Großmeister und Förderer der Bienenzucht im deutschsprachigen Raum" stellt eine wichtige Quelle dar, um biographische Eckdaten von Personen aus dem Bienenzucht-Bereich zu erschließen. Allerdings liegt hinsichtlich zahlreicher Bewertungen von Lebensleistungen einzelner Personen und historischer Epochen ein Schleier von Schönfärbungen und Auslassungen vor. Beispielsweise wird dies ersichtlich an der Bewertung des geschäftsführenden Präsidenten der Reichsfachgruppe Imker, Karl Hans Kickhöffel, der mit seiner völkisch-nationalistischen und nationalsozialistischen Einstellung in Wort, Tat und Schrift die Imkerschaft dominierte und von Schwärzel völlig unkritisch „unbestritten zu den Großen der Imkergeschichte" gezählt wird (S. 116-117, S. 116). Schwärzel macht Kickhöffel zum Opfer des Nationalsozialismus: „[...] er hat die Imker in ihrer Organisation so fest zusammengefügt, daß diese den Zusammenbruch der Gewaltherrschaft überstehen konnte. Die Zeit von 1933 an half ihm dabei – aber Kickhöffel geriet in ihr Räderwerk und konnte sich nicht mehr daraus befreien." (S. 116-117, S. 116) Das Schicksal von Ludwig Armbruster hingegen, der von den Nationalsozialisten aus dem Amt vertrieben wurde, wird nur beiläufig erwähnt. Schwärzel führt sich selbst in seiner Biographie-Sammlung auf (S. 223-224). Gebürtig in Kalke (Kreis Sorau) war er zunächst im Versicherungswesen und nach „notgedrungene[m] ‚Umzug'" (S. 224) 1955 in die Bundesrepublik nach Eßlingen am Neckar als kaufmännischer Angestellter tätig sowie seit 1968 Rentner. 1984 wurde er vom Deutschen Imkerbund zum Ehrenimkermeister ernannt. Zu seiner schriftstellerischen Tätigkeit schrieb er: „1933 schrieb ich erste Beiträge fachlichen Inhalts für Imkerzeitungen und 1934 imkerliche Monatsbeiträge für die Land- und Hauswirtschaftsbeilage der Tageszeitung. Ein erster Beitrag ist in der ‚Biene' 1938/8 zu finden. Beiträge in anderen Imkerzeitschriften bis hin zum ‚Imkerführer' folgten." (S. 224). Quelle: Schwärzel, Durch sie wurden wir, S. 223-224.

84 ebenda, S. 116-117.

85 ebenda.

86 BArch, R8034-III/236, Deutschnationale Landtagsliste, An 5. Stelle: Lehrer Kickhöffel, Jeeser, o.J. (vermutlich 1932). „Arbeitsgebiete im Landtag: ... Außerdem in der völkischen Erneuerungsbewegung seit der Seminarzeit. ...".

87 BArch R 8034-III/236, K.H. Kickhöffel (Jeeser), M.d.L.: Volksgesundheit und Volksbestand in Gefahr, Stralsunder Tagblatt (34. Jahrgang), o.J. (vermutlich 1931).

88 Der Deutsche Lehrerverein (DLV) bestand von 1871 bis zur nationalsozialistischen Gleichschaltung der Lehrerverbände im NSLB 1933.

89 Schwärzel, Durch sie wurden wir, S. 116.

90 Die Deutschnationale Volkspartei (DNVP) war eine nationalkonservative Partei in der Weimarer Republik, deren Programmatik Nationalismus, Nationalliberalismus, Anti-

semitismus, kaiserlich-monarchistischen Konservatismus sowie völkische Elemente enthielt.

91 BArch R 8034-III/236, Pomm.Tag Post (Nr. 94): Deutschnationale Landtagsliste – An 5. Stelle: Lehrer Kickhöffel, Jeeser.

92 Erich Schwärzel, Durch sie wurden wir, Gießen, 1985, S. 116.

93 ebenda.

94 BArch, R16/2229, Blatt 203 bis 221.

95 ebenda, Blatt 213: Nr. der Personalliste: 1, Seite 2.

96 ebenda, Blatt 215.

97 ebenda, Blatt 221.

98 ebenda, Fragebogen für Mitglieder des Reichsverbands Deutscher Schriftsteller e.V. vom 21.12.1933. Die Sturmabteilung (SA) war die paramilitärische Kampforganisation der NSDAP während der Weimarer Republik. Die SA-Reserven I und II wurden nach der Machtübernahme (1933) aus den ehemaligen Soldatenverbänden „Kyffhäuserbund" und „Der Stahlhelm" gebildet.

99 BArch, R9361V/24296, Kickhöffel, Karl Hans, 1.5.1889: Lebenslauf des Karl Hans Max Kickhöffel. Der Landbund entstand nach dem Ersten Weltkrieg in der Nachfolge des Bundes der Landwirte als Interessenorganisation der Landbevölkerung. Er wurde von den ostelbischen Großagrariern dominiert und arbeitete in der Regel eng mit der DNVP zusammen.

100 Die Nationalsozialistische Volkswohlfahrt (NSV) wurde am 18. April 1932 durch die Nationalsozialisten als eingetragener Verein gegründet und am 3. Mai 1933, nur wenige Monate nach der Machtergreifung, zur Parteiorganisation der NSDAP erhoben.

101 Der Reichsluftschutzbund (RLB) war ein öffentlicher Verband für den deutschen Luftschutz in der Zeit des Nationalsozialismus. Der RLB legte ein enges Netz an Luftschutzwarten an. Außerdem diente er der praktischen und psychologischen Vorbereitung auf einen Luftkrieg sowie der Anleitung des Selbstschutzes der Bevölkerung während und nach Luftangriffen. Auch die politische und polizeiliche Kontrolle der Bevölkerung war Teil der Aufgaben.

102 BArch, R9361V/24296: Kickhöffel, Karl Hans, 1.5.1889: Fragebogen zur Bearbeitung des Aufnahmeantrages für die Reichsschrifttumskammer vom 5.2.1939.

103 Irmgard Jung-Hoffmann, Karl Hans Kickhöffel, in: Die neue Bienenzucht (2004) 10, S. 294-295, S. 295.

104 Rückl, Ludwig Armbruster – ein von den Nationalsozialisten 1934 zwangspensionierter Bienenkundler der Berliner Universität, S. 29.

105 Der Aufbau des Deutschen Imkerbundes, S. 3.

106 ebenda, S. 4.

107 ebenda.

108 ebenda.

109 Eduard Grotevent: „1934 Polizeihauptmann a. D. und Berufsimker in Bremen. Er war zu dieser Zeit Beisitzer in der Führung des Deutschen Imkerbundes und als solcher auch in die Reichsfachgruppe übernommen. In verschiedenen Beiträgen besonders im ‚Imkerführer' setzte er sich für die Berufsimker und ihre Sorgen und Nöte ein und wies darauf hin, daß der Bienenstand selbst auch Werbung für den deutschen Honig sein muß." Quelle: Schwärzel, Durch sie wurden wir, S. 82.

110 Barch (ehem. BDC) NSDAP-Gaukartei, Birklein, Leonhard, 12.11.1883, eingetreten: 1.5.1933, Mitglieds-Nr. 2715538.

111 Barch (ehem. BDC) NSLB, Birklein, Leonhard, 12.11.1883, eingetreten: 1.5.1933, Mitglieds-Nr. 19765. Der Nationalsozialistische Lehrerbund (NSLB) wurde 1929 als der Par-

teigliederung der NSDAP angeschlossener Verband gegründet, entwickelte sich ab 1933 zur alleinigen Lehrerorganisation im Deutschen Reich und bestand bis 1943.

112 Leonhard Birklein (1883–1959): „Lehrer, später Oberstudiendirektor in Nürnberg, seit 1907 Schriftführer des Zeidlervereins Nürnberg. Als Landesökonomierat Heckelmann zum 31. März 1933 sein Amt als Vorsitzender des Landesverbands Bayern niederlegte, schlug er Leonhard Birklein als Nachfolger vor. Der erweiterte Vorstand stimmte dem Vorschlag zu und so übernahm Birklein am 1. April 1933 den Landesvorsitz. Bei der Gleichschaltung der Imkerorganisation wurde Birklein am 28. August 1933 als Führer der Landesfachgruppe Bayern berufen und im Dezember 1933 als 1. Beisitzer und damit als Vertreter des Präsidenten in die Reichsfachgruppe Imker berufen. 1939 wurde ihm die ‚Silberne Wabe' der Reichsfachgruppe verliehen, als er den erkrankten Kickhöffel als Führer der Reichsfachgruppe vertrat. Der Zusammenbruch 1945 brachte ihm den Verlust der imkerlichen Ämter neben der Entlassung aus dem Schuldienst. Nach dem Abschluß der Entnazifizierung wurde er im September 1948 wieder als Vorsitzender des Landesverbands Bayern gewählt, nachdem Ludwig Schieder den Vorsitz niedergelegt hatte. Im November 1948 wurde Birklein in Marburg zum Leiter der Arbeitsgemeinschaft der Imkerlandesverbände gewählt. Als im August 1949 dann der Deutsche Imkerbund als einheitliche Organisation in Lippstadt gegründet wurde, legte man das Amt des Präsidenten in die Hände von Birklein. Zehn Jahre lang stand der DIB unter seiner Führung mit der Geschäftsstelle in Nürnberg. 1954 wurde er mit dem Bundesverdienstkreuz am Band ausgezeichnet und der DIB ernannte ihn am 8. September 1957 zum Ehrenimkermeister. Die letzten vier Jahre seiner Tätigkeit als Landesvorsitzender in Bayern standen im Zeichen von Streit und Prozessen, die zur Spaltung der Bayerischen Imkerschaft in drei Verbände führten, wovon zwei außerhalb des Deutschen Imkerbundes stehen müssen." Quelle: Schwärzel, Durch sie wurden wir, S. 22.

113 Georg Neuner, Studiendirektor L. Birklein, in: Die Imkerpraxis (1943) 4, S. 3-5, S. 5.

114 Alfred Borchert war zunächst als Veterinär tätig und wurde 1922 Privatdozent für Bienenkunde und Bienenkrankheiten. 1923 wurde er Leiter des Laboratoriums für Bienenkunde und 1925 mit der Ernennung zum Regierungsrat außerordentlicher Professor an der Tierärztlichen Hochschule in Berlin. 1929 wurde er zum ordentlichen Mitglied der Biologischen Reichsanstalt berufen. Eine zusammenfassende Arbeitsanweisung für Bienenseuchensachverständige erschien 1938 als „Bienenseuchenbüchlein der Rfgr. Imker" und wurde 1949 neu herausgebracht. 1948 wurde er ordentlicher Professor und Direktor des Instituts für vet. med. Parasitologie in Berlin, wobei er die gesundheitliche Betreuung der Bienenwirtschaft der DDR und die Ausbildung der Seuchensachverständigen wieder in seiner Hand hatte. Quelle: Schwärzel, Durch sie wurden wir, S. 26-27.

Alfred Borchert ist in der NSDAP-Zentralkartei mit dem Vermerk aufgeführt: „Aufnahme nicht ausgeführt." Quelle: BArch (ehem. BDC) NSDAP-Zentralkartei, Borchert, Alfred, 12.9.1886, Aufnahme nicht ausgef. Schein zurück 29. (?)III.1934. Anmerkung [Autor]: Möglicherweise fiel der Aufnahme-Vorgang unter den Aufnahmestopp nach 1933.

115 Albert Koch studierte in Marburg und Münster Zoologie mit Promotionsabschluss. 1925 Leiter der neugegründeten Versuchs- und Lehranstalt für Bienenzucht in Münster. 1927 Leiter des ebenfalls neugegründeten Hannoverschen Landesinstituts für Bienenforschung und bienenwirtschaftliche Betriebslehre in Celle. Von 1938 bis 1955 Leiter der Reichsanstalt für Seidenbau, seit 1950 Bundesforschungsanstalt für Kleintierzucht in Celle. Am 5. August 1955 zum Ehren-Imkermeister des Deutschen Imkerbunds ernannt. Quelle: Schwärzel, Durch sie wurden wir, S. 123-124.

Albert Koch war Mitglied der NSDAP seit 1. Mai 1933. Quelle: BArch (ehem. BDC) NSDAP-Gaukartei, Koch Dr., Albert, 21.10.1890, eingetreten 1.5.1933, Mitglieds-Nr. 2622050.

116 Enoch Zander verfasste etwa 500 Schriften zur Bienenkunde. Seine Zander-Beute erfuhr in Deutschland große Verbreitung. Wissenschaftlich tat er sich durch Forschungen im Bereich Geschlechtsbestimmung der Bienen und der Bekämpfung von Bienenkrankheiten (1909 entdeckte er den Erreger der Nosema) hervor. Methodisch entwickelte er Verfahren zur Weiselzucht und zur Königinnenzucht in Deutschland sowie zur Herkunftsbestimmung von Honig aufgrund der Pollenanalyse. Anlässlich seines 70. Geburtstages wurde er 1943 mit der Goethe-Medaille für Kunst und Wissenschaft geehrt. Später erhielt er das Bundesverdienstkreuz. Im Oktober 1952 wurde er zum Ehrenvorsitzenden der Deutschen Gesellschaft für angewandte Entomologie gewählt. Der Deutsche Imkerbund ehrte ihn mit der Ernennung zum Ehrenimkermeister. 1964 stiftete der Landesverband Bayrischer Imker ihm zu Ehren die Medaille „Für besondere Verdienste" (Zander-Medaille).

117 BArch, R9361-V/40865: Schreiben von Enoch Zander an den Präsidenten der Reichsschrifttumskammer vom 21.12.1941.

118 Schwärzel, Durch sie wurden wir, S. 251.

119 Karl Maier, Begegnung mit Zander, in: Deutscher Imkerführer (1943) 3, S. 40-41, S. 41.

120 BArch (ehem. BDC) NSLB, Prof. Dr. Zander, Enoch, 19.6.1873, eingetreten 1.5.1933, Mitglieds-Nr. 24761.

121 BArch, NS12/15646: Schreiben der Gau- bzw. Kreisleitung an die Reichsverwaltung des NS-Lehrerbundes, Begutachtungsstelle für das pädagogische Schrifttum vom 27.1.1938 zum Autorenfragebogen von Enoch Zander.

122 Enoch Zander, Ein Leben mit den Bienen, in: Uns' Immen (1939) 12, S. 298-308, S. 307.

123 Karl Maier, Kernsätze aus Zanders Werken, in: Deutscher Imkerführer (1943) 3, S. 42-43, S. 43.

124 Enoch Zander, Leitsätze einer zeitgemäßen Bienenzucht, Leipzig, 1948, 8. Aufl., S. 6-7.

125 Maier, Begegnung mit Zander, S. 41.

126 BArch (ehem. BDC) RKK, Freudenstein, Karl, 21.10.1899: „Pg. u. SA seit 1933".

127 BArch (ehem. BDC) NSDAP-Gaukartei, Freudenstein, Karl, 21.10.1899, eingetreten 1.5.1933, Mitglieds-Nr. 2828313.

128 BArch (ehem. BDC) NSLB (Reichsfachschaft I NS Lehrerbund), Freudenstein, Karl, 21.10.1899, eingetreten 1.5.1933, Mitglieds-Nr. 288668.

129 Anton Himmer studierte Zoologie mit Promotionsabschluss in München und ging 1922 als Landwirtschafts-Assessor an die Landesanstalt für Bienenzucht unter Prof. Dr. Zander nach Erlangen. Nachdem Zander in den Ruhestand ging, wurde er 1938 Direktor der Anstalt. Quelle: Schwärzel, Durch sie wurden wir, S. 96.

Anton Himmer wurde am 1. Mai 1937 Mitglied der NSDAP. Quellen: BArch (ehem. BDC) NSDAP-Zentralkartei, Himmer, Dr. Anton, 17.10.1986, eingetreten am 1.5.1937, Mitglieds-Nr. 5629925 sowie BArch (ehem. BDC) NSDAP-Gaukartei, Himmer, Dr. Anton, 17.10.1986, eingetreten am 1.5.1937, Mitglieds-Nr. 5629925.

130 Erich Wohlgemuth studierte Naturwissenschaften in München und Erlangen mit Promotionsabschluss. 1921 trat er als wissenschaftlicher Assistent in den Dienst der Regierung Oberbayern beim Sachberabeiter für Bienenzucht. 1928 rief ihn Prof. Dr. Zander an die Landesanstalt nach Erlangen als Mitarbeiter. Anfang 1939 wurde er Direktor des Niedersächsischen Landesinstituts in Celle. Am 19.12.1954 vom Deutschen Imkerbund zum Ehren-Imkermeister ernannt. Quelle: Schwärzel, Durch sie wurden wir, S. 247.

Erich Wohlgemuth war seit 1. Mai 1933 Mitglied der NSDAP. Quelle: BArch (ehem. BDC) NSDAP-Gaukartei, Wohlgemuth, Erich Dr., 19.12.1894, eingetreten am 1.5.1933, Mitglieds-Nr. 3070725.

131 S. [ohne Name], Neue Führung in der Verbandsleitung, in: Beilage für Sachsen zur Leipziger Bienen-Zeitung (1933) 8, S. 65-66.

132 ebenda, S. 65.

133 ebenda.

134 Richard Scholz, An Sachsens Imker!, in: Beilage für Sachsen zur Leipziger Bienen-Zeitung (1933) 10, S. 89-91, S. 91.

135 Richard Scholz, An Sachsens Imker!, in: Beilage für Sachsen zur Leipziger Bienen-Zeitung (1933) 11, S. 99-103, S. 99.

136 ebenda, S. 100.

137 Richard Scholz/Karl Hans Kickhöffel, Richtlinien für den Aufbau des Bundes innerhalb der Verbände, in: Beilage für Sachsen zur Leipziger Bienen-Zeitung (1933) 12, S. 104-105.

138 ebenda, S. 104.

139 ebenda.

140 ebenda, S. 105.

141 Volker Haefele/Marco Jung, Der Weg der Imkervereine in den Nationalsozialismus, in: Siegfried Becker/Susanna Stolz (Hrsg.), Himmelsbotin – Honigquell. Kleine Kulturgeschichte der Bienenhaltung in Oberhessen, Marburg 1999, S. 106-121, S. 109-110.

142 Ludwig Runk, Oberhessischer Bienenzüchterverein, in: Die Biene (1933) 11, S. 322.

143 Friedrich Braun, Ludwig Runk, in: Die Biene (1933) 11, S. 322-323.

144 Ludwig Runk, Bekanntmachungen. Schriftleitung, in: Die Biene (1933) 12, S. 355.

145 Mitteilungen des Fachverbandes, in: Die Hessische Biene (1946) 1, S. 2-5, S. 2.

146 Schwärzel, Durch sie wurden wir, S. 191.

147 Hans Maul, Zum 85. Geburtstag unseres Altmeisters Runk, in: Die Hessische Biene (1954) 4, S. 101.

148 Vgl. Irmgard Jung-Hoffmann, Vom Deutschen Imkerbund zur „Reichsfachgruppe Imker“, in: Die neue Bienenzucht (2005) 11, S. 335-336, S. 336.

149 ebenda.

150 ebenda, S. 335.

151 ebenda.

152 Schriftleitung und Verlag der Leipziger Bienen-Zeitung, 1934!, in: Leipziger Bienen-Zeitung (1934) 1, S. 1.

153 Verlag und Schriftleitung der Leipziger Bienen-Zeitung, 1935! Ein Jubiläums-Jahrgang der Leipziger Bienen-Zeitung!, in: Leipziger Bienen-Zeitung (1935) 1, S. 1.

154 Frau Luise Bergmann 25 Jahre Verlegerin, in: Deutscher Imkerführer (1940) 1, S. 2.

155 Louise Bergmann, Betriebsführerin des Verlages der „Leipziger Bienenzeitung“, 60 Jahre, in: Leipziger Bienenzeitung (1943) 10, S. 143.

156 Höhnel: Richard Scholz: 10 Jahre Vorsitzer der Lfgr Imker Sachsen, in: Ostdeutsche Bienenzeitung (früher: Leipziger Bienenzeitung) (1943) 9, S. 103.

157 Graf, Die bienenwirtschaftlichen Zeitschriften in Deutschland, S. 22-25.

158 ebenda, S. 121-122.

159 ebenda, S. 122-123.

160 ebenda.

161 Reichsfachgruppe Imker e.V., Landesfachgruppe Baden, Der Geschäftsführer (Rösch, Schüßler, Schmidt), Rundschreiben Nr. 2/35 vom 11. Lenzing [März] 1935 und Rundschreiben Nr. 6 vom 6. Ostermond [April] 1935 an die Kreis- und Ortsfachgruppen.

162 Vgl. Jung-Hoffmann, Vom Deutschen Imkerbund zur „Reichsfachgruppe Imker", S. 335-336.

163 Karl Maier war seit 1912 Imker und Lehrer an der Blindenschule Ilvesheim, die er von 1946 bis 1957 als Direktor leitete. Von 1934 bis 1959 leitete er die Imkerschule Heidelberg. Von 1943 bis 1945 war er Schriftleiter der Kriegsgemeinschaftsausgabe der „Deutschen Bienenwirtschaft" und von 1944 bis 1945 Schriftleiter des „Deutschen Imkerführeres". Nach dem Erscheinen der Zeitschrift „Badische Imkerzeitung" nach dem Krieg (1945) wurde er Schriftleiter. 1949 übernahm er die Schriftleitung des „Südwestdeutschen Imker" bis zu seinem Tod. Der Deutsche Imkerbund ernannte ihn 1951 zum Ehren-Imkermeister. Quelle: Schwärzel, Durch sie wurden wir, S. 149.

164 Ausschlüsse aus der Reichsfachgruppe Imker 1936, in: Deutscher Imkerführer (1937) 13, S. 430.

165 Vgl. auch Jung-Hoffmann, Vom Deutschen Imkerbund zur „Reichsfachgruppe Imker", S. 336.

166 Karl Vetter, Satzung der Reichsfachgruppe Imker e.V. im Reichsverband Deutscher Kleintierzüchter e.V., Berlin, 1.10.1936.

167 W. [ohne Name], Rundschau: Die Schriftleitertagung, in: Leipziger Bienen-Zeitung (1933) 8, S. 197-199, S. 197.

168 Grüttner, Das Dritte Reich, S. 342.

169 ebenda.

170 ebenda.

171 ebenda, S. 356.

172 Bohrmann, H. u.a. (Hg.), NS-Presseanweisungen der Vorkriegszeit, 7 Bände (1933–1939), 1984–2001, Bd. 5, I, S. 297f. und Bd. 6, I, S. 364. Zit. nach Grüttner, Das Dritte Reich, S. 347-348.

173 Deutsches Pressemuseum im Ullsteinhaus e.V., Schriftleitergesetz vom 4.10.1933; http://pressechronik1933.dpmu.de/schriftleitergesetz-4-10-1933/, 25.6.2016.

174 Schwärzel, Durch sie wurden wir, S. 145.

175 BArch, R 9361 V/7993: Aufnahme-Erklärung in den Reichsverband Deutscher Schriftsteller von August Ludwig vom 15.8.1933.

176 Die 1918 gegründete Deutschnationale Volkspartei (DNVP) war eine nationalkonservative Partei in der Weimarer Republik, deren Programmatik nationalistische, nationalliberale, antisemitische, kaiserlich-monarchistische sowie völkische Elemente enthielt. Am 5. Mai 1933 benannte sich die DNVP um in Deutschnationale Front, welche sich auf Druck der NSDAP selbst auflöste. Die Reichstagsabgeordneten gingen in der NSDAP auf.

177 Der 1894 gegründete Deutschbund war eine der ersten Organisationen der völkischen Bewegung, die sich im Deutschen Kaiserreich herausbildeten. Er war entschieden rassistisch, antisemitisch und antisozialdemokratisch eingestellt.

178 Der Alldeutsche Verband bestand von 1891 bis 1939. In der Zeit des Deutschen Kaiserreichs zählte er zeitweise zu den größten und bekanntesten Agitationsverbänden des völkischen Spektrums. Seine Programmatik war expansionistisch, pangermanisch, militaristisch, nationalistisch sowie von rassistischen und antisemitischen Denkweisen geprägt.

179 SDS steht für „Schutzverband Deutscher Schriftsteller", DSV steht für „Deutscher Schriftsteller Verband".

180 „Ein halbes Jahr bevor die Verstaatlichung der Kunst und Literatur zwangsweise erfolgte, bekannten sich im September 1932 der SDS und der DSV noch einmal explizit zum bildungsbürgerlichen Kulturstaatmodell." Zit. nach Ernst Fischer/ Stephan Füs-

sel (Hrsg.), Geschichte des Deutschen Buchhandels im 19. und 20. Jahrhundert: Die Weimarer Republik 1918–1933, Teil 1, München, 2007, S. 142.

181 BArch, R 9361 V/7993: Schreiben von August Ludwig an den Reichsverband Deutscher Schriftsteller vom 5.11.1934 an den RDS.

182 Der Reichsverband der Deutschen Presse (RDP, 1910–1945) war eine reichsweite Berufsorganisation für Journalisten. Er wurde nach der Gleichschaltung dem Reichsministerium für Volksaufklärung und Propaganda unterstellt und als Fachverband der Reichspressekammer (RPK) angeschlossen.

183 Anmerkung: In der Dissertation von Herbert Graf mit dem Titel „Die bienenwirtschaftlichen Zeitschriften in Deutschland“ (Leipzig, 1935) kommt der Autor zu dem Schluss, dass diese Zeitschriften „zweifelsfrei […] unter den Begriff politisch fallen“, S. 55.

184 BArch, R 9361 V/7993: Antwortschreiben des Reichsverbands Deutscher Schriftsteller an August Ludwig vom 22.12.1934.

185 BArch, R 9361 V/7993: Mein Lebenslauf (August Ludwig) vom 5.8.1938.

186 BArch, R 9361 V/7993: Von August Ludwig ausgefüllter Fragebogen zur Bearbeitung des Aufnahmeantrages für die Reichsschrifttumskammer vom 10.8.1938.

187 Förderndes Mitglied der SS, das nicht am aktiven Dienst teilnahm, aber die SS finanziell unterstützte. Die personenbezogene Akte des ehemaligen Berlin Document Center (BDC) führt August Ludwig auch als „FM. d. SS.“: BArch (ehem. BDC) RKK, Ludwig, August, 9.7.1867.

188 BArch, R 9361 V/7993: Nachweis der Abstammung von August Ludwig vom 5.8.1938.

189 ebenda.

190 Graf, Die bienenwirtschaftlichen Zeitschriften in Deutschland, S. 41.

191 ebenda, S. 39.

192 Georg Neuner (gest. 1958) war 1934 bis zur Einstellung 1943 Schriftleiter der „Bayerischen Biene“. Quelle: Schwärzel, Durch sie wurden wir, S. 163-164.

193 Dienstbesprechung der Schriftleiter der deutschen bienenwirtschaftlichen Zeitschriften, in: Deutscher Imkerführer (1936) 10, S. 310-313, S. 310-312.

194 Die Tagung der Schriftleiter der bienenwirtschaftlichen Zeitschriften in Eisenach 13. –16. Januar 1938, in: Leipziger Bienen-Zeitung (1938) 3, S. 59-61.

195 August Ludwig, Die Reinheit der Sprache in den Bienenzeitungen, in: Die Deutsche Bienenzucht in Theorie und Praxis – Sonderbeilage zum Imker aus Thüringen (1936) 9, S. 263-268, S. 264.

196 Sebastian Haffner, Geschichte eines Deutschen: Die Erinnerungen 1914–1933, München, 2002, S. 279.

197 ebenda, S. 286.

198 ebenda, S. 281.

199 Essen 1936: Die 4. Reichskleintierschau, in: Deutscher Imkerführer (1936) 12, S. 382-386, S. 385.

200 Die Gewinnung von Nachwuchs aus der Landwirtschaft: Rundschreiben Nr. 18, in: Deutscher Imkerführer (1937) 6, S. 146-150, S. 150.

201 Was sagen unsere Freunde und Mitarbeiter zum Jahresende?, in: Deutscher Imkerführer (1935) 12, S. 362-364, S. 362.

202 Eduard Grotevent, Angewandter Nationalsozialismus für die Führung von Fachgruppen, in: Deutscher Imkerführer (1935) 1, S. 2.

203 Heinz Hürten (Hrsg.), Deutsche Geschichte in Quellen und Darstellung: Band 9: Weimarer Republik und Drittes Reich 1918–1945, Stuttgart, 1995, S. 176-178, S. 177.

204 ebenda.

205 Vgl. Ute Deichmann, Biologen unter Hitler, Frankfurt, New York, 1992, S. 34. Anmerkung: In dieser Forschungsarbeit wird allerdings Ludwig Armbruster nicht erwähnt.

206 Vgl. ebenda, S. 41.

207 Vgl. ebenda, S. 225-227.

208 Vgl. ebenda, S. 230-235.

209 Vgl. ebenda, S. 228.

210 Vgl. Rückl, Ludwig Armbruster – ein von den Nationalsozialisten 1934 zwangspensionierter Bienenkundler der Berliner Universität, S. 68–69.

211 Beeindruckt von dieser Veröffentlichung Armbrusters widmete Bruder Adam (Benediktiner-Mönch Karl Kehrle, 1898–1996; Züchter der „Buckfast-Biene") ihm sein 1982 erschienenes Werk „Züchtung der Honigbiene". Quelle: Vgl. Irmgard Jung-Hoffmann, Ludwig Armbruster 1886–1973, in: Die neue Bienenzucht (2004) 7, S. 241-242, S. 241.

212 Hugo von Buttel-Reepen, Vorsitzender des Imkervereins Oldenburg und bald danach auch Präsident des Oldenburgischen Zentralvereins, Zoologiestudium, Bienenforscher (1915 wichtige Buchveröffentlichung „Leben und Wesen der Bienen"), 1924 Leitung des Naturhistorischen Museums in Berlin, 1926 Vorsitzender der vom Deutschen Imkerbund gegründeten Arbeitsgemeinschaft deutscher Bienenforscher. Quelle: Vgl. Schwärzel, Durch sie wurden wir, S. 35-36.

213 Jan Gerriets, Diplomlandwirt, Promotion an der Universität Jena, 1912 bis 1919 Geschäftsführer der Landwirtschaftskammer in Posen, 1920 Leiter der Abteilung Tierzucht im Preußischen Ministerium für Landwirtschaft, Domänen und Forsten, enge Zusammenarbeit mit Armbruster im Hinblick auf Institut für Bienenkunde, Förderung der Gründungen der Lehr- und Versuchsanstalten für Bienenzucht in Celle, Münster, Mayen, Segeberg, Marburg, Finkenwalde und Korschen, vor 1933 verlieh ihm der Deutsche Imkerbund die „Silberne Wabe", 1933 musste er die Stellung im Ministerium verlassen und in den einstweiligen Ruhestand gehen, Berufung als Sachbearbeiter für Kleintierzucht bei der Landwirtschaftskammer Brandenburg, 14. Mai 1945 Abteilungsleiter Tierzucht im Lande Brandenburg, Ausweitung des Arbeitsgebiets auf die gesamte damalige Sowjetzone, 1945 ordentlicher Professor auf dem neu errichteten Lehrstuhl für Kleintierzucht an der Humboldt-Universität Berlin, 1945 ehrenamtlicher Vorsitzender des „Zentralverbandes der Kleintierzüchter", 1952 Gründung der Abteilung Bienenkunde und Seidenbau des Instituts für Kleintierzucht der Humboldt-Universität in Hohen-Neuendorf bei Berlin. Quelle: Vgl. ebenda, S. 71-72.

214 Albert Koch, Studium in Marburg und Münster, 1913 Promotion in Zoologie, 1925 Leitung der neugegründeten Versuchs- und Lehranstalt für Bienenzucht als selbständiges Institut in Münster, dort insbesondere Honigforschung (mit Zander Buchpublikation „Der Honig") sowie Imkerschulungen und -fortbildungen (Umstellungen der Korbimkerei auf Mobilbetrieb), zunächst Professor an der Universität Münster, später Tierärztliche Hochschule Hannover (Bienenkrankheiten), 1929 Berufung in den Reichsausschuss für Bienenzucht, 1930 Buchpublikation „Bienenweide", 1938 bis 1955 Leitung der Reichsanstalt für Seidenbau, seit 1950 Bundesforschungsanstalt für Kleintierzucht in Celle, 1955 Ehrenimkermeister des DIB. Quelle: Vgl. ebenda, S. 123-124.

215 Otto Morgenthaler, Schweizer Bienenforscher, 1932 Leiter der Abteilung Bienenzucht der Milchwirtschaftlich- und bakteriologischen Anstalt Liebefeld, 1936 bis 1945 Präsident des Vereins Deutsch-Schweizerischer Bienenfreund und Schriftleiter der Schweizerischen Bienenzeitung bis 1952. 1949 wurde er auf dem ersten Apimondia-Kongress in Amsterdam von den vertretenen 20 Nationen zum Präsidenten gewählt und wurde ihr Generalsekretär. 1956 übergab er dieses Amt an Dr. Graf Antonio Zappi-Recordati (1894–1964). Quelle: ebenda, S. 157-158, 251.

216 Rückl, Ludwig Armbruster – ein von den Nationalsozialisten 1934 zwangspensionierter Bienenkundler der Berliner Universität, S. 38.
217 Georg Neuner, Eine niederträchtige Lüge, in: Die Bayerische Biene (1939) 1, S. 5-6, S. 5, 6.
218 Abwehr!, in: Deutscher Imkerführer (1938) 9, S. 244-246, S. 245.
219 Zit. nach ebenda, S. 245.
220 Eine gewisse kompromisslose Art Armbrusters im persönlichen Bereich wird an verschiedenen Stellen berichtet: Jung-Hoffmann, Ludwig Armbruster 1886–1973, S. 242; Rückl, Ludwig Armbruster – ein von den Nationalsozialisten 1934 zwangspensionierter Bienenkundler der Berliner Universität, S. 17.
221 Karl Freudenstein, Salve Apis-Club! Bilder und Skizzen von der internationalen Imker-Tagung in Berlin, 9.–12. August 1929, Marburg, 1929, S. 16.
222 Rückl, Ludwig Armbruster – ein von den Nationalsozialisten 1934 zwangspensionierter Bienenkundler der Berliner Universität, S. 9-17, 68.
223 Jung-Hoffmann, Ludwig Armbruster 1886–1973, S. 242.
224 Rückl, Ludwig Armbruster – ein von den Nationalsozialisten 1934 zwangspensionierter Bienenkundler der Berliner Universität, S. 68.
225 ebenda, S. 18.
226 Zit. nach ebenda, S. 22.
227 Vgl. ebenda, S. 68.
228 Vgl. ebenda, S. 19.
229 Ludwig Armbruster, Rückschau, Lebenserinnerungen, Lindau, 1958, S. 91-98.
230 Rückl, Ludwig Armbruster – ein von den Nationalsozialisten 1934 zwangspensionierter Bienenkundler der Berliner Universität, S. 23.
231 Armbruster, Rückschau, Lebenserinnerungen, S. 98.
232 Rückl, Ludwig Armbruster – ein von den Nationalsozialisten 1934 zwangspensionierter Bienenkundler der Berliner Universität, S. 29.
233 Vgl. ebenda, S. 30.
234 Vgl. Jung-Hoffmann, Ludwig Armbruster 1886–1973, S. 242.
235 Humboldt-Universität, Universitätsarchiv, LGF Nr. 347, Bl. 194; zit. nach: Rückl, Ludwig Armbruster – ein von den Nationalsozialisten 1934 zwangspensionierter Bienenkundler der Berliner Universität, S. 68, Fußnote 337.
236 Vgl. ebenda, S. 68-69.
237 Vgl. ebenda, S. 55, Fußnote 267.
238 Vgl. ebenda, S. 55, Fußnote 268.
239 Vgl. ebenda, S. 55, Fußnote 269.
240 Vgl. ebenda, S. 55, Fußnote 270.
241 Vgl. ebenda, S. 55.
242 Vgl. ebenda, S. 59, Fußnote 293.
243 Vgl. ebenda, S. 59, Fußnote 294.
244 Deichmann, Biologen unter Hitler, S. 239.
245 Vgl. ebenda, S. 240.
246 Frisch, Tanzsprache und Orientierung der Bienen, Vorwort.
247 Deichmann, Biologen unter Hitler, S. 239-247. Die folgenden Ausführungen beruhen auf den Forschungsergebnissen von Ute Deichmann zu Karl von Frisch.
248 Angaben nach: Bergdolt, 15.5.36, an das REM (Reichsministerium für Wissenschaft, Erziehung und Volksbildung, inoffziell Reichserziehungsministerium), BDC, Akte v. Frisch; zit. nach ebenda, S. 240, Fußnote 2.
249 Politische Beurteilung des Dr. Karl v. Frisch durch W. Führer, Gauleitung München der NSDAP, 19.10.1937, BDC, Akte v. Frisch; zit. nach ebenda, S. 241, Fußnote 3.

250 Vgl. ebenda, S. 241-242.
251 Vgl. ebenda, S. 242.
252 ebenda, S. 242.
253 ebenda, S. 242-243.
254 Vgl. ebenda, S. 243.
255 Vgl. ebenda, S. 244.
256 Karl v. Frisch, Erinnerungen eines Biologen, Berlin, Göttingen, Heidelberg, 1962, 2. Aufl., S. 115.
257 ebenda, S. 116.
258 Der Erreger der Nosema (Nosema apis ZANDER), ein Einzeller aus der Abteilung der Microsporidien, wurde von Enoch Zander 1909 entdeckt.
259 Der Kampf gegen die Nosema, in: Deutscher Imkerführer (1941) 4, S. 54.
260 Rudolph Jacoby, Vorbeugung und Bekämpfung der Nosema, in: Deutscher Imkerführer (1941) 8, S. 117–120, S. 117. Anmerkung: Der Autor und Journalist Rudolph Jacoby (1886–1974) war 1933 Leiter der Pressestelle des Schleswig-Holsteinischen Bienenzüchter-Verbandes, die unter seiner Leitung 1935 in die Reichsfachgruppe Imker überging. Durch diese Pressestelle wurde die deutsche Tagespresse mit Beiträgen über die Bienenzucht versorgt. 1935 übernahm Jacoby die Schriftleitung der „Schleswig-Holsteinischen Bienenzeitung", die 1943 durch Zusammenlegung in der „Nordwestdeutschen Bienenzeitung" aufging. Quelle: Schwärzel, Durch sie wurden wir, S. 106.
261 Jacoby, Vorbeugung und Bekämpfung der Nosema, S. 117.
262 ebenda.
263 Dienstbesprechung der RfgrI in München, in: Deutscher Imkerführer (1943) 11, S. 153-154.
264 Karl v. Frisch, Bericht über die am Münchner Zoologischen Institut eingeleiteten Nosemaarbeiten zur Frage der Vorbeugemittel, der chemotherapeutischen Bekämpfung und des Beobachtungsdienstes, in: Deutscher Imkerführer (1943) 12, S. 171-177.
265 Karl Freudenstein, Wir sind nicht wehrlos gegen die Nosemaseuche (1942) 12, S. 175-177.
266 ebenda, S. 175.
267 Karl v. Frisch, Die Bedeutung von Sprengels blütenbiologischer Entdeckung, in: Deutscher Imkerführer (1942) 9, S. 117-118.
268 Frisch, Erinnerungen eines Biologen, S. 117.
269 Professor von Frisch – 50 Jahre, in: Deutscher Imkerführer (1936) 11, S. 379-380.
270 Zit. nach Deichmann, Biologen unter Hitler, S. 245.
271 Zit. nach ebenda, S. 245.
272 Rudolph Jacoby, Führertagung der Reichsfachgruppe Imker in Godesberg, in: Deutscher Imkerführer (1939) 2, S. 39-40.
273 Vgl. Magnus Brechtken, Die nationalsozialistische Herrschaft 1933–1939, Darmstadt, 2012, 2. Aufl., S. 56.
274 Vgl. ebenda, S. 57.
275 Vgl. ebenda, S. 58.
276 Grüttner, Brandstifter und Biedermänner – Deutschland 1933–1939, S. 237.
277 ebenda, S. 242.
278 Vgl. Brechtken, Die nationalsozialistische Herrschaft 1933–1939, S. 47-48.
279 Vgl. ebenda, S. 48.
280 José Filler/Karl Hans Kickhöffel, Vierjahresplan für die deutsche Bienenwirtschaft, in: Leipziger Bienen-Zeitung (1937) 5, S. 112-114, S. 112.
281 Die Imker im Vierjahresplan, in: Leipziger Bienen-Zeitung (1937) 6, S. 124.
282 ebenda.

283 5 Jahre nationalsozialistische Ernährungspolitik, in: Deutscher Imkerführer (1938) 4, S. 95.
284 Schatzberg, Ruf zum Vierjahresplan, in: Deutscher Imkerführer (1937) 6, S. 153-154, S. 153.
285 José Filler, Imker, auf zur Tat!, in: Deutscher Imkerführer (1936) 4, S. 131.
286 Wildemann, Kampf den eigenen Fehlern!, in: Deutscher Imkerführer (1936) 4, S. 147-148, S. 148.
287 Richard Scholz, Imker, wandre mit Deinen Völkern, dann bist Du Mitkämpfer in der 2. Erzeugungsschlacht!, in: Leipziger Bienen-Zeitung (1936) 2, S. 150-153, S. 153.
288 Karl Hans Kickhöffel, Auf in die zweite Erzeugungsschlacht, in: Deutscher Imkerführer (1936) 4, S. 132.
289 Reichsfachgruppe Imker, Aufruf, in: Deutscher Imkerführer (1935) 2, S. 48.
290 Reichsfachgruppe Imker, Aufruf, in: Deutscher Imkerführer (1935) 2, S. 49.
291 Reichsfachgruppe Imker, Aufruf, in: Deutscher Imkerführer (1937) 6, S. 151.
292 Reichsfachgruppe Imker, Aufruf, in: Deutscher Imkerführer (1937) 6, S. 166.
293 Reichsfachgruppe Imker, Aufruf, in: Deutscher Imkerführer (1938) 8, S. 203.
294 Karl Hans Kickhöffel, Hin zur Leistung!, in: Deutscher Imkerführer (1938) 12, S. 360.
295 Karl Hans Kickhöffel, Kurze Übersicht über Wesen und Aufgaben der deutschen Bienenwirtschaft und der Reichsfachgruppe Imker, in: Deutscher Imkerführer (1940) 1, S. 3-6.
296 Das Buch ein Schwert des Geistes, in: Deutscher Imkerführer (1935) 10, S. 285-290.
297 Vgl. Irmgard Jung-Hoffmann, Imker und „Reichsfachgruppe Imker“ im II. Weltkrieg, in: Die neue Bienenzucht (2005) 12, S. 365-366, S. 365.
298 Richard Scholz, Der Ruf der Reichsfachgruppe Imker, in: Leipziger Bienen-Zeitung (1939) 3, S. 79-81, S. 79.
299 Karl Hans Kickhöffel, Unsere Erfolgsgrundlagen, in: Deutscher Imkerführer (1939) 2, S. 41-48, S. 42.
300 ebenda, S. 42, 43.
301 ebenda, S. 45.
302 Vgl. Karl Hans Kickhöffel, Die Sonderaktion der Reichsfachgruppe Imker – reizvolle Randbemerkungen aus dem Jahresbericht der Reichsfachgruppe Imker, in: Deutscher Imkerführer 14 (1940) 4, S. 51-55, S. 54.
303 ebenda.
304 Anton Himmer, Die Wissenschaft im Dienste der deutschen Bienenwirtschaft, in: Deutscher Imkerführer (1939) 11, S. 345-347.
305 Die Honig- und Wachseinfuhr im Jahre 1938, in: Deutscher Imkerführer (1939) 11, S. 348-349.
306 Die Einfuhr von Honig und Wachs im Jahre 1937, in: Deutscher Imkerführer (1938) 11, S. 339-340.
307 Die Honig- und Wachseinfuhr im Jahre 1938, S. 348.
308 Vgl. Die Einfuhr von Honig und Wachs im Jahre 1937, S. 340.
309 Die Honig- und Wachseinfuhr im Jahre 1938, S. 349.
310 Carl Hause, Honig- und Wachsmarkt, in: Deutscher Imkerführer 13 (1939) 5, S. 158-159.
311 Carl Hause, Aufgaben des Honighandels in Zusammenarbeit mit der Erzeugung, in: Deutscher Imkerführer 11 (1937) 2, S. 57-58.
312 Die Honigwirtschaft im Reichsnährstand, in: Leipziger Bienen-Zeitung (1939) 5, S. 140-143.
313 Karl Hans Kickhöffel, Verbot des Hausierhandels mit Honig, in: Deutscher Imkerführer (1939) 6, S. 170.

314 Karl Hans Kickhöffel, Anordnung zur Sicherung der Wachserzeugung: Rundschreiben Nr. 15, in: Deutscher Imkerführer (1937) 6, S. 145-146.
315 Der Preis des Wachses, in: Deutscher Imkerführer (1937) 14, S. 490.
316 Vgl. Großdeutschlands Imker auf der fünften Reichskleintierschau zu Leipzig am 6.–8. Januar 1939, in: Leipziger Bienen-Zeitung (1939) 2, S. 48-59, S. 55.
317 Einheitsglas 1934: Rundschreiben 1933, Nr 79, in: Deutscher Imkerführer (1934) 1, S. 5-6, S. 6.
318 Vgl. 10 Jahre Einheitshonigglas, in: Deutscher Imkerführer 9 (1935) 7, S. 205-207, S. 205.
319 Vgl. ebenda, S. 207.
320 Vgl. ebenda.
321 Was sagen führende Männer über das Einheitshonigglas?, in: Deutscher Imkerführer (1935) 7, S. 207-208, S. 207.
322 ebenda.
323 Erich Wohlgemuth, Honigernte 1938, in: Deutscher Imkerführer (1939) 11, S. 329-330, S. 329.
324 ebenda, S. 330.
325 Z.B. Erich Wohlgemuth, Beobachtungswesen im Februar 1939, in: Deutscher Imkerführer (1939) 12, S. 385. Friedrich Honig, Verbesserung der Bienenweide und der neue Staat, in: Deutscher Imkerführer (1934) 8, S. 220-221.
326 Der Aufbau des Deutschen Imkerbundes, S. 2.
327 Reichsautobahnen und Bienenweide, in: Deutscher Imkerführer (1934) 6, S. 154.
328 Honig, Verbesserung der Bienenweide und der neue Staat, in: Deutscher Imkerführer (1934) 8, S. 220-221.
329 Friedrich Honig, Wie ich mir die Arbeit des Beirates für Bienenweide beim Deutschen Imkerbund denke, in: Deutscher Imkerführer (1934) 1, S. 17-20, S. 18.
330 Vgl. Grüttner, Das Dritte Reich, S. 275.
331 Franz Rinsche, Bauerntum und Imkertum in der gegenwärtigen Neueinstellung zueinander, in: Deutscher Imkerführer (1935) 2, S. 12-14, S. 12.
332 ebenda, S. 13.
333 H. Koch, Raps und Rübsen, eine gute Frucht! Raps und Rübsen, eine gute Bienenweide!, in: Deutscher Imkerführer (1934) 6, S. 153-154.
334 Friedrich Theodor Otto, Auf zur Wanderung!, in: Deutscher Imkerführer (1938) 12, S. 361.
335 Vgl. Grüttner, Das Dritte Reich, S. 251.
336 Vgl. ebenda, S. 280.
337 Vgl. ebenda.
338 Vgl. ebenda.
339 Vgl. Kickhöffel, Kurze Übersicht über Wesen und Aufgaben der deutschen Bienenwirtschaft und der Reichsfachgruppe Imker, S. 5.
340 Marcowitz, Weimarer Republik 1929–1933, S. 99-100.
341 Vgl. ebenda, S. 174.
342 Die Gewinnung von Nachwuchs aus der Landwirtschaft, S. 150.
343 Vgl. Grüttner, Das Dritte Reich, S. 271.
344 Vgl. ebenda, S. 278.
345 Vgl. ebenda, S. 278.
346 Vgl. ebenda, S. 279.
347 Vgl. ebenda.
348 Ein Siedlerfreund, Die Bienenzucht im Rahmen der Siedlung und der Schaffung neuen Bauerntums, in: Leipziger Bienen-Zeitung (1934) 1, S. 10-12, S. 12.

349 Die Gewinnung von Nachwuchs aus der Landwirtschaft, S. 146.
350 Vgl. Rückl, Ludwig Armbruster – ein von den Nationalsozialisten 1934 zwangspensionierter Bienenkundler der Berliner Universität, S. 48.
351 Vgl. ebenda.
352 Vgl. Schwärzel, Durch sie wurden wir, S. 78.
353 Gottfried Goetze, 04.04.1898 Naunhof b. Leipzig bis 04.04.1965 Bonn, u.a. „Reichskörmeister", NSDAP-Mitgliedsnummer 4329567, Eintritt zum 1. Mai 1937. Zit. nach Rückl, Ludwig Armbruster – ein von den Nationalsozialisten 1934 zwangspensionierter Bienenkundler der Berliner Universität, S. 48.
354 Reichsfachgruppe Imker, Körordnung für die Belegvölker (Vatervölker) der von der RfgrI anerkannten Belegstelle, in: Deutscher Imkerführer (1937) 9, S. 237-238. Anmerkung: Das Kören von Bienenvölkern dient dazu, Eigenschaften einer Rasse erbfest zu machen und zu halten. Hierbei wird die Zuchtwürdigkeit eines Bienenvolkes anhand von Zuchtrichtlinien festgelegt. Belegstellen sind Aufstellungsorte für junge, unbegattete Bienenköniginnen und Drohnen derselben Bienenrasse zur gezielten Zucht von Honigbienen.
355 Gottfried Goetze, Unser züchterisches Hochziel – Rasse und Leistung, in: Deutscher Imkerführer (1943) 10, S. 134-138.
356 Gottfried Goetze, Die beste Biene, Leipzig, 1940.
357 Schwärzel, Durch sie wurden wir, S. 78.
358 Gottfried Goetze, Warum züchten wir nach äußeren Merkmalen?, in: Leipziger Bienen-Zeitung (1932) 6, S. 138-141.
359 ebenda, S. 139.
360 Gottfried Goetze, Merkmale, Charakter, Leistung, in: Deutscher Imkerführer (1940) 4, S. 58-61.
361 Der Cubitalindex beschreibt das Verhältnis von Strecke a zu Strecke b in der dritten Cubitalzelle des Vorderflügels.
362 Goetze, Die beste Biene, S. 114-151.
363 Vgl. Ruttner, Naturgeschichte der Honigbienen, S. 68.
364 Vgl. ebenda.
365 ebenda, S. 69.
366 ebenda.
367 Vgl. ebenda, S. 74.
368 Im Verzeichnis der von der RfgrI anerkannten Reinzuchtbelegstellen vom 1. August 1941 findet sich unter der „Landesfachgruppe Imker Südmark" die Bezeichnung der Zuchtrichtung „K Glocknerin 332".
369 Carl Körner, Wie sah die deutsche Biene aus?, in: Deutscher Imkerführer (1934) 4, S. 74-76, S. 74.
370 Enoch Zander, Leitfaden einer zeitgemäßen Bienenzucht, München, 1935, 2. Aufl., S. 171.
371 Vgl. Bienefeld, Vergangenheit, Gegenwart und Zukunft der Bienenzüchtung in Deutschland.
372 Paul Wolfgang Philipp, Die „gelbe Gefahr", in: Leipziger Bienen-Zeitung (1935) 8, S. 245-247, S. 245.
373 ebenda, S. 246-247.
374 ebenda, S. 247.
375 Gottfried Goetze, Arbeitstagung des Beirates für das Zuchtwesen und der Obz der Lfgr in Münster i. Westfalen, in: Deutscher Imkerführer (1937) 9, S. 235-237, S. 236.
376 ebenda.

377 Reichsfachgruppe Imker, Körordnung für die Belegvölker (Vatervölker) der von der RfgrI anerkannten Belegstelle, S. 236.
378 ebenda.
379 Sitzung des Beirates für das Zuchtwesen, in: Deutscher Imkerführer (1937) 13, S. 431-436, S. 432.
380 ebenda, S. 433-436.
381 Reichsfachgruppe Imker, Liste der anerkannten Reinzüchter: Stand vom 1. April 1938, in: Leipziger Bienen-Zeitung (1938) 6, S. 140-143.
382 A. Jilka, Einiges aus der österreichischen Bienenzuchtgeschichte, in: Deutscher Imkerführer 13 (1939) 1, S. 19-20.
383 Verzeichnis der bisher von der RfgI anerkannten Reinzuchtbelegstellen: Stand vom 1. September 1938, in: Imkers Jahr- und Taschenbuch (1939), S. 354-365.
384 Verzeichnis der bisher von der RfgI anerkannten Reinzuchtbelegstellen: Stand: 1. August 1941, in: Kalender der Leipziger Bienenzeitung (1942), S. 106-115.
385 Richard Scholz, Die Reichskörstelle als züchterische Instanz, in: Ostdeutsche Bienenzeitung (früher: Leipziger Bienenzeitung) (1944) 6, S. 70-71, S. 71.
386 Karl Hans Kickhöffel, Unser Weg zur besten Biene, in: Deutscher Imkerführer (1942) 1, S. 2-4, S. 3.
387 ebenda, S. 4.
388 ebenda.
389 ebenda.
390 ebenda.
391 ebenda.
392 Anton Himmer, Züchter, an die Front!, in: Deutscher Imkerführer (1938) 1, S. 24.
393 Anton Himmer, Die Belegstelle, in: Deutscher Imkerführer (1943) 2, S. 24.
394 Gottfried Goetze, Rassenkennzeichen der Honigbiene mit besonderer Berücksichtigung der deutschen Zuchtstämme, in: Rheinische Bienenzeitung. Organ des Imkerverbandes Rheinland e.V. (1938) 4, S. 105-111, zit. nach: Rückl, Ludwig Armbruster – ein von den Nationalsozialisten 1934 zwangspensionierter Bienenkundler der Berliner Universität, S. 48-49.
395 Gottfried Goetze, Was nicht Rasse ist auf dieser Welt, ist Spreu!, in: Leipziger Bienenzeitung (1942) 1, S. 13-14, S. 13.
396 Gottfried Goetze, Kriegsaufgaben im Zuchtwesen, in: Kalender der Leipziger Bienenzeitung (1943), S. 110-113, S. 113.
397 Gottfried Goetze, Einsatz in der Hauptkörstelle für die Leistungssteigerung in der Bienenzucht, in: Imkers Jahrbuch und Taschenkalender (1942), S. 192, zit. nach: Rückl, Ludwig Armbruster – ein von den Nationalsozialisten 1934 zwangspensionierter Bienenkundler der Berliner Universität, S. 49.
398 Gottfried Goetze, Im Kriege erst recht kören!, in: Deutscher Imkerführer (1944) 10, S. 153-154, S. 154.
399 Gottfried Goetze, Unser Zuchtwesen 1945, in: Deutscher Imkerführer (1944) 9, S. 106-107, S. 107.
400 Klothilde Müller, Wie führe ich den Abstammungsnachweis meiner Zuchtvölker?, in: Deutscher Imkerführer (1940) 2, S. 26-27, S. 26.
401 Hans Rentschler, Wo stehen wir mit unserer Imkerei?, in: Deutscher Imkerführer (1937) 9, S. 241-242, S. 242.
402 Die Gewinnung von Nachwuchs aus der Landwirtschaft, S. 147.
403 ebenda, S. 150.

404 Oldenburg, Kameradin meines Mannes auch am Bienenstande!, in: Deutscher Imkerführer (1936) 9, S. 281-283, S. 281.
405 Charlotte Berner, Die deutsche Bienenzucht und die nationalsozialistische Frau, in: Uns' Immen (1936) 6, S. 153-154.
406 Else Grotevent, Die Frau des Imkers von heute, in: Deutscher Imkerführer (1936) 9, S. 280-281, S. 280.
407 Emma Ritzert, Aufbau und Betriebsweise unserer Imkerei, in: Deutscher Imkerführer (1936) 9, S. 283-284.
408 Karl Hans Kickhöffel, Die deutsche Imkerin, in: Deutscher Imkerführer (1939) 6, S. 169-170, S. 169.
409 ebenda.
410 Gertrud Rehs, Imkerfrauen, an die Front!, in: Deutscher Imkerführer (1939) 12, S. 359-360, S. 360.
411 Elisabeth Schmidt, Die Berufskleidung der Imkerin, in: Deutscher Imkerführer (1936) 9, S. 298-300, S. 298.
412 ebenda.
413 Else Ruland, Die deutsche Frau als Imkerin, in: Deutscher Imkerführer (1939) 1, S. 18-19, S. 18.
414 Vgl. Grüttner, Das Dritte Reich, S. 401.
415 Vgl. ebenda, S. 402.
416 Vgl. ebenda, S. 402-403.
417 Vgl. ebenda, S. 405.
418 Olga Gingerich, Kann die Bienenzucht von einer Frau erfolgreich betrieben werden?, in: Deutscher Imkerführer (1940) 8, S. 116-117, S. 116.
419 Karl Hans Kickhöffel, Zeit der einsatzbereiten Frau, in: Deutscher Imkerführer (1940) 8, S. 115-116, S. 115.
420 ebenda, S. 116.
421 Elisabeth Claeßens, Die Imkerin in der Organisation, in: Deutscher Imkerführer (1940) 8, S. 118-119, S. 118.
422 Vgl. ebenda.
423 Auch die Frau als Helferin im Lebenskampfe unseres Volkes, in: Deutscher Imkerführer (1941) 3, S. 37-39, S. 37.
424 Landesfachgruppe Imker Thüringen (Hrsg.), Der Imker aus Thüringen (1941/42) 3, Die Frau am Bienenstand.
425 Karl Hans Kickhöffel, Imkerfrauen in der Front!, in: Deutscher Imkerführer (1944) 6, S. 75.
426 Brechtken, Die nationalsozialistische Herrschaft 1933–1939, S. 76.
427 Christian Hartmann/Thomas Vordermayer/Othmar Plöckinger/ Roman Töppel (Hrsg.), Hitler, Mein Kampf: Eine kritische Edition, 2 Bände, München, Berlin, 2016, Band II, S. 1065.
428 Vgl. Brechtken, Die nationalsozialistische Herrschaft 1933–1939, S. 76-77.
429 Kickhöffel, Das Verwaltungsbuch der Reichsfachgruppe Imker, Abschnitt IV, Der imkerliche Nachwuchs, S. 97-109, S. 98-99.
430 ebenda, S. 100.
431 Eduard Grotevent, Arbeitsdienst am Bienenstand, in: Deutscher Imkerführer (1934) 11, S. 283-284, S. 283.
432 Gertrud Rehs, Das Imkerhaus als Aufzuchtstätte wertvollen Nachwuchses, in: Deutscher Imkerführer (1941) 5, S. 69.

433 Georg Neuner (unbek.–1958) hatte von 1934 die Schriftleitung der „Bayerischen Biene" bis zur Einstellung 1943. Bereits 1934 erschien „Das Lehrbuch der Volksbienenzucht".
434 Georg Neuner, „Mein Sohn will von der Bienenzucht nichts wissen", in: Deutscher Imkerführer (1937) 4, S. 106.
435 Hugo Kühn, Der Bienenstand im Schulgarten, in: Deutscher Imkerführer (1937) 8, S. 215-216.
436 R. Lau, Schulbienenstände!, in: Ostdeutsche Bienenzeitung (früher: Leipziger Bienenzeitung) (1944) 1, S. 2.
437 Leiter des Sächsischen Ministeriums für Volksbildung, Lehrer und Bienenzucht: Erlass vom 4.2.1938 Nr. C 26/1 an die Bezirksschulräte, in: Deutscher Imkerführer (1938) 6, S. 145.
438 ebenda.
439 ebenda.
440 Arthur Göpfert, Bauer, Lehrer, Imker!, in: Deutscher Imkerführer (1942) 7, S. 79-80, S. 80.
441 Albert Köchert, Und nun der Junglehrer!, in: Deutscher Imkerführer (1938) 6, S. 144-145, S. 144-145.
442 Ramón Reichert, Tierfilme im „Dritten Reich", in: Carsten Würmann/Ansgar Warner (Hrsg.), Im Pausenraum des „Dritten Reiches", Bern, 2008, S. 45-60, S. 46.
443 ebenda, S. 46.
444 Ulrich K.T. Schulz (Regie), Wolfram Junghans (Ausführung), Karl Hilbiber, Walter Suchner (Kamera), Herta Jülich (Mikroaufnahmen), Hans Ebert (Musik), G. H. Schnell (Sprecher), Dr. Nicholas Kaufmann (Herstellungsgruppe), Der Bienenstaat (Film), 1937.
445 Vgl. Reichert, Tierfilme im „Dritten Reich", S. 47.
446 ebenda, S. 51.
447 Vgl. ebenda, S. 46-47.
448 ebenda, S. 52.
449 Schriftleitung und Verlag der Leipziger Bienen-Zeitung, Der 13. März ein Wendepunkt auch der deutschen Imkergeschichte, in: Leipziger Bienen-Zeitung (1938) 4, S. 83-84, S. 84.
450 ebenda, S. 83.
451 Karl Hans Kickhöffel, Deutsche Imker Österreichs!, in: Bienen-Vater (1938) 4, S. 122.
452 Karl Hans Kickhöffel, Großdeutschland – Großdeutsche Imkerschaft, in: Deutscher Imkerführer (1939) 1, S. 9-10, S. 9.
453 ebenda, S. 10.
454 P. Tag, Über den Wert der Bienenzucht in den Tropen und Subtropen, in: Deutscher Imkerführer 13 (1939) 1, S. 32-33, S. 33.
455 ebenda.
456 Eckart, Medizin und Kolonialimperialismus: Deutschland 1884–1945, S. 505.
457 Willi Oberkrome, Volksgeschichte: Methodische Innovationen und völkische Ideologisierung in der deutschen Geschichtswissenschaft 1918–1945, Göttingen, 1993, S. 227.
458 ebenda, S. 175.
459 Vgl. ebenda, S. 175-176.
460 Bruno Schier, Der Bienenstand in Mitteleuropa, Leipzig, 1939.
461 ebenda, Einleitung, S. 1.
462 ebenda, S. 91.
463 Vgl. Brechtken, Die nationalsozialistische Herrschaft 1933–1939, S. 103.
464 Vetter, Der Deutsche Imkerbund, S. 1.

465 Karl Hans Kickhöffel, Der deutsche Imker und die Juden, in: Die Bayerische Biene (1939) 2, S. 30-34.
466 Karl Hans Kickhöffel, Der deutsche Imker und die Juden, in: Deutscher Imkerführer (1939) 10, S. 279-281, S. 279.
467 ebenda, S. 281.
468 Wir und die Juden, in: Leipziger Bienen-Zeitung (1939) 2, S. 66-67, S. 67.
469 ebenda, S. 66.
470 ebenda.
471 Karl Hans Kickhöffel, Das internationale Schachertum (Judentum) … (1924), in: Die Bayerische Biene (1939) 8, S. 171.
472 Der Jude und der Honighandel, in: Deutscher Imkerführer (1939) 11, S. 349-350, S. 349.
473 ebenda.
474 Die Imkerei und der Jude, in: Die Bayerische Biene (1939) 6, S. 140.
475 Und nun nicht vergessen, in: Deutscher Imkerführer (1942) 11, S. 162.
476 Worte des Reichsmarschalls Hermann Göring: zu seinem 50. Geburtstag am 12. Januar 1943, in: Deutscher Imkerführer (1943) 11, S. 145.
477 Die Verbundenheit der deutschen Imker mit den Imkern Italiens, in: Deutscher Imkerführer (1938) 9, S. 251.
478 Vertiefung der kameradschaftlichen Zusammenarbeit der deutschen und italienischen Imker, in: Deutscher Imkerführer (1939) 5, S. 102-103.
479 Antonio Zappi-Recordati/Karl Hans Kickhöffel, Bekanntmachung, in: Deutscher Imkerführer (1939) 12, S. 359.
480 Antonio Zappi-Recordati, Ein Gruß des Führers unserer italienischen Imkerkameraden, in: Deutscher Imkerführer (1939) 11, S. 319-320, S. 320.
481 Karl Hans Kickhöffel, Unsere italienischen Imkerkameraden, in: Deutscher Imkerführer (1941) 12, S. 185.
482 Antonio Zappi-Recordati, Die Bienenwirtschaft Europas, in: Deutscher Imkerführer (1942) 11, S. 158.
483 Antonio Zappi-Recordati, Im ersten Jahrzehnt des Nationalsozialismus, in: Deutscher Imkerführer (1943) 11, S. 152.
484 ebenda.
485 Schwärzel, Durch sie wurden wir, S. 251.
486 Filippo Jannoni-Sebastianini, History of Apimondia Congresses – Part 1 – From 1897 to 1997, https://www.apimondia.com/en/the-federation/history, 1.2.2019.

7 Kriegswichtige Aufgaben der Imker im Zweiten Weltkrieg

1 José Filler/Karl Hans Kickhöffel, Aufruf! An die deutschen Imker!: Sonderbeilage zum Imker aus Thüringen, in: Die Deutsche Bienenzucht in Theorie und Praxis (1939) 7, S. 187.
2 Auch ein Opfer polnischen Hasses!, in: Die Bayerische Biene (1939) 9, S. 217.
3 Georg Neuner, Sie haben den Krieg gewählt!, in: Die Bayerische Biene (1939) 11, S. 233-234, S. 233.
4 Karl Lorz, Selbst an den Bienenstöcken der Volksdeutschen tobte sich der polnische Haß aus, in: Die Bayerische Biene (1940) 1, S. 1.

5 Karl Hans Kickhöffel, Weiselrichtig!, in: Deutscher Imkerführer (1940) 1, S. 1-2, S. 1, 2.
6 Karl Hans Kickhöffel, An die Vorsitzer der Ortsfachgruppen Imker, in: Deutscher Imkerführer (1939) 6, S. 166-167.
7 W. Randler, Mein Bienenwirtschaftsjahr 1940/41 im eingegliederten Ostgebiet, in: Leipziger Bienen-Zeitung (1941) 11, S. 172.
8 Wetzel, Weg mit der polnischen Wirtschaft!, in: Deutscher Imkerführer (1942) 8, S. 104.
9 Reinaß, Verwahrloste Jugend im Osten!, in: Leipziger Bienenzeitung (1941) 11, S. 163.
10 Der Bienenstand der anderen!, in: Leipziger Bienenzeitung (1942) 2, S. 18.
11 Reinaß, Was die Front opfert, kann durch nichts vergolten werden, in: Leipziger Bienenzeitung (1942) 1, S. 1-2.
12 Das Gesicht des deutschen Bienenstandes!, in: Leipziger Bienenzeitung (1942) 2, S. 19.
13 Karl Hans Kickhöffel, Führer befiehl – wir folgen dir!, in: Deutscher Imkerführer (1941) 4, S. 53.
14 W. Geyer, Bienenzucht in der Sowjetunion, wie ich sie sah, in: Deutscher Imkerführer (1942) 10, S. 152.
15 Der Bericht stammt wahrscheinlich von dem Imker und Musiklehrer Albin Weber aus Landau, der am 15. September 1939 von der Landesfachgruppe Imker Saarpfalz, Stud.-Prof. Otto Gauly, einen Ausweis erhielt, um die „Bienenvölker der geräumten roten Zone und der ev. zu räumenden grünen Zone in Sicherheit zu bringen“. Am 24. September 1939 erhielt Albin Weber vom „Infanterie-Regiment“ einen Ausweis, der ihn berechtigte, „mit 5 Begleitern u. 1 Lkw.“ Dörrenbach „ausnahmsweise u. letztmals“ zu betreten zum „Abholen von Bienen“. Quelle: Privatwissenschaftliches Archiv Bienenkunde Landau.
16 Der imkerliche Aufbau im Westen, in: Deutscher Imkerführer (1940) 4, S. 50.
17 Karl Hans Kickhöffel, Der neue Westen: Eupen-Malmedy, Luxemburg. Lothringen und Elsaß, in: Deutscher Imkerführer (1940) 9, S. 132-135, S. 132.
18 Heinzius, Imkertreffen im Lazarett, in: Deutscher Imkerführer (1940) 11, S. 263-264, S. 263.
19 Heinrich Kruse, Die Bienenzucht, eine ideale Beschäftigung des Schwerkriegsversehrten, in: Deutscher Imkerführer (1942) 3, S. 27-28, S. 27.
20 Theod. Wietfeld, Kriegsversehrte bewähren sich!, in: Deutscher Imkerführer (1943) 12, S. 179.
21 M. Butze, Meine imkerliche Tätigkeit als Kriegsblinder, in: Ostdeutsche Bienenzeitung (früher: Leipziger Bienenzeitung) (1943) 11, S. 134-135.
22 Horst Kastner, Auch mir, einem Kriegsversehrten des jetzigen Krieges, soll die Bienenzucht Lebenserwerb sein, in: Deutscher Imkerführer (1943) 10, S. 140-141, S. 140-141.
23 M. Rötschke, Der Kriegsversehrte am Bienenstand, in: Ostdeutsche Bienenzeitung (früher: Leipziger Bienenzeitung) (1944) 10/11, S. 131-132, S. 132.
24 Karl Maier: s. S. 175.
25 Karl Maier, Wir kriegsversehrten Imker aus dem Weltkrieg fanden unser Glück in der Bienenzucht, in: Deutscher Imkerführer (1943) 10, S. 141.
26 Ludwig Runk, Imkerei und Politik, in: Die Hessische Biene (1940) 12, S. 257-258, S. 257-258.
27 Karl Hans Kickhöffel, Wir arbeiten – Deutschland siegt – Europa lebt, in: Deutscher Imkerführer (1943) 12, S. 165-167, S. 165-166.
28 Reichsfachgruppe Imker, Die Rfgr. Imker am Schluß des vierten Jahres im Großen Kriege, in: Deutscher Imkerführer (1943) 5, S. 70.

29 Karl Hans Kickhöffel, Die Invasion und unsere Antwort, in: Deutscher Imkerführer (1944) 3/4, S. 33.

30 Karl Hans Kickhöffel, Totaler Kriegseinsatz: Mitteilung J 22/44, in: Deutscher Imkerführer (1944) 7, S. 97-98, S. 97.

31 Herbert Backe, Aufruf an das deutsche Landvolk, in: Deutscher Imkerführer (1944) 10, S. 145.

32 Bienenvölker auch in die Sommerölfrüchte!, in: Deutscher Imkerführer (Auf Kriegsdauer vereinigt mit „Deutsche Bienenwirtschaft") (März 1945) 12, S. 117.

33 Reichsfachgruppe Imker, Richtlinien für die Bewanderung der Anbauflächen von Raps, Rübsen und anderen Fettpflanzen mit Bienen: Rundschreiben der Reichsfachgruppe Imker J 9/42 vom 2.2.1943, in: Deutscher Imkerführer (1943) 11, S. 157-158.

34 Karl Hans Kickhöffel, Der Verkehr mit Bienenwachs und Mittelwänden: Amtliche Bekanntmachung Nr. 19 der Reichsfachgruppe Imker vom 15. Oktober 1941 zur Anordnung Nr. 13 der Reichsstelle „Chemie" vom 30. März 1940, in: Deutscher Imkerführer (1941) 7, Einlage (4 Seiten).

35 Reichsfachgruppe Imker, Anordnung der Reichsfachgruppe Imker im Reichsverband Deutscher Kleintierzüchter zur Sicherung des Wachsbedarfes: Vom 15. Oktober 1942, in: Deutscher Imkerführer 16 (1942) 7, S. 80-81.

36 Karl Hans Kickhöffel, Der Verkehr mit Bienenwachs und Mittelwänden: Bekanntmachung der Fachabteilung Reichsfachgruppe Imker im Reichsverband Deutscher Kleintierzüchter e.V., in: Deutscher Imkerführer (1944) 6, S. 2.

37 Karl Hans Kickhöffel, Wachsersparnis durch dünnere Mittelwände, in: Deutscher Imkerführer (1944) 4, S. 44.

38 Theodor Engel, Zeittafel der Reichsfachgruppe Imker, in: Deutscher Imkerführer (1943) 10, S. 131-132.

39 Sofortabgabe von Wachs, in: Deutscher Imkerführer (Auf Kriegsdauer vereinigt mit „Deutsche Bienenwirtschaft") (1945) 12 (März 1945), S. 119.

40 Sonderaktion, Wachsabgabe und Zuckerbelieferung 1945, in: Deutscher Imkerführer (Auf Kriegsdauer vereinigt mit „Deutsche Bienenwirtschaft") (1945) 11, S. 113.

41 Die Einführung der Sonderaktion der Reichsfachgruppe Imker, in: Deutscher Imkerführer (1940) 3, S. 46-48.

42 Karl Vetter, Aufruf des Präsidenten des Reichsverbandes Deutscher Kleintierzüchter e.V. an die deutschen Imker, in: Deutscher Imkerführer (1940) 3, S. 46.

43 Karl Hans Kickhöffel, Sonderaktion 1942/43: Rundschreiben Nr. 1 der Reichsfachgruppe Imker, in: Deutscher Imkerführer (1942) 1, S. 11.

44 Wichtige Mitteilungen der Reichsfachgruppe Imker: Betrifft: Sonderaktion und Zuckerbelieferung 1943/44, in: Deutscher Imkerführer (1943) 4, S. 53.

45 Leonhard Birklein, Die Honigaktion 1942, in: Die Bayerische Biene (1942) 7, S. 97.

46 Georg Neuner, Imker, Du bist etwas schuldig!, in: Die Bayerische Biene (1942) 6, S. 81.

47 Reichsfachgruppe Imker, Die Reichsfachgruppe Imker am Schluß des vierten Jahres im Großen Kriege, in: Die Imkerpraxis (1943) 9, S. 81-83, S. 83.

48 Karl Maier, Höflichkeit in der Imkerei, in: Deutscher Imkerführer (1942) 2, S. 13.

49 Karl Hans Kickhöffel, Und wieder die Höflichkeit!, in: Deutscher Imkerführer (1942) 4, S. 43.

50 Hergert, Anweisung des Leiters der Fachuntergruppe Holzwaren verschiedener Art, Weimar, über die Rationalisierung von Bienenzuchtgeräten, in: Deutscher Imkerführer (1942) 4, S. 44.

51 Zählung der Bienenvölker am 4. Dezember 1944, in: Deutscher Imkerführer (1944) 8, S. 104.

52 Unser innerlich reiches imkerliches Verbandsleben hilft uns, schwerste Zeit zu überstehen, in: Deutscher Imkerführer (Auf Kriegsdauer vereinigt mit „Deutsche Bienenwirtschaft") 12 (März 1945), S. 119-120, S. 120.
53 Imker, es geht um eigenen Hof und Herd, in: Deutscher Imkerführer (Auf Kriegsdauer vereinigt mit „Deutsche Bienenwirtschaft") 12 (März 1945), S. 20.
54 BArch, NS 19/581, Blatt 2: Schreiben des Persönlichen Stabs des Reichsführers-SS an den Chef des SS-Wirtschafts-Verwaltungshauptamtes, SS-Oberguppenführer Pohl vom 8. Februar 1943.
55 Schutzmaßnahmen für die Bienenvölker gegen chemische Kampfstoffe, in: Deutscher Imkerführer (1939) 7, S. 198.
56 O. Hecht, Das luftschutzbereite Bienenhaus, in: Ostdeutsche Bienenzeitung (früher: Leipziger Bienenzeitung) (1944) 8, S. 102.
57 Reichsfachgruppe Imker, Wichtige Mitteilung der Reichsfachgruppe Imker, in: Deutscher Imkerführer (1943) 6, S. 85.
58 Engel, Zeittafel der Reichsfachgruppe Imker, S. 131.
59 Zuteilung von Brennspiritus, in: Deutscher Imkerführer (1942) 4, S. 44.
60 Zuteilung von Tabak, in: Deutscher Imkerführer (1942) 4, S. 44.
61 Engel, Zeittafel der Reichfachgruppe Imker, S. 131.
62 Reichsfachgruppe Imker, Nachrichtendienst – Bekanntmachungen des RDKl, Fachabteilung Rfgr Imker, in: Ostdeutsche Bienenzeitung (früher: Leipziger Bienenzeitung) (1944) 10/11, S. 134.
63 Barch, NS 18/259, Blatt 678: Schreiben des Reichspropagandaleiters der NSDAP, Dr. Josef Goebbels, an alle Gauleiter, an alle Gaupropagandaleiter und alle Mitglieder des Reichsrings vom 8. April 1940.
64 Reichsfachgruppe Imker, Das Einheitsglas ist unsere Waffe, in: Deutscher Imkerführer (1934) 5, S. 121.
65 Reichsfachgruppe Imker, Die Erzeugungsschlacht muß ein Sieg werden! Imker, auch auf Euch kommte es an!, in: Deutscher Imkerführer (1935) 2, S. 48.
66 Reichsfachgruppe Imker, Waffen für die Erzeugungsschlacht sind unser Einheitsglas …, in: Deutscher Imkerführer (1935) 2, S. 49.
67 Reichsfachgruppe Imker, Das ist unsere Aufgabe in der Erzeugungsschlacht!, in: Deutscher Imkerführer (1935) 4, S. 120.
68 Reichsfachgruppe Imker, Bessere Bienenpflege ist nationale Pflicht!, in: Deutscher Imkerführer (1937) 6, S. 166.
69 Reichsfachgruppe Imker, Beispiels-Imker vor die Front!, in: Deutscher Imkerführer (1937) 6, S. 151.
70 Reichsfachgruppe Imker, Wachs ist wichtiger Rohstoff!, in: Deutscher Imkerführer (1937) 6, S. 158.
71 Reichsfachgruppe Imker, Imker! Sorgt für Nachwuchs!, in: Deutscher Imkerführer (1937) 1, S. 18.
72 Reichsfachgruppe Imker, Der Führer vergrößerte den Staat. Wir vergrößern den Stand. (1938) 8, S. 203.
73 Reichsfachgruppe Imker, Jede Ofgr mindestens 10 v.H. Mitglieder mehr!, in: Deutscher Imkerführer (1939) 12, S. 371.
74 Reichsfachgruppe Imker, Losung 1939: Jeder Imker mindestens ein Bienenvolk mehr!, in: Deutscher Imkerführer (1939) 12, S. 370.
75 Reichsfachgruppe Imker, Die Aufgabe 1940, in: Deutscher Imkerführer (1940) 4, S. 49.

76 Reichsfachgruppe Imker, Imker, folgt den Anweisungen der Reichs-, Landes-, Kreis- und Ortsfachgruppen Imker, damit auch die kleinste Rapsfläche von Bienen bedient und genutzt werden kann, in: Deutscher Imkerführer (1940) 10, S. 242.
77 Reichsfachgruppe Imker, Imker, folgt den Anweisungen der Reichsfachgruppe Imker und ihrer Gliederungen!, in: Deutscher Imkerführer (1940) 10, S. 248.
78 Reichsfachgruppe Imker, Unsere Aufgabe 1941!, in: Deutscher Imkerführer (1940) 9, S. 131.
79 Reichsfachgruppe Imker, Rapswanderung 1941, in: Deutscher Imkerführer (1941) 10, S. 160.
80 Reichsfachgruppe Imker, 100.000 Morgen von Bienenweide liegen heute noch unausgenutzt!, in: Deutscher Imkerführer (1941) 3, S. 41.
81 Reichsfachgruppe Imker, Imker, Eure Kriegsaufgabe 1942 und Euer Stolz: Die volle Erfüllung der Sonderaktion der Reichsfachgruppe Imker!, in: Deutscher Imkerführer (1942) 2, S. 17.
82 Reichsfachgruppe Imker, Der Bienen Fleiß ist lobenswert, Den Imkersmann die Leistung ehrt!, in: Deutscher Imkerführer (1942) 6, S. 63.
83 Reichsfachgruppe Imker, Wir Imker stehen Mann für Mann – Auch auf den letzten kommt es an!, in: Deutscher Imkerführer (1942) 5, S. 54.
84 Reichsfachgruppe Imker, Schutz und Schirm der deutschen Imkerei durch die Reichsfachgruppe Imker, in: Deutscher Imkerführer (1942) 10, S. 151.
85 Reichsfachgruppe Imker, Durch Zucht und Auslese höhere Erträge! Dies gilt auch für die Bienen!, in: Deutscher Imkerführer (1943) 2, S. 24.
86 Reichsfachgruppe Imker, Imker nicht abseits stehn, sondern anfassen u. mithelfen!, in: Deutscher Imkerführer (1943) 2, S. 17.
87 Reichsfachgruppe Imker, Dein Honig hilft dem verwundeten Soldaten!, in: Deutscher Imkerführer (1943) 3, S. 45.
88 Reichsfachgruppe Imker, Bomben beantworten wir Imker mit größerer Honigabgabe!, in: Deutscher Imkerführer (1943) 6, S. 95.
89 Reichsfachgruppe Imker, Ihr Feinde kennt uns schlecht, wir Imker helfen – und jetzt erst recht!, in: Deutscher Imkerführer (1943) 6, S. 93.
90 Reichsfachgruppe Imker, Imker, denke an sie und du wirst wissen, was Du zu tun hast!, in: Deutscher Imkerführer (1943) 5, S. 73.
91 Reichsfachgruppe Imker, Wir Imker helfen der Front, denn die Front bewacht auch uns!, in: Deutscher Imkerführer (1943) 5, S. 58.
92 Reichsfachgruppe Imker, Alle emsig schaffen u. walten denn es gilt das Volk zu erhalten! Imker, verstehe die Zeit u. öffne die Hand, denn es geht um deutsches Land!, in: Deutscher Imkerführer (1943) 5, S. 69.
93 Reichsfachgruppe Imker, Was die deutschen Fluren spenden wollen wir zum Sieg verwenden!, in: Deutscher Imkerführer (1943) 7, S. 103.
94 Reichsfachgruppe Imker, Unsere Leistung ist die Grundlage der Bienenwirtschaft für Jahrhunderte. Imker sorge für Nachwuchs!, in: Deutscher Imkerführer (1944) 10, S. 141.
95 Reichsfachgruppe Imker, Helft den Imkerfrauen deren Männer im Felde stehen!, in: Deutscher Imkerführer (1944) 10, S. 171.
96 Reichsfachgruppe Imker, Bis ins letzte und entlegenste Dorf muß ausnahmslos auch jeder deutsche Imker erklären können. Mein Anwesen ist luftschutzbereit, in: Deutscher Imkerführer (1944) 5, S. 70.

8 Bienenzucht unter dem Einfluß völkisch-nationalistischer Vorstellungen

1 Eva Johach, Der Bienenstaat – Geschichte eines politisch-moralischen Exempels, in: Anne von der Heiden/Joseph Vogl (Hrsg.), Politische Zoologie, Zürich, Berlin, 2007, S. 219-233.

2 Ulrike Kruse, Die fleißige und nützliche Biene. Natur als Gegenstand und Metapher in der Hausväterliteratur, in: Maren Ermisch/Ulrike Kruse/Urte Stobbe (Hrsg.), Ökologische Transformationen und literarische Repräsentationen, Göttingen, 2010, S. 59-95.

3 Ulrike Kruse, Von Bienen und Menschen, in: Chimaira – Arbeitskreis für Human-Animal Studies (Hrsg.), Tiere Bilder Ökonomien, Bielefeld, 2013, S. 63-85.

4 Ernst Cassirer, Wesen und Wirken des Symbolbegriffs, Darmstadt, 1969, S. 44.

5 Wikipedia, Volkskörper, http://wikipedia.org/wiki/Volkskörper, 17.10.2018.

6 Wolfgang U. Eckart, Medizin in der NS-Diktatur – Ideologie, Praxis, Folgen, Wien, Köln, Weimar, 2012, S. 76.

7 ebenda.

8 Eva Kimminich, Kulturen im Fokus – Körpermetapher, http://www.uni-potsdam.de/romanistik-kimminich/kif/kif-begriffe/kif-met-koerp.html, 17.10.2018.

9 Wolfgang Uwe Eckart/Robert Jütte, Medizingeschichte, Köln, Weimar, Wien, 2014, S. 155.

10 Robert Jütte, Diskursanalyse in Frankreich, in: Joachim Eibach/Günther Lottes (Hrsg.), Kompaß der Geschichtswissenschaft: Ein Handbuch, Göttingen 2002, S. 307-317.

11 Michel Foucault, Die Maschen der Macht, in: Daniel Defert/Francois Ewald (Hrsg.), Analytik der Macht, Frankfurt am Main 2005, S. 220-239; zit. nach: Eckart, Wolfgang Uwe: Medizin in der NS-Diktatur, Wien, Köln, Weimar, 2012, S. 14.

12 Eckart, Medizin in der NS-Diktatur – Ideologie, Praxis, Folgen, S. 14.

13 Vgl. ebenda, S. 21-100.

14 Vgl. Änne Bäumer, NS-Biologie, Stuttgart, 1990, S. 52-54.

15 Kurt-Ingo Flessau, Schule der Diktatur, Frankfurt am Main, 1984.

16 Michaela Kollmann, Schulbücher im Nationalsozialismus, Saarbrücken, 2006.

17 Vgl. Änne Bäumer-Schleinkofer, NS-Biologie und Schule, Frankfurt am Main, Berlin, Bern, New York, Paris, Wien, 1992, S. 39, 256.

18 Vgl. Günter Hartung, Völkische Ideologie, in: Uwe Puschner/Walter Schmitz/Justus H. Ulbricht (Hrsg.), Handbuch zur „Völkischen Bewegung" 1871–1918. Hitler: Reden, Schriften, Anordnungen, München, New Providence, London, Paris, 1996, S. 22-41, S. 22.

19 Uwe Puschner, Die völkische Bewegung im wilhelminischen Kaiserreich: Sprache – Rasse – Religion, Darmstadt, 2001, S. 12.

20 Eckart, Medizin in der NS-Diktatur – Ideologie, Praxis, Folgen, S. 27, 34.

21 Vgl. Puschner, Die völkische Bewegung im wilhelminischen Kaiserreich, S. 14.

22 Uwe Puschner/ G. Ulrich Großmann (Hrsg.), Völkisch und national: Zur Aktualität alter Denkmuster im 21. Jahrhundert, Darmstadt, 2009, S. 10.

23 ebenda.

24 Ideologeme sind Gedankengebilde oder Vorstellungen, welche die Elemente bilden, aus denen eine Ideologie aufgebaut ist.

25 Vgl. Puschner et al., Völkisch und national, S. 11.

26 Walther Kramer, Was unterscheidet die Völkischen von den Nationalen, in: Hammer. Blätter für deutschen Sinn (1924) 524, S. 144-147, S. 147; zit. nach: Puschner et al., Völkisch und national, S. 9.

27 ebenda, S. 10.
28 Armin Mohler/Karlheinz Weissmann, Die Konservative Revolution in Deutschland 1918–1932. Ein Handbuch, Graz, 2005, 6. Aufl., S. 399.
29 Vgl. Puschner, Die völkische Bewegung im wilhelminischen Kaiserreich, S. 14.
30 ebenda.
31 Meyers Großes Konversationslexikon. Ein Nachschlagwerk des allgemeinen Wissens, Bd. 20, Leipzig u. Wien, 6. Aufl., 1909, S. 229; zit. nach ebenda, S. 27.
32 Meyers Lexikon, Bd. 12, Leipzig, 7. Aufl., 1930, Sp. 820 f.; zit. nach ebenda, S. 27.
33 Der Große Brockhaus. Handbuch des Wissens in zwanzig Bänden, Bd. 19, Leipzig, 15. Aufl., 1934, S. 650; zit. nach ebenda, S. 27.
34 Vgl. ebenda, S. 31.
35 Geleitwort, in: Heimdall (1896) 1, S. 1; zit. nach ebenda, S. 33.
36 Adolf Reinecke, Deutsche Wiedergeburt. Grundlegende Baustücke zur Jungdeutschen Bewegung, hrsg. v. Alldeutschen Sprach- und Schriftverein, Lindau, 1901, S. 4, 104, 106; zit. nach ebenda, S. 33.
37 Adolf Reinecke, Deutsche Wiedergeburt. Grundlegende Baustücke zur Jungdeutschen Bewegung, hrsg. v. Alldeutschen Sprach- und Schriftverein, Lindau, 1901, S. 231-232; zit. nach ebenda, S. 33.
38 Deutsche Glaubens-, Grund- und Leitsätze, in: Heimdall (1896) 1, S. 2-3, S. 2; auch abgedruckt in Reinecke (1901), S. 251-252; s. Fußnote 414; zit. nach ebenda, S. 35.
39 Vgl. Rüdiger Wulf, Für eine Vertiefung und Beseelung der Kultur ..., in: Jochen Löher/ Rüdiger Wulf (Hrsg.), Furchtbar dräute der Erbfeind! Vaterländische Erziehung in den Schulen des Kaiserreichs 1871–1918, Dortmund, o. J., S. 9-26, S. 9-12.
40 Hans Mommsen; Nationalismus und Nationalstaatsgedanke in Deutschland, in: Journal Geschichte, Heft 6/90, S. 45 ff., hier S. 51; zit. nach ebenda, S. 12.
41 Hartung, Völkische Ideologie, S. 34.
42 Puschner, Die völkische Bewegung im wilhelminischen Kaiserreich, S. 53.
43 ebenda, S. 51.
44 Hartung, Völkische Ideologie, S. 34.
45 Adolf Reinecke, Entartung und Verfall, das Hauptstück der völkischen Frage, in: Heimdall (1907) 12, S. 14-18 und 26–29, Zit. S. 28; zit. nach Puschner, Die völkische Bewegung im wilhelminischen Kaiserreich, S. 56-57.
46 S. Fußnote 420; zit nach ebenda, S. 57.
47 Thomas Frey [d.i. Theodor Frisch], Wo sind unsere nächsten Ziele?, in: Antisemitische Correspondenz (1886) 2, Nr. 3, S. 2-3, Zit. S. 2; zit. nach ebenda, S. 63.
48 Vgl. ebenda, S. 77.
49 Eckart, Medizin in der NS-Diktatur – Ideologie, Praxis, Folgen, S. 25-26.
50 Vgl. ebenda, S. 26.
51 Vgl. ebenda.
52 ebenda, S. 26.
53 Vgl. ebenda, S. 26.
54 Adolf Reinecke, Heil dem germanischen Jahrhundert, in: Heimdall (1900) 5, S. 1-2; zit. nach Puschner, Die völkische Bewegung im wilhelminischen Kaiserreich, S. 102.
55 Heinz Gollwitzer, Die gelbe Gefahr. Geschichte eines Schlagworts. Studien zum imperialistischen Denken, Göttingen 1962, bes. S. 32-46; Ute Mehnert, Deutschland, Amerika und die „gelbe Gefahr“. Zur Karriere eines Schlagworts in der Großen Politik, 1905–1917 (=Transatlantische Studien, Bd. 4), Stuttgart, 1995, S. 21-59; zit. nach Puschner, Die völkische Bewegung im wilhelminischen Kaiserreich, S. 103.
56 Puschner, Die völkische Bewegung im wilhelminischen Kaiserreich, S. 91.

57 Völkische Hochziele, in: Deutsche Handels-Wacht (1909) 16, S. 291-292; zit. nach ebenda, S. 81.

58 Johannes Willms, Nationalismus ohne Nation. Deutsche Geschichte 1789–1914, Frankfurt/M., 1985, S. 419 f.; zit. nach Wulf, Für eine Vertiefung und Beseelung der Kultur ..., S. 13-14.

59 Zit. nach: Ernst Johann, Einleitung: Kaiser Wilhelm II., in: Reden des Kaisers. Ansprachen, Predigten und Trinksprüche Wilhelms II., hg. von Ernst Johann, 2. Auflage, München, 1977, S. 7 ff., hier S. 20 f.; zit. nach ebenda, S. 14.

60 Zit. nach: Elisabeth Fehrenbach, Wandlungen des deutschen Kaisergedankens (1871–1918), München/Wien, 1969, S. 91; zit. nach Wulf, Für eine Vertiefung und Beseelung der Kultur ..., S. 16.

61 Vgl. Wulf, Für eine Vertiefung und Beseelung der Kultur ..., S. 16.

62 Vgl. Puschner, Die völkische Bewegung im wilhelminischen Kaiserreich, S. 93.

63 ebenda, S. 95.

64 Otto Böckel, Die deutsche Volkssage (= Aus Natur und Geisteswelt, Bd. 2), Leipzig u. Berlin, 2. Aufl. 1914 (1. Aufl. 1908), S. 120; zit. nach Puschner, Die völkische Bewegung im wilhelminischen Kaiserreich, S. 131.

65 Philipp Stauff, Das Deutsche Wehrbuch, Wittenberg, 1912, S. 113-114; zit. nach Puschner, Die völkische Bewegung im wilhelminischen Kaiserreich, S. 136.

66 Arthur Schulz, Was uns not tut!, in: Blätter für deutsche Erziehung (1903) 5, S. 97-99, Zit. S. 99; zit. nach Puschner, Die völkische Bewegung im wilhelminischen Kaiserreich, S. 137.

67 Agitationsgedicht von Aurelius Polzer, abgedruckt in: Blätter für deutsche Erziehung (1904) 6, S. 51; zit. nach Puschner, Die völkische Bewegung im wilhelminischen Kaiserreich, S. 137.

68 Rolf Peter Sieferle, Fortschrittsfeinde? Opposition gegen Technik und Industrie von der Romantik bis zur Gegenwart, München, 1984, S. 187 u. Zit. S. 194; zit. nach Puschner, Die völkische Bewegung im wilhelminischen Kaiserreich, S. 145.

69 Puschner, Die völkische Bewegung im wilhelminischen Kaiserreich, S. 146.

70 Vgl. ebenda, S. 146-147.

71 Arbeitsplan des Deutschbundes in der Rassenfrage, in: Deutschvölkische Hochschulblätter (1913/14) 3, S. 18; Eine deutsch=völkische Vereinigung [Leitsätze der deutsch=völkischen Vereinigung], in: Deutsche Zeitschrift (1902/03) 5, S. 457; zit. nach Puschner, Die völkische Bewegung im wilhelminischen Kaiserreich, S. 151.

72 Friedrich Ratzel, Das Leben und der Erdraum, in: Festgabe für Albert Schäffle zur 70. Wiederkehr seines Geburtstages am 24. Februar 1901, Tübingen, 1901, S. 104-189, zit. nach Puschner, Die völkische Bewegung im wilhelminischen Kaiserreich, S. 153.

73 Max Robert Gerstenhauer, Der völkische Gedanke in Vergangenheit und Zukunft. Aus der Geschichte der völkischen Bewegung, Leipzig, 1933, S. 28; zit. nach Puschner, Die völkische Bewegung im wilhelminischen Kaiserreich, S. 153.

74 Adolf Bartels, Deutschvölkische Gedichte aus dem Jubeljahr der Befreiungskriege 1913, Leipzig, 1914, S. 10-11; zit. nach Puschner, Die völkische Bewegung im wilhelminischen Kaiserreich, S. 153-154.

75 Vgl. Stefan Breuer, Die Völkischen in Deutschland: Kaiserreich und Weimarer Republik, Darmstadt, 2010, 2. Aufl., S. 147.

76 ebenda, S. 147.

77 Reiner Marcowitz, Weimarer Republik 1929–1933, Darmstadt, 2012, 4. Aufl., S. 7.

78 ebenda, S. 36.

79 Vgl. ebenda, S. 38.

80 Vgl. ebenda, S. 79-80.
81 ebenda, S. 80.
82 Uwe Puschner, Die völkische Bewegung in Deutschland, in: Hannes Heer (Hrsg.), „Weltanschauung en marche". Die Bayreuther Festspiele und die Juden 1876 bis 1945, Würzburg, 2013, S. 151-167, S. 151.
83 Uta Jungcurt, Alldeutscher Extremismus in der Weimarer Republik – Denken und Handeln einer einflussreichen bürgerlichen Minderheit, Berlin, Boston, 2016, S. 344.
84 ebenda.
85 Satzung des deutschvölkischen Schutz- und Trutz-Bundes, Bundesarchiv Berlin, ADV 494; zit. nach: Breuer, Die Völkischen in Deutschland, S. 148.
86 Deutschvölkischer Schutz- und Trutzbund (Roth, Alfred), Unser Wollen – unsere Aufgabe, Hamburg, 1920, S. 6; zit. nach: Breuer, Die Völkischen in Deutschland, S. 152.
87 Vgl. Breuer, Die Völkischen in Deutschland, S. 151.
88 Vgl. ebenda, S. 149.
89 ebenda, S. 165.
90 Max Robert Gerstenhauer, Der Führer. Ein Wegweiser zu deutscher Weltanschauung und Politik, Jena, 1927, S. 23, 116; zit. nach: Breuer, Die Völkischen in Deutschland, S. 168.
91 Breuer, Die Völkischen in Deutschland, S. 173.
92 Vgl. ebenda, S. 189, 190.
93 Vgl. ebenda, S. 194-208.
94 Vgl. ebenda, S. 209-221, 210.
95 Vgl. ebenda, S. 224, 230.
96 ebenda, S. 239.
97 Vgl. ebenda, S. 240-241.
98 Kurt Sontheimer, Antidemokratisches Denken in der Weimarer Republik, München, 1978, 4. Aufl., S. 131.
99 Institut für Zeitgeschichte (Vollnhals, Clemens) (Hrsg.), Band 1: Die Wiedergründung der NSDAP Februar 1925 – Juni 1926, München, 1992, S. 3, 417; zit. nach: Breuer, Die Völkischen in Deutschland, S. 242.
100 Marcowitz, Weimarer Republik 1929–1933, S. 96.
101 Breuer, Die Völkischen in Deutschland, S. 245.
102 Vgl. Puschner et al., Völkisch und national, S. 10.
103 Vgl. ebenda.
104 ebenda, S. 11.
105 ebenda, S. 10-11.
106 BArch, NS2/70, Blatt 36–46: Richtlinien für die politischen Gemeinschaftsstunden der SS 1942–43: „Deutschlands Kampf um die völkische Wiedergeburt des Germanentums – dem Sieg der Waffen muß der Sieg des Kindes folgen".
107 Franz Tobisch, Jung=Klaus' Lehr= und Volksbuch der Bienenzucht, Freiburg, 1909, S. V.
108 Tobisch, Jung Klaus' Volksbienenzucht, S. 94.
109 W. Fitzky, Zum 22. März 1897, in: Bienenwirtschaftliches Centralblatt (1897) 6, S. 81.
110 Krancher, Aufruf an unsere Leser!, S. 155.
111 Krancher, Krieg!, S. 173.
112 L. Müsebeck, Monatsschau, in: Leipziger Bienen-Zeitung (1915) 8, S. 123.
113 Schriftleitung der Deutschen Illustrierten Bienenzeitung, In's neue Jahr., in: Deutsche Illustrierte Bienenzeitung (1916) 1, S. 1.
114 Wiederhold, Der „Deutsche Siegerstock".
115 Redaktion und Verlag der Leipziger Bienen-Zeitung, Der Krieg!, S. 129.

116 Max Heckel, Eine Mauer um uns baue!, in: Leipziger Bienen-Zeitung (1917) 2, S. 17.
117 Ernst Dönicke, Wann wird Friede?, in: Leipziger Bienen-Zeitung (1916) 2, S. 33.
118 Dönicke, Deutsche Heldenhaine!, in: Leipziger Bienen-Zeitung (1916) 6, S. 81.
119 Gerstung, Schlußwort, in: Deutsche Bienenzucht in Theorie und Praxis (1914) 12, S. 177-178, S. 177.
120 K. Kleinstäuber, Züchter vor die Front!, in: Leipziger Bienen-Zeitung (1915) 3, S. 39-40.
121 Frey, Glück auf zum Neuen Jahre!, in: Leipziger Bienen-Zeitung (1915) 2, S. 17-18, S. 17.
122 Schriftleitung und Verlag der Leipziger Bienen-Zeitung, Schlußwort, in: Leipziger Bienen-Zeitung (1915) 12, S. 186.
123 Zaiß, Um- und Ausschau, in: Leipziger Bienen-Zeitung (1924) 4, S. 55-57, S. 55.
124 Willfried, Deutscher Imker – sprich deutsch!, in: Leipziger Bienen-Zeitung (1926) 8, S. 174.
125 Schriftleitung der Leipziger Bienenzeitung, Schlußwort, in: Leipziger Bienen-Zeitung (1927) 12, S. IV.
126 A. Löbe, Durch Opfer zur Freiheit!, in: Die Deutsche Bienenzucht in Theorie und Praxis (1925) 9, S. 273-274, S. 274.
127 Kickhöffel, Die wirtschaftspolitischen Voraussetzungen einer blühenden deutschen Bienenzucht, S. 242.
128 Kickhöffel, Die Deutsche Bienenzucht. Abriß ihrer rechtlichen, wirtschaftlichen, handels- und vereinspolitischen Grundlage, S. 38.
129 Zaiß, Um- und Ausschau, in: Leipziger Bienen-Zeitung (1922) 1, S. 1-4, S. 2.
130 Breiholz, Die Lage ist ernst, wir rüsten zum Kampf, in: Leipziger Bienen-Zeitung (1925) 6, S. 125-127, S. 127.
131 Reichsfachgruppe Imker, Der Führer vergrößerte den Staat. Wir vergrößern den Stand.
132 Walter Geyer, Warum die gewaltige Heerschau der Imker Groß-Deutschlands in Leipzig 1939, in: Leipziger Bienen-Zeitung (1938) 12, S. 316-317, S. 316.
133 H. Henning, Vorwärts!, in: Deutscher Imkerführer (1939) 10, S. 279.
134 Kickhöffel, Großdeutschland – Großdeutsche Imkerschaft, S. 9.
135 H. Henning, Zur Jahreswende, in: Leipziger Bienenzeitung (1940) 1, S. 4.
136 H. Henning, Worauf es ankommt, in: Deutscher Imkerführer (1938) 2, S. 59.
137 H. Henning, Das Einheitsglas, in: Deutscher Imkerführer (1937) 4, S. 95.
138 Karl Hans Kickhöffel, Unsere Aufgabe – unser Wille!, in: Leipziger Bienen-Zeitung (1937) 6, S. 125-127, S. 127.
139 Birklein, Die Honigaktion 1942, S. 97.
140 Geyer, Warum die gewaltige Heerschau der Imker Groß-Deutschlands in Leipzig 1939, S. 316.
141 Kickhöffel, Unsere Erfolgsgrundlagen, S. 45.
142 Karl Hans Kickhöffel, Jungfer Jane erzählt, in: Deutscher Imkerführer (1941) 1, S. 2-3, S. 2, 3.
143 Leonhard Birklein, 30. Januar 1933 – 30. Januar 1943, in: Die Bayerische Biene (1943) 2, S. 17-19, S. 18, 19.
144 H. Henning, Unsere Aufgabe, in: Deutscher Imkerführer (1941) 10, S. 145.
145 Tobisch, Jung=Klaus' Lehr= und Volksbuch der Bienenzucht, S. 84.
146 Ernst Bergmann, Der Auslandhonig und die deutsche Volksseele, in: Leipziger Bienen-Zeitung (1929) 5, S. 97-99, S. 97, 98.
147 Friedrich Braun, Aus deutschen Bienenzeitungen, in: Die Biene (1929) 12, S. 356.
148 Schacht, Sollen wir ausländischen oder inländischen Honig essen?, in: Die Deutsche Bienenzucht in Theorie und Praxis (1926) 10, S. 304-306, S. 304, 305, 306.

149 K. Stuhl, Der nordische (germanische) Ursprung der Bienenwirtschaft, in: Bienenwirtschaftliches Zentralblatt (1927) 9, S. 232-234, S. 232.

150 Karl Hans Kickhöffel, Wie kann der innere Aufstieg unserer Bienenzucht für den äußeren Aufstieg nutzbar gemacht werden?, in: ders., Für die deutsche Bienenzucht 1923–1928, Neumünster, S. 106-123, S. 107.

151 Goetze, Was nicht Rasse ist auf dieser Welt, ist Spreu!, S. 13.

152 Karl Hans Kickhöffel, An Deutschlands Imker, in: Leipziger Bienen-Zeitung (1934) 1, S. 2-3, S. 2.

153 Weitere Quellen zu deutsch-völkischen Gedanken in der Bienenzucht und entsprechender Bienensymbolik finden sich in: Rainer Stripf: Die Bienenzucht in der völkisch-nationalistischen Bewegung. Dissertation, Pädagogische Hochschule Heidelberg, 2018.

9 Flüchtlingsimker und Lyssenko-Züchter – Entwicklungen nach 1945 bis heute

1 Heinz Wolf, Zum Neuaufbau der Bienenwirtschaft, in: Der Imkerfreund (1946) 1, S. 2.

2 Bruno Wimmer (Schriftleiter), Wir helfen alle mit!, in: Der Imker (1946) 1, S. 1.

3 Bruno Wimmer, Grundsätzliches zur volkswirtschaftlichen Bedeutung der Imkerei – Unsere Bienen als Helfer in der Erzeugungsschlacht, in: Der Imker (1946) 1, S. 3-5, S. 3.

4 Hans Ebert, Vom Neuaufbau der Kleintierzucht im Zentralverband der Kleintierzüchter e.V., Sitz Berlin, in: Leipziger Bienenzeitung (1946) 1, S. 2-4, S. 2.

5 Georg Melzer, Gegenwartsfragen, in: Deutsche Bienenzeitung (1946) 1, S. 5.

6 Schriftleitung und Verlag der DBZ, Zum Abschied, in: Deutsche Bienenzeitung (1958) 3, S. 33.

7 Vgl. Fridolin Gnädinger, Mit Imkern und Bienen, Engen, 1992, S. 5-8.

8 Vgl. Irmgard Jung-Hoffmann, Ein Neuanfang, in: Die neue Bienenzucht (2006) 1, S. 14-15, S. 14.

9 In der 2007 erschienenen Festschrift des Deutschen Imkerbundes zum 100-jährigen Jubiläum wird die Entwicklung nach dem Zweiten Weltkrieg skizziert. Eine Dokumentation besonders über den Badischen Imkerverband (französische Besatzungszone) veröffentlichte Fridolin Gnädinger (1921–2009) 1992, der von 1968 bis 1983 Präsident des deutschen Imkerbunds war (s. Literaturverzeichnis).

10 Vgl. Gnädinger, Mit Imkern und Bienen, S. 1-10.

11 Landesverband Bayerischer Imker (Schieder, Ludwig), Mitteilung Nr. 1/48, in: Der Imkerfreund (1948) 8, S. 69-70.

12 Guido Bamberger (Schriftleiter), Sachregister 1. Jahrgang 1946, in: Der Imkerfreund (1946) 12, nach Seite 112 (2 Seiten).

13 Vgl. Gnädinger, Mit Imkern und Bienen, S. 8-10.

14 Joachim Evenius promovierte 1923 nach dem Studium in Marburg München und Münster zu einem bienenkundlichen Thema bei Prof. Dr. Koch in Münster. Nach kurzer Tätigkeit am Zoologischen Institut der Landwirtschaftlichen Hochschule in Berlin und bei Prof. Dr. Armbruster seit 1925 erhielt er 1926 die Leitung der neugegründeten „Lehr- und Versuchsanstalt für Bienenzucht“ in Finkenwalde bei Stettin. Ende der dreißiger Jahre wurde ihm vom Pommerschen Verband die Geschäftsführung übertragen. 1945 kam er an das Bieneninstitut in Celle, 1947 wurde er dort wissenschaftlicher

Rat. 1949 gründete er in Marburg die „Arbeitsgemeinschaft der bienenkundlichen Institute", deren Vorsitzender er bis 1967 war. Der D.I.B. ernannte ihn 1956 zum Ehren-Imkermeister. Quelle: Schwärzel, Durch sie wurden wir, S. 56.

15 Guido Bamberger, Aufbau der Imkerorganisation in der britischen Zone, in: Der Imkerfreund (1946) 12, S. 110.

16 Hermann Preim war Lehrer in Schleswig-Holstein und führte den Landesverband Schleswig-Holstein ab 1930 bis er 1933 durch den Bauer Harder abgelöst wurde. 1936 musste er wieder die Führung der Landesfachgruppe übernehmen, mit Verleihung der Silbernen Wabe durch die Reichsfachgruppe Imker. 1946 übernahm Preim die Leitung des Zentralverbandes der Imker in der Britischen Zone und wurde 1949 zum 2. Vorsitzenden des Deutschen Imkerbundes gewählt. 1947 wurde ihm die Leitung der Imkerschule in Bad Segeberg übertragen. Der Deutsche Imkerbund ernannte Preim 1955 zum Ehren-Imkermeister. Quelle: Schwärzel, Durch sie wurden wir, S. 177.

17 Hermann Preim war seit 1. Mai 1933 Mitglied der NSDAP. Quellen: BArch (ehem. BDC) NSDAP-Zentralkartei, Preim, Hermann, 22.5.1892, eingetreten am 1.5.1933, Mitglieds-Nr. 2740306 sowie BArch (ehem. BDC) NSDAP-Gaukartei, Preim, Hermann, 22.5.1892, eingetreten am 1.5.1933, Mitglieds-Nr. 2740306.

18 Vgl. Deutscher Imkerbund e.V., 100 Jahre Deutscher Imkerbund e.V. – Eine Chronik zum Jubiläum, S. 35.

19 Die Arbeitsgemeinschaft der Imker-Landesverbände e.V., in: Deutsche Bienenzeitung (1949) 2, S. 32.

20 Am 20. August 1947 wurde Ludwig Schieder als Vorsitzender des Landesverbandes Bayerischer Imker gewählt, nachdem seit 1945 bis dahin Vorsitzende kommissarisch eingesetzt wurden. Am 3. Juli 1948 legte Schieder den Vorsitz nieder. Quelle: Schwärzel, Durch sie wurden wir, S. 209.

21 Edmund Herold, Birklein endgültig Landesvorsitzender, in: Der Imkerfreund (1949) 8, S. 168.

22 Jung-Hoffmann, Ein Neuanfang, S. 15.

23 Rudolph Jacoby, Arbeitsgemeinschaft der Imker-Landesverbände der besetzten Westgebiete e.V., in: Der Imkerfreund (1949) 1, S. 7.

24 Der Begriff „Weisel" steht für Bienenkönigin. „Umweiseln" bedeutet das Austauschen der Königin, welches durch das Bienenvolk selbst oder durch eine Reihe von Methoden des Imkers erfolgen kann. „Weiselrichtig" bedeutet in der Imkersprache, dass das Bienenvolk eine eierlegende Königin besitzt. Im metaphorischen Sinn auf die Menschen übertragend bedeutet „Umweiseln" das Austauschen von Personen. Der in Abb. 27 porträtierte „Führer" in Verbindung mit Kickhöffels Aufsatz „Weiselrichtig" sollte dem Leser den „segensreichen Einfluß des Arbeitsdienstes" und des „Führeres" suggerieren.

25 Jacoby, Arbeitsgemeinschaft der Imker-Landesverbände der besetzten Westgebiete e.V., S. 7.

26 Rudolph Jacoby, Das Imker=ABC – Nachschlagwerk für alle Gebiete der Bienenzucht, Bad Segeberg, 1949, 1. Aufl., S. 337-338, S. 338.

27 Rudolph Jacoby, Das Imker=ABC – Lexikon der Bienenzucht, Bad Segeberg, 1964, 2. Aufl., S. 52.

28 Karl Maier, Die Bienenzucht als Freizeitgestaltung, in: Deutsche Bienenwirtschaft (1955) 5, S. 92-95, S. 93-94.

29 Edmund Herold, Imkergemeinschaft, in: Der Imkerfreund (1948) 12, S. 121.

30 Pfarrer Karl Krause wurde 1945 (bis 1949) zum Vorsitzenden des Landesverbands Sachsen bestellt und war von Juli 1946 bis Februar 1949 Schriftleiter der Leipziger Bienen-

zeitung. Im Juli 1946 leitete er die Tagung zur Neugestaltung des Zuchtwesens in der damaligen Sowjetischen Besatzungszone und wurde zum Vorsitzenden des Züchterrates und Leiter der Hauptkörstelle (Kreischa bei Pillnitz) gewählt. Quelle: Schwärzel, Durch sie wurden wir, S. 130.

31 Schriftleitung und Verlag der „Leipziger Bienenzeitung", Dem Gedächtnis: Karl Hans Kickhöffel, in: Leipziger Bienenzeitung (1948) 2, S. 21.

32 E. Gudszus, Eine notwendige Stellungnahme, in: Der Imker (1948) 3, S. 46-47, S. 46. Anmerkung: 1946 erschien in Ost-Berlin die Zeitschrift „Der Imker" (Lizenz-Nr. 401 der Sowjetischen Militäradministration in Deutschland), deren Mitarbeiter Erich Gudszus (1891–1975) wurde.

33 Ludwig Runk, Dem Andenken Kickhöffels, in: Die Hessische Biene (1953) 1, S. 45-46.

34 Leonhard Birklein, 100 Jahre Bienenzucht, in: Leipziger Bienenzeitung (1949) 8, S. 143.

35 Landesverband Westfälischer und Lippischer Imker e.V. (Hrsg.), 150 Jahre Landesverband Westfälischer und Lippischer Imker e.V. 1849–1999, Anröchte, 1999, S. 23.

36 Arbeitsgemeinschaft der Imker-Landesverbände und Arbeitsgemeinschaft der Institute für Bienenforschung, Wanderversammlung Deutscher Imker, in: Der Imkerfreund (1949) 6, S. 117.

37 Deutscher Imkerbund e.V., 100 Jahre Deutscher Imkerbund e.V. – Eine Chronik zum Jubiläum, S. 36.

38 Edmund Herold, Der große deutsche Imkertag in Lippstadt, in: Der Imkerfreund (1949) 10, S. 191-193, S. 191.

39 ebenda, S. 191.

40 Jakob Mentzer übernahm 1912 den Vorsitz des 1856 gegründeten „Pfälzischen Bienenzuchtverein". Auf sein Betreiben schloss sich dieser 1913 dem „Landesverein bayerischer Bienenzüchter" an. 1931 wurde er zum 2. Bundesleiter des Imkerbundes gewählt. Da er mit den Verhältnissen nach 1933 „nicht einverstanden oder gar glücklich" war, wurde er 1938 auf „Befehl Himmlers" hin abgesetzt. Nach dem Krieg wurde er 1946 als Vorsitzender der Pfalz wiedergewählt. Die Pfalz war 1945 von Bayern getrennt worden und wurde mit Rheinhessen zum neuen Verband Pfalz-Rheinhessen, den Mentzer bis zum seinem Tode 1954 als Vorsitzender leitete. Quelle: Schwärzel, Durch sie wurden wir, S. 154.

41 Deutscher Imkerbund e.V., Der Deutsche Imkerbund e.V., in: Der Imkerfreund (1950) 1, S. 5.

42 Vgl. Irmgard Jung-Hoffmann, Lippstadt, in: Die neue Bienenzucht (2006) 2, S. 50-51, S. 51.

43 Edmund Herold, Vater aller deutschen Bienenväter, in: Der Imkerfreund (1952) 9, S. 287.

44 Deutscher Imkerbund e.V., 100 Jahre Deutscher Imkerbund e.V. – Eine Chronik zum Jubiläum, S. 39.

45 ebenda.

46 Jakob Mentzer, Der Deutsche Imkerbund, in: Deutsche Bienenwirtschaft (1950) 2, S. 26-27, S. 27.

47 Leonhard Birklein, Zum Geleit! 1950, in: Der Imkerfreund (1950) 1, S. 1-2.

48 Leonhard Birklein, 1955 – Zum Geleit!, in: Deutsche Bienenwirtschaft (1955) 1, S. 1-2, S. 1.

49 Vgl. Gnädinger, Mit Imkern und Bienen, S. 54– 57.

50 Deutscher Imkerbund e.V., 100 Jahre Deutscher Imkerbund e.V. – Eine Chronik zum Jubiläum, S. 42.

51 ebenda, S. 44.

52 Irmgard Jung-Hoffmann, Deutscher Honig, in: Die neue Bienenzucht (2006) 10, S. 326-327, S. 327.
53 Vgl. Deutscher Imkerbund e.V., 100 Jahre Deutscher Imkerbund e.V. – Eine Chronik zum Jubiläum, S. 43.
54 Jung-Hoffmann, Deutscher Honig, S. 326.
55 Johann Spatzal, Probleme der Vertriebenen-Imker, in: Der Imkerfreund (1951) 2, S. 34-37, S. 34.
56 Johann Zerndl, Entstehen eines Flüchtlingsbienenstandes, in: Der Imkerfreund (1949) 12, S. 229.
57 Der Deutsche Imkerbund e.V., Bekanntmachung vom 20. März 1951, in: Deutsche Bienenwirtschaft (1951) 4, S. 80-81, S. 80.
58 Der Deutsche Imkerbund e.V., Bekanntmachung vom 24. Oktober 1951, in: Deutsche Bienenwirtschaft (1951) 11, S. 232-236, S. 232.
59 Karl Fleischer, Wie steht es um die heimatvertriebenen Imker?, in: Der heimatvertriebene Imker – Beilage zum „Vertriebenen-Anzeiger" (1952) 1, S. 1.
60 Getrud Rösch, Die Frau und die Biene, in: Deutsche Bienenwirtschaft (1950) 2, S. 33.
61 Else Brunner, Die Frau und die Biene, in: Deutsche Bienenwirtschaft (1950) 4, S. 66
62 E. Focke, Die Frau am Bienenstande, in: Deutsche Bienenzeitung (1949) 11, S. 162-163, S. 162,163.
63 Um Frauen gezielt für die Imkerei zu interessieren, hatte der D.I.B. das Jahr 2008 zum „Jahr der Frau in der Imkerei" ausgerufen. Quelle: Marianne Kehres, Frauen imkern, in: ADIZ/db/IF (2008) 6, S. 22.
64 Ludwig Armbruster, Nutzzüchtungsfragen um die beste Biene, in: Archiv für Bienenkunde (1948) 25, S. 1–96, zit. nach: Rückl, Ludwig Armbruster – ein von den Nationalsozialisten 1934 zwangspensionierter Bienenkundler der Berliner Universität, S. 49.
65 ebenda, S. 80.
66 ebenda, S. 76.
67 Z.B. Gottfried Goetze, Offener Brief: Herrn Prof. Dr. L. Armbruster, Lindau (Bodensee), in: Leipziger Bienenzeitung (1949) 8, S. 140-141.
68 Ludwig Armbruster, Grenzen der Rassenzucht?, in: Archiv für Bienenkunde (1950) 27, S. 46–54, S. 46, zit. nach: Rückl, Ludwig Armbruster – ein von den Nationalsozialisten 1934 zwangspensionierter Bienenkundler der Berliner Universität, S. 50.
69 Goetze, Offener Brief, S. 140.
70 Karl Dreher studierte und promovierte in Marburg und lernte dort die wissenschaftliche Arbeit für Imker und Bienenwirtschaft bei Dr. Karl Freudenstein (1899–1944 vermißt) an der 1928 gegründeten „Lehr- und Versuchsanstalt für Bienenzucht beim Zoologischen Institut der Universität Marburg" kennen. Dreher war bis 1937 als Hilfsassistent in Marburg tätig, ging dann zum Bieneninstitut nach Celle zu Prof. Dr. Albert Koch (1890–1968) und kehrte 1939 nach Marburg zurück, wo er nach der Einberufung von Freudenstein zur Wehrmacht die Leitung der Anstalt vertretungsweise übernahm. 1941 wurde Dreher ebenfalls zur Wehrmacht einberufen und kam 1945 nach Marburg zurück. 1950 übernahm er die Leitung der „Bienenwirtschaftlichen Versuchsstation" des Kurhessischen Verbandes, bis er schließlich 1954 bis 1974 Leiter der Landesanstalt für Bienenzucht in Mayen wurde. 1974 wurde er zum Ehrenimkermeister des Deutschen Imkerbundes ernannt. Quelle: Schwärzel, Durch sie wurden wir, S. 48-49.
71 Irmgard Jung-Hoffmann, Königinnenzucht, in: Die neue Bienenzucht (2006) 8, S. 257-258.
72 Karl Dreher, Der Begriff „Rasse" in der Bienenzucht, in: Leipziger Bienenzeitung (1950) 12, S. 258-259.

73 Rückl, Ludwig Armbruster – ein von den Nationalsozialisten 1934 zwangspensionierter Bienenkundler der Berliner Universität, S. 51.
74 Karl Dreher, 30.12.1909 Biedenkopf bis 20.08.2001 Biedenkof, NSDAP-Mitgliedsnummer 2401444, Eintritt zum 1. Mai 1933, Ortsgruppe Celle; zit. nach: ebenda, S. 51-52.
75 Karl Dreher, Prof. Dr. phil. nat. Ludwig Armbruster zum Gedächtnis, in: Die Biene (1973) 8, S. 228-229, S. 229.
76 ebenda, S. 228-229.
77 Schwärzel, Durch sie wurden wir, S. 49.
78 Karl Dreher, Wo steht die Bienenzüchtung?, in: Leipziger Bienenzeitung (1948) 6, S. 92-93.
79 ebenda, S. 92.
80 Karl Dreher, Der Schrei nach Königinnen, in: Die Hessische Biene (1948) 9, S. 73.
81 Dreher, Wo steht die Bienenzüchtung?.
82 Niko Koeniger, Das Bieneninstitut Kirchhain, eine wichtige Stimme im Chor der internationalen wissenschaftlichen Forschung über Honigbienen und Bienenhaltung, in: Hessisches Dienstleistungszentrum für Landwirtschaft, Gartenbau und Naturschutz (Hrsg.), 75 Jahre Bieneninstitut Kirchhain, Kirchhain 2003, S. 19-22, S. 20.
83 Vgl. Irmgard Jung-Hoffmann, Friedrich Ruttner, in: Die neue Bienenzucht (2004) 11, S. 351-352.
84 Theodor Kraege/Wolfgang Fahr, Bienenzuchtordnung, in: Die Hessische Biene (1948) 7, S. 61-62.
85 ebenda, S. 61.
86 Unter der Alpenländischen Rasse (A) versteht man die geographische Variabilität „Nigra" (Schwarze Biene) innerhalb von Apis mellifera mellifera: Apis mellifera mellifera nigra.
87 ebenda, S. 62.
88 Deutscher Imkerbund e.V., Richtlinien für das Zuchtwesen des Deutschen Imkerbundes, in: Deutsche Bienenwirtschaft (1950) 4, S. 75-78, S. 75.
89 Bienefeld, Vergangenheit, Gegenwart und Zukunft der Bienenzüchtung in Deutschland, S. 12.
90 Kai-Michael Engfer, Die Dunkle Biene Mitteleuropas, in: Die neue Bienenzucht (2009) 4, S. 115-117; siehe beispielsweise auch: „Die Dunkle Biene", http://www.nordbiene.de, 1.2.2019.
91 Rückl, Ludwig Armbruster – ein von den Nationalsozialisten 1934 zwangspensionierter Bienenkundler der Berliner Universität, S. 50.
92 ebenda.
93 Bruder Adam kreuzte zunächst die „Dunkle Biene" mit der „Italienischen Biene" mit dem Ziel einer widerstandsfähigen, fleißigen, friedlichen und schwarmträgen Bienenrasse. Später begann er mit der systematischen Einkreuzung von zahlreichen anderen Bienenrassen. Zur „Buckfast-Biene" gibt es in Deutschland Buckfast-Landesverbände und Buckfast-Züchter.
94 Deutscher Imkerbund e.V., Richtlinien für das Zuchtwesen des Deutschen Imkerbundes (ZRL), Stand: 2017, http://deutscherimkerbund.de/userfiles/Wissenschaft_Forschung_Zucht/Zuchtrichtlinien_06_2017_docx.pdf 19.8.2017, 2. Zuchtmaterial, 17.10.2018.
95 ebenda, 18.8.2017.
96 Peter Maske, Zur Lage der Bienenhaltung in Deutschland – Eröffnungsrede anlässlich des Deutschen Imkertages am 11.10.2015, http://deutscherimkerbund.de/userfiles/Ver-

anstaltungen/Deutscher_Imkertag_2015/Bienenhaltung_in_Deutschland_10_2015_PF.pdf, 17.10.2018.

97 Wolfgang Rössler, Bienenschutz mit rassischen Untertönen, https://www.nzz.ch/bienenschutz-mit-rassischen-untertoenen-ld.1295092, 17.10.2018.

98 Vgl. Gabriele Soland, Morphometrie versus Genetik zur Rassenbeschreibung der Honigbiene, in: Schweizerische Bienen-Zeitung (2016) 3, S. 13-16.

99 Vgl. Bienefeld, Vergangenheit, Gegenwart und Zukunft der Bienenzüchtung in Deutschland, S. 12. Siehe z.B. auch: Gudrun Koeniger, Nikolaus Koeniger und Friedrich-Karl Tiesler, Paarungsbiologie und Paarungskontrolle bei der Honigbiene, Herten, 2014.

100 Vgl. Deutscher Imkerbund e.V., 100 Jahre Deutscher Imkerbund e.V., S. 49-52.

101 Vgl. ebenda, S. 52-53.

102 Vgl. ebenda, S. 54-55.

103 Vgl. Peter Rosenkranz/ Pia Aumeier/ Bettina Ziegelmann, Biology and control of Varroa destructor, in: Journal of Invertebrate Pathology (2010) 103, S. 96-119, S. 96-97.

104 Vgl. ebenda, S. 101.

105 Vgl. ebenda, S. 97.

106 Hans Ruttner, Die Milbe Varroa jacobsoni Oudem., ein neuer Bienenparasit, in: Anz. Schädlingskde., Pflanzenschutz, Umweltschutz (1977) 50, S. 165-169, S. 166.

107 ebenda.

108 ebenda.

109 Fridolin Gnädinger, Die Imkerorganisation und Professor Dr. Dr. Friedrich Ruttner, in: Apidologie (1984) 15, S. 91-98, S. 94-95.

110 Friedrich Ruttner/ Wolfgang Ritter, Das Eindringen von Varroa jacobsoni nach Europa im Rückblick, in: Allgemeine Deutsche Imkerzeitung (1980) 5, S. 130-134, S. 130.

111 ebenda.

112 Vgl. Eva Rademacher/ Erika Geisler, Die Varroatose der Bienen – Geschichte – Diagnose – Therapie, Berlin, 1984, S. 11-13.

113 Jens Radtke, Einfluss der Brutentnahme bei der Honigbiene auf ihre Leistung und Varroa-Parasitierung, Berlin, 2012, S. 1.

114 Hans Oschmann, Geschichte der Imkerei und der Imkerorganisationen, in: Rudolf Bährmann/Waldemar Bloedorn/Herbert Dallmann/Paul Euthin/Kurt Fritzsch/Kurt Füchsel/Hans-Ulrich Fuchs/Herwig Kettner/Grete Meyerhoff/Gustav-Adolf Oeser/Hans Oschmann/Günter Pritsch/Liselotte Seifert/Gerty Strödel/Kurt Welker (Hrsg.), Imkerliche Fachkunde, Berlin, 1966, 1. Aufl., S. 111-134, S. 130.

115 Vgl. ebenda, S. 130-134.

116 Vgl. Hans-Joachim Flügel, Geschichte der Imkerei in der DDR, in: Abhandlungen und Berichte aus dem Lebendigen Bienenmuseum in Knüllwald (2006) 1, S. 5-13, S. 7.

117 Vgl. Irmgard Jung-Hoffmann, Vom „D.I.B.-Ost“ und „VKSK“, in: Die neue Bienenzucht (2006) 9, S. 294-295, S. 295.

118 Cl. Seifert, Der Wirtschaftsplan 1949–50, in: Der Imker (1948) 9, S. 169-171, S. 171.

119 Auferstanden!, in: Leipziger Bienenzeitung (1947) 3, S. 33.

120 Scholz, Zum Licht!, in: Ostdeutsche Bienenzeitung (1944) 3, S. 17.

121 Hans-Joachim Flügel, Geschichte der Imkerei in der DDR, S. 7.

122 Adolf Alberti, Die Bienenzucht im Blätterstock, einer bestens eingerichteten, die Vorteile der Berlepschbeute und des Bogenstülpers vereinigenden Bienenwohnung mit Mobilbau, nebst Anleitung zur Anfertigung derselben aus Holz und Stroh, und mit Berücksichtigung des rationellen Korbbetriebs, Wiesbaden, 1887, S. 85.

123 ebenda, S. 84-150.

124 Adolf Alberti, Leitfaden einträglichster Bienenzucht im Breitwaben-Blätterstock, Dasbach bei Idstein im Taunus, 1913.
125 ebenda, S. 10.
126 Anmerkung: Otto Alberti (1869–1940), Sohn von Adolf Alberti, gründete 1893 eine Firma, die die „Alberti-Beute" im deutschsprachigen Raum verbreitete. In Mainz hat der Imker Franz Botens 1997 den „Alberti-Blätterstock" für das weltweit verbreitete Rähmchenmaß „Dadant" erfolgreich umgebaut. Quelle: Imkerverband Rheinland-Pfalz e.V. (Franz Botens), Imkern für die Welt – Revolutionäre Ideen aus Rheinland-Pfalz, Flyer, 2017.
127 Jens Radtke, 20 Jahre Mauerfall: Imkerei in der DDR, in: Deutsches Bienen-Journal (2009) 11, S. 30-31, S. 30.
128 ebenda, S. 8.
129 Jost H. Dustmann; Die Öffnung der Mauer – ein zukunftsorientierter Tag – auch für den Honigbeirat, in: Deutscher Imkerbund e.V., 25 Jahre gemeinsam für Bienen- und Naturschutz, in: Sonderausgabe D.I.B. Aktuell (2015), S. 21-22.
130 Vgl. Hans-Joachim Flügel, Geschichte der Imkerei in der DDR, S. 8.
131 ebenda.
132 Vgl. Varroa jetzt auch in der DDR, in: Die Biene (1980) 8, S. 345.
133 Irmgard Jung-Hoffmann, Grete Meyerhoff, in: Die neue Bienenzucht (2004) 12, S. 385-386, S. 385.
134 ebenda.
135 Rudolf Richter, Imker im KZ-Lager Auschwitz, in: Der Imkerfreund (1946) 12, S. 110.
136 Hans Zander, Lyssenko und die Bienenzucht, in: Der Imker (1949) 3, S. 51-52, S. 63.
137 G. Dießner, Mitschurin – Lyssenko – und der deutsche Züchter, in: Leipziger Bienenzeitung (1949) 11, S. 191.
138 Auslands-Schrifttum, in: Leipziger Bienenzeitung (1949) 2, S. 29-30, S. 29.
139 Wilhelm Harney, Sind erworbene Eigenschaften vererbbar?, in: Deutsche Bienenzeitung (1948) 11, S. 165-167.
140 Friedrich Ziebarth, Sind erworbene Eigenschaften vererbbar?, in: Deutsche Bienenzeitung (1949) 1, S. 5-7.
141 Karl Mollnau, Biologische Forschung und Rassebienenzucht, in: Leipziger Bienenzeitung (1950) 11, S. 225-226, S. 226.
142 Trofim D. Lyssenko, Die Situation in der biologischen Wissenschaft, in: T. D. Lyssenko (Hrsg.), Agrobiologie. Arbeiten über Fragen der Genetik, der Züchtung und des Samenbaus, Berlin, 1951, S. 508-549.
143 Nach dem Ende des Zweiten Weltkriegs wurde Hans Stubbe 1945 Direktor des „Instituts für Kulturpflanzenforschung" in Gatersleben, das zunächst zur Universität Halle-Wittenberg und ab 1948 zur Forschungsgemeinschaft der Deutschen Akademie der Landwirtschaftswissenschaften in Berlin gehörte, aus der die Akademie der Wissenschaften der DDR hervorging. Aus dem Institut entstand 1969 das Zentralinstitut für Genetik und Kulturpflanzenforschung und nach der deutschen Wiedervereinigung das Leibniz-Institut für Pflanzengenetik und Kulturpflanzenforschung.
144 Vgl. Reinhard Mocek, Naturwissenschaft und Philosophie in der DDR – ein Balanceakt zwischen Ideologie und Kognition, in: Karin Weisemann/Peter Kröner/Richard Toellner (Hrsg.), Wissenschaft und Politik – Genetik und Humangenetik in der DDR (1949–1989). Naturwissenschaft – Philosophie – Geschichte, Bd. 1, Münster, 1997, S. 97-115, S. 106.
145 Vgl. Jörg Schulz, Gatersleben im Spannungsfeld zwischen internationaler Genetik-Forschung, offziell vorgegebenen Forschungsrichtungen und politischen Einflüssen,

in: Karin Weisemann/Peter Kröner/Richard Toellner (Hrsg.), Wissenschaft und Politik – Genetik und Humangenetik in der DDR (1949–1989). Naturwissenschaft – Philosophie – Geschichte, Bd. 1, Münster, 1997, S. 49-95, S. 52.

146 Johannes Siemens, Lyssenkoismus in Deutschland (1945–1965), in: Biologie in unserer Zeit (1997) 4, S. 255-262, S. 256.

147 ebenda.

148 ebenda, S. 257.

149 ebenda.

150 E. Thomas, Philosophisch-methodologische Probleme der Molekulargenetik, Jena, 1966.

151 Siemens, Lyssenkoismus in Deutschland (1945–1965), S. 259.

152 Deutscher Imkerbund e.V., 25 Jahre gemeinsam für Bienen- und Naturschutz, Sonderausgabe D.I.B. Aktuell, Wachtberg, 2015.

153 Irmgard Jung-Hoffmann, Von 1990 bis 2000, in: Die neue Bienenzucht (2007) 1, S. 5.

154 zit. nach ebenda, S. 5.

155 Vgl. Hans-Joachim Flügel, Geschichte der Imkerei in der DDR, S. 12.

156 Irmgard Jung Hoffmann, Von 1990 bis 2000, S. 5.

157 Jürgen Löwer, Die Situation 1990, in: Deutscher Imkerbund e.V., 25 Jahre gemeinsam für Bienen- und Naturschutz, Sonderausgabe D.I.B. Aktuell, Wachtberg, 2015, S. 6-11, S. 11.

158 Deutscher Imkerbund e.V., 25 Jahre gemeinsam für Bienen- und Naturschutz, S. 4, Vorwort (Peter Maske).

159 Vgl. Deutscher Imkerbund e.V., 100 Jahre Deutscher Imkerbund e.V., S. 64.

160 Vgl. Deutscher Imkerbund e.V., Jahresbericht 2016/2017, Wachtberg, 2017, S. 132.

161 Vgl. ebenda, S. 74.

162 Deutscher Imkerbund e.V., 90 Jahre flüssiges Gold 1925–2015 – Jahresbericht 2015/2016 des D.I.B., Wachtberg, 2016.

163 Deutscher Imkerbund e.V., Der D.I.B. stellt sich vor – Unsere Positionen, http://honigmarkt.info/index.php?unsere-positionen, 17.10.2018.

164 Deutscher Imkerbund e.V., D.I.B. macht weitere Vorschläge zur Gemeinsamen Agrarpolitik nach 2020, Wachtberg, 25.9.2018; s. auch: Der Deutsche Imkerbund e.V. zur Verbesserung der Gemeinsamen Agrarpolitik, Wachtberg, Januar 2018; Positionspapier zur Gemeinsamen Agrarpolitik nach 2020, Wachtberg, Januar 2018.

165 Vgl. Bienensterben, Wikipedia, https://de.wikipedia.org/wiki/Bienensterben, 4.10.2018. „Diese Ansicht wird auch in bekannten Filmen wie Vanishing oft he Bees (2009), Das Geheimnis des Bienensterbens (2010) und More than Honey (2012) vermittelt."

166 Robin F. Moritz, Die Ursachen des weltweiten Bienensterbens, in: Rundgespräche der Kommission für Ökologie, Bd. 43, Soziale Insekten in einer sich wandelnden Welt, München, 2014, S. 87-94, S. 87.

167 Vgl. ebenda, S. 88.

168 Vgl. ebenda.

169 Vgl. Cornelis Hemmer/Corinna Hölzer, Wir tun was für Bienen, Stuttgart, 2017, S. 113.

170 Rüdiger Bässler, Das tödliche Geheimnis der rosa Wolken, DIE ZEIT Nr. 22, 21.5.2008, Quelle: https://www.zeit.de/2008/22/Bienensterben, 17.10.2018.

171 Vgl. Robin F. Moritz, Die Ursachen des weltweiten Bienensterbens, S. 90.

172 Deutscher Imkerbund e.V., Pflanzenschutzmittel und Bienenhaltung, Wachtberg, Januar 2018.

173 Vgl. Deutscher Imkerbund e.V., Amerikanische Studie bringt möglicherweise neue Erkenntnisse zu Glyphosat, Wachtberg, 25.9.2018.

174 Deutscher Imkerbund e.V., Jahresbericht 2016/2017, S. 125.

175 Deutscher Imkerbund e.V., Deutscher Imkerbund e.V. fordert ein rechtssicheres GVO-Anbauverbot in Deutschland und keinen „Flickenteppich", Wachtberg, Januar 2018.
176 Deutscher Imkerbund e.V., Bienenwachs – Ein unterschätztes Bienenprodukt, Wachtberg, Januar 2018.
177 Sebastian Spiewok, Unklar wie Wachs, Deutsches Bienenjournal, Fachberichte, 30.5.2018, Quelle: https://www.bienenjournal.de/fachberichte/wachsskandal/unklar-wie-wachs/, 17.10.2018.
178 Gerhard Bühler, Für das Trinkwasser besteht keine Gefahr, in: Rhein-Neckar-Zeitung, Nr. 234, 10.10.2018, S. 9; Gerhard Bühler, Fünf Imker mussten ihren Honig vernichten, in: Rhein-Neckar-Zeitung, Nr. 236, 12.10.2018, S. 7.
179 Statista, Erzeugung von Honig in Deutschland in den Jahren 2008 bis 2017 (in 1.000 Tonnen), https://de.statista.com/statistik/daten/studie/206835/umfrage/erzeugung-und-verbrauch-von-honig-in-deutschland/, 19.10.2018.
180 Statista, Pro-Kopf-Konsum von Honig in Deutschland in den Jahren 2008 bis 2017 (in Gramm), https://de.statista.com/statistik/daten/studie/422472/umfrage/pro-kopf-konsum-von-honig-in-deutschland/19.10.2018.
181 Deutscher Imkerbund e.V., Jahresbericht 2017/2018, S. 103-104.
182 Vgl. Cornelis Hemmer/Corinna Hölzer, Wir tun was für Bienen, S. 113-114.
183 Deutscher Imkerbund e.V., Jahresbericht 2017/2018, S. 105-107.
184 Deutscher Imkerbund e.V., Jahresbericht 2016/2017, S. 9.
185 Deutscher Imkerbund e.V., Richtlinien für das Zuchtwesen des Deutschen Imkerbundes (ZRL), 3. Zuchtmaterial, Stand: 2017.
186 Gemeinschaft der europäischen Buckfastimker e.V., https://gdeb.eu, 17.10.2018.
187 Zuchtverband Dunkle Biene Deutschland, https://www.dunkle-biene.com/, 17.10.2018.
188 Gunter Willinger, Die Dunklen Bienen fliegen wieder, Spektrum.de, https://www.spektrum.de/news/die-dunklen-bienen-fliegen-wieder/, 17.10.2018.
189 ebenda.
190 ebenda.
191 Mellifera e.V., https://www.mellifera.de/verein/, 17.10.2018.
192 Mellifera e.V., https://www.mellifera.de/ueber-uns/was-ist-wesensgemaesse-bienenhaltung.html, 17.10.2018.

10 Imkerei – ein neuer Boom?

1 Vgl. Deutscher Imkerbund e.V., Jahresbericht 2017/2018, Wachtberg, 13.10.2018, S. 8.
2 ebenda, S. 3.
3 ebenda, S. 8-9.
4 ebenda, S. 9-11, 100.
5 ebenda, S. 11.
6 Vgl. ebenda.
7 Erhard Maria Klein, urban beekeeping: Bienen halten in der Stadt – Imkern als trendiges Hobby junger Leute in der Stadt, https://www.bienenkiste.de/urban-beekeeping/index.html, 19.10.2018.
8 Markus Brauer, Immer mehr Imker in Baden-Württemberg, Stuttgarter Zeitung, 15.1.2018, https://www.stuttgarter-zeitung.de/inhalt.gute-nachricht-fuer-honigbienen-immer-mehr-imker-in-baden-wuerttemberg.e14e1b54-1451-4040-add6-b48ab3d2aa84.html, 19.10.2018.

9 Christa Müller, Urbane Agrarkultur und neue Substanz, https://sozialeoekonomie.org/wp-content/uploads/wissensgrundlagen/Urbane-Agrarkultur-und-neue-Subsistenz_Christa-M%C3%BCller.pdf, 19.10.2018.

10 Flotte Bienen schwärmen für Paris, Neue Zürcher Zeitung, 9.6.2009, https://www.nzz.ch/flotte_bienen_schwaermen_fuer_paris-1.2703517, 10.10.2018.

11 Helge Sobik, Honig von den Hochhäusern, Fokus online, 12.9.2007, https://www.focus.de/reisen/usa/tid-7337/new-york_aid_131949.html, 19.10.2018.

12 Annette Kuhn, In Berlin leben die Bienenvölker auf dem Hoteldach, Berliner Morgenpost, 7.7.2013, https://www.morgenpost.de/berlin-aktuell/article117796816/In-Berlin-leben-die-Bienenvoelker-auf-dem-Hoteldach.html, 19.10.2018.

13 Sebastian Spiewok, Über die Verlagsbienen, Deutsches Bienenjournal, 12.6.2014, https://www.bienenjournal.de/die-verlagsbienen/ueber-die-verlagsbienen/, 19.10.2018.

14 Annika Lasarzik, Goldene Zeiten, Zeit Online, 25.7.2018, https://www.zeit.de/2018/31/imker-hobby-honig-hamburg, 19.10.2018.

15 Vgl. Georg Petrausch, Imkern in der Stadt, Stuttgart, 2011, S. 9-11.

16 Berlin summt!, https://berlin.deutschland-summt.de/home-berlin.html, 19.10.2018.

17 Deutschland summt, https://www.deutschland-summt.de/home.html, 19.10.2018; s. auch: Cornelis Hemmer/Corinna Hölzer, Wir tun was für Bienen, Stuttgart, 2017.

18 Imker, Stadtimkerei, Wikipedia, https://de.wikipedia.org/wiki/Imker, 19.10.2018.

19 Vgl. Katharina Finke, Bienenschwärmerei, der Freitag, 26.7.2011, https://www.freitag.de/autoren/der-freitag/bienenschwarmerei, 19.10.2018.

20 Kretschmann lässt Bienen für sich arbeiten, Stuttgarter Zeitung.de, 4.10.2011, https://www.stuttgarter-zeitung.de/inhalt.regierungshonig-kretschmann-laesst-bienen-fuer-sich-arbeiten.3ce60dc2-0abe-4d60-8b6a-0cedbdc29db7.html, 19.10.2018.

21 Markus Brauer, Immer mehr Imker in Baden-Württemberg, Die Zahl der Imker steigt, Stuttgarter Zeitung, 15.1.2018, https://www.stuttgarter-zeitung.de/inhalt.gute-nachricht-fuer-honigbienen-immer-mehr-imker-in-baden-wuerttemberg.e14e1b54-1451-4040-add6-b48ab3d2aa84.html, 19.10.2018.

22 Vgl. Marc-Wilhelm Kohfink, Bienen halten in der Stadt, Stuttgart, 2010, S. 4-6.

23 ebenda, S. 4.

24 Frühtrachternte 2018 – Ergebnisse der Umfrage des Fachzentrums Bienen und Imkerei (FBI) Mayen, Bienen@Imkerei (2018) 17, S. 4-5.

25 Deutscher Imkerbund e.V., Bienen als Bestäuber, https://deutscherimkerbund.de/163-Bienen_Bestaeubung_Zahlen_die_zaehlen, 19.10.2018.

26 Deutscher Imkerbund e.V., Jahresbericht 2016/2017, S. 19.

27 Deutscher Imkerbund e.V., Jahresbericht 2017/2018, S. 8.

28 Imkerboom: Zu viele Bienen in der Stadt, Gespräch mit Melanie von Orlow, Sprecherin der NABU-Bundesarbeitsgruppe Hymenoptera und Vorsitzende des Imkervereins Reinickendorf-Mitte, 4.3.2016, https://www.deutschlandfunknova.de/beitrag/imkern-zu-viele-bienen-in-deutschen-staedten, 19.10.2018.

29 Vgl. Cornelis Hemmer/Corinna Hölzer, Wir tun was für Bienen, S. 64.

30 Vgl. Redaktion Pflanzenforschung.de, Unterschätzte Wildbienen – Artenvielfalt sichert landwirtschaftliche Erträge, 8.3.2013, https://www.pflanzenforschung.de/de/journal/journalbeitrage/unterschaetzte-wildbienen-artenvielfalt-sichert-landwir-2232, 19.10.2018.

31 Vgl. Cornelis Hemmer/Corinna Hölzer, Wir tun was für Bienen, S. 75.

32 Vgl. Cornelis Hemmer/Corinna Hölzer, Wir tun was für Bienen, S. 79.

33 Vgl. Christa Müller, Urbane Agrarkultur und neue Substanz.

34 Vgl. Cornelis Hemmer/Corinna Hölzer, Wir tun was für Bienen, S. 78.

35 Arbeitsgemeinschaft der Institute für Bienenforschung e.V., Stellungnahme der Arbeitsgemeinschaft der Institute für Bienenforschung e.V. zur Konkurrenz zwischen Wildbienen und Honigbienen anlässlich des Positionspapiers des Institutes für Naturkunde aus dem Südwesten (2018/1) mit dem Titel „Wildbienen first" von Ronald Burger, Mai 2018, S. 1, https://deutscherimkerbund.de/userfiles/Wissenschaft_Forschung_Zucht/Stellungnahme_AG_Konkurrenz_Wild-_und_Honigbienen.pdf, 31.10.2018.

36 A.-M. Klein/V. Boreux/F. Fornoff/A.-C. Mupepele/G. Pufal, Relevance of wild and managed bees for human well-being, Current Opinion in Insect Science, 2018; zit. nach: Arbeitsgemeinschaft der Institute für Bienenforschung e.V., Stellungnahme, Mai 2018, S. 1.

37 Arbeitsgemeinschaft der Institute für Bienenforschung e.V., Stellungnahme, Mai 2018, S. 1.

38 L. A. Garibaldi/I. Steffan-Dewenter/R. Winfree/M. A. Aizen/R. Bommarco/ S.A. Cunningham et al., Wild pollinators enhance fruit set of crops regardless of honey bee abundance, Science (2013) 339 (6127), S. 1608-1611; R. F. Moritz/ S. Härtel/P. Neumann, Global invasions of the western honeybee (Apis mellifera) and the consequences for biodiversity, Ecoscience (2005) 12 (3), S. 289-301; zit. nach: Arbeitsgemeinschaft der Institute für Bienenforschung e.V., Stellungnahme, Mai 2018, S. 2.

39 Arbeitsgemeinschaft der Institute für Bienenforschung e.V., Stellungnahme, Mai 2018, S. 2-3.

Verzeichnis der Abbildungen

Abbildungsnachweis:

Abb. 1 bis 35, 38, 40: Bildarchiv des Autors.
Abb. 36, 37: Deutscher Bauernverlag GmbH, Berlin.
Abb. 39: Foto: Axel Hindemith, Lizenz: Creative Commons by-sa-3.0 de (https://creativecommons.org/licenses/by-sa/3.0/de/legalcode).

Archivalien und Literatur

Archivalien

Neben historischer Bienenliteratur wurden überregionale und regionale Bienenzeitschriften insbesondere des Privatwissenschaftliches Archivs Bienenkunde Landau (Univ.-Prof. Dr. Dr. hc. Hermann Stever, Dipl.-Ing. (BA) Tobias Stever, Buchfinkenstraße 2, 76829 Landau/Pfalz) ausgewertet.

Zur Lage der Bienenzüchter im Deutschen Kaiserreich vor dem Ersten Weltkrieg und während des Ersten Weltkriegs sowie zur Situation nach dem Krieg in der Weimarer Republik sowie zu den Einflüssen auf Vereine und Verbände wurden Aktenbestände im Bundesarchiv Berlin-Lichterfelde, Finckensteinallee 63, 12205 Berlin, Abteilung Deutsches Reich, ausgewertet. Zu Fragestellungen während der Phasen des Nationalsozialismus (1933–1945), der Alliierten Besatzungszonen (1945–1949), der frühen Deutschen Demokratischen Republik (ab 1949) und der frühen Bundesrepublik Deutschland (ab 1949) wurden Aktenbestände ebenfalls im Bundesarchiv ausgewertet. Zitierweise: Bundesarchiv (BArch), Bestandssignatur/Nummer des Aktenbestandes, ggf. Blattzahl. Folgende Archivalien des Bundesarchivs wurden genutzt:

BArch DK 1/3911: Ministerium für Land-, Forst- Nahrungsgüterwirtschaft (1945–1949)
BArch NS 2/70: Rasse- und Siedlungshauptamt – SS (1937–1945)
BArch NS 5-VI, 113: Deutsche Arbeitsfront – Zentralbüro, Arbeitswissenschaftliches Institut (1914–1918)
BArch NS 12/15646: Reichsverwaltung des NS-Lehrerbundes
BArch NS 18/259: Reichspropagandaleiter der NSDAP (1933–1945)
BArch NS 19/581: Persönlicher Stab Reichsführer SS (1943–1944)
BArch R 16/2229: Reichsnährstand (1933–1934)
BArch R 2/10484: Reichsfinanzministerium (1919–1945)
BArch R 3301/1202: Reichsministerium für Wiederaufbau (1919–1924)
BArch R 3101/1434: Reichswirtschaftsministerium (1918)
BArch R 3601/591: Reichsministerium für Ernährung und Landwirtschaft (1915–1917)
BArch R 3602/2053: Biologische Reichsanstalt für Land- und Forstwirtschaft (1873–1954)
BArch R 8034-II/1999: Reichslandbund-Pressearchiv (1898–1908)
BArch R 8034-III/236: Reichlandbund-Pressearchiv, Personalia (1929–1940)
BArch R 8739/194: Kriegsschmieröl GmbH (1916–1921)
BArch R 8843/111: Reichszuckerstelle (1913–1918)
BArch R 9361-V/7993, 24296, 40865: Sammlung Berlin Document Center (BDC): Reichskulturkammer
BArch (ehem. BDC) NSDAP-Zentralkartei
BArch (ehem. BDC) NSDAP-Gaukartei
BArch (ehem. BDC) NSLB (Nationalsozialistischer Lehrerbund)
BArch (ehem. BDC) RKK (Reichskulturkammer)

Im Rahmen der Studie wurden auch Realienbücher (Primarbereich und Sekundarstufe I) und Lesebücher (Primarbereich und Sekundarstufe I) der „Epoche II 1871–1918)“, der „Epoche III 1919–1932“ und der „Epoche IV 1933 –1945“ des Georg-Eckert-Instituts, Leibniz-Institut für Internationale Schulbuchforschung in Braunschweig (Celler Straße 3, 38114 Braunschweig) auf unterschiedliche Textsorten zum Thema „Biene“ ausgewertet. Die Ergebnisse werden in dieser Veröffentlichung nicht dargestellt.

Literatur

10 Jahre Einheitshonigglas, in: Deutscher Imkerführer 9 (1935) 7, S. 205-207.

5 Jahre nationalsozialistische Ernährungspolitik, in: Deutscher Imkerführer (1938) 4, S. 95.

Abwehr!, in: Deutscher Imkerführer (1938) 9, S. 244-246.

Alber, M./Jordan, R./Ruttner, F./Ruttner, H., Der Versuch von Vulcano über Paarungen der Bienenkönigin, in: Deutsche Bienenwirtschaft (1954) 9, S. 188-190.

Alber, M./Jordan, R./Ruttner, F./Ruttner, H., Von der Paarung der Honigbiene, in: Zeitschrift für Bienenforschung (1955) 3, S. 1-28.

Alberti, Adolf, Die Bienenzucht im Blätterstock, einer bestens eingerichteten, die Vorteile der Berlepschbeute und des Bogenstülpers vereinigenden Bienenwohnung mit Mobilbau, nebst Anleitung zur Anfertigung derselben aus Holz und Stroh, und mit Berücksichtigung des rationellen Korbbetriebs, Wiesbaden, 1887.

Alberti, Adolf, Leitfaden einträglichster Bienenzucht im Breitwaben-Blätterstock, Dasbach bei Idstein im Taunus, 1913.

Alley, Henry, The Bee-Keeper's Handy Book: Or Twenty-Two Years' Experience In Queen-Rearing, Wenham, Mass., 1883.

An Deutschlands Imker! – 7. Kriegsanleihe, in: Deutsche Illustrierte Bienenzeitung (1917) 11, S. 182.

Arbeitsgemeinschaft der Imker-Landesverbände und Arbeitsgemeinschaft der Institute für Bienenforschung, Wanderversammlung Deutscher Imker, in: Der Imkerfreund (1949) 6, S. 117.

Arbeitsgemeinschaft der Institute für Bienenforschung e.V., Stellungnahme der Arbeitsgemeinschaft der Institute für Bienenforschung e.V. zur Konkurrenz zwischen Wildbienen und Honigbienen anlässlich des Positionspapiers des Institutes für Naturkunde aus dem Südwesten (2018/1) mit dem Titel „Wildbienen first“ von Ronald Burger, Mai 2018, https://deutscherimkerbund.de/userfiles/Wissenschaft_Forschung_Zucht/Stellungnahme_AG_Konkurrenz_Wild-_und_Honigbienen.pdf, 31.10.2018.

Armbruster, Ludwig, Verbessert die Biene!, in: Zeitschrift für angewandte Entomologie (1917) Band IV, Heft 1, S. 151-155.

Armbruster, Ludwig, Die deutsche Bienenzucht vor dem Kriege – Statistische Untersuchungen und Anregungen zur Bienenbiologie und Bienenwirtschaft, in: Bienenwirtschaftliche Zeit- und Streitfragen (hrsg. vom Märckischen Imkerverband, Werbeausschuß), Frankfurt a. d. Oder (1918) Heft 1.

Armbruster, Ludwig, Bienenzüchtungskunde – Versuch der Anwendung wissenschaftlicher Vererbungslehren auf die Züchtung eines Nutztieres: Erster, theoretischer Teil, Leipzig, Berlin, 1919.

Armbruster, Ludwig, Die deutsche Bienenzucht nach dem Kriege, in: Leipziger Bienen-Zeitung (1919) 3, S. 34-35.

Armbruster, Ludwig, Ein preußischer Ausschuß für Bienenkunde, in: Leipziger Bienen-Zeitung (1919) 12, S. 153-154.
Armbruster, Ludwig, Sparen!, in: Leipziger Bienen-Zeitung (1919) 4, S. 47-50.
Armbruster, Ludwig, Von der Preußischen Bienenzucht im Jahre 1930, in: Leipziger Bienen-Zeitung (1932) 7, S. 174–175.
Armbruster, Ludwig, Nutzzüchtungsfragen um die beste Biene, in: Archiv für Bienenkunde (1948) 25, S. 1-96.
Armbruster, Ludwig, Grenzen der Rassenzucht?, in: Archiv für Bienenkunde (1950) 27, S. 46-54.
Armbruster, Ludwig, Zur Mehrfachbegattung der Weisel, in: Archiv für Bienenkunde (1953) 2. Halbjahresheft, S. 78-83.
Armbruster, Ludwig, Rückschau, Lebenserinnerungen, Lindau, 1958.
Armbruster, Ludwig/Oenike, G., Die Pollenformen als Mittel zur Honigherkunfstbestimmung, Neumünster in Holstein, 1929.
Arndt, F., Aufruf an die werten Imkerkollegen!, in: Deutsche Illustrierte Bienenzeitung (1915) 5, S. 100.
Auch die Frau als Helferin im Lebenskampfe unseres Volkes, in: Deutscher Imkerführer (1941) 3, S. 37-39.
Auch ein Opfer polnischen Hasses!, in: Die Bayerische Biene (1939) 9, S. 217.
Auferstanden!, in: Leipziger Bienenzeitung (1947) 3, S. 33.
Aus dem deutschen Imkerbunde, in: Leipziger Bienen-Zeitung (1933) 11, S. 305-306.
Auslands-Schrifttum, in: Leipziger Bienenzeitung (1949) 2, S. 29-30.
Ausschlüsse aus der Reichsfachgruppe Imker 1936, in: Deutscher Imkerführer (1937) 13, S. 430.
Ayass, Kathrin, Hört das Summen der Bienen, in: VielPfalz (2017) 3, S. 14-23.
Backe, Herbert, Aufruf an das deutsche Landvolk, in: Deutscher Imkerführer (1944) 10, S. 145.
Bässler, Rüdiger, Das tödliche Geheimnis der rosa Wolken, DIE ZEIT Nr. 22, 21.5.2008, Quelle: https://www.zeit.de/2008/22/Bienensterben, 17.10.2018.
Baltruschat, Einfacher Mobilbetrieb im „Burschenstock“, in: Leipziger Bienen-Zeitung (1905) 8, S. 119-121.
Bamberger, Guido, Aufbau der Imkerorganisation in der britischen Zone, in: Der Imkerfreund (1946) 12, S. 110.
Bamberger, Guido (Schriftleiter), Sachregister 1. Jahrgang 1946, in: Der Imkerfreund (1946) 12, nach Seite 112 (2 Seiten).
Bäumer, Änne, NS-Biologie, Stuttgart, 1990.
Bäumer-Schleinkofer, Änne, NS-Biologie und Schule, Frankfurt am Main, Berlin, Bern, New York, Paris, Wien, 1992.
Bayerische Landesanstalt für Weinbau und Gartenbau, Fachzentrum Bienen, Veitshöchheim, Geschichte, https://www.lwg.bayern.de/bienen/087833/index.php, 1.2.2019.
Becker, L., Die Biene als Volk und Familie, in: Leipziger Bienen-Zeitung (1933) 8, S. 207-208.
Becker-Lamers, Cornelie, „Einheit, Reinheit, Brüderlichkeit“, http://www.becker-lamers.de/wissenschaftliche-arbeiten-publikationen/einheit-reinheit-bruederlichkeit/, 17.10.2018.
Bederke, Arno, Kalenderblatt: Januar 2004, in: Die neue Bienenzucht (2004) 1, S. 11.
Bergmann, Ernst, Der Auslandhonig und die deutsche Volksseele, in: Leipziger Bienen-Zeitung (1929) 5, S. 97-99.
Bericht über die vom 10.–13. Septbr. 1878 in Greifswald abgehaltene XXIII. Wanderversammlung deutscher und österreichischer Bienenwirthe, in: Bienenzeitung (1878) 20 u. 21, 22 u. 23, 24, S. 225-268, 269-314, 315-324.

Bericht über die XXV. Wanderversammlung deutscher und österreichischer Bienenwirthe in Cöln a. Rh. vom 5. bis. 9. September 1880, in: Bienenzeitung (1880) 20, 21, 22, 23, 24, S. 229-240, 241-252, 253-264, 265-276, 277-281.

Berlepsch Baron von, August, Die Biene und die Bienenzucht in honigarmen Gegenden nach dem gegenwärtigen Standpunct der Theorie und Praxis, Mühlhausen (Thüringen), 1860.

Berlin summt!, https://berlin.deutschland-summt.de/home-berlin.html, 19.10.2018.

Berner, Charlotte, Die deutsche Bienenzucht und die nationalsozialistische Frau, in: Uns' Immen (1936) 6, S. 153-154.

Beßler, J. G., Geschichte der Bienenzucht – Ein Beitrag zur Kulturgeschichte, Ludwigsburg, 1885.

Beßler, J. G., Illustriertes Lehrbuch der Bienenzucht, Stuttgart, 1896, 2. Aufl.

Bienefeld, Kaspar, Vergangenheit, Gegenwart und Zukunft der Bienenzüchtung in Deutschland, in: umweltjournal (2015) 58, S. 12-14.

Bienenlieferung an den Feindbund, in: Bienenwirtschaftliches Centralblatt (1921) 12, S. 145.

Bienensterben, Wikipedia, https://de.wikipedia.org/wiki/Bienensterben, 4.10.2018.

Bienenvölker auch in die Sommerölfrüchte!, in: Deutscher Imkerführer (Auf Kriegsdauer vereinigt mit „Deutsche Bienenwirtschaft") (1945) (März 1945) 12, S. 117.

Bienenzucht-Lehrkurse für Kriegsbeschädigte in der Provinz Westfalen, in: Leipziger Bienen-Zeitung (1917) 1, S. 12-13.

Birklein, Leonhard, Die Honigaktion 1942, in: Die Bayerische Biene (1942) 7, S. 97.

Birklein, Leonhard, 30. Januar 1933 – 30. Januar 1943, in: Die Bayerische Biene (1943) 2, S. 17-19.

Birklein, Leonhard, 100 Jahre Bienenzucht, in: Leipziger Bienenzeitung (1949) 8, S. 143.

Birklein, Leonhard, Zum Geleit! 1950, in: Der Imkerfreund (1950) 1, S. 1-2.

Birklein, Leonhard, 1955 – Zum Geleit!, in: Deutsche Bienenwirtschaft (1955) 1, S. 1-2.

Böhme, G., Die Bienen und die Frauen, in: Deutsche Illustrierte Bienenzeitung (1914) 1, S. 8-13.

Bohnenstengel, A., Der Deutsche Imkerbund: Sein Werden, Wachsen und Wirken, Berlin, 1932.

Böhse, Der Einfluß des Krieges auf die Bienenzucht, in: Leipziger Bienen-Zeitung (1918) 3, 4, 5, S. 30-31, 38-40, 47-48.

Brauer, Markus, Immer mehr Imker in Baden-Württemberg, Stuttgarter Zeitung, 15.1.2018, https://www.stuttgarter-zeitung.de/inhalt.gute-nachricht-fuer-honigbienen-immer-mehr-imker-in-baden-wuerttemberg.e14e1b54-1451-4040-add6-b48ab3d2aa84.html, 19.10.2018.

Braun, Friedrich, Aus deutschen Bienenzeitungen, in: Die Biene (1929) 12, S. 356.

Braun, Friedrich, Ludwig Runk, in: Die Biene (1933) 11, S. 322-223.

Brechtken, Magnus, Die nationalsozialistische Herrschaft 1933–1939, Darmstadt, 2012, 2. Aufl.

Breiholz, Die Lage ist ernst, wir rüsten zum Kampf, in: Leipziger Bienen-Zeitung (1925) 6, S. 125-127.

Breiholz, Entschließung des Deutschen Imkerbundes auf dem Deutschen Imkertage in Ulm am 2. August 1926, in: Leipziger Bienen-Zeitung (1926) 10, S. 219.

Breiholz, D., Zum Einheits-Honigglas, in: Leipziger Bienen-Zeitung (1916) 10/11, S. 153-156.

Breiholz, Detlef, Achtung!, in: Leipziger Bienen-Zeitung (1926) 2, S. 25-26.

Breuer, Stefan, Die Völkischen in Deutschland: Kaiserreich und Weimarer Republik, Darmstadt, 2010, 2. Aufl.

Brunner, Else, Die Frau und die Biene, in: Deutsche Bienenwirtschaft (1950) 4, S. 66.

Bühler, Gerhard, Für das Trinkwasser besteht keine Gefahr, in: Rhein-Neckar-Zeitung, Nr. 234, 10.10.2018, S. 9.
Bühler, Gerhard, Fünf Imker mussten ihren Honig vernichten, in: Rhein-Neckar-Zeitung, Nr. 236, 12.10.2018, S. 7.
Butze, M., Meine imkerliche Tätigkeit als Kriegsblinder, in: Ostdeutsche Bienenzeitung (früher: Leipziger Bienenzeitung) (1943) 11, S. 134-135.
Calamé, Rud., Gedanken am Bienenstande, in: Deutscher Imkerführer 16 (1942) 4, S. 43.
Carl, Walter, Einiges über die Bienenzucht in Rußland, in: Die Deutsche Bienenzucht in Theorie und Praxis (1916) 9, S. 154-156.
Cassirer, Ernst, Wesen und Wirken des Symbolbegriffs, Darmstadt, 1969.
Claeßens, Elisabeth, Die Imkerin in der Organisation, in: Deutscher Imkerführer (1940) 8, S. 118-119.
Corni, Gustavo, Richard Walther Darré – Der ‚Blut-und-Boden'-Ideologe, in: Ronald Smelser/Rainer Zitelmann (Hrsg.), Die braune Elite I. 22 biographische Skizzen, Darmstadt, 1994, 3. Aufl., S. 15-27.
Crane, Eva, The World History of Beekeeping and Honey Hunting, New York, London, 1999.
Das Buch ein Schwert des Geistes, in: Deutscher Imkerführer (1935) 10, S. 285-290.
Das Gesicht des deutschen Bienenstandes!, in: Leipziger Bienenzeitung (1942) 2, S. 19.
Dathe, Gustav, Lehrbuch der Bienenzucht, Bensheim, Leipzig, 1883, 4. Aufl.
Deichmann, Ute, Biologen unter Hitler, Frankfurt, New York, 1992.
Deppisch, A., Aufruf und Bitte an die Imker!, in: Münchener Bienenzeitung (1914) 11, S. 226.
Der Aufbau des Deutschen Imkerbundes, in: Deutscher Imkerführer (1934) 1, S. 2-5.
Der Bienenstand der anderen!, in: Leipziger Bienenzeitung (1942) 2, S. 18.
Der Deutsche Imkerbund e.V., Bekanntmachung vom 20. März 1951, in: Deutsche Bienenwirtschaft (1951) 4, S. 80-81.
Der Deutsche Imkerbund e.V., Bekanntmachung vom 24. Oktober 1951, in: Deutsche Bienenwirtschaft (1951) 11, S. 232-236.
Der imkerliche Aufbau im Westen, in: Deutscher Imkerführer (1940) 4, S. 50.
Der Jude und der Honighandel, in: Deutscher Imkerführer (1939) 11, S. 349-350.
Der Kampf gegen die Nosema, in: Deutscher Imkerführer (1941) 4, S. 54.
Der Preis des Wachses, in: Deutscher Imkerführer (1937) 14, S. 490.
Deutscher Imkerbund e.V., Der Deutsche Imkerbund e.V., in: Der Imkerfreund (1950) 1, S. 5.
Deutscher Imkerbund e.V., Richtlinien für das Zuchtwesen des Deutschen Imkerbundes, in: Deutsche Bienenwirtschaft (1950) 4, S. 75-78.
Deutscher Imkerbund e.V., 100 Jahre Deutscher Imkerbund e.V. – Eine Chronik zum Jubiläum, Wachtberg, 2007.
Deutscher Imkerbund e.V., 25 Jahre gemeinsam für Bienen- und Naturschutz, Sonderausgabe D.I.B. Aktuell, Wachtberg, 2015.
Deutscher Imkerbund e.V. (Hrsg.), 90 Jahre flüssiges Gold 1925–2015 – Jahresbericht 2015/2016 des D.I.B., Wachtberg, 2016.
Deutscher Imkerbund e.V., Jahresbericht 2016/2017, Wachtberg, 2017.
Deutscher Imkerbund e.V., Richtlinien für das Zuchtwesen des Deutschen Imkerbundes (ZRL), Stand: 2017, http://deutscherimkerbund.de/userfiles/Wissenschaft_Forschung_Zucht/Zuchtrichtlinien_06_2017_docx.pdf, 17.10.2018.
Deutscher Imkerbund e.V., Ausgewählte Mitgliederzahlen des Deutschen Imkerbundes. Quelle: http://deutscherimkerbund.de/158-Geschichte_des_DIB, 17.10.2018.
Deutscher Imkerbund e.V., Bienen als Bestäuber, https://deutscherimkerbund.de/163-Bienen_Bestaeubung_Zahlen_die_zaehlen, 19.10.2018.

Deutscher Imkerbund e.V., Bienenwachs – Ein unterschätztes Bienenprodukt, Wachtberg, Januar 2018.
Deutscher Imkerbund e.V., Der Deutsche Imkerbund e.V. zur Verbesserung der Gemeinsamen Agrarpolitik, Wachtberg, Januar 2018
Deutscher Imkerbund e.V., Deutscher Imkerbund e.V. fordert ein rechtssicheres GVO-Anbauverbot in Deutschland und keinen „Flickenteppich“, Wachtberg, Januar 2018.
Deutscher Imkerbund e.V., Pflanzenschutzmittel und Bienenhaltung, Wachtberg, Januar 2018.
Deutscher Imkerbund e.V., Positionspapier zur Gemeinsamen Agrarpolitik nach 2020, Wachtberg, Januar 2018.
Deutscher Imkerbund e.V., Amerikanische Studie bringt möglicherweise neue Erkenntnisse zu Glyphosat, Wachtberg, 25.9.2018.
Deutscher Imkerbund e.V., D.I.B. macht weitere Vorschläge zur Gemeinsamen Agrarpolitik nach 2020, Wachtberg, 25.9.2018.
Deutscher Imkerbund e.V., Jahresbericht 2017/2018, Wachtberg, 13.10.2018.
Deutscher Imkerbund e.V., Der D.I.B. stellt sich vor – Unsere Positionen, http://honigmarkt.info/index.php?unsere-positionen, 17.10.2018.
Deutschland summt, https://www.deutschland-summt.de/home.html, 19.10.2018.
Deutschvölkischer Schutz- und Trutzbund (Roth, Alfred), Unser Wollen – unsere Aufgabe, Hamburg, 1920.
Die Arbeitsgemeinschaft der Imker-Landesverbände e.V., in: Deutsche Bienenzeitung (1949) 2, S. 32.
Die Bienenzucht wirkt segenbringend für Familie, Schule und Kirche, in: Leipziger Bienen-Zeitung (1897) Beilage 6, S. 21-22.
Die dunkle Biene, http://www.nordbiene.de, 1.2.2019.
Die Einfuhr von Honig und Wachs im Jahre 1937, in: Deutscher Imkerführer (1938) 11, S. 339-340.
Die Einführung der Sonderaktion der Reichsfachgruppe Imker, in: Deutscher Imkerführer (1940) 3, S. 46-48.
Die Gewinnung von Nachwuchs aus der Landwirtschaft: Rundschreiben Nr. 18, in: Deutscher Imkerführer (1937) 6, S. 146-150.
Die Honig- und Wachseinfuhr im Jahre 1938, in: Deutscher Imkerführer (1939) 11, S. 348-349.
Die Honigwirtschaft im Reichsnährstand, in: Leipziger Bienen-Zeitung (1939) 5, S. 140-143.
Die Imker im Vierjahresplan, in: Leipziger Bienen-Zeitung (1937) 6, S. 124.
Die Imkerei und – der Jude, in: Die Bayerische Biene (1939) 6, S. 140.
Die Tagung der Schriftleiter der bienenwirtschaftlichen Zeitschriften in Eisenach 13.–16. Januar 1938, in: Leipziger Bienen-Zeitung (1938) 3, S. 59-61.
Die Verbundenheit der deutschen Imker mit den Imkern Italiens, in: Deutscher Imkerführer (1938) 9, S. 251.
Dienstbesprechung der RfgrI in München, in: Deutscher Imkerführer (1943) 11, S. 153.
Dienstbesprechung der Schriftleiter der deutschen bienenwirtschaftlichen Zeitschriften, in: Deutscher Imkerführer (1936) 10, S. 310-313.
Dießner, G., Mitschurin – Lyssenko – und der deutsche Züchter, in: Leipziger Bienenzeitung (1949) 11, S. 191-192.
Direktion des Bienenwirtschaftlichen Centralvereins für die Provinz Hannover, Ehrung des Generalfeldmarschalls von Hindenburg, in: Bienenwirtschaftliches Centralblatt (1920) 1, S. 6-7.
Dittmar, Strohkorbbienenzucht – Volksbienenzucht, in: Bienenzeitung (1899) 14, S. 211-217.

Dittmar, Weg zur Erzielung einer allgemeinen Volksbienenzucht, in: Bienenzeitung (1899) 15, S. 230-232.

Dittmar, Wilhelm, „Deutsch“ in allem, auch in der Bienenzucht, in: Bienenzeitung (1899) 23/24, S. 366-368.

Dittmar, Wilhelm, Deutsche Bienen, in: Bienenzeitung (1899) 4, S. 54-58.

Dönicke, Deutsche Heldenhaine!, in: Leipziger Bienen-Zeitung (1916) 6, S. 81.

Dönicke, Ernst, Wann wird Friede?, in: Leipziger Bienen-Zeitung (1916) 2, S. 33.

Doolittle, Gilbert M., Scientific Queen-Raring As Practically Applied, Chicago, Ills., 1889.

Dreher, Karl, Der Schrei nach Königinnen, in: Die Hessische Biene (1948) 9, S. 73.

Dreher, Karl, Wo steht die Bienenzüchtung?, in: Leipziger Bienenzeitung (1948) 6, S. 92-93.

Dreher, Karl, Der Begriff „Rasse“ in der Bienenzucht, in: Leipziger Bienenzeitung (1950) 12, S. 258-259.

Dreher, Karl, Prof. Dr. phil. nat. Ludwig Armbruster zum Gedächtnis, in: Die Biene (1973) 8, S. 228-229.

Dustmann, Jost H., Die Öffnung der Mauer – ein zukunftsorientierter Tag – auch für den Honigbeirat, in: Deutscher Imkerbund e.V., 25 Jahre gemeinsam für Bienen- und Naturschutz, Sonderausgabe D.I.B. Aktuell, Wachtberg, 2015, S. 21-22.

Dutli, Ralph, Das Lied vom Honig – Eine Kulturgeschichte der Biene, Göttingen, 2012.

Dzierzon, Johann, Der neue Bienenfreund, in: Vereinigte Frauendorfer Blätter (1845) 52, S. 411-412.

Dzierzon, Johann, Es tritt ein neuer Bienenfreund auf, in: Vereinigte Frauendorfer Blätter (1845) 46, S. 361.

Dzierzon, Johann, Gutachten über die von Hrn. Direktor Stöhr im ersten und zweiten Kapitel des General-Gutachtens aufgestellten Fragen, in: Bienen-Zeitung (1845) 11, 12, S. 109-113, 191-121.

Dzierzon, Johann, Rationelle Bienenzucht, oder Theorie und Praxis des schlesischen Bienenfreundes, Brieg, 1861.

Dzierzon, Johann, Der Zwillingsstock erfunden als zweckmäßige Bienenwohnung durch mehr als 50-jährige Erfahrung bewährt, Kreuzburg, 1890.

Ebert, Hans, Vom Neuaufbau der Kleintierzucht im Zentralverband der Kleintierzüchter e.V., Sitz Berlin, in: Leipziger Bienenzeitung (1946) 1, S. 2-4.

Eckart, Wolfgang U., Die Wunden heilen sehr schön: Feldpostkarten aus dem Lazarett 1914–1918, Stuttgart, 2013.

Eckart, Wolfgang U., Medizin und Kolonialimperialismus: Deutschland 1884–1945, Paderborn, München, Wien, Zürich, 1997.

Eckart, Wolfgang U., Medizin in der NS-Diktatur – Ideologie, Praxis, Folgen, Wien, Köln, Weimar, 2012.

Eckart, Wolfgang U., Medizin und Krieg – Deutschland 1914–1924, Paderborn, 2014.

Eckart, Wolfgang Uwe/Jütte, Robert, Medizingeschichte, Köln, Weimar, Wien, 2014.

Ein Siedlerfreund, Die Bienenzucht im Rahmen der Siedlung und der Schaffung neuen Bauerntums, in: Leipziger Bienen-Zeitung (1934) 1, S. 10-12.

Einheitsglas 1934: Rundschreiben 1933, Nr 79, in: Deutscher Imkerführer (1934) 1, S. 5-6.

Eisenbahn-Direktion, Bienensonderzüge, in: Bienenwirtschaftliches Centralblatt (1921) 12, S. 152-154.

Engel, Theodor, Zeittafel der Reichsfachgruppe Imker, in: Deutscher Imkerführer (1943) 10, S. 131-132.

Engels, David, „Hierin ist ein Zeichen für solche, die nachdenken.“ Die Bienensymbolik im Vorderen Orient. Ein Überblick zu Entwicklungslinien und -tendenzen, in: David Engels/

Carla Nicolaye (Hrsg.), Ille operum custos – Kulturgeschichtliche Beiträge zur antiken Bienensymbolik und ihrer Rezeption, Hildesheim, Zürich, New York, 2008, S. 21-39.
Engfer, Kai-Michael, Die Dunkle Biene Mitteleuropas, in: Die neue Bienenzucht (2009) 4, S. 115-117.
Essen 1936: Die 4. Reichskleintierschau, in: Deutscher Imkerführer (1936) 12, S. 382-386.
Fahr, W./Lapp, Max/Löber, Walter, DIB-Ausschuß Volksbienenzucht, in: Deutsche Bienenwirtschaft (1957) 3, S. 46-47.
Fehlmann, Carl, Beiträge zur mikroskopischen Untersuchung des Honigs mit spezieller Berücksichtigung des Schweizer Honigs und des in die Schweiz eingeführten fremden Honigs – Dissertation, Zürich, Bern, 1911.
Filler, José, Führer und Führeraufgaben, in: Deutscher Imkerführer (1934) 1, S. 1-2.
Filler, José, Imker, auf zur Tat!, in: Deutscher Imkerführer (1936) 4, S. 131.
Filler, José/Kickhöffel, Karl Hans, Vierjahresplan für die deutsche Bienenwirtschaft, in: Leipziger Bienen-Zeitung (1937) 5, S. 112-114.
Filler, José/Kickhöffel, Karl Hans, Aufruf! An die deutschen Imker!: Sonderbeilage zum Imker aus Thüringen, in: Die Deutsche Bienenzucht in Theorie und Praxis (1939) 7, S. 187.
Finke, Katharina, Bienenschwärmerei, der Freitag, 26.7.2011, https://www.freitag.de/autoren/der-freitag/bienenschwarmerei, 19.10.2018.
Fischer, Ernst/Füssel, Stephan (Hrsg.), Geschichte des Deutschen Buchhandels im 19. und 20. Jahrhundert: Die Weimarer Republik 1918–1933, Teil 1, München, 2007.
Fischer, Fr., Bienenzucht und Kriegsbeschädigte, in: Deutsche Illustrierte Bienenzeitung (1918) 5, S. 69-70.
Fitzky, W., Geeint, in: Bienenwirtschaftliches Centralblatt (1897) 17, S. 257.
Fitzky, W., Mahnung, in: Bienenwirtschaftliches Centralblatt (1897) 16, S. 241.
Fitzky, W., Zum 22. März 1897, in: Bienenwirtschaftliches Centralblatt (1897) 6, S. 81.
Fleischer, Karl, Wie steht es um die heimatvertriebenen Imker?, in: Der heimatvertriebene Imker – Beilage zum „Vertriebenen-Anzeiger" (1952) 1, S. 1.
Flessau, Kurt-Ingo, Schule der Diktatur, Frankfurt am Main, 1984.
Flotte Bienen schwärmen für Paris, Neue Zürcher Zeitung, 9.6.2009, https://www.nzz.ch/flotte_bienen_schwaermen_fuer_paris-1.2703517, 10.10.2018.
Flügel, Hans-Joachim, Geschichte der Imkerei in der DDR, in: Abhandlungen und Berichte aus dem Lebendigen Bienenmuseum in Knüllwald (2006) 1, S. 5-13, S. 7.
Focke, E., Die Frau am Bienenstande, in: Deutsche Bienenzeitung (1949) 11, S. 162-163.
Foucault, Michel, Die Maschen der Macht, in: Daniel Defert/Francois Ewald (Hrsg.), Analytik der Macht, Frankfurt am Main, 2005, S. 220-239.
Frau Luise Bergmann 25 Jahre Verlegerin, in: Deutscher Imkerführer (1940) 1, S. 2.
Freudenstein, Karl, Salve Apis-Club! Bilder und Skizzen von der internationalen Imker-Tagung in Berlin, 9.-12. August 1929, Marburg, 1929.
Freudenstein, Karl, Wir sind nicht wehrlos gegen die Nosemaseuche (1942) 12, S. 175-177.
Frey, Der Bienenhonig nicht nur ein Genuß-, sondern ein Nahrungsmittel ersten Ranges, in: Leipziger Bienen-Zeitung (1915) 5, S. 75-76.
Frey, Glück auf zum Neuen Jahre!, in: Leipziger Bienen-Zeitung (1915) 2, S. 17-18.
Frey, Was können wir Imker für unsere Kriegsbeschädigten tun?, in: Leipziger Bienen-Zeitung (1916) 3, S. 38-41.
Frey, August, Glück auf zum Neuen Jahre!, in: Leipziger Bienen-Zeitung (1915) 2, S. 17-18.
Frey, August, Helft unseren durch den Krieg geschädigten Imkerbrüdern, in: Deutsche Illustrierte Bienenzeitung (1915) 5, S. 97-98.
Frey, August, Was kann jetzt schon für die durch den Krieg geschädigten Imker in Ost und West geschehen?, in: Deutsche Illustrierte Bienenzeitung (1915) 4, S. 66-67.

Frey, August, Neujahrsbetrachtung, in: Deutsche Illustrierte Bienenzeitung (1916) 1, S. 11-13.
Frey, August, Mitteilung betreffs Wachsablieferung, in: Bienenwirtschaftliches Centralblatt (1917) 14/15, S. 172.
Frey, August, Vereinigung der Deutschen Imkerverbände – Zuckerbezug, in: Leipziger Bienen-Zeitung (1918) 3, S. 29-30.
Frey, August, Die Bienenzucht im neuen Deutschen Reiche, in: Leipziger Bienen-Zeitung (1919) 2, S. 19-23.
Frey, August, Neujahrsbetrachtung 1919, in: Leipziger Bienen-Zeitung (1919) 1, S. 11-12.
Frey, August/Büttner, Heinrich/Küttner, Lebrecht, Neujahrsbetrachtung, in: Leipziger Bienen-Zeitung (1916) 1, S. 3-4.
Frey, August/Büttner, Heinrich/Küttner, Lebrecht, Neujahrsbetrachtung, in: Deutsche Bienenzucht in Theorie und Praxis (1917) 1, S. 14-16.
Frey, August/Büttner, Heinrich/Küttner, Lebrecht, Neujahrsbetrachtung 1918, in: Deutsche Bienenzucht in Theorie und Praxis (1918) 1, S. 7-8.
Frie, Ewald, Das deutsche Kaiserreich, Darmstadt, 2013, 2. Aufl.
Friedrich, Die Imkerfrau und die Frau als Imkerin, in: Leipziger Bienen-Zeitung (1893) 2, 3, S. 34-38, 75-76.
Frisch, Karl v., Die Bedeutung von Sprengels blütenbiologischer Entdeckung, in: Deutscher Imkerführer (1942) 9, S. 117-118.
Frisch, Karl v., Bericht über die am Münchner Zoologischen Institut eingeleiteten Nosemaarbeiten zur Frage der Vorbeugemittel, der chemotherapeutischen Bekämpfung und des Beobachtungsdienstes, in: Deutscher Imkerführer (1943) 12, S. 171-177.
Frisch, Karl v., Erinnerungen eines Biologen, Berlin, Göttingen, Heidelberg, 1962, 2. Aufl.
Frisch, Karl v., Tanzsprache und Orientierung der Bienen, Berlin, Heidelberg, New York, 1965.
Frühtrachternte 2018 – Ergebnisse der Umfrage des Fachzentrums Bienen und Imkerei (FBI) Mayen, Bienen@Imkerei (2018) 17, S. 4-5.
Furck, Carl-Ludwig, Schulen und Hochschulen: Das Schulsystem: Primarbereich – Hauptschule – Realschule – Gymnasium – Gesamtschule, in: Christoph Führ/Carl-Ludwig Furck (Hrsg.), Handbuch der deutschen Bildungsgeschichte, Band VI, 1945 bis zur Gegenwart, Erster Teilband, Bundesrepublik Deutschland, München, 1998, S. 282-355.
Garibaldi, L. A./Steffan-Dewenter, I./Winfree, R./Aizen, M. A./Bommarco, R./Cunningham, S. A. et al., Wild pollinators enhance fruit set of crops regardless of honey bee abundance, Science (2013) 339 (6127), S. 1608-1611.
Geis, Lioba, „Modus vivendi claustralium." Der Bienenstaat als Vorbild klösterlichen Zusammenlebens. Zum Bonum universale de apibus des Thomas von Cantimpré, in: David Engels/Carla Nicolaye (Hrsg.), Ille operum custos – Kulturgeschichtliche Beiträge zur antiken Bienensymbolik und ihrer Rezeption, Hildesheim, Zürich, New York, 2008, S. 185-203.
Gemeinschaft der europäischen Buckfastimker e.V., https://gdeb.eu, 17.10.2018.
Gerstenhauer, Max Robert, Der Führer. Ein Wegweiser zu deutscher Weltanschauung und Politik, Jena, 1927.
Gerstung, Edgar, Honig für unsere Soldaten im Felde, in: Die Deutsche Bienenzucht in Theorie und Praxis (1914) 11, S. 171-172.
Gerstung, Ferdinand, Über den Brutansatz der Bienenkönigin und was damit zusammenhängt, in: Bienenwirtschaftliches Centralblatt (1889) 16, 17/18, S. 242-244, 276-279.
Gerstung, Ferdinand, Das Grundgesetz der Brut- und Volksentwicklung der Bienen, Bremen, 1890, 1. Aufl.
Gerstung, Ferdinand, Das Grundgesetz der Brut- und Volksentwicklung des Biens, Freiburg i.Br., Leipzig, 1902, 6. Aufl.

Gerstung, Ferdinand, Der Bien und seine Zucht, Freiburg i.Br., Leipzig, 1902.
Gerstung, Ferdinand, Das Opfer – Das Grundgesetz der Welt, Oßmannstedt bei Weimar, 1910.
Gerstung, Ferdinand, Der Bien und seine Zucht, Berlin, 1910, 4. Aufl.
Gerstung, Ferdinand, Schlußwort, in: Deutsche Bienenzucht in Theorie und Praxis (1914) 12, S. 177-179.
Gerstung, Ferdinand, Der Bien – und unser deutsches Volk im Krieg: ein Vergleich, in: Die Deutsche Bienenzucht in Theorie und Praxis (1915) 1, S. 6-10.
Gerstung, Ferdinand, Februar, in: Die Deutsche Bienenzucht in Theorie und Praxis (1915) 2, S. 17.
Gerstung, Ferdinand, Schlußwort, in: Die Deutsche Bienenzucht in Theorie und Praxis (1915) 12, S. 177-178.
Gerstung, Ferdinand, „Der Kampf ums Dasein unter den Bienenwohnungen", in: Deutsche Bienenzucht in Theorie und Praxis (1917) 2, S. 20-23.
Gerstung, Ferdinand, Immenleben – Imkerlust, Berlin, 1918, 3. Aufl.
Gerstung, Ferdinand, Schlußwort, in: Deutsche Bienenzucht in Theorie und Praxis (1918) 12, S. 137-138.
Gerstung, Ferdinand, Der Sozialismus im Bienenstaat, Berlin, 1919.
Gerstung, Ferdinand, Mein Imkerglaube, in: Die Deutsche Bienenzucht in Theorie und Praxis (1923) 11, S. 188-205.
Gerstung, Ferdinand, „Volksbienenzucht", in: Uns' Immen (1923) 5, S. 74-79.
Geyer, Martin H., Verkehrte Welt. Revolution, Inflation und Moderne, Göttingen, 1998.
Geyer, W., Bienenzucht in der Sowjetunion, wie ich sie sah, in: Deutscher Imkerführer (1942) 10, S. 152.
Geyer, Walter, Warum die gewaltige Heerschau der Imker Groß-Deutschlands in Leipzig 1939, in: Leipziger Bienen-Zeitung (1938) 12, S. 316-317.
Gingerich, Olga, Kann die Bienenzucht von einer Frau erfolgreich betrieben werden?, in: Deutscher Imkerführer (1940) 8, S. 116-117.
Glock, Johann Philipp, Die Symbolik der Bienen und ihrer Produkte in Sage, Dichtung, Kultus, Kunst und Bräuchen der Völker, Heidelberg, 1897, 2. Aufl.
Gnädinger, Fridolin, Die Imkerorganisation und Professor Dr. Dr. Friedrich Ruttner, in: Apidologie (1984) 15, S. 91-98, S. 94-95.
Gnädinger, Fridolin, Mit Imkern und Bienen, Engen, 1992.
Goetze, Gottfried, Warum züchten wir nach äußeren Merkmalen?, in: Leipziger Bienen-Zeitung (1932) 6, S. 138-141.
Goetze, Gottfried, Arbeitstagung des Beirates für das Zuchtwesen und der Obz der Lfgr in Münster i. Westfalen, in: Deutscher Imkerführer (1937) 9, S. 235-237.
Goetze, Gottfried, Rassenkennzeichen der Honigbiene mit besonderer Berücksichtigung der deutschen Zuchtstämme, in: Rheinische Bienenzeitung. Organ des Imkerverbandes Rheinland e.V. (1938) 4, S. 105-111.
Goetze, Gottfried, Die beste Biene, Leipzig, 1940.
Goetze, Gottfried, Merkmale, Charakter, Leistung, in: Deutscher Imkerführer (1940) 4, S. 58-61.
Goetze, Gottfried, Einsatz in der Hauptkörstelle für die Leistungssteigerung in der Bienenzucht, in: Imkers Jahrbuch und Taschenkalender, Berlin, 1942.
Goetze, Gottfried, Was nicht Rasse ist auf dieser Welt, ist Spreu!, in: Leipziger Bienenzeitung (1942) 1, S. 13-14.
Goetze, Gottfried, Kriegsaufgaben im Zuchtwesen, in: Kalender der Leipziger Bienenzeitung (1943), S. 110-113.

Goetze, Gottfried, Unser züchterisches Hochziel – Rasse und Leistung, in: Deutscher Imkerführer (1943) 10, S. 134-138.
Goetze, Gottfried, Im Kriege erst recht kören!, in: Deutscher Imkerführer (1944) 10, S. 153-154.
Goetze, Gottfried, Unser Zuchtwesen 1945, in: Deutscher Imkerführer (1944) 9, S. 106-107.
Goetze, Gottfried, Offener Brief: Herrn Prof. Dr. L. Armbruster, Lindau (Bodensee), in: Leipziger Bienenzeitung (1949) 8, S. 140-141.
Göpfert, Arthur, Bauer, Lehrer, Imker!, in: Deutscher Imkerführer (1942) 7, S. 79-80.
Graf, Herbert, Die bienenwirtschaftlichen Zeitschriften in Deutschland: Inaugural-Dissertation, Philosophische Fakultät der Universität Leipzig, Leipzig, 1935.
Gravenhorst, Franziska, Ist die Bienenzucht eine Beschäftigung für Frauen?, in: Deutsche illustrierte Bienenzeitung (1887) 3, S. 74-75.
Großdeutschlands Imker auf der fünften Reichskleintierschau zu Leipzig am 6.–8. Januar 1939, in: Leipziger Bienen-Zeitung (1939) 2, S. 48-59.
Großner, H. A. v., Der Kaiserstock, in: Deutsche illustrierte Bienenzeitung (1888) 7, S. 197-208.
Grotegut, Ludwig (Schriftleiter), Warum?!, in: Der freie Volksbienenzüchter (1931) 1 (Werbenummer, 1. Dezember 1931), S. 1-2.
Grotevent, Eduard, Arbeitsdienst am Bienenstand, in: Deutscher Imkerführer (1934) 11, S. 283-284.
Grotevent, Eduard, Angewandter Nationalsozialismus für die Führung von Fachgruppen, in: Deutscher Imkerführer (1935) 1, S. 2.
Grotevent, Else, Die Frau des Imkers von heute, in: Deutscher Imkerführer (1936) 9, S. 280-281.
Grüttner, Michael, Das Dritte Reich: 1933–1939, Stuttgart, 2014.
Grüttner, Michael, Brandstifter und Biedermänner – Deutschland 1933–1939, Stuttgart, 2015.
Gudszus, E., Eine notwendige Stellungnahme, in: Der Imker (1948) 3, S. 46-47.
Günther, Verschiedene Bienenrassen und Wert derselben, in: Leipziger Bienen-Zeitung (1886) 1, S. 144-147.
Günther, B., Wert fremder Bienenrassen, in: Leipziger Bienen-Zeitung (1897) 5, S. 73-74.
Günther, K., Wie wird sich in Zukunft der Honigpreis gestalten?, in: Leipziger Bienen-Zeitung (1917) 5, S. 76.
Günther, Karl, Wir suchen viele Künste und kommen weiter von dem Ziel!, in: Deutsche Illustrierte Bienenzeitung (1916) 1, S. 10-11.
Haefele, Volker/Jung, Marco, Der Weg der Imkervereine in den Nationalsozialismus, in: Siegfried Becker/Susanna Stolz (Hrsg.), Himmelsbotin – Honigquell. Kleine Kulturgeschichte der Bienenhaltung in Oberhessen, Marburg 1999, S. 106-121.
Haffner, Sebastian, Geschichte eines Deutschen: Die Erinnerungen 1914–1933, München, 2002.
Hardt, Michael/Negri, Antonio, Multitude. Krieg und Demokratie im Empire, Frankfurt am Main, 2004.
Harney, Wilhelm, Ist der augenblickliche Grundton richtig gestimmt?, in: Deutsche Illustrierte Bienenzeitung (1909) 12, S. 220-223.
Harney, Wilhelm, Sind erworbene Eigenschaften vererbbar?, in: Deutsche Bienenzeitung (1948) 11, S. 165-167.
Hartmann, Zehn Jahre Institut für Bienenkunde in Berlin-Dahlem, in: Märkische Bienen-Zeitung (1933) 5, S. 125-127.

Hartmann, Christian/Vordermayer, Thomas/Plöckinger, Othmar/Töppel, Roman (Hrsg.), Hitler, Mein Kampf: Eine kritische Edition, München, Berlin, 2016.
Hartung, Günter, Völkische Ideologie, in: Uwe Puschner/Walter Schmitz/Justus H. Ulbricht (Hrsg.), Handbuch zur „Völkischen Bewegung" 1871–1918. Hitler: Reden, Schriften, Anordnungen, München, New Providence, London, Paris, 1996, S. 22-41.
Hause, Carl, Aufgaben des Honighandels in Zusammenarbeit mit der Erzeugung, in: Deutscher Imkerführer (1937) 2, S. 57-58.
Hause, Carl, Honig- und Wachsmarkt, in: Deutscher Imkerführer (1939) 5, S. 158-159.
Heafs, Wilhelm, Waldemar Bonsels im „Dritten Reich": Opportunist, Sympathisant, Nationalsozialist?, in: Sven Hanuschek (Hrsg.), Waldemar Bonsels. Karrierestrategien eines Erfolgsschriftstellers, Wiesbaden, 2012, S. 197-227.
Hecht, O., Das luftschutzbereite Bienenhaus, in: Ostdeutsche Bienenzeitung (früher: Leipziger Bienenzeitung) (1944) 8, S. 102.
Heckel, Max, Eine Mauer um uns baue!, in: Leipziger Bienen-Zeitung (1917) 2, S. 17.
Heinemann, Isabel, „Rasse, Siedlung, deutsches Blut": Das Rasse- und Siedlungshauptamt der SS und die rassenpolitische Neuordnung Europas, Göttingen, 2003.
Heinzius, Imkertreffen im Lazarett, in: Deutscher Imkerführer (1940) 11, S. 263-264.
Helfferich, Bekanntmachung über den Verkehr mit Bienenwachs vom 4. April 1917, in: Bienenwirtschaftliches Centralblatt (1918) 17/18, S. 146-147.
Hemmer, Cornelis/Hölzer, Corinna, Wir tun was für Bienen, Stuttgart, 2017.
Henning, H., Das Einheitsglas, in: Deutscher Imkerführer (1937) 4, S. 95.
Henning, H., Das Ziel, in: Deutscher Imkerführer (1937) 14, S. 500.
Henning, H., Worauf es ankommt, in: Deutscher Imkerführer (1938) 2, S. 59.
Henning, H., Vorwärts!, in: Deutscher Imkerführer (1939) 10, S. 279.
Henning, H., Zur Jahreswende, in: Leipziger Bienenzeitung (1940) 1, S. 4.
Henning, H., Unsere Aufgabe, in: Deutscher Imkerführer (1941) 10, S. 145.
Herbert, Ulrich, Geschichte Deutschlands im 20. Jahrhundert, München, 2014.
Herbst, Emil, Volksbienenzucht, in: Leipziger Bienen-Zeitung (1919) 6, S. 82-84.
Hergert, Anweisung des Leiters der Fachuntergruppe Holzwaren verschiedener Art, Weimar, über die Rationalisierung von Bienenzuchtgeräten, in: Deutscher Imkerführer (1942) 4, S. 44.
Herold, Edmund, Imkergemeinschaft, in: Der Imkerfreund (1948) 12, S. 121.
Herold, Edmund, Birklein endgültig Landesvorsitzender, in: Der Imkerfreund (1949) 8, S. 168.
Herold, Edmund, Der große deutsche Imkertag in Lippstadt, in: Der Imkerfreund (1949) 10, S. 191-193.
Herold, Edmund, Vater aller deutschen Bienenväter, in: Der Imkerfreund (1952) 9, S. 287.
Herrmann, Siegfried, Bienenzucht für Kriegsbeschädigte?, in: Deutsche Illustrierte Bienenzeitung (1918) 10/11, S. 147-149.
Herter, Julius, Januar, in: Deutsche Bienenzucht in Theorie und Praxis (1918) 1, S. 1-3.
Herter, Julius, Der Nationale Sozialismus im Bienenstaat, in: Die Deutsche Bienenzucht in Theorie und Praxis (1933) 8, S. 243-244.
Hilbert, Emil, Meine Erfahrungen über Bienen-Racen, in: Bienenzeitung (1873) 11, S. 131-136.
Himmer, Anton, Züchter, an die Front!, in: Deutscher Imkerführer (1938) 1, S. 24.
Himmer, Anton, Die Wissenschaft im Dienste der deutschen Bienenwirtschaft, in: Deutscher Imkerführer (1939) 11, S. 345-347.
Himmer, Anton, Die Geschichte der Erlanger Nigra, in: Leipziger Bienen-Zeitung (1940) 5, S. 57-60.
Himmer, Anton, Die Belegstelle, in: Deutscher Imkerführer (1943) 2, S. 24.

Höchstpreise für Bienenhonig, in: Deutsche Bienenzucht in Theorie und Praxis (1917) 8, S. 125.

Hofmann, Das Leben und Treiben der Bienen als Vorbild für das menschliche Leben, in: Die Biene (1906) 9, S. 156-160.

Höhnel, Richard Scholz: 10 Jahre Vorsitzer der Lfgr Imker Sachsen, in: Ostdeutsche Bienenzeitung (früher: Leipziger Bienenzeitung) (1943) 9, S. 103.

Hölldobler, Bert/Wilson, Edward, Osborn, The Superorganism. The Beauty, Elegance, and Strangeness of Insect Societies, New York, 2009.

Holtfrerich, Carl-Ludwig (Hrsg.), Die deutsche Inflation 1914–1923. Ursachen und Folgen in internationaler Perspektive, Berlin, New York, 1980.

Honig, Friedrich, Verbesserung der Bienenweide und der neue Staat, in: Deutscher Imkerführer (1934) 8, S. 220-221.

Honig, Friedrich, Wie ich mir die Arbeit des Beirates für Bienenweide beim Deutschen Imkerbund denke, in: Deutscher Imkerführer (1934) 1, S. 17-20.

Huber, François, Nouvelles observations sur les abeilles, Genève, 1792.

Huber, François, Nouvelles observations sur les abeilles, Tome Second, Paris, Genève, 1814.

Huber, L., Schicksal und Stechlust eines ital. Bastardschwarmes, in: Bienenzeitung (Eichstädt) (1871) 16 u.17, S. 197-199.

Hupfeld, Heinrich, Der „Bien" ein soziales und nationales Volk, in: Die Biene (1934) 12, S. 370.

Hürten, Heinz (Hrsg.), Deutsche Geschichte in Quellen und Darstellung: Band 9: Weimarer Republik und Drittes Reich 1918–1945, Stuttgart, 1995.

Imker, Stadtimkerei, Wikipedia, https://de.wikipedia.org/wiki/Imker, 19.10.2018.

Imker, es geht um eigenen Hof und Herd, in: Deutscher Imkerführer (Auf Kriegsdauer vereinigt mit „Deutsche Bienenwirtschaft") (1945) 12 (März 1945), S. 20.

Imkerboom: Zu viele Bienen in der Stadt, Gespräch mit Melanie von Orlow, Sprecherin der NABU-Bundesarbeitsgruppe Hymenoptera und Vorsitzende des Imkervereins Reinickendorf-Mitte, 4.3.2016, https://www.deutschlandfunknova.de/beitrag/imkern-zu-viele-bienen-in-deutschen-staedten, 19.10.2018.

Imkerverband Rheinland-Pfalz e.V. (Franz Botens), Imkern für die Welt – Revolutionäre Ideen aus Rheinland-Pfalz, Flyer, 2017.

Imkerverein Schwaan (Herwig Brätz), Chronik 1906–2016 Imkerverein Schwaan, Norderstedt, 2016.

In ernster, schwerer Zeit, in: Bienen-Zeitung für Schleswig-Holstein (1919) 6, Titelblatt.

Institut für Zeitgeschichte (Vollnhals, Clemens) (Hrsg.), Band 1: Die Wiedergründung der NSDAP Februar 1925– Juni 1926, München, 1992.

Israel, Die Strohbienenwohnung und ihre Vorzüge, in: Deutsche Illustrierte Bienenzeitung (1915) 2, S. 27-30.

Jacoby, Rudolph, Führertagung der Reichsfachgruppe Imker in Godesberg, in: Deutscher Imkerführer (1939) 2, S. 39-40.

Jacoby, Rudolph, Vorbeugung und Bekämpfung der Nosema, in: Deutscher Imkerführer (1941) 8, S. 117-120.

Jacoby, Rudolph, Arbeitsgemeinschaft der Imker-Landesverbände der besetzten Westgebiete e.V., in: Der Imkerfreund (1949) 1, S. 7.

Jacoby, Rudolph, Das Imker=ABC – Nachschlagwerk für alle Gebiete der Bienenzucht, Bad Segeberg, 1949, 1. Aufl.

Jacoby, Rudolph, Das Imker=ABC – Lexikon der Bienenzucht, Bad Segeberg, 1964, 2. Aufl.

Jannoni-Sebastianini, Filippo, History of Apimondia Congresses – Part 1 – From 1897 to 1997, https://www.apimondia.com/en/the-federation/history, 1.2.2019.

Jilka, A., Einiges aus der österreichischen Bienenzuchtgeschichte, in: Deutscher Imkerführer (1939) 1, S. 19-20.

Johach, Eva, Der Bienenstaat – Geschichte eines politisch-moralischen Exempels, in: Heiden, Anne von der/Joseph Vogl (Hrsg.), Politische Zoologie, Zürich, Berlin, 2007, S. 219-233.

Jungcurt, Uta, Alldeutscher Extremismus in der Weimarer Republik – Denken und Handeln einer einflussreichen bürgerlichen Minderheit, Berlin, Boston, 2016.

Jung-Hoffmann, Irmgard, Ludwig Armbruster und das Institut für Bienenkunde, in: Generaldirektor des Stadtmuseums Berlin Reiner Güntzer (Hrsg.), Jahrbuch Stiftung Stadtmuseum Berlin, Band II, Berlin, 1996, S. 132-157.

Jung-Hoffmann, Irmgard, Die Bienenzucht im 18. und 19. Jahrhundert – eine Zusammenfassung, in: Die neue Bienenzucht (2003) 3, S. 89-90.

Jung-Hoffmann, Irmgard, Die Bienenzucht im 18. und 19. Jahrhundert in Hessen, in: Die neue Bienenzucht (2003) 2, S. 45-46.

Jung-Hoffmann, Irmgard, Durch Nachdenken erfand ich die Rähmchen – August von Berlepsch, in: Die neue Bienenzucht (2003) 11, S. 340-341.

Jung-Hoffmann, Irmgard, Johann Dzierzon, in: Die neue Bienenzucht (2003) 10, S. 308-310.

Jung-Hoffmann, Irmgard, Johannes Mehring (1815–1878) und die „Kunstwaben“, in: Die neue Bienenzucht (2003) 12, S. 381-382.

Jung-Hoffmann, Irmgard, Enoch Zander, in: Die neue Bienenzucht (2004) 6, S. 205-206.

Jung-Hoffmann, Irmgard, Franz von Hruschka und die Honigschleuder, in: Die neue Bienenzucht (2004) 1, S. 10-11.

Jung-Hoffmann, Irmgard, Friedrich Ruttner, in: Die neue Bienenzucht (2004) 11, S. 351-352.

Jung-Hoffmann, Irmgard, Grete Meyerhoff, in: Die neue Bienenzucht (2004) 12, S. 385-386.

Jung-Hoffmann, Irmgard, Karl Hans Kickhöffel, in: Die neue Bienenzucht (2004) 10, S. 294-295.

Jung-Hoffmann, Irmgard, Karl von Frisch, in: Die neue Bienenzucht (2004) 8, S. 259–260.

Jung-Hoffmann, Irmgard, Ludwig Armbruster, in: Die neue Bienenzucht (2004) 7, S. 241-242.

Jung-Hoffmann, Irmgard, Ludwig Armbruster 1886–1973, in: Die neue Bienenzucht (2004) 7, S. 241-242.

Jung-Hoffmann, Irmgard, Paul Letocha, in: Die neue Bienenzucht (2004) 2, S. 51-52.

Jung-Hoffmann, Irmgard, Beratung über Bienenzuchtfragen in Berlin, in: Die neue Bienenzucht (2005) 4, S. 145-146.

Jung-Hoffmann, Irmgard, Bienenlieferungen nach dem Ersten Weltkrieg, in: Die neue Bienenzucht (2005) 6, S. 178-179.

Jung-Hoffmann, Irmgard, Bienenzucht im 20. Jahrhundert in Deutschland, in: Die neue Bienenzucht (2005) 1, S. 7-8.

Jung-Hoffmann, Irmgard, Die erste Tagung des Deutschen Imkerbundes, in: Die neue Bienenzucht (2005) 3, S. 70.

Jung-Hoffmann, Irmgard, Ein neuer Aufschwung, in: Die neue Bienenzucht (2005) 10, S. 301-302.

Jung-Hoffmann, Irmgard, Faulbrut, Nosema und Milben, in: Die neue Bienenzucht (2005) 8, S. 239-240.

Jung-Hoffmann, Irmgard, Imker und „Reichsfachgruppe Imker“ im II. Weltkrieg, in: Die neue Bienenzucht (2005) 12, S. 365-366.

Jung-Hoffmann, Irmgard, Imkerei im Ersten Weltkrieg, in: Die neue Bienenzucht (2005) 4, S. 109-110.

Jung-Hoffmann, Irmgard, Imkerorganisationen zu Beginn des Jahrhunderts, in: Die neue Bienenzucht (2005) 2, S. 37-38.
Jung-Hoffmann, Irmgard, Vom Deutschen Imkerbund zur „Reichsfachgruppe Imker", in: Die neue Bienenzucht (2005) 11, S. 335-336.
Jung-Hoffmann, Irmgard, Vom Preisausschreiben zum Gewährstreifen, in: Die neue Bienenzucht (2005) 7, S. 208.
Jung-Hoffmann, Irmgard, Von der Notlage der Bienenzucht zu einer blühenden Bienenzucht, in: Die neue Bienenzucht (2005) 9, S. 269-270.
Jung-Hoffmann, Irmgard, Deutscher Honig, in: Die neue Bienenzucht (2006) 10, S. 326-327.
Jung-Hoffmann, Irmgard, Ein Neuanfang, in: Die neue Bienenzucht (2006) 1, S. 14-15.
Jung-Hoffmann, Irmgard, Königinnenzucht, in: Die neue Bienenzucht (2006) 8, S. 257-258.
Jung-Hoffmann, Irmgard, Lippstadt, in: Die neue Bienenzucht (2006) 2, S. 50-51.
Jung-Hoffmann, Irmgard, Vom „D.I.B.-Ost" und „VKSK", in: Die neue Bienenzucht (2006) 9, S. 294-295.
Jung-Hoffmann, Irmgard, Von 1990 bis 2000, in: Die neue Bienenzucht (2007) 1, S. 5.
Jütte, Robert, Diskursanalyse in Frankreich, in: Joachim Eibach/Günther Lottes (Hrsg.), Kompaß der Geschichtswissenschaft: Ein Handbuch, Göttingen, 2002, S. 307-317.
Kastner, Horst, Auch mir, einem Kriegsversehrten des jetzigen Krieges, soll die Bienenzucht Lebenserwerb sein, in: Deutscher Imkerführer (1943) 10, S. 140-141.
Kehres, Marianne, Frauen imkern, in: ADIZ/db/IF (2008) 6, S. 22.
Kickhöffel, Karl Hans, Die Bienenzucht im Reichstage und im Preußischen Landtage im 1. Halbjahr 1926, in: Leipziger Bienen-Zeitung (1926) 8, S. 175-177.
Kickhöffel, Karl Hans, Die wirtschaftspolitischen Voraussetzungen einer blühenden deutschen Bienenzucht, in: Leipziger Bienen-Zeitung (1926) 11, S. 238-242.
Kickhöffel, Karl Hans, Die Deutsche Bienenzucht. Abriß ihrer rechtlichen, wirtschaftlichen, handels- und vereinspolitischen Grundlage, Neumünster, 1927.
Kickhöffel, Karl Hans, Die Presse als Mittel zur Selbsthilfe, in: Karl Hans Kickhöffel (Hrsg.), Für die deutsche Bienenzucht 1923–1928, Neumünster 1928, S. 138-141.
Kickhöffel, Karl Hans, Wie kann der innere Aufstieg unserer Bienenzucht für den äußeren Aufstieg nutzbar gemacht werden?, in: Karl Hans Kickhöffel (Hrsg.), Für die deutsche Bienenzucht 1923–1928, Neumünster, 1928, S. 106-123.
Kickhöffel, Karl Hans, Das bienenwirtschaftliche Notprogramm, Leipzig, 1929.
Kickhöffel, Karl Hans, Am Wagstock, in: Leipziger Bienen-Zeitung (1930) 10, S. 232-236.
Kickhöffel, Karl Hans, An Deutschlands Imker!, in: Leipziger Bienen-Zeitung (1933) 1, S. 1-3.
Kickhöffel, Karl Hans, An Deutschlands Imker, in: Leipziger Bienen-Zeitung (1934) 1, S. 2-3.
Kickhöffel, Karl Hans, Auf in die zweite Erzeugungsschlacht, in: Deutscher Imkerführer (1936) 4, S. 132.
Kickhöffel, Karl Hans, Anordnung zur Sicherung der Wachserzeugung: Rundschreiben Nr. 15, in: Deutscher Imkerführer (1937) 6, S. 145-146.
Kickhöffel, Karl Hans, Das Verwaltungsbuch der Reichsfachgruppe Imker, Leipzig, 1937.
Kickhöffel, Karl Hans, Unsere Aufgabe – unser Wille!, in: Leipziger Bienen-Zeitung (1937) 6, S. 125-127.
Kickhöffel, Karl Hans, Deutsche Imker Österreichs!, in: Bienen-Vater (1938) 4, S. 122.
Kickhöffel, Karl Hans, Dr. J. Filler 50 Jahre, in: Deutscher Imkerführer (1938) 10, S. 274-276.
Kickhöffel, Karl Hans, Hin zur Leistung!, in: Deutscher Imkerführer (1938) 12, S. 360.
Kickhöffel, Karl Hans, An die Vorsitzer der Ortsfachgruppen Imker, in: Deutscher Imkerführer (1939) 6, S. 166-167.
Kickhöffel, Karl Hans, Das internationale Schachertum (Judentum) ... (1924), in: Die Bayerische Biene (1939) 8, S. 171.

Kickhöffel, Karl Hans, Der deutsche Imker und die Juden, in: Die Bayerische Biene (1939) 2, S. 30-34.
Kickhöffel, Karl Hans, Der deutsche Imker und die Juden, in: Deutscher Imkerführer (1939) 10, S. 279-281.
Kickhöffel, Karl Hans, Die deutsche Imkerin, in: Deutscher Imkerführer (1939) 6, S. 169-170.
Kickhöffel, Karl Hans, Großdeutschland – Großdeutsche Imkerschaft, in: Deutscher Imkerführer (1939) 1, S. 9-10.
Kickhöffel, Karl Hans, Unsere Erfolgsgrundlagen, in: Deutscher Imkerführer (1939) 2, S. 41-48.
Kickhöffel, Karl Hans, Verbot des Hausierhandels mit Honig, in: Deutscher Imkerführer (1939) 6, S. 170.
Kickhöffel, Karl Hans, Der neue Westen: Eupen-Malmedy, Luxemburg, Lothringen und Elsaß, in: Deutscher Imkerführer (1940) 9, S. 132-135.
Kickhöffel, Karl Hans, Die Sonderaktion der Reichsfachgruppe Imker – reizvolle Randbemerkungen aus dem Jahresbericht der Reichsfachgruppe Imker, in: Deutscher Imkerführer (1940) 4, S. 51-55.
Kickhöffel, Karl Hans, Kurze Übersicht über Wesen und Aufgaben der deutschen Bienenwirtschaft und der Reichsfachgruppe Imker, in: Deutscher Imkerführer (1940) 1, S. 3-6.
Kickhöffel, Karl Hans, Warum Imker werden? – Fördert die Bienenwirtschaft!, Potsdam, 1940, Sonderdruck aus dem März-, April- und Maiheft der Zeitschrift „Deutscher Imkerführer".
Kickhöffel, Karl Hans, Weiselrichtig!, in: Deutscher Imkerführer (1940) 1, S. 1-2.
Kickhöffel, Karl Hans, Zeit der einsatzbereiten Frau, in: Deutscher Imkerführer (1940) 8, S. 115-116.
Kickhöffel, Karl Hans, Der Verkehr mit Bienenwachs und Mittelwänden: Amtliche Bekanntmachung Nr. 19 der Reichsfachgruppe Imker vom 15. Oktober 1941 zur Anordnung Nr. 13 der Reichsstelle „Chemie" vom 30. März 1940, in: Deutscher Imkerführer (1941) 7.
Kickhöffel, Karl Hans, Führer befiehl – wir folgen dir!, in: Deutscher Imkerführer (1941) 4, S. 53.
Kickhöffel, Karl Hans, Jungfer Jane erzählt, in: Deutscher Imkerführer (1941) 1, S. 2-3.
Kickhöffel, Karl Hans, Unsere italienischen Imkerkameraden, in: Deutscher Imkerführer (1941) 12, S. 185.
Kickhöffel, Karl Hans, Sonderaktion 1942/43: Rundschreiben Nr. 1 der Reichsfachgruppe Imker, in: Deutscher Imkerführer (1942) 1, S. 11.
Kickhöffel, Karl Hans, Und wieder die Höflichkeit!, in: Deutscher Imkerführer (1942) 4, S. 43.
Kickhöffel, Karl Hans, Unser Weg zur besten Biene, in: Deutscher Imkerführer (1942) 1, S. 2-4.
Karl Hans Kickhöffel, Wir arbeiten – Deutschland siegt – Europa lebt, in: Deutscher Imkerführer (1943) 12, S. 165-167, S. 165-166.
Kickhöffel, Karl Hans, Der Verkehr mit Bienenwachs und Mittelwänden: Bekanntmachung der Fachabteilung Reichsfachgruppe Imker im Reichsverband Deutscher Kleintierzüchter e.V., in: Deutscher Imkerführer (1944) 6, S. 2.
Kickhöffel, Karl Hans, Die Invasion und unsere Antwort, in: Deutscher Imkerführer (1944) 3/4, S. 33.
Kickhöffel, Karl Hans, Imkerfrauen in der Front!, in: Deutscher Imkerführer (1944) 6, S. 75.
Kickhöffel, Karl Hans, Totaler Kriegseinsatz: Mitteilung J 22/44, in: Deutscher Imkerführer (1944) 7, S. 97-98.
Kickhöffel, Karl Hans, Wachsersparnis durch dünnere Mittelwände, in: Deutscher Imkerführer (1944) 4, S. 44.

Kickhöffel, Karl Hans/Kikisch, Karl-Heinz, Wie setzt der deutsche Imker seinen Honig ab?, Leipzig, 1933.

Kikisch, Karl-Heinz, Am Waagstock, in: Leipziger Bienen-Zeitung (1933) 1, S. 3-5.

Kikisch, Karl-Heinz, Am Waagstock, in: Leipziger Bienen-Zeitung (1933) 5, S. 113-116.

Kikisch, Karl-Heinz, Am Waagstock, in: Leipziger Bienen-Zeitung (1933) 8, S. 193-196.

Kikisch, Karl-Heinz, Am Waagstock, in: Leipziger Bienen-Zeitung (1933) 9, S. 221-224.

Kikisch, Karl-Heinz, Am Waagstock, in: Leipziger Bienen-Zeitung (1933) 3, S. 59-61.

Kikisch, Karl-Heinz, Am Waagstock, in: Leipziger Bienen-Zeitung (1933) 7, S. 165-168.

Kilchling, W., Rassenzucht, Zucht- und Beobachtungsstationen, in: Leipziger Bienen-Zeitung (1905) 8, S. 166-169.

Kimminich, Eva, Kulturen im Fokus – Körpermetapher, http://www.uni-potsdam.de/romanistik-kimminich/kif/kif-begriffe/kif-met-koerp.html, 17.10.2018.

Klee, Ernst, Das Personenlexikon zum Dritten Reich: Wer war was vor und nach 1945?, Frankfurt am Main, 2003.

Klein, A.-M./Boreux, V./Fornoff, F./ Mupepele, A.-C./Pufal, G., Relevance of wild and managed bees for human well-being, Current Opinion in Insect Science, 2018.

Klein, Erhard Maria, urban beekeeping: Bienen halten in der Stadt – Imkern als trendiges Hobby junger Leute in der Stadt, https://www.bienenkiste.de/urban-beekeeping/index.html, 19.10.2018.

Kleinstäuber, K., Züchter vor die Front!, in: Leipziger Bienen-Zeitung (1915) 3, S. 39-40.

Knapp, Jakob, Die Bienenzucht im neuen, völkischen Staat, in: Die Biene (1933) 7, S. 204-205.

Koch, Albert, Der deutsche Honig. Seine Entstehung, sein chemischer Aufbau, seine Gewinnung und Behandlung, seine Bedeutung als Nahrungs-, Genuß- und Heilmittel, Neumünster, 1927.

Koch, Albert, Der Kampf um die Durchsetzung des deutschen Honigs, in: Bienenwirtschaftliches Zentralblatt (1931) 9, S. 7-17.

Koch, H., Raps und Rübsen, eine gute Frucht! Raps und Rübsen, eine gute Bienenweide!, in: Deutscher Imkerführer (1934) 6, S. 153-154.

Köchert, Albert, Und nun der Junglehrer!, in: Deutscher Imkerführer (1938) 6, S. 144-145.

Koeniger, Gudrun/Koeniger, Nikolaus/Tiesler, Friedrich-Karl, Paarungsbiologie und Paarungskontrolle bei der Honigbiene, Herten, 2014.

Koeniger, Niko, Das Bieneninstitut Kirchhain, eine wichtige Stimme im Chor der internationalen wissenschaftlichen Forschung über Honigbienen und Bienenhaltung, in: Hessisches Dienstleistungszentrum für Landwirtschaft, Gartenbau und Naturschutz (Hrsg.), 75 Jahre Bieneninstitut Kirchhain, Kirchhain, 2003, S. 19-22.

Kohfink, Marc-Wilhelm, Bienen halten in der Stadt, Stuttgart, 2010.

Kollmann, Michaela, Schulbücher im Nationalsozialismus, Saarbrücken, 2006.

König, Clemens, Die Bienenwirtschaft im Königreich Sachsen am Ende des neunzehnten Jahrhunderts, in: Leipziger Bienen-Zeitung (1902) 5, 6, S. 65-67, 82-85.

Köring, G., Welcher Unterschied besteht zwischen einem „Bienenfalter“ und einem „Bienenvater“? oder: Was soll ein Bienenwirt alles können resp. lernen?, in: Kalender des Deutschen Bienenfreundes für das Jahr 1890 (1890), S. 113-116.

Körner, Carl, Wie sah die deutsche Biene aus?, in: Deutscher Imkerführer (1934) 4, S. 74-76.

Kraege, Theodor/Fahr, Wolfgang, Bienenzuchtordnung, in: Die Hessische Biene (1948) 7, S. 61-62.

Kramer, U., Die Eigenart unserer Rasse und unserer Zucht, in: Leipziger Bienen-Zeitung (1912) 1, 2, S. 1-3, 17-19.

Kramer, Walther, Was unterscheidet die Völkischen von den Nationalen, in: Hammer. Blätter für deutschen Sinn (1924) 524, S. 144-147.

Krancher, D., Aufruf an unsere Leser!, in: Deutsche Illustrierte Bienenzeitung (1914) 9, S. 155-156.

Krancher, D., Krieg!, in: Deutsche Illustrierte Bienenzeitung (1914) 10/12, S. 173-174.

Krancher, D., Aus ernster Zeit. 2. Der Krieg und die Bienenzucht, in: Leipziger Bienen-Zeitung (1915) 2, S. 27-28.

Krancher, D., Bienenwirtschaftliches vom Kriegsschauplatze, in: Leipziger Bienen-Zeitung (1915) 7, S. 107-109.

Krauß, Heinrich, Bienenzucht in den deutschen Kolonien, in: Deutsche Illustrierte Bienenzeitung (1912) 2, S. 33-34.

Kretschmann lässt Bienen für sich arbeiten, Stuttgarter Zeitung.de, 4.10.2011, https://www.stuttgarter-zeitung.de/inhalt.regierungshonig-kretschmann-laesst-bienen-fuer-sich-arbeiten.3ce60dc2-0abe-4d60-8b6a-0cedbdc29db7.html, 19.10.2018.

Krieger, Richard, Meine Bienenzuchterlebnisse in Frankreich, in: Deutsche Illustrierte Bienenzeitung (1916) 11, S. 203-205.

Kriegsanleihen, in: Leipziger Bienen-Zeitung (1918) 4, S. 37, 39, 41.

Kriegsbienendosen (Werbung), in: Deutsche Illustrierte Bienenzeitung (1916) 19, S. 1.

Kruse, Heinrich, Die Bienenzucht, eine ideale Beschäftigung des Schwerkriegsversehrten, in: Deutscher Imkerführer (1942) 3, S. 27-28.

Kruse, Ulrike, Die fleißige und nützliche Biene. Natur als Gegenstand und Metapher in der Hausväterliteratur, in: Maren Ermisch/Ulrike Kruse/Urte Stobbe (Hrsg.), Ökologische Transformationen und literarische Repräsentationen, Göttingen, 2010, S. 59-95.

Kruse, Ulrike, Von Bienen und Menschen, in: Chimaira – Arbeitskreis für Human-Animal Studies (Hrsg.), Tiere Bilder Ökonomien, Bielefeld, 2013, S. 63-85.

Kruse, Wolfgang, Der Erste Weltkrieg, Darmstadt, 2014, 2. Aufl.

Kühl, Friedrich/Petersen, Heinrich, Gemeinsame Wanderversammlung, in: Bienenzeitung (Eichstädt) (1899) 5, S. 65.

Kühn, Hugo, Der Bienenstand im Schulgarten, in: Deutscher Imkerführer (1937) 8, S. 215-216.

Kuhn, Annette, In Berlin leben die Bienenvölker auf dem Hoteldach, Berliner Morgenpost, 7.7.2013, https://www.morgenpost.de/berlin-aktuell/article117796816/In-Berlin-leben-die-Bienenvoelker-auf-dem-Hoteldach.html, 19.10.2018.

Kummer, Aus Flandern, in: Leipziger Bienen-Zeitung (1915) 8, S. 124.

Landesfachgruppe Imker Thüringen (Hrsg.), in: Der Imker aus Thüringen (1941/42) 3, Die Frau am Bienenstand.

Landesverband Bayerischer Imker (Schieder, Ludwig), Mitteilung Nr. 1/48, in: Der Imkerfreund (1948) 8, S. 69-70.

Landesverband Westfälischer und Lippischer Imker e.V. (Hrsg.), 150 Jahre Landesverband Westfälischer und Lippischer Imker e.V. 1849–1999, Anröchte, 1999.

Lange, Otto, Langes-Volksbienenstock, in: Leipziger Bienen-Zeitung (1902) 4, S. 54.

Lasarzik, Annika, Goldene Zeiten, Zeit Online, 25.7.2018, https://www.zeit.de/2018/31/imker-hobby-honig-hamburg, 19.10.2018.

Lau, R., Schulbienenstände!, in: Ostdeutsche Bienenzeitung (früher: Leipziger Bienenzeitung) (1944) 1, S. 2.

Lehnherr, Matthias/Thomas, Hans-Ulrich, Natur- und Kulturgeschichte der Honigbiene, Winikon, 2003.

Liedloff, Ferdinand, Denkschrift des Kaiserl. Gesundheitsamtes über den Verkehr mit Honig, in: Leipziger Bienen-Zeitung (1903) 5, S. 65-68.

Löbe, A., Durch Opfer zur Freiheit!, in: Die Deutsche Bienenzucht in Theorie und Praxis (1925) 9, S. 273-274.
Löwer, Jürgen, Die Situation 1990, in: Deutscher Imkerbund e.V., 25 Jahre gemeinsam für Bienen- und Naturschutz, Sonderausgabe D.I.B. Aktuell, Wachtberg, 2015, S. 6-11.
Lorz, Karl, Selbst an den Bienenstöcken der Volksdeutschen tobte sich der polnische Haß aus, in: Die Bayerische Biene (1940) 1, S. 1.
Louise Bergmann, Betriebsführerin des Verlages der „Leipziger Bienenzeitung", 60 Jahre, in: Leipziger Bienenzeitung (1943) 10, S. 143.
Ludwig, August, Am Bienenstand, Berlin, 1931, 7. Aufl.
Ludwig, August, Bienenpredigt, in: Bienenwirtschaftliches Zentralblatt (1931) 11, S. 319-321.
Ludwig, August, Die Reinheit der Sprache in den Bienenzeitungen, in: Die Deutsche Bienenzucht in Theorie und Praxis – Sonderbeilage zum Imker aus Thüringen (1936) 9, S. 263-268.
Ludwig, N., Meine Ansicht über den Wert verschiedener Bienenrassen, in: Bienenzeitung (1899) 11, S. 171-173.
Lühn-Irriger, Susanne, Die Biene im deutschen Recht von den Anfängen bis zur Gegenwart, Berlin, Münster, Wien, Zürich, London, 1999.
Lukat, Aus ernster Zeit. 1. „Als ich wiederkam ...", in: Leipziger Bienen-Zeitung (1915) 2, S. 26-7.
Lutz, Bernd, Emblematik, in: Friedrich Jaeger (Hrsg.), Enzyklopädie der Neuzeit Online, Stuttgart, 2005–2012; Online: BrillOnline Reference Works, Enzyklopädie der Neuzeit Online, http://referenceworks.brillonline.com, 17.10.2018.
Lyssenko, Trofim D., Die Situation in der biologischen Wissenschaft, in: T. D. Lyssenko (Hrsg.), Agrobiologie. Arbeiten über Fragen der Genetik, der Züchtung und des Samenbaus, Berlin, 1951, S. 508-549.
Maier, Karl, Höflichkeit in der Imkerei, in: Deutscher Imkerführer (1942) 2, S. 13.
Maier, Karl, Begegnung mit Zander, in: Deutscher Imkerführer (1943) 3, S. 40-41.
Maier, Karl, Kernsätze aus Zanders Werken, in: Deutscher Imkerführer (1943) 3, S. 42-43.
Maier, Karl, Wir kriegsversehrten Imker aus dem Weltkrieg fanden unser Glück in der Bienenzucht, in: Deutscher Imkerführer (1943) 10, S. 141.
Maier, Karl, Die Bienenzucht als Freizeitgestaltung, in: Deutsche Bienenwirtschaft (1955) 5, S. 92-95.
Marcowitz, Reiner, Weimarer Republik 1929–1933, Darmstadt, 2012, 4. Aufl.
Maske, Peter, Zur Lage der Bienenhaltung in Deutschland – Eröffnungsrede anlässlich des Deutschen Imkertages am 11.10.2015, http://deutscherimkerbund.de/userfiles/Veranstaltungen/Deutscher_Imkertag_2015/Bienenhaltung_in_Deutschland_10_2015_PF.pdf, 17.10.2018.
Matthes, M., Ist eine Weiterentwicklung der Biene denkbar?, in: Leipziger Bienen-Zeitung (1905) 8, S. 117-119.
Matthes, M., Die Frau als Imkerin, in: Leipziger Bienen-Zeitung (1909) 11, S. 169-170.
Maul, Hans, Zum 85. Geburtstag unseres Altmeisters Runk, in: Die Hessische Biene (1954) 4, S. 101.
Mehring, Johannes, Das neue Einwesensystem als Grundlage zur Bienenzucht oder Wie der rationelle Imker den höchsten Ertrag von seinen Bienen erzielt. Auf Selbsterfahrungen gegründet., Frankenthal, Albeck, 1869.
Meier, Warum wir an unserer Bienenzucht festhalten müssen, in: Leipziger Bienen-Zeitung (1911) 1, S. 3-6.
Melchert, P., Wie verschaffen wir unserer deutschen Biene wieder ihr altes Heimatsrecht?, in: Leipziger Bienen-Zeitung (1910) 12, S. 179-181.

Mellifera e.V., https://www.mellifera.de/verein/, 17.10.2018.
Melzer, Georg, Gegenwartsfragen, in: Deutsche Bienenzeitung (1946) 1, S. 5.
Mendel, K., Die Bienenzucht im Feindeslande, in: Leipziger Bienen-Zeitung (1916) 3, S. 42-44.
Mentzer, Jakob, Der Deutsche Imkerbund, in: Deutsche Bienenwirtschaft (1950) 2, S. 26-27.
Mercker, Margarete, Ein Mahnwort an die Frauen, in: Praktischer Wegweiser für Bienenzüchter (1898) 16, S. 280-281.
Meyer, M., Die Bienenzucht an weiblichen Lehranstalten, in: Münchener Bienenzeitung (1911) 11, S. 248-249.
Mitteilungen des Fachverbandes, in: Die Hessische Biene (1946) 1, S. 2-5.
Mocek, Reinhard, Naturwissenschaft und Philosophie in der DDR – ein Balanceakt zwischen Ideologie und Kognition, in: Karin Weisemann/Peter Kröner/Richard Toellner (Hrsg.), Wissenschaft und Politik – Genetik und Humangenetik in der DDR (1949–1989). Naturwissenschaft – Philosophie – Geschichte, Bd. 1, Münster, 1997, S. 97-115.
Mohler, Armin/Weissmann, Karlheinz, Die Konservative Revolution in Deutschland 1918–1932. Ein Handbuch, Graz, 2005, 6. Aufl.
Mollnau, Karl, Biologische Forschung und Rassebienenzucht, in: Leipziger Bienenzeitung (1950) 11, S. 225-226.
Moritz, Robin F., Die Ursachen des weltweiten Bienensterbens, in: Rundgespräche der Kommission für Ökologie, Bd. 43, Soziale Insekten in einer sich wandelnden Welt, München, 2014, S. 87-94.
Moritz, R. F./Härtel, S./Neumann, P., Global invasions of the western honeybee (Apis mellifera) and the consequences for biodiversity, Ecoscience (2005) 12 (3), S. 289-301.
Müller, Christa, Urbane Agrarkultur und neue Substanz, https://sozialeoekonomie.org/wp-content/uploads/wissensgrundlagen/Urbane-Agrarkultur-und-neue-Subsistenz_Christa-M%C3%BCller.pdf, 19.10.2018.
Mudrak, Andreas, Botschaften in merkwürdigen Bildern, in: Praxis Deutsch (2014) 245, S. 21-28.
Müller, Klothilde, Wie führe ich den Abstammungsnachweis meiner Zuchtvölker?, in: Deutscher Imkerführer (1940) 2, S. 26-27.
Müsebeck, L., Die Grundgesetze des Bienenstaates, in: Leipziger Bienen-Zeitung (1913) 11, 12, S. 163-165, 179-182.
Müsebeck, L., Monatsschau, in: Leipziger Bienen-Zeitung (1914) 11, S. 145-147.
Müsebeck, L., Monatsschau, in: Leipziger Bienen-Zeitung (1915) 5, S. 65-67.
Müsebeck, L., Monatsschau, in: Leipziger Bienen-Zeitung (1915) 8, S. 123.
Müsebeck, L., Monatsschau, in: Leipziger Bienen-Zeitung (1915) 9, S. 130-131.
Müsebeck, L., Monatsschau, in: Leipziger Bienen-Zeitung (1915) 11, S. 161-163.
Müsebeck, L., Monatsschau, in: Leipziger Bienen-Zeitung (1915) 12, S. 177-179.
Müsebeck, L., Die Zucht der Bienenkönigin, Leipzig, 1918, 3. Aufl.
Müsebeck, L., Monatsschau, in: Leipziger Bienen-Zeitung (1918) 1, S. 1-3.
Müsebeck, L., Monatsschau, in: Leipziger Bienen-Zeitung (1918) 12, S. 103-104.
Müsebeck, L., Monatsschau, in: Leipziger Bienen-Zeitung (1920) 1, S. 1-2.
Munz, Tania, Der Tanz der Bienen – Karl von Frisch und die Entdeckung der Bienensprache, Wien, 2018.
Mutz, K., Ein kleines Kapitel zur Kriegsverletzten-Fürsorge, in: Leipziger Bienen-Zeitung (1917) 2, S. 26-27.
Nachtsheim, Hans, Die Parthenogenese bei der Honigbiene – Ein historischer Ueberblick über den Kampf um die Dzierzonsche Theorie, in: Bienenwirtschaftliches Centralblatt (1913) 19, 20, 21, S. 298-300, 308-314, 324-328.

Nahrungsmittelgesetz (Gesetz, betreffend den Verkehr mit Nahrungsmitteln, Genußmitteln und Gebrauchsgegenständen) vom 14. Mai 1879, Reichsgesetzblatt, S. 145, https://de.wikipedia.org/wiki/Nahrungsmittelgesetz, 17.10.2018.

Neuester Honigfälscher-Prozeß in Hamburg, in: Praktischer Wegweiser für Bienenzüchter (1898) 11, S. 172.

Neuner, Georg, Das Lehrbuch der Volksbienenzucht, Windsheim, 1934.

Neuner, Georg, „Mein Sohn will von der Bienenzucht nichts wissen", in: Deutscher Imkerführer (1937) 4, S. 106.

Neuner, Georg, Eine niederträchtige Lüge, in: Die Bayerische Biene (1939) 1, S. 5-6.

Neuner, Georg, Sie haben den Krieg gewählt!, in: Die Bayerische Biene (1939) 11, S. 233-234.

Neuner, Georg, Imker, Du bist etwas schuldig!, in: Die Bayerische Biene (1942) 6, S. 81.

Neuner, Georg, Studiendirektor L. Birklein, in: Die Imkerpraxis (1943) 4, S. 3-5.

Nicolaye, Carla, „Sed inter omnia ea principatus apibus." Wissen und Metaphorik der Bienenbeschreibungen in den antiken Naturkunden als Grundlage der politischen Metapher vom Bienenstaat, in: David Engels/Carla Nicolaye (Hrsg.), Ille operum custos – Kulturgeschichtliche Beiträge zur antiken Bienensymbolik und ihrer Rezeption, Hildesheim, Zürich, New York, 2008, S. 114-137.

Niemann, H., Beitrag zur Volksbienenzucht, in: Leipziger Bienen-Zeitung (1925) 7, S. 142-147.

Oberkrome, Willi, Volksgeschichte: Methodische Innovationen und völkische Ideologisierung in der deutschen Geschichtswissenschaft 1918–1945, Göttingen, 1993.

Oettl, Johann Nep., Klaus, der Bienenvater aus Böhmen – Anleitung, die Bienen gründlich und mit sicherem Nutzen zu züchten, Prag, 1862, 4. Aufl.

Oldenburg, Kameradin meines Mannes auch am Bienenstande!, in: Deutscher Imkerführer (1936) 9, S. 281-283.

Oschmann, Hans, Geschichte der Imkerei und der Imkerorganisationen, in: Rudolf Bährmann/Waldemar Bloedorn/Herbert Dallmann/Paul Euthin/Kurt Fritzsch/Kurt Füchsel/Hans-Ulrich Fuchs/Herwig Kettner/Grete Meyerhoff/Gustav-Adolf Oeser/Hans Oschmann/Günter Pritsch/Liselotte Seifert/Gerty Strödel/Kurt Welker (Hrsg.), Imkerliche Fachkunde, Berlin, 1966, 1. Aufl., S. 111-134.

Oswald, Joh., Wie steht der Krieg?, in: Bienenzeitung (1899) 1, S. 3-5.

Otto, Friedrich Theodor, Auf zur Wanderung!, in: Deutscher Imkerführer (1938) 12, S. 361.

Paulus, Rachel/Engels, David, „Sehr wahrscheinlich haben die Bienen durch Jahrtausende gerungen." Einige psychoanalytische Perspektiven zur Symbolik der Biene, in: David Engels/Carla Nicolaye (Hrsg.), Ille operum custos – Kulturgeschichtliche Beiträge zur antiken Bienensymbolik und ihrer Rezeption, Hildesheim, Zürich, New York, 2008, S. 303-318.

Peil, Dietmar, Untersuchungen zur Staats- und Herrschaftsmetaphorik in literarischen Zeugnissen von der Antike bis zur Gegegenwart, München, 1983.

Petrausch, Georg, Imkern in der Stadt, Stuttgart, 2011.

Pfister, R., Versuch einer Mikroskopie des Honigs – Forschungsberichte über Lebensmittel und ihre Beziehungen zur Hygiene, in: Pharm. (1895) 2 (1,2), S. 1-9, 29-35.

Philipp, Paul Wolfgang, Die „gelbe Gefahr", in: Leipziger Bienen-Zeitung (1935) 8, S. 245-247.

Pilzweger, C., Zur Behandlung der Krainerbiene, in: Leipziger Bienen-Zeitung (1909) 11, S. 170.

Pollmann, Was im Bienenstaate seine Pflicht nicht erfüllen kann, wird aus demselben entfernt, in: Deutsche illustrierte Bienenzeitung (1889) 9, S. 265.

Professor von Frisch – 50 Jahre, in: Deutscher Imkerführer (1936) 11, S. 379-380.

Puschner, Uwe, Die völkische Bewegung im wilhelminischen Kaiserreich: Sprache – Rasse – Religion, Darmstadt, 2001.

Puschner, Uwe, Die völkische Bewegung in Deutschland, in: Hannes Heer (Hrsg.), „Weltanschauung en marche". Die Bayreuther Festspiele und die Juden 1876 bis 1945, Würzburg, 2013, S. 151-167.
Puschner, Uwe/Großmann, G. Ulrich (Hrsg.), Völkisch und national: Zur Aktualität alter Denkmuster im 21. Jahrhundert, Darmstadt, 2009.
R. [ohne Name], Deutschlands Außenhandel mit Bienen, Honig und Wachs im Jahre 1907, in: Leipziger Bienen-Zeitung (1908) 5, S. 73-74.
Rademacher, Eva/Geiseler, Erika, Die Varroatose der Bienen – Geschichte – Diagnose – Therapie, Berlin, 1984.
Radtke, Jens, 20 Jahre Mauerfall: Imkerei in der DDR, in: Deutsches Bienen-Journal (2009) 11, S. 30-31.
Radtke, Jens, Einfluss der Brutentnahme bei der Honigbiene auf ihre Leistung und Varroa-Parasitierung, Berlin, 2012.
Randler, W., Mein Bienenwirtschaftsjahr 1940/41 im eingegliederten Ostgebiet, in: Leipziger Bienen-Zeitung (1941) 11, S. 172.
Redaktion Pflanzenforschung.de, Unterschätzte Wildbienen – Artenvielfalt sichert landwirtschaftliche Erträge, 8.3.2013, https://www.pflanzenforschung.de/de/journal/journalbeitrage/unterschaetzte-wildbienen-artenvielfalt-sichert-landwir-2232, 19.10.2018.
Redaktion und Verlag der Leipziger Bienen-Zeitung, Der Krieg!, in: Leipziger Bienen-Zeitung (1914) 9/10, S. 129.
Rehs, Carl, Buntes Allerlei von den Immen, Berlin, 1938.
Rehs, Gertrud, Imkerfrauen, an die Front!, in: Deutscher Imkerführer (1939) 12, S. 359-360.
Rehs, Gertrud, Das Imkerhaus als Aufzuchtstätte wertvollen Nachwuchses, in: Deutscher Imkerführer (1941) 5, S. 69.
Reichert, Ramon, Tierfilme im ‚Dritten Reich', in: Carsten Würmann/Ansgar Warner (Hrsg.), Im Pausenraum des „Dritten Reiches", Bern, 2008, S. 45-60.
Reichsautobahnen und Bienenweide, in: Deutscher Imkerführer (1934) 6, S. 154.
Reichfachgruppe Imker, Das Einheitsglas ist unsere Waffe, in: Deutscher Imkerführer (1934) 5, S. 121.
Reichsfachgruppe Imker, Aufruf, in: Deutscher Imkerführer (1935) 2, S. 48.
Reichsfachgruppe Imker, Aufruf, in: Deutscher Imkerführer (1935) 2, S. 49.
Reichsfachgruppe Imker, Das ist unsere Aufgabe in der Erzeugungsschlacht!, in: Deutscher Imkerführer (1935) 4, S. 120.
Reichfachgruppe Imker, Die Erzeugungsschlacht muß ein Sieg werden! Imker, auch auf Euch kommte es an!, in: Deutscher Imkerführer (1935) 2, S. 48.
Reichsfachgruppe Imker, Waffen für die Erzeugungsschlacht sind unser Einheitsglas ..., in: Deutscher Imkerführer (1935) 2, S. 49.
Reichsfachgruppe Imker, Aufruf, in: Deutscher Imkerführer (1937) 6, S. 151.
Reichsfachgruppe Imker, Aufruf, in: Deutscher Imkerführer (1937) 6, S. 166.
Reichsfachgruppe Imker, Beispiels-Imker vor die Front!, in: Deutscher Imkerführer (1937) 6, S. 151.
Reichsfachgruppe Imker, Bessere Bienenpflege ist nationale Pflicht!, in: Deutscher Imkerführer (1937) 6, S. 166.
Reichsfachgruppe Imker, Imker! Sorgt für Nachwuchs!, in: Deutscher Imkerführer (1937) 1, S. 18.
Reichsfachgruppe Imker, Körordnung für die Belegvölker (Vatervölker) der von der RfgrI anerkannten Belegstelle, in: Deutscher Imkerführer (1937) 9, S. 237-238.
Reichsfachgruppe Imker, Wachs ist wichtiger Rohstoff!, in: Deutscher Imkerführer (1937) 6, S. 158.

Reichsfachgruppe Imker, Aufruf, in: Deutscher Imkerführer (1938) 8, S. 203.
Reichsfachgruppe Imker, Der Führer vergrößerte den Staat. Wir vergrößern den Stand, in: Deutscher Imkerführer (1938) 8, S. 203.
Reichsfachgruppe Imker, Liste der anerkannten Reinzüchter: Stand vom 1. April 1938, in: Leipziger Bienen-Zeitung (1938) 6, S. 140-143.
Reichsfachgruppe Imker, Jede Ofgr mindestens 10 v.H. Mitglieder mehr!, in: Deutscher Imkerführer (1939) 12, S. 371.
Reichsfachgruppe Imker, Losung 1939: Jeder Imker mindestens ein Bienenvolk mehr!, in: Deutscher Imkerführer (1939) 12, S. 370.
Reichsfachgruppe Imker, Die Aufgabe 1940, in: Deutscher Imkerführer (1940) 4, S. 49.
Reichsfachgruppe Imker, Imker, folgt den Anweisungen der Reichsfachgruppe Imker und ihrer Gliederungen!, in: Deutscher Imkerführer (1940) 10, S. 248.
Reichsfachgruppe Imker, Imker, folgt den Anweisungen der Reichs-, Landes-, Kreis- und Ortsfachgruppen Imker, damit auch die kleinste Rapsfläche von Bienen bedient und genutzt werden kann, in: Deutscher Imkerführer (1940) 10, S. 242.
Reichsfachgruppe Imker, 100.000 Morgen von Bienenweide liegen heute noch unausgenutzt!, in: Deutscher Imkerführer (1941) 3, S. 41.
Reichsfachgruppe Imker, Rapswanderung 1941, in: Deutscher Imkerführer (1941) 10, S. 160.
Reichsfachgruppe Imker, Unsere Aufgabe 1941!, in: Deutscher Imkerführer (1940) 9, S. 131.
Reichsfachgruppe Imker, Anordnung der Reichsfachgruppe Imker im Reichsverband Deutscher Kleintierzüchter zur Sicherung des Wachsbedarfes: Vom 15. Oktober 1942, in: Deutscher Imkerführer (1942) 7, S. 80-81.
Reichsfachgruppe Imker, Der Bienen Fleiß ist lobenswert, Den Imkersmann die Leistung ehrt!, in: Deutscher Imkerführer (1942) 6, S. 63.
Reichsfachgruppe Imker, Imker, Eure Kriegsaufgabe 1942 und Euer Stolz: Die volle Erfüllung der Sonderaktion der Reichsfachgruppe Imker!, in: Deutscher Imkerführer (1942) 2, S. 17.
Reichsfachgruppe Imker, Schutz und Schirm der deutschen Imkerei durch die Reichsfachgruppe Imker, in: Deutscher Imkerführer (1942) 10, S. 151.
Reichsfachgruppe Imker, Wir Imker stehen Mann für Mann – Auch auf den letzten kommt es an!, in: Deutscher Imkerführer (1942) 5, S. 54.
Reichsfachgruppe Imker, Alle emsig schaffen u. walten denn es gilt das Volk zu erhalten! Imker, verstehe die Zeit u. öffne die Hand, denn es geht um deutsches Land!, in: Deutscher Imkerführer (1943) 5, S. 69.
Reichsfachgruppe Imker, Bomben beantworten wir Imker mit größerer Honigabgabe!, in: Deutscher Imkerführer (1943) 6, S. 95.
Reichsfachgruppe Imker, Dein Honig hilft dem verwundeten Soldaten!, in: Deutscher Imkerführer (1943) 3, S. 45.
Reichsfachgruppe Imker, Die Rfgr. Imker am Schluß des vierten Jahres im Großen Kriege, in: Deutscher Imkerführer (1943) 5, S. 70.
Reichsfachgruppe Imker, Die Reichsfachgruppe Imker am Schluß des vierten Jahres im Großen Kriege, in: Die Imkerpraxis (1943) 9, S. 81-83.
Reichsfachgruppe Imker, Durch Zucht und Auslese höhere Erträge! Dies gilt auch für die Bienen!, in: Deutscher Imkerführer (1943) 2, S. 24.
Reichsfachgruppe Imker, Ihr Feinde kennt uns schlecht, wir Imker helfen – und jetzt erst recht!, in: Deutscher Imkerführer (1943) 6, S. 93.
Reichsfachgruppe Imker, Imker, denke an sie und du wirst wissen, was Du zu tun hast!, in: Deutscher Imkerführer (1943) 5, S. 73.
Reichsfachgruppe Imker, Imker nicht abseits stehn, sondern anfassen u. mithelfen!, in: Deutscher Imkerführer (1943) 2, S. 17.

Reichsfachgruppe Imker, Richtlinien für die Bewanderung der Anbauflächen von Raps, Rübsen und anderen Fettpflanzen mit Bienen: Rundschreiben der Reichsfachgruppe Imker J 9/42 vom 2.2.1943, in: Deutscher Imkerführer (1943) 11, S. 157-158.

Reichsfachgruppe Imker, Was die deutschen Fluren spenden wollen wir zum Sieg verwenden!, in: Deutscher Imkerführer (1943) 7, S. 103.

Reichsfachgruppe Imker, Wichtige Mitteilung der Reichsfachgruppe Imker, in: Deutscher Imkerführer (1943) 6, S. 85.

Reichsfachgruppe Imker, Wir Imker helfen der Front, denn die Front bewacht auch uns!, in: Deutscher Imkerführer (1943) 5, S. 58.

Reichsfachgruppe Imker, Bis ins letzte und entlegenste Dorf muß ausnahmslos auch jeder deutsche Imker erklären können. Mein Anwesen ist luftschutzbereit., in: Deutscher Imkerführer (1944) 5, S. 70.

Reichsfachgruppe Imker, Helft den Imkerfrauen deren Männer im Felde stehen!, in: Deutscher Imkerführer (1944) 10, S. 171.

Reichsfachgruppe Imker, Nachrichtendienst – Bekanntmachungen des RDKl, Fachabteilung Rfgr Imker, in: Ostdeutsche Bienenzeitung (früher: Leipziger Bienenzeitung) (1944) 10/11, S. 134.

Reichsfachgruppe Imker, Unsere Leistung ist die Grundlage der Bienenwirtschaft für Jahrhunderte. Imker sorge für Nachwuchs!, in: Deutscher Imkerführer (1944) 10, S. 141.

Reichsfachgruppe Imker e.V., Landesfachgruppe Baden, Der Geschäftsführer (Rösch, Schüßler, Schmidt), Rundschreiben Nr. 2/35 vom 11. Lenzing [März] 1935 und Rundschreiben Nr. 6 vom 6. Ostermond [April] 1935 an die Kreis- und Ortsfachgruppen.

Reimers, H., Das gute Beispiel, in: Deutscher Imkerführer (1940) 8, S. 115.

Reinaß, Verwahrloste Jugend im Osten!, in: Leipziger Bienenzeitung (1941) 11, S. 163.

Reinaß, Was die Front opfert, kann durch nichts vergolten werden, in: Leipziger Bienenzeitung (1942) 1, S. 1-2.

Rentschler, Hans, Wo stehen wir mit unserer Imkerei?, in: Deutscher Imkerführer (1937) 9, S. 241-242.

Richter, Rudolf, Imker im KZ-Lager Auschwitz, in: Der Imkerfreund (1946) 12, S. 110.

Rinsche, Franz, Bauerntum und Imkertum in der gegenwärtigen Neueinstellung zueinander, in: Deutscher Imkerführer (1935) 2, S. 12-14.

Ritter, Marie, Deutsche Frauen, treibt Bienenzucht!, in: Der Imker aus Thüringen (1932) 1, S. 12-15.

Ritter, Ruedi/Künzle, Jakob/Maquelin, Charles, Königinnenzucht und Genetik der Honigbiene, Winikon, 2003.

Ritzert, Emma, Aufbau und Betriebsweise unserer Imkerei, in: Deutscher Imkerführer (1936) 9, S. 283-284.

Rösch, Getrud, Die Frau und die Biene, in: Deutsche Bienenwirtschaft (1950) 2, S. 33.

Rößler, Welche Forderungen und Pflichten für die deutsche Bienenzucht ergeben sich aus dem Neuaufbau der deutschen Wirtschaft?, in: Leipziger Bienen-Zeitung (1921) 2, S. 21-23.

Rössler, Wolfgang, Bienenschutz mit rassischen Untertönen, https://www.nzz.ch/bienenschutz-mit-rassischen-untertoenen-ld.1295092, 17.10.2018.

Rötschke, M., Der Kriegsversehrte am Bienenstand, in: Ostdeutsche Bienenzeitung (früher: Leipziger Bienenzeitung) (1944) 10/11, S. 131-32.

Rosenkranz, Peter/Aumeier, Pia/Ziegelmann, Bettina, Biology and control of *Varroa destructor*, in: Journal of Invertebrate Pathology (2010) 103, S. 96-119, S. 96-97.

Rotter, Egon, Frei, wahr und offen!, in: Der Deutsche Imker (1926) 2, S. 32-34.

Rückl, Steffen, Ludwig Armbruster – ein von den Nationalsozialisten 1934 zwangspensionierter Bienenkundler der Berliner Universität, Berlin, 2015, 2. Aufl.
Rüdiger, Wilhelm, Ihr Name ist Apis – Kulturgeschichte der Biene, München, 1974.
Ruland, Else, Die deutsche Frau als Imkerin, in: Deutscher Imkerführer (1939) 1, S. 18-19.
Runk, Ludwig, Bekanntmachungen. Schriftleitung., in: Die Biene (1933) 12, S. 355.
Runk, Ludwig, Oberhessischer Bienenzüchterverein, in: Die Biene (1933) 11, S. 322.
Runk, Ludwig, Imkerei und Politik, in: Die Hessische Biene (1940) 12, S. 257-258.
Runk, Ludwig, Dem Andenken Kickhöffels, in: Die Hessische Biene (1953) 1, S. 45-46.
Runte, Wilhelm, Volksbienenzucht, in: Nordwestdeutsche Imkerzeitung (1974) 6, S. 163.
Ruttner, Friedrich/Ritter, Wolfgang, Das Eindringen von Varroa jacobsoni nach Europa im Rückblick, in: Allgemeine Deutsche Imkerzeitung (1980) 5, S. 130-134.
Ruttner, Friedrich, Naturgeschichte der Honigbienen, Stuttgart, 2003, 2. Aufl.
Ruttner, Hans, Die Milbe Varroa jacobsoni Oudem., ein neuer Bienenparasit, in: Anz. Schädlingskde., Pflanzenschutz, Umweltschutz (1977) 50, S. 165-169.
Ruttner, Hans/Ruttner, Friedrich, Untersuchungen über die Flugaktivität und das Paarungsverhalten der Drohnen, in: Apidologie (1972) 3, S. 203-232.
S. [ohne Name], Deutschlands Imker 1933 in Bad Nauheim, in: Leipziger Bienen-Zeitung (1933) 9, S. 227-233.
S. [ohne Name], Neue Führung in der Verbandsleitung, in: Beilage für Sachsen zur Leipziger Bienen-Zeitung (1933) 8, S. 65-66.
Satzung der Vereinigung der Deutschen Imkerverbände, in: Leipziger Bienen-Zeitung (1914) 9/10, S. 139-142.
Schacht, Sollen wir ausländischen oder inländischen Honig essen?, in: Die Deutsche Bienenzucht in Theorie und Praxis (1926) 10, S. 304-306.
Schatzberg, Die siebente Kriegsanleihe, in: Bienenwirtschaftliches Centralblatt (1917) 18, S. 206-207.
Schatzberg, Gib dem Reiche, was des Reiches ist!, in: Bienenwirtschaftliches Centralblatt (1917) 7, S. 68.
Schatzberg, Ruf zum Vierjahresplan, in: Deutscher Imkerführer (1937) 6, S. 153-154.
Schier, Bruno, Der Bienenstand in Mitteleuropa, Leipzig, 1939.
Schlüter, H., Bienenwohnungsstreit, in: Leipziger Bienen-Zeitung (1895) 6, S. 81.
Schmid, Andreas, Bericht über die am 12., 13. und 14. September zu Kiel abgehaltene XVII. Wanderversammlung deutscher Bienenwirthe, in: Bienenzeitung (Eichstädt) (1871) 21 und 22, 23 und 24, S. 245-268, 269-282.
Schmid, Andreas/Kleine, Georg (Hrsg.), Die Bienenzeitung – das Organ des Vereins der deutschen Bienenwirthe – in neuer und gesichteter und systematisch geordneter Ausgabe, oder die Dzierzon'sche Theorie und Praxis der rationellen Bienenzucht nach ihrer Entwicklung und Begründung in der Bienenzeitung, Nördlingen, 1861.
Schmidt, A., Hat die Bienenzucht Aussicht, Gemeingut des Volkes zu werden?, in: Leipziger Bienen-Zeitung (1905) 8, S. 121-123.
Schmidt, Elisabeth, Die Berufskleidung der Imkerin, in: Deutscher Imkerführer (1936) 9, S. 298-300.
Schmidt, G., Mein Bienenstand in Feindesland, in: Leipziger Bienen-Zeitung (1915) 10, S. 157.
Scholz, Richard, An Sachsens Imker!, in: Beilage für Sachsen zur Leipziger Bienen-Zeitung (1933) 10, S. 89-91.
Scholz, Richard, An Sachsens Imker!, in: Beilage für Sachsen zur Leipziger Bienen-Zeitung (1933) 11, S. 99-103.
Scholz, Richard, Imker, wandre mit Deinen Völkern, dann bist Du Mitkämpfer in der 2. Erzeugungsschlacht!, in: Leipziger Bienen-Zeitung (1936) 2, S. 150-153.

Scholz, Richard, Der Ruf der Reichsfachgruppe Imker, in: Leipziger Bienen-Zeitung (1939) 3, S. 79-81.

Scholz, Richard, Die Reichskörstelle als züchterische Instanz, in: Ostdeutsche Bienenzeitung (früher: Leipziger Bienenzeitung) (1944) 6, S. 70-71.

Scholz, Richard, Zum Licht!, in: Ostdeutsche Bienenzeitung (früher: Leipziger Bienenzeitung) (1944) 3, S. 17.

Scholz, Richard/Kickhöffel, Karl Hans, Richtlinien für den Aufbau des Bundes innerhalb der Verbände, in: Beilage für Sachsen zur Leipziger Bienen-Zeitung (1933) 12, S. 104-105.

Schriftleitung der Deutschen Illustrierten Bienenzeitung, In's neue Jahr., in: Deutsche Illustrierte Bienenzeitung (1916) 1, S. 1.

Schriftleitung der Deutschen Illustrierten Bienenzeitung, Kriegsinvalidenfürsorge in Landwirtschaft und Bienenzucht, in: Deutsche Illustrierte Bienenzeitung (1916) 5, S. 92-94.

Schriftleitung der Leipziger Bienenzeitung, Schlußwort, in: Leipziger Bienen-Zeitung (1927) 12, S. IV.

Schriftleitung und Verlag der DBZ, Zum Abschied, in: Deutsche Bienenzeitung (1958) 3, S. 33.

Schriftleitung und Verlag der Deutschen Illustrierten Bienenzeitung (Richard Berthold und C.F.W. Fest), Zur Jahreswende., in: Deutsche Illustrierte Bienenzeitung (1915) 1, S. 1.

Schriftleitung und Verlag der Leipziger Bienenzeitung, Dem Gedächtnis: Karl Hans Kickhöffel, in: Leipziger Bienenzeitung (1948) 2, S. 21.

Schriftleitung und Verlag der Leipziger Bienen-Zeitung, Schlußwort, in: Leipziger Bienen-Zeitung (1915) 12, S. 186.

Schriftleitung und Verlag der Leipziger Bienen-Zeitung, Schlußwort, in: Leipziger Bienen-Zeitung (1916) 10/11, S. VI.

Schriftleitung und Verlag der Leipziger Bienen-Zeitung, Kickhöffels Neujahrsgeschenk für die deutsche Imkerschaft, in: Leipziger Bienen-Zeitung (1930) 1, S. 1.

Schriftleitung und Verlag der Leipziger Bienen-Zeitung, 1934!, in: Leipziger Bienen-Zeitung (1934) 1, S. 1.

Schriftleitung und Verlag der Leipziger Bienen-Zeitung, Der 13. März ein Wendepunkt auch der deutschen Imkergeschichte, in: Leipziger Bienen-Zeitung (1938) 4, S. 83-84.

Schubert, Die Russen und die ostpreußische Bienenzucht, in: Deutsche Bienenzucht in Theorie und Praxis (1914) 12, S. 184-185.

Schüller, Alexander, „Eins der edelsten meiner Geschöpfe." Die Symbolik der Biene in deutschen Fabeln des 18. Jahrhunderts, in: David Engels/Carla Nicolaye (Hrsg.), Ille operum custos – Kulturgeschichtliche Beiträge zur antiken Bienensymbolik und ihrer Rezeption, Hildesheim, Zürich, New York, 2008, S. 223-261.

Schulz, Jörg, Gatersleben im Spannungsfeld zwischen internationaler Genetik-Forschung, offziell vorgegebenen Forschungsrichtungen und politischen Einflüssen, in: Karin Weisemann/Peter Kröner/Richard Toellner (Hrsg.), Wissenschaft und Politik – Genetik und Humangenetik in der DDR (1949–1989). Naturwissenschaft – Philosophie – Geschichte, Bd. 1, Münster, 1997, S. 49-95.

Schulz, Ulrich K.T. (Regie)/Junghans, Wolfram (Ausführung), Hilbiber, Karl/Suchner, Walter (Kamera)/Jülich, Herta (Mikroaufnahmen)/Ebert, Hans (Musik)/Schnell, G. (Sprecher) H./Kaufmann, Nicholas (Herstellungsgruppe), Der Bienenstaat (Film), 1937.

Schutzmaßnahmen für die Bienenvölker gegen chemische Kampfstoffe, in: Deutscher Imkerführer (1939) 7, S. 198.

Schwärzel, Erich, Durch sie wurden wir: Biographie der Großmeister und Förderer der Bienenzucht im deutschsprachigen Raum, Gießen, 1985.

Schwenkel, Jürgen (Hrsg.), Grundwissen für Imker, München, 2017.

Seeley, Thomas D., Bienendemokratie, Frankfurt am Main, 2014.
Seifert, Cl., Der Wirtschaftsplan 1949–50, in: Der Imker (1948) 9, S. 169-171.
Senner, A., Bienenzucht und Volksschule, in: Leipziger Bienen-Zeitung (1932) 2, S. 48.
Senst., Umgehung des Honigzolls, in: Bienenzeitung (Nördlingen) (1899) 22, S. 349-350.
Siemens, Johannes, Lyssenkoismus in Deutschland (1945–1965), in: Biologie in unserer Zeit (1997) 4, S. 255-262.
Sitzung des Beirates für das Zuchtwesen, in: Deutscher Imkerführer (1937) 13, S. 431-436.
Sobik, Helge, Honig von den Hochhäusern, Fokus online, 12.9.2007, https://www.focus.de/reisen/usa/tid-7337/new-york_aid_131949.html, 19.10.2018.
Sofortabgabe von Wachs, in: Deutscher Imkerführer (Auf Kriegsdauer vereinigt mit „Deutsche Bienenwirtschaft") (1945) 12 (März 1945), S. 119.
Soland, Gabriele, Morphometrie versus Genetik zur Rassenbeschreibung der Honigbiene, in: Schweizerische Bienen-Zeitung (2016) 3, S. 13-16.
Sonderaktion, Wachsabgabe und Zuckerbelieferung 1945, in: Deutscher Imkerführer (Auf Kriegsdauer vereinigt mit „Deutsche Bienenwirtschaft") (1945) 11, S. 113.
Sontheimer, Kurt, Antidemokratisches Denken in der Weimarer Republik, München, 1978, 4. Aufl.
Spatzal, Johann, Probleme der Vertriebenen-Imker, in: Der Imkerfreund (1951) 2, S. 34-37.
Spiewok, Sebastian, Über die Verlagsbienen, Deutsches Bienenjournal, 12.6.2014, https://www.bienenjournal.de/die-verlagsbienen/ueber-die-verlagsbienen/, 19.10.2018.
Spiewok, Sebastian, Unklar wie Wachs, Deutsches Bienenjournal, Fachberichte, 30.5.2018, Quelle: https://www.bienenjournal.de/fachberichte/wachsskandal/unklar-wie-wachs/, 17.10.2018.
Sprengel, Christian Konrad, Dem entdeckten Geheimniss der Natur im Bau und in der Befruchtung der Blumen, Berlin, 1793.
Stangl, Andrea, Kriegsknigge aus dem Bienenstock: „Die Biene Maja" als Soldatenbestseller, http://ww1.habsburger.net/de/kapitel/kriegsknigge-aus-dem-bienenstock-die-biene-maja-als-soldatenbestseller, 17.10.2018.
Starcke, R., Krieg und Bienenzucht, in: Deutsche Illustrierte Bienenzeitung (1915) 1, S. 3-6.
Starcke, R., Die Frau als Imkerin, in: Leipziger Bienen-Zeitung (1917) 3, S. 42-44.
Statista, Erzeugung von Honig in Deutschland in den Jahren 2008 bis 2017 (in 1.000 Tonnen), https://de.statista.com/statistik/daten/studie/206835/umfrage/erzeugung-und-verbrauch-von-honig-in-deutschland/, 19.10.2018.
Statista, Pro-Kopf-Konsum von Honig in Deutschland in den Jahren 2008 bis 2017 (in Gramm), https://de.statista.com/statistik/daten/studie/422472/umfrage/pro-kopf-konsum-von-honig-in-deutschland/19.10.2018.
Steiger, Johann Anselm, „Geh' aus, mein Herz, und suche Freud'". Paul Gerhardts Sommerlied und die Gelehrsamkeit der Barockzeit., Berlin, New York, 2007.
Steingräber, A., Zwei Kriegsbienenstände im Westen, in: Leipziger Bienen-Zeitung (1916) 10/11, S. 158-159.
Steinmetz, Karl, Die Abgabe der Bienenvölker an den Feindbund, in: Bienenwirtschaftliches Centralblatt (1921) 16, S. 200 a.
Stiftung Stadtmuseum Berlin/Mothes, Christian/Bartmann, Dominik (Hrsg.), Tanz auf dem Vulkan – Das Berlin der Zwanziger Jahre im Spiegel der Künste, Berlin, 2015.
Stockhorst, Erich, 5000 Köpfe: Wer war was im 3. Reich?, Kiel, 1985.
Stripf, Rainer: Die Bienenzucht in der völkisch-nationalistischen Bewegung. Dissertation, Pädagogische Hochschule Heidelberg, 2018.
Stuhl, K., Der nordische (germanische) Ursprung der Bienenwirtschaft, in: Bienenwirtschaftliches Zentralblatt (1927) 9, S. 232-234.

Stürmer, Michael, Bismarck und die preußisch-deutsche Politik 1871–1980, München, 1973.
Sunflower Foundation Zürich, Bienenhonig aus Löwenkadavern und pfeilschießende Stachelschweine: emblematische Bilderrätsel des 16. Jahrhunderts auf Münzen aus Frankreich und Ferrara, http://www.moneymuseum.com/de/moneymuseum/stories/bilderraetsel-des-16-jahrhunderts-85?slbox=true, 17.10.2018.
Tag, P., Über den Wert der Bienenzucht in den Tropen und Subtropen, in: Deutscher Imkerführer (1939) 1, S. 32-33.
Tautz, Jürgen, Phänomen Honigbiene, München, 2007.
Thomas, E., Philosophisch-methodologische Probleme der Molekulargenetik, Jena, 1966.
Tobisch, Franz, Jung=Klaus' Lehr= und Volksbuch der Bienenzucht, Freiburg, 1909.
Tobisch, Franz, Jung Klaus' Volksbienenzucht, Viersen, 1922, 4. Aufl.
Tollert, F., Mittel und Wege zur Volksbienenzucht, in: Deutscher Bienenfreund (1891) 23, S. 356-365.
Türk, Klaus, „Die Organisation der Welt" – Herrschaft durch Organisation in der modernen Gesellschaft, Opladen, 1995.
Und nun nicht vergessen, in: Deutscher Imkerführer (1942) 11, S. 162.
Unser innerlich reiches imkerliches Verbandsleben hilft uns, schwerste Zeit zu überstehen, in: Deutscher Imkerführer (Auf Kriegsdauer vereinigt mit „Deutsche Bienenwirtschaft") (1945) 12 (März 1945), S. 119-120.
Unsere Bienen, in: Münchener Bienenzeitung (1910) 5, S. 101-104.
Varroa jetzt auch in der DDR, in: Die Biene (1980) 8, S. 345.
Vereinigung der Deutschen Imkerverbände, Aus der Arbeit, in: Märkische Bienen-Zeitung (1925), S. 62-63.
Vereinigung der Deutschen Imkerverbände, Die Lage ist ernst, wir rüsten zum Kampf, in: Märkische Bienen-Zeitung (1925) 6, S. 99-100.
Verlag Max Karsten (Hilden), An unsere Leser!, in: Die Bienen-Welt in Wort und Bild (1932) 5, S. 97-98.
Verlag und Schriftleitung der Leipziger Bienen-Zeitung, 1935! Ein Jubiläums-Jahrgang der Leipziger Bienen-Zeitung!, in: Leipziger Bienen-Zeitung (1935) 1, S. 1.
Vertiefung der kameradschaftlichen Zusammenarbeit der deutschen und italienischen Imker, in: Deutscher Imkerführer (1939) 5, S. 102-103.
Verzeichnis der bisher von der RfgI anerkannten Reinzuchtbelegstellen: Stand vom 1. September 1938, in: Imkers Jahr- und Taschenbuch (1939), S. 354-365.
Verzeichnis der bisher von der RfgI anerkannten Reinzuchtbelegstellen: Stand: 1. August 1941, in: Kalender der Leipziger Bienenzeitung (1942), S. 106-115.
Vetter, Karl, Der Deutsche Imkerbund, in: Deutscher Imkerführer (1934) 1, S. 1.
Vetter, Karl, Aufruf des Präsidenten des Reichsverbandes Deutscher Kleintierzüchter e.V. an die deutschen Imker, in: Deutscher Imkerführer (1940) 3, S. 46.
Vetter, Karl, Bekanntmachung des Reichsverbandes Deutscher Kleintierzüchter, in: Deutscher Imkerführer (1940) 2, S. 17-18.
Vetter, Karl, Satzung der Reichsfachgruppe Imker e.V. im Reichsverband Deutscher Kleintierzüchter e.V., Berlin, 1.10.1936.
Viebeg, Die italienische Biene, in: Vereins-Blatt des Westfälisch-Rheinischen Vereins für Bienen- und Seidenzucht (1872) 4, S. 57-58.
Vogelsang, Gustav, Können Frauen Bienenzucht betreiben?, in: Leipziger Bienen-Zeitung (1928) 5, S. 94-97.
W. [ohne Name], Rundschau, in: Leipziger Bienen-Zeitung (1933) 9, S. 224-227.
W. [ohne Name], Rundschau: Die Schriftleitertagung, in: Leipziger Bienen-Zeitung (1933) 8, S. 197-199.

Wachtel, W., Rassezucht und Belegstationen, in: Leipziger Bienen-Zeitung (1912) 8, S. 118-119.
Was sagen führende Männer über das Einheitshonigglas?, in: Deutscher Imkerführer (1935) 7, S. 207-208.
Was sagen unsere Freunde und Mitarbeiter zum Jahresende?, in: Deutscher Imkerführer (1935) 12, S. 362-364.
Weidemann, Neuzeitliche Volksbienenzucht im „Deutschen Försterstock", in: Deutsche Illustrierte Bienenzeitung (1917) 10/11, S. 173-177.
Weigert, Lob der „Deutschen", in: Leipziger Bienen-Zeitung (1908) 7, S. 99-100.
Weigert, Die Bewertung verschiedener Bienenrassen in schlechten Trachtjahren, in: Leipziger Bienen-Zeitung (1914) 2, S. 19-21.
Weigert, Züchterische Bestrebungen, in: Leipziger Bienen-Zeitung (1915) 10, S. 149-151.
Weigert, J., Volksbienenzucht, Leipzig, ca. 1936, 5. Aufl.
Weilinger, A., Aufgaben und Früchte der Bienenzüchtervereine, in: Leipziger Bienen-Zeitung (1893) 3, 4, S. 71-74, 98-101.
Weiß, M., Soldat und Imker, in: Bienenzeitung (Eichstädt) (1871) 4, S. 52-53.
Weltzien, D., Die Bienenzucht in der Volksschule, in: Praktischer Wegweiser für Bienenzüchter (1898) 12, S. 194-196.
Werber, Niels, Vom Königreich zur Basisdemokratie, in: Stephan Lorenz/Kerstin Stark (Hrsg.), Menschen und Bienen, München, 2015, S. 37-48.
Werner, Rudolf, Schule und Imkerei, in: Leipziger Bienen-Zeitung (1929) 1, S. 25-26.
Wetzel, Weg mit der polnischen Wirtschaft!, in: Deutscher Imkerführer (1942) 8, S. 104.
Wichtige Mitteilungen der Reichsfachgruppe Imker: Betrifft: Sonderaktion und Zuckerbelieferung 1943/44, in: Deutscher Imkerführer (1943) 4, S. 53.
Wiederhold, F., Der „Deutsche Siegerstock", in: Leipziger Bienen-Zeitung (1917) 4, 5, S. 57-61, 70-73.
Wietfeld, Theod., Kriegsversehrte bewähren sich!, in: Deutscher Imkerführer (1943) 12, S. 179.
Wikipedia, Volkskörper, http://wikipedia.org/wiki/Volkskörper, 17.10.2018.
Wildemann, Kampf den eigenen Fehlern!, in: Deutscher Imkerführer (1936) 4, S. 147-148.
Wildt, Michael, „Volksgemeinschaft" als Selbstermächtigung – Soziale Praxis und Gewalt, in: Hans-Ulrich Thamer/Simone Erpel (Hrsg.), Hitler und die Deutschen – Volksgemeinschaft und Verbrechen, Dresden, 2011, S. 90-93.
Willfried, Deutscher Imker – sprich deutsch!, in: Leipziger Bienen-Zeitung (1926) 8, S. 174.
Willinger, Gunter, Die Dunklen Bienen fliegen wieder, Spektrum.de, https://www.spektrum.de/news/die-dunklen-bienen-fliegen-wieder/, 17.10.2018.
Willmer, A., Der Zukunftstock, in: Deutsche Illustrierte Bienenzeitung (1919) 6, S. 115-117.
Wilson-Rich, Noah (Hrsg.), Die Biene – Geschichte, Biologie, Arten, Bern, 2015.
Wimmer, Bruno, Grundsätzliches zur volkswirtschaftlichen Bedeutung der Imkerei – Unsere Bienen als Helfer in der Erzeugungsschlacht, in: Der Imker (1946) 1, S. 3-5.
Wimmer, Bruno (Schriftleiter), Wir helfen alle mit!, in: Der Imker (1946) 1, S. 1.
Wir und die Juden, in: Leipziger Bienen-Zeitung (1939) 2, S. 66-67.
Wohlgemuth, Erich, Beobachtungswesen im Februar 1939, in: Deutscher Imkerführer (1939) 12, S. 385.
Wohlgemuth, Erich, Honigernte 1938, in: Deutscher Imkerführer (1939) 11, S. 329-330.
Wolf, Heinz, Zum Neuaufbau der Bienenwirtschaft, in: Der Imkerfreund (1946) 1, S. 2.
Worte des Reichsmarschalls Hermann Göring: zu seinem 50. Geburtstag am 12. Januar 1943, in: Deutscher Imkerführer (1943) 11, S. 145.

Wulf, Rüdiger, Für eine Vertiefung und Beseelung der Kultur ..., in: Jochen Löher/Rüdiger Wulf (Hrsg.), Furchtbar dräute der Erbfeind! Vaterländische Erziehung in den Schulen des Kaiserreichs 1871–1918, Dortmund, o. J., S. 9-26.
Wulff, Heinz, Volksbienenzucht, in: Uns' Immen (1923) 3, S. 72-74.
Wulff, Heinz, Volksbienenzucht, in: Uns' Immen (1923) 4, S. 105-110.
Wulff, Heinz, Volksbienenzucht, in: Uns' Immen (1923) 5, S. 136-143.
Young, W. J., Mikroskopische Untersuchung der Honigpollen: Uebersetzung des Bull. Nr. 110 des Bureau of Chemistry of the Departements of Agriculture U.S.A., March 1908, in: Zeitschrift des Vereins der deutschen Zucker-Industrie (1908) 632. Lieferung.
Zählung der Bienenvölker am 4. Dezember 1944, in: Deutscher Imkerführer (1944) 8, S. 104.
Zaiß, Um- und Ausschau, in: Leipziger Bienen-Zeitung (1922) 1, S. 1-4.
Zaiß, Um- und Ausschau, in: Leipziger Bienen-Zeitung (1923) 10/11, S. 117-120.
Zaiß, Um- und Ausschau, in: Leipziger Bienen-Zeitung (1924) 4, S. 55-57.
Zaiß, Um- und Ausschau, in: Leipziger Bienen-Zeitung (1924) 12, S. 210-212.
Zander, Enoch, Bericht über die Tätigkeit der Königl. Anstalt für Bienenzucht in Erlangen im Jahre 1915, in: Deutsche Illustrierte Bienenzeitung (1916) 12, S. 226-229.
Zander, Enoch, Die Zukunft der deutschen Bienenzucht, in: Flugschriften der deutschen Gesellschaft für angewandte Entomologie (1916) 2, S. 1-55.
Zander, Enoch, Die Zukunft der deutschen Bienenzucht, Berlin, 1916.
Zander, Enoch, Die Zucht der Biene (1. Auflage 1919), Stuttgart, 1922, 2. Aufl.
Zander, Enoch, Bericht über die Tätigkeit der Landesanstalt für Bienenzucht in Erlangen im Jahre 1924, in: Erlanger Jahrbuch für Bienenkunde (1925) 8, S. 247-276.
Zander, Enoch, Leitsätze einer zeitgemäßen Bienenzucht, Leipzig, 1925, 3. Aufl.
Zander, Enoch, Zum Einfuhrverbot für Bienenvölker, in: Leipziger Bienen-Zeitung (1925) 2, S. 28-29.
Zander, Enoch, Die Schwindsucht der deutschen Imkerei, in: Leipziger Bienen-Zeitung (1926) 1, S. 4-9.
Zander, Enoch, Leitfaden einer zeitgemäßen Bienenzucht, München, 1935, 2. Aufl.
Zander, Enoch, Mein Lebenswerk, in: Deutscher Imkerführer (1937) 15, S. 507-513.
Zander, Enoch, Ein Leben mit den Bienen, in: Uns' Immen (1939) 12, S. 298-308.
Zander, Enoch, Leitsätze einer zeitgemäßen Bienenzucht, Leipzig, 1948, 8. Aufl.
Zander, Enoch/Hofmann, K., 1. Jahresbericht der K. Anstalt für Bienenzucht in Erlangen für das Jahr 1908, in: Münchener Bienen-Zeitung (1909) 7, 8, S. 156-159, 182-185.
Zander, Hans, Lyssenko und die Bienenzucht, in: Der Imker (1949) 3, S. 51-52, 63.
Zappi-Recordati, Antonio, Ein Gruß des Führers unserer italienischen Imkerkameraden, in: Deutscher Imkerführer (1939) 11, S. 319-320.
Zappi-Recordati, Antonio, Die Bienenwirtschaft Europas, in: Deutscher Imkerführer (1942) 11, S. 158.
Zappi-Recordati, Antonio, Im ersten Jahrzehnt des Nationalsozialismus, in: Deutscher Imkerführer (1943) 11, S. 152.
Zappi-Recordati, Antonio/Kickhöffel, Karl Hans, Bekanntmachung, in: Deutscher Imkerführer (1939) 12, S. 359.
Zeichnet die sechste Kriegsanleihe, in: Die Deutsche Bienenzucht in Theorie und Praxis (1917) 4, S. 49.
Zeitler, Th., Die Rassenfrage in der Bienenzucht, in: Kalender für Deutsche Bienenfreunde (1914), S. 104-106.
Zerndl, Johann, Entstehen eines Flüchtlingsbienenstandes, in: Der Imkerfreund (1949) 12, S. 229.

Ziebarth, Friedrich, Sind erworbene Eigenschaften vererbbar?, in: Deutsche Bienenzeitung (1949) 1, S. 5-7.
Ziegler, R., Die große Aufgabe der deutschen Bienenwirtschaft, in: Deutscher Imkerführer (1943) 10, S. 133-134.
Zissler, Dieter, Die Biene in Literatur und Dichtung, in: Natur und Museum (2003) 4, S. 99-109.
Zolltarifgesetz vom 15. Juli 1879, Deutsches Reichsgesetzblatt, Band 1879, Nr. 27, 207–244, https://de.wikisource.org/wiki/Gesetz,_betreffend_den_Zolltarif_des_Deutschen_Zollgebiets_und_den_Ertrag_der_Zölle_und_der_Tabacksteuer, 17.10.2018.
Zolltarifgesetz vom 22. Mai 1885, Deutsches Reichsgesetzblatt, Band 1885, Nr. 15, 93–107, https://de.wikisource.org/wiki/Gesetz,_betreffend_die_Abänderung_des_Zolltarifgesetzes._Vom_22._Mai_1885, 17.10.2018.
Zolltarifgesetz vom 25. Dezember 1902, Deutsches Reichsgesetzblatt, Band 1902, Nr. 52, 303–441, https://de.wikisource.org/wiki/Zolltarifgesetz._Vom_25._Dezember_1902_/_Zolltarif, 17.10.2018.
Zuchtverband Dunkle Biene Deutschland, https://www.dunkle-biene.com/, 17.10.2018.
Zuteilung von Brennspiritus, in: Deutscher Imkerführer (1942) 4, S. 44.
Zuteilung von Tabak, in: Deutscher Imkerführer (1942) 4, S. 44.

Personenregister